Chmelka/Melan

Einführung in die Festigkeitslehre

für Studierende des Bauwesens

Fünfte, verbesserte und ergänzte Auflage

Von

Fritz Chmelka

Mit 240 Abbildungen

1972
Springer-Verlag
Wien New York

Dr. phil., Dr. techn. FRITZ CHMELKA
o. Professor an der Universität in Innsbruck

ISBN-13:978-3-211-81061-3   e-ISBN-13:978-3-7091-8305-2
DOI: 10.1007/978-3-7091-8305-2

Aus dem Vorwort zur vierten Auflage

Die Notwendigkeit einer vierten Auflage des vorliegenden, erstmalig im Jahre 1946 erschienenen Buches, dessen letzte Auflage seit fast zwei Jahren vergriffen ist, beweist, daß es gelungen ist, die Leser richtig anzusprechen. Es war daher der Gesamtaufbau des Buches im großen und ganzen beizubehalten, und es waren nur jene Änderungen vorzunehmen, die seit dem Erscheinen der letzten Auflage im Jahre 1948 durch die Neufassung von Normen und Vorschriften eingetreten waren. Damit stand jedoch Prof. CHMELKA, auf den schon bei der Herstellung der bisherigen Auflagen der Hauptanteil der Arbeit entfallen war und der es auch übernommen hatte, das Manuskript für die neue Auflage zu verfassen, vor einer ganz erheblichen Schwierigkeit. Galten 1948 sowohl in Österreich wie in Deutschland noch einheitlich die DIN-Normen, so hatten seither in den beiden Ländern die Normungen getrennte Wege eingeschlagen. Für Österreich wurden die Önormen verbindlich, und auch die deutschen Normen hatten sich in der Zwischenzeit weitgehend verändert. Das Buch hätte beträchtlich an Wert verloren, hätte es in den praktischen Anwendungen der Theorie nur eine der beiden Normen berücksichtigt. Sollte es, wie bisher, sowohl in Österreich wie auch in Deutschland in vollem Umfang verwendbar sein, so müßte Prof. CHMELKA sowohl die Önormen wie auch die DIN-Normen in die neue Auflage einarbeiten. Überraschenderweise ergab sich dadurch ein oft sehr reizvolles Wechselspiel, ein interessantes gegeneinander Abwägen und Vergleichen der beiden Normen. Die anfangs gehegte Befürchtung, das Buch würde durch die Doppelgeleisigkeit schwerfällig werden, erfüllte sich keineswegs; im Gegenteil, es gewann bedeutend an Lebendigkeit.

Es war mir wegen beruflicher Überlastung nicht möglich, an der Abfassung der vierten Auflage mitzuwirken und ich mußte die ganze Arbeit Prof. CHMELKA überlassen. Er hat die umfangreichen Änderungen und Ergänzungen mit großer Sorgfalt durchgeführt, und ich bin überzeugt, daß die neue Auflage die gleiche freundliche Aufnahme finden wird wie ihre Vorgänger.

Wien, im Dezember 1959   ERNST MELAN

Vorwort zur fünften Auflage

Vor der Verfassung der neuen Auflage erhob sich eine schwierige Frage. In der Zwischenzeit waren einige grundlegende Normen wesentlich geändert worden. Ein unveränderter fotomechanischer Nachdruck der vierten Auflage, der sehr kostensparend gewesen wäre, kam daher nicht in Frage. Ein vollständiger Neudruck hätte jedoch das Buch sehr verteuert. Es wurde daher beschlossen, jene Teile des Buches unverändert zu lassen, die von der neuen Normung nicht betroffen waren, und nur jene Seiten neu zu setzen, die den neuen Normen angeglichen werden mußten. Es waren weit mehr, als ich anfangs vermutet hatte.

Die neuen Normen, die mitunter erhebliche Einbrüche in den alten Text nötig machten, waren in der Hauptsache die Norm für Stahltragwerke, Önorm B 4600 aus dem Jahr 1964 und die Normen für Holztragwerke Önorm B 4100 aus 1970 sowie die Deutsche Norm DIN 1052 aus 1969. Wie schon in den früheren Neuauflagen des Buches war wiederum der Abschnitt über Knickung von den meisten Änderungen betroffen, was zeigt, daß die diesbezüglichen theoretischen und praktischen Untersuchungen noch immer nicht abgeschlossen sind. Leider hat sich hier zwischen der Önorm und der DIN eine gewisse Kluft aufgetan, zwar nicht im Grundsätzlichen, jedoch in der Bezeichnung. Es war nicht leicht, aber ich hoffe doch, daß es mir gelungen ist, sowohl dem österreichischen als auch dem deutschen Leserkreis eine verständliche Darstellung zu geben. Denn gerade der Anfänger klammert sich meistens an eine bestimmte Bezeichnung, und nichts macht ihn mehr verwirrt, als deren Änderung. Es braucht seine Zeit, bis er die Dinge klar erfaßt, die hinter der Bezeichnung stehen.

ERNST MELAN, der als Mitautor der ersten vier Auflagen dieses Buches zeichnete, ist am 10. Dezember 1963 im Alter von 73 Jahren verstorben.

Zur Erinnerung an ihn wurde hier das Vorwort wiedergegeben, das er zur vierten Auflage geschrieben hat und das sinngemäß auch für die fünfte Auflage Geltung hat.

Abermals erfülle ich die angenehme Pflicht, dem Verlag für sein verständnisvolles Eingehen auf meine Vorschläge zu danken sowie für die gute Zusammenarbeit, die nun schon mehr als 30 Jahre währt.

Innsbruck, im Juli 1972   FRITZ CHMELKA

Inhaltsverzeichnis

III. Biegungs- und Schubbeanspruchung gerader Träger

A. Die Biegungsbeanspruchung

B. Die Schubbeanspruchung infolge der Querkräfte

IV. Beanspruchung auf außermittigen Zug oder Druck, bzw. durch Biegemoment und Normalkraft

V. Die Biegelinie

Verzeichnis der Tafeln und Tabellen

I. Grundlagen der Festigkeitslehre

1. Einleitung. Die Festigkeitslehre liefert die Grundlagen für die Bemessung der einzelnen Bauteile technischer Konstruktionen. Im Rahmen des vorliegenden Buches sollen in der Hauptsache jene Gebiete der Festigkeitslehre behandelt werden, die auf das Bauwesen Bezug haben, doch hat vieles von dem, was hier gebracht wird, auch für den Maschinenbau seine Bedeutung.

Wir betrachten stets feste Körper, die sich unter dem Einfluß der auf sie wirkenden Kräfte im Gleichgewicht, also in Ruhe befinden. Unseren sämtlichen Betrachtungen sind daher die Gesetze der Statik zugrunde zu legen. Soweit die theoretischen Erörterungen reichen, ist vorausgesetzt, daß die Körper *homogen,* d. h. bis in ihre kleinsten Teile von vollkommen gleichartiger Zusammensetzung, und ferner *isotrop* sind, d. h. nach allen Richtungen gleiches Verhalten zeigen.

Die Festigkeitslehre fußt einerseits auf praktischen Erfahrungen, wie sie von der *Baustoffkunde* und dem *Materialprüfungswesen* vermittelt werden, anderseits auf theoretischen Überlegungen, die zum Großteil an die *mathematische Elastizitätstheorie* anknüpfen. In der Festigkeitslehre kommen wir im allgemeinen mit dem Idealbild des starren Körpers nicht mehr aus, sondern müssen des öfteren die Verformungen berücksichtigen, welche die betrachteten Körper unter dem Einfluß der auf sie wirkenden Belastungen erleiden. Die mathematische Elastizitätstheorie geht bei ihren Betrachtungen stets von einem bestimmten, mathematisch faßbaren Zusammenhang zwischen den Belastungen oder, genauer gesagt, zwischen den durch die Belastungen geweckten *Spannungen* (s. Nr. 3) einerseits und den Formänderungen anderseits aus, der als *Elastizitätsgesetz* bezeichnet wird. Das einfachste Elastizitätsgesetz ist die Annahme, daß zwischen den Spannungen und den Formänderungen ein *linearer* Zusammenhang besteht (Hookesches Gesetz, s. Nr. 7). Die auf diesem Gesetz beruhende Elastizitätstheorie wird als *klassische Elastizitätstheorie* bezeichnet und wurde unter Zuhilfenahme der höheren Mathematik sehr weit ausgebaut. Da selten ein anderes, komplizierteres Elastizitätsgesetz zugrunde gelegt wird, das dann natürlich die Theorie erheblich schwieriger gestaltet, meint man, wenn man von Elastizitätstheorie spricht, fast immer die klassische Theorie.

Für welche Stoffe nun ein bestimmtes Elastizitätsgesetz gilt bzw. in welchem Belastungsbereich dieses Gesetz das tatsächliche Verhalten des Stoffes richtig beschreibt, darüber kann nur der Versuch, also das Materialprüfungswesen Auskunft geben. Versuche zeigen uns auch, welcher Zusammenhang zwischen Spannung und Formänderung nach Durchschreiten des Gültigkeitsbereiches des Elastizitätsgesetzes, den man als *elastischen Bereich* bezeichnet, besteht, sie zeigen ferner, wann der Bruch oder das Versagen des Werkstückes zu erwarten ist und liefern somit weitere Grundlagen zu theoretischen Forschungen (Plastizitätstheorie, Theorie des Bruches).

Die strengen Ansätze und die exakten Lösungsmethoden der mathematischen Elastizitätstheorie sind häufig zu kompliziert, um den Ausgangspunkt für die praktische Berechnung von Bauteilen bilden zu können. Deshalb stellt sich die *technische Festigkeitslehre* die Aufgabe, mit möglichst elementaren mathematischen Hilfsmitteln und gegebenenfalls unter vereinfachenden Annahmen das Wesentliche der jeweils vorliegenden Probleme zu erfassen und für die Bemessung der Bauteile möglichst einfache Gebrauchsformeln zu entwickeln.

Die Formänderungen, welche die von uns betrachteten Bauteile unter dem Einfluß der Gebrauchslast erfahren, sind zumeist sehr klein gegenüber den Abmessungen dieser Bauteile selbst. Dies erlaubt uns in vielen Fällen bei der Anwendung der Gleichgewichtsbedingungen von den infolge der Belastung eingetretenen Formänderungen abzusehen und die Gleichgewichtsbedingungen für den unverformten Körper aufzustellen. Man sagt in diesem Fall, man treibe *Theorie erster Ordnung*. In gewissen Fällen jedoch, z. B. in dem in Abschnitt VII behandelten Problem der Knickung gedrückter Stäbe, führt die Theorie erster Ordnung nicht zum Ziel. Wir müssen hier die Gleichgewichtsbedingungen auf das verformte Tragwerk anwenden, d. h. wir müssen nunmehr Größen berücksichtigen, die wir bei der Theorie erster Ordnung als „klein“ vernachlässigt haben. Man nennt dies *Theorie zweiter Ordnung*.

2. Arten der Beanspruchung. Man unterscheidet gewisse einfachste Arten der Beanspruchung, aus denen sich dann kompliziertere Beanspruchungen zusammensetzen lassen. Bild 1 der Abb. 1 zeigt die Beanspruchung eines geraden Stabes auf *reinen Zug*. Die beiden an dem Stab angreifenden Kräfte wirken in der Stabachse, das ist die Verbindungslinie aller Querschnittsschwerpunkte des Stabes. Bild 2 zeigt die Beanspruchung eines kurzen Zylinders auf *reinen Druck*. Die beiden Druckkräfte wirken in der Zylinderachse. Bei der Druckbeanspruchung kommt es mitunter zu der Erscheinung der *Knickung* (Bild 3). Auch bei vollkommen zentrisch aufgebrachter Last zeigt sich, daß ein gerader schlanker Stab, wenn die Druckkraft eine bestimmte Größe erreicht hat, plötzlich aus seiner geraden Lage herausspringt und eine gekrümmte Gestalt annimmt. Bild 4 stellt ein Beispiel der Beanspruchung auf *Biegung* dar. Die beiden gleich großen und symmetrisch zur Balkenmitte liegenden Kräfte P rufen zwei Auflagerdrücke hervor, die ebenfalls die Größe P haben. In dem Balkenteil zwischen den beiden Lasten wirken dann keine Querkräfte, sondern nur Biegemomente. Dieser Beanspruchungsfall wird als *reine Biegung* bezeichnet. In den beiden äußeren Balkenteilen sind neben Biegemomenten auch noch Querkräfte wirksam. Die hier vorliegende Beanspruchung wird *allgemeine Biegung* genannt. Die Bilder 5 und 6 zeigen die Beanspruchung auf *Abscherung*. Bild 5

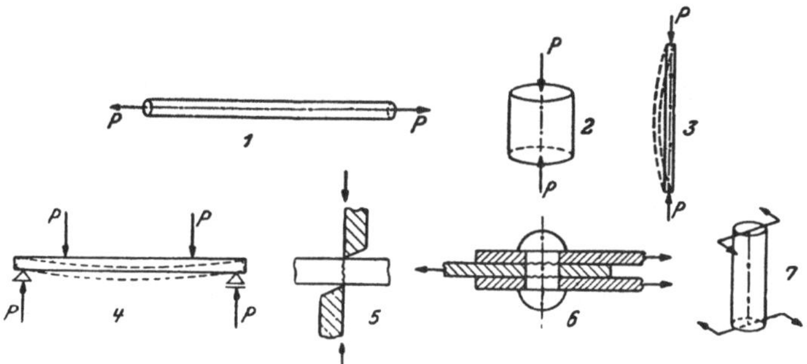

Abb. 1. Grundfälle der Beanspruchung

das Schneiden mit einer Schere, Bild 6 die Abscherungsbeanspruchung eines Niets. (Die auf Abscherung beanspruchten Flächen sind durch Wellenlinien gekennzeichnet.) In Bild 7 endlich sehen wir einen Zylinder, der auf *Drillung* oder *Torsion* beansprucht ist. Diese Beanspruchung entsteht durch zwei gleich große, entgegengesetzt gerichtete Momente (Kräftepaare) in zwei zu einander parallelen Ebenen.

3. Spannung und Spannungszustand. Der einachsige Spannungszustand. Schon in der Statik[1], und zwar in dem Abschnitt über die Träger, haben wir uns klar gemacht, daß im Inneren jedes belasteten Körpers Kräfte wirksam sein müssen, die den Zusammenhang des Körpers bewirken und die wir *innere Kräfte* genannt haben. Wir haben dort lediglich die Resultierende dieser inneren Kräfte in einer beliebigen Querschnittsfläche des Trägers ermittelt bzw. ein dieser Resultierenden gleichwertiges Kraftsystem, bestehend aus Biegemoment, Normalkraft und Querkraft bestimmt. Wir gehen nun einen Schritt weiter und fragen, wie die inneren Kräfte nach Größe und Richtung über irgend eine gedachte Schnittfläche durch den Körper verteilt sind. Wir wiederholen noch ein-

---

[1] CHMELKA-MELAN, Einführung in die Statik (Springer-Verlag, Wien-New York, 8. Aufl. 1968), im folgenden kurz als *Statik* zitiert.

mal, wie wir zu dem Begriff der inneren Kräfte gelangt sind. Wir betrachten einen beliebig gestalteten festen Körper, der unter dem Einfluß einer Anzahl beliebig gerichteter *äußerer Kräfte* (Lasten und Auflagerdrücke) stehen möge (Abb. 2). Diese Kräfte können an der Oberfläche des Körpers angreifen; sie können Einzelkräfte sein, wie etwa Raddrücke, Stützendrücke usw. oder verteilte Kräfte, wie Sandschüttungen, Winddruck u. dgl. Aber auch Kräfte, die im Inneren des Körpers angreifen, an jedem seiner Massen- bzw. Volumselemente, wie etwa das Eigengewicht, zählen wir zu den äußeren Kräften, da sie durch äußere Ursachen (z. B. durch die Anziehung der Erde) bewirkt werden. Die ersteren Kräfte nennen wir Oberflächenkräfte, die letzteren Massen- oder Volumskräfte. Von diesen äußeren Kräften setzen wir voraus, daß sie sich im Gleichgewicht befinden.

Wenn sich der ganze Körper im Gleichgewicht befindet, dann muß dies auch für jeden seiner Teile zutreffen, denn wir wollen vorläufig nicht annehmen, daß der Körper unter der Wirkung der äußeren Kräfte zerreißt. Betrachten wir etwa den in Abb. 2 dargestellten Körper unter der Einwirkung der äußeren Kräfte $P_1 \ldots P_5$ und legen wir durch ihn in Gedanken einen Schnitt $s \ldots s$, so muß sowohl der links von

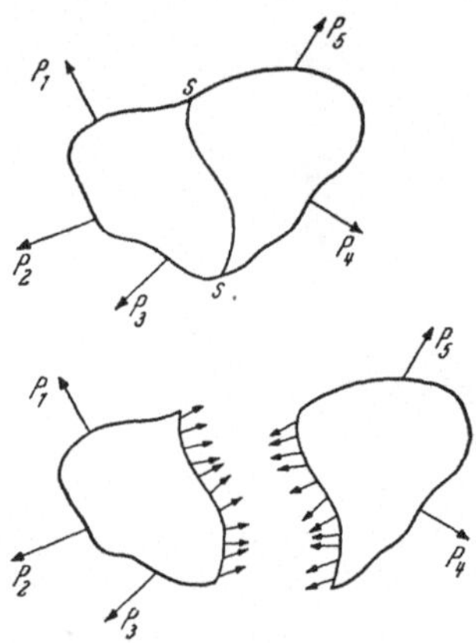

Abb. 2. Die inneren Kräfte

der Schnittfläche gelegene Teil des Körpers im Gleichgewicht sein als auch der rechts gelegene. Nun ist dieses Gleichgewicht für die linke Hälfte unter dem Einfluß von P_1, P_2, P_3 allein offenbar nicht möglich; denn diesen drei Kräften würde erst durch Hinzufügen von P_4 ind P_5 das Gleichgewicht gehalten. Wir sind daher gezwungen anzunehmen, daß der rechte Teil des Körpers durch die Fläche $s \ldots s$ hindurch auf den linken Teil Kräfte ausübt. Diese über den Schnitt flächenhaft verteilten Kräfte müssen so beschaffen sein, daß sie den am linken Teil angreifenden äußeren Kräften P_1, P_2, P_3 das Gleichgewicht halten oder, anders ausgedrückt, daß sie die Wirkung der am rechten Teil angreifenden Kräfte P_4, P_5 ersetzen.

Wir können nun in unserer Betrachtung ebenso gut vom rechten Teil des Körpers ausgehen und kommen dann zu dem Ergebnis, daß die linke Hälfte durch die Fläche $s \ldots s$ hindurch Kräfte übertragen muß, die mit den an der rechten Hälfte angreifenden äußeren Kräften P_4, P_5 im Gleichgewicht stehen müssen, bzw. daß die übertragenen Kräfte der an der linken Hälfte wirkenden Kräftegruppe P_1, P_2, P_3 gleichwertig sein müssen. Daraus erkennen wir bereits, daß die vom rechten auf den

linken Teil des Körpers und umgekehrt übertragenen Kräfte in ihrer
Gesamtwirkung entgegengesetzt gleich sein müssen. Daß diese Kräfte
Punkt für Punkt der Schnittfläche entgegengesetzt gleich sein müssen,
folgt aus dem *Gegenwirkungssatz* (s. Statik, S. 2). Denn diese durch die
Schnittfläche hindurch übertragenen Kräfte werden von den zu beiden
Seiten der Fläche gelegenen Molekülen aufeinander ausgeübt. Sie bewirken den inneren Zusammenhang des belasteten Körpers und werden
daher *innere Kräfte* genannt. Wegen der spiegelbildlichen Gleichheit
der inneren Kräfte an den beiden Schnittufern ist es gleichgültig, ob man
bei ihrer Ermittlung von dem einen oder dem anderen Teil des Körpers
ausgeht.

Wir können nun jedes Flächenelement im Innern des Körpers als
Teil einer solchen gedachten Schnittfläche $s \ldots s$ auffassen; es werden

daher im allgemeinen auf
jedem Flächenelement dF im
Innern eines belasteten Körpers innere Kräfte übertragen.
Bezeichnen wir die Resul-
tierende dieser auf dF übertragenen Kräfte mit dP, so
nennt man ganz allgemein den
Quotienten aus der Kraft und

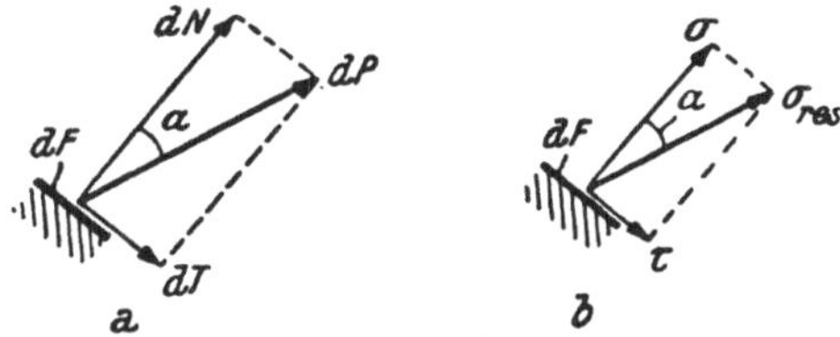

Abb. 3. Normal- und Schubspannung

jener Fläche, auf der sie wirkt, die auf der Fläche übertragene *Spannung*.
Die Spannung ist demnach die Kraft, die pro Flächeneinheit der
betreffenden Fläche übertragen wird. In unserem Fall wird also auf dF
die *Gesamtspannung* oder *resultierende Spannung*

$$\sigma_{\text{res}} = \frac{dP}{dF} \qquad (3, 1)$$

übertragen. Da die Kraft ein Vektor ist, gilt dies auch für die Spannung,
und der Spannungsvektor hat die Richtung des Kraftvektors. Die Spannung wird in kp/cm² bzw. Mp/cm² usw. gemessen[1].

---

[1] Die technische Krafteinheit ist das *Kilopond* (kp), das ist nach strenger Definition
die Kraft, mit der eine am *Normort* ruhende Masse von 1 kg im leeren Raum auf ihre
Unterlage drückt. Man nennt diese Kraft auch das *Gewicht* der Masse 1 kg am Normort oder kurz das *Normgewicht* von 1 kg. Unter dem Normort versteht man einen
Punkt der Erde, wo die Fallbeschleunigung den Normwert $g = 9{,}80665$ m/sec²
besitzt; das ist näherungsweise ein Ort unter 45° geographischer Breite auf Meeres-
niveau. 1000 kp nennt man 1 Megapond (Mp).

Für unsere Zwecke genügt es, wenn wir sagen, daß 1 kp das Gewicht der
Masse von 1 kg (näherungsweise die Masse von 1 Liter Wasser bei 4° Celsius) an
der Erdoberfläche ist.

In der Bundesrepublik Deutschland soll ab 1978 als Krafteinheit nurmehr das
Newton (N) verwendet werden. 1 N = 1/9,80665 kp ist die Kraft, die der Masse
1 kg die Beschleunigung 1 m/sec² erteilt.

Zerlegen wir, wie in Abb. 3 dargestellt, den irgendwie zu dF geneigten Kraftvektor dP in eine Komponente dN normal zu dF (Normalkraft) und in eine Komponente dT, die in der Fläche liegt (Tangential- oder Schubkraft), so ist

$$dN = dP \cos \alpha, \quad dT = dP \sin \alpha.$$

Wir nennen dann

$$\sigma = \frac{dN}{dF} = \sigma_{\mathrm{res}} \cos \alpha \qquad (3, 2)$$

die auf dF übertragene *Normalspannung* und

$$\tau = \frac{dT}{dF} = \sigma_{\mathrm{res}} \sin \alpha \qquad (3, 3)$$

die *Schubspannung*. Die Normalspannung wird in der Regel als positiv bezeichnet, wenn sie eine *Zugspannung* ist, d. h. wenn sie von dem

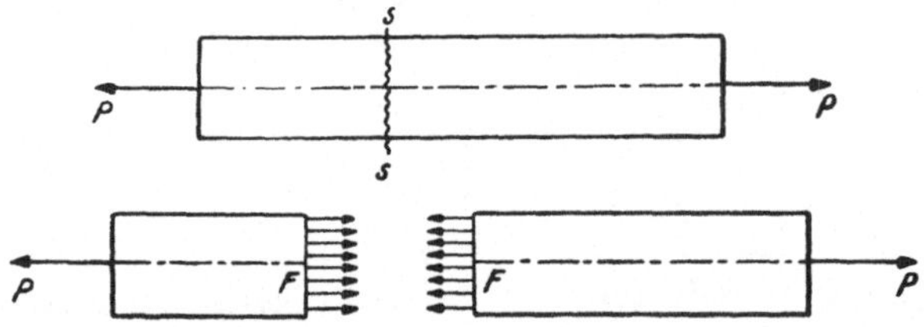

Abb. 4. Zugstab; Spannungsverteilung auf dem Querschnitt

betrachteten Teil des Körpers weg gerichtet ist. Ist sie dagegen auf den betrachteten Teil des Körpers hin gerichtet, dann wird sie als *Druckspannung* meist mit negativem Vorzeichen versehen.

Betrachten wir als Beispiel den einfachen Fall eines auf Zug beanspruchten geraden Stabes mit konstanter Querschnittsfläche F (Abb. 4). Die beiden gleich großen und entgegengesetzt gerichteten Kräfte P sollen in der Stabachse (das ist die Verbindungslinie der Querschnittsschwerpunkte) liegen. Die äußeren Kräfte befinden sich somit im Gleichgewicht. Legen wir nun (in Gedanken) einen Schnitt $s \dots s$ senkrecht zur Stabachse, so müssen die auf dieser Fläche übertragenen inneren Kräfte die folgenden Bedingungen erfüllen: Sie müssen eine Resultierende P besitzen, die in der Stabachse liegt und die am linken Teil nach rechts, am rechten Teil nach links weist. Alle diese Bedingungen sind erfüllt, wenn wir auf F eine konstante Zugspannung von der Größe

$$\sigma = \frac{P}{F} \qquad (3, 4)$$

annehmen. Denn dann ist die Normalkraft, die auf einem Flächenelement der Querschnittsfläche übertragen wird, $dN = \sigma \, dF$, d. h. der Größe von dF proportional, und die Resultierende aller dieser Kräfte geht demnach durch den Schwerpunkt von F. Die Schubkraft dT ist auf der ganzen Fläche gleich Null. Die gesamte übertragene Kraft ist als Produkt aus Spannung und Fläche $\sigma F = P$.

Diese gleichmäßige Spannungsverteilung wird natürlich nur in einiger Entfernung von den Stabenden anzutreffen sein. In der Nähe der Stabenden, wo die äußeren Kräfte eingeleitet werden, wird sicherlich eine nach Größe und Richtung sehr ungleichmäßige Spannungsverteilung herrschen.

Wir wollen nun zeigen, daß zu dem Begriff der Spannung an irgend einer Stelle des belasteten Körpers stets die Angabe des Flächenelements gehört, auf dem sie wirkt. Haben wir vorhin auf einer Fläche senkrecht zur Stabachse nur eine Normalspannung und keine Schubspannung angetroffen, so ändert sich dieses Bild, wenn wir nun einen schiefen Schnitt durch den Stab führen (Abb. 5). Schließt die Normale n der neuen Schnittfläche mit der Stabachse den Winkel α ein und bezeichnen

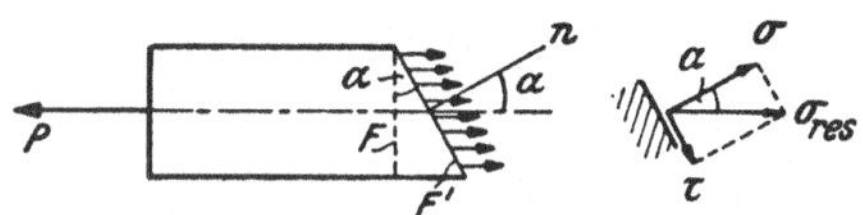

Abb. 5. Zugstab; Spannungsverteilung auf einer schiefen Schnittfläche

wir die Größe der schiefen Schnittfläche mit F', so ist $F' = F/\cos\alpha$. Wir können nunmehr das Gleichgewicht des abgeschnittenen Stabteiles herstellen, indem wir auf jedem Element der Fläche F' die zur Stabachse parallel gerichtete Spannung

$$\sigma_{\text{res}} = \frac{P}{F'} = \frac{P}{F}\cos\alpha \qquad (3,5)$$

annehmen. Wir zerlegen diese *schiefe Spannung*, wie sie auch genannt wird, nach den Gl. (3, 2) und (3, 3) in die Normalspannung

$$\sigma = \frac{P}{F}\cos^2\alpha \qquad (3,6)$$

und in die Schubspannung

$$\tau = \frac{P}{F}\sin\alpha\cos\alpha. \qquad (3,7)$$

Im Gegensatz zu früher treten jetzt auf den Flächenelementen sowohl Normal- wie auch Schubspannungen auf. Wir sehen ferner, daß mit zunehmender Neigung der Schnittfläche die Normalspannung dauernd abnimmt, während die Schubspannung zunächst von Null auf einen Höchstwert $\tau_{\max} = \frac{1}{2}\frac{P}{F}$, für $\alpha = 45°$, anwächst, um dann wieder abzunehmen.

Mit der Änderung der Stellung des Flächenelements im Raum ändert sich somit im allgemeinen die darauf wirkende Spannung. Die Gesamtheit der Spannungen, die wir auf allen Flächenelementen durch einen bestimmten Punkt des belasteten Körpers erhalten oder, bildlich ausgedrückt, das Büschel sämtlicher Vektoren der resultierenden Spannung, nennen wir den *Spannungszustand* in diesem Punkt. Der Spannungszustand wird sich im allgemeinen von Punkt zu Punkt des Körpers ändern. Sollte er über ein gewisses Gebiet unveränderlich sein, dann spricht man von einem *homogenen Spannungszustand* in diesem Gebiet.

In dem obigen Beispiel des Zugstabes behielt der Vektor der resultierenden Spannung bei Drehung der Schnittfläche stets dieselbe Richtung bei, nämlich die der Stabachse. Einen solchen Spannungszustand nennt man einen *einachsigen Spannungszustand*. Alle Flächenelemente parallel zur Achse des Spannungszustands ($\alpha = \pi/2$) sind hier spannungsfrei.

Liegt der Vektor der resultierenden Spannung für alle möglichen Lagen des Flächenelements stets parallel zu einer und derselben Ebene, so spricht man von einem *ebenen* oder *zweiachsigen Spannungszustand*. Weist der resultierende Spannungsvektor nach allen möglichen Richtungen des Raums, dann sagt man, es herrsche ein *räumlicher* oder *dreiachsiger Spannungszustand*. Es läßt sich leicht zeigen, daß in einem Körper, in dem ein ebener Spannungszustand herrscht, alle Flächenelemente, die parallel zur Ebene des Spannungszustands liegen, spannungsfrei sind. Beim räumlichen Spannungszustand weist im allgemeinen jedes Flächenelement Spannungen auf. Und falls irgendwelche Flächenelemente spannungsfrei sein sollten, so läßt sich jedenfalls keine Gerade bzw. keine Ebene angeben, so daß sämtliche zu ihr parallelen Flächenelemente spannungsfrei sind.

Zum Abschluß sei noch darauf hingewiesen, daß häufig, wenn auch nicht immer, zwischen *Schub-* und *Scherspannungen* unterschieden wird, obwohl auch die letzteren Spannungen sind, die in der betrachteten Schnittfläche liegen und ebenfalls mit τ bezeichnet werden. Von Scherspannungen spricht man gewöhnlich dann, wenn in einer Fläche in erster Linie Schubspannungen auftreten, ohne daß gleichzeitig Normalspannungen von wesentlicher Größe vorhanden sind, so wie dies bei einer Abscherungsbeanspruchung, etwa der Niete in Abb. 1, Bild 6, der Fall ist. Die Schubspannungen sind hier, wie auch in anderen Fällen von Abscherungsbeanspruchung sehr ungleichmäßig über die Scherfläche verteilt. Unter Scherspannung versteht man nun den *Mittelwert* der Schubspannung, der sich als Quotient aus der zu übertragenden Kraft und der Scherfläche ergibt. — Hingegen spricht man von einer *Schubbeanspruchung*, wenn die Schubspannungen nicht bloß, wie bei der Scherbeanspruchung, in einer schmalen Schicht auftreten, sondern über ein tieferes räumliches Gebiet verteilt sind. Diese Unterscheidung zwischen Schub- und Scherspannungen läßt sich jedoch nicht immer reinlich durchführen und ist daher auch nicht allgemein üblich.

4. Der ebene Spannungszustand. *a) Die Anwendung der Gleichgewichtsbedingungen auf ein Körperelement.* Ebene Spannungszustände finden wir mit guter Näherung etwa in dünnen Blechen, die durch Kräfte beansprucht sind, die in der Blechebene liegen. Ist der betrachtete Körper im Gleichgewicht, so muß dies auch für jedes Stück der Fall sein, das wir uns aus ihm herausgeschnitten denken. Wir betrachten ein kleines Prisma, dessen rechteckige Grundfläche $ABCD$ der Ebene des Spannungszustands parallel liegt und beziehen es auf das in Abb. 6 eingezeichnete Koordinatensystem. Die Grundfläche habe die Seiten Δx und Δy, die Höhe des Prismas sei Δz. Spannungen werden nur auf den Mantelflächen des Prismas auftreten; Grund- und Deckfläche sind spannungsfrei. Die Spannungen auf den Seitenflächen denken wir uns bereits in ihre Normal- und Schubspannungskomponenten zerlegt. So wird z. B. auf jener Fläche, deren Projektion die Strecke AD ist und die die Größe $\Delta y \cdot \Delta z$ hat, eine Normalspannung σ_x und eine Schubspannung τ_{xy} übertragen. Die Bezeichnung erfolgt nach folgenden Grundsätzen: Die Normalspannung erhält *einen* Index, der die Richtung

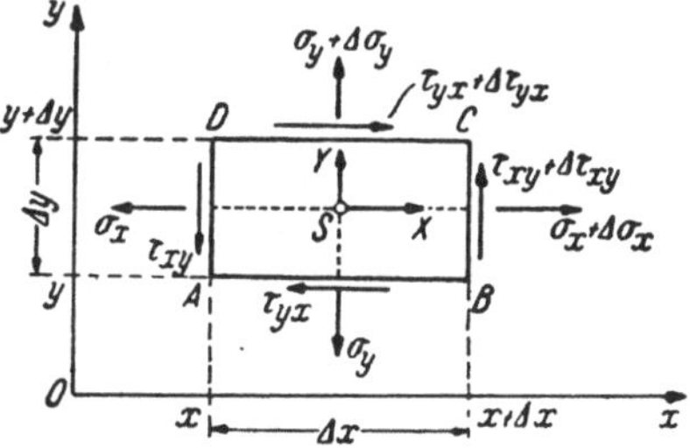

Abb. 6. Ebener Spannungszustand

des Spannungsvektors angibt und gleichzeitig die Richtung der Normalen jenes Flächenelements, auf das sich die Spannung bezieht (hier die x-Richtung). Die Schubspannung erhält *zwei* Indizes, von denen der erste die Richtung der Normalen des Flächenelements bezeichnet, auf dem die Schubspannung wirkt (hier die x-Richtung) und der zweite die Richtung der betreffenden Schubspannungskomponente angibt (hier die y-Richtung)[1]. Wir nehmen an, daß σ_x eine Zugspannung ist und daß τ_{xy} nach abwärts gerichtet ist. Sollte dies in Wirklichkeit nicht zutreffen, dann äußert sich das darin, daß sich die betreffende Spannungskomponente aus der Rechnung mit negativem Vorzeichen ergibt.

Gehen wir von der eben betrachteten „Fläche AD", wie wir sie kurz nennen wollen, zu der parallelen Fläche BC über, so werden sich im allgemeinen σ_x und τ_{xy} ein wenig ändern. Wir schreiben daher hier $\sigma_x + \Delta\sigma_x$ und $\tau_{xy} + \Delta\tau_{xy}$, wo $\Delta\sigma_x$ und $\Delta\tau_{xy}$ kleine Zu- oder Abnahmen der Spannungen bedeuten, wenn wir in der x-Richtung um Δx weiter-

---

[1] Beim ebenen Spannungszustand würde man zur Bezeichnung der Schubspannungen bloß mit einem Index das Auslangen finden, beim räumlichen Spannungszustand, wie wir sehen werden, jedoch nicht mehr. Aus Gründen der Gleichartigkeit der Bezeichnung wollen wir jedoch auch beim ebenen Spannungszustand für die Schubspannungen zwei Indizes verwenden.

schreiten (y jedoch ungeändert lassen). Wenn auf AD σ_x eine Zugspannung war, dann wird auf BC im allgemeinen auch noch Zug herrschen. Die betreffende Spannungskomponente ist also von der Fläche weg, d. h. nach rechts gerichtet, einzuzeichnen. Ebenso dreht auch die Schubspannungskomponente ihre Richtung um, wenn wir von AD zu BC übergehen[1].

Ganz das Gleiche setzen wir für die Schnittflächen AB und CD an. Die Normalspannungen auf ihnen bezeichnen wir mit σ_y bzw. $\sigma_y + \Delta\sigma_y$ mit Richtung der negativen bzw. der positiven y-Achse. Die Schubspannungen nennen wir τ_{yx} bzw. $\tau_{yx} + \Delta\tau_{yx}$, mit Richtung der negativen bzw. der positiven x-Achse.

Die Kräfte, die auf die einzelnen Schnittflächen wirken, erhalten wir durch Multiplikation der Spannung mit der Flächengröße. Es wirkt also auf die Fläche AD, und zwar normal zu ihr, die Kraft $\sigma_x \Delta y \Delta z$. Ihre Wirkungslinie geht durch den Schwerpunkt der Fläche AD. In dieser Fläche selbst liegt ferner die Kraft $\tau_{xy} \Delta y \Delta z$. Sie geht ebenfalls durch den Schwerpunkt. Ähnliches gilt für die übrigen drei Flächen.

Außer diesen acht Kräften, die an der Oberfläche des kleinen Prismas angreifen, können auch noch *Volums-* oder *Massenkräfte* vorhanden sein, wie etwa die an jenem Massenteilchen angreifende Schwerkraft. Bezeichnen wir die Komponenten der Kraft pro Volumseinheit (im Schwerefeld ist diese Kraft gleich dem spezifischen Gewicht) mit X und Y, so wirken auf das Prisma vom Volumen $\Delta x \Delta y \Delta z$ in der x- bzw. y-Richtung die Kräfte $X \Delta x \Delta y \Delta z$ bzw. $Y \Delta x \Delta y \Delta z$, die wir uns im Schwerpunkt S des Prismas angreifend zu denken haben[2]. An unserem kleinen Prisma greifen somit zehn Kräfte an, die im Gleichgewicht sein müssen, für die also die drei statischen Gleichgewichtsbedingungen (s. Statik Nr. 17) $\Sigma X_i = 0$, $\Sigma Y_i = 0$, $\Sigma M_i = 0$, erfüllt sein müssen. Es muß also die algebraische Summe der x- und der y-Komponenten sämtlicher Kräfte verschwinden und ebenso die algebraische Summe der Momente aller Kräfte in bezug auf einen beliebigen Punkt. Für unser Prisma liefert die erste der drei Gleichgewichtsbedingungen

$$(\sigma_x + \Delta\sigma_x)\,\Delta y\,\Delta z - \sigma_x\,\Delta y\,\Delta z + (\tau_{yx} + \Delta\tau_{yx})\,\Delta x\,\Delta z - \tau_{yx}\,\Delta x\,\Delta z +$$
$$+ X\,\Delta x\,\Delta y\,\Delta z = 0.$$

---

[1] Das folgt auch aus dem Gegenwirkungssatz. Die Prismenfläche AD gehört zum rechten Ufer des betreffenden Schnittes, die Prismenfläche BC stellt ein linkes Schnittufer dar. Infolgedessen müssen, sofern die beiden Schnitte nahe benachbart sind, sowohl die Normal- als auch die Schubspannungen auf diesen beiden Flächen entgegengesetzt gerichtet sein.

[2] In den technischen Anwendungen trägt man der Schwerkraft nicht immer in dieser Form Rechnung, sondern berücksichtigt sie häufig dadurch, daß man sich das Gewicht als zusätzliche Belastung auf die Oberfläche des betrachteten Körpers wirkend denkt.

Wir reduzieren und dividieren die ganze Gleichung durch $\Delta x\,\Delta y\,\Delta z$, dann erhalten wir

$$\frac{\Delta\sigma_x}{\Delta x} + \frac{\Delta\tau_{yx}}{\Delta y} + X = 0.$$

In gleicher Weise ergibt sich aus der zweiten Gleichgewichtsbedingung

$$\frac{\Delta\tau_{xy}}{\Delta x} + \frac{\Delta\sigma_y}{\Delta y} + Y = 0.$$

Wir lassen nun das Prisma immer mehr zusammenschrumpfen, führen also den Grenzübergang $\Delta x \to 0$, $\Delta y \to 0$, $\Delta z \to 0$ durch. Dann verwandeln sich die in den obigen Gleichungen vorkommenden Differenzenquotienten in die *partiellen Differentialquotienten* der Spannungen nach den Koordinaten. Die Gleichgewichtsbedingungen für das unendlich kleine Prisma nehmen also die folgende Gestalt an

$$\frac{\partial\sigma_x}{\partial x} + \frac{\partial\tau_{yx}}{\partial y} + X = 0,$$
$$\frac{\partial\tau_{xy}}{\partial x} + \frac{\partial\sigma_y}{\partial y} + Y = 0. \tag{4, 8a}$$

Erläuterung. Sämtliche Spannungskomponenten sind im allgemeinen Funktionen der beiden Koordinaten x und y, wenn wir von einer allfälligen Veränderlichkeit in der z-Richtung im Augenblick absehen. Das bedeutet z. B. für σ_x, daß es nicht nur seinen Wert ändert, wenn wir (wie wir es hier getan haben) bei festgehaltenem y in der x-Richtung fortschreiten, sondern auch dann, wenn wir uns bei festgehaltenem x auf einer Parallelen zur y-Achse bewegen, also parallele Flächenelemente von gleicher x-, aber verschiedener y-Koordinate betrachten. Es werden sich daher für die Funktion σ_x zwei Differentialquotienten angeben lassen; einer, der sich auf die Änderung von σ_x bei festgehaltenem y und Fortschreiten in der x-Richtung bezieht, und ein anderer, der sich auf die Änderung von σ_x bei festem x und Fortschreiten in der y-Richtung bezieht. Der erstere wird mit $\dfrac{\partial\sigma_x}{\partial x}$ bezeichnet und *partieller Differentialquotient der Funktion σ_x nach der Veränderlichen x* genannt, der letztere, $\dfrac{\partial\sigma_x}{\partial y}$, heißt *partieller Differentialquotient von σ_x nach y.* Das obige $\Delta\sigma_x$ war die Änderung, die σ_x erfahren hat, als wir auf einer Parallelen zur x-Achse von der Stelle x zur Stelle $x + \Delta x$ weiterschritten. Der Grenzwert des Differenzenquotienten $\dfrac{\Delta\sigma_x}{\Delta x}$ ist demnach der partielle Differentialquotient $\dfrac{\partial\sigma_x}{\partial x}$. Das Analoge gilt für die drei anderen Differenzenquotienten. Sollten die Spannungen außer von x und y auch noch von z abhängen, dann bezieht sich z. B. $\dfrac{\partial\sigma_x}{\partial x}$ auf die Änderung von σ_x bei Fortschreiten in der x-Richtung, wobei y und z konstant gehalten werden.

Auf eine Beziehung, die wir im folgenden immer wieder verwenden werden, führt uns die dritte Gleichgewichtsbedingung $\Sigma M_i = 0$. Wählen wir als Bezugspunkte für die Momente den Punkt S der Abb. 6, so erhalten wir

$$(\tau_{xy} + \varDelta\tau_{xy})\,\varDelta y\,\varDelta z \cdot \frac{\varDelta x}{2} + \tau_{xy}\,\varDelta y\,\varDelta z \cdot \frac{\varDelta x}{2} - (\tau_{yx} + \varDelta\tau_{yx})\,\varDelta x\,\varDelta z\,\frac{\varDelta y}{2} -$$

$$- \tau_{yx}\,\varDelta x\,\varDelta z\,\frac{\varDelta y}{2} = 0.$$

Diese Gleichung vereinfacht sich zu

$$\tau_{xy} - \tau_{yx} + \frac{1}{2}\varDelta\tau_{xy} - \frac{1}{2}\varDelta\tau_{yx} = 0.$$

Führen wir wieder den Grenzübergang durch, lassen wir also wieder das kleine Prisma immer mehr zusammenschrumpfen, dann werden auch die Spannungsunterschiede auf den Seitenflächen des Prismas, also $\varDelta\tau_{xy}$ und $\varDelta\tau_{yx}$, immer kleiner und kleiner werden (gegen Null konvergieren). Im Grenzfall sind dann $\varDelta\tau_{xy}$ und $\varDelta\tau_{yx}$ unendlich klein gegenüber den endlich großen Spannungen τ_{xy} und τ_{yx} und können aus der Gleichung gestrichen werden[1]. So reduziert sich unsere Gleichung schließlich auf die einfache Beziehung

$$\boxed{\tau_{xy} = \tau_{yx}.} \tag{4, 8b}$$

Die Schubspannungen in den beiden zueinander senkrechten Flächen AD und AB sind also für den Grenzfall, daß das Prisma sehr klein ist, einander gleich.

In Nr. 6 werden wir für die Schubspannungen des räumlichen Spannungszustands eine ganz analoge Beziehung kennenlernen, die jedoch nur für jene Komponenten der Schubspannungen gilt, die zur Schnittlinie der beiden zueinander senkrechten Flächen normal stehen. Dies jetzt gleich vorwegnehmend, können wir also den für jeden beliebigen Spannungszustand gültigen Satz aussprechen: *Die in zwei zueinander senkrechten Flächen liegenden Schubspannungskomponenten, die normal zur Schnittlinie der beiden Flächen gerichtet sind, sind nahe der Schnittlinie gleich groß. Diese Komponenten sind für jeden durch zwei solche Flächen herausgeschnittenen Teil des Körpers entweder beide zur Schnittkante hin oder beide von ihr weg gerichtet.* Wir bezeichnen diese beiden Komponenten als die *einander zugeordneten Schubspannungen.*

Man kann nun die insgesamt drei Gleichungen (4, 8a) und (4, 8b) in zwei Gleichungen zusammenfassen und schreiben

$$\begin{aligned}
\frac{\partial \sigma_x}{\partial x} + \frac{\partial \tau_{xy}}{\partial y} + X &= 0, \\
\frac{\partial \tau_{xy}}{\partial x} + \frac{\partial \sigma_y}{\partial y} + Y &= 0.
\end{aligned} \tag{4, 9}$$

Diese beiden Gleichungen werden *Gleichgewichtsbedingungen des ebenen Spannungszustands* genannt.

---

[1] Diese Streichung ist keine Vernachlässigung, sondern ist ebenso exakt, wie wenn man aus einer algebraischen Summe eine Null wegstreicht.

b) Die Hauptspannungen. Wir betrachten wieder einen Körper, in dem ein ebener Spannungszustand herrscht. Legen wir durch einen beliebigen Punkt O dieses Körpers senkrecht zur Ebene des Spannungszustands Schnitte in allen möglichen Richtungen (die im folgenden betrachteten Schnittflächen sollen immer senkrecht zur Ebene des Spannungszustands stehen), so werden im allgemeinen die Normal- und die Schubspannungen auf den Schnittflächen mit jeder neuen Schnittrichtung ihre Größe ändern. Wir wollen nun zeigen, daß wir diese Spannungen auf einem beliebigen Flächenelement durch den Punkt O berechnen können, wenn uns die Normal- und die Schubspannungen auf zwei zueinander senkrechten Flächenelementen durch O bekannt sind. Wir machen dazu die Normalen dieser beiden Flächenelemente zu Koordinatenachsen x, y und bezeichnen die als bekannt vorausgesetzten Spannungen mit σ_x, σ_y, τ_{xy}, τ_{yx}. Um nun die Normal- und Schubspannung auf einem Flächenelement zu berechnen, dessen Normale n mit der x-Achse den Winkel φ einschließt, denken wir uns aus dem betrachteten Körper ein kleines Prisma mit der dreieckigen Grundfläche OAB herausgeschnitten und stellen für dieses die Gleichgewichtsbedingungen auf (Abb. 7). Die Seiten der Grundfläche bezeichnen

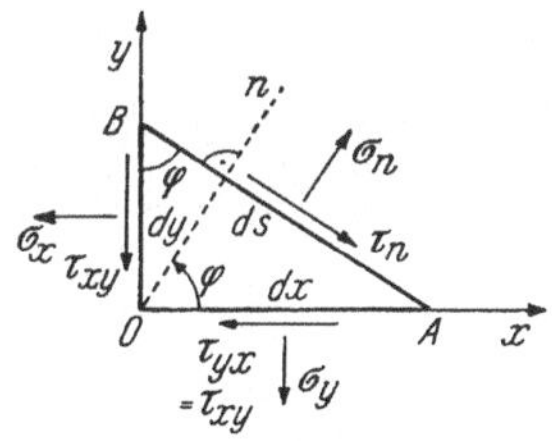

Abb. 7. Berechnung der Spannungen auf einem beliebigen Flächenelement aus den Spannungen auf zwei zueinander senkrechten Flächenelementen

wir mit dx, dy, ds, die Höhe des Prismas sei dz. Die geneigte Schnittfläche AB geht zwar etwas am Punkt O vorbei, da aber die Grundfläche des Prismas unendlich klein ist (wir denken uns den Grenzübergang bereits durchgeführt), werden sich die Spannungen auf einer zu AB parallelen Schnittfläche durch O von den Spannungen auf AB nur wenig unterscheiden, d. h. also im Grenzfall ihnen gleich sein.

Auf die Fläche OB wirken die Spannungen σ_x und τ_{xy}, auf die Fläche OA die Spannungen σ_y und τ_{yx}. Nach Gl. (4, 8 b) ist $\tau_{yx} = \tau_{xy}$. Normal- und Schubspannung auf der Fläche AB mit der Normalen n bezeichnen wir mit σ_n und τ_n.

Da das kleine Prisma im Gleichgewicht sein muß, muß sowohl die Summe der x-Komponenten als auch die Summe der y-Komponenten sämtlicher angreifenden Kräfte verschwinden:

$$\sigma_n \, ds \, dz \cos \varphi + \tau_n \, ds \, dz \sin \varphi - \sigma_x \, dy \, dz - \tau_{xy} \, dx \, dz = 0^1,$$

$$\sigma_n \, ds \, dz \sin \varphi - \tau_n \, ds \, dz \cos \varphi - \sigma_y \, dx \, dz - \tau_{xy} \, dy \, dz = 0.$$

---

[1] Erläuterung: Senkrecht zur Fläche AB wirkt die Kraft $\sigma_n \, ds \, dz$, in dieser Fläche die Kraft $\tau_n \, ds \, dz$. Die x-Komponenten dieser beiden Kräfte sind $\sigma_n \, ds \, dz \cos \varphi$ und $\tau_n \, ds \, dz \sin \varphi$. Eine allfällig vorhandene Komponente X einer Massen-

Setzen wir in diese Gleichungen für $dx = ds \sin \varphi$ und für $dy = ds \cos \varphi$ ein, so erhalten wir

$$\sigma_n \cos \varphi + \tau_n \sin \varphi = \sigma_x \cos \varphi + \tau_{xy} \sin \varphi,$$

$$\sigma_n \sin \varphi - \tau_n \cos \varphi = \sigma_y \sin \varphi + \tau_{xy} \cos \varphi.$$

Aus diesen beiden Gleichungen erhalten wir σ_n, indem wir die erste mit $\cos \varphi$, die zweite mit $\sin \varphi$ multiplizieren und beide Gleichungen addieren. Entsprechend verfahren wir, um τ_n zu berechnen. So erhalten wir

$$\sigma_n = \sigma_x \cos^2 \varphi + \sigma_y \sin^2 \varphi + 2 \tau_{xy} \sin \varphi \cos \varphi,$$

$$\tau_n = (\sigma_x - \sigma_y) \sin \varphi \cos \varphi + \tau_{xy} (\sin^2 \varphi - \cos^2 \varphi). \tag{4, 10}$$

Wir führen in diese Gleichungen den Winkel 2φ ein, mit Hilfe der bekannten trigonometrischen Beziehungen

$$\cos^2 \varphi = \frac{1}{2} (1 + \cos 2\varphi), \quad \sin^2 \varphi = \frac{1}{2} (1 - \cos 2\varphi),$$

$$2 \sin \varphi \cos \varphi = \sin 2\varphi, \quad \cos^2 \varphi - \sin^2 \varphi = \cos 2\varphi.$$

Dann ergibt sich

$$\sigma_n = \frac{\sigma_x + \sigma_y}{2} + \frac{\sigma_x - \sigma_y}{2} \cos 2\varphi + \tau_{xy} \sin 2\varphi, \tag{4, 11a}$$

$$\tau_n = \frac{\sigma_x - \sigma_y}{2} \sin 2\varphi - \tau_{xy} \cos 2\varphi. \tag{4, 11b}$$

Durch Angabe der Spannungen σ_x, σ_y, $\tau_{xy} = \tau_{yx}$ auf zwei zueinander senkrechten Flächenelementen durch den Punkt O ist somit die Normal- und die Schubspannung auf einem beliebigen Flächenelement durch O, das auf der Ebene des Spannungszustands senkrecht steht, bestimmt. Wie sich zeigen läßt, kann man jedoch auch auf jedem beliebig gerichteten Flächenelement durch O die Spannungen aus σ_x, σ_y, τ_{xy} berechnen. Durch diese drei Spannungskomponenten ist somit der (ebene) Spannungszustand in diesem Punkte vollkommen bestimmt.

In die Gl. (4, 11) wie auch in die folgenden Formeln sind sämtliche Spannungen dann als positiv einzusetzen, wenn sie so gerichtet sind, wie in Abb. 7 dargestellt; Normalspannungen somit als positiv, wenn sie Zugspannungen sind, als negativ, wenn sie Druckspannungen sind. Der Winkel φ ist von der x-Achse aus im Gegenzeigersinn positiv zu zählen. Dann ergibt sich σ_n als positiv, wenn es eine Zugspannung ist, als negativ, wenn es eine Druckspannung ist. τ_n ergibt sich als positiv, wenn es die in Abb. 7 eingezeichnete Richtung hat.

---

kraft würde in die Gleichung in Form eines Gliedes $\frac{1}{2} X\, dx\, dy\, dz$ eingehen, das jedoch gegenüber den anderen Gliedern von höherer Kleinheitsordnung ist und im Grenzfall verschwindet. Es wurde daher gar nicht angeschrieben.

Gemäß den Gl. (4, 10) oder (4, 11) ist also die Normalspannung σ_n auf einem beliebigen Flächenelement durch den Punkt O eine Funktion des Winkels φ. Wir fragen nun nach jenen Flächenelementen, für die die Normalspannung Extremwerte hat. Der zugehörige Winkel, den wir mit φ_0 bezeichnen wollen, berechnt sich aus der Gleichung

$$\frac{d\sigma_n}{d\varphi} = 0.$$

Differenzieren wir also die Gl. (4, 11a) nach φ, so erhalten wir unter Berücksichtigung der Gl. (4, 11b)

$$\frac{d\sigma_n}{d\varphi} = -\frac{\sigma_x - \sigma_y}{2} \cdot 2 \sin 2\varphi + \tau_{xy} \cdot 2 \cos 2\varphi = -2\tau_n. \qquad (4, 12)$$

Dieser Ausdruck ist gleich Null zu setzen. Wir erfahren also, daß auf jenen Flächen, denen die Extremwerte der Normalspannung zukommen, stets $\tau_n = 0$ ist. Aus der Gleichung

$$(\sigma_x - \sigma_y) \sin 2\varphi_0 - 2\tau_{xy} \cos 2\varphi_0 = 0$$

ergibt sich für den gesuchten Winkel φ_0

$$\operatorname{tg} 2\varphi_0 = \frac{2\tau_{xy}}{\sigma_x - \sigma_y}. \qquad (4, 13)$$

Ist φ_0 eine Lösung dieser Gleichung, so ist auch $\varphi_0 + \dfrac{\pi}{2}$ eine Lösung, denn es gilt ja

$$\operatorname{tg} 2\left(\varphi_0 + \frac{\pi}{2}\right) = \operatorname{tg}(2\varphi_0 + \pi) = \operatorname{tg} 2\varphi_0. \qquad (4, 14)$$

Es gibt also nicht bloß *ein* Flächenelement, für das die Normalspannung einen Extremwert besitzt, sondern stets deren zwei, und zwar stehen diese aufeinander senkrecht. Die weiteren Lösungen der Gl. (4, 13), nämlich $\varphi_0 + \pi$, $\varphi_0 + 3\dfrac{\pi}{2}$ usw. liefern keine neuen Flächenelemente, sondern führen auf eines der beiden erstgenannten zurück. Die Werte der Spannung σ_n auf diesen beiden Flächenelementen bezeichnen wir mit σ_1 und σ_2. Sie heißen *Hauptspannungen*, die zugehörigen Flächenelemente werden *Hauptspannungsflächen* genannt[1]. Setzen wir in Gl. (4, 11a) für $\varphi = \varphi_0$ bzw. $\varphi = \varphi_0 + \dfrac{\pi}{2}$ ein, so erhalten wir

$$\sigma_1 = \frac{\sigma_x + \sigma_y}{2} + \frac{\sigma_x - \sigma_y}{2} \cos 2\varphi_0 + \tau_{xy} \sin 2\varphi_0,$$

$$\sigma_2 = \frac{\sigma_x + \sigma_y}{2} - \frac{\sigma_x - \sigma_y}{2} \cos 2\varphi_0 - \tau_{xy} \sin 2\varphi_0. \qquad (4, 15)$$

---

[1] Zum Unterschied von den später folgenden Hauptschubspannungen und den Hauptschubspannungsflächen spricht man oft auch von *Hauptnormalspannungen* und *Hauptnormalspannungsflächen*.

Ist σ_1 ein Maximum der Normalspannung, so ist σ_2 ein Minimum und umgekehrt. Dies folgt einfach daraus, daß zwischen zwei Maxima einer stetigen Funktion stets ein Minimum liegen muß und umgekehrt zwischen zwei Minima stets ein Maximum. Ist also etwa σ_1 ein Maximum, so muß sich auch für $\varphi_0 + \pi$, das ja zu demselben Flächenelement führt, wiederum σ_1, also wieder ein Maximum ergeben. Zwischen diesen beiden Maxima liegt bei $\varphi_0 + \dfrac{\pi}{2}$ der Wert σ_2, der folglich ein Minimum sein muß.

Aus den Gl. (4, 15) können wir auch die Winkelfunktionen eliminieren, indem wir die bekannten Formeln

$$\cos 2\varphi_0 = \frac{1}{\sqrt{1 + \operatorname{tg}^2 2\varphi_0}}, \qquad \sin 2\varphi_0 = \frac{\operatorname{tg} 2\varphi_0}{\sqrt{1 + \operatorname{tg}^2 2\varphi_0}} \qquad (4, 16)$$

heranziehen und für $\operatorname{tg} 2\varphi_0$ seinen Wert gemäß Gl. (4, 13) einsetzen. Dann erhalten wir

$$\left.\begin{array}{l}\sigma_1\\[1ex]\sigma_2\end{array}\right\} = \frac{\sigma_x + \sigma_y}{2} \pm \frac{1}{2}\sqrt{(\sigma_x - \sigma_y)^2 + 4\,\tau_{xy}^2}. \qquad (4, 17)$$

Diese Formeln haben nur den Nachteil, daß es etwas umständlich zu entscheiden ist, welcher der beiden Spannungswerte zum Winkel φ_0 und welcher zum Winkel $\varphi_0 + \dfrac{\pi}{2}$ gehört, eine Schwierigkeit, die bei den Gl. (4, 15) nicht besteht.

Das Ergebnis unserer Betrachtungen können wir wie folgt zusammenfassen: Herrscht in einem Körper ein *ebener Spannungszustand*, so gibt es durch jeden Punkt des Körpers immer zwei Flächenelemente, die aufeinander und außerdem auf der Ebene des Spannungszustands senkrecht stehen und auf denen die Normalspannungen extreme Werte besitzen. Diese Extremwerte werden *Hauptspannungen* genannt, die Flächen, auf denen sie wirken, heißen *Hauptspannungsflächen*. Die eine Hauptspannung stellt das *Maximum*, die andere das *Minimum* aller Normalspannungen dar, die sich für sämtliche zur Ebene des Spannungszustands senkrechten Flächenelemente durch den betrachteten Punkt ergeben[1]. Da auf den Hauptspannungsflächen keine Schubspannungen wirken, steht die resultierende Spannung auf ihnen senkrecht und stimmt mit der Hauptspannung überein. — Nach Gl. (4, 12) läuft es auf dasselbe hinaus, ob man die Hauptspannungsflächen als jene Flächen definiert, auf denen

---

[1] Spannungsmaximum und -minimum sind unter Berücksichtigung der Vorzeichen verstanden und sind vom größten und kleinsten *Absolutwert* der Spannung wohl zu unterscheiden. Ist z. B. die maximale Normalspannung eine kleine Zugspannung, die minimale eine große Druckspannung, so stellt die letztere die absolut größte Spannung dar. Wegen der Stetigkeit von σ_n als Funktion von φ muß in diesem Fall unter allen Spannungswerten zwischen den beiden Hauptspannungen auch der Wert $\sigma_n = 0$ vorkommen. Die absolut kleinste aller Normalspannungen ist also Null.

die Normalspannungen Extremwerte haben oder als jene Flächen, auf denen die Schubspannungen gleich Null sind.

Wir wollen nun auch jene Flächen bestimmen, auf denen die Schubspannungen extreme Werte haben[1]. Wir differenzieren Gl. (4, 11b) nach φ und setzen den Differentialquotienten gleich Null:

$$\frac{d\tau_n}{d\varphi} = (\sigma_x - \sigma_y) \cos 2\varphi + 2\,\tau_{xy} \sin 2\varphi = 0.$$

Daraus folgt für den Winkel φ_1, für den das Extrem eintritt, die Gleichung

$$\operatorname{tg} 2\varphi_1 = -\frac{\sigma_x - \sigma_y}{2\,\tau_{xy}}. \tag{4, 18}$$

Diese Gleichung liefert wieder zwei voneinander um $90°$ verschiedene Werte des Winkels, also zwei zueinander senkrechte Flächenelemente, für die die Schubspannung ihren größten positiven bzw. ihren größten negativen Wert annimmt. Aus den Gl. (4, 11b) und (4, 18) erhalten wir unter Zuhilfenahme der für den Winkel φ_1 angeschriebenen Gl. (4, 16)

$$\left.\begin{array}{c}\tau_{\max} \\ \tau_{\min}\end{array}\right\} = \pm\frac{1}{2}\sqrt{(\sigma_x - \sigma_y)^2 + 4\,\tau_{xy}^2}. \tag{4, 19}$$

Die beiden Extremwerte, welche *Hauptschubspannungen* genannt werden, sind also absolut genommen einander gleich.

Multiplizieren wir die Gl. (4, 13) und (4, 18) miteinander, so ergibt sich

$$\operatorname{tg} 2\varphi_0 \cdot \operatorname{tg} 2\varphi_1 = -1.$$

Das bedeutet, daß sich die Winkel $2\varphi_0$ und $2\varphi_1$ um $\dfrac{\pi}{2}$ unterscheiden bzw. daß gilt

$$\varphi_1 = \varphi_0 \pm \frac{\pi}{4}. \tag{4, 20}$$

Die Flächen, auf denen die Extremwerte der Schubspannungen auftreten, halbieren demnach die rechten Winkel zwischen den Hauptnormalspannungsflächen.

Zum Unterschied von den schubspannungsfreien Hauptnormalspannungsflächen sind die Flächen der extremen Schubspannungen nicht immer normalspannungsfrei [s. Gl. (5, 24)]. Wenn sie es sind, dann sagt man, es herrsche *reiner Schub*. Das bedeutet aber nicht, daß in diesem Fall auf keiner Fläche durch den betrachteten Punkt Normalspannungen auftreten (s. Nr. 5).

In vielen Fällen sind ebene Spannungszustände senkrecht zur Ebene des Spannungszustands unveränderlich oder können wenigstens näherungsweise als unveränderlich betrachtet werden. Bildet man einen Körper, in dem ein solcher

---

[1] Auch hier werden nur Flächenelemente betrachtet, die zur Ebene des Spannungszustandes senkrecht stehen.

ebener Spannungszustand herrscht, auf eine Ebene ab, die zur Ebene des Spannungs‑
zustands parallel ist und zeichnet auf diesem Bild für jeden Punkt des Körpers die
beiden Hauptspannungsrichtungen ein, so hüllen diese als Tangenten zwei Kurven‑
scharen ein, die sich rechtwinkelig durchkreuzen und die *Hauptspannungslinien*
genannt werden. Ebenso kann man zwei Kurvenscharen einzeichnen, deren Tan‑
genten in jedem Punkt die Richtung der größten Schubspannung angeben. Diese
Schubspannungslinien durchsetzen einander gleichfalls rechtwinklig und schneiden
die Hauptspannungslinien unter 45°. (Sollte der Spannungszustand nicht in allen
Ebenen parallel zu jener des Spannungszustands derselbe sein, dann gilt die be‑
schriebene Darstellung immer nur für eine bestimmte Ebene.)

5. Der Mohrsche Spannungskreis. Für den ebenen Spannungszustand
gibt es ein einfaches, von O. MOHR[1] herrührendes zeichnerisches Ver‑

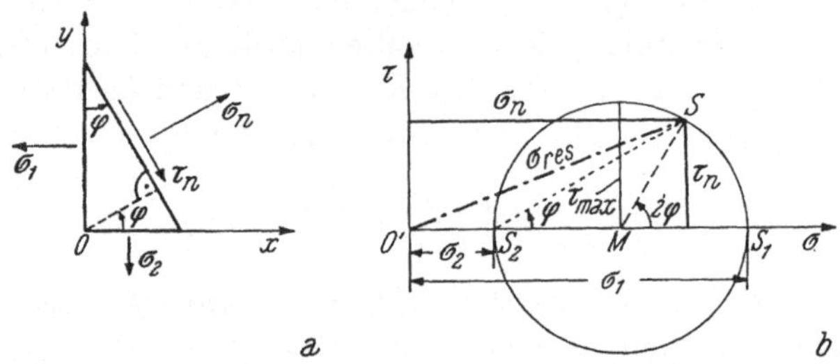

Abb. 8. Der Mohrsche Spannungskreis für den ebenen Spannungszustand

fahren zur Ermittlung der Spannungen auf allen Flächenelementen, die
durch einen beliebigen Punkt O senkrecht zur Ebene des Spannungs‑
zustands gelegt werden können. Am einfachsten wird die Konstruktion
dann, wenn, wie wir es hier voraussetzen wollen, für den betreffenden
Punkt Größe und Richtung der beiden Hauptspannungen σ_1 und σ_2
bekannt sind. Das Verfahren läßt sich jedoch, worauf wir hier nicht
näher eingehen, auch dann anwenden, wenn bloß die Normal- und Schub‑
spannungen für zwei beliebige, zueinander senkrechte Flächen durch O
bekannt sind und verhilft dann u. a. zur Ermittlung der Größe und
Richtung der Hauptspannungen[2].

Legen wir in die Richtungen der Hauptspannungen σ_1 und σ_2 ein
Koordinatensystem x, y, so können wir die Normal- und die Schub‑
spannung auf einer Fläche, deren Normale n mit der x-Achse den Winkel

---

[1] OTTO MOHR (1835—1918) war Professor an der Technischen Hochschule in
Dresden. Er entwickelte eine große Anzahl graphischer Methoden, von denen wir
noch einige kennenlernen werden.

[2] S. z. B. T. PÖSCHL, Elementare Festigkeitslehre (Springer-Verlag, Berlin,
2. Aufl. 1952). — Auch der Mohrsche Trägheitskreis (s. Nr. 30) läßt sich sinngemäß
auf die Spannungslehre übertragen, worüber ebenfalls in diesem Buch nachgelesen
werden kann.

φ einschließt (Abb. 8 a), nach den Gl. (4, 11) berechnen. Wir haben dort für $\sigma_x = \sigma_1$, für $\sigma_y = \sigma_2$ und für $\tau_{xy} = 0$ einzusetzen, dann erhalten wir

$$\sigma_n = \frac{\sigma_1 + \sigma_2}{2} + \frac{\sigma_1 - \sigma_2}{2} \cos 2\varphi,$$

$$\tau_n = \frac{\sigma_1 - \sigma_2}{2} \sin 2\varphi. \tag{5, 21}$$

Wir schaffen das Glied $\dfrac{\sigma_1 + \sigma_2}{2}$ der ersten Gleichung auf die linke Seite, dann quadrieren und addieren wir die beiden Gleichungen, wodurch die Winkelfunktionen eliminiert werden:

$$\left(\sigma_n - \frac{\sigma_1 + \sigma_2}{2}\right)^2 + \tau_n^2 = \left(\frac{\sigma_1 - \sigma_2}{2}\right)^2. \tag{5, 22}$$

Fassen wir σ_n und τ_n als Veränderliche auf, so ist dies die Gleichung eines Kreises mit dem Radius $\left|\dfrac{\sigma_1 - \sigma_2}{2}\right|$ (absoluter Betrag). Sein Mittelpunkt M liegt auf der σ-Achse eines σ, τ-Koordinatensystems (Ursprung O') und hat die Abszisse $\dfrac{\sigma_1 + \sigma_2}{2}$ (Abb. 8 b). Die Werte der Spannungen auf sämtlichen Flächenelementen, die sich durch den Punkt O legen lassen, werden also durch die Koordinaten sämtlicher Punkte dieses Kreises, welcher *Mohrscher Spannungskreis* genannt wird, dargestellt. Um den Mohrschen Spannungskreis zu zeichnen, trägt man von O' aus auf der σ-Achse in irgend einem Maßstab die Werte der beiden Hauptspannungen auf, und zwar positive Spannungen nach rechts, negative nach links. (In Abb. 8 b wurden σ_1 und σ_2 als positiv angenommen.) In der Mitte zwischen den beiden so erhaltenen Punkten S_1 und S_2 liegt der Mittelpunkt M des Spannungskreises. Der Radius des Kreises ist gleich $MS_1 = MS_2$. Normal- und Schubspannung auf einem Flächenelement, dessen Normale mit der Richtung von σ_1 den Winkel φ einschließt, werden abgelesen als Abszisse und Ordinate des Kreispunktes S. Dieser Punkt liegt auf jenem Radius, der mit der σ-Achse den Winkel 2φ einschließt. Bei Beachtung der Vorzeichen der Koordinaten von S ergibt sich die Normalspannung mit dem für Zug bzw. Druck festgesetzten Vorzeichen. Die Schubspannung ergibt sich als positiv, wenn sie in der Richtung einer Umkreisung des in Bild a gezeichneten herausgeschnittenen Teilchens im Uhrzeigersinn wirkt, sonst als negativ. Der Winkel 2φ ist stets im Gegenzeigersinn, und zwar vom Radius MS_1 beginnend, aufzutragen. Falls der zur Spannung σ_1 gehörige Punkt S_1 links vom Punkt S_2 liegt, ist demnach der Winkel 2φ von der σ-Achse nach abwärts aufzutragen (s. Abb. 11). Der Winkel φ tritt als Peripheriewinkel am Spannungskreis auf.

Für $\varphi = 45°$, $2\varphi = 90°$, also für jenes Flächenelement, dessen Normale den Winkel zwischen den beiden Hauptspannungsrichtungen halbiert, lesen wir aus dem Spannungskreis den Betrag der maximalen Schubspannung ab. Er ist gleich dem Radius des Kreises:

$$|\tau_{max}| = \left|\frac{\sigma_1 - \sigma_2}{2}\right|. \tag{5, 23}$$

Für die Normalspannung auf diesen Flächen ergibt sich die Strecke $O'M$:

$$\sigma_n = \frac{\sigma_1 + \sigma_2}{2}. \tag{5, 24}$$

Dies folgt auch unmittelbar aus den Gl. (5, 21).

Auch der Betrag der resultierenden Spannung σ_{res} auf einem beliebigen Flächenelement kann aus dem Spannungskreis abgelesen werden. Es gilt ja

$$\sigma_{res} = \sqrt{\sigma_n{}^2 + \tau_n{}^2}, \tag{5, 25}$$

σ_{res} ist also gleich der Strecke $O'S$.

Beispiele. 1. *Allseits gleicher Zug bzw. allseits gleicher Druck in der Ebene.* Nehmen wir an, daß beide Hauptspannungen einander gleich und positiv sind, dann ergibt sich für die Normal- bzw. für die Schubspannung auf einem beliebigen Flächenelement aus den Gl. (5, 21)

$$\sigma_n = \sigma_1 = \sigma_2, \qquad \tau_n = 0.$$

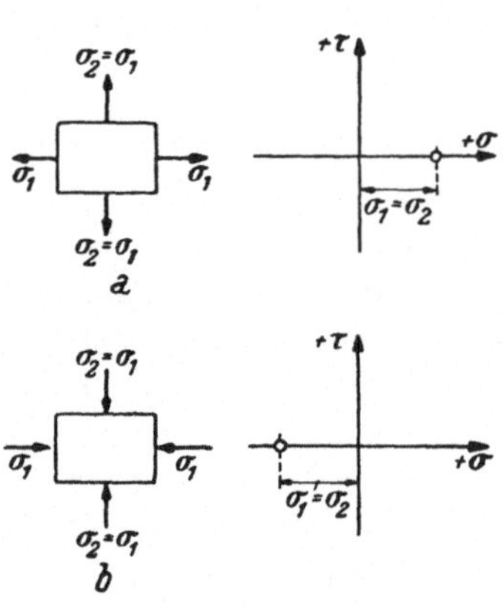

Abb. 9. Die Spannungszustände, a) ebener allseits gleicher Zug, b) ebener allseits gleicher Druck

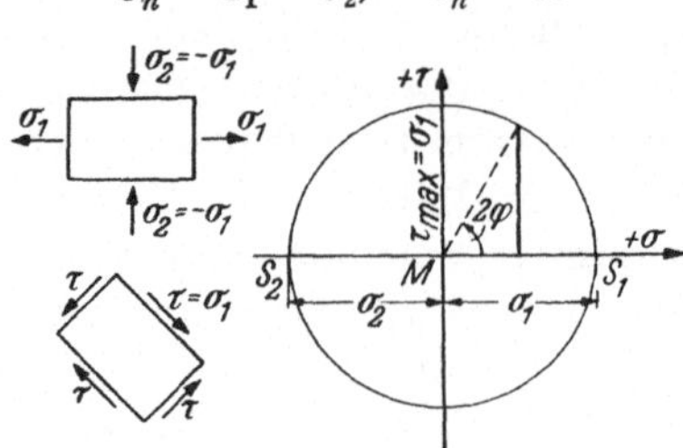

Abb. 10. Der ebene Spannungszustand „reiner Schub"

In diesem Fall ist also keine Schnittfläche vor der anderen ausgezeichnet, auf jeder herrscht der gleiche Wert der Zugspannung und die Schubspannung verschwindet. Dieser Spannungszustand, welcher *ebener allseits gleicher Zug* genannt wird, herrscht z. B. in einer gleichmäßig gespannten Trommelhaut. Sind die beiden Hauptspannungen gleich groß und beide negativ, so spricht man von *ebenem allseits gleichem Druck*. Für diese beiden Spannungszustände schrumpft der Spannungskreis auf einen Punkt zusammen (Abb. 9)[1].

2. *Reiner Schub.* Sind die beiden Hauptspannungen dem Betrage nach gleich haben sie jedoch entgegengesetztes Vorzeichen, nehmen wir etwa an, es sei $\sigma_1 > 0$

---

[1] Es darf nicht übersehen werden, daß bei diesen beiden Spannungszuständen nur jene Flächen schubspannungsfrei sind, die zur Ebene des Spannungszustandes senkrecht stehen. Dagegen treten auf Flächen, die zur Ebene des Spannungszustandes geneigt sind, Schubspannungen auf (ganz ähnlich wie bei dem schief geschnittenen Stab der Nr. 3). Erst bei *räumlich* allseitig gleichem Zug oder Druck sind sämtliche Flächen schubspannungsfrei (Nr. 6).

$\sigma_2 < 0$ und $\sigma_2 = - \sigma_1$, so ergeben die Gl. (5, 21) für ein zu den Hauptspannungsrichtungen unter $45°$ $(2\varphi = 90°)$ geneigtes Flächenelement

$$\sigma_n = 0, \qquad \tau_n = \sigma_1.$$

In diesem Fall sind also die Flächen, auf denen die größten Schubspannungen auftreten, normalspannungsfrei. Man bezeichnet diesen Spannungszustand als *reinen Schub*. Denn schneiden wir aus dem Körper an der betrachteten Stelle ein kleines Prisma derart heraus, daß seine Seitenflächen die Winkel zwischen den Hauptspannungsrichtungen halbieren, so wirken auf diesen Flächen nur Schubspannungen (Abb. 10). Die Größe dieser Schubspannungen ist gleich der der Hauptspannungen. Der Spannungskreis ist in Abb. 10 dargestellt.

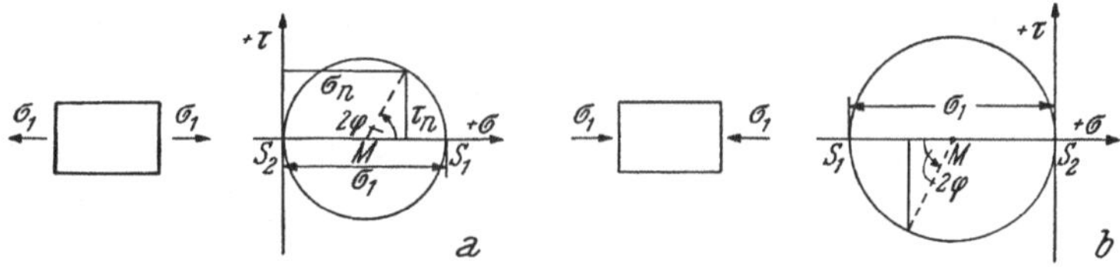

Abb. 11. Die Spannungszustände, a) einachsiger Zug, b) einachsiger Druck

3. Die Spannungszustände *einachsiger Zug* und *einachsiger Druck* können als Sonderfälle des ebenen Spannungszustands aufgefaßt werden. Sie gehen aus diesem hervor, wenn eine der Hauptspannungen, etwa $\sigma_2 = 0$ ist. Die Darstellung mittels Spannungskreises ist ohne weiteres möglich (Abb. 11).

Aus Bild a ergibt sich

$$\sigma_n = \frac{\sigma_1}{2} + \frac{\sigma_1}{2} \cos 2\,\varphi = \frac{\sigma_1}{2}\,(1 + \cos 2\varphi) = \sigma_1 \cos^2 \varphi,$$

$$\tau_n = \frac{\sigma_1}{2} \sin 2\,\varphi = \sigma_1 \sin \varphi \cos \varphi,$$

was mit den Gl. (3, 6) und (3, 7) $(\alpha = \varphi)$ übereinstimmt, denn für den Zugstab ist die Hauptspannung $\sigma_1 = P/F$.

6. Der räumliche Spannungszustand. Die Spannungszustände, die uns in der Praxis begegnen, sind streng genommen meist räumliche. Sie lassen sich jedoch in vielen Fällen, namentlich für einfache Tragwerke in einfachen Belastungsfällen, näherungsweise als ebene bzw. einachsige Spannungszustände auffassen, was wegen der Schwierigkeit der Behandlung des räumlichen Spannungszustands stets sehr erwünscht ist. Da wir im folgenden mit dem räumlichen oder dreiachsigen Spannungszustand nur wenig zu tun haben werden, wollen wir nur kurz auf ihn eingehen. Bei diesem Spannungszustand kann der Vektor der resultierenden Spannung auf einem Flächenelement jede beliebige Richtung im Raum haben. Wir denken und aus einem Körper, in dem ein räumlicher Spannungszustand herrscht, parallel zu den Ebenen eines beliebig gewählten Koordinatensystems x, y, z einen kleinen Quader mit den Seiten Δx, Δy, Δz herausgeschnitten. Die Spannungen, die auf die Flächen des Quaders wirken, zerlegen wir nach den drei Achsenrichtungen in je drei Komponenten: eine Normalspannungs- und zwei Schubspannungskomponenten (Abb. 12). Die Normalspannungskomponenten erhalten bloß einen Index, der sowohl die Richtung der Spannungskomponente angibt als auch die Richtung der Normalen jenes Flächenelements, auf dem die Spannung wirkt[1]. Die Schubspannungskomponenten erhalten zwei Indizes, von denen der erste die Richtung der Normalen des Flächenelements angibt, auf dem sie wirken, der zweite die Richtung der Koordinatenachse, zu der die betreffende Komponente parallel ist. Es wirken also z. B. auf der Fläche $OABC$ des Quaders die Normalspannung σ_y und die Schubspannung τ_{yx} und τ_{yz}. Auf der parallelen Fläche $DEFG$ müssen wir dann die Spannungen in entgegengesetzter Richtung wirkend annehmen. Ferner werden ihre Beträge etwas andere sein als auf der Fläche $OABC$, was wir dadurch ausdrücken, daß wir nun schreiben $\sigma_y + \Delta\sigma_y$, $\tau_{yx} + \Delta\tau_{yx}$, $\tau_{yz} + \Delta\tau_{yz}$. Auf den übrigen Flächen ist alles ganz gleichartig. Um die Abbildung nicht zu sehr zu überladen, wurden nicht sämtliche Spannungen namentlich eingetragen. Außer diesen

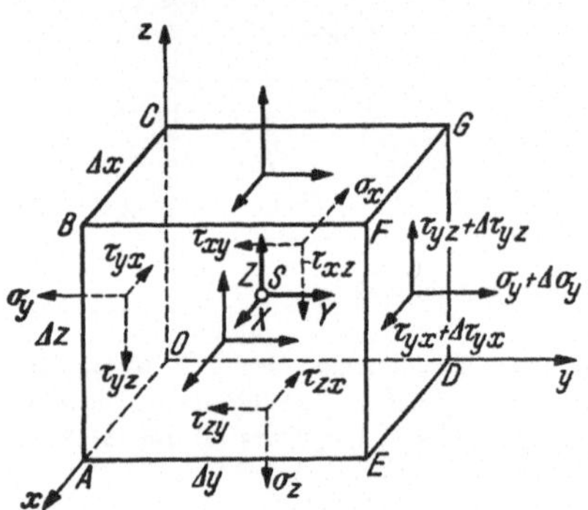

Abb. 12. Der räumliche Spannungszustand

Kräften auf die Oberfläche des Quaders können auch noch Massenkräfte auf ihn wirken, deren Komponenten wir mit X, Y, Z bezeichnen.

Da wir annehmen, daß sich der ganze Körper im Gleichgewicht befinde, muß dies auch für den kleinen Quader zutreffen. Für sämtliche an ihm angreifenden Kräfte müssen daher die sechs Gleichgewichtsbedingungen des allgemeinen räumlichen Kraftsystems erfüllt sein (s. Statik, Nr. 24). Zunächst erhalten wir aus den drei Gleichgewichtsbedingungen gegen Verschiebung $\Sigma X_i = 0$, $\Sigma Y_i = 0$, $\Sigma Z_i = 0$ nach Durchführung des Grenzüberganges der drei Quaderkanten gegen Null die folgenden drei Bedingungen, die die Komponenten eines räumlichen Spannungszustandes stets erfüllen müssen:

$$\frac{\partial\sigma_x}{\partial x} + \frac{\partial\tau_{yx}}{\partial y} + \frac{\partial\tau_{zx}}{\partial z} + X = 0,$$

$$\frac{\partial\tau_{xy}}{\partial x} + \frac{\partial\sigma_y}{\partial y} + \frac{\partial\tau_{zy}}{\partial z} + Y = 0, \qquad (6,\,26\mathrm{a})$$

$$\frac{\partial\tau_{xz}}{\partial x} + \frac{\partial\tau_{yz}}{\partial y} + \frac{\partial\sigma_z}{\partial z} + Z = 0.$$

(Die Rechnung verläuft ganz analog wie in Nr. 4.)

---

[1] Statt σ_x wird daher manchmal auch σ_{xx} geschrieben.

Ziehen wir nun auch noch die drei Bedingungen heran, die das Gleichgewicht des Quaders gegen Drehung um die Koordinatenachsen verbürgen, so erhalten wir, auf die gleiche Art wie in Nr. 4, nach Durchführung des Grenzüberganges der Quaderkanten gegen Null und Streichung von Gliedern, die im Vergleich zu anderen Gliedern gegen Null konvergieren, die drei Beziehungen

$$\tau_{xy} = \tau_{yx}, \quad \tau_{yz} = \tau_{zy}, \quad \tau_{zx} = \tau_{xz}. \tag{6, 26b}$$

Es gilt also auch für den räumlichen Spannungszustand der Satz von der Gleichheit der zugeordneten Schubspannungen, was wir in Nr. 4 schon vorweggenommen haben.

Fassen wir nun die sechs Gl. (6, 26) in ein System von drei Gleichungen zusammen

$$\frac{\partial \sigma_x}{\partial x} + \frac{\partial \tau_{xy}}{\partial y} + \frac{\partial \tau_{zx}}{\partial z} + X = 0,$$

$$\frac{\partial \tau_{xy}}{\partial x} + \frac{\partial \sigma_y}{\partial y} + \frac{\partial \tau_{yz}}{\partial z} + Y = 0, \tag{6, 27}$$

$$\frac{\partial \tau_{zx}}{\partial x} + \frac{\partial \tau_{yz}}{\partial y} + \frac{\partial \sigma_z}{\partial z} + Z = 0,$$

so bezeichnet man diese als die *Gleichgewichtsbedingungen des räumlichen Spannungszustands*.

Indem man nun, ähnlich wie in Nr. 4, die Gleichgewichtsbedingungen für ein kleines Tetraeder aufstellt, das durch die drei Koordinatenebenen und eine zu ihnen beliebig geneigte Fläche gebildet wird, kommt man zu dem Ergebnis, daß die Spannung σ_{res} auf einem durch den Punkt O gehenden, beliebig orientierten Flächenelement aus den sechs Spannungskomponenten σ_x, σ_y, σ_z, τ_{xy}, τ_{yz}, τ_{zx}, das sind also die Spannungen auf drei zueinander senkrechten Flächenelementen durch O, nach Größe und Richtung eindeutig berechnet werden kann. (Das Koordinatendreikant kann ganz beliebig gelegen sein.) Durch diese sechs Spannungsgrößen ist demnach der Spannungszustand in dem betreffenden Punkt des betrachteten Körpers vollständig bestimmt.

Die Diskussion des Ausdrucks, der sich für die Spannung auf einem beliebig orientierten Flächenelement durch O ergibt, zeigt, daß es durch jeden Punkt eines Körpers, in dem ein räumlicher Spannungszustand herrscht, stets drei zueinander senkrechte Flächenelemente gibt, auf denen der Vektor der resultierenden Spannung senkrecht steht, die also schubspannungsfrei sind. Diese Flächen werden *Hauptspannungsflächen* genannt. Die auf ihnen wirkenden Spannungen σ_1, σ_2, σ_3 heißen *Hauptspannungen*. Eine dieser drei Spannungen stellt das Maximum, eine andere das Minimum aller Normalspannungen dar, die auf sämtlichen Flächenelementen durch O auftreten. (Maximum und Minimum mit Berücksichtigung des Vorzeichens der Spannungen.) Der Wert der dritten Hauptspannung liegt zwischen den Werten der beiden erstgenannten.

Die Winkel zwischen den drei Hauptspannungsflächen werden wieder durch jene Flächen halbiert, auf denen die *Hauptschubspannungen* auftreten. Die Beträge dieser drei Schubspannungen ergeben sich zu

$$|\tau_1| = \left|\frac{\sigma_2 - \sigma_3}{2}\right|, \qquad |\tau_2| = \left|\frac{\sigma_3 - \sigma_1}{2}\right|, \qquad |\tau_3| = \left|\frac{\sigma_1 - \sigma_2}{2}\right|. \qquad (6, 28)$$

Das Flächenelement, auf dem τ_1 wirkt, halbiert den Winkel zwischen den Flächenelementen, auf denen die Hauptspannungen σ_2 bzw. σ_3 wirken usw. Die Normalspannungen, die auf den Hauptschubspannungsflächen wirken, sind der Reihe nach gleich

$$\sigma_{n1} = \frac{\sigma_2 + \sigma_3}{2}, \qquad \sigma_{n2} = \frac{\sigma_3 + \sigma_1}{2}, \qquad \sigma_{n3} = \frac{\sigma_1 + \sigma_2}{2}. \qquad (6, 29)$$

Ist $\sigma_1 > \sigma_2 > \sigma_3$, so ist

$$|\tau_2| = \left|\frac{\sigma_3 - \sigma_1}{2}\right|$$

die größte aller Schubspannungen, die auf Flächenelementen durch O auftritt.

Es kann vorkommen, daß zwei oder auch alle drei Hauptspannungen einander gleich sind; dann gibt es immer mehr als drei Hauptspannungsflächen. Im ersten Fall ist jede Fläche senkrecht zu der durch die Vektoren der beiden einander gleichen Hauptspannungen bestimmten Ebene Hauptspannungsfläche. Im zweiten Fall sind sämtliche Flächen durch O Hauptspannungsflächen[1].

Der einachsige und der zweiachsige (ebene) Spannungszustand können als Sonderfälle des dreiachsigen (räumlichen) Spannungszustands aufgefaßt werden. Im ersten Fall ist nur eine der drei Hauptspannungen von Null verschieden, im zweiten Fall deren zwei.

Wir stellten auf S. 23 fest, daß der räumliche Spannungszustand eindeutig bestimmt ist durch Angabe der Spannungen auf drei zueinander senkrechten, im übrigen aber beliebig gewählten Flächenelementen. Wählen wir als diese Flächenelemente die Hauptspannungsflächen, so ergibt sich, daß der räumliche Spannungszustand durch Angabe der drei Hauptspannungen und ihrer Richtungen eindeutig festgelegt ist. In gleicher Weise ist der ebene Spannungszustand durch Angabe seiner zwei Hauptspannungen und ihrer Richtungen eindeutig bestimmt [s. die Gl. (5, 21)], der einachsige durch die eine Hauptspannung und ihre Richtung.

Auch der dreiachsige Spannungszustand kann nach einem von MOHR angegebenen Verfahren zeichnerisch, und zwar in einer Ebene, dargestellt werden. Sind für einen Punkt O des Körpers die drei Hauptspannungen

---

[1] Der räumliche Spannungszustand des allseitig gleichen Druckes herrscht z. B. in einer ruhenden Flüssigkeit und wird daher auch als *hydrostatischer Spannungszustand* bezeichnet.

σ_1, σ_2, σ_3 sowie ihre Richtungen bekannt, so gestattet dieses Verfahren sehr rasch die Normalspannung σ_n und die Schubspannung τ_n auf einen beliebig gerichteten Flächenelement durch diesen Punkt zu ermitteln. Man zeichnet hiezu ein σ, τ-Koordinatensystem (Abb. 13) und trägt von seinem Ursprung O' aus auf der σ-Achse die Werte der drei Hauptspannungen unter Berücksichtigung ihres Vorzeichens auf. (In Abb. 13 wurde $\sigma_1 > \sigma_2 > 0$, $\sigma_3 < 0$ angenommen.) Sodann zeichnet man, wie aus der Abbildung ersichtlich, drei Spannungskreise mit den Mittelpunkten M_1 bzw. M_2 bzw. M_3. Der größte von ihnen wird *Hauptkreis*, die beiden anderen werden *Nebenkreise* genannt. Es läßt sich dann zeigen (wir

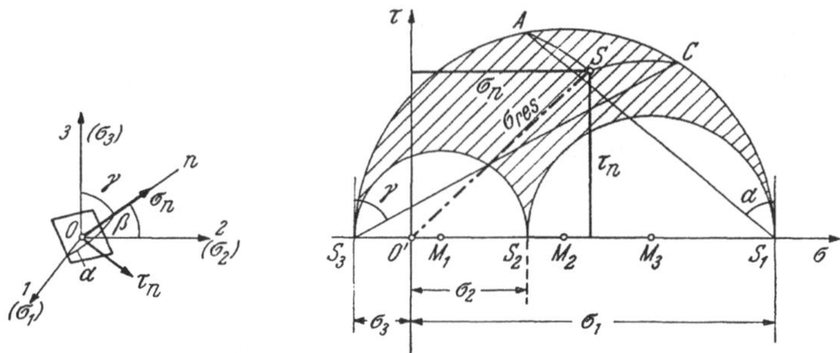

Abb. 13. Die Mohrsche Darstellung des räumlichen Spannungszustands

gehen hier auf den Beweis nicht ein), daß die Normal- und die Schubspannungen auf allen möglichen Flächenelementen, die sich durch den Punkt O legen lassen, gegeben sind durch die Koordinaten sämtlicher Punkte, die in dem schraffierten Flächenstück zwischen den drei Kreisen liegen. Und zwar erhält man die Spannungen auf einem Flächenelement, dessen Normale n mit den Richtungen 1, 2, 3 der Hauptspannungen die Winkel α, β, γ einschließt, auf folgende Weise: Man trägt von einer Parallelen zur τ-Achse durch den Punkt S_1 den Winkel α, von einer Parallelen zur τ-Achse durch den Punkt S_3 den Winkel γ auf und bringt die beiden geneigten Winkelschenkel mit dem Hauptkreis zum Schnitt (Punkt A bzw. C). Sodann zeichnet man mit M_1 als Mittelpunkt einen Kreisbogen durch den Punkt A und mit M_3 als Mittelpunkt einen Kreisbogen durch C. Diese beiden Kreise zum Schnitt gebracht, liefern einen Punkt S, dessen Koordinaten die gesuchten Spannungen σ_n und τ_n auf dem Flächenelement angeben. Und zwar ergibt sich σ_n mit dem für Zug bzw. Druck festgesetzten Vorzeichen. (Bezüglich der Richtung von τ_n macht die Konstruktion keine Aussage.) Die resultierende Spannung auf dem Flächenelement $\sigma_{\text{res}} = \sqrt{\sigma_n{}^2 + \tau_n{}^2}$, ist durch die Strecke $O'S$ gegeben[1].

---

[1] Daß der dritte Winkel nicht benötigt wurde, hat seinen Grund darin, daß die drei Winkel nicht voneinander unabhängig sind, sondern durch die Beziehung $\cos^2 \alpha + \cos^2 \beta + \cos^2 \gamma = 1$ miteinander zusammenhängen.

7. Spannung und Verformung. Das Hookesche Gesetz. In allen Körpern, die uns in Wirklichkeit begegnen, treten dort, wo Spannungen wirken, stets auch Formänderungen gegenüber dem spannungslosen Zustand auf. Allerdings sind diese Formänderungen im Vergleich zu den Abmessungen der Körper in vielen Fällen so klein, daß sie vernachlässigt werden können. Dies erlaubt uns in zahlreichen Anwendungen die betrachteten Körper als *starr* aufzufassen, d. h. als Körper, die unter der Einwirkung von Kräften keinerlei Formänderungen erleiden[1]. Starre Körper gibt es in Wirklichkeit nicht und es ist daher auch nicht möglich, bei der Beschreibung der Naturerscheinungen mit dem Idealbild des starren Körpers allein das Auslangen zu finden. Vielmehr muß des öfteren die Verformbarkeit der Körper berücksichtigt werden und wir wollen daher im folgenden über die Ergebnisse von Versuchen berichten, die angestellt wurden, um den Zusammenhang zwischen den Spannungen und den Formänderungen festzustellen. Sofern sich dieser Zusammenhang durch eine umkehrbar eindeutige Beziehung darstellen läßt, spricht man von einem *Elastizitätsgesetz*[2].

a) *Die Wirkung der Normalspannungen.* Wir betrachten zunächst den denkbar einfachsten Fall, nämlich den eines homogenen einachsigen Spannungszustands, wie er z. B. in einem auf Zug beanspruchten Stab auftritt (s. Nr. 3). Der Stab habe im unbelasteten Zustand die Länge l und die Querschnittsfläche F. Unterwerfen wir ihn in einer Festigkeitsprüfmaschine einer langsam ansteigenden Belastung durch zwei gleich große und entgegengesetzt gerichtete Zugkräfte, die in der Stabachse wirken, so beobachten wir, daß seine Länge stetig zunimmt[3]. Und zwar zeigt sich bei Stahl- und auch bei Holzstäben, daß die Verlängerung des Stabes, solange sie noch sehr klein ist gegenüber der ursprünglichen Stablänge, der jeweils wirkenden Kraft sehr genau proportional ist. In dieser Form gab R. Hooke im Jahre 1678 erstmalig einen Zusammenhang zwischen Belastung und Formänderung bekannt, diese lineare Beziehung wird daher als *Hookesches Gesetz* bezeichnet[4]. Hat also die Zugkraft die Größe P erreicht und besitzt der Stab in diesem Augenblick die Länge l_1, so ist seine Verlängerung $\Delta l = l_1 - l$ und es gilt

$$\Delta l = k\,P, \tag{7, 30}$$

---

[1] Wir berechnen z. B. die Stabkräfte eines Fachwerks (s. Statik, IV), ausgehend vom unverformten Fachwerk, obwohl dieses unter dem Einfluß der Belastung seine Gestalt ein wenig verändert hat.

[2] „Umkehrbar eindeutig" bedeutet, daß zu jedem Spannungszustand ein und nur ein ganz bestimmter Formänderungszustand gehört und umgekehrt.

[3] Die Belastung soll so langsam anwachsen, so daß zwischen den äußeren und inneren Kräften stets Gleichgewicht herrscht und nicht etwa Schwingungen auftreten.

[4] Robert Hooke (1635—1703), englischer Physiker.

wo k eine Proportionalitätskonstante bedeutet. Es ist nun ohne weiteres klar, daß ein doppelt so langer Stab bei der gleichen Belastung die doppelte Verlängerung erfahren wird und daß ein Stab von der doppelten Querschnittsfläche bei der gleichen Belastung die halbe Verlängerung erleiden wird wie der gegebene Stab. Man denke sich bloß einmal zwei Stäbe von der Länge l aneinander gehängt und mit P auf Zug belastet, dann werden sie zusammen die Verlängerung $2\,\Delta l$ aufweisen. Sodann denken wir uns die beiden Stäbe nebeneinander gelegt, so daß auf jeden die halbe Kraft entfällt, dann wird auch die Verlängerung nur mehr $\frac{1}{2}\Delta l$ betragen. Δl muß also direkt proportional der Stablänge l und verkehrt proportional der Querschnittsfläche F sein. Es wird außerdem noch vom Material abhängen, was wir durch eine Konstante zum Ausdruck bringen, die wir in der Form $\frac{1}{E}$ schreiben. Die Konstante k muß also die Form haben

$$k = \frac{l}{EF} \qquad (7,31)$$

und damit lautet das Hookesche Gesetz

$$\boxed{\Delta l = \frac{P\,l}{EF}.} \qquad (7,32)$$

E wird *Elastizitätsmodul* (auch *Dehnmaß*) genannt.

Hat sich der ganze Stab um das Stück Δl verlängert, so ist die Verlängerung der Längeneinheit $\Delta l/l$. Sie wird mit ε bezeichnet und *Dehnung* genannt[1]:

$$\varepsilon = \frac{l_1 - l}{l} = \frac{\Delta l}{l}. \qquad (7,33)$$

Ferner ist P/F gleich der in der Querschnittsfläche des Stabes herrschenden Spannung σ. (Diese Hauptspannung des einachsigen Spannungszustands wird in der Praxis gewöhnlich als die in dem Stab herrschende Spannung schlechtweg bezeichnet.) Dies in Gl. (7, 32) eingesetzt, liefert eine zweite Schreibweise für das Hookesche Gesetz:

$$\boxed{\varepsilon = \frac{\sigma}{E},} \qquad (7,34)$$

was in Worten besagt: *Die Dehnung ist der Spannung proportional.* Dieses Elastizitätsgesetz ist also ein Erfahrungssatz, der besonders bei Stahl bis zu einer gewissen Höchstspannung gut erfüllt ist. Diese Grenze ist davon abhängig, wie groß die Abweichungen sind, die man von der

---

[1] Zuweilen drückt man die Dehnung auch in Prozent der ursprünglichen Stablänge aus. Es ist dann $\varepsilon = \frac{\Delta l}{l}\,100\%$.

strengen Erfüllung des Gesetzes als zulässig erachtet (s. darüber in Nr. 12). Für andere Stoffe ist das Hookesche Gesetz mehr oder weniger gut erfüllt, wovon noch die Rede sein soll (Nr. 13).

Die Dehnung ist eine dimensionslose Größe. Daher muß nach Gl. (7, 34) der Elastizitätsmodul E dieselbe Dimension haben wie die Spannung, also kp/cm² bzw. Mp/cm². ·Für $\varepsilon = 1$ ergibt sich $\sigma = E$. $\varepsilon = 1$ bedeutet $\Delta l = l$, also eine Verlängerung des Stabes auf das Doppelte seiner ursprünglichen Länge. Der Elastizitätsmodul ist also zahlenmäßig gleich jener Spannung, die (unbeschränkte Gültigkeit des Hookeschen Gesetzes vorausgesetzt) nötig wäre, um den Stab auf die doppelte Länge auszudehnen. Das ist natürlich bei Stahl oder Holz praktisch nicht durchführbar, da der Stab, schon lange bevor diese Spannung erreicht ist, zerreißt. Aber wir erkennen daraus, daß E eine sehr große Zahl sein muß (s. Tafel 1).

Die Gl. (7, 32) bezieht sich auf den ganzen Stab. Bezüglich der Gl. (7, 34) wollen wir annehmen, daß sie auch für den nicht homogenen einachsigen Spannungszustand bestehen bleibt. Sie gilt dann immer nur für kleine Quader, die parallel zur Achse des Spannungszustands aus dem betrachteten Körper herausgeschnitten zu denken sind. Denn wenn σ von Ort zu Ort seine Größe ändert, gilt dies auch für ε. Die Dehnung ε sowie die im folgenden auftretende Winkeländerung γ, die sogenannte *Gleitung*, werden *Verzerrungsgrößen* genannt (s. Nr. 8). Wenn die kleinen Quader infolge der Spannungen Verzerrungen erfahren, verschieben sich die einzelnen Punkte des belasteten Körpers gegenüber den Orten, die sie im unbelasteten Zustand eingenommen haben. Halten wir das eine Ende unseres Zugstabes fest, so erfährt die andere Endfläche infolge der Belastung eine *Verschiebung* von der Größe Δl gegenüber ihrer ursprünglichen Lage. (Zu den *Verschiebungsgrößen* gehören beispielsweise auch die Durchbiegungen eines belasteten Balkens.) Gl. (7, 32) stellt den Zusammenhang zwischen äußerer Kraft und Verschiebung, Gl. (7, 34) den Zusammenhang zwischen Spannung, also innerer Kraft und Verzerrung dar.

Das Hookesche Gesetz gilt auch für den *Druckversuch*. Dieser wird, um ein Ausknicken zu vermeiden, an kurzen zylindrischen oder würfelförmigen Probekörpern ausgeführt. Im Falle der Druckbeanspruchung ist die Spannung σ in Gl. (7, 34) bzw. die Kraft P in Gl. (7, 32) negativ einzusetzen und damit ergibt sich auch ε bzw. Δl kleiner als Null. Eine negative Verlängerung bedeutet also eine Verkürzung ($l_1 < l$), eine negative Dehnung eine Zusammendrückung. Die Konstante E hat bei Stahl für Zug und Druck denselben Wert und dies gilt mehr oder weniger gut auch bei anderen Stoffen.

Kehren wir zum Zugversuch zurück, so können wir beobachten, daß der Stab mit zunehmender Verlängerung auch dünner wird. Beim

Druckversuch ist es umgekehrt, mit zunehmender Verkürzung werden die Querabmessungen des Stabes größer. Bedeutet d den Durchmesser eines zylindrischen Probekörpers (oder bei prismatischen Probekörpern irgend eine Breitenabmessung) im unbelasteten Zustand, d_1 die entsprechende Größe nach Aufbringen der Last (Abb. 14), so nennt man die Durchmesseränderung, geteilt durch den ursprünglichen Durchmesser, die *Querdehnung* bzw., wenn sie negativ ausfällt, die *Querzusammenziehung (Querkontraktion)*:

$$\varepsilon_q = \frac{d_1 - d}{d} = \frac{\Delta d}{d}. \qquad (7, 35)$$

Bei Zugbeanspruchung ist $d_1 < d$ und folglich $\varepsilon_q < 0$. Bei Druck ist $d_1 > d$ und $\varepsilon_q > 0$. Es hat also ε_q stets das entgegengesetzte Vorzeichen wie die Dehnung ε.

Es zeigt sich, daß im Bereich der Gültigkeit des Hookeschen Gesetzes die Querdehnung ε_q der gleichzeitig auftretenden Längsdehnung ε proportional ist. Der absolute Betrag des Quotienten dieser beiden Größen stellt also eine positive Konstante dar, die lediglich vom Material abhängt und die meist mit μ oder auch mit $\frac{1}{m}$ bezeichnet wird:

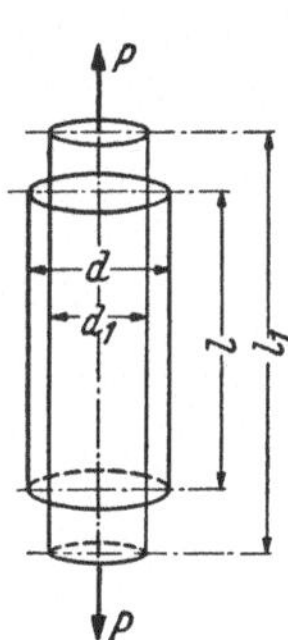

Abb. 14. Die Querzusammenziehung bei einem Zugstab

$$\left| \frac{\varepsilon_q}{\varepsilon} \right| = \mu = \frac{1}{m}. \qquad (7, 36)$$

μ bzw. m heißt *Poissonsche Konstante*[1] oder auch *Querkontraktionszahl* und ist dimensionslos. Der Wert von μ liegt für die meisten Stoffe zwischen $\frac{1}{3}$ und $\frac{1}{4}$ (also m zwischen 3 und 4); für Stahl setzt man gewöhnlich $\mu = 0{,}3$ ($m = 10/3$). Wie wir in Nr. 11 nachweisen werden, ist auf jeden Fall $\mu \leq \frac{1}{2}$.

Wirkt also auf der Querschnittsfläche eines auf Zug bzw. auf Druck beanspruchten Stabes oder, ganz allgemein, auf zwei gegenüberliegenden Flächen eines aus einem Körper herausgeschnitten gedachten kleinen Quaders die Spannung σ, so ist die Längsdehnung

$$\varepsilon = \frac{\sigma}{E}$$

und die Querzusammenziehung

$$\boxed{\varepsilon_q = -\mu\,\varepsilon = -\mu\,\frac{\sigma}{E} = -\frac{\sigma}{m\,E}.} \qquad (7, 37)$$

Für positives σ (Zug) ist $\varepsilon > 0$, $\varepsilon_q < 0$, für negatives σ (Druck) ist $\varepsilon < 0$, $\varepsilon_q > 0$.

Beispiel. Wir wollen die Verlängerung berechnen, die eine Stahlstange von $l = 2$ m Länge und kreisförmigem Querschnitt von $d = 2$ cm Durchmesser erfährt,

---

[1] Siméon Denis Poisson (1781—1840), französischer Mathematiker.

wenn sie durch eine Kraft von 4 Mp auf Zug beansprucht wird und wollen auch die
Änderung ihres Durchmessers ermitteln.

Für Stahl ist $E = 2\,100\,000$ kp/cm². Mit $F = \pi\,d^2/4 = 3,14$ cm² ergibt sich aus
Gl. (7, 32) (es ist darauf zu achten, daß sämtliche Größen in den gleichen Einheiten
eingesetzt werden; wir legen kp und cm zugrunde)

$$\Delta l = \frac{P\,l}{E\,F} = \frac{4000 \cdot 200}{2\,100\,000 \cdot 3,14} = 0,12 \text{ cm.}$$

Aus Gl. (7, 37),

$$\varepsilon_q = \frac{\Delta d}{d} = -\mu\,\varepsilon = -\mu\,\frac{\Delta l}{l},$$

erhalten wir mit $\mu = 0,3$

$$\Delta d = -\frac{\mu\,\Delta l\,d}{l} = -\frac{0,3 \cdot 0,12 \cdot 2}{200} = -0,00036 \text{ cm,}$$

In dem Stab wirkt eine Spannung

$$\sigma = \frac{P}{F} = \frac{4000}{3,14} = 1270 \text{ kp/cm}^2.$$

Bei dieser Spannung, die in der Höhe der im praktischen Stahlbau vorkommenden
Spannungen liegt, besitzt das Hookesche Gesetz noch volle Gültigkeit.

Wir sehen, daß die Verformungen, die Stahl (und das gleiche gilt für Holz und
Stein usw.) bei den in der Praxis vorkommenden und zulässigen Spannungen erleidet, im Vergleich zu den Abmessungen der Werkstücke verschwindend klein
sind. Deshalb können wir fast immer, wenn wir die Gleichgewichtsbedingungen für
ein System von Kräften aufstellen, das an einem deformierbaren Körper angreift,
von den eintretenden Verformungen absehen und die Gleichgewichtsbedingungen
auf den unverformten Körper anwenden. Nur in gewissen Fällen führt diese Betrachtungsweise zu keinem brauchbaren Ergebnis, so z. B. bei in der Richtung ihre Achse
gedrückten Stäben (Knickung) oder in ihrer Ebene ge-
drückten Platten (Beulung). In diesen Fällen müssen die
Gleichgewichtsbedingungen für den verformten Körper aufgestellt werden (s. Nr. 75).

b) *Die Wirkung der Schubspannungen.* Während
die Normalspannungen, die auf die Flächen eines
kleinen Quaders wirken, diese Flächen bloß parallel
verschieben, also voneinander entfernen, bzw. einander nähern, rufen die Schubspannungen Änderun-
gen der Winkel zwischen den Flächen hervor. Setzen wir einen ebenen
Spannungszustand voraus und betrachten wir einen senkrecht zur Ebene
des Spannungszustands herausgeschnittenen kleinen Quader mit den
Seiten dx, dy, dz lediglich unter dem Einfluß der Spannungen τ, so wird
sich die ursprünglich rechteckige Grundfläche $ABCD$ in ein Parallelo-
gramm verformen (Abb. 15). Die Seite DC ist gegenüber der Seite AB
um das Stück Δdx (lies: delta-d-x) nach rechts geglitten, der ursprünglich rechte Winkel zwischen den Seiten AB und AD hat sich um den
kleinen Winkel γ geändert. Es gilt

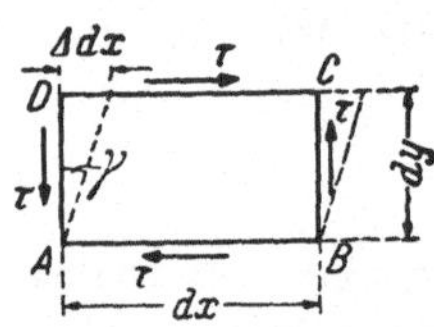

Abb. 15. Die Wirkung der
Schubspannungen

$$\gamma \approx \mathrm{tg}\,\gamma = \frac{\Delta dx}{dy}. \qquad (7, 38)$$

Wegen der Kleinheit von γ konnten wir den Tangens gleich dem Winkel (gemessen im Bogenmaß) setzen. Zwei zueinander parallele Flächen im Abstand 1 verschieben sich demnach unter dem Einfluß der Schubspannungen um den Betrag γ. Die Größe γ bei der Schubbeanspruchung entspricht daher der Größe ε bei der Beanspruchung durch die Normalspannungen. γ wird *Schubwinkel* oder *Gleitung* genannt. Zwischen den Schubspannungen τ und den durch sie hervorgerufenen Gleitungen γ besteht nun, ähnlich wie zwischen den Normalspannungen σ und den Dehnungen ε, ebenfalls ein linearer Zusammenhang. Er wird als das *Hookesche Gesetz für Schub* bezeichnet und in folgender Form dargestellt

$$\boxed{\gamma = \frac{\tau}{G}.}\qquad (7,39)$$

G heißt *Schubmodul* (auch *Gleitmodul* oder *Gleitmaß*) und ist eine Materialkonstante (s. Tafel 1). Da γ dimensionslos ist, hat G dieselbe Dimension wie τ, also kp/cm² bzw. Mp/cm². Ebenso wie das Hookesche Gesetz für die Normalspannungen ist auch das Hookesche Gesetz für Schub nur im Bereich kleiner Formänderungen gültig.

8. Das verallgemeinerte Hookesche Gesetz. Nach der Beschreibung des Zusammenhanges zwischen Spannung und Formänderung bei ganz speziellen Spannungszuständen erhebt sich nun die Frage, wie in einem *isotropen* Körper Spannungen und Formänderungen bei einem ganz beliebigen räumlichen Spannungszustand miteinander zusammenhängen. Es herrsche also an irgend einer Stelle des betrachteten Körpers ein räumlicher Spannungszustand, gegeben durch die drei Hauptspannungen σ_1, σ_2, σ_3 (s. Nr. 6). Dann können wir uns diesen Spannungszustand entstanden denken durch Überlagerung von drei einachsigen Spannungszuständen mit den Hauptspannungen σ_1 bzw. σ_2 bzw. σ_3, die in drei zueinander senkrechten Richtungen wirken. Es ist nun naheliegend anzunehmen, daß sich dann auch die Formänderungen überlagern; daß wir also für einen kleinen Quader, dessen Seiten parallel den Hauptspannungsrichtungen sind, z. B. in der Richtung 1 eine Gesamtdehnung ε_1 erhalten, die sich zusammensetzt aus der Längsdehnung $\varepsilon_1' = \sigma_1/E$ infolge der Spannung σ_1 und den in diese Richtung fallenden Querzusammenziehungen $\varepsilon_1'' = -\mu\,\sigma_2/E$ und $\varepsilon_1''' = -\mu\,\sigma_3/E$ infolge der Spannungen σ_2 und σ_3: $\varepsilon_1 = \varepsilon_1' + \varepsilon_1'' + \varepsilon_1'''$[1]. So erhalten wir für die

---

[1] Es ist dies die einfachste Annahme, die man machen kann und die allein eine gedeihliche Weiterentwicklung der Theorie ermöglicht. Jedes Abweichen von der Linearität hat bedeutende, ja oft unüberwindliche mathematische Schwierigkeiten zur Folge, weshalb man nichtlineare Zusammenhänge, soweit es irgend möglich ist, vermeidet. So gut wie alle praktisch vorkommenden funktionellen Zusammenhänge zweier oder mehrerer Veränderlichen kann man ja in genügend kleinen Bereichen

Gesamtdehnungen ε_1, ε_2, ε_3 in den Richtungen der drei Hauptspannungen die Gleichungen

$$\varepsilon_1 = \frac{1}{E}\left[\sigma_1 - \mu\,(\sigma_2 + \sigma_3)\right],$$

$$\varepsilon_2 = \frac{1}{E}\left[\sigma_2 - \mu\,(\sigma_3 + \sigma_1)\right], \qquad (8,\,40)$$

$$\varepsilon_3 = \frac{1}{E}\left[\sigma_3 - \mu\,(\sigma_1 + \sigma_2)\right].$$

Sie werden als *verallgemeinertes Hookesches Gesetz* bezeichnet und wurden zuerst von CAUCHY[1] aufgestellt.

Ein Quader, dessen Kanten den Hauptspannungsrichtungen parallel sind, erfährt also (in einem isotropen Körper) nur Dehnungen und keine Gleitungen. Schneiden wir hingegen an der betrachteten Stelle einen beliebig orientierten Quader heraus, seine Kantenrichtungen mögen etwa mit x, y, z bezeichnet werden, so werden auf seinen Begrenzungsflächen nicht nur Normalspannungen σ_x, σ_y, σ_z, sondern auch Schubspannungen τ_{xy}, τ_{yz}, τ_{zx} wirken. Es werden daher nicht nur Dehnungen ε_x, ε_y, ε_z, sondern auch Gleitungen γ_{xy}, γ_{yz}, γ_{zx} auftreten. Dabei bedeutet ε_x die Dehnung des Quaders in der x-Richtung, γ_{xy} die Änderung des rechten Winkels einer ursprünglich rechteckigen Quaderfläche, die parallel zur xy-Ebene gelegen ist usw. Für γ_{xy} könnten wir auch γ_{yx} schreiben und ebenso ist $\gamma_{yz} = \gamma_{zy}$, $\gamma_{zx} = \gamma_{xz}$. Die Verzerrungen $\varepsilon_x \ldots \gamma_{zx}$ können durch eine Transformation der Gl. (8, 40) als Funktionen der Spannungen $\sigma_x \ldots \tau_{zx}$ erhalten werden und ergeben sich zu[2]:

$$\varepsilon_x = \frac{1}{E}\left[\sigma_x - \mu\,(\sigma_y + \sigma_z)\right], \qquad \gamma_{xy} = \frac{\tau_{xy}}{G},$$

$$\varepsilon_y = \frac{1}{E}\left[\sigma_y - \mu\,(\sigma_z + \sigma_x)\right], \qquad \gamma_{yz} = \frac{\tau_{yz}}{G}, \qquad (8,\,41)$$

$$\varepsilon_z = \frac{1}{E}\left[\sigma_z - \mu\,(\sigma_x + \sigma_y)\right], \qquad \gamma_{zx} = \frac{\tau_{zx}}{G}.$$

(Dabei ergibt sich zwischen E, μ und G ein Zusammenhang, den wir in der folgenden Nummer ableiten werden.) Diese Gleichungen besagen, daß sich die Längsdehnungen, die Querzusammenziehungen und die Gleitungen, welche die einzelnen Spannungskomponenten hervorrufen, gegenseitig nicht beeinflussen, sondern unabhängig voneinander überlagern.

---

stets durch eine lineare Funktion dieser Veränderlichen ersetzen. Dies beruht darauf, daß man jede Kurve längs eines kurzen Stückes durch ihre Tangente, jede krumme Fläche innerhalb eines kleinen Bereichs durch ihre Tangentialebene approximieren kann, oder, mathematisch ausgedrückt, daß man die Taylorsche Entwicklung nach den linearen Gliedern abbrechen kann, sofern man sich in genügender Nähe der Anschlußstelle befindet.

[1] AUGUSTIN LOUIS CAUCHY (1789—1857), französischer Mathematiker.

[2] S. z. B. GEIGER-SCHEEL, Handbuch der Physik, Springer-Verlag, Berlin, 1928, Bd. VI, S. 61.

Die Gl. (8, 41) geben den Zusammenhang an zwischen den sechs Spannungsgrößen σ_x, σ_y, σ_z, τ_{xy}, τ_{yz}, τ_{zx} und den sechs *Verzerrungsgrößen* ε_x, ε_y, ε_z, γ_{xy}, γ_{yz}, γ_{zx}, sie geben also den Zusammenhang zwischen dem räumlichen Spannungszustand und dem räumlichen Verzerrungszustand an. ε_1, ε_2, ε_3 werden als die *Hauptdehnungen* bezeichnet. Die *Hauptdehnungsrichtungen* sind dadurch ausgezeichnet, daß für sie die Gleitungen verschwinden. Für isotrope Körper fallen Hauptdehnungs- und Hauptspannungsrichtungen zusammen.

Die den Gl. (8, 40) und (8, 41) entsprechenden Gleichungen für den *ebenen Spannungszustand* erhält man, indem man $\sigma_3 = 0$ bzw. $\sigma_z = \tau_{yz} = \tau_{zx} = 0$ setzt. So findet man

$$\varepsilon_1 = \frac{1}{E}\,(\sigma_1 - \mu\,\sigma_2),$$

$$\varepsilon_2 = \frac{1}{E}\,(\sigma_2 - \mu\,\sigma_1), \tag{8, 42}$$

$$\varepsilon_3 = -\frac{\mu}{E}\,(\sigma_1 + \sigma_2),$$

bzw.

$$\varepsilon_x = \frac{1}{E}\,(\sigma_x - \mu\,\sigma_y), \qquad \gamma_{xy} = \frac{1}{G}\,\tau_{xy},$$

$$\varepsilon_y = \frac{1}{E}\,(\sigma_y - \mu\,\sigma_x), \qquad \gamma_{yz} = 0, \tag{8, 43}$$

$$\varepsilon_z = -\frac{\mu}{E}\,(\sigma_x + \sigma_y), \qquad \gamma_{zx} = 0.$$

Vom ebenen Spannungszustand ist der *ebene Verzerrungszustand* zu unterscheiden. Dieser tritt z. B. in langen prismatischen Körpern auf, die senkrecht zu ihrer Achse durch eine längs der Erzeugenden unveränderlichen Belastung beansprucht sind (etwa lange, querbelastete Mauer). Hier können sich die einzelnen Punkte des Körpers nicht in axialer Richtung, sondern nur parallel zur Querschnittsebene verschieben. Machen wir diese zur x-y-Ebene, so ist $\varepsilon_z = \gamma_{xz} = \gamma_{yz} = 0$ und der Verzerrungszustand wird lediglich durch Angabe von ε_x, ε_y, γ_{xy} beschrieben. Es ist zu beachten, daß ein ebener Spannungszustand im allgemeinen keinen ebenen Verzerrungszustand bewirkt. [Gemäß den Gl. (8, 42) ist $\varepsilon_3 \neq 0$, außer im Fall des reinen Schubes.] Zur Herstellung eines ebenen Verzerrungszustands ist also im allgemeinen ein räumlicher Spannungszustand erforderlich.

9. Das Überlagerungsgesetz. Der Hauptvorteil, der bei Gültigkeit linearer Zusammenhänge besteht, ist die Möglichkeit, durch *Überlagerung*, d. h. durch algebraische bzw. geometrische Addition der Lösungen einfacher Aufgaben zu Lösungen komplizierterer Probleme zu gelangen. Wir wollen dies an dem einfachen Beispiel eines auf Zug beanspruchten Stabes erläutern (Abb. 16). Der Stab habe im unbelasteten Zustand die Länge l und seine Querschnittsfläche sei F. Belasten wir den Stab mit der Kraft P', so möge er die Verlängerung $\Delta l'$ erfahren, und es gilt nach dem Hookeschen Gesetz Gl. (7, 32)

$$\Delta l' = \frac{P'\, l}{E\,F}.$$

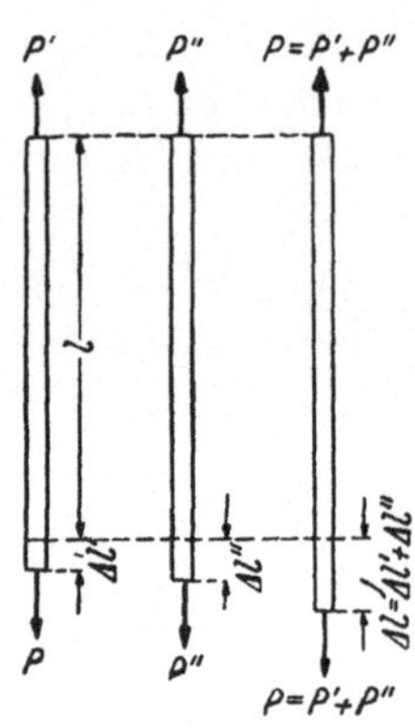

Abb. 16.
Das Überlagerungsgesetz

Nun bringen wir an Stelle der Kraft P' die Kraft P'' an. Für die zugehörige Verlängerung $\Delta l''$ gilt dann

$$\Delta l'' = \frac{P''\, l}{E\,F}.$$

Belasten wir schließlich den Stab mit einer Kraft P, die gleich ist der Summe aus P' und P'', so gilt für die nunmehr eintretende Verlängerung

$$\Delta l = \frac{P\, l}{E\,F} = \frac{(P' + P'')\, l}{E\,F} = \Delta l' + \Delta l''.$$

Die Verlängerung infolge der Summe zweier Lasten ist somit gleich der Summe der Verlängerungen infolge der einzelnen Lasten. Dies gilt natürlich auch für mehr als zwei Lasten. Die endgültige Formänderung ist auch unabhängig von der Reihenfolge, in der wir die einzelnen Lasten aufbringen. Jede neu hinzukommende Formänderung ist unabhängig von allenfalls bereits vorhandenen Formänderungen.

Dieses *Überlagerungsgesetz* (auch *Superpositionsgesetz* genannt) steht und fällt mit dem Vorhandensein eines linearen Zusammenhangs zwischen Belastung und Formänderung. Wäre Δl etwa proportional P^2, dann bestünde keine Überlagerungsmöglichkeit mehr, da die Summe der Quadrate zweier Zahlen nicht gleich dem Quadrat der Summe der beiden Zahlen ist.

Das Überlagerungsgesetz gilt in dem vorliegenden Beispiel natürlich auch für die Dehnungen, es ist $\varepsilon = \varepsilon' + \varepsilon''$, sowie auch für die Spannungen: $\sigma = P/F = \sigma' + \sigma''$. Das Gesetz gilt aber auch z. B. für die Durchbiegungen eines Trägers. Die Durchbiegung an einer bestimmten Stelle infolge der Summe zweier oder mehrerer Belastungen ist gleich der Summe der Durchbiegungen, die an dieser Stelle infolge der einzelnen Belastungen auftreten. Damit ist auch die Möglichkeit gegeben, die Biegelinie eines Trägers (das ist die Kurve, nach der sich die Stabachse unter der Belastung krümmt) zufolge einer zusammengesetzten Belastung durch Überlagerung der Biegelinien zufolge der einzelnen Belastungen zu gewinnen. Alles jedoch nur so lange, als zwischen Durchbiegung und Belastung ein linearer Zusammenhang besteht. — Es sei noch erwähnt, daß wir bereits in der Statik (Nr. 45, 3. Beispiel) einen Sonderfall des Überlagerungsprinzips kennengelernt haben, der sich auf die Auflagerdrücke eines Trägers und auf die Schnittgrößen M, N, Q bezog.

Von einer genauen Erörterung der Voraussetzungen, unter denen das Überlagerungsgesetz gilt, d. h. unter denen die Zusammenhänge, auf die es ankommt, linear sind, wollen wir hier absehen. Im allgemeinen gilt das Gesetz, so lange alle auftretenden Formänderungen klein sind (im Vergleich zu den Abmessungen des Tragwerks), was ja in unseren praktischen Anwendungen meist zutrifft.

10. Zusammenhang zwischen E, G und μ. Daß die drei Materialkonstanten E, G und μ, die wir in Nr. 8 bei der Beschreibung des elastischen Verhaltens eines isotropen Körpers kennengelernt haben, nicht voneinander unabhängig sein können, ergibt sich aus folgender Überlegung. Gehen wir bei der Beschreibung der Verformung eines Körpers (oder Körperelements) infolge eines räumlichen Spannungszustands von einem Hauptachsensystem aus, so haben wir die Gl. (8, 40) zu benützen, in denen nur zwei Materialkonstante (E und μ) vorkommen. Gehen wir hingegen von einem beliebigen Koordinatensystem aus, so müssen wir zur Beschreibung der Verformung desselben Körpers unter demselben Spannungszustand die Gl. (8, 41) verwenden, die jedoch drei Konstante (E, G und μ) enthalten. Da wir aber imstande waren, die Verformung des Körpers mit Hilfe von bloß zwei Konstanten vollständig zu beschreiben, muß sich die dritte Konstante aus den beiden ersteren berechnen lassen.

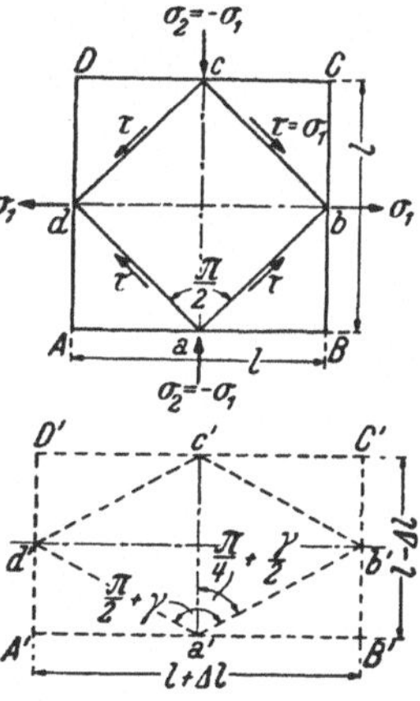

Abb. 17. Zur Herleitung des Zusammenhanges zwischen E, G und μ

Wir stellen diesen Zusammenhang zwischen E, G und μ an Hand eines bestimmten Spannungszustands, nämlich des „reinen Schubes" (s. Nr. 5), fest. Da es sich um *Konstante* handelt, muß der einmal festgestellte Zusammenhang allgemein gelten.

Wir beschreiben die Verformung des Körpers auf zwei Arten: einmal ausgehend von den Hauptnormalspannungsrichtungen und dann ausgehend von den Hauptschubspannungsrichtungen. Denken wir uns also zunächst aus dem Körper senkrecht zur Ebene des Spannungszustands ein Prisma mit der quadratischen Grundfläche $ABCD$ (Seitenlänge l) so herausgeschnitten, daß die Quadratseiten parallel zu den Hauptnormalspannungsrichtungen liegen, so wirken auf das eine Paar paralleler Seitenflächen des Prismas die Zugspannungen σ_1, auf das andere die Druckspannungen $-\sigma_1$ (Abb. 17). Fassen wir jedoch ein Prisma mit der Grundfläche $abcd$ ins Auge, so wirken auf seine Seiten lediglich Schubspannungen τ, deren Betrag gleich σ_1 ist. Unter dem Einfluß der Normalspannungen wird sich das Quadrat $ABCD$ in das Rechteck $A'B'C'D'$

verformen, das Quadrat *abcd* in den Rhombus *a'b'c'd'*. Der ursprünglich rechte Winkel bei *a* geht dabei in den Winkel $\frac{\pi}{2}+\gamma$ bei *a'* über (s. Nr. 7). Die Dehnungen in der Richtung der Quadratseiten AB und AD, ε_1 und ε_2, erhalten wir aus den Gl. (8, 42), indem wir für $\sigma_2 = -\sigma_1$ einsetzen. Dann ergibt sich

$$\varepsilon_1 = \frac{\sigma_1}{E}\,(1+\mu) = -\varepsilon_2.$$

Die beiden Dehnungen sind gleich groß und entgegengesetzt. Da AB und AD ursprünglich gleich lang waren, bedeutet das, daß sich die Seite AB um das gleiche Stück verlängert wie sich die Seite AD verkürzt. Bezeichnen wir den Betrag dieser Verlängerung bzw. Verkürzung mit Δl, so gilt

$$\frac{\Delta l}{l} = \varepsilon_1 = \frac{\sigma_1}{E}\,(1+\mu).$$

Für den Tangens des Winkels $\frac{\pi}{4}+\frac{\gamma}{2}$ ergibt sich

$$\mathrm{tg}\left(\frac{\pi}{4}+\frac{\gamma}{2}\right) = \frac{\frac{1}{2}\,(l+\Delta l)}{\frac{1}{2}\,(l-\Delta l)} = \frac{1+\dfrac{\Delta l}{l}}{1-\dfrac{\Delta l}{l}}.$$

Anderseits ist nach einer bekannten Formel

$$\mathrm{tg}\left(\frac{\pi}{4}+\frac{\gamma}{2}\right) = \frac{\mathrm{tg}\,\dfrac{\pi}{4}+\mathrm{tg}\,\dfrac{\gamma}{2}}{1-\mathrm{tg}\,\dfrac{\pi}{4}\cdot\mathrm{tg}\,\dfrac{\gamma}{2}} = \frac{1+\dfrac{\gamma}{2}}{1-\dfrac{\gamma}{2}}.$$

(Wegen der Kleinheit von γ ist $\mathrm{tg}\,\frac{\gamma}{2} \approx \frac{\gamma}{2}$.) Der Vergleich dieser beiden Ausdrücke liefert

$$\frac{\Delta l}{l} = \frac{\gamma}{2}. \tag{10, 44}$$

Für γ gilt Gl. (7, 39). Da in unserem Fall $\tau = \sigma_1$ ist, erhalten wir

$$\gamma = \frac{\tau}{G} = \frac{\sigma_1}{G}.$$

Dies sowie der oben berechnete Wert für $\Delta l/l$ in Gl. (10, 44) eingesetzt, liefert

$$\frac{\sigma_1}{E}\,(1+\mu) = \frac{\sigma_1}{2\,G}.$$

Daraus folgt der gesuchte Zusammenhang zwischen E, G und μ:

$$G = \frac{E}{2\,(1+\mu)}. \tag{10, 45}$$

Zur Beschreibung des elastischen Verhaltens eines isotropen Körpers finden wir daher mit zwei *Elastizitätskonstanten*, wie diese Größen auch genannt werden, das Auslangen. Bei anisotropen Körpern, etwa bei den Kristallen, sind mehr als zwei Konstanten erforderlich, und zwar um so mehr, je geringer die Symmetrie des Kristalls ist. Bei Kristallen des triklinen Systems, das die geringste Zahl von Symmetrieelementen aufweist, steigt die Zahl der erforderlichen Elastizitätskonstanten auf 21.

Für Stahl ist $E = 2\,100\,000$ kp/cm² und $\mu = 0{,}3$. Damit ergibt sich nach Gl. (10, 45) der Schubmodul

$$G = \frac{2\,100\,000}{2\,(1 + 0{,}3)} = 810\,000 \text{ kp/cm}^2.$$

11. Die Raumdehnung. Infolge der Verformungen, die ein belasteter Körper erleidet, wird sich im allgemeinen das Volumen des Körpers ändern. Ein Volumselement, das vor der Belastung die Größe dV hatte, wird eine Zu- oder Abnahme $\Delta\,dV$ erfahren. Den Quotienten aus der Volumsänderung und dem ursprünglichen Volumen, mit anderen Worten die Volumsänderung pro Volumseinheit, bezeichnet man als die *Raumdehnung* (auch *kubische Dilatation*):

$$\Theta = \frac{\Delta\,dV}{dV}. \tag{11, 46}$$

Θ wird im allgemeinen nicht an allen Stellen des Körpers den gleichen Wert haben und muß daher aus der Volumsänderung eines kleinen Raumteilchens berechnet werden. Wir betrachten dazu einen kleinen Quader mit den Seiten dx, dy, dz unter dem Einfluß eines räumlichen Spannungszustands. Die Schubspannungen haben nur Winkeländerungen zwischen den Flächen des Quaders zur Folge, wodurch sein Volumen nicht geändert wird. Diese Spannungen haben daher auf die Raumdehnung keinen Einfluß und wir haben bloß die Wirkung der Normalspannungen σ_x, σ_y, σ_z zu berücksichtigen. Sind die Dehnungen in den drei Achsenrichtungen ε_x, ε_y, ε_z, so ist die Verlängerung der Kante dx gleich $\varepsilon_x\,dx$ usw. Der Quader, dessen ursprüngliches Volumen $dV = dx\,dy\,dz$ war, hat also nach der Verformung das Volumen $dV + \Delta\,dV = (1 + \varepsilon_x)\,dx \cdot (1 + \varepsilon_y)\,dy \cdot (1 + \varepsilon_z)\,dz$. Daher gilt für die Raumdehnung

$$\Theta = \frac{(1 + \varepsilon_x)\,(1 + \varepsilon_y)\,(1 + \varepsilon_z)\,dx\,dy\,dz - dx\,dy\,dz}{dx\,dy\,dz}$$

oder

$$\Theta = (1 + \varepsilon_x)\,(1 + \varepsilon_y)\,(1 + \varepsilon_z) - 1.$$

Für das folgende setzen wir voraus, daß wir uns in einem Belastungsbereich befinden, wo die Dehnungen sehr klein sind und wo speziell das Hookesche Gesetz gilt. Dann können wir zunächst die Produkte aus zwei oder drei Dehnungen gegen diese selbst vernachlässigen und die letzte Gleichung verwandelt sich in

$$\Theta = \varepsilon_x + \varepsilon_y + \varepsilon_z. \tag{11, 47}$$

Die Raumdehnung ist also gleich der Summe der drei linearen Dehnungen in drei zueinander senkrechten Richtungen. Es ist klar und läßt sich auch durch Rechnung beweisen, daß der Wert von Θ an einer bestimmten Stelle des betrachteten Körpers davon unabhängig ist, wie die Achsenrichtungen x, y, z angenommen werden. Die Summe der drei Dehnungen an einem bestimmten Ort ist also eine *Invariante* (d. h. Unveränderliche) gegenüber Drehungen des Achsenkreuzes. Setzen wir in die letzte Gleichung für die drei Dehnungen ihre Werte gemäß dem verallgemeinerten Hookeschen Gesetz [Gl. (8, 41)] ein, so erhalten wir

$$\Theta = \frac{1 - 2\mu}{E} (\sigma_x + \sigma_y + \sigma_z).$$

(11, 48)

Daraus folgt, daß auch die Summe der drei Normalspannungen in drei zueinander senkrechten Richtungen von einer Drehung des Achsenkreuzes unabhängig sein muß. Es muß z. B. gelten $\sigma_x + \sigma_y + \sigma_z = \sigma_1 + \sigma_2 + \sigma_3$, wo σ_1, σ_2, σ_3 die drei Hauptspannungen bedeuten. Wir können also auch schreiben

$$\Theta = \frac{1 - 2\mu}{E} (\sigma_1 + \sigma_2 + \sigma_3).$$

(11, 49)

Kennen wir Θ, so können wir auch die gesamte Volumsänderung ΔV des Körpers berechnen. Ein Volumselement dV erfährt die Änderung $\Theta\, dV$ und ΔV ist dann gleich dem Integral aller dieser kleinen Volumsänderungen, erstreckt über das gesamte Volumen V:

$$\Delta V = \int_V \Theta\, dV.$$

(11, 50)

Unterliegt ein Körper einem allseits gleichen Druck (hydrostatischer Spannungszustand, s. Nr. 6), so ist $\sigma_1 = \sigma_2 = \sigma_3 = -p$. Es ist nun nicht möglich, daß sich das Volumen dieses Körpers vergrößert, die Raumdehnung muß also kleiner als Null bzw. im Grenzfall eines inkompressiblen Körpers gleich Null sein. Da der zweite Faktor der Gl. (11, 49) kleiner als Null ist, muß der erste größer oder mindestens gleich Null sein:

$$\frac{1 - 2\mu}{E} \geqq 0.$$

Da μ und E vom Spannungszustand unabhängige Materialkonstanten sind, gilt diese Gleichung nicht nur für den hydrostatischen, sondern für jeden beliebigen Spannungszustand. Da $E > 0$ ist, muß auch $1 - 2\mu \geqq 0$, also

$$\mu \leqq \frac{1}{2}$$

(11, 51)

sein. Damit haben wir eine obere Grenze für die Poissonsche Konstante gefunden. Der Wert $\mu = 1/2$ entspricht einem inkompressiblen Körper. Denn aus Gl. (11, 48) ergibt sich in diesem Fall $\Theta = 0$ für jeden beliebigen Spannungszustand, d. h. also $\Delta V = 0$ und damit $V = \mathrm{konst.}$

12. Der Zug- und der Druckversuch bei Stahl. *a) Der Zugversuch.* Wenn man einen Stab aus gewalztem oder geschmiedetem Stahl (Fluß-

stahl)[1] einer langsam und stetig ansteigenden Zugbeanspruchung bis
zum Bruch unterwirft, so spielen sich dabei eine Reihe von charakteristischen Vorgängen ab, die wir im folgenden beschreiben wollen. Man nennt
diese Versuche *statische Festigkeitsprüfungen*, da bei ihnen die Last *langsam*
bis zu einem Höchstwert gesteigert wird und Entlastungen und Wieder-
belastungen, wenn überhaupt, nur wenige Male vorgenommen werden.
Dies zum Unterschied von den Dauerfestigkeitsprüfungen, die in Nr. 14
behandelt werden. Zur Durchführung statischer Festigkeitsprüfungen
verwendet man Probe-
stäbe mit kreisförmigem
oder rechteckigem Quer-

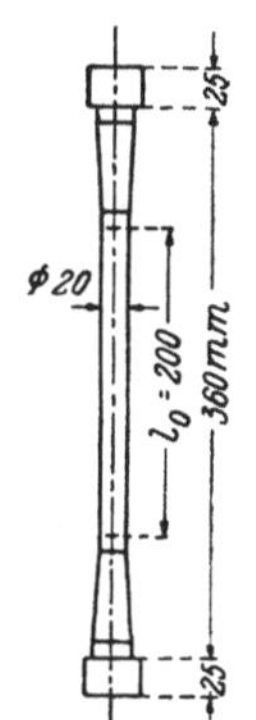
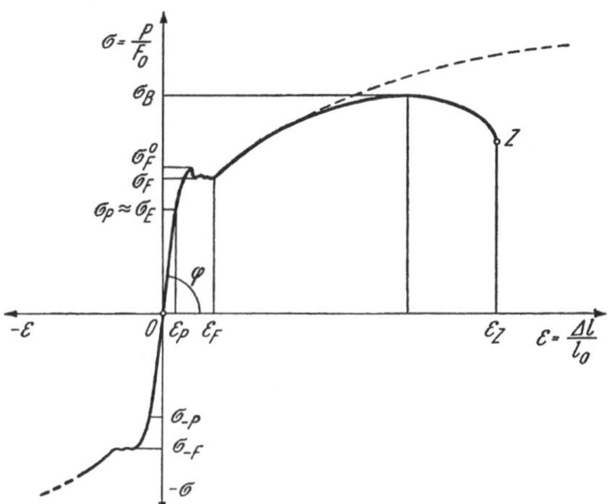

Abb. 18. Genormter Probestab   Abb. 19. Spannungs-Dehnungsschaubild für die Zug- bzw. Druckbeanspruchung von geschmiedetem oder gewalztem Stahl·

schnitt, deren Abmessungen genormt sind (s. z. B. Abb. 18). Die Stäbe
tragen an ihren Enden kolbenförmige Verdickungen, mit denen man
sie in die Backen einer Zerreißmaschine einspannt. Die Kräfte in
den Festigkeitsprüfmaschinen werden auf hydraulischem Wege erzeugt.
Mit solchen Maschinen können auch Druck- und Biegeversuche ausgeführt werden.

Während des Zugversuches liest man die jeweils wirkende Kraft P
an einem Manometer ab und beobachtet gleichzeitig die Änderungen

---

[1] Chemisch reines Eisen findet im Bauwesen keine Verwendung, da es sehr
weich ist. Erst ein steigender Zusatz von Kohlenstoff macht das Eisen härter, aber
auch spröder. Liegt der C-Gehalt unter 1,9%, dann ist die Fe-C-Legierung schmiedbar und walzbar und wird allgemein als *Stahl* bezeichnet. Der C-Gehalt der praktisch
verwendeten Stähle liegt jedoch beträchtlich unter dieser Grenze. Um dem Stahl
bestimmte Eigenschaften zu geben (besondere Festigkeit, Elastizität, Zähigkeit,
Rostfreiheit usw.), wird er noch mit Ni, Cr, Si, Mn und anderen Elementen legiert.
Roh- und Gußeisen enthalten mehr als 1,9% C und sind weder schmiedbar noch
walzbar. — Der aus der flüssigen Schmelze gewonnene Stahl wurde früher als *Flußstahl* bezeichnet.

einer auf dem Stab markierten Meßlänge l_0. Letzteres geschieht mit Hilfe von Apparaten, die die winzigen Längenänderungen vergrößert auf einer Skala abzulesen gestatten. Aus diesen Daten werden nun die Spannungen und die Dehnungen ermittelt. Und zwar werden die Spannungen stets auf die Querschnittsfläche des Stabes im *unbelasteten* Zustand, sie sei mit F_0 bezeichnet, bezogen, es ist also $\sigma = P/F_0$. In gleicher Weise werden die Dehnungen auf die Meßlänge im unbelasteten Zustand bezogen, es ist somit $\varepsilon = \Delta l/l_0$. Diese Werte trägt man in ein Schaubild ein, das dann σ als Funktion von ε darstellt. Man erhält damit eine Kurve, welche *Spannungs-Dehnungslinie* oder auch *Arbeitslinie* (s. Nr. 15) genannt wird (Abb. 19). Manche Festigkeitsmaschinen zeichnen dieses Diagramm auch selbsttätig auf.

Bevor wir auf die Einzelheiten dieses Schaubildes eingehen, stellen wir zunächst fest, daß es auf dem Wege vom unbelasteten Zustand bis zum Bruch des Probestabes zwei typische Belastungsbereiche gibt. Solange die Last noch hinreichend weit von der Bruchlast entfernt ist, solange also die Formänderungen des Stabes noch klein sind, zeigt sich, daß diese Verformungen nach Entlastung wieder vollkommen verschwinden. Wir sagen, daß sich das Material *elastisch* verhält (es „federt") und bezeichnen den zugehörigen Belastungsbereich als *elastischen Bereich*. Mit dem elastischen Bereich fällt auch ziemlich genau der Gültigkeitsbereich des Hookeschen Gesetzes zusammen. Lassen wir die Last über den elastischen Bereich hinaus anwachsen, dann beobachten wir, daß der Stab nach Entlastung nicht mehr seine ursprüngliche Länge annimmt, sondern daß eine Restdehnung übrigbleibt, die als *bleibende Dehnung* bezeichnet wird. Dieser zweite Belastungsbereich, der sich bis zum Bruch hin erstreckt, wird *plastischer Belastungsbereich* genannt. Dies vorweggenommen, gehen wir nun zur Besprechung der Einzelheiten des Spannungs-Dehnungsdiagramms eines Stabes aus geschmiedetem oder gewalztem Stahl über (Abb. 19).

Der Versuch beginnt im Punkt O. Von hier steigt die Kurve zunächst sehr steil und vollkommen geradlinig an, es sind also die Spannungen den Dehnungen proportional und es gilt das Hookesche Gesetz [Gl. (7, 34)]

$$\sigma = E\,\varepsilon.$$

Der Elastizitätsmodul E ist gegeben durch den Tangens des Neigungswinkels dieser Geraden

$$E = \operatorname{tg}\varphi. \tag{12, 52}$$

Nach Überschreiten einer Spannung, die wir mit σ_P bezeichnen, beginnt sich die Kurve allmählich etwas zu krümmen, die Proportionalität zwischen σ und ε, mit anderen Worten die Gültigkeit des Hookeschen Gesetzes besteht also nicht mehr. σ_P wird deshalb *Proportionalitätsgrenze* genannt. Sie liegt bei Baustahl etwa zwischen 1900 und 2900 kp/cm²;

die zugehörige Dehnung ist ungefähr gleich 0,1% ($\varepsilon_P = 0{,}001$). Unweit der Proportionalitätsgrenze liegt auch, wie bereits erwähnt, die Grenze zwischen elastischem und plastischem Verhalten des Stahls, man bezeichnet die zugehörige Spannung als die *Elastizitätsgrenze* σ_E. Die Lage der Proportionalitäts- wie auch der Elastizitätsgrenze ist nicht naturgegeben, sondern festgesetzt durch Vereinbarungen über die höchstzulässigen Abweichungen vom Hookeschen Gesetz bzw. von vollkommener Elastizität.

Von der Elastizitätsgrenze ab werden die bleibenden Dehnungen immer größer. Die Arbeitslinie erreicht einen kleinen Höhepunkt und geht dann einige Male ein wenig auf und ab, wobei sie im großen und ganzen ziemlich waagrecht verläuft. Der Stab ist vollkommen bildsam geworden, er verlängert sich, ohne daß die Belastung zunimmt. Man bezeichnet diese Erscheinung als das *Fließen* des Materials und nennt die Spannung, bei der es erfolgt, *Streck- oder Fließgrenze* σ_F. Zuweilen unterscheidet man zwischen einer oberen Fließgrenze σ_F^{o} und einer unteren Fließgrenze σ_F^{u}, zwischen denen die Arbeitslinie im Fließbereich verläuft[1]. Die Fließgrenze liegt bei Baustahl etwa zwischen 2400 und 3600 kp/cm², die Dehnung am Ende des Fließbereichs beträgt etwa 2% ($\varepsilon_F = 0{,}02$). Das Fließen wird durch Änderungen im kristallinen Gefüge des Stahls hervorgerufen. Diese Umlagerungen werden äußerlich dadurch sichtbar, daß ein ursprünglich blank polierter Stab plötzlich matt wird.

Nach Durchschreiten des Fließbereichs beginnt die Arbeitslinie wieder anzusteigen, weitere Verlängerungen erfolgen wieder nur unter Zunahme der Spannung. Man sagt, der Stoff habe sich wieder *verfestigt*[2]. Die Dehnungen sind jetzt schon mit freiem Auge zu erkennen. Die σ-ε-Linie

---

[1] Die untere Fließgrenze fällt praktisch mit jenem Wert zusammen, den man als Fließgrenze σ_F bezeichnet.

[2] Eisen und Stahl bestehen aus einer großen Anzahl winziger Kristalle, die vollkommen regellos durcheinander gemengt sind. Eisen und Stahl sind daher streng genommen keine ideal homogenen Materialien. Die einzelnen Kristallkörner sind anisotrop, ihre regellose Lagerung bewirkt jedoch, daß im großen, am Werkstück, keine Richtung ausgezeichnet ist. Eine gewisse Anisotropie entsteht allerdings durch das Walzen des Stahls. Walzstücke haben in der Walzrichtung etwas andere Festigkeitseigenschaften als senkrecht dazu. Für die Praxis ist jedoch bei Eisen und Stahl sowohl die Abweichung von der Homogenität als auch von der Isotropie im allgemeinen bedeutungslos.

Während bis zum Erreichen der Fließgrenze die einzelnen Kristalle als ganze verformt werden, also entweder gedehnt oder zusammengestaucht oder auch in den Winkeln etwas verändert werden, entstehen mit Erreichen der Fließgrenze innerhalb zahlreicher Kristalle Gleitflächen, längs denen ein Abschieben stattfindet. Dieses Abrutschen führt jedoch noch nicht zur Zerstörung des Stabes. Es kommt, nachdem es ein gewisses Ausmaß erreicht hat, wieder zum Stillstand, vermutlich dadurch, daß sich die scharfkantigen Kristalle ineinander verbeißen (d. h. daß eine Art Selbstsperrung auftritt, ähnlich wie sie zuweilen an nicht in der Mitte angefaßten Schubladen zu beobachten ist) und so das Zerreißen des Stabes zunächst noch aufhalten (Verfestigung).

erreicht ein Maximum und gleichzeitig bzw. schon etwas vorher zeigt sich an irgend einer Stelle des Stabes eine rasch zunehmende Einschnürung. Sie ist die Ursache, daß die auf den ursprünglichen Stabquerschnitt F_0 bezogene σ-ε-Linie nunmehr absinkt bis zu einem Punkt Z, wo an der Einschnürungsstelle mit dumpfem Knall das Zerreißen des Stabes erfolgt[1] (Abb. 20).

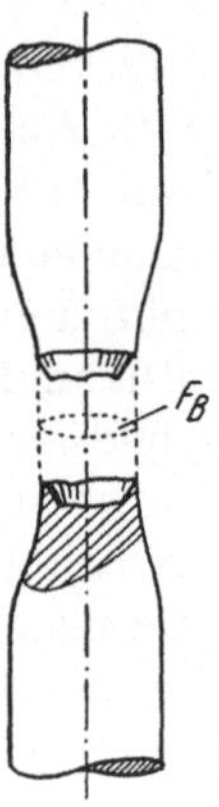

Als *Zugfestigkeit* (allgemein *Bruchfestigkeit* oder *Bruchgrenze*) σ_B des Werkstoffs bezeichnet man den höchsten Wert der Spannung, der von der σ-ε-Linie erreicht worden ist (also nicht etwa die Spannung im Punkt Z). Ist l_B die Größe der Meßlänge nach dem Bruch, jene Länge also, die sich ergibt, wenn man die beiden zerrissenen Stabteile aneinanderfügt, so nennt man

$$\varepsilon_Z = 100\,\frac{l_B - l_0}{l_0}\,\%\qquad (12,\,53)$$

Abb. 20.
Die Bruchstelle
eines zerrissenen
Probestabes aus
zähem Stahl

die *Bruchdehnung* (ausgedrückt in Prozent der ursprünglichen Meßlänge). Ist ferner F_B die Querschnittsfläche an der Bruchstelle, so wird

$$\psi = 100\,\frac{F_0 - F_B}{F_0}\,\%\qquad (12,\,54)$$

als *Brucheinschnürung* bezeichnet (ausgedrückt in Prozent der ursprünglichen Querschnittsfläche des Stabes). Bei Baustahl mittlerer Güte liegt die Zugfestigkeit etwa zwischen 3700 und 4500 kp/cm², die Bruchdehnung beträgt etwa 15 bis 25%, die Brucheinschnürung 60% und mehr.

Bei dem eben besprochenen Spannungs-Dehnungs-Schaubild wurden, wie schon erwähnt, σ und ε auf die ursprüngliche Querschnittsfläche bzw. auf die ursprüngliche Meßlänge des Stabes bezogen. Dadurch werden die tatsächlichen Verhältnisse im letzten Teil des Diagramms, nämlich vom Beginn der Einschnürung angefangen bis zum Bruch, nicht richtig wiedergegeben. Vor Beginn der Einschnürung ist die Verkleinerung der Querschnittsfläche nur geringfügig und was die Dehnung anlangt, so erfolgt sie gleichmäßig im ganzen Stab. Mit Auftreten der Einschnürung herrscht an dieser Stelle, infolge der Verkleinerung der Querschnittsfläche, eine viel höhere Spannung als $\sigma = P/F_0$. Dies bewirkt, daß sich von nun an die Dehnungen fast ausschließlich auf das Gebiet der Einschnürungsstelle beschränken. Bezieht man diese *lokalen Dehnungen* nicht mehr auf die gesamte Meßlänge l_0, sondern nur auf ein kurzes Stück des Stabes im Bereich der Einschnürung, so fallen diese *maximalen wahren Dehnungen* viel größer aus als $\varepsilon = \Delta l/l_0$. Zeichnet man nun ein Schaubild des Spannungs-Dehnungsverlaufs, wobei als Spannungen immer die effektiv vorhandenen größten Spannungen σ_{eff} (bezogen auf die jeweils kleinste Querschnittsfläche) und als Dehnungen die maximalen wahren Dehnungen ε_{eff} aufgetragen werden, so erhält man das sogenannte *effektive* oder *wahre Spannungs-Dehnungs-*

---

[1] Das Diagramm in Abb. 19 wurde der Deutlichkeit halber nlcht maßstabrichtig gezeichnet. Es ist z. B. ε_P im Vergleich zu ε_Z viel zu groß dargestellt, d. h. die Hookesche Gerade müßte richtig viel steiler gezeichnet werden.

schaubild. Es stimmt bis zum Beginn der Einschnürung mit dem in Abb. 19 voll ausgezogenen sogenannten *technischen Spannungs-Dehnungsschaubild* so gut wie vollständig überein. Mit Auftreten der Einschnürung sinkt jedoch die effektive Spannungs-Dehnungskurve nicht ab, sondern steigt ununterbrochen weiter an bis zum Bruch (in Abb. 19 strichliert angedeutet). Dieser erfolgt bei einer maximalen wahren Spannung, die zwei- bis dreimal so groß ist wie die Zugfestigkeit σ_B. Auch die maximale wahre Dehnung im Augenblick des Bruches ist um vieles größer als die nach Gl. (12, 53) berechnete Bruchdehnung ε_Z. Da das effektive Spannungs-Dehnungsschaubild schwierig aufzunehmen ist, verwendet man in der Praxis ausschließlich das technische Schaubild, das für die praktischen Bedürfnisse auch vollkommen ausreicht, da man ja niemals so weit belasten darf, daß bereits Einschnürungen auftreten.

b) *Der Druckversuch.* Der Druckversuch wird, zur Vermeidung der Knickgefahr, stets an kurzen zylindrischen oder würfelförmigen Probekörpern ausgeführt[1]. Eine Schwierigkeit besteht darin, daß die Reibung an den Druckflächen den einachsigen Spannungszustand verfälscht. Da die gedrückten Körper ihren Querschnitt vergrößern, das seitliche Ausweichen jedoch an den Aufstandsflächen durch die Reibung gehindert wird (was man durch Schmierung auf ein Mindestmaß herabdrückt), nehmen Probekörper aus zähem Material eine faßförmige Gestalt an.

Das σ-ε-Schaubild des Druckversuchs für gewalzten oder geschmiedeten Stahl ist dem beim Zugversuch aufgenommenen Schaubild ziemlich ähnlich. Es ist in Abb. 19 gleich an das Zugdiagramm angefügt. Wenn wir, im Punkt O beginnend, den Druck langsam steigern, so verläuft die *Spannungs-Stauchungskurve* zunächst vollkommen geradlinig, und zwar mit genau derselben Neigung wie beim Zugversuch, bis zu einer Spannung σ_{-P}, deren Absolutwert ungefähr die Größe von σ_P hat. Bis hierher gilt also das Hookesche Gesetz, und zwar mit demselben Elastizitätsmodul wie für Zug. In der Nähe von σ_{-P} liegt auch die Grenze für das elastische Verhalten des Stoffes gegenüber Druckbeanspruchung. Sodann erreichen wir bei der Spannung σ_{-F}, die als *Fließ-*, *Stauch-* oder *Quetschgrenze* bezeichnet wird, den Fließbereich. Der Betrag von σ_{-F} entspricht ungefähr der Höhe der Streckgrenze σ_F des Zugversuchs. Nach Durchlaufen des Fließbereichs erfolgt ebenfalls eine Verfestigung. Ein Zerbrechen in einzelne Stücke tritt jedoch bei Stahl in der Regel nicht ein, die Probekörper werden platt gedrückt oder fließen unter Rutschkegelbildung seitlich ab. Deshalb wird für die Druckfestigkeit bei Stahl gewöhnlich die Stauchgrenze als maßgebend angesehen.

c) *Entlastung und Wiederbelastung.* In Abb. 21 ist ein Teil der Arbeitslinie eines gewalzten oder geschmiedeten Stahls vergrößert herausgezeichnet[2]. Der Proportionalitätsbereich erstreckt sich von σ_P bis σ_{-P},

---

[1] Bei Beton und Steinen spricht man daher von *Würfelfestigkeit.* Etwas kleiner als diese ergibt sich die an etwas längeren Probekörpern ermittelte *Prismenfestigkeit.*

[2] In der Abbildung sind die Verhältnisse etwas idealisiert dargestellt.

liegt also zwischen den Punkten A_1 und A_2 und stellt gleichzeitig den elastischen Bereich dar. Wenn wir, von O ausgehend, auf Zug belasten und, ohne A_1 zu überschreiten, wieder entlasten, dann läuft die Kurve wieder in sich selbst zurück. Nach völliger Entlastung sind in diesem Fall auch die Dehnungen wieder vollständig verschwunden. Anders hingegen, wenn wir über die Elastizitätsgrenze hinaus, etwa bis zum Punkt B_1 belasten und jetzt eine Entlastung vornehmen. Die Spannungs-Dehnungslinie sinkt dann ziemlich geradlinig und parallel der Hookeschen Geraden OA_1 von B_1 nach C ab. Von der im Augenblick der Höchst-

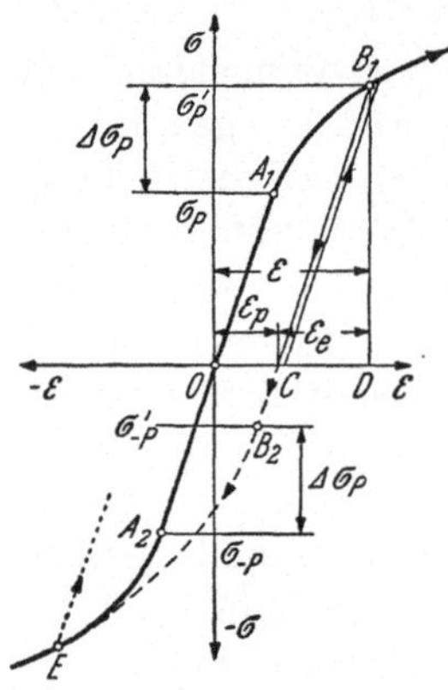

Abb. 21. Spannungs-Dehnungs-schaubild bei Entlastung und Wiederbelastung

belastung erreichten Dehnung $\varepsilon = OD$ verschwindet nach Entlastung nur ein Teil, der elastische Anteil $\varepsilon_e = CD$, während der Rest $\varepsilon_p = OC$ als plastische oder bleibende Dehnung übrigbleibt. Von einer bei der Spannung σ erreichten Dehnung ε ist also stets der Teil $\varepsilon = \sigma/E$ elastisch, ein allfällig vorhandener Rest ist plastisch.

Führen wir von C aus eine Wiederbelastung auf Zug durch, so steigt die Arbeitslinie geradlinig bis B_1 an, um dann längs der alten, krummen Arbeitslinie weiterzulaufen. Es hat also eine Hebung der Proportionalitätsgrenze um $\Delta\sigma_P$, von σ_P auf $\sigma_P{}'$ stattgefunden *(Bauschingereffekt)*. Der Proportionalitätsbereich ist jedoch nicht größer geworden als früher. Wenn wir nämlich nach Entlastung von B_1 nach C in derselben Richtung weitergehen, d. h. auf Druck belasten, erreichen wir die Proportionalitätsgrenze bereits bei B_2, und diese Grenze σ'_{-P} liegt dem Betrag nach um das gleiche Stück $\Delta\sigma_P$ tiefer als σ_{-P}, um das sie bei der Zugbelastung gehoben erschien. Der Proportionalitätsbereich hat sich also bloß verschoben. Belasten wir über B_2 hinaus weiter auf Druck, so mündet die neue Arbeitslinie wieder in die alte ein. Bei Entlastung im Punkt E wiederholt sich das Spiel und man kann eine Hysteresisschleife durchlaufen.

Es sei noch hervorgehoben, daß der Zusammenhang zwischen Spannung und Dehnung im plastischen Bereich nicht mehr eindeutig ist. Belasten wir von O ausgehend bis zu einem bestimmten Wert der Spannung σ unterhalb σ_P, so ist die Dehnung $\varepsilon = \sigma/E$. Erreichen wir die gleiche Spannung durch Belastung bis B_1 und nachfolgende Entlastung auf den Wert σ, so ist die Dehnung um OC größer als früher. Die endgültige Formänderung hängt vom Weg ab, auf dem die endgültige Belastung erreicht wurde.

d) *Schlußbemerkungen.* Neben Zug- und Druckversuchen unterwirft man geeignete Probekörper aus Stahl und Eisen auch Biege-, Scher-

und Torsionsversuchen und ermittelt so die Biege-, die Scher- und die Schubfestigkeit. Die wichtigsten Festigkeitseigenschaften einiger Stahl- und Eisensorten sind in Tafel 1 zusammengestellt.

Die Bezeichnung der einzelnen Stahl- und Eisensorten weist auf ihre Festigkeitseigenschaften hin. So bezeichnet z. B. St 37 einen Stahl mit einer Mindestzugfestigkeit von 37 kp/mm², bei St 52 ist sie 52 kp/mm² und Ge 14 ist ein Gußeisen mit 14 kp/mm² Mindestzugfestigkeit. Für St 00 ist eine Mindestzugfestigkeit überhaupt nicht vorgeschrieben. Dieser Stahl darf nach den österreichischen Vorschriften für tragende Bauteile nur unter gewissen Voraussetzungen verwendet werden, nach den deutschen Vorschriften für tragende Bauteile überhaupt nicht.

Die einzelnen Stahlerzeugnisse müssen ferner noch gewisse Bedingungen erfüllen betreffend die Höhe der Streckgrenze, Mindestbruchdehnung, Faltbarkeit (Biegung um einen Dorn) usw., die in den Normen bzw. in den Lieferbedingungen festgelegt sind. Die österreichische Stahlbezeichnung fügt noch Buchstaben an: St 37 S hat eine garantierte Streckgrenze, St 37 T hat garantierte Streckgrenze und ist schweißbar, St 34 N ist ein zäher Stahl, wie er sich für die Herstellung von Nieten eignet. In St 00 H bedeutet H Handelsgüte. Die DIN 1050(1968) führt als Werkstoffe für Bauteile aus Stahl die Stähle St 33, St 37 und St 52-3 an, wobei bezüglich deren besonderer Eigenschaften auf DIN 17100 verwiesen wird. Dort finden sich noch genauere Unterscheidungen, wie z. B. U St 37-1 oder R St 37-1 oder U St 37-2, St 52-3 usw. U bedeutet „unberuhigt", R bedeutet „beruhigt", was auf den Herstellungsvorgang des betreffenden Stahls Bezug nimmt, welcher die ungleichmäßige bzw. die gleichmäßige Verteilung der Begleitstoffe des Stahls bedingt. Die nachgestellten Zahlen 1, 2, 3 kennzeichnen die chemische Zusammensetzung des Stahls.

13. Der Zug- und der Druckversuch bei Gußeisen, Holz, natürlichen und künstlichen Steinen. Zunächst können wir die Ergebnisse der Festigkeitsprüfungen an verschiedenen Stoffen ganz grob in der Weise ordnen, daß wir sagen, es gibt Stoffe, die sich *spröde*, solche, die sich *zäh*, und schließlich solche, die sich *bildsam* oder *plastisch* verhalten. Was darunter zu verstehen ist, ist allerdings nicht ganz einheitlich festgelegt, doch kann man diese Begriffe ungefähr wie folgt kennzeichnen: Wir bezeichnen das Verhalten eines Körpers als spröde, wenn die Formänderungen, die er bis zum Bruch erleidet, sehr klein und daher im allgemeinen überwiegend elastischer Art sind. Solche Körper zeigen also geringe Bruchdehnung und auch so gut wie keine Brucheinschnürung. Von zähem Verhalten spricht man, wenn der Stoff erst nachdem er ziemlich große Dehnungen erlitten hat, die dann überwiegend plastischer Art sein werden, zerstört wird. Endlich sagen wir von einem Stoff, daß er sich vollkommen bildsam *(ideal plastisch)* verhält, wenn mit Erreichen einer bestimmten Spannung die Zunahme der Dehnungen ohne weitere Spannungszunahme erfolgt (σ-ε-Linie waagrecht). In Abb. 22 sind diese verschiedenen Verhaltensweisen einander gegenübergestellt.

Es kommt sehr auf die Versuchsbedingungen an, ob sich ein Stoff spröde, zäh oder vollkommen bildsam verhält. Z. B. verhält sich Stahl bei langsam bis zur Zerstörung anwachsendem Zug bzw. Druck im Fließbereich plastisch, ansonsten zäh, so daß wir alles in allem von einem „zäh-plastischen" Verhalten sprechen können. Bei millionenmal wechselnder Belastung dagegen bricht der Stahl ausgesprochen spröde (s. Nr. 14). Steine verhalten sich gegenüber einachsigem Zug oder Druck spröde.

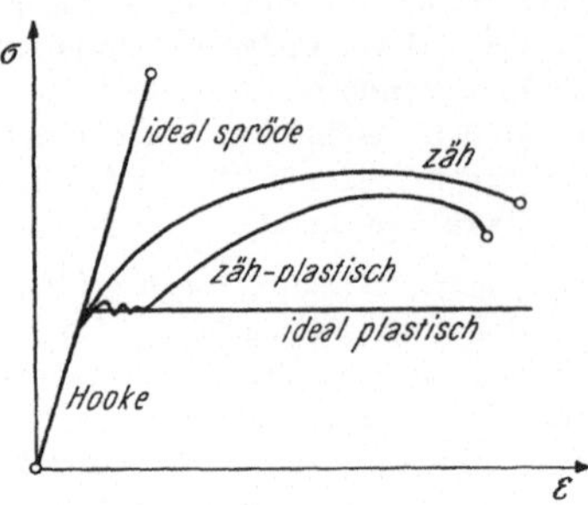

Abb. 22. Verschiedenes Verhalten verschiedener Werkstoffe unter Belastung (nach CHWALLA)

Hingegen lassen sie sich bei sehr hohem, allseitigem Druck weitgehend biegen und falten, wie man es z. B. an Gesteinsschichten beobachten kann, die, während sie unter dem Gebirgsdruck standen, verformt wurden. Auch die Zeit spielt eine Rolle. Je langsamer eine Verformung angestrebt wird, desto eher ist der Stoff geneigt, ihr nachzugeben[1].

Wenn wir nun die Ergebnisse der Zug- und Druckversuche bei verschiedenen Baustoffen miteinander vergleichen, so fällt uns u. a. auf, daß sich Stahl hinsichtlich seines Widerstandes gegen Zug- und Druckbeanspruchung, abgesehen von den Erscheinungen im Bereich des Bruches, ziemlich gleichartig verhält. Dies ist bei vielen anderen Werkstoffen nicht so. Z. B. ertragen Gußeisen, Stein, Beton und Mauerwerk weit größere

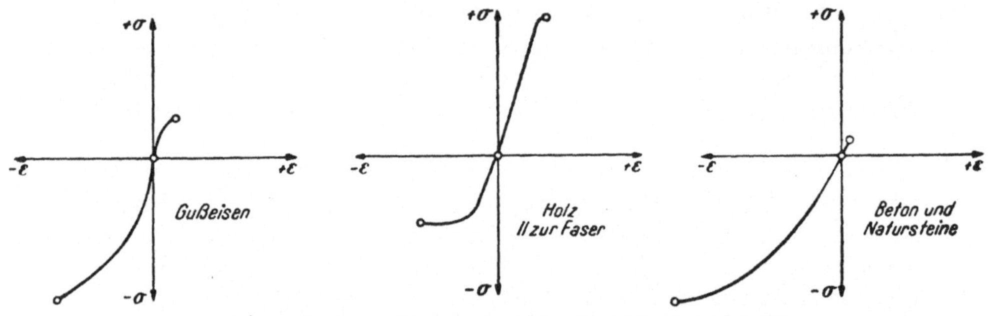

Abb. 23. Spannungs-Dehnungsschaubilder für verschiedene Werkstoffe

Druckspannungen als Zugspannungen. Bei Holz ist es gerade umgekehrt. Gut gewachsenes, astfreies Holz kann bei Beanspruchung parallel zur Faserrichtung oft erstaunlich hohen Zugspannungen standhalten, dagegen wird es bei Druck schon viel früher zerstört (s. Abb. 23).

Wir wollen nun die Festigkeitseigenschaften von einigen weiteren, neben Stahl wichtigen Baustoffen ganz kurz beschreiben. Beginnen wir

---

[1] Es verhält sich z. B. Eis gegenüber stoß- und schlagartiger Belastung ausgesprochen spröde, fließt jedoch als Gletscher, seinem Gewicht folgend, langsam den Berg hinunter. Ähnlich verhält sich Teer, der aus einem umgestürzten Faß auch unterhalb seiner Erstarrungstemperatur langsam ausfließt.

mit *Holz*, so ist zunächst festzustellen, daß sich die Festigkeitswerte für Beanspruchungen parallel zur Faser ganz erheblich von denjenigen Werten unterscheiden, die bei Beanspruchung senkrecht zur Faser gewonnen werden. So ist Holz quer zur Faserrichtung bedeutend leichter zusammendrückbar als parallel zu den Fasern. Für Nadelholz beträgt der Elastizitätsmodul senkrecht zur Faserrichtung gemessen nur etwa 3000 kp/cm², gegenüber 100 000 kp/cm² parallel zur Faser. Holz ist also ein anisotroper Stoff. Die Festigkeit des Holzes ist ferner weitgehend vom Feuchtigkeitsgehalt des Holzes abhängig und nimmt mit zunehmender Feuchtigkeit erheblich ab. Das Hookesche Gesetz ist für nicht zu große Beanspruchungen parallel zur Faser leidlich gut erfüllt.

Gehen wir weiter zu *Gußeisen, natürlichen und künstlichen Steinen*, so verhalten sich diese Stoffe unter einachsiger Zug- oder Druckbeanspruchung ausgesprochen spröde. Sie weisen ferner auch schon bei geringen Belastungen eine gekrümmte Spannungs-Dehnungslinie auf (Abb. 23. Die Diagramme sind nicht alle im gleichen Maßstab gezeichnet). Das Hookesche Gesetz ist also hier genau genommen nicht erfüllt. Innerhalb der gebräuchlichen Spannungen läßt sich für Gußeisen der Verlauf der σ-ε-Linie angenähert durch das *Potenzgesetz*

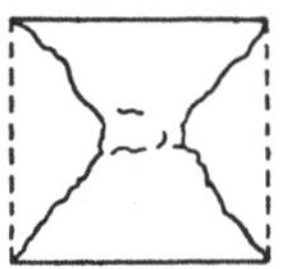

Abb. 24. Durch einachsige Druckbeanspruchung zerstörter Steinwürfel

$$\varepsilon = a\,\sigma^n \qquad (13,\ 55)$$

darstellen. a ist eine von der Gußsorte abhängige Konstante und für n ist die Druckbeanspruchung 1,10, bei Zugbelastung 1,05 einzusetzen. Der Einfachheit halber rechnet man jedoch bei allen diesen Stoffen bei nicht zu hohen Beanspruchungen so gut wie immer nach dem Hookeschen Gesetz und nimmt für E jenen Mittelwert, der sich ergibt, wenn man die Spannungs-Dehnungskurve in dem betreffenden Belastungsbereich durch eine passend gelegte Gerade ersetzt.

Beim Druckversuch mit würfelförmigen oder kurzen zylindrischen Probekörpern aus Gußeisen oder Steinen zeigt sich, daß diese Körper mit Erreichen einer gewissen Last seitlich abzusplittern beginnen, so daß schließlich eine Art Doppelkegel oder Doppelpyramide stehen bleibt (Abb. 24). Man könnte daraus schließen, daß hier der Bruch längs jener Flächen erfolgt, auf denen die größten Schubspannungen auftreten, denn die Hauptschubspannungsflächen sind beim einachsigen Druck unter 45° gegen die Druckrichtung geneigt. Man darf jedoch nicht übersehen, daß der einachsige Spannungszustand in der Nähe der Druckplatten beträchtlich dadurch verfälscht wird, daß hier die Querdehnung durch die Reibung an den Platten behindert wird. Reibungs- und Druckkräfte setzen sich zu Resultierenden zusammen, die schräg zur Achse des Probekörpers einfallen. Wenn man die Druckplatten gut schmiert, dann kann

Tafel 1. Statische Festigkeitswerte einiger Baustoffe in kp/cm²

(Gütekennzeichen nach Önorm)

Werkstoff	Elastizitätsmodul E	Schubmodul G	Proportionalitätsgrenze $\sigma_P = 0{,}8\,\sigma_F$	Fließgrenze (Mittelwert) $\sigma_F\ (= -\,\sigma_{-F})$	Zugfestigkeit σ_B	Druckfestigkeit σ_{-B}	Scherfestigkeit τ_B
Baustahl St 37 S	2 100 000	810 000	1920	2400	3700—4500	σ_{-F} maßgebend	3000—3500
Baustahl St 44 T	2 100 000	810 000	2320	2900	4400—5200	σ_{-F} maßgebend	—
Baustahl St 52 T (hochwertiger Baustahl). . .	2 100 000	810 000	2880	3600	5200—6400	σ_{-F} maßgebend	—
Nietstahl St 34 N	2 100 000	810 000	—	—	3400—4200	σ_{-F} maßgebend	—
Stahl 4 D, für Handelsschrauben.	2 100 000	810 000	—	$\geqq 2100$	$\geqq 3700$	—	—
Stahl 10 K, für hochfeste Schrauben	2 100 000	810 000	—	$\geqq 9000$	$\geqq 10000$	—	—
Chrom-Nickelstahl, gehärtet	2 100 000	810 000	—	10 500—11 500	11 500—13 500	—	—
Hochwertiger Stahldraht.	2 100 000	810 000	—	—	$\geqq 20000$	—	—
Gußeisen Ge 14	1 000 000	380 000	—	—	$\geqq 1400$	6000—8500	—
Stahlguß Stg 52 S	—	—	—	2500	$\geqq 5200$	—	—
Fichtenholz, $\parallel$ Faser . .	100 000	5000	—	—	bis 900	400	70
Fichtenholz, $\perp$ Faser. .	3 000	—	—	—	30	60	260
Mauerziegel in Kalkmörtel	—	—	—	—	6—10	20—30	—
Beton	100 000—300 000	—	—	—	10—20[1]	50—600	20—30
Granit.	500 000	—	—	—	30—100	1000—2000	—

[1] Die reine Zugfestigkeit des Betons ist schwierig zu bestimmen und die Versuchsergebnisse weichen stark voneinander ab. Die angeführten Werte sind daher nur als grobe Mittelwerte zu betrachten, und sowohl höhere als auch geringere Werte sind ohneweiters möglich. Das gleiche gilt für die Scherfestigkeit.

man bei Versuchen mit Steinen beobachten, daß sich die Bruchflächen mehr und mehr aufrichten. Senkrecht zu diesen Flächen erfolgt dann die größte Dehnung und ihr ist das spröde Material schließlich nicht mehr gewachsen. Bei Gußeisen hingegen scheinen die Schubspannungen zumindest teilweise von Einfluß auf das Entstehen eines Bruches zu sein.

In Tafel 1 sind die Ergebnisse der statischen Festigkeitsprüfungen einer Reihe von Baustoffen zusammengestellt. Es ist klar, daß die Werte für die natürlichen Baustoffe sehr starke Streuungen zeigen und daß die hier angeführten Werte nur mehr oder weniger grobe Mittelwerte darstellen.

14. Zeit- und Dauerfestigkeit. Von den bisher beschriebenen statischen Festigkeitswerten, die bei langsam bis zum Bruch gesteigerter Belastung ermittelt wurden, ist die sogenannte *Zeit-* und die *Dauerfestigkeit* zu unterscheiden, die für solche Bauteile von Bedeutung ist, die oftmaligem Lastwechsel ausgesetzt sind, wie z. B. Brücken, Kranbahnen, Maschinenteile usw. Bei den Zeit-

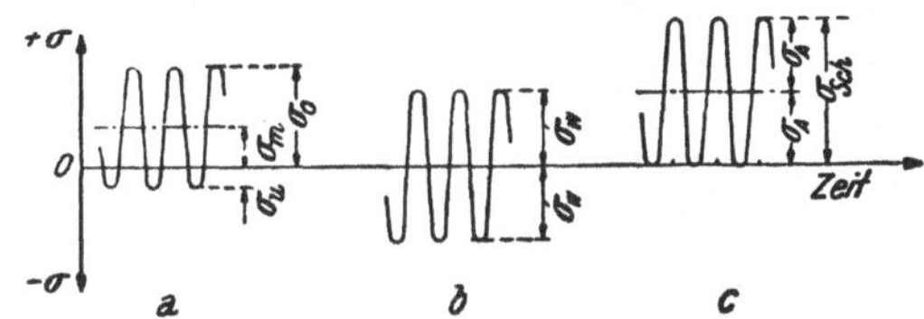

Abb. 25. Ermüdungsbeanspruchung. a) und b) zwischen positiven und negativen Spannungswerten wechselnde Beanspruchung, c) schwellende Beanspruchung

und Dauerfestigkeitsprüfungen läßt man die Belastung hunderttausende bis Millionen Schwingungen ausführen, bis das Werkstück versagt (Ermüdungsbeanspruchung).

Man bezeichnet die Spannung, die der Mittelwert der Belastung in dem Probekörper hervorruft, als *Mittelspannung* σ_m, die Spannungen, welche Größt- und Kleinstwert der Belastung bewirken, als *Oberspannung* σ_o und *Unterspannung* σ_u. Die Spannung schwankt somit zwischen den Grenzen σ_o und σ_u um den Mittelwert $\sigma_m = \dfrac{\sigma_0 + \sigma_u}{2}$, so daß der beiderseitige *Spannungsausschlag* $\sigma_a = \left| \dfrac{\sigma_0 - \sigma_u}{2} \right|$ ist (Abb. 25a). Einen Hin- und Hergang der Belastung, also eine Schwingung von σ_m über σ_o nach σ_u und wieder zurück nach σ_m, nennt man ein *Lastspiel*.

Je nach Versuchsanordnung verfährt man nun auf die eine oder die andere Art: entweder man hält die Mittelspannung fest und bestimmt den größten Spannungsausschlag σ_A, der bei unendlich vielen Lastspielen eben noch ertragen wird, oder man hält die Unterspannung fest und variiert die Oberspannung so lange, bis das Werkstück auch bei unendlich großer Lastspielzahl N gerade noch nicht bricht. Diese Grenzwerte werden *Dauerfestigkeit* genannt und man schreibt

$$\sigma_D = \sigma_m \pm \sigma_A,$$

also z. B. $\sigma_D = 30 \pm 20$ kp/mm². Diejenigen Spannungswerte, die für eine bestimmte *endliche* Anzahl von Lastwechseln zum Bruch führen, nennt man *Zeitfestigkeit* und schreibt etwa für $N = 500000$ $\sigma_{D\,0,5\,.\,10^6} =$ $= 30 \pm 25$ kp/mm².

Zur Ermittlung der Dauerfestigkeit stellt man aus dem zu untersuchenden Werkstoff etwa fünf oder sechs gleichartige Probekörper her und bestimmt für verschiedene Werte von N ihre Zeitfestigkeit. Je größer N, desto kleiner ist, wie zu erwarten, bei festem σ_m der sich ergebende Spannungsausschlag σ_a (und Analoges gilt für σ_o bei festem σ_u). Die Zeitfestigkeit nähert sich jedoch, wie WÖHLER 1870 als erster feststellte, wenn N gegen Unendlich geht, asymptotisch

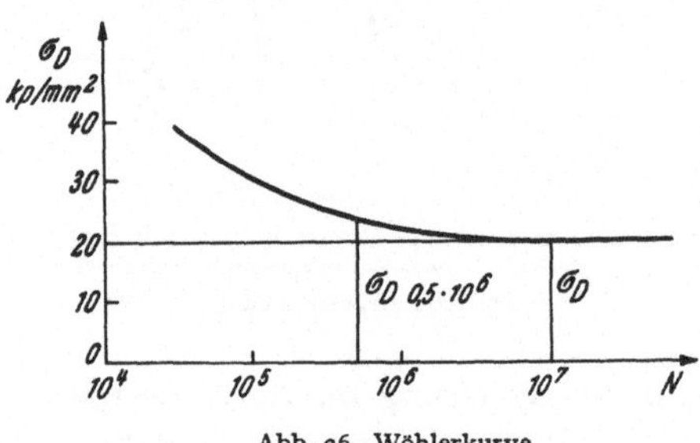

Abb. 26. Wöhlerkurve

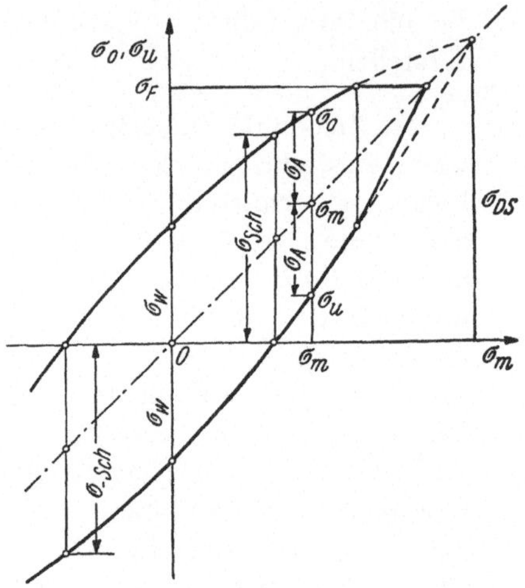

Abb. 27. Dauerfestigkeitsschaubild

einem Grenzwert, der als die *Dauerfestigkeit* bezeichnet wird. Für Stahl wird dieser Grenzwert praktisch bei 10 Millionen Lastwechsel erreicht. Abb. 26 zeigt die Abhängigkeit der Zeitfestigkeit von der Lastspielzahl in Form einer Kurve, die als *Wöhlerkurve* bezeichnet wird (N wird zweckmäßig in logarithmischem Maßstab aufgetragen).

Besondere Fälle der Dauerfestigkeit sind die *Wechselfestigkeit* σ_W und die *Schwellfestigkeit* σ_{Sch}. Unter Wechselfestigkeit versteht man die Dauerfestigkeit in dem Fall, daß die Mittelspannung $\sigma_m = 0$ ist, daß also die Belastung zwischen gleich großen positiven und negativen Werten hin und her schwingt (Abb. 25 b). Man schreibt etwa $\sigma_W = \pm 26$ kp/mm². Von Schwellfestigkeit spricht man, wenn die Belastung dauernd von Null auf einen Höchstwert anschwillt und wieder auf Null abnimmt (Abb. 25 c). Es ist dann $\sigma_u = 0$, $\sigma_m = \sigma_A$, $\sigma_o = \sigma_{Sch} = 2\,\sigma_A$. Man schreibt z. B. $\sigma_{Sch} = 44$ kp/mm² (Zugschwellfestigkeit; Druckschwellfestigkeit mit negativem Vorzeichen). Diese Zahlwerte stammen von einem Chrom-Nickelstahl mit einer Fließgrenze $\sigma_F = 56$ und einer statischen Zugfestigkeit $\sigma_B = 80$ kp/mm².

Ganz allgemein gilt, daß die Wechselfestigkeit kleiner ist als die Schwellfestigkeit und diese wieder kleiner als die statische Festigkeit. Die *Dauerbrüche,* auch *Ermüdungsbrüche* genannt, entstehen durch die infolge der Lastwechsel hervorgerufenen Zermürbung und Auflockerung des Gefüges des Werkstoffs, die natürlich bei der Wechselbeanspruchung am stärksten ist. Dauerbrüche nehmen von Kerben, Stellen plötzlicher Querschnittsänderungen, aber auch von kleinen Fehlstellen im Innern oder an der Oberfläche des Werkstücks ihren Ausgang. Sie sind, wie bereits erwähnt, auch bei (statisch) zähem Stahl ausgesprochene Sprödbrüche, d. h. sie erfolgen ohne größere Formänderungen. Dauerfestigkeitsprüfungen werden für Zug-, Druck- und Biegebeanspruchungen durchgeführt sowie auch für Beanspruchungen auf Torsion zur Ermittlung der Schubspannungsgrenzen.

Die Ergebnisse der Dauerfestigkeitsprüfung für verschiedene Werte der Mittelspannung bzw. der Unterspannung trägt man übersichtlich in einem Dauerfestigkeitsschaubild auf (Smithsches Diagramm, Abb. 27). Auf der waagrechten Achse wird die Mittelspannung σ_m aufgetragen und in lotrechter Richtung die Spannungswerte σ_o bzw. σ_u, die für $N = \infty$ erreicht wurden. Die Symmetrale des ersten und dritten Quadranten hat die Ordinaten σ_m. Somit erhalten wir die Punkte für σ_o und σ_u, indem wir von dieser unter 45° geneigten Geraden nach oben und unten den Spannungsausschlag σ_A auftragen. Dies für mehrere Werte von σ_m gemacht, ergibt ein Schaubild, in dem wir auch die Schwell- und die Wechselfestigkeit vorfinden. Wir sehen, daß sich mit zunehmendem σ_m der Spannungsausschlag σ_A zunächst wenig ändert, dann jedoch rascher, bis er schließlich den Wert Null erreicht. Die Ordinate in diesem Punkt entspricht jener Spannung, die ohne Lastwechsel, d. h. also bei ruhender Belastung unendlich lang ertragen werden kann. Man nennt diese Spannung die *Dauerstandfestigkeit* σ_{DS}. Sie ist für Stahl bei normaler Temperatur praktisch gleich der statischen Festigkeit σ_B, bei höherer Temperatur (z. B. 400° C) erheblich kleiner als diese. Ein oberhalb der Dauerstandfestigkeit, jedoch unterhalb σ_B beanspruchter Körper wird nicht sofort brechen, doch nehmen seine Formänderungen dauernd zu und kommen nicht zur Ruhe; man nennt dies *Kriechen,* weshalb σ_{DS} auch *Kriechgrenze* genannt wird. (Siehe die in Nr. 13 angeführten Beispiele von Eis und Teer.) Im allgemeinen kommt es dann, wenn die Dehnungen ein gewisses Maß erreicht haben, zum Bruch *(Zeitstandfestigkeit).*

Praktisch haben jene Werte von σ_o, die jenseits der Fließgrenze σ_F liegen, meist keine Bedeutung. Das Dauerfestigkeitsschaubild wird daher gewöhnlich durch eine Gerade in der Höhe der Fließgrenze abgeschlossen. Die zugehörigen Spannungen σ_u (symmetrisch zu σ_m) liegen dann ebenfalls auf einer Geraden. In der Praxis werden dann auch die noch verbleibenden krummen Teile des Diagramms durch Gerade ersetzt.

15. Die Formänderungsarbeit. Wirkt eine konstanten Kraft P, die an irgend einem Körper angreifen möge, längs eines Weges s und stimmen Kraft- und Wegrichtung überein, so nennt man das Produkt $P \cdot s$ (Kraft mal Weg) die *Arbeit*, welche die Kraft P auf dem Weg s leistet. Schließen Kraft- und Wegrichtung einen Winkel α ein, so ist die Arbeit der Kraft längs des Weges s gleich $P \cos \alpha \cdot s$, also gleich der Projektion der Kraft auf die Wegrichtung mal der Wegstrecke oder, was dasselbe ist, gleich der Kraft mal der Projektion des Weges in die Kraftrichtung. Stehen Kraft- und Wegrichtung aufeinander senkrecht, so ist die geleistete Arbeit gleich Null. Schließen die beiden Richtungen miteinander einen stumpfen Winkel ein, so ist die Arbeit negativ. In diesem Fall wird nicht Arbeit *geleistet*, sondern Energie *verbraucht*.

Ist die Größe der Kraft längs des Weges veränderlich und etwa gegeben durch die Funktion $P = P(s)$, die jedem Punkt des Weges eine bestimmte Größe der Kraft zuordnet und nehmen wir ferner an, daß Kraft- und Wegrichtung stets übereinstimmen, so ist die Arbeit dA, die auf dem unendlich kleinen Wegstückchen ds geleistet wird, gleich der Größe der Kraft auf diesem Wegstück mal der Länge des Wegstückes

$$dA = P(s)\, ds.$$

Die gesamte Arbeit A, die durch die veränderliche Kraft auf einem Wegstück geleistet wird, das zwischen den Wegstrecken s_1 und s_2 liegt, ist gleich der Summe, d. h. also gleich dem Integral aller Arbeiten dA über die genannte Wegstrecke

$$A = \int_{s_1}^{s_2} P(s)\, ds. \tag{15, 56}$$

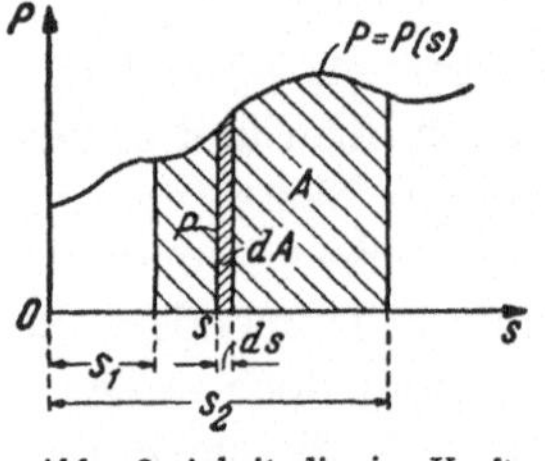

Abb. 28. Arbeit, die eine Kraft längs eines Weges leistet

Denken wir uns die Funktion $P(s)$ graphisch, als Kurve, über den Weg dargestellt, so ist A gleich der Fläche, die von dieser Kurve, der s-Achse und den beiden Ordinaten durch die Punkte s_1 und s_2 begrenzt wird (Abb. 28). Die Dimension der Arbeit ist Kraft mal Weg, also kg·cm bzw. tm.

Eine solche Kraft-Wegkurve ergibt sich z. B. aus dem an einem Probestab ausgeführten Zugversuch (Nr. 12 und 13), wenn wir die jeweils herrschende Zugkraft P in Abhängigkeit von der Verlängerung Δl des Stabes in einem Schaubild auftragen. Die Fläche, die von dieser Kurve, der Achse der Δl und einer beliebigen Ordinate eingeschlossen wird, stellt dann die Arbeit dar, die zur Herstellung einer bestimmten Verlängerung des Stabes (bzw. jenes Stabteils, an dem die Messung der Δl vorgenommen wurde) nötig war. Dividieren wir die Kräfte durch die Querschnittsfläche F_0 des Stabes, die Verlängerungen durch die Meßlänge l_0, dann geht das P-Δl-Schaubild in das σ-ε-Schaubild über (Abb. 19 und 21).

Bei dieser Überführung wird das Produkt $P \, \Delta l$ durch das Volumen $F_0 \, l_0$ des betrachteten Stabteiles dividiert. Die Fläche zwischen der σ-ε-Linie, der ε-Achse und irgend einer Ordinate stellt demnach jene Arbeit dar, die pro Volumseinheit des Stabes aufgewendet werden mußte, um eine bestimmte Dehnung zu erreichen. Aus diesem Grund wird die Spannungs-Dehnungslinie auch *Arbeitslinie* genannt.

Wir betrachten im folgenden einen elastisch deformierbaren Körper, der dem Hookeschen Gesetz gehorcht. Denken wir uns den Körper durch Kräfte belastet, so wird er sich verformen. Die Lastangriffspunkte werden also gewisse Wege beschreiben und die Kräfte werden eine gewisse Arbeit leisten. Denken wir uns die Belastung derart aufgebracht, daß sie sehr langsam von Null bis zu ihrem Endwert anwächst, dann stehen die äußeren Kräfte mit den inneren Kräften stets im Gleichgewicht und es treten keine Schwingungen (also keine kinetische Energie) auf. Die gesamte Arbeit, die von den äußeren Kräften bei der Belastung geleistet wird, ist dann die zur Herstellung der Verformung des Körpers nötige Arbeit und wird deshalb als *Formänderungsarbeit* bezeichnet. Wir sagen, der Körper habe einen gewissen Arbeitsbetrag „aufgenommen", denn diese Arbeit ist in ihm als *potentielle Energie* (nämlich als Energie der veränderten Lage der Moleküle gegeneinander) aufgespeichert. Da beim Entlasten die eingetretenen Formänderungen wieder vollständig zurückgehen, kann diese potentielle Energie wieder vollständig, und zwar als *mechanische* Energie, zurückgewonnen werden[1].

Während der Deformation des Körpers leisten nun auch die inneren Kräfte Arbeit. Betrachten wir z. B. einen in dem Körper enthaltenen kleinen Quader vom Volumen dV, so leisten bei seiner Verformung die

---

[1] Man denke etwa an einen Bogen (Armbrust). Die beim Spannen des Bogens geleistete Arbeit ist in dem gespannten Bogen als potentielle Energie aufgespeichert. Beim plötzlichen Entlasten wird sie in kinetische Energie umgesetzt, die zum Großteil dem Pfeil mitgeteilt wird. Ebenso ist in gespannten Federn (Uhrfedern u. dgl.) die beim Spannen aufgewendete Arbeit aufgespeichert und wird beim Entspannen wieder in mechanische Arbeit rückverwandelt.

Bei einer nicht elastischen Verformung kann nicht mehr die gesamte aufgewendete Arbeit als mechanische Energie zurückgewonnen werden, sondern nur jener Teil, der dem elastischen Anteil der Formänderung entspricht. Der Rest verwandelt sich schon bei der Herstellung der Verformung in Wärme. Betrachten wir nochmals das in Abb. 21 dargestellte Spannungs-Dehnungsschaubild eines auf Zug beanspruchten Stahlstabes. Belasten wir bis zum Punkt B_1, so ist die pro Volumseinheit aufgewendete Arbeit gegeben durch die Fläche OB_1D. Entlasten wir im Punkt B_1 so ist die Arbeitslinie des Entlastungsvorganges durch die Gerade B_1C gegeben. Die Dreiecksfläche B_1CD stellt dann jenen Arbeitsbetrag dar, welcher von der zur Herstellung der Verformung aufgewendeten Arbeit wieder als mechanische Arbeit zurückgewonnen werden kann. Alles übrige, also der der Fläche OB_1C entsprechende Anteil, geht als mechanische Arbeit verloren und hat sich fast zur Gänze in Wärme verwandelt. In der Tat zeigt ein der Zerreißprobe unterworfener Stab eine deutlich fühlbare Erwärmung.

an ihm angreifenden inneren Kräfte insgesamt eine Arbeit dA. Die Summe bzw. das Integral aller dieser Arbeiten dA über das ganze Volumen V des Körpers ist dann die gesamte von den inneren Kräften geleistete Arbeit. Wir werden nun vermuten, und dies läßt sich auch in aller Strenge beweisen, daß die gesamte Arbeit A_a, die die äußeren Kräfte bei einer bestimmten Deformation des Körpers leisten, dem Betrag nach gleich ist der gesamten Arbeit A_i der inneren Kräfte:

$$A_a = A_i. \tag{15, 57}$$

Diese Beziehung wird häufig als *Energiesatz* (man müßte hinzufügen: der Elastostatik) bezeichnet, weil sie ausdrückt, daß die dem Körper von außen zugeführte Energie erhalten bleibt als potentielle Energie des elastisch verformten Körpers.

Wir können also die Formänderungsarbeit auch aus der Arbeit berechnen, die die inneren Kräfte bei der Deformation leisten. Hiezu führen wir den Begriff der *spezifischen* oder *bezogenen Formänderungsarbeit a_i* ein, jener Arbeit, die pro Volumseinheit des Körpers von den inneren Kräften während der Verformung geleistet wird. Die im Volumselement dV geleistete Arbeit dA_i ist dann gleich $a_i\, dV$ und für die gesamte Formänderungsarbeit gilt dann

$$A_a = A_i = \int_V dA_i = \int_V a_i\, dV. \tag{15, 58}$$

Wir berechnen nun zunächst die spezifische Formänderungsarbeit für den einachsigen Spannungszustand und hernach für den ebenen Spannungszustand des reinen Schubes. Daraus werden wir dann den Ausdruck für die spezifische Formänderungsarbeit bei einem beliebigen Spannungszustand gewinnen. Wir setzen dabei stets voraus, daß die Spannungen mit den Formänderungen nach dem Hookeschen Gesetz zusammenhängen, betrachten also stets nur kleine Formänderungen.

Im Fall des einachsigen Spannungszustands denken wir uns aus dem Körper einen kleinen Quader mit den Seiten dx, dy, dz so herausgeschnitten, daß die Seite dx parallel zur Achse des Spannungszustands liegt (Abb. 29a). Wenn die Belastung langsam von Null auf ihren Endwert anwächst, so gilt das gleiche für die inneren Kräfte und die Formänderungen. Da wir die Gültigkeit des Hookeschen Gesetzes voraussetzen, sind die Kräfte den Formänderungen stets proportional. Die Kraft dP, die auf die Quaderfläche $dy\, dz$ wirkt, ist also proportional der gleichzeitig vorhandenen Verlängerung der Kante dx, die wir mit $\varDelta\, dx$ bezeichnen. Der Zusammenhang zwischen Kraft und Weg wird demnach durch eine Gerade dargestellt[1]. Ist der Wert der Spannung, wenn die Belastung

---

[1] Da es ja nur auf die gegenseitige Verschiebung der beiden gegenüberliegenden Quaderflächen $dy\, dz$ ankommt, können wir uns etwa die linke Fläche festgehalten denken.

ihren Endwert erreicht hat, gleich σ, der Wert der zugehörigen Dehnung gleich ε, so ist der Endwert der Kraft auf der Fläche $dy\,dz$ gleich $dP_e = {}$ $= \sigma\,dy\,dz$ und der Endwert der Verlängerung der Kante dx gleich $\Delta\,dx_e = \varepsilon\,dx$. Die Arbeit dA, welche die inneren Kräfte bei der Formänderung des Quaders geleistet haben, ist nach dem oben Ausgeführten gleich dem Inhalt der in dem Kraft-Weg-Diagramm der Abb. 28a schraffierten Dreiecksfläche

$$dA_i = \frac{1}{2}\,dP_e\,\Delta\,dx_e = \frac{1}{2}\,\sigma\,\varepsilon\,dx\,dy\,dz.$$

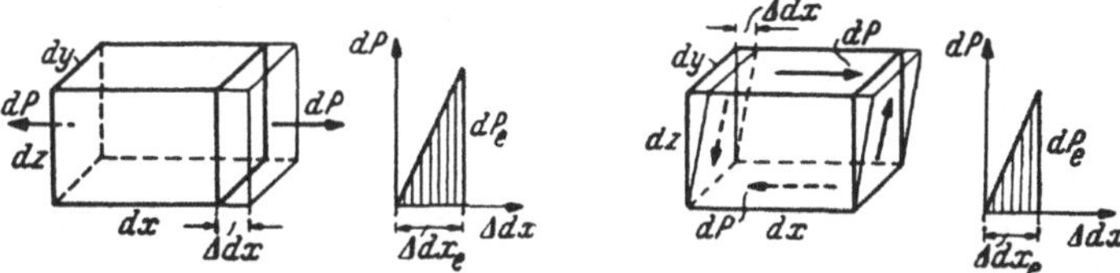

Abb. 29. Berechnung der Formänderungsarbeit der inneren Kräfte. Links für einachsigen Zug, rechts für reinen Schub

Daraus erhalten wir die spezifische Formänderungsarbeit für den einachsigen Spannungszustand, indem wir durch das Volumen des Quaders, $dV = dx\,dy\,dz$, dividieren:

$$a_i = \frac{1}{2}\,\sigma\,\varepsilon. \tag{15, 59}$$

Nach dem Hookeschen Gesetz [Gl. (7, 34)] ist $\varepsilon = \sigma/E$. Unter Verwendung dieser Beziehung können wir a_i entweder nur durch die Spannung oder nur durch die Dehnung ausdrücken:

$$a_i = \frac{\sigma^2}{2\,E} = \frac{1}{2}\,E\,\varepsilon^2. \tag{15, 60}$$

a_i ergibt sich sowohl für Zug als auch Druck positiv, da σ und ε als Quadrate vorkommen. Es wird ja auch in beiden Fällen bei der Belastung Energie aufgenommen, da Spannung und Verschiebung die gleiche Richtung haben. Im Falle der Entlastung wäre a_i negativ.

Berechnen wir nun a_i für den Fall der reinen Schubbeanspruchung, so denken wir uns die Kanten dx und dz des Quaders in die Richtungen der größten Schubspannungen gelegt (Abb. 28b). Denken wir uns die Grundfläche des Quaders festgehalten, so ist nach dem Hookeschen Gesetz für Schub (Nr. 7) die Verschiebung $\Delta\,dx$ der Deckfläche $dx\,dy$ der auf dieser Fläche wirkenden Kraft dP proportional (s. Diagramm der Abb. 29b). Ist der Endwert der Gleitung gleich γ, der Endwert der Schubspannung gleich τ, so ist der Endwert der Verschiebung der Deckfläche $\Delta\,dx_e = \gamma\,dz$ und der der Kraft auf dieser Fläche gleich $dP_e = {}$ $= \tau\,dx\,dy$. Die Kräfte auf den Flächen $dy\,dz$ leisten keine Arbeit, da sie senkrecht zur Richtung der Verschiebung stehen. Die bei der Verformung des Quaders durch reine Schubbeanspruchung geleistete Arbeit dA_i ist also gleich dem Inhalt der in dem Diagramm schraffierten Dreiecksfläche:

$$dA_i = \frac{1}{2}\,dP_e \cdot \Delta\,dx_e = \frac{1}{2}\,\tau\,\gamma\,dx\,dy\,dz.$$

Die spezifische Formänderungsarbeit ergibt sich daraus wieder durch Division durch $dV = dx\,dy\,dz$ zu

$$a_i = \frac{1}{2}\,\tau\,\gamma. \tag{15, 61}$$

Auch dieser Ausdruck läßt sich noch in zwei anderen Formen schreiben, wenn wir das Hookesche Gesetz für Schub [Gl. (7, 39)] $\gamma = \tau/G$ heranziehen. Dann erhalten wir

$$a_i = \frac{\tau^2}{2\,G} = \frac{1}{2}\,G\,\gamma^2. \tag{15, 62}$$

Um die spezifische Formänderungsarbeit, die von einem Körper bei der Herstellung eines beliebigen räumlichen Spannungszustands mit den Spannungen σ_x, σ_y, σ_z, τ_{xy}, τ_{yz}, τ_{zx} und des zugehörigen Verzerrungszustands aufgenommen wird, zu berechnen, denken wir uns sämtliche Spannungen gleichzeitig, und zwar so, daß sie stets im selben Verhältnis zueinander bleiben, von Null auf ihre Endwerte anwachsend. Dann werden auch die Dehnungen und die Gleitungen langsam und im selben Verhältnis zueinander von Null auf ihre Endwerte ε_x, ε_y, ε_z, γ_{xy}, γ_{yz}, γ_{zx} anwachsen, denn sie sind ja, nach dem verallgemeinerten Hookeschen Gesetz [Gl. (8, 41)] den Spannungen proportional. Es wächst dann auch die Dehnung ε_x im selben Verhältnis an wie die Spannung σ_x und dabei wird eine Arbeit geleistet, die nach Gl. (15, 59) zu berechnen ist. Das gleiche gilt für die Dehnung ε_y und die Spannung σ_y usw., schließlich für die Gleitung γ_{zx} und die Spannung τ_{zx}. Die gesamte spezifische Formänderungsarbeit des räumlichen Spannungs- und Verzerrungszustands ergibt sich somit durch Summation der einzelnen Anteile zu

$$a_i = \frac{1}{2}\,(\sigma_x\,\varepsilon_x + \sigma_y\,\varepsilon_y + \sigma_z\,\varepsilon_z + \tau_{xy}\,\gamma_{xy} + \tau_{yz}\,\gamma_{yz} + \tau_{zx}\,\gamma_{zx}). \tag{15, 63}$$

Aber auch wenn die Spannungen unabhängig voneinander anwachsend ihre Endwerte erreichen, wenn wir also die Lasten in beliebiger Reihenfolge aufbringen, muß dieser Ausdruck gelten. Denn wäre a_i vom Weg abhängig, auf dem wir den Spannungszustand aufbauen, dann könnten wir durch Belastung auf dem einen Weg und nachfolgende Entlastung auf einem anderen ein perpetuum mobile konstruieren.

Mit Hilfe des verallgemeinerten Hookeschen Gesetzes [Gl. (8, 41)] können wir auch hier a_i entweder nur durch die Spannungen oder nur durch die Dehnungen ausdrücken.

Beispiel zur Berechnung der Formänderungsarbeit. Wir wollen die Formänderungsarbeit berechnen, die von einem durch die beiden Kräfte P belasteten Zugstab bei langsam ansteigender Belastung aufgenommen wird (Abb. 30). Die Länge des Stabes sei l, die Querschnittsfläche F. Das Hookesche Gesetz wird als gültig vorausgesetzt.

Es liegt ein einachsiger Spannungszustand vor, die Formänderungsarbeit pro Volumseinheit ist nach Gl. (15, 60)

$$a_i = \frac{\sigma^2}{2\,E}.$$

In unserem Fall ist $\sigma = P/F$, somit ist

$$a_i = \frac{P^2}{2\,E\,F^2}.$$

Die vom ganzen Stab aufgenommene Formänderungsarbeit A_i erhalten wir gemäß Gl. (15, 58) durch Integration von a_i über das ganze Stabvolumen V. Da a_i konstant ist, d. h. überall im Innern des Stabes denselben Wert hat, können wir schreiben

$$A_i = \int_V a_i\,dV = a_i \int_V dV.$$

$\int_V dV$ ist gleich dem gesamten Stabvolumen $V = l\,F$.

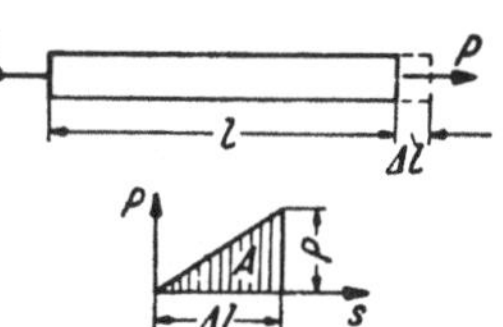

Abb. 30. Formänderungsarbeit für einen Zugstab

Es ist also

$$A_i = a_i\,l\,F.$$

Setzen wir für a_i den vorhin berechneten Wert ein, so ergibt sich für die gesamte Arbeit der inneren Kräfte

$$A_i = \frac{P^2\,l}{2\,E\,F}.$$

Nach dem Hookeschen Gesetz [Gl. (7, 32)] ist $P\,l/E\,F = \Delta l$, gleich der Verlängerung des Stabes und wir können schreiben

$$A_i = \frac{1}{2}\,P\,\Delta l.$$

Das ist aber genau die Arbeit der äußeren Kräfte. Denn wenn wir die Zugkräfte langsam bis auf ihren vollen Wert anwachsen lassen, dann ist in jedem Augenblick die Größe der Kraft der herrschenden Verlängerung proportional. Die Arbeit, die von den äußeren Kräften geleistet wird, wenn die Verlängerung von Null auf ihren Endwert Δl anwächst, ist daher gleich dem Inhalt der in Abb. 30 schraffierten Dreiecksfläche:

$$A_a = \frac{1}{2}\,P\,\Delta l.$$

16. Bruch- und Fließhypothesen, zulässige Spannungen. Wenn wir die bei den Festigkeitsprüfungen zerstörten Probekörper betrachten[1], dann sehen wir, daß für das Eintreten eines Bruches offenbar nicht immer die gleiche Ursache maßgebend ist. Bei Zugversuchen an spröden Körpern (Gußeisen, Beton) beobachten wir gewöhnlich sogenannte *Trennbrüche*, d. h. die Brüche treten hier längs jener Flächen auf, wo die größten Normalspannungen herrschen. Druckversuche an Gußeisen lassen hingegen einen Einfluß der Schubspannungen auf den Bruchvorgang erkennen, während bei Druckversuchen mit Probekörpern aus Stein das

---

[1] Wir beziehen uns im folgenden lediglich auf statische Festigkeitsprüfungen.

geschilderte seitliche Absplittern auf die Überschreitung einer Grenze für die größte Dehnung als mögliche Bruchursache hinweist. Bei Zugversuchen an Stahlstäben zeigt die Bruchfläche meist sowohl Trennbruch- wie auch *Schubbruchflächen*. Der Bruch erfolgt hier teils längs jener Flächen, auf denen die größten Normalspannungen auftreten, teils längs der Hauptschubspannungsflächen (Abb. 20). Die an blank polierten Stahlstäben zuweilen zu beobachtenden *Fließfiguren*, das sind unter 45° gegen die Stabachse geneigte, kreuzweise verlaufende Liniengruppen, legen die Vermutung nahe, daß auch das Fließen längs der Hauptschubspannungsflächen erfolgt. Mit dem Erreichen des Fließbereichs und den damit auftretenden größeren bleibenden Formänderungen ist ja bei zähplastischen Stoffen praktisch meist das Versagen des betreffenden Traggliedes verbunden. Die Frage nach dem Eintritt des Fließens tritt daher bei diesen Werkstoffen häufig an die Stelle der Frage nach dem Eintritt des Bruches, sofern man die Fließvorgänge nicht absichtlich zur Formgebung benützt, wie beim Walzen, Ziehen, Pressen usw. Man faßt daher die Erscheinungen des Bruches und des Fließens (wie auch zuweilen noch andere Erscheinungen, die zum Versagen des Baugliedes führen) unter der Bezeichnung *gefährliche Grenzzustände* zusammen.

Es erhebt sich nun, insbesondere bei den zwei- und dreiachsigen Spannungszuständen die Frage, wann eigentlich ein Bruch bzw. wann Fließen eintritt, mit anderen Worten, wann die *Anstrengung* des Werkstoffes so groß geworden ist, daß ein gefährlicher Grenzzustand erreicht wird. Sind es die Normalspannungen, denen das Material, wenn sie eine gewisse Größe erreicht haben, nicht mehr standhalten kann oder sind es die Schubspannungen oder ist es vielleicht irgend eine andere Größe, die, soll z. B. kein Bruch eintreten, einen gewissen Höchstwert nicht erreichen bzw. nicht überschreiten darf? Denn erst wenn wir die Ursache eines Bruches angeben können, sind wir imstande, seinen Eintritt vorauszusagen. Daraus können dann gewisse Vorschriften über die höchstzulässige Belastung der Glieder einer Konstruktion abgeleitet werden, nach denen sich der Konstrukteur zu richten hat und bei deren Befolgung ein Bruch mit ausreichender Sicherheit vermieden wird. Nun ist es aber, wie wir im folgenden nur kurz andeuten wollen, gar nicht so leicht, irgend ein einfaches Merkmal, eine rechnungsmäßig erfaßbare Größe anzugeben, die uns, wenn sie einen gewissen Wert erreicht hat, den drohenden Bruch bzw. das drohende Fließen anzeigt. Mit dieser Frage befassen sich die *Bruch-* und die *Fließhypothesen*, die auch unter dem Namen *Anstrengungshypothesen* zusammengefaßt werden.

Die naheliegendste und daher auch älteste Bruchhypothese nimmt an, daß ein Bruch dann eintritt, wenn eine der drei Hauptspannungen absolut genommen einen gewissen (vom Material abhängigen) Höchstwert erreicht *(Hypothese der größten Normalspannung)*. Ist also bei einem dreiachsigen Spannungszustand σ_1, σ_2, σ_3 die Spannung σ_1 die absolut größte, so ist sie allein für die Anstrengung maßgebend, ganz gleich, welche Werte die beiden anderen, kleineren Hauptspannungen haben. Dieser dreiachsige Spannungszustand verursacht somit die gleiche Anstrengung wie ein einachsiger Spannungszustand mit der Hauptspannung $\sigma_V = \sigma_1$. Wir nennen diesen einachsigen Spannungszustand den dem räumlichen Spannungszustand auf Grund unserer Bruchhypothese zugeordneten *Vergleichsspannungszustand*, seine Spannung σ_V ist die den Spannungen σ_1, σ_2, σ_3 zugeordnete *Vergleichsspannung*. Führt der Vergleichsspannungszustand zum Bruch, ist also $\sigma_V = \sigma_B$, dann tritt auch für den dreiachsigen Spannungszustand der Bruch ein, denn beide bewirken ja die gleiche Anstrengung. Die Vergleichsspannung σ_V ist also ein Maß für die Bruchgefahr.

Es hängt natürlich von der angenommenen Bruch- bzw. Fließhypothese ab, wie die Vergleichsspannung aus den Spannungen σ_1, σ_2, σ_3 zu berechnen ist. Stets wird ein gefährlicher Grenzzustand erreicht, wenn $\sigma_V = \sigma_B$ bzw. bei zäh-plastischen Stoffen $\sigma_V = \sigma_F$ wird. Die Vergleichsspannung ermöglicht uns, die aus einachsigen Spannungszuständen abgeleiteten Versuchsergebnisse auch auf mehrachsige Spannungszustände anzuwenden.

Die Bruchhypothese der größten Normalspannung bewährt sich für spröde Körper innerhalb gewisser Grenzen leidlich gut. Sie kann jedoch nicht erklären, wieso Körper, die unter allseits gleichem Druck stehen (hydrostatischer Spannungszustand), bis weit über jene Grenze hinaus belastet werden können, bei der für den einachsigen Vergleichsspannungszustand $\sigma_V = \sigma_{-B}$ (s. Gußeisen, Steine in Tafel 1) bereits der Bruch eintritt. Es besteht Grund zur Annahme, daß mit steigendem hydrostatischem Druck belastete Körper wahrscheinlich überhaupt nie brechen würden, wenn nicht Ungleichmäßigkeiten im Material sich schließlich als Bruchursache infolge Veränderung des Spannungszustands auswirken würden. Diese Schwierigkeit besteht bei der *Hypothese der größten Schubspannung* nicht. Nimmt man an, daß für die Anstrengung an irgend einer Stelle des belasteten Körpers die dort auftretende größte Schubspannung maßgebend ist, so ist diese bei einem dreiachsigen Spannungszustand mit etwa $\sigma_1 > \sigma_2 > \sigma_3$ nach Nr. 6 $\tau_{\max} = \frac{1}{2}(\sigma_1 - \sigma_3)$. Ein einachsiger Spannungszustand σ_V führt dann zur gleichen Anstrengung, wenn die bei ihm auftretende größte Schubspannung den gleichen Wert hat wie für den dreiachsigen Spannungszustand. Die größte Schubspannung des einachsigen Spannungszustands ist nach Nr. 3 $\tau_{\max} = \frac{1}{2}\sigma_V$. Die Gleichsetzung der beiden Werte liefert

$$\sigma_V = \sigma_1 - \sigma_3. \tag{16, 64}$$

Diese Hypothese bewährt sich gut bei zähen Stoffen und hier insbesondere als Fließhypothese $(\sigma_V = \sigma_F)$. Für $\sigma_1 = \sigma_2 = \sigma_3$ ergibt sich $\sigma_V = 0$, also kein gefährlicher Grenzzustand; dies jedoch nicht nur für allseits gleichen Druck, sondern auch für allseits gleichen Zug. Dies letztere Ergebnis steht wohl kaum mit der Wirklichkeit in Einklang. Es läßt sich nur schwer überprüfen, da die Herstellung eines allseits gleichen Zuges nicht leicht ist.

Jede dieser beiden Hypothesen hat also ihre Stärken und ihre Schwächen. Deshalb hat MOHR versucht, beide zu vereinigen, indem er annahm, daß sowohl der auf einem Flächenelement (Normale n) auftretenden Normalspannung σ_n als auch der gleichzeitig auf ihm auftretenden Schubspannung τ_n ein Einfluß auf das Entstehen eines gefährlichen Grenzzustands zukommt (s. Abb. 13a). Herrscht an irgend einer Stelle ein räumlicher Spannungszustand σ_1, σ_2, σ_3 und gibt es an dieser Stelle ein Flächenelement, auf dem σ_n und τ_n von solcher Größe sind, daß zwischen ihnen eine bestimmte Beziehung $f(\sigma_n, \tau_n) = 0$ besteht, dann soll

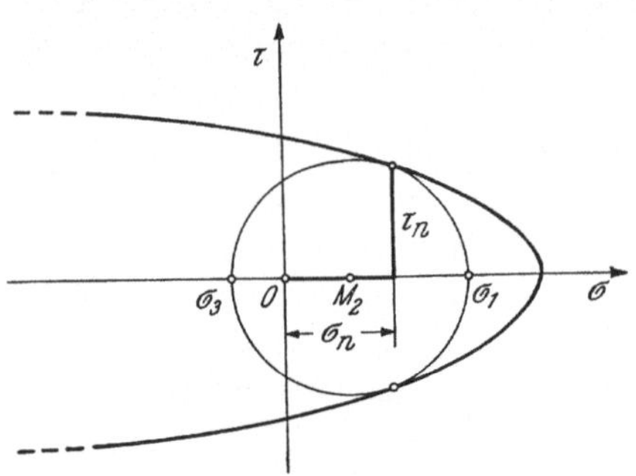

Abb. 31. Zur Mohrschen Anstrengungshypothese

an dieser Stelle ein gefährlicher Grenzzustand eintreten. Die gefährlichen Kombinationen σ_n und τ_n liegen somit in einem σ-τ-Koordinatensystem auf einer Kurve, der *Mohrschen Grenzkurve*, die für jedes Material experimentell bestimmt werden muß (Abb. 31). Ob nun ein gegebener Spannungszustand $\sigma_1 > \sigma_2 > \sigma_3$ gefährlich ist oder nicht, erkennt man daran, daß man von der Mohrschen Darstellung des räumlichen Spannungszustands gemäß Abb. 13 den Kreis mit dem Durchmesser $\sigma_1 - \sigma_3$, den sogenannten Hauptkreis, zeichnet. Berührt dieser die Grenzkurve, dann gibt es ein Flächenelement, für das σ_n und τ_n auf der Grenzkurve liegen und der Spannungszustand ist somit gefährlich. Liegt der Hauptkreis zur Gänze innerhalb der Grenzkurve, dann besteht keine Gefahr. Denn sämtliche Werte σ_n und τ_n, die auf Flächenelementen durch den betrachteten Punkt auftreten, werden nach Nr. 6 durch die Koordinaten jener Punkte dargestellt, die zwischen dem Hauptkreis und den beiden Nebenkreisen liegen. Im ersten Fall gibt es also ein Flächenelement, dessen σ_n und τ_n zu einem Punkt der Grenzkurve führen, im zweiten Fall jedoch keines. Für den allseits gleichen Zug schrumpft der Hauptkreis auf einen Punkt zusammen, der auf der positiven σ-Achse liegt. Fällt dieser Punkt in den Scheitel der Grenzkurve, dann kommt es zum Bruch. Für den allseits gleichen Druck liegt dieser Punkt auf der negativen σ-Achse

und erreicht auch für noch so große Spannungen niemals die Grenzkurve. — Die Grenzkurve ergibt sich als Einhüllende sämtlicher Haupt-
kreise, für die Bruch bzw. Fließen beobachtet wurde.

Unwahrscheinlich an der Mohrschen Hypothese ist, daß nach ihr
der mittleren Hauptspannung σ_2 kein Einfluß auf den Bruch bzw. das
Fließen zukommt. Ein weiterer Nachteil ist, daß sich diese Hypothese
nur schwer mathematisch fassen läßt.

Man hat deshalb noch andere Anstrengungshypothesen aufgestellt.
Während sich die bisher behandelten Hypothesen auf die Spannungen
bezogen, stützen sich andere auf die Formänderungen. Eine derselben
nimmt z. B. an, daß ein Bruch dann eintritt, wenn die Dehnung ein
gewisses Höchstmaß überschreitet. Dann gibt es noch die sogenannten
Energiehypothesen. Es wird z. B. angenommen, daß für die Anstrengung
an einer bestimmten Stelle die pro Volumseinheit aufgespeicherte Formänderungsarbeit [Gl. (15, 63)] maßgebend sei. Eine andere Hypothese
bezeichnet nicht die ganze Formänderungsarbeit als maßgebend, sondern
nur die sogenannte *Gestaltänderungsarbeit.* Da diese letztere Hypothese
als *Fließbedingung* für zäh-plastische Stoffe (also z. B. Stahl) sehr viel
verwendet wird, wollen wir etwas näher auf sie eingehen.

Man kann sich die gesamte Formänderung, die ein belasteter Körper
erfährt, in zwei Schritten hergestellt denken. Einmal durch eine Volumsänderung des Körpers, wobei sich der Körper vollkommen ähnlich vergrößert oder verkleinert (ein Würfel bleibt dabei ein Würfel), also seine
Gestalt nicht ändert, und zweitens durch eine Gestaltänderung, wobei
das Volumen konstant bleibt. Die Arbeit, die der ersten Verformung
zukommt, nennt man die *Volumsänderungsarbeit,* die Arbeit, die beim
zweiten Schritt geleistet wird, die *Gestaltänderungsarbeit.* Beide zusammen ergeben die Formänderungsarbeit. Für die Gestaltänderungsarbeit pro Volumseinheit ergibt sich bei einem räumlichen Spannungszustand mit den Hauptspannungen σ_1, σ_2, σ_3 unter Zugrundelegung des
Hookeschen Gesetzes (Schubmodul G) der Ausdruck

$$a_g = \frac{1}{12\,G}\left[(\sigma_1 - \sigma_2)^2 + (\sigma_2 - \sigma_3)^2 + (\sigma_3 - \sigma_1)^2\right]. \qquad (16,65\,\text{a})$$

Ist hingegen der Spannungszustand durch $\sigma_x \ldots \tau_{zx}$ gegeben, so erhält
man

$$a_g = \frac{1}{12\,G}\left[(\sigma_x - \sigma_y)^2 + (\sigma_y - \sigma_z)^2 + (\sigma_z - \sigma_x)^2 + 6\,(\tau_{xy}^2 + \tau_{yz}^2 + \tau_{zx}^2)\right].$$

$$(16,65\,\text{b})$$

Für den einachsigen Spannungszustand $\sigma_1 = \sigma_V$, $\sigma_2 = \sigma_3 = 0$ ergibt
sich aus (16, 65a)

$$a_g = \frac{\sigma_V^2}{6\,G}.$$

Der einachsige und der dreiachsige Spannungszustand führen nach dieser Hypothese zu der gleichen Anstrengung, wenn sie die gleiche Gestaltänderungsarbeit ergeben. Daraus folgt für die Vergleichsspannung

$$\sigma_V = \sqrt{\sigma_1{}^2 + \sigma_2{}^2 + \sigma_3{}^2 - \sigma_1\,\sigma_2 - \sigma_2\,\sigma_3 - \sigma_3\,\sigma_1}, \qquad (16,66\,\mathrm{a})$$

bzw.

$$\sigma_V = \sqrt{\sigma_x{}^2 + \sigma_y{}^2 + \sigma_z{}^2 - \sigma_x\,\sigma_y - \sigma_y\,\sigma_z - \sigma_z\,\sigma_x + 3\,(\tau_{xy}{}^2 + \tau_{yz}{}^2 + \tau_{zx}{}^2)}.$$
$$(16,66\,\mathrm{b})$$

Fließen tritt ein, wenn der dreiachsige Spannungszustand so beschaffen ist, daß sich $\sigma_V = \sigma_F$ ergibt. Allerdings muß dabei vorausgesetzt werden, daß das Hookesche Gesetz bis zum Erreichen des Fließbereichs gilt (wie etwa bei einem ideal plastischen Körper, s. Abb. 22), was aber mit guter Näherung angenommen werden kann[1]. Aus den Gl. (16, 66) folgt σ_V für verschiedene Spezialfälle; z. B. für den ebenen Spannungszustand mit $\sigma_3 = 0$ bzw. $\sigma_z = \tau_{yz} = \tau_{zx} = 0$ oder für einen Spannungszustand, bei dem alle Spannungen bis auf σ_x und τ_{xy} gleich Null sind usw. Die Normen und Vorschriften des Stahlbaues machen von diesen Werten der Vergleichsspannung vielfach Gebrauch.

Die hier in gedrängter Form beschriebenen Festigkeitsuntersuchungen und die daraus gezogenen Folgerungen bilden die Grundlage zur Bemessung der Bau- und Maschinenteile. Die Bemessung muß so erfolgen, daß ein Bruch bzw. ein Fließen (mit den damit verbundenen größeren bleibenden Formänderungen) mit ausreichender Sicherheit vermieden wird. Das Vorhandensein einer gewissen Spannungsreserve zwischen der Gebrauchslast und jener Belastung, die zum Versagen des Traggliedes führt, schützt uns davor, daß es bei einer geringen Überlastung sogleich zum Versagen des betreffenden Bauteils kommt. Wir müssen uns ferner auch darüber klar sein, daß unsere Spannungsberechnungen stets nur mehr oder weniger gute Näherungen darstellen und daß es daher zuweilen zu Überschreitungen der von uns berechneten Höchstspannungen kommen kann. Auch dieser Umstand darf nicht sogleich zu einem Ausfallen des Konstruktionsteils führen, sofern in der Berechnung nicht allzu krasse Vereinfachungen vorgenommen wurden. Aus diesen Gründen setzen die *Normen*[2] gewisse Höchstwerte der Spannungen fest, die im allgemeinen nicht überschritten werden dürfen[3]. Diese *zulässigen Spannungen* (eigent-

---

[1] Zur Beurteilung der Bruchgefahr eines zäh-plastischen Stoffes sind daher diese Werte für σ_V nicht verwendbar.

[2] In Österreich die Önormen (ÖN), in Deutschland die DIN-Normen (DIN).

[3] Wir beziehen uns hier lediglich auf „vorwiegend ruhende Belastung". Nach Önorm B 4600/2 liegt *Ermüdungsbeanspruchung* vor, wenn die tägliche Lastspielzahl größer als 20 ist. Bezüglich des „Wöhlerfestigkeitsnachweises" gelten die in Önorm B 4600/3 angeführten Vorschriften. — Auch für Beanspruchungen, die zu einer Instabilität des Gleichgewichts führen, wie z. B. die Beanspruchung

lich höchstzulässige Spannungen) σ_{zul}, τ_{zul} stellen einen echten Bruchteil jener Spannung dar, die zum Versagen des betreffenden Werkstoffs, sei es durch Bruch oder Fließen, führt. Es ist also z. B.

$$\sigma_{zul} = \frac{\sigma_B}{\nu_B}, \quad \text{bzw.} \quad \sigma_{zul} = \frac{\sigma_F}{\nu_F}.$$

worin ν_B bzw. ν_F Zahlen sind, die größer als 1 sind und die als die *Sicherheit* gegen Bruch bzw. gegen Fließen bezeichnet werden. Dies gilt, zumindest was die Spannungen σ anlangt, zunächst nur für den einachsigen Spannungszustand. Zwei- und dreiachsige Spannungszustände können jedoch zur Beurteilung der bei ihnen bestehenden Bruch- oder Fließgefahr mit Hilfe der Vergleichsspannung σ_V auf einachsige Spannungszustände zurückgeführt werden. Es darf dann die Vergleichsspannung einen gewissen höchstzulässigen Wert nicht überschreiten.

Der gewählte Sicherheitsfaktor ν ist von einer ganzen Reihe von Faktoren abhängig. Zunächst vom Material; denn man kann sich z. B. bei einem Werkstoff wie Stahl, dessen Herstellungsverfahren so hoch entwickelt sind, daß stets gleichbleibende Güte und gleichartiger innerer Aufbau verbürgt sind, mit einer kleineren Sicherheit begnügen (ν_B etwa 2,5 bis 3, ν_F ungefähr 1,4 bis 1,6) als bei naturgewachsenen Baustoffen wie Holz (ν etwa 4 bis 10) oder natürlichen oder künstlichen Steinen (ν etwa 10 bis 20). Weiters ist ν davon abhängig, ob bei der Berechnung eines Tragwerks lediglich die wichtigsten Krafteinwirkungen berücksichtigt wurden oder ob alle erdenklichen Einflüsse in Betracht gezogen wurden. Für den Stahlhochbau unterscheidet die Önorm B 4600/2 (1964) bei vorwiegend ruhender Belastung den „*Regelfall*" (RF) und den „*Erhöhungsfall*" (EF). Schon im Regelfall ist die Berücksichtigung aller erdenklichen Einflüsse auf das Bauwerk vorgeschrieben. Um die höheren zulässigen Spannungswerte im Erhöhungsfall verwenden zu dürfen, müssen jedoch noch einige weitere Bedingungen erfüllt sein und Kontrollen vorgenommen werden, die in der Norm angeführt sind. Auch DIN 1050 (1968) für Stahl im Hochbau unterscheidet, allerdings etwas gröber als die Önorm, zwischen weniger strenger und strengerer Erfassung aller Einflüsse, d. h. zwischen den Lastfällen H und HZ. Im *Lastfall H* werden nur die sogenannten *Hauptlasten* berücksichtigt, das sind ständige Last (Eigengewicht) und Verkehrslast, einschließlich Schneelast. Im *Lastfall HZ* werden außer den Hauptlasten noch die *Zusatzlasten* berücksichtigt, das sind Windlast, Bremskräfte, waagrechte Seitenstöße (z. B. von Kranen), Kräfte infolge von Wärmewirkungen usw. Im zweiten Fall sind die zulässigen Spannungen höher als im ersten (s. Tafel 3).

Um einen Bauteil zu bemessen, werden die größten Spannungen

---

eines Stabes auf Druck, die schließlich zur Knickung führt (s. Nr. 2), gelten die folgenden Ausführungen nicht. Dieser Fall wird in Abschnitt VII behandelt.

Tafel 2. Zulässige Spannungen für Stahltragwerke bei vorwiegend ruhender Belastung. Auszug aus Önorm B 4600/2 (Ausgabe Juni 1964)

Verwendung	Beanspruchung	Baustoffe zulässige Spannungen in kp/cm²				Zeile
		f. d. Regelfall		f. d. Erhöhungsfall		
Bauteile		St 37 S St 37 T St 37 TE	St 55 S St 52 T St 52 TE	St 37 S St 37 T St 37 TE	St 55 S St 52 T St 52 TE	
	Zug, Druck, Biegung σ_{zul}	1500	2200	1700	2500	1
	Schub $\tau_{zul} = 0,6\,\sigma_{zul}$	900	1320	1020	1500	2
Niete		St 34 N	St 44 N	St 34 N	St 44 N	
	Abscheren $\tau_{a\,zul}$	1350	2000	1550	2250	3
	Lochleibung $\sigma_{l\,zul} = 1,9\,\sigma_{zul}$	2850	4180	3230	4750	4
	Zug $\sigma_{z\,zul}$	600	900	700	1000	5

Anmerkungen. 1. Bezüglich Erhöhung bzw. Ermäßigung dieser Spannungswerte siehe in der Norm.

2. Bezüglich der zulässigen Spannungen für weitere Stahlsorten (z. B. für den österreichischen Stahl St 44) sowie für Schrauben, Lager und Gelenke sei auf die Norm verwiesen.

(Zug, Druck, Schub bzw. σ_V) festgestellt, die infolge gleichzeitiger ungünstiger Einwirkung aller in Betracht kommenden Einflüsse auftreten können. Diese Spannungen dürfen die zulässige Grenze nicht überschreiten, sollen jedoch im Interesse guter Materialausnützung möglichst nahe an die zulässigen Werte herankommen.

Man nennt dieses heute noch allgemein übliche Bemessungsverfahren die *Bemessung auf Spannung*. Der Wirklichkeit entsprechender ist jedoch eine direkt von der Belastung und nicht von der Spannung ausgehende Definition des Sicherheitsfaktors, nämlich als Quotient aus jener Belastung, bei der das Tragwerk die Grenze seines Tragvermögens erreicht und kollabiert und der größtmöglichen Gebrauchslast. Diese Definition des Sicherheitsfaktors und die oben gegebene führen nicht immer zu denselben Werten (s. Nr. 41).

Die Tafeln 2 bis 4 sind Auszüge aus den Normen und enthalten eine Reihe von Werten der zulässigen Spannungen für Stahl und Holz. Bezüglich weiterer Einzelheiten und Vorschriften sei auf die Normen verwiesen[1]. Der Vergleich der Werte gemäß den Önormen und den DIN-Normen

---

[1] Wir bringen hier nur einige wenige Werte zulässiger Spannungen, die gewissermaßen als Illustration dienen mögen. Weitere Werte für Stahl und Holz wie auch

Tafel 3. Zulässige Spannungen für Stahl im Hochbau. Auszug aus DIN 1050 (Ausgabe Juni 1968)

Verwendung	Beanspruchung	Werkstoff, Lastfall, zulässige Spannung in kp/cm²				Zeile
		St 37		St 52		
		H	HZ	H	HZ	
Bauteile	Druck und Biegedruck, wenn Nachweis auf Knicken und Kippen nach DIN 4114 erforderlich ist	1400	1600	2100	2400	1
	Zug und Biegezug, Biegedruck, wenn Ausweichen der gedrückten Gurte nicht möglich ist	1600	1800	2400	2700	2
	Schub........................	900	1050	1350	1550	3
		U St 36-1		R St 44-2		
		H	HZ	H	HZ	
Niete	Abscheren .... $\tau_{a\,\text{zul}}$	1400	1600	2100	2400	4
	Lochleibungsdruck .... $\sigma_{l\,\text{zul}}$	2800	3200	4200	4800	5
	Zug .... $\sigma_{z\,\text{zul}}$	480	540	720	810	6

Anmerkungen. 1. Die Bestimmungen dieser Norm gelten nicht für Eisenbahnbrücken, Straßenbrücken, Krane und Stahlwasserbauten.

2. Bezüglich der Festigkeitseigenschaften von St 37 und St 52 s. DIN 17 100, bezüglich der Nietstähle s. DIN 17 110.

3. Bezüglich der zulässigen Spannungen für weitere Werkstoffe sowie für Schrauben, Lager und Gelenke sei auf die Norm verwiesen.

---

für Gußeisen, künstliche und natürliche Steine, Beton, Stahlbeton, Baugrund usw. finden sich in den einschlägigen Normblättern bzw. in den technischen Hilfsbüchern und Tabellenwerken. Wir wollen nur einige dieser Bücher erwähnen, so die in Österreich erschienenen *Bautabellen* von STRÄUSSLER, ferner die folgenden, in Deutschland erschienenen Werke: WENDEHORST, *Bautechnische Zahlentafeln*, — FRIEDRICHS *Tabellenbuch für das Metallgewerbe* bzw. *Tabellenbuch für das Bau- und Holzgewerbe*, — *Stahl im Hochbau* (Handbuch für Entwurf, Berechnung und Ausführung von Stahlbauten), — *Stahlbau* (Ein Handbuch für Studium und Praxis; erscheint an Stelle des früheren Stahlbaukalenders), — *Betonkalender*, — *Hütte*, des Ingenieurs Taschenbuch, — SCHLEICHER, *Taschenbuch für Bauingenieure*, — HALASZ, *Holzbau-Taschenbuch* usw. Sofern diese Bücher nicht die Normen und Vorschriften enthalten, bringen sie eine Menge konstruktiver Hinweise und Berechnungsverfahren.

Tafel 4. Zulässige Spannungen für Bauholz mittlerer Güte in kp/cm²

Beanspruchung			Bezeichnung	Nach ÖN B 4100/2 für „gutes Bauholz"		Nach DIN 1052/1 für Güteklasse II		Zeile
				Fichte Tanne Kiefer	Eiche Buche	Fichte Tanne Kiefer	Eiche Buche	
Biegung	Biegezug, Biegedruck in der Faserrichtung	im allgemeinen	σ_b zul	115	140	100	110	1
		bei Durchlaufträgern ohne Gelenke	σ_b zul	125	—	—	—	2
Zug	in der Faserrichtung	σ_z zul $\parallel$		100	120	85	100	3
Druck	in der Faserrichtung	σ_d zul $\parallel$		100	120	85	100	4
	rechtwinkelig zur Faserrichtung	σ_d zul $\perp$		20	35	20	30	5
	rechtwinkelig zur Faserrichtung, wenn kleine Eindrückungen unbedenklich sind	σ_d zul $\perp$		25	45	25	40	6
Schub (Abscheren)	in der Faserrichtung	τ zul		10	15	9	10	7

Anmerkungen.   1. Für Lärche gelten laut Önorm etwas höhere Werte als für Fichte, Tanne, Kiefer.

2. Die Önorm-Werte für Eiche, Buche gelten nur für kleine, splintfreie Stücke (z. B. Knaggen).

3. Die DIN-Werte beziehen sich auf den Lastfall *H*. Nach Abschn. 9.1.12 der DIN 1052/1 (1969) dürfen sie im Lastfall *HZ* um 15% erhöht werden. Auch Önorm B 4100/2 (1970), Abschn. 2.2.3.3 gestattet eine ausnahmsweise Erhöhung der zulässigen Spannungen um höchstens 15%, wenn Bauholz und Bauausführung höchsten Anforderungen entsprechen.

4. Nach DIN 1052/1, Abschn. 9.1.5 darf bei Durchlaufträgern ohne Gelenke die Biegespannung über den Innenstützen die zulässigen Werte nach Zeile 1 um 10% überschreiten. Bezüglich Ausnahmen vgl. die DIN.

zeigt, daß die bestehenden Abweichungen im allgemeinen nicht allzu groß sind. Hervorzuheben wäre etwa, daß die Zeile 1 der Tafel 2 (Önorm, Beanspruchung auf Zug, Druck, Biegung) in der DIN 1050 (Tafel 3) eine Aufspaltung in die Zeilen 1 und 2 erfährt, wobei die zweite Zeile bemerkenswert höhere Spannungen enthält als die erste.

Die Werte der zulässigen Spannungen liegen stets unterhalb der Proportionalitätsgrenze des betreffenden Werkstoffs, so daß wir uns also stets im Gültigkeitsbereich des Hookeschen Gesetzes befinden, wenn wir die vorgeschriebenen Spannungen nicht überschreiten. Eine Ausnahme scheinen nur die hohen zulässigen Lochleibungsdrücke der Nietverbindungen zu bilden. Sie haben jedoch nur die Bedeutung von Vergleichsspannungen, wovon in Nr. 18 noch die Rede sein wird.

Zum Schluß sei noch erwähnt, daß die Vorschriften über die Einhaltung der zulässigen Spannungen im allgemeinen nicht die einzigen sind, die der Konstrukteur zu befolgen hat. Bei der Bemessung von Trägern wird z. B. außerdem meist noch verlangt, daß die größte Durchbiegung einen gewissen höchstzulässigen Wert nicht überschreiten darf. Dadurch ist dann häufig die Ausnützung der zulässigen Spannungen nicht möglich, da schon vorher die zulässige Durchbiegung erreicht wird (s. Abschnitt V).

17. Beispiele auf Zug, Druck und Abscherung beanspruchter Bauteile. 1. Beispiel. Ein Rundstahlstab soll für eine Zugkraft $P = 5$ Mp bemessen werden. Werkstoff: St 37, $\sigma_{zul} = 1500$ kp/cm². Gesucht ist der Durchmesser des Stabes.

Die erforderliche Mindestquerschnittsfläche des Stabes, F_{erf}, ergibt sich aus der Bedingung, daß die größte auftretende Normalspannung gleich der zulässigen Spannung sein muß

$$\frac{P}{F_{erf}} = \sigma_{zul}.$$

Daraus folgt

$$F_{erf} = \frac{P}{\sigma_{zul}} = \frac{5000}{1500} = 3{,}33 \text{ cm}^2.$$

Beim Einsetzen der Zahlenwerte ist darauf zu achten, daß alle Größen im selben Maßsystem gemessen werden. Wir wollen alles durch kp und cm ausdrücken. Aus $F_{erf} = \pi \, d_{erf}^2/4$ ergibt sich der erforderliche Mindestdurchmesser des Stabes zu

$$d_{erf} = 2{,}06 \text{ cm}.$$

Rundstähle werden nur in Durchmesserstufen geliefert, die ganze Millimeter betragen. Wir müssen also, da d_{erf} den kleinsten zulässigen Durchmesser darstellt, die nächsthöhere ganze Zahl in Millimeter, das ist $d = 22$ mm, wählen. Die im Stab vorhandene Spannung ist dann etwas kleiner als die zulässige:

$$\sigma_{vorh} = \frac{P}{F_{vorh}} = \frac{5000}{\pi \cdot 2{,}2^2/4} = 1310 < 1500 \text{ kp/cm}^2.$$

Die Berechnung der tatsächlich vorhandenen Spannung nennt man den *Spannungsnachweis*. Aus ihm ersieht man, wieweit das Material ausgenützt ist.

Wir haben bei der Bemessung des Stabes lediglich die größte Normalspannung berücksichtigt. Aus dem Mohrschen Spannungskreis für den einachsigen Spannungszustand (Abb. 11 *a*) ersehen wir, daß die größte auftretende Schubspannung halb so groß ist wie die größte Normalspannung. Da für Stahl die zulässige Schubspannung gemäß Tafel 2 nach Önorm 0,6 σ_{zul} beträgt und auch nach DIN (Tafel 3) größer als 0,5 σ_{zul} ist, erübrigt sich im vorliegenden Fall die Nachrechnung auf Schub. Diese ist übrigens bei Bauteilen nur selten nötig, im Gegensatz zu den Verbindungsmitteln.

2. Beispiel. Mitunter treten in Stützen, welche Decken, Unterzüge, Kranbahnen u. dgl. tragen, auch geringfügige Zugkräfte auf (geringfügig im Vergleich zu den Druckkräften, die sie normalerweise aufzunehmen haben). Die Stützen müssen dann im Fundament verankert werden. Wir wollen als Beispiel annehmen, daß eine Stütze gegen das Auftreten einer Zugkraft von $S = 6$ Mp durch zwei Ankerschrauben gesichert werden soll (Abb. 32). Die Schrauben sind zu bemessen. (Die

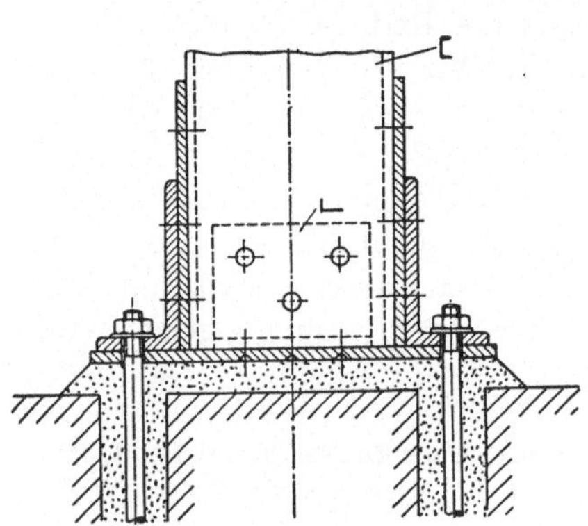

Abb. 32. Ankerschrauben einer Baustütze

Stütze besteht aus zwei $\lbrack$-Stählen: $\rbrack\lbrack$. Weitere Einzelheiten der Ausführung derartiger Baustützen sind aus Abb. 206 zu ersehen.)

Die zulässige Zugspannung für die Ankerschrauben sei im vorliegenden Fall $\sigma_{zul} = 1000$ kp/cm² = 1 Mp/cm². Daher ist die erforderliche Gesamtquerschnittsfläche (wir lassen im folgenden die Indizes *erf* und *vorh* häufig weg)

$$F = \frac{S}{\sigma_{zul}} = \frac{6,00}{1,00} = 6,00 \text{ cm}^2.$$

Da zwei Schrauben verwendet werden sollen, muß jede von ihnen eine Mindestquerschnittsfläche

$$F_1 = \frac{1}{2} \, 6,00 = 3,00 \text{ cm}^2$$

besitzen. Diese Querschnittsfläche muß jede der Schrauben an ihrer schwächsten Stelle aufweisen, der Querschnitt des Kerns des Gewindes muß also mindestens diese Größe haben. Aus einer Schraubentabelle[1] entnehmen wir, daß metrische Schrauben M 24 vom Schaftdurchmesser 24 mm und einem Kernquerschnitt von 3,17 cm² ausreichen[2]. Die in den Schrauben vorhandene größte Spannung ist

$$\sigma_{vorh} = \frac{6,00}{2 \cdot 3,17} = 0,947 \text{ Mp/cm}^2 < \sigma_{zul}.$$

Zusatzfrage: Mit welcher Kraft S_{max} dürfte eine solche Schraube maximal belastet werden? Die gesuchte Kraft ergibt sich zu

$$S_{max} = 3,17 \, \sigma_{zul} = 3,17 \cdot 1,00 = 3,17 \text{ Mp}.$$

Die beiden Schrauben müssen noch gegen Herausreißen entsprechend gesichert werden. Sie werden deshalb etwa zwischen zwei waagrecht liegenden, quer durch das Fundament laufenden $\lbrack$-Stählen mittels Hammerkopf verankert[3]. Außerdem muß das Fundament schwer genug sein, damit es durch die Zugkraft nicht aus dem Boden gehoben wird (siehe das 5. Beispiel).

---

[1] In jedem technischen Hilfsbuch.

[2] Früher wurden die Schraubendurchmesser in englischen Zoll angegeben; 1″ = 25,4 mm.

[3] S. z. B. „Stahl im Hochbau", 13. Aufl., S. 331.

3. Beispiel. Ein Fachwerkstab, der mit einer Zugkraft $S = 18$ Mp (Stabkraft) beansprucht ist, soll aus zwei gleichschenkeligen Winkelstählen hergestellt werden. Die Berechnung soll nach DIN 1050, Lastfall H erfolgen (s. Tafel 3). Werkstoff St 37, $\sigma_{zul} = 1600$ kp/cm^2 = 1,6 Mp/cm^2.

Die beiden Winkel müssen an den Enden mit einer Anzahl Niete an die Knotenbleche angeschlossen werden (Abb. 33). Die Stärke der Bleche sei $t_1 = 10$ mm, der Durchmesser der Niete sei $d = 17$ mm. Der Querschnitt jedes Winkels ist also maximal durch ein Nietloch geschwächt. Von dieser schwächsten Stelle, der *Nutz-* oder *Nettoquerschnittsfläche*, muß die Bemessung ausgehen. Die erforderliche Nutzquerschnittsfläche beider Winkel, F_n, ergibt sich aus der Gleichung

$$\frac{S}{F_n} = \sigma_{zul}$$

zu

$$F_n = \frac{S}{\sigma_{zul}} = \frac{18}{1,60} = 11,3 \text{ cm}^2.$$

Wir nehmen die Tafel für die gleichschenkeligen Winkel zur Hand und

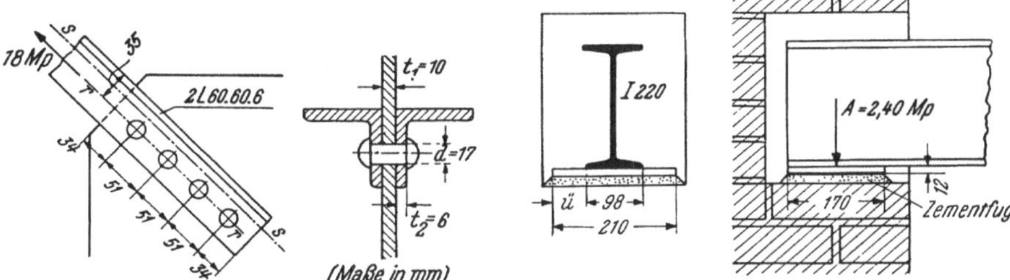

Abb. 33. Fachwerkstab mit Nietanschluß   Abb. 34. Auflagerung eines Trägers

wählen zwei ∟ 60.60.6, mit der Bruttoquerschnittsfläche $F = 2 \cdot 6,91 = 13,82$ cm^2. Von ihr ist für das Nietloch die Fläche

$$F_N = 2\, t_2\, d = 2 \cdot 0,6 \cdot 1,7 = 2,04 \text{ cm}^2$$

abzuziehen (t_2 ist die Schenkelstärke des Winkels). Dann ergibt sich

$$F_n \text{ vorh} = F - F_N = 13,82 - 2,04 = 11,78 \text{ cm}^2$$

und

$$\sigma_{vorh} = \frac{S}{F_n \text{ vorh}} = \frac{18}{11,78} = 1,53 \text{ Mp/cm}^2 < \sigma_{zul}.$$

Es soll noch darauf hingewiesen werden, daß die durch die Niete auf den Stab übertragene Zugkraft nicht in der Stabachse liegt; denn es ist aus Platzmangel nicht möglich, die Niete so zu schlagen, daß sich die Nietrißlinie $r \ldots r$ mit der Projektion der Stabachse $s \ldots s$ deckt (s. Abbildung). Der Stab ist also genau genommen auf außermittigen Zug beansprucht (s. Abschnitt IV), was man jedoch in der Praxis nicht berücksichtigt. Die erforderliche Nietanzahl werden wir in Nr. 19, 1. Beispiel, ermitteln.

4. Beispiel. Gewöhnliche Deckenträger, Unterzüge u. dgl. versieht man nicht eigens mit Gelenk- und Rollenlagern, sondern legt sie einfach auf das Mauerwerk. Da dessen Oberfläche meist uneben ist, streicht man eine 1 bis 2 cm dicke Zementschicht darüber, auf die dann der Träger zu liegen kommt (Abb. 34). Infolge der Durchbiegung des Trägers würden sich die Trägerenden bei zu großer Auflagerlänge a von der Unterlage etwas abheben. Dadurch würde die Auflagerfläche kleiner und die Druckspannung auf der Unterlage größer als berechnet. Daher soll a nicht größer sein als rund $h/3 + 10$ cm, wo h die Trägerhöhe bedeutet.

Zunächst sieht man nach, ob man den Träger direkt auf die Zementunterlage legen kann. Ergibt die Rechnung jedoch eine größere Auflagerlänge als die oben angegebene, so muß die Auflagerfläche durch Unterlegen einer Stahl- oder einer Gußeisenplatte verbreitert werden (s. Abbildung). Die Platte wird mit dem Träger vernietet oder verschweißt.

Wir berechnen als Beispiel die Auflagerung eines Trägers I 220 für einen Auflagerdruck $A = 2{,}4$ Mp auf einer Mauer aus Mauerziegeln zweiter Klasse in Kalkmörtel, die mit einer zulässigen Druckspannung von $\sigma_{zul} = 7$ kp/cm² beansprucht werden darf.

Wir prüfen zunächst, ob wir den Träger ohne Unterlagsplatte lagern können. Die Breite des Trägers ist $b = 9{,}8$ cm, die erforderliche Auflagerfläche ergibt sich aus der Gleichung

$$\frac{A}{a\,b} = \sigma_{zul}$$

zu

$$a = \frac{A}{b\,\sigma_{zul}} = \frac{2400}{9{,}8 \cdot 7} = 35{,}0 \text{ cm.}$$

Da $h/3 + 10 = 22/3 + 10 \approx 17$ cm beträgt, ist dieser Wert für a zu groß und wir benötigen eine Auflagerplatte. Wir wählen eine Stahlplatte von der Länge $a = 17$ cm. Ihre Breite b_1 erhalten wir aus

$$\frac{2400}{17\,b_1} = 7 \text{ kp/cm}^2$$

zu

$$b_1 = \frac{2400}{17 \cdot 7} = 20{,}2 \text{ cm.}$$

Wir wählen $b = 21$ cm. Dann ist die unter der Platte vorhandene Druckspannung p gleich

$$p = \frac{2400}{17 \cdot 21} = 6{,}73 \text{ kp/cm}^2 < \sigma_{zul}.$$

Als Plattendicke wählen wir $t = 12$ mm. Daß die Platte den unter dem I-Träger herrschenden Druckspannungen standhält, ist nicht nötig nachzuweisen (der Leser berechne diese Spannungen). Hingegen wird die Platte durch den Gegendruck von seiten der Unterlage auf Biegung beansprucht. Mit Rücksicht auf diese Biegespannungen ist t zu bemessen, was in Nr. 40, 5. Beispiel durchgeführt wird.

5. Beispiel. Für eine Stahlstütze, die eine Druckkraft $S = 100$ Mp aufzunehmen hat, soll ein Fundamentkörper entworfen werden (die Stütze selbst wird in Nr. 85 berechnet). Die Grundfläche F der Stütze ist ein Rechteck mit den Seiten $a = 0{,}55$ m, $b = 0{,}48$ m. Das Eigengewicht der Stütze ist 405 kp und kann zunächst gegenüber der Last außer Betracht bleiben. Der Boden, auf dem das Fundament ruht (die Bausohle), soll mit höchstens 3 kp/cm² auf Druck beansprucht werden dürfen. Außerdem soll das Fundament schwer genug sein, um einer Abhebekraft von 6 Mp mit $1^1/_2$facher Sicherheit entgegenzuwirken (Abb. 35).

Wir verwenden für das Fundament Beton B 160 der eine zulässige Druckspannung von 40 kp/cm² hat[1]. Dies ist in unserem Fall ausreichend, denn wir haben an der Fußplatte der Stütze

$$\frac{S}{F} = \frac{100\,000}{55 \cdot 48} = 37{,}9 \text{ kp/cm}^2$$

____

[1] B 160 ist ein Beton, dessen Würfeldruckfestigkeit nach 28tägiger Erhärtung 160 kp/cm² beträgt (s. Önorm B 4200/3).

zu übertragen. Wir müssen nun trachten, durch entsprechende Verbreiterung des Fundaments, diesen Druck auf höchstens 3 kp/cm² zu vermindern. Die erforderliche Basisfläche des Fundaments $F_2 = a_2 b_2$, ergibt sich, wenn wir zunächst wieder nur die Last S berücksichtigen, aus

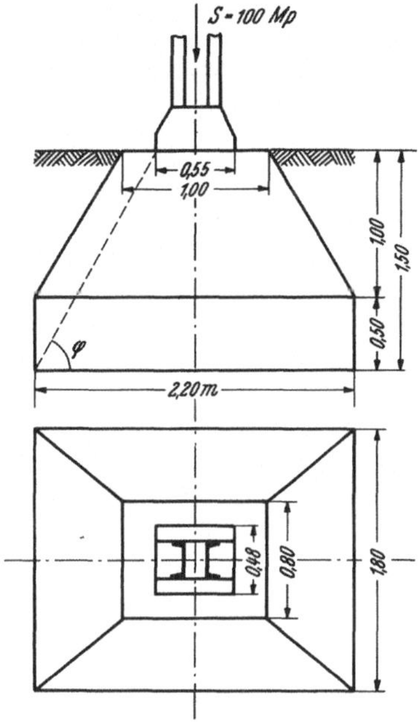

Abb. 35. Stützenfundament

$$\frac{S}{F_2} = \frac{100\,000}{F_2} \leqq 3 \text{ kp/cm}^2,$$

zu

$$F_2 \geqq 33\,300 \text{ cm}^2.$$

Wir wählen das Seitenverhältnis $a_2 : b_2$ ungefähr gleich dem Verhältnis $a : b$ und nehmen an $a_2 = 2,20$, $b_2 = 1\,80$ m. Somit ist die Basisfläche

$$F_2 = 220 \cdot 180 = 39\,600 \text{ cm}^2.$$

Das Fundament soll nun so ausgebildet werden, daß der Winkel φ der Abbildung nicht kleiner als 50 bis 60° ist. Wir kommen am einfachsten durch Probieren an Hand einer Skizze zu folgender Gestalt des Fundamentkörpers. Die Basis bildet ein Quader von $h_2 = 0,50$ m Höhe. Daran schließt sich ein pyramidenstumpfartiger „Obelisk" von $h_1 = 1,00$ m Höhe. Die Fundamentkrone führen wir aus als Rechteck mit den Seiten $a_1 = 1,00$, $b_1 = 0,80$ m. Dann ergibt sich, wie man leicht nachrechnet, für das Volumen des Obelisken

$$V_1 = \frac{h_1}{6} [a_2 b_2 + (a_2 + a_1)(b_2 + b_1) + a_1 b_1] =$$

$$= \frac{1,00}{6} (2,20 \cdot 1,80 + 3,20 \cdot 2,60 + 1,00 \cdot 0,80) = 2,18 \text{ m}^3$$

und für das Volumen des Quaders

$$V_2 = a_2 b_2 h_2 = 3,96 \cdot 0,50 = 1,98 \text{ m}^3.$$

Das spezifische Gewicht des Betons beträgt 2,20 Mp/m³. Somit ist das Fundamentgewicht

$$G = (2,18 + 1,98) \cdot 2,20 = 9,15 \text{ Mp},$$

was ausreichend ist, denn die $1\frac{1}{2}$fache Abhebekraft beträgt $1,5 \cdot 6 = 9$ Mp. Zu dem Fundamentgewicht kommt noch das Gewicht der Stütze von 0,41 Mp hinzu, so daß wir in der Bausohle insgesamt 109 560 kp zu übertragen haben. Die Bodenpressung ist daher

$$\sigma_{\text{vorh}} = \frac{109\,560}{39\,600} = 2,77 \text{ kp/cm}^2 < \sigma_{\text{zul}}.$$

Berücksichtigt man noch das Gewicht der über dem Fundament liegenden Erde, so nimmt man an, daß 1 m³ Erdreich 1,6 Mp wiegt.

6. Beispiel. Ein Pfosten aus Nadelholz, Querschnitt 16/16 cm, drücke mit einer Kraft von 7 Mp auf eine ebensolche Schwelle. Es ist festzustellen, ob die Verbindung (die durch einige Nägel am Auseinanderfallen gehindert sei) nach Abb. 36a möglich ist, wenn wir die nach der Önorm zulässigen Spannungen (Tafel 4) zugrunde legen. Die Spannung in der Aufstandsfläche ergibt sich zu

$$\sigma = \frac{7000}{16^2} = 27{,}4 \text{ kp/cm}^2.$$

Für den Pfosten erfolgt der Druck parallel zur Faser, hier sind 100 kp/cm² zulässig. Für die Schwelle aber wirkt der Druck senkrecht zur Faser, wobei nur 20 kp/cm²

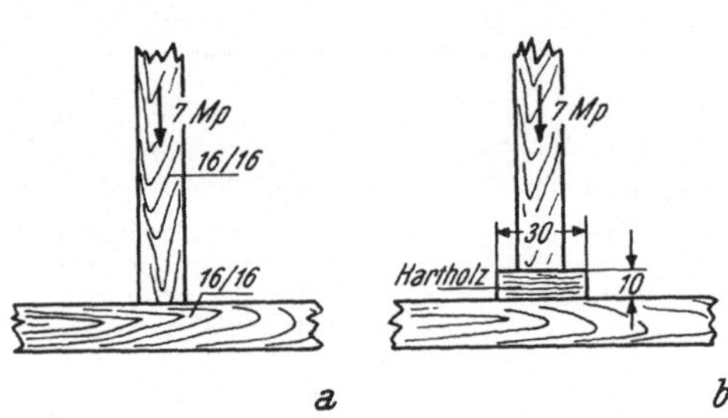

Abb. 36. Verbindung eines Pfostens mit einer Schwelle

zulässig sind. Wir dürfen also den Pfosten nicht direkt auf die Schwelle stellen, sondern werden zweckmäßig ein Stück Hartholz dazwischenschalten (Abb. 36b). Für dieses ist $\sigma_{d\,\text{zul}\,\perp} = 35$ kp/cm². Seine Mindestlänge l ergibt sich aus der Bedingung, daß es auf das darunterliegende Nadelholz nur mit höchstens 20 kp/cm² drücken darf:

$$\frac{7000}{16\,l} = 20 \text{ kp/cm}^2.$$

Daraus folgt

$$l = 22 \text{ cm}.$$

Wir wählen etwa $l = 30$ cm und machen den Klotz 10 cm hoch. Nach einer Zusatzbemerkung in Önorm B 4100/2 sollte der Klotz beiderseits der Druckfläche um die $1^1/_2$fache Höhe überstehen, andernfalls ist $\sigma_{d\,\text{zul}\,\perp} = 35$ um 20%, also auf 28 kp/cm², zu ermäßigen, was in unserem Fall jedoch noch ausreicht, da wir an der Aufstandsfläche des Pfostens nur 27,4 kp/cm² zu übertragen haben.

7. Beispiel. Im Holzfachwerksbau verwendet man zum Anschluß von geneigten Druckstäben an die Gurte häufig den sogenannten *einfachen Versatz*. Wir wollen

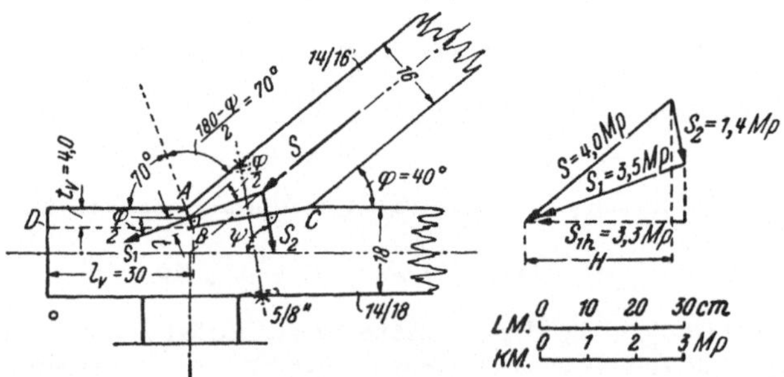

Abb. 37. Einfacher Versatz

das folgende Beispiel eines solchen Anschlusses nach den Vorschriften der DIN 1052 rechnen. Die Rechnung nach Önorm B 4100/2 verläuft in ganz der gleichen Weise, lediglich mit anderen Werten der zulässigen Spannungen. Die Werte für $\sigma_{d\,\text{zul}\,\alpha}$ sind nach Önorm nicht aus der unten angegebenen Formel zu ermitteln, sondern sind einer in der Norm angeführten Tabelle zu entnehmen.

Abb. 37 zeigt den Anschluß des unter dem Winkel $\varphi = 40°$ geneigten Obergurts eines Fachwerks, der eine Druckkraft $S = 4{,}0$ Mp übertragen soll, an den waagrechten

Untergurt. Der Untergurt wird nach den Flächen AB und BC ausgeschnitten, an denen der entsprechend zugeschnittene Obergurt Stützung findet. Eine Schraube, die weiter nichts trägt, hindert bloß das Abgleiten der beiden Bauteile. Die Stirnfläche des Versatzes, AB, wird gewöhnlich in der Richtung der Halbierenden des Winkels $180 - \varphi$ geschnitten, und zwar bis zu einer von uns zu berechnenden Tiefe t. Daraus ergibt sich dann die Lage der Brustfläche BC des Versatzes.

Die wirklich vorhandene Spannungsverteilung in einem Versatz ist zu kompliziert, um eine Grundlage für eine Berechnung abgeben zu können. Wir greifen daher zu folgender Näherungslösung. Wir zerlegen die Kraft S in zwei Komponenten S_1 und S_2 und nehmen S_1 senkrecht zu AB, S_2 senkrecht zu BC an. S_1 zeichnen wir durch den Mittelpunkt der Stirnfläche (S_2 wird dann im allgemeinen nicht durch den Mittelpunkt der Brustfläche gehen). Die Größe t ist nun so zu bestimmen, daß auf der Stirnfläche die zulässige Druckspannung nicht überschritten wird. Wir sehen, daß S_1 sowohl mit der Faserrichtung des Untergurts als auch mit der des Obergurts den Winkel $\dfrac{\varphi}{2} = 20°$ einschließt. (Die Faserrichtung ist stets parallel zur Balkenachse.) Nach DIN 1052 ist die zulässige Druckspannung schräg zur Faser nach der folgenden, auf Grund von Versuchen aufgestellten Formel zu berechnen

$$\sigma_{d\,\text{zul}\,\alpha} = \sigma_{d\,\text{zul}\,||} - (\sigma_{d\,\text{zul}\,||} - \sigma_{d\,\text{zul}\,\perp}) \sin \alpha.$$

α ist der Winkel, den die Kraftrichtung mit der Faserrichtung einschließt; für $\sigma_{d\,\text{zul}\,||}$ und $\sigma_{d\,\text{zul}\,\perp}$ sind die Werte aus Tafel 4 einzusetzen. (Für $\alpha = 0$ ergibt sich $\sigma_{d\,\text{zul}\,||}$, von welchem Wert die Spannung stetig auf den Wert $\sigma_{d\,\text{zul}\,\perp}$ für $\alpha = 90°$ abnimmt.) In unserem Fall, für Nadelholz und $\alpha = \dfrac{\varphi}{2} = 20°$ gilt

$$\sigma_{d\,\text{zul}\,20} = 85 - (85 - 20) \sin 20 = 63 \ \text{kp/cm}^2.$$

Da wir die erforderliche Einschnittstiefe noch nicht kennen, können wir BC noch nicht zeichnen und daher die Komponentenzerlegung von S noch nicht durchführen. Um einen Anhaltspunkt für die Größe von t zu erhalten, berechnen wir zunächst jenen Wert, welchen t haben müßte, damit die Stirnfläche die gesamte Kraft S aufnehmen könnte. Bedeutet $b = 14$ cm die Balkenbreite, so müßte gelten

$$\frac{S}{b\,t} = \sigma_{d\,\text{zul}\,20}.$$

Daraus würde folgen

$$t = \frac{S}{b\,\sigma_{d\,\text{zul}\,20}} = \frac{4000}{14 \cdot 63} = 4{,}5 \ \text{cm}.$$

Daraus ergäbe sich die vertikal gemessene Einschnittstiefe t_v zu

$$t_v = t \cos \frac{\varphi}{2} = 4{,}5 \cos 20 = 4{,}2 \ \text{cm}.$$

Da S_1 jedenfalls kleiner ist als S, wählen wir $t_v = 4$ cm, zeichnen BC und erhalten nun auf zeichnerischem Wege für die beiden Komponenten $S_1 = 3{,}5$ Mp, $S_2 = 1{,}4$ Mp. Als schräge Einschnittstiefe t ergibt sich nun

$$t = 4/\cos 20 = 4{,}26 \ \text{cm}.$$

Damit liefert der Spannungsnachweis

$$\sigma_{d\,\text{vorh}} = \frac{S_1}{b\,t} = \frac{3500}{14 \cdot 4{,}26} = 58{,}7 < 63 \ \text{kp/cm}^2.$$

Die gewählte Einschnittstiefe ist also ausreichend. (Das gewählte t_v erfüllt auch die

Bedingung, daß es nicht größer ist als ein Viertel der Balkenhöhe des Untergurts, das ist 4,5 cm.)

Die Nachrechnung der Brustfläche erübrigt sich bei einem flachen Versatz in der Regel. In unserem Fall wäre zu zeigen, daß (wenn wir der Einfachheit halber so tun, als ob S_2 im Mittelpunkt der Brustfläche angreift)

$$\frac{S_2}{14 \cdot 24} \leqq \sigma_{d\,zul\,\psi}$$

ist, wo $BC = 24$ cm durch Messung aus der Zeichnung gewonnen wurde und ψ den Winkel zwischen der Richtung von S_2 und der Faserrichtung des Untergurts bedeutet. Nun ist

$$\frac{1400}{14 \cdot 24} = 4,2 < \sigma_{d\,zul\,\perp},$$

also erst recht kleiner als $\sigma_{d\,zul\,\psi}$.

Auf eines darf man jedoch nicht vergessen, nämlich auf die ausreichende Bemessung der Länge des Vorholzes l_v. Das vor dem Versatz liegende Balkenstück muß so lang sein, daß die Scherspannung (s. Nr. 3) in der Fläche BD nicht größer ist als $\tau_{zul} = 9$ kp/cm². Die Scherspannungen, die wir in dieser Fläche als gleichmäßig verteilt annehmen, müssen der waagrechten Komponente von S_1 das Gleichgewicht halten. Diese ist laut Krafteck $S_{1h} = 3{,}3$ Mp. Somit ergibt sich l_v aus der Gleichung

$$\frac{S_{1h}}{b\,l_v} = 9 \text{ kp/cm}^2$$

zu

$$l_v = \frac{3300}{14 \cdot 9} = 26{,}2 \text{ cm}.$$

Wir wählen $l_v = 30$ cm. (Häufig wird hier anstatt mit S_{1h} mit der waagrechten Komponente H von S gerechnet. Man rechnet aber dann, insbesondere bei großen Winkeln φ, mit einer zu kleinen Kraft.)

18. Berechnung von Niet- und Schraubenverbindungen. Die im Stahlhochbau wohl am häufigsten angewendete Verbindungsart einzelner Bauteile ist die Nietung. Man unterscheidet *Kraftniete* und *Heftniete*. Erstere dienen zur Kraftübertragung von einem Bauteil auf den anderen, letztere halten die zu verbindenden Bauteile lediglich gegen Rosten und Klaffen zusammen. Wir werden uns hier nur mit den Kraftnieten beschäftigen, da über die Heftniete weiter nicht viel zu sagen ist. Der Niet kommt als *Rohniet* bloß mit einem Kopf, dem *Setzkopf*, auf die Baustelle oder in die Werkstätte. Dort wird er auf Rotglut erhitzt, in das vorher gebohrte Loch gesteckt und aus dem vorstehenden Teil des Schafts wird der *Schließkopf* hergestellt. Dabei wird der Schaft, dessen Durchmesser beim Rohniet um 1 mm kleiner ist als der Lochdurchmesser, so weit aufgestaucht, daß der geschlagene Niet das Loch vollkommen ausfüllt. In die Rechnung ist daher als Nietdurchmesser der Lochdurchmesser einzusetzen.

Der erkaltende Niet zieht sich zusammen und preßt dadurch die zu verbindenden Bauteile sehr fest aneinander *(Klemmkraft)*, so daß sie einer gegenseitigen Verschiebung schon durch die ziemlich bedeutenden

Reibungskräfte einen erheblichen Widerstand entgegensetzen (*Reibungsschluß* der Niete). Rechnungsmäßig können diese Kräfte jedoch kaum genauer erfaßt werden und man behandelt daher bei der Berechnung die Niete so, als ob sie lose in den Löchern stecken würde. Trotzdem legt man stets Wert auf eine möglichst große Klemmwirkung. Dies wird dadurch erreicht, daß man als Nietmaterial einen besonders bildsamen Stahl wählt, der sich dem Werkstoff der zu verbindenden Bauteile möglichst gut anpaßt. Wie aus den Tafeln 2 und 3 ersichtlich, verwendet man für Bauteile aus St 37 Niete aus St 34, bzw. St 36, für Bauteile aus St 52 Niete aus St 44. Der verwendete Nietstahl ist also immer etwas nachgiebiger als der Stahl der Bauteile. Die für die Nietberechnung zulässigen Spannungen wurden aus Versuchen über die Zerstörung von Nietverbindungen abgeleitet und sind für die vorhin genannten Werkstoffe in den Tafeln 2 und 3 angeführt.

Niete sollen möglichst nicht auf Zug beansprucht, sondern sollen stets quer zur Schaftrichtung belastet werden. Ist eine Zugbeanspruchung unvermeidlich, so darf die

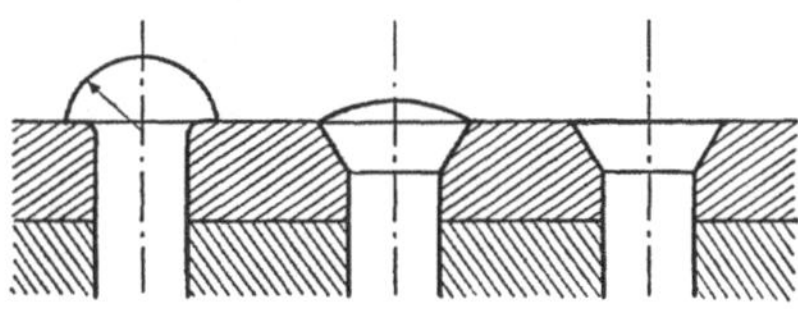

Abb. 38. Nietformen: Halbrund-, Linsensenk- und Senkniet

Zugspannung im Schaftquerschnitt die in den Tafeln 2 und 3 vorgeschriebenen Werte nicht überschreiten. Im Fall einer Zugbeanspruchung in der Schaftrichtung verwendet man besser Schrauben.

Je nach der Form der Köpfe unterscheidet man *Halbrundniete* mit fast halbkugeligen Köpfen, *Linsensenkniete* mit sehr flach gewölbten Köpfen und *Senkniete*, deren Köpfe überhaupt nicht vorstehen (Abb. 38). Wie der Name sagt, sind bei den beiden letzteren Typen die Köpfe in die Bauteile konisch versenkt[1].

a) *Die einschnittige Nietverbindung.* In Abb. 39a sind zwei Bleche von der Dicke t_1 bzw. t_2 dargestellt, die durch einen Niet vom Schaftdurchmesser d verbunden sind. (d ist der Durchmesser des *geschlagenen* Niets und ist gleich dem Lochdurchmesser[2].) Eine solche Nietverbindung wird *einschnittig* genannt, da hier der Niet nur in *einem* Querschnitt, nämlich in der Fläche F auf Abscherung beansprucht wird. Lassen wir die in den Blechen wirkenden Zugkräfte K bis zur Zerstörung der Verbindung anwachsen, so kann zweierlei geschehen (wenn wir von einem

---

[1] Nach den neuen deutschen Nietnormen (DIN 302) tritt anstelle der beiden letzten Nietformen der Abb. 38 ein als „Senkniet" bezeichneter Niet mit sehr flachem Linsensenkkopf von nur 1 bis 2 mm Rundungshöhe. Sind ebene Anschlußflächen nötig, so muß diese Rundung abgearbeitet werden.

[2] Häufig wird der Rohnietdurchmesser mit d und der Lochdurchmesser mit d_1 bezeichnet, worauf wir hier hinweisen, um Verwechslungen vorzubeugen.

Abreißen des Bleches absehen): entweder der Nietschaft wird längs der Fläche $F = \pi\, d^2/4$ abgeschert oder der Schaft preßt sich in die Lochwand ein und reißt das Bohrloch auf. Im ersten Fall erreichen die im Querschnitt F wirksamen Schubspannungen die Bruchgrenze. Die Schubspannungen sind über diesen Querschnitt sehr ungleichmäßig verteilt (Näheres darüber in Nr. 45). Für die Zwecke der praktischen Berechnung müssen wir jedoch die Verhältnisse ein wenig vereinfachen. Wir wollen

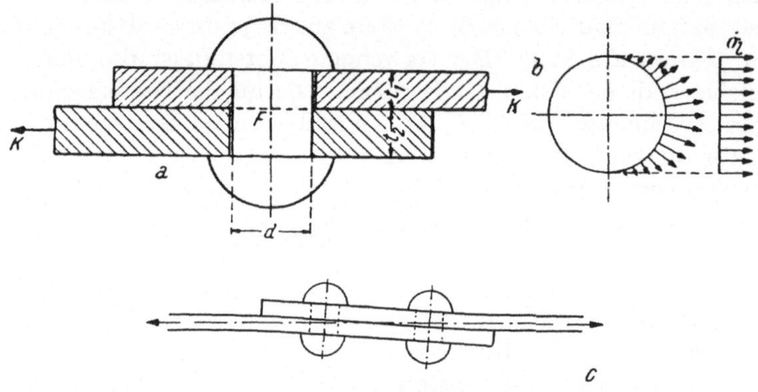

Abb. 39. Einschnittige Nietverbindung

sagen, daß der Bruch dann eintritt, wenn der über ganz F gleichmäßig verteilt gedachte Mittelwert der Schubspannung, die sogenannte *Scherspannung* (s. Nr. 3)

$$\tau = \frac{K}{\pi\, d^2/4},$$

einen gewissen (durch Versuche feststellbaren) Wert übersteigt und wollen einen echten Bruch dieses Wertes als für die Abscherungsbeanspruchung eines Niets *zulässige* Spannung $\tau_{a\,zul}$ festsetzen (s. Tafel 2 und 3). Einem einschnittigen Niet darf also, was die Abscherungsbeanspruchung anlangt, keine größere Kraft zugemutet werden als

$$N_{a1} = \frac{\pi\, d^2}{4}\, \tau_{a\,zul}. \tag{18, 67a}$$

Der Druck auf die Lochwand, welcher *Lochleibungsdruck* genannt wird, ist ebenfalls längs der jeweils an dem Blech anliegenden Halbzylinderfläche des Schafts sehr ungleichmäßig verteilt (s. Abb. 39a; am oberen Rand liegt die linke Hälfte des Schafts an, am unteren die rechte). Der Lochleibungsdruck zeigt etwa die in Abb. 39b dargestellte Verteilung. Auch hier rechnet man mit einer gedachten Spannung, die man als gleichmäßig verteilt über die Projektion der Berührungsflächen auf eine zur Kraftrichtung senkrechte Ebene annimmt. Dieser *Mittelwert* des

Lochleibungsdrucks, den man immer meint, wenn man von Lochleibungsdruck spricht, ergibt sich für das obere bzw. für das untere Blech zu

$$\sigma_l' = \frac{K}{t_1\,d}, \qquad \sigma_l'' = \frac{K}{t_2\,d}.$$

Wir sehen, daß im dünneren Blech der größere Lochleibungsdruck
herrscht. Dieser darf nun ebenfalls einen aus Versuchsergebnissen abgeleiteten Wert $\sigma_{l\,\text{zul}}$, den *zulässigen* Lochleibungsdruck, nicht überschreiten (s. Tafel 2 und 3). Der Niet darf also, was den Lochleibungsdruck anlangt, höchstens mit einer Kraft

$$N_{l1} = t\,d\,\sigma_{l\,\text{zul}} \tag{18, 67 b}$$

belastet werden, wo t die Stärke des *dünneren* der beiden zu verbindenden
Bleche bedeutet.

Ein einschnittiger Niet darf demnach quer zu seiner Achse
höchstens mit einer Kraft N_1 beansprucht werden, die gleich ist der
kleineren der beiden Kräfte N_{a1} und N_{l1}:

$$N_1 = \min\,(N_{a1},\ N_{l1}). \tag{18, 68}$$

(min = Minimum). N_1 wird *zulässige Tragkraft* oder kurz *Tragkraft* des
Niets genannt.

Soll durch eine einschnittige Nietverbindung die Kraft P übertragen
werden, so sind hiezu mindestens P/N_1 Niete erforderlich. Da die Nietanzahl n natürlich eine ganze Zahl sein muß, so ist die diesem Bruch nächsthöhere ganze Zahl zu wählen:

$$n \geqq \frac{P}{N_1}. \tag{18, 69}$$

Es läuft auf dasselbe hinaus, wenn man, wie es häufig geschieht, die
mindest erforderliche Nietanzahl auf folgende Art berechnet: Wenn
sich die zu übertragende Kraft P auf n Niete verteilt, so entfällt auf
einen Niet die Kraft P/n. Sie darf weder größer als N_{a1}, noch größer
als N_{l1} sein. Nach Einsetzen der Werte gemäß den Gl. (18, 67) erhalten
wir für n die beiden folgenden Bedingungen

$$n \geqq \frac{P}{\dfrac{\pi\,d^2}{4}\,\tau_{a\,\text{zul}}}, \quad \text{bzw.}\ \ n \geqq \frac{P}{t\,d\,\sigma_{l\,\text{zul}}}. \tag{18, 70}$$

Der größere Wert von n, der sich aus diesen beiden Ungleichungen ergibt,
ist maßgebend und ist auf die nächste ganze Zahl aufzurunden.

b) Die zweischnittige Nietverbindung. Abb. 40 zeigt eine *zweischnittige*
Nietverbindung, so genannt, weil hier jeder Niet in *zwei* Querschnitten
auf Abscherung beansprucht wird. Der Kraft K wird hier von den Schubspannungen in einer Gesamtfläche von $2\,F = 2\,\pi\,d^2/4 = \pi\,d^2/2$ das
Gleichgewicht gehalten. Soll die zulässige Abscherungsspannung nicht

überschritten werden, so darf ein Niet einer zweischnittigen Verbindung höchstens mit einer Kraft

$$N_{a\,2} = \frac{\pi\,d^2}{2}\,\tau_{a\,\text{zul}}$$

(18, 71 a)

beansprucht werden.

Bezeichnen wir die Dicke des mittleren Bleches mit t_1, die Dicke jedes der beiden äußeren Bleche mit t_2 (beide äußeren Bleche haben also zusammen die Dicke $2\,t_2$), so ist der Lochleibungsdruck im Mittelblech

$$\sigma_l{}' = \frac{K}{t_1\,d}$$

und in jedem der beiden äußeren Bleche

$$\sigma_l{}'' = \frac{\dfrac{K}{2}}{t_2\,d} = \frac{K}{2\,t_2\,d}.$$

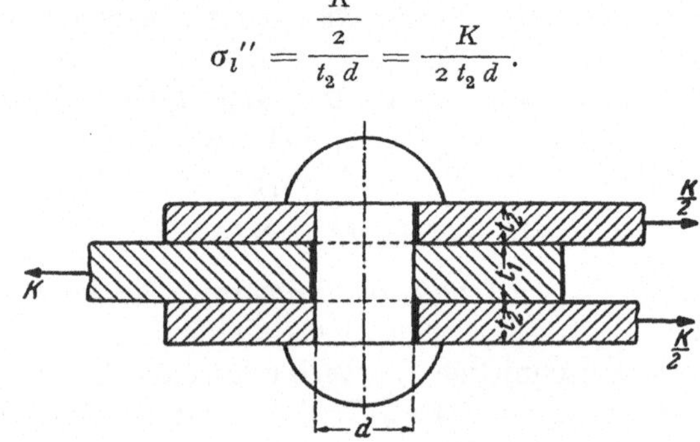

Abb. 40. Zweischnittige Nietverbindung

Je nachdem, ob t_1 kleiner oder größer ist als $2\,t_2$, ist $\sigma_l{}'$ größer oder kleiner als $\sigma_l{}''$. Der kleinere der beiden Werte t_1 bzw. $2\,t_2$ ist also maßgebend. Bezeichnen wir ihn mit t, so ist die größte Kraft, mit der ein zweischnittiger Niet beansprucht werden darf, wenn der zulässige Lochleibungsdruck nicht überschritten werden soll, gegeben durch

$$N_{l\,2} = t\,d\,\sigma_{l\,\text{zul}}.$$

(18, 71 b)

Es ergibt sich also formal derselbe Ausdruck wie für $N_{l\,1}$, nur ist zu beachten, daß t jetzt entweder die Dicke des mittleren Bleches oder die Dicke der *beiden* äußeren Bleche bedeutet.

Die auf einen zweischnittigen Niet entfallende Kraft N_2 darf also höchstens gleich der kleineren der beiden Kräfte $N_{a\,2}$ und $N_{l\,2}$ sein:

$$N_2 = \min\,(N_{a\,2},\,N_{l\,2}).$$

(18, 72)

N_2 wird *Tragkraft* des zweischnittigen Niets genannt.

Soll eine zweischnittige Nietverbindung die Kraft P übertragen, so sind hiezu mindestens P/N_2 Niete erforderlich:

$$n \geqq \frac{P}{N_2}.$$

(18, 73)

Man kann jedoch n auch aus den beiden folgenden Ungleichungen berechnen:

$$n \geqq \frac{P}{\dfrac{\pi \, d^2}{2} \, \tau_{a\,\text{zul}}}, \quad \text{bzw.} \quad n \geqq \frac{P}{t \, d \, \sigma_{l\,\text{zul}}}. \qquad (18,\,74)$$

Bei den üblichen Niet- und Blechstärken ist bei einschnittigen Nietverbindungen in der Regel die Abscherung, bei den zweischnittigen die Lochleibung maßgebend.

Der zweischnittigen Nietverbindung wird im allgemeinen der Vorzug gegeben, obwohl sie gewöhnlich mehr Niete erfordert als die einschnittige. Denn bei der einschnittigen Verbindung bilden die in den Blechen wirkenden Kräfte ein Kräftepaar, wodurch eine zusätzliche Biegungsbeanspruchung entsteht; d. h. die beiden Bleche verbiegen sich so lange, bis die beiden Kräfte wieder in einer Geraden liegen (Abb. 39c).

In jeder Nietverbindung werden die Niete auch auf Biegung beansprucht. Da aber die Schaftlängen im Vergleich zu den Durchmessern selten besonders groß sind, ist diese Beanspruchung gegenüber der auf Abscherung zu vernachlässigen.

Ist ein Niet oder eine Schraube gleichzeitig auf Zug und Abscherung beansprucht, so darf nach Önorm B 4600/2 der Hauptspannungswert

$$\sigma_1 = \frac{1}{2}\,(\sigma + \sqrt{\sigma^2 + 4\tau^2})$$

die laut Önorm geltenden zulässigen Spannungswerte in Zeile 1 der Tafel 2 nicht überschreiten. [Dieser Wert für σ_1 folgt aus Gl. (4, 17), für einen Spannungszustand mit $\sigma_x = \sigma$, $\tau_{xy} = \tau$ und $\sigma_y = 0$.]

Die Nietdurchmesser sind genormt. Önorm B 4300/5 zählt die folgenden Rohnietdurchmesser auf und darunter die stets um 1 mm größeren Durchmesser des geschlagenen Niets, der für die Berechnung maßgebend ist:

Rohnietdurchmesser (mm) 10   12   16   20   22   24   27
Geschlagener Niet (gleich Lochdurchmesser) (mm) 11   13   17   21   23   25   28

Die DIN enthält noch einige Zwischenwerte, empfiehlt jedoch, diese möglichst zu vermeiden, und ferner noch einige größere Werte.

Die Wahl des Nietdurchmessers richtet sich im wesentlichen nach der kleinsten zu verbindenden Blechstärke.

„Stahl im Hochbau" (13. Aufl., S. 495) empfiehlt die folgenden Werte:

Kleinste Plattendicke (mm)	4 bis 6	> 6 bis 8	> 8 bis 12	> 12 bis 18	> 18
Rohnietdurchmesser (mm)	12	16	20	24	27

Für Form- und Stabstahl-Walzprofile entnehme man die zugehörigen Regel-Nietdurchmesser den Profiltafeln.

Um einerseits das Schlagen der Niete bequem zu ermöglichen, denn der Niethammer (Döpper) darf durch bereits geschlagene Niete nicht behindert werden, und um anderseits ein Ausreißen bzw. Klaffen der Bleche zu vermeiden, müssen gewisse vorgeschriebene Kleinst- bzw. Größtabstände der Niete voneinander und vom Rand der Bleche eingehalten werden. Für *Kraftniete* im Hochbau gelten nach Önorm die folgenden Werte, wobei d den Lochdurchmesser bedeutet. Die nach DIN geltenden Werte sind, sofern sie nicht mit den Önorm-Werten übereinstimmen, in Klammern gesetzt:

a) *Kleinstabstände.* Mitte Loch zu Mitte Loch: 3 *d*. — Vom Rand: in der Kraftrichtung 2 *d*, senkrecht zur Kraftrichtung 1,5 *d*.

b) *Größtabstände.* Mitte Loch zu Mitte Loch: 6 *d* (8 *d*) bzw. 15 *t*, wo *t* die Dicke des dünnsten der außenliegenden zu verbindenden Teile bedeutet. Maßgebend ist der kleinere der beiden Werte. Für genietete Blechträger sind diese Grenzen der Lochmittenabstände 8 *d* (12 *d*) bzw. 20 *t* (25 *t*). Die Höchstwerte der Randabstände sind 4 *d* (3 *d*) bzw. 8 *t* (6 *t*). In gewissen Fällen sind Ausnahmen zulässig, worüber in den Normen nachgelesen werden kann. Auch bezüglich der die Heftniete betreffenden Werte sei auf die Normen verwiesen.

Bei den Walzprofilen ist die Lage der Nietrißlinie durch die Streich- und Wurzelmaße bestimmt.

Die Berechnung einer *Schraubenverbindung* erfolgt (mit Ausnahme der hochfesten Schrauben) genau so wie die einer Nietverbindung, nämlich auf Abscherung und Lochleibung. Im Gegensatz zu den Nieten können den Schrauben auch erhebliche Zugkräfte zugemutet werden. Zug- und Scherspannung können dann, wie oben dargelegt, zu einer Vergleichsspannung zusammengesetzt werden. Die zulässigen Spannungen sind aus Önorm B 4600/2 bzw. DIN 1050 zu entnehmen. Aus den genannten Normen geht auch hervor, welcher Schraubenstahl zu einem bestimmten Stahl der Bauteile zu verwenden ist.

Man unterscheidet *rohe* und *eingepaßte Schrauben.* Die ersteren werden in der Schmiedepresse hergestellt und stecken in der Verbindung mit einem gewissen Spielraum in den Löchern. Die letzteren werden auf der Drehbank abgedreht und passen dann genau in die Löcher. Die zulässigen Spannungen sind im allgemeinen für die rohen Schrauben niederer als für die Paßschrauben. Bei der Berechnung auf Abscherung und Lochleibung ist bei den rohen Schrauben der Schaftquerschnitt, bei den Paßschrauben der Lochquerschnitt maßgebend; bei Zugbeanspruchung ist der Kernquerschnitt maßgebend (s. Nr. 17, 2. Beispiel).

Die *hochfesten Schrauben* werden so stark angezogen, daß die Reibung zwischen den durch sie verbundenen Bauteilen zur Kraftübertragung voll ausreicht. Obwohl die Schrauben mit Spiel in den Löchern stecken, erfahren die Bauteile keine gegenseitige Verschiebung. Es herrscht also hier keine Abscherungs- und keine Lochleibungsbeanspruchung. Wegen der hohen Vorspannung muß aber der Werkstoff der Schrauben eine entsprechend hohe Festigkeit aufweisen (ein Beispiel ist in Tafel 1 angeführt). Bezüglich der praktischen Verwendung dieser Schrauben sei auf die einschlägigen Tabellen verwiesen.

19. Beispiele zur Berechnung von Niet- und Schraubenverbindungen. 1. Beispiel. Im 3. Beispiel der Nr. 17 wurde ein Fachwerkstab für eine Zugkraft $S = 18$ t nach DIN 1050 bemessen. Werkstoff war St 37; Lastfall *H*. Es ergaben sich zwei L 60.60.6. Diese Winkel sollen nun mit Nieten von $d = 17$ mm Durchmesser (= Durchmesser des geschlagenen Niets[1]) an ein Knotenblech von der Dicke $t_1 = 10$ mm angeschlossen werden (s. Abb. 33). Gesucht ist die erforderliche Nietanzahl. Laut Tafel 3 sind Niete aus St 36 zu verwenden und es ist $\tau_{a\,\mathrm{zul}} = 1400$ kp/cm² $= 1,4$ Mp/cm², $\sigma_{l\,\mathrm{zul}} = 2800$ kp/cm² $= 2,8$ Mp/cm².

Die auszuführende Nietverbindung ist zweischnittig. Es gelten daher die Gl. (18, 71) und (18, 72). Da $t_1 = 1,0$ cm, $2\,t_2 = 2 \cdot 0,6 = 1,2$ cm beträgt, ist $t = 1,0$ cm. Damit ergibt sich für die Abscherung

$$N_{a\,2} = \frac{\pi\,d^2}{2}\,\tau_{a\,\mathrm{zul}} = \frac{\pi \cdot 1,7^2}{2}\,1,4 = 6,35\ \mathrm{Mp}$$

und für die Lochleibung

$$N_{l\,2} = t\,d\,\sigma_{l\,\mathrm{zul}} = 1,0 \cdot 1,7 \cdot 2,8 = 4,76\ \mathrm{Mp}.$$

Es ist also die Lochleibung maßgebend und die Tragkraft eines Niets ist

$$N_2 = 4,76\ \mathrm{Mp}.$$

Es sind demnach

$$n \geq \frac{S}{N_2} = \frac{18}{4,76} = 3,79,$$

also mindestens vier Niete erforderlich. Auf einen Niet entfällt sodann die Kraft

$$N_{\mathrm{vorh}} = \frac{18}{4} = 4,50\ \mathrm{Mp}.$$

Dabei wurde angenommen, daß sich die zu übertragende Kraft S auf alle vier Niete gleichmäßig verteilt. Das ist jedoch nur dann der Fall, wenn nicht zu viele Niete hintereinander sitzen. Man ordnet deshalb tunlichst nicht mehr als vier bis fünf Niete hintereinander an.

2. Beispiel. Ein Flachstahl (z. B. ein Zugband), der mit einer Zugkraft $S = 11$ Mp belastet ist, soll gestoßen werden. Der Flachstahl ist zu bemessen und die erforderliche Nietanzahl für einschnittige bzw. zweischnittige Ausführung der Verbindung ist zu berechnen (Abb. 41). Werkstoff der Bauteile St 37 S, Niete aus St 34 N. Zulässige Spannungen nach Önorm (s. Tafel 2) für die Bauteile $\sigma_{\mathrm{zul}} = 1500$ kp/cm², für die Nietverbindung $\tau_{a\,\mathrm{zul}} = 1350$, $\sigma_{l\,\mathrm{zul}} = 2850$ kp/cm².

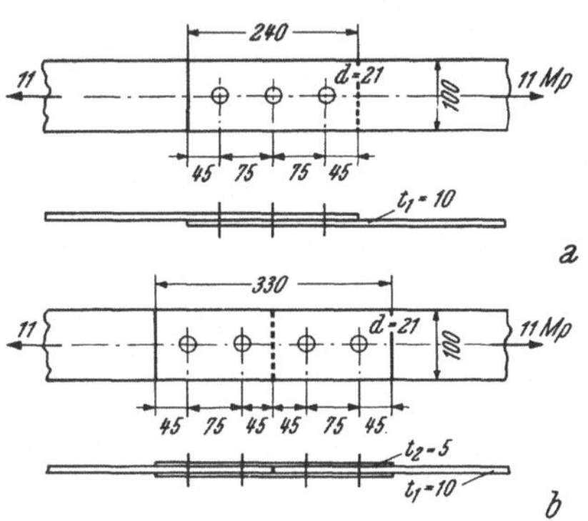

Abb. 41. Stoß eines Zugbands *a)* als einschnittige, *b)* als zweischnittige Nietverbindung ausgeführt

Wir wählen einen Flachstahl von $t_1 = 10$ mm Stärke und Niete vom Durchmesser $d = 21$ mm. Die erforderliche Nettoquerschnittsfläche des Flachstahls ergibt sich aus der Bedingung

$$\frac{P}{F_n} = \sigma_{\mathrm{zul}}$$

zu

$$F_n = \frac{P}{\sigma_{\mathrm{zul}}} = \frac{11}{1,50} = 7,33\ \mathrm{cm}^2.$$

---

[1] Auch in der Zeichnung wird immer der Durchmesser des geschlagenen Niets (= Lochdurchmesser) angegeben.

Das Nietloch schwächt den Querschnitt um den Betrag $t_1\,d = 1 \cdot 2{,}1 = 2{,}1$ cm². Daher ist der mindest erforderliche Querschnitt des Flachstahls $F = F_n + 2{,}1 = 9{,}43$ cm². Wir machen das Band 100 mm breit, dann ist $F = 10{,}0$ cm², $F_n = 7{,}90$ und

$$\sigma_{\text{vorh}} = \frac{11}{7{,}90} = 1{,}39 \ \text{Mp/cm}^2 < \sigma_{\text{zul}}.$$

Führen wir die Nietverbindung einschnittig aus, so wie es Abb. 41 *a* zeigt, dann können wir die erforderliche Nietanzahl nach den Gl. (18, 70) berechnen, wo für $t = t_1$ einzusetzen ist:

$$n \geq \frac{P}{\dfrac{\pi\,d^2}{4}\,\tau_{a\,\text{zul}}} = \frac{11}{\dfrac{\pi \cdot 2{,}1^2}{4} \cdot 1{,}35} = 2{,}35,$$

bzw.

$$n \geq \frac{P}{t\,d\,\sigma_{l\,\text{zul}}} = \frac{11}{1 \cdot 2{,}1 \cdot 2{,}85} = 1{,}84.$$

Es ist also die Abscherung maßgebend und die mindest erforderliche Nietanzahl ist

$$n = 3.$$

Führen wir den Stoß zweischnittig aus (Abb. 41 *b*), so müssen wir zwei Laschen verwenden, deren gesamte nutzbare Querschnittsfläche mindestens gleich der nutzbaren Querschnittsfläche des Bandes ist. Wir wählen die Laschen 100 mm breit und $t_2 = 5$ mm stark. Dann ist ihr gesamter Nutzquerschnitt gleich 7,90 cm² und ist somit ausreichend. Für die Anzahl der zweischnittigen Nieten gilt nach den Gl. (18, 74) mit $t = t_1 = 2\,t_2 = 1{,}00$

$$n \geq \frac{P}{\dfrac{\pi\,d^2}{2}\,\tau_{a\,\text{zul}}} = \frac{1}{2}\,2{,}35 = 1{,}18,$$

bzw.

$$n \geq \frac{P}{t\,d\,\sigma_{l\,\text{zul}}} = 1{,}84.$$

Es ist also die Lochleibung maßgebend und es sind mindestens

$$n = 2$$

Niete *auf jeder Seite* des Stoßes, also insgesamt vier Niete, erforderlich. Die Nietausteilung wurde nach den in Nr. 18 gemachten Angaben ausgeführt.

3. Beispiel. Ein Deckenträger I 300 soll an ein Stahlblech (dies kann etwa der Flansch einer Stütze oder der Steg eines Unterzuges sein) von der Stärke $t_3 = 20$ mm angeschlossen werden. Es sei ein Auflagerdruck $A = 8{,}00$ Mp zu übertragen (Abb. 42). Zum Anschluß sollen zwei Winkel L 110.110.12 und rohe, metrische Schrauben M 22 (Schaftdurchmesser 22, Lochdurchmesser 23, Länge 70 mm) verwendet werden. Die Bauteile seien aus St 37 S ausgeführt, dazu gehören Schrauben aus Stahl 4 D. Es ist die erforderliche Schraubenanzahl in der Anschlußfläche sowie im Steg des Deckenträgers auf Grund der nach Önorm zulässigen Spannungen zu ermitteln.

Gemäß Önorm B 4600/2 sind die zulässigen Spannungen für rohe Schrauben $\tau_{a\,\text{zul}} = 1000$, $\sigma_{l\,\text{zul}} = 2250$ kp/cm² für Abscherung und Lochleibung und $\sigma_{\text{zul}} = 1000$ kp/cm² für Zug. (Alles für den Regelfall.)

Ein Deckenträger wie der vorliegende wird stets als frei aufliegender Träger auf zwei Stützen gerechnet, obwohl durch die Schrauben in der Anschlußfläche eine Einspannung des Trägerendes bewirkt wird. Diese Einspannung ist aber keine vollständige, denn durch die Zugwirkung in den oberen Schrauben werden diese ein wenig verlängert und überdies gibt auch die Anschlußfläche etwas nach, falls

auf der anderen Seite nicht ebenfalls ein Träger angeschlossen wird. Man berücksichtigt daher diese Einspannung nicht. Da eine solche Einspannung den Träger
etwas entlastet, rechnet man bei ihrer Vernachlässigung bestimmt nicht mit günsti-
geren Verhältnissen als sie in Wirklichkeit bestehen.

Die Schrauben in der Anschlußfläche sind einschnittig und haben den Auflagerdruck aufzunehmen. Für rohe Schrauben ist sowohl bei der Berechnung der Ab-
scherungs- als auch der Lochleibungsbeanspruchung der Schaftdurchmesser $d =$
$= 2{,}20$ cm zugrunde zu legen. Damit ergibt sich nach den Gl. (18, 67) für die
Abscherung

$$N_{a1} = \frac{\pi\, d^2}{4}\, \tau_{a\,zul} = \frac{\pi \cdot 2{,}20^2}{4}\, 1{,}00 = 3{,}80\ \text{Mp}$$

und für die Lochleibung (hier ist die Stärke des Winkelschenkels $t_2 = 1{,}2$ cm maßgebend)

$$N_{l1} = t_2\, d\, \sigma_{l\,zul} = 1{,}2 \cdot 2{,}20 \cdot 2{,}25 = 5{,}94\ \text{Mp}.$$

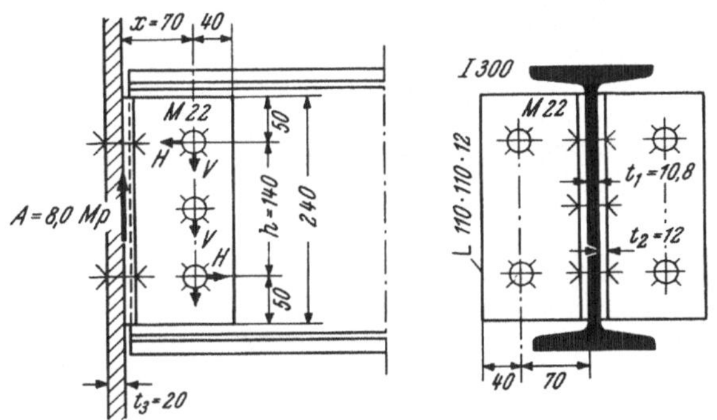

Abb. 42. Anschluß eines Deckenträgers

Es ist also die Abscherung maßgebend und die Tragkraft einer Schraube $N_1 = 3{,}80$ Mp
Die erforderliche Anzahl der Schrauben in der Anschlußfläche ist demnach

$$n \geqq \frac{A}{N_1} = \frac{8{,}00}{3{,}80} = 2{,}11.$$

Da jeder Winkel mit mindestens zwei Schrauben angeschlossen werden muß, brauchen wir insgesamt vier Schrauben. Mit den Zugkräften in den beiden oberen Schrauben wollen wir uns nicht näher befassen. Eine solche Schraube, deren Kernquerschnitt $2{,}76$ cm² beträgt, vermag, auf reinen Zug beansprucht, $2{,}76$ Mp zu übernehmen,
was wohl ausreichend ist.

Nun zu den Schrauben im Steg des Deckenträgers. Wir machen uns ihre Beanspruchung am besten klar, wenn wir uns die beiden Winkel als Verlängerung des
Trägers denken. In jenem Trägerquerschnitt, wo die Verbindung erfolgt, wirkt
eine Querkraft von der Größe A und ein Biegemoment von der Größe $M = A\,x$.
Dabei bedeutet x den Abstand der Schrauben von der Anschlußfläche. In unserem
Fall ist $x = 70$ mm $= 7$ cm. Querkraft und Biegemoment müssen durch die Schrauben vom Träger auf die beiden Winkel übertragen werden. Die Tragkraft einer
solchen Schraube, die zweischnittig ist, ermitteln wir nach den Gl. (18, 71) und (18, 72).
Es ergibt sich für die Abscherungsbeanspruchung

$$N_{a2} = \frac{\pi\, d^2}{2}\, \tau_{a\,zul} = 2\, N_{a1} = 7{,}60\ \text{Mp}.$$

Für die Lochleibungsbeanspruchung ist die Stärke des Trägersteges, $t_1 = 1{,}08$ cm, maßgebend. Wir erhalten

$$N_{l2} = t_1\, d\, \sigma_{l\,\text{zul}} = 1{,}08 \cdot 2{,}20 \cdot 2{,}25 = 5{,}35 \text{ Mp.}$$

Die Lochleibung ist maßgebend und die Tragkraft einer Schraube ist $N_2 = 4{,}75$ Mp. Würden wir nur die Querkraft berücksichtigen und das Biegemoment außer acht lassen, so ergäbe sich für die Schraubenanzahl

$$n' \geqq \frac{A}{N_2} = \frac{8{,}00}{5{,}35} = 1{,}50.$$

Wir würden also mit zwei Schrauben das Auslangen finden. Tatsächlich wird im Hochbau vielfach so verfahren, da die ja doch vorhandene Einspannung des Trägerendes in dessen Umgebung negative Biegemomente hervorruft, welche die Wirkung des positiven Moments $A\,x$ ganz oder teilweise aufheben. Wir wollen jedoch, so wie es z. B. im Brückenbau üblich ist, diejenige Schraubenzahl ermitteln, die unter Berücksichtigung des Moments $M = A\,x$ erforderlich ist.

Da durch die Aufnahme der Querkraft die Tragkraft von zwei Schrauben schon einigermaßen gut ausgenützt ist, werden wir, wenn auch noch das Moment aufgenommen werden soll, sicherlich mehr als zwei Schrauben benötigen. Wir sehen nach, ob wir mit drei Schrauben auskommen. In diesem Fall entfällt auf jede von ihnen in vertikaler Richtung die Kraft

$$V = \frac{A}{3} = \frac{8{,}00}{3} = 2{,}67 \text{ Mp.}$$

Außerdem haben nun noch die oberste und die unterste Schraube je eine horizontale Kraft H zu übertragen. H ergibt sich aus der Bedingung, daß das Moment des aus den beiden Kräften H bestehenden Kräftepaares gleich dem Moment M sein muß. (In der Abbildung sind die Kräfte A, H, V, in jener Richtung eingetragen, wie sie auf die beiden Winkel wirken. Die Winkel müssen unter dem Einfluß dieser Kräfte im Gleichgewicht sein.) Da

$$M = A\,x = 8{,}00 \cdot 7 = 56{,}0 \text{ Mp cm}$$

ist, ergibt sich, wenn wir die beiden äußeren Schrauben im Abstand $h = 140$ mm anordnen

$$H = \frac{M}{h} = \frac{56{,}0}{14} = 4{,}00 \text{ Mp.}$$

Jede der beiden äußeren Schrauben wird demnach senkrecht zu ihrer Achse durch eine Kraft N beansprucht, die gleich der Resultierenden der beiden Kräfte H und V ist:

$$N = \sqrt{H^2 + V^2} = \sqrt{4{,}00^2 + 2{,}67^2} = 4{,}80 \text{ Mp.}$$

Diese Kraft ist kleiner als die oben ermittelte Tragkraft $N_2 = 5{,}35$ Mp, die Anzahl von drei Schrauben ist also ausreichend. Mit zwei Schrauben wären wir jedoch nicht ausgekommen.

20. Schweißverbindungen. Die Schweißung ist wohl die eleganteste Verbindungsart im Stahlbau, schon allein deshalb, weil sie ohne Querschnittsschwächung der Bauteile erfolgt. Ihre Ausführbarkeit erfordert jedoch nicht nur geeignete Werkstoffe, sondern auch großes Können und Verläßlichkeit des Schweißers. Sie wird heute überwiegend als elektrische Lichtbogenschweißung ausgeführt. An den einen Pol einer niedergespannten, hochamperigen Stromquelle werden die zu verbindenden Werkstücke angeschlossen, den anderen Pol bildet die das Schweißgut liefernde *„Elektrode"*, ein Draht oder Stäbchen aus Stahl. Zwischen Werkstück und Elektrode wird ein Lichtbogen erzeugt, der bei einer Temperatur von über 3500° C die Spitze der Elektrode abschmilzt und auch die zu verbindenden Werkstücke längs der Fuge zum Schmelzen bringt. So wird eine Schweißraupe gebildet, die nach ihrem Erkalten die Bauteile (den „Grundwerkstoff") miteinander verbindet.

Was den Grundwerkstoff anlangt, so ist zu beachten, daß nicht jeder Stahl schweißbar ist. In Österreich tragen die schweißbaren Stähle im allgemeinen das Kennzeichen „T" (St 37 T, St 52 T usw.), in Deutschland

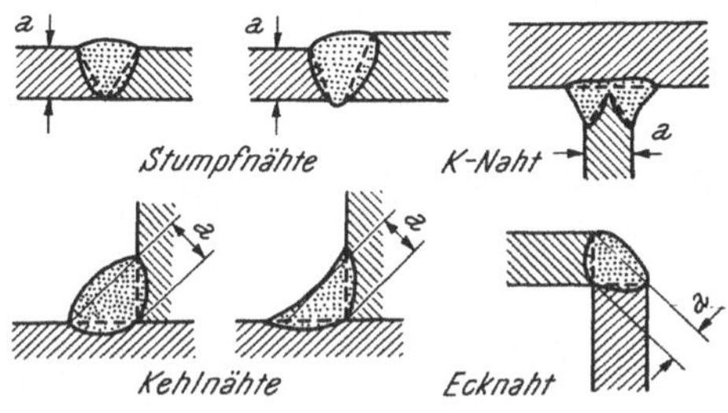

Abb. 43. Schweißnahtformen

sind ohne besonderen Nachweis nur St 37 und St 52 als Werkstoffe für geschweißte Stahlhochbauten zugelassen. Alles weitere findet in den betreffenden Normen Önorm B 4600/2 (Stahlbau, Berechnung der Tragwerke, Ausgabe 1964) bzw. DIN 4100 (Geschweißte Stahlbauten, Ausgabe 1968)'. Für den Brücken- und Kranbau gelten zum Teil vom Hochbau abweichende Vorschriften.

Bei den Schweißnähten unterscheidet man verschiedene Formen (Abb. 43). Zunächst die *Stumpfnähte,* wie sie bei Stumpfstößen auftreten. Als *Nahtdicke a* gilt hier die Stärke der zu verbindenden Bauteile; bei ungleichen Stärken die Stärke des schwächeren. Bei den *Kehlnähten,* wie sie in einspringenden Ecken zwischen den Bauteilen angebracht werden, unterscheidet man die volle und die hohle (oder leichte) Kehlnaht. Als Nahtdicke *a* gilt hier die Höhe des dem Nahtquerschnitt eingeschriebenen gleichschenkeligen Dreiecks (denn die geringste Dicke eines Nahtquerschnitts ist, von der Fuge aus gemessen, keinesfalls kleiner als *a*). Man unterscheidet Stirn- und Flankenkehlnähte, je nachdem, ob die Naht senkrecht oder parallel zur Kraftrichtung verläuft. Soviel, um nur die wichtigsten Nahtformen zu nennen.

Als *tragende Nahtlänge* l darf nicht immer die volle Länge der Naht eingesetzt werden. Die an den Enden der Kehlnähte befindlichen *Endkrater*[1] dürfen nicht mehr als voll tragend betrachtet werden (Abb. 44). Um in diesem Fall die wirksame Nahtlänge l zu erhalten, muß von der vollen Nahtlänge für jeden Endkrater ein Stück $\geq a$ abgezogen werden (nach Önorm je Endkrater sogar $2\,a$). Man kann (und soll) die Endkrater vermeiden, indem man die Kehlnähte um die Ecken der Werkstücke herumführt.

Als tragender Querschnitt einer Naht gilt die Fläche $a\,l$. Bei mehreren Nähten ist der tragende *Schweißnahtquerschnitt*

$$F_a = \sum a\,l.$$

Bei Zug-, Druck- oder Abscherungsbeanspruchung durch eine Kraft P errechnet man dann die in den Stumpf- bzw. Kehlnähten auftretenden Spannungen als

$$\left.\begin{matrix}\sigma\\ \tau\end{matrix}\right\} = \frac{P}{F_a} = \frac{P}{\sum a\,l}, \qquad (20,\ 75)$$

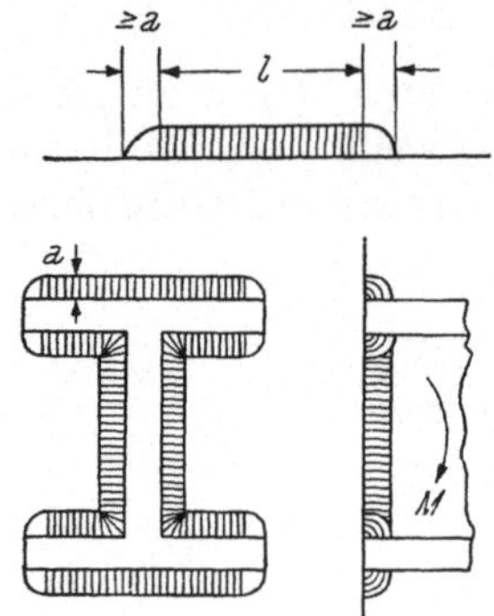

Abb. 44. Schweißnähte. Oben: tragende Nahtlänge l und Endkrater. Unten: tragende Anschlußfläche bei Biegungsbeanspruchung

sofern man (wenigstens näherungsweise) annehmen kann, daß sich die Kraft über alle Nähte gleichmäßig verteilt.

Bei Biegungsbeanspruchung eines Schweißanschlusses geht man folgendermaßen vor. Man denkt sich die einzelnen Nahtdicken a in die Anschlußebene hineingeklappt und betrachtet die so erhaltene Fläche als maßgebend für die Übertragung der Biegespannungen (maßgebend ist das Widerstandsmoment W_a dieser Fläche; s. Abschnitt II und III). Wird also z. B. ein I-Träger stumpf gestoßen und längs seiner ganzen Querschnittsebene verschweißt, so ist bei der Ermittlung der Biegespannungen in den Schweißnähten der volle Querschnitt einzusetzen. Wird hingegen der Träger mittels Kehlnähten an eine Wand (Steg oder Flansch eines anderen Trägers) angeschlossen, so gilt als tragend die in Abb. 44 schraffierte Fläche. Ein zusätzlich auftretender Auflagerdruck bzw. eine Querkraft wird dann im wesentlichen von den Stegnähten übernommen (s. Nr. 45 dieses Buches).

Für zusammengesetzte Beanspruchungen, bei denen Normal- und Schubspannungen vorkommen, werden geeignete Vergleichsspannungen definiert (s. Nr. 16), die gewisse Höchstgrenzen nicht überschreiten dürfen.

---

[1] Nähte mit Endkratern entsprechen nicht der Regelausführung und sind nur ausnahmsweise bei ruhender Belastung und untergeordneter Bedeutung zulässig.

Die für Schweißverbindungen zulässigen Spannungen sind nach Önorm und nach DIN nicht ganz die gleichen. Um nur ein Beispiel anzugeben, gilt nach Önorm bei vorwiegend ruhender Belastung, falls als Grundwerkstoff St 37 T bzw. St 37 TE verwendet wird und falls in der Norm angeführte Vorschriften beachtet werden, für Schweißnähte und die davon betroffenen Querschnittsteile im Regelfall:

für Stumpfnaht und K-Naht	bei Zug, Druck, Biegung	$\sigma_{zul} = 1500\ kp/cm^2$
	bei Schub	$\tau_{zul} = 900\ kp/cm^2$
für Kehlnaht, bezogen auf a-Querschnitt	bei Zug, Druck, Biegung[1] bzw.	$\sigma_{zul\,\|} = 1500\ kp/cm^2$ $\sigma_{zul\,\perp} = 1200\ kp/cm^2$
	bei Schub	$\tau_{zul} = 1050\ kp/cm^2$

Im Erhöhungsfall sind entsprechend höhere Spannungen zulässig (siehe Norm).

Die sehr ausführlich gehaltene DIN unterscheidet wieder die Lastfälle H (Hauptkräfte) und HZ (Haupt- und Zusatzkräfte) und setzt die zulässigen Spannungen dementsprechend fest.

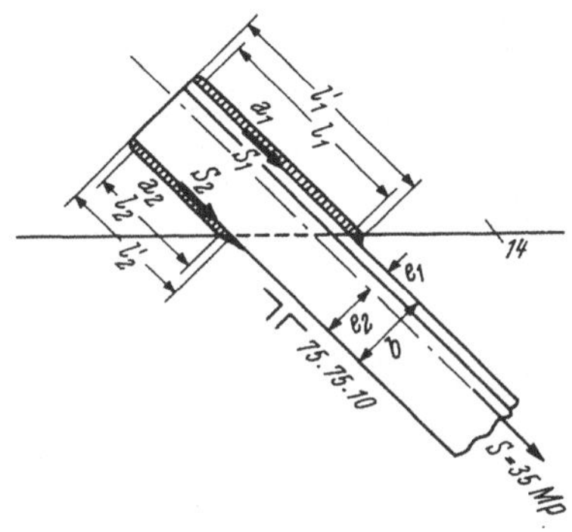

Abb. 45. Geschweißter Anschluß eines Fachwerkstabes

Beispiel. Ein unter $45°$ geneigter *Fachwerkstab*, der in seiner Achse mit der Stabkraft $S = 35$ Mp auf Zug beansprucht ist, soll als Doppelwinkel aus zwei gleichschenkeligen ⌐-Stählen ausgeführt werden. Diese Winkel sollen durch Schweißung an ein Blech von 14 mm Stärke angeschlossen werden (etwa an den Steg des ⊤-förmig ausgebildeten Obergurts). Die Berechnung soll nach Önorm erfolgen. Grundwerkstoff St 37 T, $\sigma_{zul} = 1{,}50$ Mp/cm². Der Anschluß erfolgt mittels Kehlnähten, die in der Nahtrichtung auf Abscherung beansprucht werden: $\tau_{zul} = 1{,}050$ Mp/cm² (Abb. 45).

a) *Bemessung des Stabes.* Für die Spannung im Stabquerschnitt $2\,F$ muß gelten

$$\frac{S}{2\,F} \leqq \sigma_{zul},$$

woraus für die Querschnittsfläche eines Winkels folgt

$$F_{erf} = \frac{S}{2\,\sigma_{zul}} = \frac{35}{2\cdot 1{,}50} = 11{,}7\ cm^2.$$

---

[1] $\sigma_{\|}$ sind Spannungen parallel, $\sigma_{\perp}$ solche quer zur Längsrichtung der Schweißnaht. $\sigma_{\|}$ sind jene Spannungen, die aus der durch die anliegenden Bauteile erzwungenen Mitverformung der Naht entstehen.

Es wurden gewählt zwei $\llcorner$ 75.75.10 mit $2\,F = 2 \cdot 14{,}1 = 28{,}2\ \text{cm}^2$. Dann ist (es erfolgt kein Abzug!)

$$\sigma_{\text{vorh}} = \frac{35}{28{,}2} = 1{,}24\ \text{Mp/cm}^2 < \sigma_{\text{zul}}.$$

b) *Anschluß*. Jeder Winkel wird mit zwei Flankenkehlnähten angeschlossen (insgesamt sind also vier Nähte vorhanden). Die in der Stabachse wirkende Kraft S verteilt sich nicht gleichmäßig auf die Nähte. S ist gemäß Abb. 45 in zwei Komponenten S_1 und S_2 zu zerlegen, die (genau wie die Auflagerdrücke eines Trägers) nach dem Momentensatz zu errechnen sind (s. Statik, Nr. 21). Mit der Winkelbreite $b = 7{,}50$ cm und dem aus der Profiltafel entnommenen Schwerachsenabstand $e_1 = 2{,}21$ folgt $e_2 = 5{,}29$ und damit

$$S_1 = \frac{S\,e_2}{b} = \frac{35 \cdot 5{,}29}{7{,}50} = 24{,}7\ \text{Mp},$$

$$S_2 = \frac{S\,e_1}{b} = \frac{35 \cdot 2{,}21}{7{,}50} = 10{,}3\ \text{Mp}.$$

S_1 ist von zwei Nähten mit der tragenden Fläche $a_1\,l_1$ je Naht aufzunehmen, S_2 von zwei Nähten mit je $a_2\,l_2$. Bei optimaler Ausnützung würde in den beiden Nähten, die einen Winkel anschließen, die gleiche Spannung herrschen und diese würde gleich der zulässigen Abscherungsspannung sein:

$$\frac{S_1}{2\,a_1\,l_1} = \frac{S_2}{2\,a_2\,l_2} = \tau_{\text{zul}}. \tag{20, 76}$$

Setzen wir hier für S_1 und S_2 die obigen (allgemeinen) Werte ein, so erhalten wir

$$a_1\,l_1\,e_1 = a_2\,l_2\,e_2;$$

d. h. daß der gemeinsame Schwerpunkt der beiden Nahtquerschnitte, mit denen ein Winkel angeschlossen ist (zumindest in der Projektion gesehen), in der Achse des Winkels liegt. Bei gleichen Nahtdicken ergibt sich

$$l_1 : l_2 = e_2 : e_1.$$

Damit l_1 und l_2 nicht allzusehr voneinander verschieden werden, ist es im vorliegenden Fall besser, ungleiche Nahtdicken zu wählen; etwa $a_1 = 7$, $a_2 = 5$ mm. Dann folgt aus Gl. (20, 76) für die mindest erforderlichen tragenden Nahtlängen

$$l_1 = \frac{S_1}{2\,a_1\,\tau_{\text{zul}}} = \frac{24{,}7}{1{,}4 \cdot 1{,}050} = 16{,}8\ \text{cm} = 168\ \text{mm} \approx 170\ \text{mm},$$

$$l_2 = \frac{S_2}{2\,a_2\,\tau_{\text{zul}}} = \frac{10{,}3}{1{,}0 \cdot 1{,}050} = 9{,}8\ \text{cm} = 98\ \text{mm} \approx 100\ \text{mm}.$$

Die Differenz der beiden Nahtlängen $170 - 100 = 70$ entspricht ungefähr dem unter $45°$ geneigten Stab.

Zu diesen berechneten Nahtlängen sind dann noch beiderseits Zugaben $\geqq a$ für die Endkrater zu machen. Daraus ergeben sich dann die auszuführenden Nahtlängen l_1' und l_2'. Verfährt man nach der Regelausführung, nach der Endkrater zu vermeiden sind, dann muß man um die Ecken herum schweißen. Man wird dann am besten die beiden oberen Nahtenden durch eine Stirnkehlnaht längs der Winkelbreite b verbinden, ohne diese Naht in die Rechnung einzubeziehen. Diese Naht würde außerdem vor dem Eindringen von Feuchtigkeit in die Fuge und Rostbildung schützen.

II. Trägheits- und Deviationsmoment ebener Flächen. Das Widerstandsmoment

21. Definition des Trägheitsmoments. In unseren folgenden Ausführungen werden uns immer wieder Größen begegnen, die man als Flächenmomente zweiten Grades bezeichnet. Wir wollen in diesem Abschnitt die Eigenschaften und die Berechnung dieser *Trägheits-* und *Deviationsmomente* behandeln.

Gegeben sei eine beliebig gestaltete ebene Fläche F, die in einem Koordinatensystem x, y gelegen sein möge (Abb. 46). Unterteilen wir F in lauter kleine Flächenteilchen ΔF, multiplizieren wir sodann jedes ΔF mit y^2, dem Quadrat seines Abstandes von der x-Achse, und summieren alle diese Produkte über die ganze Fläche F, so erhalten wir eine Größe, die als das *Trägheitsmoment* der Fläche F bezüglich der x-Achse (oder um die x-Achse) bezeichnet wird[1]:

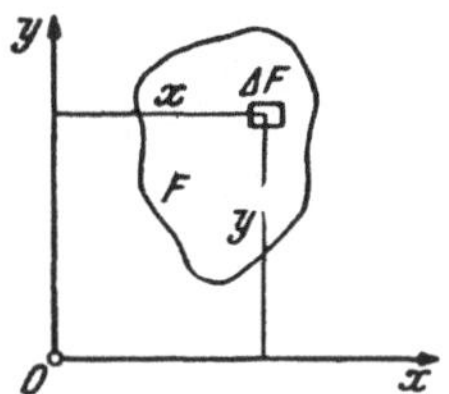

Abb. 46. Zur Definition des Trägheits- und des Deviationsmoments

$$J_x = \sum_F y^2 \Delta F. \qquad (21,\ 1\,\text{a})$$

In gleicher Weise definiert man als Trägheitsmoment der Fläche F bezüglich der y-Achse die Summe aller Produkte aus den Flächenelementen und den Quadraten ihrer Abstände von der y-Achse:

$$J_y = \sum_F x^2 \Delta F. \qquad (21,\ 1\,\text{b})$$

Ähnlich wie beim statischen Moment (s. Statik Nr. 26) ist auch unter dem Trägheitsmoment immer der Grenzwert der obigen Summen zu verstehen, der sich ergibt, wenn die Flächenelemente ΔF unendlich klein angenommen werden (Grenzübergang $\Delta F \rightarrow 0$). Dann werden die Summen zu Integralen und wir erhalten als strenge Definition des Trägheitsmoments um die x- bzw. y-Achse die Formeln

$$J_x = \int_F y^2 \, dF, \qquad (21,\ 2\,\text{a})$$

$$J_y = \int_F x^2 \, dF. \qquad (21,\ 2\,\text{b})$$

---

[1] Das hier definierte Trägheitsmoment wird auch als das *geometrische Trägheitsmoment* der Fläche F bezeichnet, zum Unterschied vom *physikalischen* oder *Massenträgheitsmoment*, das man erhält, wenn man jedes Massenteilchen einer mit Masse belegten Fläche mit dem Quadrat seines Abstandes von der betreffenden Achse

Die *Dimension* des Trägheitsmoments ist als Summe von Produkten aus Flächen und Quadraten von Längen cm⁴ bzw. m⁴. Da x^2 bzw. y^2 als Quadrate stets positiv sind (x bzw. y sind als Koordinaten stets mit ihrem Vorzeichen behaftet zu denken), ist das Trägheitsmoment als Summe aus lauter positiven Summanden stets eine *positive* Größe.

22. Zwei Hilfssätze. Zum Zweck der praktischen Berechnung von Trägheitsmomenten wollen wir zwei Hilfssätze beweisen.

Hilfssatz 1: Das Trägheitsmoment einer Summe von Flächen um eine Achse ist gleich der Summe der Trägheitsmomente der einzelnen Flächen um diese Achse.

Hilfssatz 2: Das Trägheitsmoment einer Fläche mit Ausnehmungen ist gleich dem Trägheitsmoment der vollen Fläche vermindert um die Trägheitsmomente der Ausnehmungen (sämtliche Trägheitsmomente beziehen sich auf dieselbe Achse).

Der erste Satz findet Anwendung, wenn etwa das Trägheitsmoment J_x einer Fläche F bestimmt werden soll, die aus den Teilflächen $F_1, F_2, \ldots F_n$ besteht, deren Trägheitsmomente $J_{x,1}, J_{x,2}, \ldots J_{x,n}$ bekannt sind. Gehen wir zur Berechnung von J_x von Gl. (21, 1a) aus, so können wir die Summation der Produkte $y^2 \, \Delta F$ in beliebiger Reihenfolge vornehmen. Summieren wir zuerst über alle $y^2 \, \Delta F$ der Fläche F_1, dann über alle $y^2 \, \Delta F$ der Fläche F_2, schließlich über alle $y^2 \, \Delta F$ der Fläche F_n, so erhalten wir

$$J_x = \sum_{F_1} y^2 \, \Delta F + \sum_{F_2} y^2 \, \Delta F + \cdots + \sum_{F_n} y^2 \, \Delta F.$$

Nach Gl. (21, 1a) ist der erste Summand gleich $J_{x,1}$, der zweite gleich $J_{x,2}$, der letzte gleich $J_{x,n}$. Also gilt

$$J_x = J_{x,1} + J_{x,2} + \cdots + J_{x,n}, \tag{22, 3}$$

was zu beweisen war.

Zum Beweis des Hilfssatzes 2 bezeichnen wir die Fläche, deren Trägheitsmoment J_x bestimmt werden soll, mit F und mit $F_1, F_2, \ldots, F_n$ die Flächen der Löcher, deren Trägheitsmomente $J_{x,1}, J_{x,2} \ldots J_{x,n}$ sein sollen. F_0 sei die undurchlöcherte Fläche, ihr Trägheitsmoment sei $J_{x,0}$. Gehen wir wieder von Gl. (21, 1a) aus und summieren zunächst über sämtliche $y^2 \, \Delta F$ der Fläche F_0, so erhalten wir $J_{x,0}$. Davon müssen wir nun alle diejenigen Summanden abziehen, die wir zuviel genommen

---

multipliziert. Ist die Massenbelegung homogen, so unterscheiden sich die beiden Trägheitsmomente nur um einen Faktor, der gleich der Flächendichte ist. Die Bezeichnung *Trägheitsmoment* stammt aus der Dynamik. Dort wird gezeigt, daß das Trägheitsmoment bei der Drehbewegung eine ähnliche Rolle spielt wie die träge Masse bei der geradlinigen Bewegung.

haben. Das sind zunächst alle $y^2 \Delta F$ der Fläche F_1, dann alle $y^2 \Delta F$ der Fläche F_2 usw. Es gilt also

$$J_x = \sum_{F_0}' y^2 \Delta F - \sum_{F_1}' y^2 \Delta F - \sum_{F_2}' y^2 \Delta F - \ldots - \sum_{F_n}' y^2 \Delta F,$$

oder

$$J_x = J_{x,0} - J_{x,1} - J_{x,2} - \ldots - J_{x,n}, \tag{22, 4}$$

was zu beweisen war.

23. Praktische Berechnung von Trägheitsmomenten. Die in den Gl. (21, 2) auftretenden Integrale sind zunächst Doppelintegrale, da wir uns die Flächenelemente dF als unendlich kleine Rechtecke mit den Seiten dx und dy vorzustellen haben, somit über zwei Veränderliche, x und y, zu integrieren haben (ganz ähnlich wie in Statik, Nr. 27). Wir können jedoch die Berechnung dieser Integrale auf die Auswertung einfacher Integrale zurückführen. Soll etwa das Trägheitsmoment J_x der in Abb. 47 dargestellten Fläche F ermittelt werden, so zerlegen wir F parallel zur x-Achse in lauter unendlich schmale Streifen von der Breite dy. Das Trägheitsmoment eines solchen Streifens

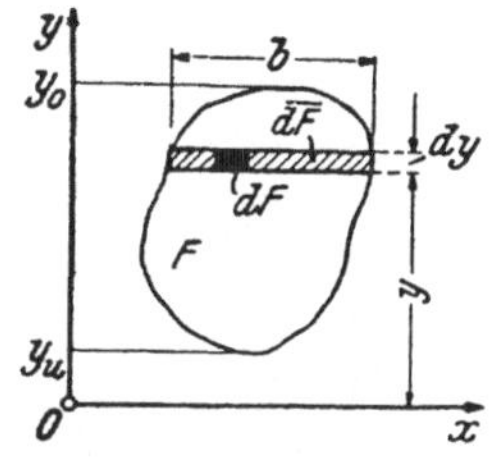

Abb. 47. Zur praktischen Berechnung von Trägheitsmomenten

um die x-Achse, das wir, da es unendlich klein ist, mit dJ_x bezeichnen wollen, ist nach Gl. (21, 2a) gegeben durch

$$dJ_x = \int_{Str} y^2 \, dF,$$

wobei die Integration über alle Flächenelemente des Streifens zu erstrecken ist. Da nun alle dF eines bestimmten Streifens von der x-Achse den gleichen Abstand haben, ist y^2 während der Integration über den Streifen konstant und kann aus dem Integral herausgehoben werden. Das verbleibende Integral ist als Summe der Flächenelemente des Streifens gleich der Fläche des Streifens, die wir mit $\overline{dF}$ bezeichnen. Ist b die Breite der Fläche F im Abstand y von der x-Achse, so gilt $\overline{dF} = b \, dy$. Wir können also schreiben

$$dJ_x = \int_{Str} y^2 \, dF = y^2 \int_{Str} dF = y^2 \, \overline{dF} = y^2 \, b \, dy.$$

b wird im allgemeinen eine Funktion von y sein.

Das Trägheitsmoment der Fläche F ist nun nach Hilfssatz 1 gleich der Summe bzw. hier gleich dem Integral der Trägheitsmomente aller Parallelstreifen, angefangen vom untersten, der von der x-Achse den Abstand y_u hat, bis zum obersten, im Abstand y_o:

$$J_x = \int_F dJ_x = \int_F y^2 \, \overline{dF} = \int_{y=y_u}^{y=y_o} y^2 \, b \, dy. \tag{23, 5}$$

Damit ist die Berechnung des Trägheitsmoments J_x auf das einfache, bestimmte Integral einer Funktion von y nach der Veränderlichen y zurückgeführt.

Zur Berechnung von J_y zerlegen wir die Fläche F parallel zur y-Achse in schmale Streifen von der Breite dx und erhalten so ein einfaches Integral nach der Variablen x. Allgemein zerlegt man zur Berechnung des Trägheitsmoments einer Fläche um eine beliebige Achse die Fläche parallel zu dieser Achse in schmale Streifen. Sodann setzt man in die Gl. (21, 2) statt dF einfach den allgemeinen Ausdruck für die Fläche eines solchen Parallelstreifens ein und wählt die Integrationsgrenzen so, daß die ganze Fläche bestrichen wird. Wir machen daher im folgenden in der Bezeichnung von dF keinen Unterschied mehr, ob es sich nun um ein kleines Rechteck oder um einen schmalen Streifen handelt.

24. Trägheitsmoment des Rechtecks und des Quadrats. Als Anwendung des oben Ausgeführten wollen wir die Trägheitsmomente eines *Rechtecks* von der Breite b und der Höhe h um die seitenparallelen Schwerachsen x, y berechnen (Abb. 48). Zur Berechnung von J_x zerlegen wir das Rechteck parallel zur x-Achse in Streifen von der Breite dy. Die Fläche eines Streifens ist $dF = b\,dy$. In unserem Beispiel ist b konstant. Die Integration ist zu erstrecken von $y = -h/2$ bis $y = +h/2$. Damit ergibt sich

$$J_x = \int_F y^2\,dF = \int_{-\frac{h}{2}}^{+\frac{h}{2}} y^2\,b\,dy = b\int_{-\frac{h}{2}}^{+\frac{h}{2}} y^2\,dy = b\,\frac{y^3}{3}\,\Bigg|_{-\frac{h}{2}}^{+\frac{h}{2}} = \frac{b\,h^3}{12}.$$

Um das Trägheitsmoment J_y zu berechnen, hätten wir das Rechteck parallel zur y-Achse in Streifen zu zerlegen und nach x zu integrieren. Einfacher aber gewinnen wir J_y, wenn wir in dem Ausdruck für J_x b und h vertauschen. Die Trägheitsmomente eines Rechtecks um die seitenparallelen Schwerachsen sind also gegeben durch

$$J_x = \frac{b\,h^3}{12}, \tag{24, 6a}$$

$$J_y = \frac{h\,b^3}{12}. \tag{24, 6b}$$

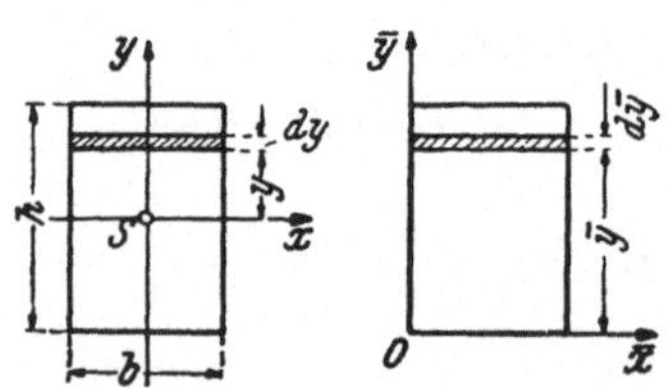

Abb. 48. Trägheitsmoment eines Rechtecks

Aus diesen Gleichungen erhalten wir das Trägheitsmoment eines *Quadrats* mit der Seite a um eine Schwerachse, wenn wir $b = h = a$ setzen. Dann ergibt sich

$$J_x = J_y = \frac{a^4}{12}. \tag{24, 7}$$

Wir werden später sehen, daß diese Formel für jede beliebige Achse durch den Schwerpunkt des Quadrats gilt.

Wir wollen noch das Trägheitsmoment des Rechtecks der Abb. 48 um eine seiner Seiten, etwa um die Grundlinie, die wir als $\bar{x}$-Achse bezeichnen, berechnen. Die Streifeneinteilung des Rechtecks ist die gleiche wie bei der Berechnung von J_x. Wir bezeichnen den Abstand eines beliebigen Streifens von der $\bar{x}$-Achse mit $\bar{y}$ und nennen, da jetzt $\bar{y}$ die Integrationsvariable ist, die Streifenbreite $d\bar{y}$. Das ganze Rechteck wird bestrichen, wenn $\bar{y}$ von o bis h läuft. Wir erhalten

$$J_{\bar{x}} = \int\limits_F \bar{y}^2\, dF = \int\limits_0^h \bar{y}^2\, b\, dy = b \int\limits_0^h \bar{y}^2\, d\bar{y} = b\, \frac{\bar{y}^3}{3}\Bigg|_0^h,$$

$$J_{\bar{x}} = \frac{b\,h^3}{3}. \tag{24, 8a}$$

Für das Trägheitsmoment um die Achse $\bar{y}$ ergibt sich durch Vertauschung von b und h

$$J_{\bar{y}} = \frac{h\,b^3}{3}. \tag{24, 8b}$$

25. Zusammenhang zwischen Trägheitsmomenten um parallele Achsen. Zwischen dem Trägheitsmoment einer Fläche F um eine beliebige Achse a, J_a und dem Trägheitsmoment um die zur Achse a parallele Schwerachse s, J_s, besteht ein einfacher Zusammenhang, der für die praktische Berechnung von Trägheitsmomenten von großer Bedeutung ist. Wir bezeichnen den Abstand eines Flächenelements dF von der Schwerachse s mit y, seinen Abstand von der Achse a mit $\bar{y}$ (Abb. 49). Dann gilt nach Gl. (21, 2a)

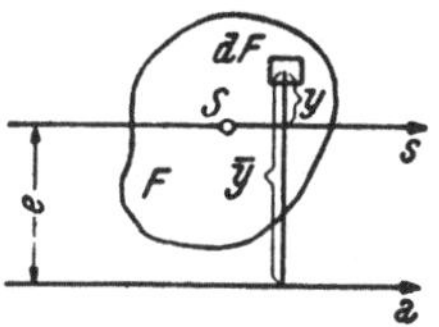

Abb. 49. Trägheitsmomente um parallele Achsen

$$J_a = \int\limits_F \bar{y}^2\, dF, \qquad J_s = \int\limits_F y^2\, dF.$$

Ist e der senkrechte Abstand der beiden Achsen, so ist[1] $\bar{y} = y + e$. Setzen wir dies in die Gleichung für J_a ein, so können wir sie, da e während der Integration über F konstant ist, wie folgt umformen

$$J_a = \int\limits_F (y+e)^2\, dF = \int\limits_F (y^2 + 2\,e\,y + e^2)\, dF = \int\limits_F y^2\, dF + 2\,e\int\limits_F y\, dF + e^2 \int\limits_F dF.$$

Das erste der drei letzten Integrale ist gleich J_s. Das letzte ist als Summe sämtlicher Flächenelemente von F gleich dem Inhalt dieser Fläche selbst: $\int\limits_F dF = F$. Das mittlere Integral verschwindet, denn es ist gleich dem statischen Moment der Fläche F um die Schwerachse s. (Nach Statik, Nr. 26, ist das statische Moment einer Fläche um eine Schwer-

---

[1] y ist von der Achse s nach oben positiv, nach unten negativ zu zählen. Das gleiche gilt für $\bar{y}$ bezüglich der Achse a.

achse stets gleich Null.) Damit erhalten wir den Zusammenhang zwischen J_a und J_s, der als *Satz von Steiner* bezeichnet wird[1]:

$$\boxed{J_a = J_s + F\,e^2.}$$
(25, 9)

In Worten: *Das Trägheitsmoment einer Fläche F um eine beliebige Achse ist gleich dem Trägheitsmoment um die parallele Schwerachse, vermehrt um das Produkt aus Fläche und dem Quadrat des Abstandes der beiden Achsen.*

Von allen Trägheitsmomenten einer Fläche um zueinander parallel liegende Achsen ist demnach das um die Schwerachse das kleinste.

Anwendungen. **1.** Als Beispiel berechnen wir mittels Gl. (25, 9) das Trägheitsmoment eines Rechtecks um seine Grundlinie $\bar{x}$, wenn wir das Trägheitsmoment um die parallele Schwerachse, $J_x = b\,h^3/12$, als bekannt annehmen. Die Rechtecksfläche ist $F = b\,h$ und der Abstand der beiden Achsen ist $e = h/2$. Es gilt also

$$J_{\bar{x}} = J_x + F\,e^2 = \frac{b\,h^3}{12} + b\,h\left(\frac{h}{2}\right)^2 = \frac{b\,h^3}{3},$$

was mit dem Wert übereinstimmt, den wir in Nr. 24 durch Integration erhalten haben [Gl. (24, 8a)].

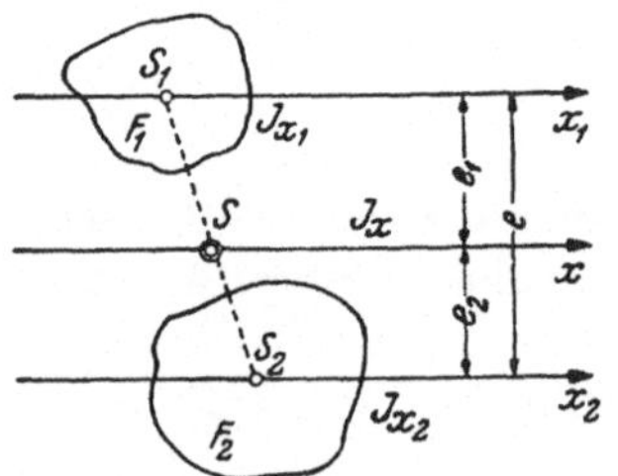

Abb. 50. Trägheitsmoment zweier Flächen um die gemeinsame Schwerachse

2. Soll für zwei Flächen F_1 und F_2, deren Trägheitsmomente J_{x_1} und J_{x_2} um ihre Schwerachsen x_1 und x_2 bekannt sind, das Gesamtträgheitsmoment um die Achse x, die parallel zu x_1 und x_2 ist und durch den gemeinsamen Schwerpunkt S der beiden Flächen geht, berechnet werden, so läßt sich dies auch ohne Kenntnis der Lage von S durchführen (Abb. 50). Nach Hilfssatz 1 ist das Gesamtträgheitsmoment J_x gleich der Summe der Trägheitsmomente von F_1 und F_2 um die x-Achse. Diese Trägheitsmomente berechnen wir nach Gl. (25, 9). Sind e_1 und e_2 die Abstände der x_1- bzw. x_2-Achse von der x-Achse, so gilt

$$J_x = J_{x_1} + F_1\,e_1^2 + J_{x_2} + F_2\,e_2^2.$$

Da die x-Achse durch den gemeinsamen Schwerpunkt der beiden Flächen geht, muß das gesamte statische Moment um diese Achse verschwinden.

---

[1] Wie so häufig bei älteren Lehrsätzen dürfte auch dieser seinen Namen zu Unrecht führen. Der deutsche Mathematiker JAKOB STEINER lebte von 1796 bis 1863; der Zusammenhang zwischen den Trägheitsmomenten um parallele Achsen war aber sicherlich schon lange vorher bekannt. Er soll sich u. a. bereits in einer Schrift des holländischen Physikers CHRISTIAN HUYGENS (1629 bis 1695) in einer Abhandlung über die von ihm erfundene Pendeluhr finden.

Das statische Moment von F_1 um die x-Achse ist gleich $F_1 e_1$, das von F_2 ist gleich $-F_2 e_2$ (minus, weil S_2 unterhalb der x-Achse liegt), und es muß also gelten

$$F_1 e_1 - F_2 e_2 = 0$$

oder

$$F_1 e_1 = F_2 e_2.$$

Wir können daher schreiben

$$F_1 e_1^2 + F_2 e_2^2 = F_2 e_2 (e_1 + e_2) = F_2 e_2 e, \qquad (25,10)$$

wenn wir den Abstand der Achsen x_1 und x_2 voneinander mit e bezeichnen.

Für den Abstand e_2 des Schwerpunktes S von der Achse x_2 gilt nun die folgende Gleichung [Statik, Gl. (27, 8b)]

$$e_2 = \frac{e F_1}{F_1 + F_2}.$$

Dies in Gl. (25, 10) eingeführt, liefert schließlich für J_x:

$$J_x = J_{x_1} + J_{x_2} + \frac{F_1 F_2}{F_1 + F_2} e^2, \qquad (25,11)$$

eine Gleichung, in der lediglich der Abstand der beiden Achsen x_1 und x_2 voneinander und nicht ihre Abstände von S eingehen.

26. Das Deviationsmoment. Wir betrachten wieder die in Abb. 46 dargestellte Fläche F im Koordinatensystem x, y, multiplizieren aber nunmehr jedes Flächenelement ΔF mit seinen beiden Koordinaten x und y und summieren diese Produkte über die ganze Fläche. Dann erhalten wir eine Größe, die man als das *Deviations-* oder *Zentrifugalmoment* der Fläche F in bezug auf die Achsen x und y bezeichnet:

$$\boxed{J_{xy} = \sum_F x\, y\, \Delta F.} \qquad (26,12)$$

Nach dem Grenzübergang $\Delta F \to 0$ wird aus dieser Summe wieder ein Integral, so daß wir, wenn wir uns exakt ausdrücken wollen, schreiben müssen

$$\boxed{J_{xy} = \int_F x\, y\, dF.} \qquad (26,13)$$

Die Dimension des Deviationsmoments ist als Summe von Produkten aus zwei Längen und einer Fläche gleich cm⁴ bzw. m⁴, also gleich der Dimension des Trägheitsmoments.

Da die Koordinaten x und y mit ihren Vorzeichen einzusetzen sind, kann das Deviationsmoment, zum Unterschied vom Trägheitsmoment, auch Null oder negativ werden. Das Deviationsmoment einer Fläche ist z. B. dann gleich Null, wenn eine der Achsen, auf die es bezogen ist, eine

Symmetrieachse der Fläche ist (Abb. 51). Denn dann gibt es zu jedem positiven Summanden $x\,y\,\Delta F$ der Gl. (26, 12) stets einen gleich großen negativen Summanden $-\,x\,y\,\Delta F$, der von demjenigen Flächenelement herrührt, das zu ΔF in bezug auf die Symmetrieachse spiegelbildlich gelegen ist. Es gilt also der Satz:

Das Deviationsmoment einer Fläche in bezug auf ein Achsenkreuz ist immer dann gleich Null, wenn eine der Achsen Symmetrieachse der Fläche ist.

Selbstverständlich ist das Deviationsmoment auch dann gleich Null, wenn beide Achsen Symmetrieachsen sind. Es kann jedoch auch Null sein, ohne daß eine der Achsen Symmetrieachse ist (s. Nr. 29).

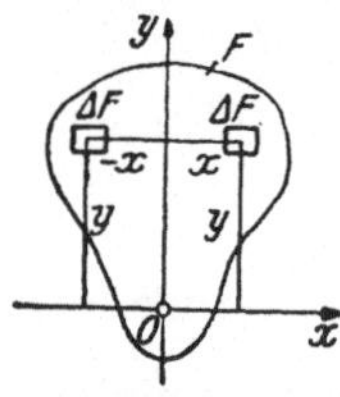

Abb. 51. Deviationsmoment einer Fläche mit einer Symmetrieachse

Genau wie für das Trägheitsmoment lassen sich auch für das Deviationsmoment Sätze herleiten, die den Hilfssätzen der Nr. 22 analog sind. So ist das Deviationsmoment einer Summe von Flächen gleich der *algebraischen* Summe der Deviationsmomente der einzelnen Flächen, und das Deviationsmoment einer Fläche mit Ausnehmungen kann berechnet werden, indem man zuerst das Deviationsmoment der vollen Fläche bestimmt und von ihm die Deviationsmomente der Ausnehmungen abzieht. Sämtliche Deviationsmomente müssen sich stets auf dasselbe Achsenkreuz beziehen. Besonders im letzten Fall ist auf die Vorzeichen gut zu achten.

Die Bezeichnung *Deviations-* bzw. *Zentrifugalmoment* stammt ebenfalls aus der Dynamik. Rotiert eine Fläche um eine in ihrer Ebene gelegene Schwerachse, bezüglich der und einer zu ihr senkrechten Achse das Deviationsmoment nicht verschwindet, so sind die bei der Rotation auftretenden Fliehkräfte nicht im Gleichgewicht, sondern ergeben ein resultierendes Kräftepaar. Dieses sucht die Fläche in ihrer Ebene zu drehen, was ein Schlottern der Achse in ihren Lagern bewirkt. Die Achse würde, wäre sie nicht festgehalten, ihre ursprüngliche Lage verlassen und diesem Umstand dürfte wohl der Name Deviationsmoment (Deviation = Abweichung) seinen Ursprung verdanken.

27. Deviationsmomente für parallele Achsenkreuze. Zwischen dem Deviationsmoment $J_{\bar x\bar y}$ einer Fläche F um ein beliebiges Achsenkreuz $\bar x$, $\bar y$ und dem Deviationsmoment um das dazu parallele Achsenkreuz x, y durch den Schwerpunkt S der Fläche, $J_{xy,s}$, besteht ein einfacher Zusammenhang, ähnlich demjenigen für Trägheitsmomente um parallele Achsen ([Steinerscher Satz, Gl. 25, 9)]. Nach Gl. (26, 13) gilt

$$J_{\bar x\bar y} = \int\limits_F \bar x\,\bar y\,dF, \qquad J_{xy,s} = \int\limits_F x\,y\,dF.$$

Haben die beiden Ordinatenachsen voneinander den Abstand f, die beiden Abszissenachsen den Abstand e, so ist $\bar{x} = x + f$, $\bar{y} = y + e$ (s. Abb. 52). Dies in das erste Integral eingesetzt, liefert, da e und f während der Integration konstant sind,

$$J_{\overline{xy}} = \int_F (x + f)\,(y + e)\,dF = \int_F x\,y\,dF + e\int_F x\,dF + f\int_F y\,dF + e\,f\int_F dF.$$

Das erste Integral rechts ist gleich $J_{xy,s}$, die beiden folgenden Integrale verschwinden, da sie die statischen Momente der Fläche F bezüglich der Schwerachsen x, y darstellen, das letzte Integral ist gleich F. Wir erhalten also

$$\boxed{J_{\overline{xy}} = J_{xy,s} + F\,e\,f.} \tag{27, 14}$$

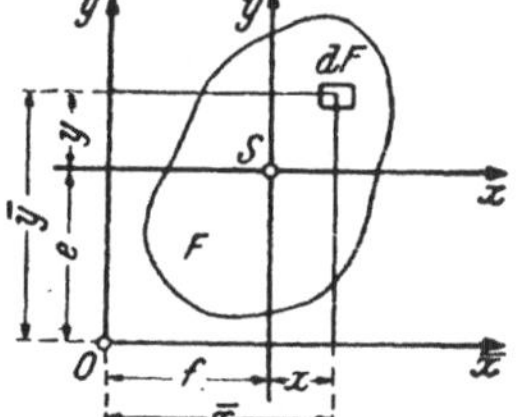
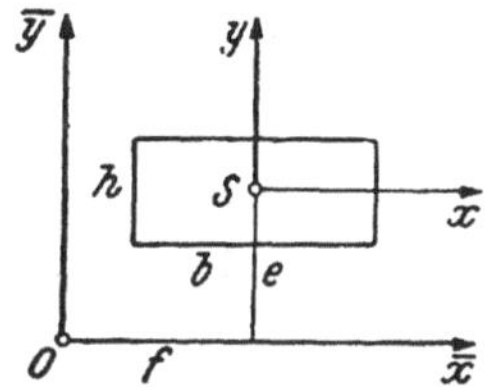

Abb. 52. Deviationsmomente für parallele Achsenkreuze   Abb. 53. Deviationsmoment eines Rechtecks

Dabei sind die Vorzeichen von e und f, welche als Koordinaten von S im Koordinatensystem $\bar{x}$, $\bar{y}$ zu betrachten sind, zu berücksichtigen. Wir kommen also zu folgendem Ergebnis:

Das Deviationsmoment einer Fläche um ein beliebiges Achsenkreuz ist gleich dem Deviationsmoment um die parallelen Schwerachsen, vermehrt um das Produkt aus Fläche und den Koordinaten des Schwerpunkts im ersten Achsenkreuz.

Anwendungen. **1.** Als Beispiel berechnen wir das *Deviationsmoment eines Rechtecks* in bezug auf ein Achsenkreuz $\bar{x}$, $\bar{y}$, das zu den Rechtecksseiten b und h parallel liegt (Abb. 53). Hat in diesem Achsenkreuz der Schwerpunkt des Rechtecks die Koordinaten $\bar{x}_s = f$ und $\bar{y}_s = e$, so gilt nach Gl. (27. 14)

$$J_{\overline{xy}} = F\,e\,f = b\,h\,e\,f, \tag{27, 15}$$

denn $J_{xy,s}$, das Deviationsmoment um die parallelen Schwerachsen, ist gleich Null, da x und y Symmetrieachsen des Rechtecks sind.

Auf gleiche Weise erhalten wir für das *Deviationsmoment eines Kreises* mit dem Durchmesser d, dessen Mittelpunkt im Koordinatensystem $\bar{x}$, $\bar{y}$ die Koordinaten f und e hat,

$$J_{\overline{xy}} = F\,e\,f = \frac{\pi\,d^2}{4}\,e\,f. \tag{27, 16}$$

2. Mittels Gl. (27, 15) können wir das Integral der Gl. (26, 13), das ja wieder ein Doppelintegral ist, auf ein einfaches Integral zurückführen. Soll etwa das Deviationsmoment der in Abb. 54 dargestellten Fläche F in bezug auf das (ganz beliebige) Achsenkreuz x, y berechnet werden, so zerlegen wir die Fläche parallel zu einer der Koordinatenachsen, also etwa parallel zur x-Achse in unendlich schmale Streifen. Jeder solche Streifen kann als ein Rechteck von der Breite b und der Höhe dy aufgefaßt werden, seine Fläche ist $\overline{dF} = b\,dy$. Hat sein Schwerpunkt s die Koordinaten x, y, so ist das Deviationsmoment des Streifens nach Gl. (27, 15) gegeben durch

$$dJ_{xy} = x\,y\,\overline{dF} = x\,y\,b\,dy.$$

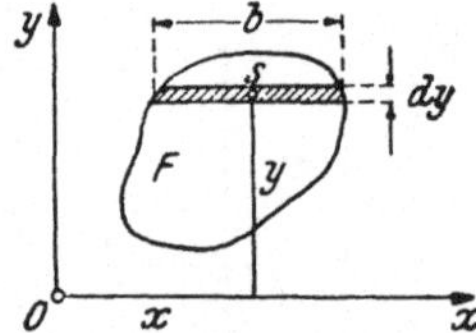

Abb. 54. Zur praktischen Berechnung des Deviationsmoments

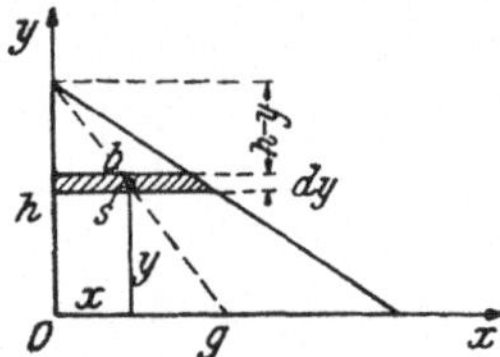

Abb. 55. Deviationsmoment eines rechtwinkeligen Dreiecks

Das Deviationsmoment der Fläche F erhalten wir nun nach dem Satz über die Summation von Deviationsmomenten (Nr. 26), indem wir die Deviationsmomente sämtlicher Streifen algebraisch addieren, mit anderen Worten, indem wir den obigen Ausdruck zwischen den Grenzen $y = y_u$ und $y = y_o$ integrieren:

$$J_{xy} = \int\limits_{y_u}^{y_0} x\,y\,\overline{dF} = \int\limits_{y_u}^{y_0} x\,y\,b\,dy. \qquad (27, 17)$$

x und b sind Funktionen von y, womit die Berechnung des Deviationsmoments auf die Berechnung eines einfachen Integrals über eine Funktion von y zurückgeführt ist. In gleicher Weise kann man J_{xy} auch durch ein einfaches Integral über eine Funktion von x darstellen.

Wir berechnen als Beispiel das Deviationsmoment des in Abb. 55 dargestellten *rechtwinkeligen Dreiecks* mit den Katheten g und h in bezug auf das mit den Katheten zusammenfallende Achsenkreuz x, y. Aus ähnlichen Dreiecken folgt für b

$$b : (h - y) = g : h$$

und daraus

$$b = \frac{g\,(h - y)}{h}.$$

Ferner ist $x = b/2$, $y_u = 0$, $y_o = h$. Damit erhalten wir

$$J_{xy} = \int_0^h \frac{b^2}{2}\, y\, dy = \frac{g^2}{2\,h^2} \int_0^h (h-y)^2\, y\, dy.$$

Das Integral kann ohne Schwierigkeit berechnet werden und wir erhalten

$$J_{xy} = \frac{g^2\, h^2}{24}. \tag{27, 18}$$

Damit kann unter Verwendung von Gl. (27, 14) das Deviationsmoment des Dreiecks für jedes beliebige, zu den Katheten parallele Achsenkreuz berechnet werden. Nach dem Satz über die Summation von Deviationsmomenten können wir nunmehr das Deviationsmoment einer Reihe von Flächen berechnen, die sich aus Rechtecken und Dreiecken zusammensetzen lassen.

3. Für das Deviationsmoment zweier Flächen F_1 und F_2 in bezug auf ein Achsenkreuz x, y durch den gemeinsamen Schwerpunkt S der beiden Flächen läßt sich eine der Gl. (25, 11) analoge Beziehung aufstellen, die es uns ermöglicht, dieses Deviationsmoment ohne Kenntnis der Lage von S zu berechnen. Es seien x_1, y_1 und x_2, y_2 zwei Achsenkreuze durch

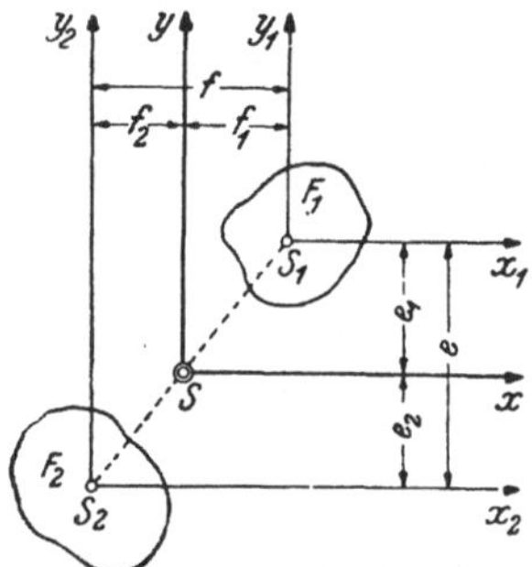

Abb. 56. Deviationsmoment zweier Flächen für ein Achsenkreuz durch den gemeinsamen Schwerpunkt

die Schwerpunkte S_1 bzw. S_2 der beiden Flächen; die beiden Achsenkreuze seien parallel x, y (Abb. 56). Ist $J_{x_1 y_1}$ das Deviationsmoment von F_1 in bezug auf das Achsenkreuz x_1, y_1, $J_{x_2 y_2}$ das Deviationsmoment von F_2 in bezug auf x_2, y_2, so gilt auf Grund der Gl. (27, 14) und des Satzes über die Summation von Deviationsmomenten mit der aus der Abbildung ersichtlichen Bezeichnung

$$J_{xy} = J_{x_1 y_1} + F_1\, e_1\, f_1 + J_{x_2 y_2} + F_2\, (-e_2)\, (-f_2) =$$
$$= J_{x_1 y_1} + J_{x_2 y_2} + F_1\, e_1\, f_1 + F_2\, e_2\, f_2. \tag{27, 19}$$

Genau wie in Nr. 25 folgt aus der Voraussetzung, daß die x-Achse durch den gemeinsamen Schwerpunkt S geht, die Beziehung

$$F_1\, e_1 = F_2\, e_2.$$

Damit erhalten wir, wenn wir $f_1 + f_2 = f$ setzen,

$$F_1\, e_1\, f_1 + F_2\, e_2\, f_2 = F_2\, e_2\, (f_1 + f_2) = F_2\, e_2\, f.$$

e_2 ist der Abstand des Schwerpunkts S von der Achse x_2. Setzen wir $e_1 + e_2 = e$, so muß gelten

$$e_2 = \frac{F_1\, e}{F_1 + F_2}.$$

Damit ergibt sich

$$J_{xy} = J_{x_1 y_1} + J_{x_2 y_2} + \frac{F_1 F_2}{F_1 + F_2}\, e\, f.$$

Darin kommen lediglich die Abstände der Achsen x_1 und x_2 bzw. y_1 und y_2 voneinander vor und keinerlei Daten des gemeinsamen Schwerpunkts S.

In unserem Fall, wo die Schwerpunkte S_1 und S_2 im ersten und dritten Quadranten des Koordinatensystems x, y lagen, ist das letzte Glied dieser Gleichung positiv. Liegen S_1 und S_2 im zweiten und vierten Quadranten dieses Koordinatensystems, so ist das letzte Glied negativ. (Andere Lagen kommen bei von Null verschiedenem e und f nicht in Frage, da S auf der Verbindungslinie von S_1 und S_2 liegen muß.) Wir merken uns also: Liegen S_1 und S_2 in denjenigen Quadranten, wo die Koordinaten gleiche Vorzeichen haben, dann ist das Zusatzglied positiv, liegen sie hingegen in denjenigen Quadranten, wo die Koordinaten verschiedene Vorzeichen haben, dann ist es negativ. Wir schreiben also

$$J_{xy} = J_{x_1 y_1} + J_{x_2 y_2} \pm \frac{F_1 F_2}{F_1 + F_2}\, e\, f. \tag{27, 20}$$

Darin sind $J_{x_1 y_1}$ und $J_{x_2 y_2}$ mit ihren Vorzeichen, e und f als Absolutbeträge einzusetzen.

Falls $J_{x_1 y_1} = J_{x_2 y_2} = 0$ ist, gilt

$$J_{xy} = \pm \frac{F_1 F_2}{F_1 + F_2}\, e\, f, \tag{27, 21}$$

mit obiger Vorzeichenregel.

28. Trägheits- und Deviationsmoment bei Drehung des Achsenkreuzes.

Das Koordinatensystem der Abb. 57 sei zur Fläche F ganz beliebig gelegen. In bezug auf diese Achsen soll F die Trägheitsmomente J_x, J_y und das Deviationsmoment J_{xy} haben. Wir denken uns nun das Koordinatensystem x, y um seinen Ursprung O um den Winkel φ in die Lage x_1, y_1 gedreht und bezeichnen die Trägheitsmomente und das Deviationsmoment von F in bezug auf diese Achsen mit $J_{x_1}, J_{y_1}, J_{x_1 y_1}$. Der Winkel φ wird von der positiven x-Achse aus im Gegenzeigersinn positiv gezählt. Wir fragen nun, welcher Zusammenhang zwischen den Trägheits- und Deviationsmomenten für das erste und das zweite Achsenkreuz besteht.

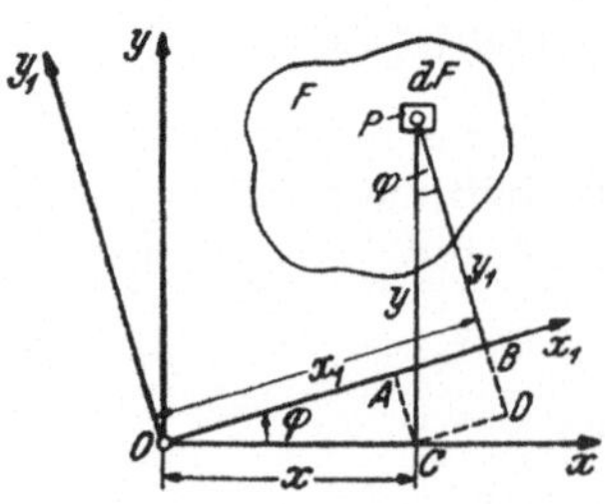

Abb. 57. Trägheits- und Deviationsmoment bei Drehung des Achsenkreuzes

Laut Definition gelten die Formeln

$$J_x = \int_F y^2 \, dF, \qquad J_y = \int_F x^2 \, dF, \qquad J_{xy} = \int_F x \, y \, dF. \qquad (28,22)$$

$$J_{x_1} = \int_F y_1^2 \, dF, \qquad J_{y_1} = \int_F x_1^2 \, dF, \qquad J_{x_1 y_1} = \int_F x_1 y_1 \, dF. \qquad (28,23)$$

Darin bedeuten x, y die Koordinaten eines Flächenelements dF (das sind also etwa die Koordinaten seines Mittelpunkts P) im ursprünglichen Koordinatensystem, x_1, y_1 sind die Koordinaten des Flächenelements im gedrehten Koordinatensystem. Wir verfahren nun ganz ähnlich wie bei der Herleitung des Satzes über Trägheitsmomente um parallele Achsen. Zunächst stellen wir einen Zusammenhang zwischen den alten und den neuen Koordinaten her. Aus der Abbildung ersehen wir, daß gilt

$$x_1 = OA + AB;$$
$$OA = x \cos \varphi, \qquad AB = CD = y \sin \varphi.$$

Es ist also

$$x_1 = x \cos \varphi + y \sin \varphi. \qquad (28,24\,\text{a})$$

Weiter erkennen wir die Gültigkeit folgender Beziehungen

$$y_1 = PD - BD;$$
$$PD = y \cos \varphi, \qquad BD = AC = x \sin \varphi.$$

Es ist also

$$y_1 = - x \sin \varphi + y \cos \varphi. \qquad (28,24\,\text{b})$$

Die Gl. (28, 24) bezeichnet man als die Transformationsformeln der Koordinaten eines Punktes bei Drehung des Achsenkreuzes. Setzen wir diese Ausdrücke für x_1 und y_1 in die Gl. (28, 23) ein und beachten, daß φ und damit sämtliche Funktionen von φ während der Integration über F konstant sind, so können wir schreiben

$$J_{x_1} = \int_F y_1^2 \, dF = \int_F (- x \sin \varphi + y \cos \varphi)^2 \, dF =$$

$$= \sin^2 \varphi \int_F x^2 \, dF - 2 \sin \varphi \cos \varphi \int_F x \, y \, dF + \cos^2 \varphi \int_F y^2 \, dF.$$

Setzen wir für die einzelnen Integrale ihre Bedeutung gemäß den Gl. (28, 22) ein, so erhalten wir

$$J_{x_1} = J_x \cos^2 \varphi + J_y \sin^2 \varphi - 2 J_{xy} \sin \varphi \cos \varphi. \qquad (28,25\,\text{a})$$

Bei Betrachtung dieser Gleichung fällt uns ihre Ähnlichkeit auf mit Gl. (4, 10) für die Normalspannung auf einem zu den Koordinatenachsen geneigten Flächenelement. In der Tat sind, wie uns die folgenden Ausführungen noch zeigen werden, die Beziehungen zwischen den Spannungsgrößen des ebenen Spannungszustandes und die Beziehungen zwischen den Trägheits- und Deviationsmomenten ebener Flächen weitgehend analog und wir können uns daher hier etwas kürzer fassen.

Auf die gleiche Art wie wir J_{x_1} erhielten, können wir auch J_{y_1} berechnen und es ergibt sich

$$J_{y_1} = J_x \sin^2 \varphi + J_y \cos^2 \varphi + 2 J_{xy} \sin \varphi \cos \varphi, \qquad (28,25\,\mathrm{b})$$

was übrigens auch aus Gl. (28, 25a) folgt, wenn wir φ durch $\varphi + \dfrac{\pi}{2}$ ersetzen.

Schließlich gilt für das Deviationsmoment

$$J_{x_1 y_1} = \int\limits_F x_1 y_1 \, dF = \int\limits_F (x \cos \varphi + y \sin \varphi)(-x \sin \varphi + y \cos \varphi)\, dF,$$

was nach Ausrechnung

$$J_{x_1 y_1} = (J_x - J_y) \sin \varphi \cos \varphi + J_{xy} (\cos^2 \varphi - \sin^2 \varphi) \qquad (28,25\,\mathrm{c})$$

liefert.

Führen wir, ähnlich wie in Nr. 4, in die Gl. (28, 25) den Winkel 2φ ein, so erhalten wir für die Trägheitsmomente und das Deviationsmoment in bezug auf das um den Winkel φ gedrehte Achsenkreuz x_1, y_1

$$J_{x_1} = \frac{J_x + J_y}{2} + \frac{J_x - J_y}{2} \cos 2\varphi - J_{xy} \sin 2\varphi, \qquad (28,26\,\mathrm{a})$$

$$J_{y_1} = \frac{J_x + J_y}{2} - \frac{J_x - J_y}{2} \cos 2\varphi + J_{xy} \sin 2\varphi, \qquad (28,26\,\mathrm{b})$$

$$J_{x_1 y_1} = \qquad \frac{J_x - J_y}{2} \sin 2\varphi + J_{xy} \cos 2\varphi. \qquad (28,26\,\mathrm{c})$$

Addieren wir die beiden ersten Gleichungen, so erhalten wir

$$J_{x_1} + J_{y_1} = J_x + J_y. \qquad (28,27)$$

Da der Winkel φ ganz beliebig war, können wir den Satz aussprechen: *Bei Drehung des Achsenkreuzes um den Ursprung bleibt die Summe der Trägheitsmomente einer Fläche um die Koordinatenachsen konstant.*

29. Hauptachsen und Hauptträgheitsmomente. Die eben berechneten Trägheits- und Deviationsmomente in bezug auf ein gedrehtes Achsenkreuz sind Funktionen des Winkels φ, sie ändern also ihre Größe, wenn wir φ verschiedene Werte erteilen. Wir stellen nun (wie bei den Spannungen) die Frage, für welche Lage der Achse x_1, also für welchen Winkel φ das Trägheitsmoment J_{x_1} einen Extremwert hat. Eine Gleichung für diesen Winkel, den wir mit φ_0 bezeichnen, erhalten wir durch Nullsetzen des Differentialquotienten $\dfrac{dJ_{x_1}}{d\varphi}$. Aus Gl. (28, 26a) ergibt sich unter Beachtung von Gl. (28, 26c)

$$\frac{dJ_{x_1}}{d\varphi} = -(J_x - J_y) \sin 2\varphi - 2 J_{xy} \cos 2\varphi = -2 J_{x_1 y_1}. \qquad (29,28)$$

Setzen wir diesen Ausdruck gleich Null, so erhalten wir für den Winkel φ_0 die Gleichung

$$\operatorname{tg} 2\,\varphi_0 = \frac{2\,J_{xy}}{J_y - J_x}. \tag{29, 29}$$

Genügt φ_0 dieser Gleichung, so ist dies auch für den Winkel $\varphi_0 + \dfrac{\pi}{2}$ der Fall. Drehen wir also die x_1-Achse aus der Lage φ_0, wo das erste Extrem eintritt, um einen rechten Winkel weiter, so erreicht das Trägheitsmoment wieder einen Extremwert. Mit anderen Worten: Ist J_{x_1} ein Extrem, so erreicht gleichzeitig auch das Trägheitsmoment um die y_1-Achse, J_{y_1}, einen Extremwert. Und genau wie in der Spannungslehre überlegt man, daß, wenn J_{x_1} das Maximum aller Trägheitsmomente für Achsen durch den Punkt O ist, J_{y_1} das Minimum aller dieser Trägheitsmomente darstellt und umgekehrt. Die weiteren Lösungen der Gl. (29, 29) liefern nichts Neues, sondern führen entweder auf die x_1- oder auf die y_1-Achse zurück. Die beiden Extremwerte des Trägheitsmoments werden *Hauptträgheitsmomente*, die zugehörigen Achsen *Hauptträgheitsachsen* oder kurz *Hauptachsen* genannt. Wir wollen im folgenden die Hauptträgheitsachsen mit ξ und η bezeichnen, die Hauptträgheitsmomente mit J_ξ und J_η. Wie aus Gl. (29, 28) hervorgeht, verschwindet für die Hauptträgheitsachsen das Deviationsmoment. Und wieder ist es, genau wie in der Spannungslehre, ganz einerlei, ob man die Hauptachsen als jene Achsen definiert, für die den Trägheitsmomenten extreme Werte zukommen, oder als jenes Achsenkreuz, für das das Deviationsmoment verschwindet. Da wir in Nr. 26 feststellten, daß das Deviationsmoment für Symmetrieachsen stets Null ist, sind Symmetrieachsen immer auch Hauptträgheitsachsen. Zusammenfassend können wir also sagen:

Unter sämtlichen Achsen durch einen beliebigen Punkt gibt es immer zwei, die aufeinander senkrecht stehen und für die das Trägheitsmoment der Fläche F seinen größten bzw. seinen kleinsten Wert annimmt. Diese beiden Achsen heißen Hauptträgheitsachsen oder kurz Hauptachsen der Fläche, die zugehörigen Trägheitsmomente werden Hauptträgheitsmomente genannt. Für die Hauptachsen ist das Deviationsmoment gleich Null[1].

In der Festigkeitslehre haben vor allem Trägheitsmomente für Achsen durch den Schwerpunkt der Fläche Bedeutung. Es hat sich daher vielfach eingebürgert, unter den Hauptachsen einer Fläche die Hauptachsen durch den Schwerpunkt zu verstehen, worauf wir an dieser Stelle hinweisen wollen.

Die Werte der Hauptträgheitsmomente erhalten wir, indem wir in die Gl. (28, 26a, b) für $\varphi = \varphi_0$ einsetzen:

---

[1] Ganz analog wie bei den Spannungen (S. 20) gilt auch hier, daß jede Achse durch den betrachteten Punkt Hauptachse ist, wenn $J_\xi = J_\eta$ ist.

$$J_\xi = \frac{J_x + J_y}{2} + \frac{J_x - J_y}{2} \cos 2\varphi_0 - J_{xy} \sin 2\varphi_0, \qquad (29,\,30\text{a})$$

$$J_\eta = \frac{J_x + J_y}{2} - \frac{J_x - J_y}{2} \cos 2\varphi_0 + J_{xy} \sin 2\varphi_0. \qquad (29,\,30\text{b})$$

Für φ_0 wählt man zweckmäßig die absolut kleinste Lösung der Gl. (29, 29) nimmt also, wenn tg $2\varphi_0 > 0$ ist, den Winkel φ_0 im ersten Quadranten, wenn tg $2\varphi_0 < 0$ ist, im vierten Quadranten an.

Wir können auch, genau wie bei den Spannungen, mit Hilfe der Gl. (4, 16) und (29, 29) die Winkelfunktionen aus den Gl. (29, 30) eliminieren und erhalten dann

$$\left.\begin{matrix} J_\xi \\ J_\eta \end{matrix}\right\} = \frac{J_x + J_y}{2} \pm \frac{1}{2} \sqrt{(J_x - J_y)^2 + 4 J_{xy}^2}. \qquad (29,\,31)$$

Diese Formeln haben wieder den Nachteil, daß man nicht unmittelbar sieht, welches der beiden Hauptträgheitsmomente zum Winkel φ_0 und

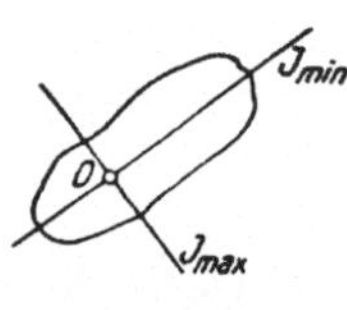

Abb. 58.
Ungefähre Lage der Hauptträgheitsachsen einer Fläche

welches zum Winkel $\varphi_0 + \dfrac{\pi}{2}$ gehört. [Bei den Gl. (29, 30) besteht diese Schwierigkeit nicht.] In der Praxis wird man jedoch selten im Zweifel sein, zu welcher Achse das größere und zu welcher das kleinere Hauptträgheitsmoment gehört. Die Hauptachsen folgen stets ungefähr der Erstreckung der Fläche. Das größere Hauptträgheitsmoment kommt immer jener Achse zu, senkrecht zu der die Fläche weiter ausladet (Abb. 58).

In Nr. 28 berechneten wir die Trägheitsmomente und das Deviationsmoment für ein Achsenkreuz x_1, y_1, das gegen die Achsen x, y um den Winkel φ gedreht war. Dabei war x, y ein ganz beliebiges Achsenkreuz. Die seinerzeit abgeleiteten Gl. (28, 25) bzw. (28, 26) vereinfachen sich, wenn x, y Hauptträgheitsachsen ξ, η der Fläche sind. Dann haben wir in den genannten Gleichungen die folgenden Ersetzungen durchzuführen: $J_x \rightarrow J_\xi$, $J_y \rightarrow J_\eta$, $J_{xy} \rightarrow 0$. Damit erhalten wir aus den Gl. (28, 25)

$$\left.\begin{aligned} J_{x_1} &= J_\xi \cos^2 \varphi + J_\eta \sin^2 \varphi, \\ J_{y_1} &= J_\xi \sin^2 \varphi + J_\eta \cos^2 \varphi, \\ J_{x_1 x_1} &= (J_\xi - J_\eta) \sin \varphi \cos \varphi. \end{aligned}\right\} \qquad (29,\,32)$$

φ ist der Winkel, den die x_1-Achse mit der ξ-Achse einschließt.

30. Zeichnerische Ermittlung der Hauptträgheitsachsen und der Hauptträgheitsmomente. Sind die Trägheitsmomente J_x, J_y und das Deviationsmoment J_{xy} einer Fläche für ein Achsenkreuz x, y bekannt, so kann auch auf zeichnerischem Wege die Lage der Hauptträgheitsachsen und die Größe der Hauptträgheitsmomente gefunden werden. Diese Konstruktion, welche von MOHR stammt, ist in Abb. 59 wiedergegeben. Zunächst werden J_x, J_y, J_{xy} in einem geeigneten Maßstab als Strecken dargestellt. Sodann nehmen wir die Strecke $J_x + J_y$ in den Zirkel, setzen in einem beliebigen Punkt A der x-Achse ein und schneiden auf der y-Achse ab (Punkt B). Auf AB machen wir $AC = J_x$, dann ist $BC = J_y$. Im Punkt C errichten wir eine Senkrechte zu AB, auf der wir J_{xy} auftragen, und zwar von AB nach rechts hin (Richtung der $+ x$-Achse), wenn es positiv ist, nach links hin (Richtung der $- x$-Achse), wenn es negativ ist (in unserer Abbildung wurde J_{xy} als positiv angenommen). So erhalten wir den „Trägheitspunkt" T. Nun wird AB halbiert (Punkt M) und mit M als Mittelpunkt der *Trägheitskreis* mit dem Radius $\frac{1}{2}(J_x + J_y)$ durch die Punkte A, B, O gezeichnet. Wir verbinden nun die Punkte T und M durch eine Gerade und bringen diese mit dem Trägheitskreis zum Schnitt (Punkte A' und B'). OA' und OB' sind dann die beiden Hauptträgheitsachsen ξ, η und es gilt $A'T = J_\xi$, $B'T = J_\eta$.

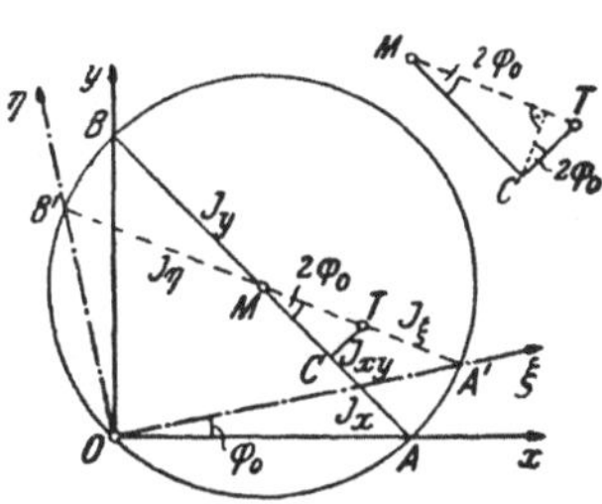

Abb. 59. Mohrscher Trägheitskreis. Bestimmung der Hauptachsen und der Hauptträgheitsmomente

Beweis. a) Zum Beweis, daß OA' und OB' die Hauptträgheitsachsen sind, zeigen wir, daß für den in der Abbildung mit φ_0 bezeichneten Winkel die Gl. (29, 29) gilt. φ_0 ist Peripheriewinkel des Trägheitskreises über dem Bogen AA'. Der zugehörige Zentriwinkel bei M ist folglich gleich $2\varphi_0$. Aus dem Dreieck MCT folgt

$$\operatorname{tg} 2\varphi_0 = \frac{CT}{MC}.$$

Nun ist aber

$$CT = J_{xy}, \qquad MC = \frac{1}{2}(J_x + J_y) - J_x = \frac{1}{2}(J_y - J_x).$$

Somit ist

$$\operatorname{tg} 2\varphi_0 = \frac{2 J_{xy}}{J_y - J_x},$$

was zu beweisen war.

b) Um zu beweisen, daß $A'T = J_\xi$, $B'T = J_\eta$ ist, zeigen wir, daß für diese Strecken die Gl. (29, 30) erfüllt sind. Zunächst ist $A'B' = A'T + B'T$ als Durchmesser des Kreises gleich $J_x + J_y$ und daher

$$\frac{A'T + B'T}{2} = \frac{J_x + J_y}{2}. \tag{30, 33}$$

Betrachten wir nun wieder das Dreieck MCT, das in der Abbildung vergrößert herausgezeichnet ist, so sehen wir, daß gilt

$$MT = MC \cos 2\varphi_0 + CT \sin 2\varphi_0.$$

Nun ist

$$MT = MA' - A'T = \frac{1}{2}(A'T + B'T) - A'T = \frac{1}{2}(-A'T + B'T),$$

$$MC = -\frac{1}{2}(J_x - J_y), \qquad CT = J_{xy}.$$

Es gilt also

$$\frac{-A'T + B'T}{2} = -\frac{J_x - J_y}{2} \cos 2\varphi_0 + J_{xy} \sin 2\varphi_0. \qquad (30, 34)$$

Subtrahieren wir Gl. (30, 34) von Gl. (30, 33), so erhalten wir

$$A'T = \frac{J_x + J_y}{2} + \frac{J_x - J_y}{2} \cos 2\varphi_0 - J_{xy} \sin 2\varphi_0,$$

was gemäß Gl. (29, 30a) tatsächlich mit J_ξ übereinstimmt. Die Addition der beiden Gleichungen ergibt, daß $B'T = J_\eta$ ist.

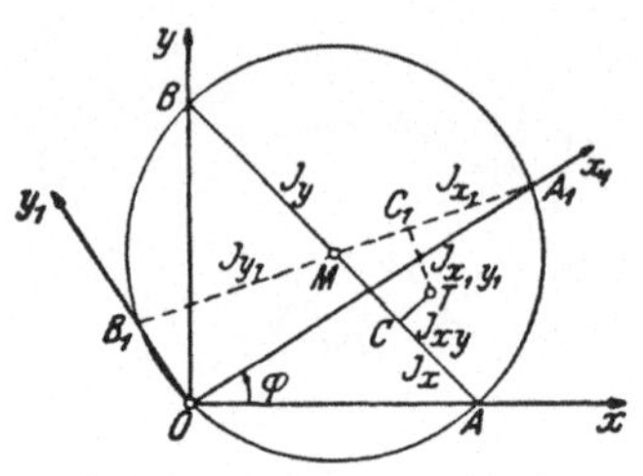

Abb. 60. Mohrscher Trägheitskreis. Bestimmung der Trägheitsmomente und des Deviationsmoments für ein beliebig gedrehtes Achsenkreuz aus den Werten J_x, J_y, J_{xy} für ein gegebenes Achsenkreuz

Der Trägheitskreis kann auch dazu verwendet werden, die Trägheitsmomente J_{x_1} und J_{y_1} und das Deviationsmoment $J_{x_1 y_1}$ für ein Achsenkreuz x_1, y_1 zu bestimmen, das gegen die Achsen x, y um einen beliebigen Winkel φ gedreht ist (Abb. 60). Zunächst wird mittels der gegebenen Trägheits- und Deviationsmomente J_x, J_y, J_{xy} der Trägheitskreis und der Trägheitspunkt T in gleicher Weise wie oben gezeichnet. Die Achsen x_1, y_1 schneiden den Trägheitskreis in den Punkten A_1 und B_1. Wir verbinden diese beiden Punkte durch eine Gerade (die dann durch den Punkt M gehen muß), auf die wir vom Punkt T aus das Lot fällen (Punkt C_1). Es ist dann $A_1 C_1 = J_{x_1}$, $B_1 C_1 = J_{y_1}$, $C_1 T = J_{x_1 y_1}$ ($J_{x_1 y_1}$ ist negativ, da es links von $A_1 B_1$ liegt).

31. **Das Widerstandsmoment.** Im folgenden Abschnitt, der von der Biegungsbeanspruchung handelt, werden wir erfahren, daß ein Balken um so größere Biegemomente aufnehmen kann, je größer das *Widerstandsmoment* seiner Querschnittsfläche ist. Das Widerstandsmoment wird ausschließlich auf Schwerachsen der Querschnittsfläche bezogen, die in der Regel Hauptachsen sind[1]. Allgemein versteht man unter dem Widerstandsmoment einer Querschnittsfläche in bezug auf eine Achse den Quotienten aus dem Trägheitsmoment der Fläche um diese Achse und dem größten Abstand der Berandung der Fläche von dieser Achse. Und zwar kann dieser größte Randabstand von der Achse aus nach beiden Seiten hin gemessen werden, so daß sich im allgemeinen für jede Achse zwei verschiedene Werte des Widerstandsmoments ergeben.

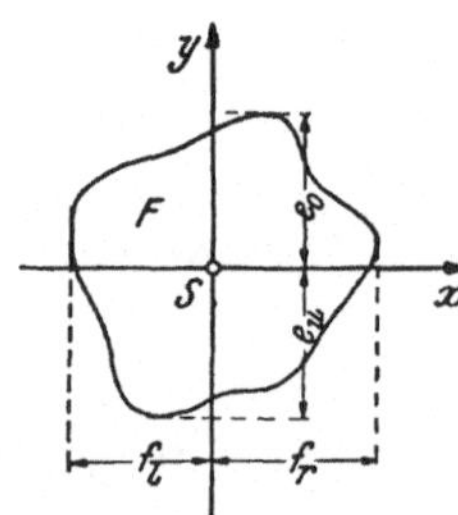

Abb. 61. Das Widerstandsmoment einer Fläche

---

[1] Wir halten uns im folgenden an die in den Normen verwendete Bezeichnung, wo z. B. die Hauptachsen von I- und ⊏-Querschnitten mit x und y, die Hauptachsen von ⊏-Querschnitten mit ξ und η bezeichnet sind.

So erhalten wir beispielsweise für die Widerstandsmomente der in Abb. 61 dargestellten Fläche um die x-Achse (Trägheitsmoment J_x), je nachdem, ob wir den oberen oder den unteren Randabstand einsetzen,

$$W_{xo} = \frac{J_x}{e_o}, \qquad W_{xu} = \frac{J_x}{e_u}. \tag{31, 35}$$

Wir bezeichnen diese beiden Werte als die Widerstandsmomente für die obere bzw. für die untere Randfaser des betreffenden Balkenquerschnitts. Ist $e_o = e_u = e$, dann sind diese beiden Werte einander gleich und man spricht von einem Widerstandsmoment des Querschnitts um die x-Achse schlechtweg:

$$W_x = \frac{J_x}{e}. \tag{31, 36}$$

Für die Randabstände werden immer ihre Absolutbeträge eingesetzt. Da das Trägheitsmoment stets positiv ist, ist auch das Widerstandsmoment stets eine positive Größe.

Auf die gleiche Art erhalten wir für den betrachteten Querschnitt auch zwei Widerstandsmomente um die y-Achse (Trägheitsmoment J_y), und zwar eines für die linke und eines für die rechte Randfaser[1],

$$W_{yl} = \frac{J_y}{f_l}, \qquad W_{yr} = \frac{J_y}{f_r}, \tag{31, 37}$$

die ebenfalls den gleichen Wert haben, falls $f_l = f_r = f$ ist. Das Widerstandsmoment um die y-Achse ist dann

$$W_y = \frac{J_y}{f}. \tag{31, 38}$$

Die Dimension des Widerstandsmoments ist $cm^4/cm = cm^3$.

32. Trägheits- und Widerstandsmomente eines ungleichschenkeligen Winkelquerschnitts. Als Anwendungsbeispiel unserer bisherigen Ausführungen wollen wir für den Querschnitt des ungleichschenkeligen Winkelstahls ⌐ 80.65.10, DIN 1029 (Abb. 62)[2] zunächst die Trägheitsmomente und das Deviationsmoment um die schenkelparallelen Schwerachsen x, y berechnen, aus diesen Werten sodann die Lage der Hauptträgheitsachsen durch den Schwerpunkt und die Größe der Hauptträgheitsmomente rechnerisch und zeichnerisch bestimmen und endlich die Widerstandsmomente des Querschnitts für die Achsen x, y ermitteln[3].

---

[1] In den Normen für Walzprofile ist auch bei unsymmetrischen Querschnitten für jede Achse immer nur *ein* Wert des Widerstandsmoments angegeben, der mit W_x bzw. W_y bezeichnet ist. Es ist dies immer der kleinere der beiden Werte W_{xo} und W_{xu} bzw. W_{yl} und W_{yr}.

[2] Nach der alten und vielfach noch üblichen Bezeichnung ungleichschenkeliger Winkelquerschnitte schrieb man ⌐ 65.80.10. Die neue Bezeichnung ordnet die drei Zahlen nach fallender Größe an, und die neueste Bezeichnung ist $80 \times 65 \times 10$.

[3] Die Achsen x und y sind, wie wir sehen werden, keine Hauptachsen der Querschnitts. Die Widerstandsmomente W_x und W_y dienen in diesem Fall dazu, das

Für sämtliche genormten Walzprofile sind die wichtigsten statischen Daten in den Profiltafeln verzeichnet. Da wir in unserem Beispiel die in Wirklichkeit vorgesehenen Abrundungen gewisser Kanten des Winkelstahls vernachlässigen, werden unsere Ergebnisse ein klein wenig von den Tafelwerten abweichen.

a) Zur Berechnung der Trägheitsmomente J_x, J_y und des Deviationsmoments J_{xy} zerlegen wir die Querschnittsfläche in zwei Rechtecke mit den Flächen $F_1 = b_1 h_1 = 1 \cdot 8 = 8 \text{ cm}^2$ und $F_2 = b_2 h_2 = 5,5 \cdot 1 = 5,5 \text{ cm}^2$ (s. Abbildung). Dann wenden wir am besten die Gl. (25, 11) und (27, 21) an. Die Schwerpunkte S_1 und S_2 der beiden Rechtecke haben voneinander in vertikaler Richtung den Abstand $e = \frac{1}{2} 8 - 0,5 = 3,50$ cm, in horizontaler Richtung den Abstand $f = 0,5 + \frac{1}{2} 5,5 = 3,25$ cm. Es gilt dann nach Gl. (25, 11):

$$J_x = J_{x_1} + J_{x_2} + \frac{F_1 F_2}{F_1 + F_2} e^2,$$

$$J_y = J_{y_1} + J_{y_2} + \frac{F_1 F_2}{F_1 + F_2} f^2.$$

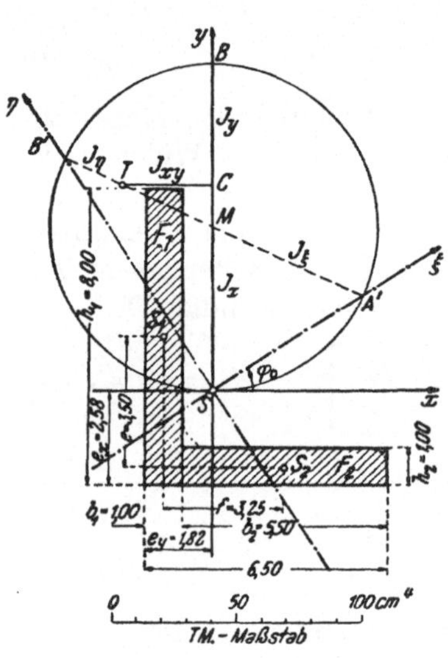

Abb. 62. Ermittlung der Trägheits- und der Widerstandsmomente des Winkelquerschnitts ⌞ 80. 65. 10.

Dabei bedeuten J_{x_1} und J_{y_1} die Trägheitsmomente der Fläche F_1 um die zu x und y parallelen Achsen durch den Schwerpunkt S_1 von F_1 und analog für F_2. Nach den Gl. (24, 6) ist

$$J_{x_1} = \frac{b_1 h_1^3}{12} = \frac{1 \cdot 8^3}{12} = 42,7 \text{ cm}^4,$$

$$J_{x_2} = \frac{b_2 h_2^3}{12} = \frac{5,5 \cdot 1^3}{12} = 0,5 \text{ cm}^4,$$

$$J_{y_1} = \frac{h_1 b_1^3}{12} = \frac{8 \cdot 1^3}{12} = 0,7 \text{ cm}^4,$$

$$J_{y_2} = \frac{h_2 b_2^3}{12} = \frac{1 \cdot 5,5^3}{12} = 13,9 \text{ cm}^4.$$

Ferner ist

$$\frac{F_1 F_2}{F_1 + F_2} = \frac{8 \cdot 5,5}{8 + 5,5} = 3,26 \text{ cm}^2.$$

Damit erhalten wir

$$J_x = 42,7 + 0,5 + 3,26 \cdot 3,50^2 = \underline{83,1 \text{ cm}^4},$$

$$J_y = 0,7 + 13,9 + 3,26 \cdot 3,25^2 = \underline{49,0 \text{ cm}^4}.$$

Zur Berechnung des Deviationsmoments J_{xy} wäre Gl. (27, 20) anzuwenden. Da jedoch die Deviationsmomente der beiden Rechtecke für die eigenen Schwerachsen verschwinden, reduziert sich diese Gleichung auf Gl. (27, 21). In unserem Fall liegen S_1 und S_2 in denjenigen Quadranten des Koordinatensystems x, y, wo die Koordinaten verschiedenes Zeichen haben. Folglich gilt

$$J_{xy} = -\frac{F_1 F_2}{F_1 + F_2} e f = -3,26 \cdot 3,50 \cdot 3,25 = -\underline{37,1 \text{ cm}^4}.$$

b) Wir gehen nun an die Bestimmung der Richtungen der Hauptträgheitsachsen ξ und η und an die Berechnung der Hauptträgheitsmomente J_ξ und J_η.

Gesamtwiderstandsmoment zweier zusammenwirkender Winkel, ⌋⌊ oder ⌍⌊ zu berechnen. Für die waagrechte Schwerachse beider Winkel, die dann Hauptachse ist, ergibt sich im ersten Fall das Gesamtwiderstandsmoment $2 W_x$, im zweiten Fall $2 W_y$ (s. die Bemerkung am Ende der Nr. 36).

Für den Winkel φ_0 zwischen der x- und der ξ-Achse gilt nach Gl. (29, 29)

$$\text{tg } 2\,\varphi_0 = \frac{2\,J_{xy}}{J_y - J_x} = \frac{2\cdot(-37,1)}{49,0 - 83,1} = +\,2,18.$$

Daraus ergibt sich $2\,\varphi_0 = 65°\,20'$ und

$$\varphi_0 = \underline{32°\,40'}.$$

Um diesen Winkel auch ohne Winkelmesser zeichnen zu können, sucht man am besten seinen Tangens auf: $\text{tg }\varphi_0 = 0,641$. Man gewinnt dann φ_0 aus einem rechtwinkeligen Dreieck, dessen Katheten sich wie $0,641 : 1$ verhalten.

Die Hauptträgheitsmomente berechnen wir mit Hilfe der Gl. (29, 30):

$$\left.\begin{matrix} J_\xi \\ J_\eta \end{matrix}\right\} = \frac{J_x + J_y}{2} \pm \frac{J_x - J_y}{2}\cos 2\,\varphi_0 \mp J_{xy}\sin 2\,\varphi_0.$$

Bei uns ist

$$\frac{J_x + J_y}{2} = \frac{83,1 + 49,0}{2} = 66,1\ \text{cm}^4,$$

$$\frac{J_x - J_y}{2} = \frac{83,1 - 49,0}{2} = 17,1\ \text{cm}^4,$$

$$J_{xy} = -\,37,1\ \text{cm}^4,$$

$$\cos 2\,\varphi_0 = 0,417, \qquad \sin 2\,\varphi_0 = 0,909,$$

also

$$\left.\begin{matrix} J_\xi \\ J_\eta \end{matrix}\right\} = 66,1 \pm 17,1\cdot 0,417 \pm 37,1\cdot 0,909,$$

$$J_\xi = \underline{106,9\ \text{cm}^4}, \qquad J_\eta = \underline{25,3\ \text{cm}^4}.$$

[Der Leser prüfe, ob sich aus den Gl. (29, 31) dieselben Werte ergeben.]

c) Zur Bestimmung der Widerstandsmomente um die Achsen x und y benötigen wir zunächst die Lage des Schwerpunkts S des Querschnitts. In den Profiltafeln sind die Abstände der Achsen x, y von den Schenkelaußenkanten des Winkels mit e_x und e_y bezeichnet. Auf Grund der Zerlegung der Fläche in die beiden Rechtecke F_1 und F_2 erhalten wir

$$e_x = \frac{8\cdot 4 + 5,5\cdot 0,5}{8 + 5,5} = 2,58\ \text{cm}, \qquad e_y = \frac{8\cdot 0,5 + 5,5\cdot 3,75}{8 + 5,5} = 1,82\ \text{cm}.$$

[s. Statik, Gl. (27, 8)].

Für die Widerstandsmomente um die x-Achse gilt dann nach den Gl. (31, 35) mit $J_x = 83,1\ \text{cm}^4$, $e_0 = 5,42\ \text{cm}$; $e_u = e_x = 2,58\ \text{cm}$

$$W_{xo} = \frac{83,1}{5,42} = \underline{15,3\ \text{cm}^3}, \qquad W_{xu} = \frac{83,1}{2,58} = \underline{32,2\ \text{cm}^3}.$$

Für die Widerstandsmomente um die y-Achse ist in die Gl. (31, 37) für $J_y = 49,0\ \text{cm}^4$, $f_l = e_y = 1,82\ \text{cm}$, $f_r = 4,68\ \text{cm}$ einzusetzen:

$$W_{yl} = \frac{49,0}{1,82} = \underline{26,9\ \text{cm}^3}, \qquad W_{yr} = \frac{49,0}{4,68} = \underline{10,5\ \text{cm}^3}.$$

d) In Abb. 62 wurde die Ermittlung der Hauptträgheitsachsen mit Hilfe der unter a) berechneten Werte für J_x, J_y, J_{xy} auf zeichnerischem Wege nach der in Nr. 30 angegebenen Konstruktion durchgeführt. Dabei wurde, wie es meist üblich ist, der Punkt A in den Punkt S verlegt. Auf der y-Achse wird zunächst J_x und dann J_y aufgetragen. J_{xy} wird vom Punkt C aus nach links aufgetragen, da es negativ ist. Damit ergibt sich der Punkt T und weiter die Lage der Hauptachsen ξ, η und die Größe der Hauptträgheitsmomente J_ξ, J_η.

33. Trägheitsradius, Trägheitsellipse. Das Trägheitsmoment einer Fläche F in bezug auf eine beliebige Achse sei J. Bilden wir den Quotienten J/F und ziehen aus ihm die Wurzel, so erhalten wir eine Größe von der Dimension einer Länge (cm), die wir mit i bezeichnen wollen. i wird der zu der betreffenden Achse gehörige *Trägheitsradius* oder *Trägheitshalbmesser* der Fläche F genannt:

$$i = \sqrt{\frac{J}{F}}. \qquad (33, 39)$$

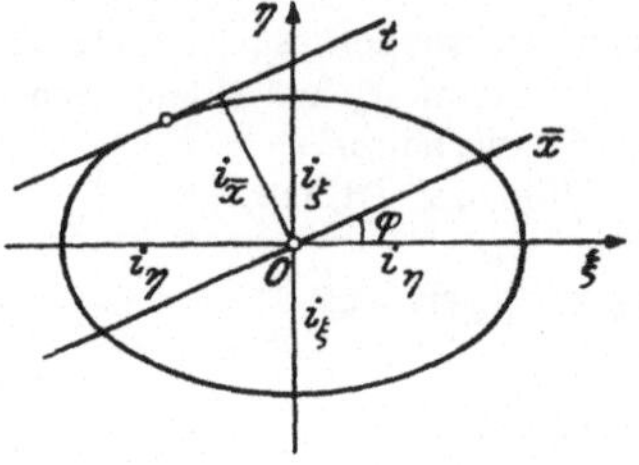

Abb. 63. Trägheitsellipse

Sind ξ und η die durch einen beliebigen Punkt O gehenden Hauptträgheitsachsen der Fläche F, so sind die zugehörigen *Hauptträgheitsradien*

$$i_\xi = \sqrt{\frac{J_\xi}{F}}, \qquad i_\eta = \sqrt{\frac{J_\eta}{F}}. \qquad (33, 40)$$

Zwischen diesen beiden Werten liegen dann die Werte aller Trägheitsradien, die sich für sämtliche Achsen durch O berechnen lassen. Wir tragen nun i_ξ senkrecht zur ξ-Achse von O aus nach beiden Seiten hin auf, verfahren analog mit i_η und zeichnen eine Ellipse mit den Hauptträgheitsradien als Halbachsen (Abb. 63). Diese Ellipse wird *Trägheitsellipse* genannt und hat die Gleichung

$$\frac{\xi^2}{i_\eta^2} + \frac{\eta^2}{i_\xi^2} = 1. \qquad (33, 41)$$

Darin bedeuten ξ und η die laufenden Koordinaten, das sind also die Koordinaten eines beliebigen Ellipsenpunkts. Die Trägheitsellipse für den Schwerpunkt der Fläche wird *Zentralellipse* genannt.

Die Trägheitsellipse hat folgende Eigenschaften: Legt man zu einer beliebigen, durch den Punkt O gehenden Achse $\bar{x}$ eine parallele Tangente t an die Ellipse, so ist der senkrechte Abstand dieser Tangente vom Punkt O gleich dem zur Achse $\bar{x}$ gehörigen Trägheitsradius $i_{\bar{x}}$ (s. Abb. 63).

Beweis: Liegt eine Ellipse mit den Halbachsen a und b vor, so gilt nach einer Formel aus der analytischen Geometrie für den Abstand p einer Tangente vom Ellipsenmittelpunkt

$$p^2 = a^2 \sin^2\varphi + b^2 \cos^2\varphi. \qquad (33, 42)$$

Darin bedeutet φ den Winkel, den die Tangente mit der Richtung der Halbachse a einschließt. In unserem Fall ist $a = i_\eta$, $b = i_\xi$ und φ der Winkel zwischen der ξ- und der $\bar{x}$-Achse. Also gilt

$$p^2 = i_\eta^2 \sin^2\varphi + i_\xi^2 \cos^2\varphi.$$

Wir haben nun zu zeigen, daß $p = i_{\bar{x}} = \sqrt{\dfrac{J_{\bar{x}}}{F}}$ ist. Für das Trägheitsmoment $J_{\bar{x}}$ gilt nach der ersten Gl. (29, 32)

$$J_{\bar{x}} = J_\xi \cos^2\varphi + J_\eta \sin^2\varphi.$$

Dividieren wir durch F und führen die Trägheitsradien ein, so folgt daraus

$$i_x^{-2} = i_\xi^2 \cos^2 \varphi + i_\eta^2 \sin^2 \varphi,$$

was mit dem obigen Ausdruck für p^2 übereinstimmt. Es ist also tatsächlich

$$i_x^- = p.$$

Für den Fall, daß die beiden Hauptträgheitsmomente einander gleich sind, wird die Zentralellipse ein Kreis. Nach dem Vorhergegangenen sind dann die Trägheitsmomente für sämtliche Achsen durch den Punkt O einander gleich. Es sind dann sämtliche Achsen durch O Hauptträgheits-achsen und es muß für jedes Achsenkreuz mit dem Ursprung O das Deviationsmoment verschwinden[1]. Beispiele für diesen Fall sind die Trägheitsmomente für Achsen durch den Mittelpunkt eines Kreises, eines Quadrats, allgemein eines beliebigen regelmäßigen Vielecks.

Wir wollen noch die *Trägheitsradien für Rechteck und Quadrat* be-rechnen. Für ein Rechteck mit den Seiten b und h ist der Trägheitsradius für die zur Seite b parallele Schwerachse x gegeben durch [s. Gl. (24, 6a) sowie Abb. 48]

$$i_x = \sqrt{\frac{J_x}{F}} = \sqrt{\frac{b\,h^3}{12\,b\,h}} = \frac{h}{\sqrt{12}} = 0{,}289\,h; \qquad (33,\,43\,\text{a})$$

analog ist

$$i_y = \frac{b}{\sqrt{12}} = 0{,}289\,b. \qquad (33,\,43\,\text{b})$$

Für ein Quadrat mit der Seite a ist der Trägheitsradius für alle Schwer-achsen der gleiche:

$$i = \frac{a}{\sqrt{12}} = 0{,}289\,a. \qquad (33,\,44)$$

34. Das polare Trägheitsmoment. Es sei F eine beliebig gestaltete ebene Fläche und O ein beliebig gelegener Punkt (Abb. 64). Denken wir uns F in lauter kleine Flächenelemente ΔF zerlegt, multiplizieren wir sodann jedes ΔF mit dem Quadrat seines Abstandes ϱ vom Punkt O und addieren alle diese Produkte, so nennt man diese Summe bzw., wenn wir uns exakt ausdrücken, dieses Integral das *polare Trägheitsmoment* der Fläche F um den Punkt O:

$$\boxed{J_p = \sum_F \varrho^2\, \Delta F} \quad \text{bzw.} \quad \boxed{J_p = \int_F \varrho^2\, dF.} \qquad (34,\,45)$$

Machen wir O zum Ursprung eines rechtwinkeligen Koordinaten-systems x, y, so ist $\varrho^2 = x^2 + y^2$ und es gilt

$$J_p = \int_F (x^2 + y^2)\, dF = \int_F x^2\, dF + \int_F y^2\, dF.$$

---

[1] Dies geht übrigens auch aus den Gl. (29, 32) hervor, wenn wir $J_\xi = J_\eta$ setzen.

Es ist also [s. die Gl. (21, 2)]

$$J_p = J_x + J_y. \qquad (34, 46)$$

In Nr. 28 stellten wir fest, daß die Summe der axialen Trägheitsmomente J_x und J_y konstant bleibt, wenn wir das Achsenkreuz um den Ursprung drehen. Wir erfahren jetzt, daß der unveränderliche Wert dieser Summe gleich dem polaren Trägheitsmoment der Fläche um den Koordinatenursprung ist.

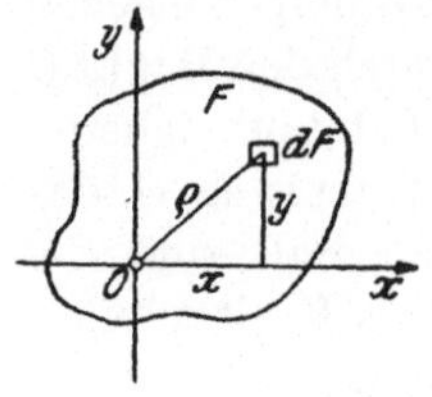
Abb. 64. Das polare Trägheitsmoment einer Fläche

Bei bekanntem J_x und J_y kann also aus Gl. (34, 46) J_p berechnet werden. Aber auch umgekehrt kann diese Gleichung dazu verwendet werden, bei bekanntem J_p die beiden axialen Trägheitsmomente zu berechnen, dann z. B., wenn man weiß, daß diese gleich groß sind (s. Nr. 35, Beispiele 3 und 5).

35. **Trägheits- und Widerstandsmomente technisch wichtiger Flächen.** 1. *Rechteck, Quadrat.* Die Trägheitsmomente des Rechtecks und des Quadrats haben wir schon in Nr. 24 berechnet. Für ein Rechteck mit den Seiten b und h (Abb. 48) gilt für die seitenparallelen Schwerachsen x, y [Gl. (24, 6)]

$$J_x = \frac{b\,h^3}{12}, \qquad J_y = \frac{h\,b^3}{12}.$$

Daraus folgen die Widerstandsmomente, wenn wir in die Gl. (31, 36) und (31, 38) für $e = h/2$ und für $f = b/2$ einsetzen:

$$W_x = \frac{b\,h^2}{6}, \qquad W_y = \frac{h\,b^2}{6}. \qquad (35, 47)$$

Für ein Quadrat mit der Seite a war [Gl. (24, 7)]

$$J_x = J_y = \frac{a^4}{12},$$

woraus sich die Widerstandsmomente um die seitenparallelen Schwerachsen zu

$$W_x = W_y = \frac{a^3}{6} \qquad (35, 48)$$

ergeben. Es ist zu beachten, daß, obwohl die Trägheitsmomente für sämtliche Schwerachsen des Quadrats einander gleich sind, dies für die Widerstandsmomente nicht zutrifft. So ist z. B. das Widerstandsmoment um die Diagonale $W_d = a^3 \sqrt{2}/12 = 0{,}118\,a^3$, gegenüber $W_x = 0{,}167\,a^3$.

2. *Dreieck.* Für ein Dreieck mit der Grundlinie g und der Höhe h (Abb. 65) berechnen wir zunächst die Trägheitsmomente für die folgenden vier Achsen: a) das Trägheitsmoment J_1 um die Achse 1, die durch die

Dreiecksspitze parallel zur Grundlinie verläuft; b) das Trägheitsmoment J_x
für die zur Grundlinie parallele Schwerachse x; c) das Trägheitsmoment J_2
für die Achse 2, die mit der Grundlinie zusammenfällt; d) das Trägheitsmoment J_3 für die lotrechte Achse 3 durch die Spitze C. Sodann wollen
wir die Widerstandsmomente für die Achse x ermitteln, wobei wir etwa
annehmen, das Dreieck sei gleichschenkelig
(damit x eine Hauptachse wird).

a) Zur Berechnung von J_1 gehen wir
aus von der Definitionsgleichung

$$J_1 = \int_F y^2 \, dF.$$

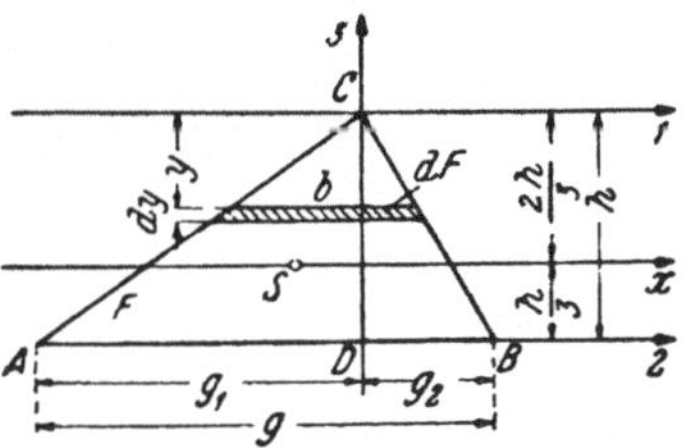

Für dF wählen wir einen schmalen Streifen
parallel zur Achse 1, er habe die Breite b
und die Höhe dy:

$$dF = b \, dy.$$

Abb. 65. Trägheitsmomente einer Dreiecksfläche für verschiedene Achsen

Ist y der Abstand dieses Streifens von der Achse 1, so gilt die Proportion
$b : y = g : h$, woraus folgt $b = \frac{g}{h} y$. Es ist also

$$dF = \frac{g}{h} y \, dy.$$

Dies in das Integral eingesetzt, liefert

$$J_1 = \frac{g}{h} \int_0^h y^3 \, dy = \frac{g}{h} \frac{y^4}{4} \Big|_0^h = \frac{g\,h^3}{4}. \tag{35, 49}$$

b) J_x gewinnen wir aus J_1 mit Hilfe des Steinersatzes [Gl. (25, 9)]:

$$J_x = J_1 - F\,e^2.$$

In unserem Fall ist $F = \frac{1}{2} g\,h$, $e = \frac{2}{3} h$, also ist

$$J_x = \frac{g\,h^3}{4} - \frac{g\,h}{2} \cdot \frac{4\,h^2}{9} = \frac{g\,h^3}{36}. \tag{35, 50}$$

c) J_2 folgt aus J_x ebenfalls mit Hilfe des Steinersatzes:

$$J_2 = J_x + F\left(\frac{h}{3}\right)^2 = \frac{g\,h^3}{36} + \frac{g\,h}{2} \cdot \frac{h^2}{9} = \frac{g\,h^3}{12}. \tag{35, 51}$$

d) Zur Berechnung von J_3, des Trägheitsmoments um die lotrechte
Achse durch die Spitze des Dreiecks, denken wir uns dieses in zwei Dreiecke mit der gemeinsamen Grundlinie $CD = h$ und den Höhen $AD = g_1$
und $DB = g_2$ zerlegt. Die Trägheitsmomente der beiden Hälften berechnen wir nach Gl. (35, 51), J_3 ist gleich ihrer Summe:

$$J_3 = \frac{h\,g_1^3}{12} + \frac{h\,g_2^3}{12} = \frac{h}{12}(g_1^3 + g_2^3). \tag{35, 52}$$

e) Für die Widerstandsmomente der Dreiecksfläche um die Achse x gilt nach den Gl. (31, 35) mit $e_o = \dfrac{2}{3} h$ und $e_u = \dfrac{1}{3} h$:

$$\left.\begin{aligned}
W_{x\,o} &= \frac{J_x}{e_o} = \frac{g\,h^3}{36} \cdot \frac{3}{2\,h} = \frac{g\,h^2}{24}, \\[2mm]
W_{x\,u} &= \frac{J_x}{e_u} = \frac{g\,h^3}{36} \cdot \frac{3}{h} = \frac{g\,h^2}{12}.
\end{aligned}\right\} \qquad (35,\,53)$$

3. Kreis. Das Trägheitsmoment eines Kreises mit dem Radius r (Durchmesser d) um einen seiner Durchmesser wird am besten aus dem polaren Trägheitsmoment des Kreises in bezug auf seinen Mittelpunkt gewonnen (Abb. 66). Da nach Gl. (34, 46) $J_p = J_x + J_y$ ist und beim Kreis aus Symmetriegründen $J_x = J_y$ ist, so gilt

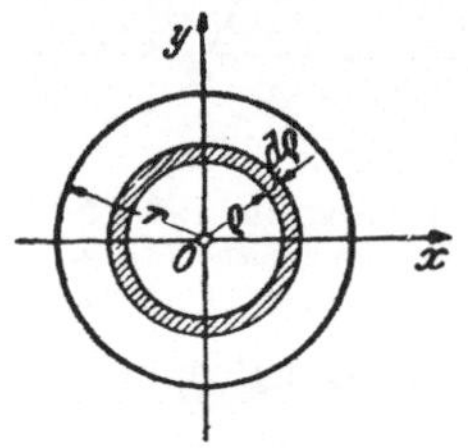

Abb. 66.
Polares und axiales Trägheitsmoment einer Kreisfläche

$$J_x = \frac{1}{2} J_p.$$

Zur Berechnung von J_p gehen wir aus von Gl. (34, 45)

$$J_p = \int_F \varrho^2\, dF.$$

Als Flächenelement dF wählen wir einen schmalen Kreisring von der Breite $d\varrho$ und dem Radius ϱ. Der Umfang des Kreisrings ist gleich $2\,\pi\,\varrho$ und da der Ring unendlich schmal ist, können wir für seinen Flächeninhalt schreiben

$$dF = 2\,\pi\,\varrho\,d\varrho.$$

Setzen wir dies in das Integral ein und beachten, daß die Integration über die ganze Kreisfläche erreicht wird, wenn ϱ von o bis r läuft, so erhalten wir

$$J_p = 2\,\pi \int_0^r \varrho^3\, d\varrho = 2\,\pi\,\frac{\varrho^4}{4}\Big|_0^r = \frac{\pi\,r^4}{2} = \frac{\pi\,d^4}{32}. \qquad (35,\,54)$$

Folglich ist

$$J_x = \frac{\pi\,r^4}{4} = \frac{\pi\,d^4}{64}. \qquad (35,\,55)$$

Das Widerstandsmoment des Kreises hat ebenfalls für alle Achsen durch den Mittelpunkt denselben Wert und ist nach Gl. (31, 36) mit $e = r$ gegeben durch

$$W_x = \frac{J_x}{e} = \frac{\pi\,r^4}{4\,r},$$

also

$$W_x = \frac{\pi\,r^3}{4} = \frac{\pi\,d^3}{32}. \qquad (35,\,56)$$

Setzen wir für $\pi/32 \approx 0,1$, so erhalten wir die einfache und für die Praxis im allgemeinen genügend genaue Näherungsformel

$$W_x \approx 0,1\, d^3. \tag{35, 57}$$

4. Halbkreis. Wir wollen die Trägheitsmomente eines Halbkreises um die Schwerachsen x und y berechnen (Abb. 67). Nach Hilfssatz 1 der Nr. 22 ist J_x gleich der Hälfte des Trägheitsmoments des Vollkreises um die Achse x:

$$J_x = \frac{\pi\, r^4}{8}. \tag{35, 58}$$

Das gleiche gilt für die Achse $\bar{y}$, es ist also auch

$$J_{\bar{y}} = \frac{\pi\, r^4}{8}. \tag{35, 59}$$

Der Abstand der Achsen y und $\bar{y}$ ist nach Statik, Gl. (28, 21) gleich $\frac{4\,r}{3\,\pi}$. Damit erhalten wir nach dem Steinersatz

$$J_y = J_{\bar{y}} - F\left(\frac{4\,r}{3\,\pi}\right)^2 = \frac{\pi\, r^4}{8} - \frac{\pi\, r^2}{2} \cdot \frac{16\, r^2}{9\,\pi^2} = \frac{\pi\, r^4}{8}\left(1 - \frac{64}{9\,\pi^2}\right). \tag{35, 60}$$

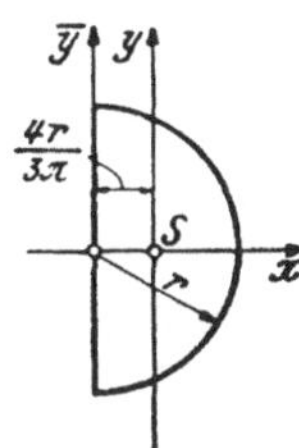

Abb. 67. Trägheitsmoment einer Halbkreisfläche für verschiedene Achsen

5. Kreisring. Das Trägheitsmoment eines Kreisrings (Abb. 68) um einen seiner Durchmesser ist wieder gleich der Hälfte des polaren Trägheitsmoments des Kreisrings: $J_x = \frac{1}{2} J_p$.

Das Trägheitsmoment J_p wird auf die gleiche Art berechnet wie beim Kreis, mit dem einzigen Unterschied, daß bei der Integration ϱ nunmehr von r (Innenradius) bis R (Außenradius) läuft:

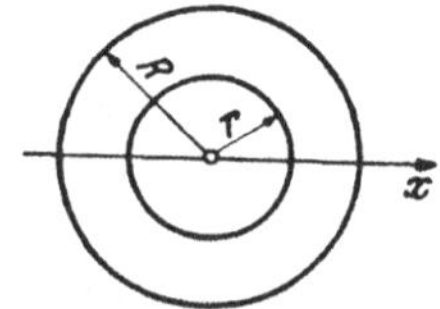

Abb. 68. Trägheitsmoment eines Kreisringes

$$J_p = 2\,\pi \int_r^R \varrho^3\, d\varrho = 2\,\pi \left.\frac{\varrho^4}{4}\right|_r^R = \frac{\pi}{2}\left(R^4 - r^4\right) = \frac{\pi}{32}\left(D^4 - d^4\right). \tag{35, 61}$$

Es ist also

$$J_x = \frac{\pi}{4}\left(R^4 - r^4\right) = \frac{\pi}{64}\left(D^4 - d^4\right); \tag{35, 62}$$

$D = 2\,R$ ist der Außendurchmesser, $d = 2\,r$ ist der Innendurchmesser des Kreisrings. Wir erkennen, daß J_x gleich der Differenz der Trägheitsmomente der großen und der kleinen Kreisfläche ist, entsprechend Hilfssatz 2 der Nr. 22.

Für das Widerstandsmoment W_x erhalten wir mit $e = R$

$$W_x = \frac{\pi}{4\,R}\left(R^4 - r^4\right) = \frac{\pi}{32\,D}\left(D^4 - d^4\right) = \frac{0,1}{D}\left(D^4 - d^4\right). \tag{35, 63}$$

6. *Regelmäßiges Sechseck*. Das Trägheitsmoment eines regelmäßigen Sechsecks mit der Seite a um die Schwerachse x (Abb. 69) setzen wir nach Hilfssatz 1 der Nr. 22 aus den Trägheitsmomenten von sechs gleichseitigen Dreiecken zusammen. Vier dieser Dreiecke stehen mit der Grundlinie auf der x-Achse auf, für sie gilt also Gl. (35, 51). Für die Trägheitsmomente der beiden noch übrigen Dreiecke gilt Gl. (35, 49). Es ist also

$$J_x = 4\,\frac{a\,h^3}{12} + 2\,\frac{a\,h^3}{4} = \frac{5}{6}\,a\,h^3.$$

Da $h = \frac{a}{2}\sqrt{3}$ ist, erhalten wir

$$J_x = \frac{5\sqrt{3}}{16}\,a^4. \tag{35, 64}$$

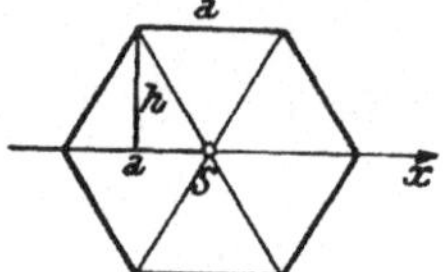

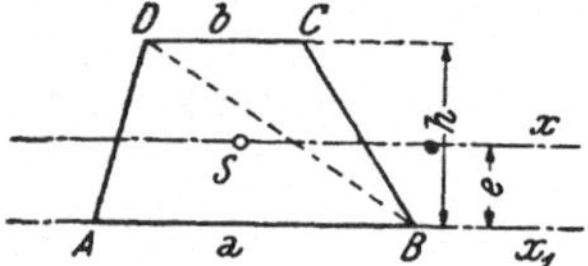

Abb. 69. Trägheitsmoment eines regelmäßigen Sechsecks   Abb. 70. Trägheitsmoment einer Trapezfläche

7. *Trapez*. Für das in Abb. 70 dargestellte Trapez können wir das Trägheitsmoment um die Schwerachse x dadurch berechnen, daß wir uns das Trapez in die beiden Dreiecke ABD und BCD zerlegt denken. Zunächst ist das Trägheitsmoment des Trapezes um die mit der Grundlinie zusammenfallende Achse x_1 gleich der Summe der Trägheitsmomente der beiden Dreiecke um diese Achse. Für das Trägheitsmoment des ersten Dreiecks gilt Gl. (35, 51), für das des zweiten Gl. (35, 49). Es ist also

$$J_{x_1} = \frac{a\,h^3}{12} + \frac{b\,h^3}{4} = \frac{h^3}{12}\,(a + 3\,b).$$

Der Abstand der Achse x_1 von der Schwerachse x ist nach Statik, Gl. (28, 12) gegeben durch

$$e = \frac{h}{3} \cdot \frac{a + 2\,b}{a + b}.$$

Damit erhalten wir nach dem Steinersatz

$$J_x = J_{x_1} - F\,e^2 = \frac{h^3}{12}\,(a + 3\,b) - \frac{h}{2}\,(a + b) \cdot \frac{h^2}{9} \cdot \frac{(a + 2\,b)^2}{(a + b)^2},$$

$$J_x = \frac{h^3}{36} \cdot \frac{a^2 + 4\,a\,b + b^2}{a + b} \tag{35, 65}$$

36. Technische Anwendungen. *a) Blechträgerquerschnitt.* Es soll das Trägheits- und das Widerstandsmoment des in Abb. 71 dargestellten Querschnitts eines *genieteten Blechträgers* um die waagrechte Schwerachse x berechnet werden. Die einzelnen Teile des Trägers werden wie folgt benannt: Das lotrecht stehende Blech heißt *Stegblech*. Daran sind mittels der *Halsniete* die *Gurtwinkel* befestigt. Stegblech und Gurtwinkel zusammen bilden das *Grundprofil*. In unserem Falle ist das Grundprofil noch durch zwei *Gurtplatten* verstärkt, die mittels der *Kopfniete* an den Gurtwinkeln befestigt sind. Hals- und Kopfniete sind gegeneinander versetzt, so daß in einem Querschnitt, der die Niete trifft, entweder nur zwei Halsniet- oder nur vier Kopfnietlöcher zu liegen kommen. Da im vorliegenden Fall der eine der beiden Winkelschenkel eine gewisse Länge (100 mm) überschreitet, sind die Kopfniete zweireihig anzuordnen (s. die Streich- und Wurzelmaße in den Profiltafeln). Sie werden im Zickzack, einmal näher der Trägermitte, dann wieder näher dem Rand geschlagen. Durch die Kopf- und Halsnietlöcher wird der Querschnitt geschwächt. Eine weitere Schwächung tritt noch durch senkrechte Nietlochreihen im Stegblech ein, welche u. a. daher rühren, daß in gewissen Abständen (1 bis 1,5 m) lotrechte Versteifungswinkel an den Träger angenietet werden müssen, um ein Ausbeulen des Stegblechs zu verhindern. Ferner muß bei längeren Trägern das Stegblech gestoßen, d. h. aus einzelnen Teilen zusammengesetzt werden, die mittels Laschen durch Nietung miteinander verbunden werden.

Die Berücksichtigung dieser Schwächungen erfolgt nicht ganz einheitlich. Önorm B 4600/2 schreibt in Abs. 3,36 bezüglich der Ermittlung der für den allgemeinen Spannungsnachweis maßgebenden Querschnittsfunktionen, das sind also Querschnittsfläche und Widerstandsmoment, wovon uns hier das letztere interessiert, folgendes vor: Für Querschnitte, deren Normalspannungen Zug- und Druckspannungen sind, also für Biegeträger, „sind bei der Ermittlung der Zugrandspannungen nur jene Löcher zu berücksichtigen, die in die ungünstigste Rißlinie des gezogenen Gurtes fallen. Hiebei zählen zur Gurtfläche nur die abstehenden Querschnittsteile wie Gurtplatten, Schenkel von Gurtwinkeln und Flansche von Walzträgern.“ — Verwenden wir also einen Träger mit Gurtplatten, dann sind bei der Ermittlung des Widerstandsmoments W_z für den Zugrand zwei Kopfnietlöcher abzuziehen[1] (vgl. Abb. 71).

Weiter sagt die Norm: „Sind Löcher nur im Trägerhals oder Trägersteg vorhanden, so tritt anstelle des Lochabzuges in den abstehenden Querschnittsteilen ein solcher in den anliegenden Schenkeln von Gurtwinkeln u. dgl. und in dem von ihnen eingeschlossenen Stegblechteil“. — Verwenden wir also einen Träger ohne Gurtplatten, also nur das Grundprofil, so ist in der Zugzone ein Halsnietloch abzuziehen. Die weitere Schwächung des Steges durch senkrechte Lochreihen ist nicht zu berücksichtigen.

Die Norm fährt fort: „Bei Bestimmung der maßgebenden Querschnittsfunktionen ist mit der Schwerachse des ungeschwächten Querschnitts zu rechnen.“ — Durch den einseitigen Lochabzug in der Zugzone verschiebt sich genau genommen die Schwerachse des Querschnitts; dies braucht jedoch nicht berücksichtigt zu werden.

Endlich lesen wir in der Norm: „Bei Ermittlung der Druckspannungen darf mit den Querschnittsfunktionen des ungeschwächten Querschnitts gerechnet werden“. — Da sich in der Druckzone die Nietbolzen an der Kraftübertragung beteiligen, sind die betreffenden Nietlöcher jedenfalls nicht abzuziehen. Der Einfachheit halber rechnet man jedoch bei der Ermittlung der Druckrandspannungen mit dem vollen Querschnitt ohne jeden Abzug. Wir bezeichnen dieses für den Druckrand maßgebende Widerstandsmoment mit W_d.

Diese Vorschriften zusammenfassend, haben wir also folgendermaßen zu verfahren. Wir ermitteln zunächst das Trägheitsmoment J des Vollquerschnitts (das Brutto-Trägheitsmoment) und nehmen sodann den vorgeschriebenen Nietabzug vor. Wir erhalten so das Netto-Trägheitsmoment J_n. Sind e_d und e_z die Randabstände von

---

[1] Bei sehr enger Nietteilung hätte man im Fall einer Zickzackanordnung der Kopfniete, wie im vorliegenden Beispiel, zu überlegen, ob die „ungünstigste Rißlinie“ nicht etwa alle vier Kopfnietlöcher treffen könnte.

der Schwerachse des ungeschwächten Querschnitts, dann ist

$$W_d = \frac{J}{e_d}, \qquad W_z = \frac{J_n}{e_z}.$$

(36, 66)

Die Berechnung der maßgebenden Widerstandsmomente nach DIN 1050, Ausgabe 1968, erfolgt in der gleichen Weise wie oben beschrieben, mit der einzigen Ausnahme, daß bei Verwendung des Grundprofils ohne Gurtplatten kein Nietabzug vorzunehmen ist. Denn die Norm schreibt ausdrücklich, daß zur Zuggurtfläche nur die *abstehenden* Querschnittsteile zu rechnen sind, wie Gurtplatten, Schenkel von Gurtwinkeln und Flansche von Walzträgern. Halsnietlöcher sind demnach nicht abzuziehen.

In dem folgenden Beispiel werden die Widerstandsmomente eines Trägers mit Gurtplatten bezüglich der x-Achse berechnet (wir sollten daher genau genommen schreiben $W_{x,d}$ und $W_{x,z}$). Im vorliegenden Fall ergeben sich nach der Önorm und nach der DIN die gleichen Werte.

In Abb. 71 ist zunächst der ganze Querschnitt dargestellt, wobei, wie es im Stahlbau üblich ist, alle Maße in mm eingetragen wurden. Daneben ist der Zuggurt des Trägers vergrößert herausgezeichnet. Trägheits- und Widerstands-

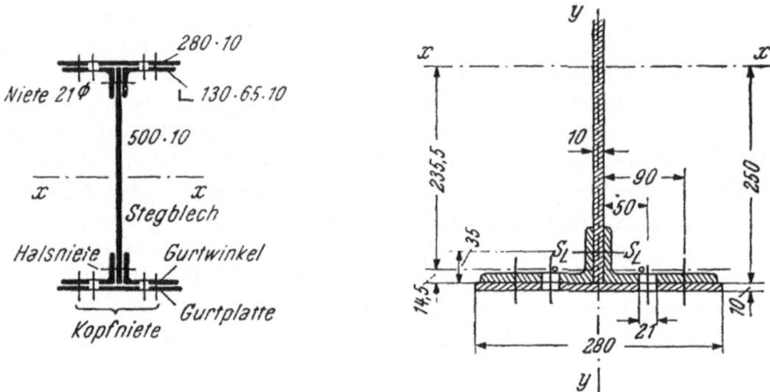

Abb. 71. Trägheits- und Widerstandsmoment eines Blechträgerquerschnitts

moment sollen in cm⁴ bzw. cm³ angegeben werden. Das Trägheitsmoment J_x des Vollquerschnitts ist nach Hilfssatz 1 der Nr. 22 gleich der Summe der Trägheitsmomente der Querschnitte des Stegblechs J_{St}, der vier Gurtwinkel J_W und der zwei Gurtplatten J_{Gp} (sämtliche Trägheitsmomente auf die x-Achse bezogen):

$$J_x = J_{St} + J_W + J_{Gp}.$$

Die Rechnung ist in Tabelle 1 durchgeführt, wobei zunächst der gemäß Önorm vorgeschriebene Nietabzug vorgenommen wurde.

Bemerkungen zur Rechnung. J_{St} ist das Trägheitsmoment eines Rechtecks mit den Seiten $b = 1$ und $h = 50$ cm. J_W wird nach dem Steinersatz berechnet. Das Trägheitsmoment eines Winkelquerschnitts ∟ 130·65·10 um die zur x-Achse parallele eigene Schwerachse wird aus der Profiltafel entnommen und beträgt 54,2 cm⁴. Aus derselben Tafel entnehmen wir, daß der Schwerpunkt S_L des Winkels von der Schenkelunterkante den Abstand 1,45 cm hat. Demnach hat S_L von der x-Achse den Abstand $25 - 1,45 = 23,55$ cm. Die Querschnittsfläche des Winkels ist laut Tafel gleich 18,6 cm². Da vier Winkel vorhanden sind, ist alles viermal zu nehmen.

Ebenfalls nach dem Steinersatz werden die Trägheitsmomente der Querschnitte der zwei Gurtplatten und der Längsschnitte der Kopfnietlöcher berechnet. Wir sehen, daß in beiden Fällen die Trägheitsmomente um die eigenen Schwerachsen sehr klein sind; sie werden daher bei der praktischen Berechnung eines solchen Trägers gewöhnlich vernachlässigt.

Tabelle 1

$$J_{St} = 1 \cdot 50^3/12 \qquad\qquad = 10\,417 \text{ cm}^4$$

$$J_W = \begin{cases} 4 \cdot 54{,}2 & = 217 \text{ cm}^4 \\ 4 \cdot 18{,}6 \cdot 23{,}55^2 & = 41\,262 \text{ cm}^4 \end{cases}$$

$$J_{Gp} = \begin{cases} 2 \cdot 28 \cdot 1^3/12 & = 5 \text{ cm}^4 \\ 2 \cdot 28 \cdot 25{,}5^2 & = 36\,414 \text{ cm}^4 \end{cases}$$

Brutto-Trägheitsmoment $J_x = J$ $\qquad = 88\,315 \text{ cm}^4$

$$J_N = \begin{cases} 2 \cdot 2{,}1 \cdot 2^3/12 & = 3 \text{ cm}^4 \\ 2 \cdot 2{,}1 \cdot 2 \cdot 25^2 & = 5\,250 \text{ cm}^4 \end{cases}$$

Nietabzug J_a $\qquad = 5\,253 \text{ cm}^4$

Netto-Trägheitsmoment $J_n = J_x - J_a$ $\qquad = 83\,062 \text{ cm}^4$

Bei der Berechnung des Widerstandsmoments darf man auf die Gurtplattendicke nicht vergessen. Die Gesamthöhe des Trägers ist $H = 52$ cm; somit sind die Randabstände von der x-Achse $e_d = e_z = 26$ cm.

Für die praktische Berechnung werden die obigen Ergebnisse meist abgerundet. Von Werten, die größer sind als 10000, werden vier gültige Stellen angegeben, von Werten kleiner als 10000 drei Stellen. Wir schreiben daher

$$J = 88\,320 \text{ cm}^4, \qquad J_n = 83\,100 \text{ cm}^4,$$

Damit erhalten wir nach den Gl. (36, 66) die folgenden Werte für die Widerstandsmomente (berechnet unter Verwendung der gerundeten Werte der Trägheitsmomente): der gerundeten Werte der Trägheitsmomente):

$$W_d = \frac{J}{e_d} = \frac{88\,320}{26} = 3397 = \text{rund } 3400 \text{ cm}^3,$$

$$W_z = \frac{J_n}{e_z} = \frac{83\,100}{26} = 3195 = \text{rund } 3200 \text{ cm}^3.$$

Ist $e_d = e_z$, wie etwa bei einem symmetrischen Querschnitt, dann ist auf jeden Fall $W_z < W_d$. Falls nun die zulässigen Biegespannungen für die Zug- und die Druckseite gleich groß sind, wie dies nach Önorm und in gewissen Fällen auch nach DIN der Fall ist (vgl. Tafel 2 und 3), dann ist, wie wir in Nr. 39 noch näher ausführen werden, für die Bemessung des Trägers das kleinere der beiden Widerstandsmomente maßgebend. Das nutzbare Widerstandsmoment ist in diesem Fall $W_n = W_z$.

b) Trägheitsmoment des Querschnitts eines Gurtplattenpaares sowie des Steges samt Gurtplatten. Das Trägheitsmoment des Querschnitts eines Gurtplattenpaares um die Achse x (Abb. 72a) kann man sehr rasch nach Hilfssatz 2 der Nr. 22 berechnen. Danach ist J_{Gp} gleich der Differenz der Trägheitsmomente des umschriebenen Rechtecks $B\,H$ und des eingeschriebenen Rechtecks $B\,h$:

$$J_{Gp} = \frac{B\,H^3}{12} - \frac{B\,h^3}{12} = \frac{B}{12}(H^3 - h^3). \qquad (36,\,67)$$

Soll das Trägheitsmoment des Querschnitts der Gurtplatten samt Stegblech um die Achse x berechnet werden (Abb. 72 b), so hat man vom Trägheitsmoment des Rechtecks $B H$ die Trägheitsmomente der beiden Rechtecke $\frac{1}{2}(B - b) h$ oder, was dasselbe ist, das Trägheitsmoment eines Rechtecks $(B - b) h$ abzuziehen:

$$J_{St} + J_{Gp} = \frac{B H^3}{12} - \frac{(B - b) h^3}{12} = \frac{1}{12}[B H^3 - (B - b) h^3]. \qquad (36, 68)$$

Der Leser wende die beiden Formeln auf das vorige Beispiel an.

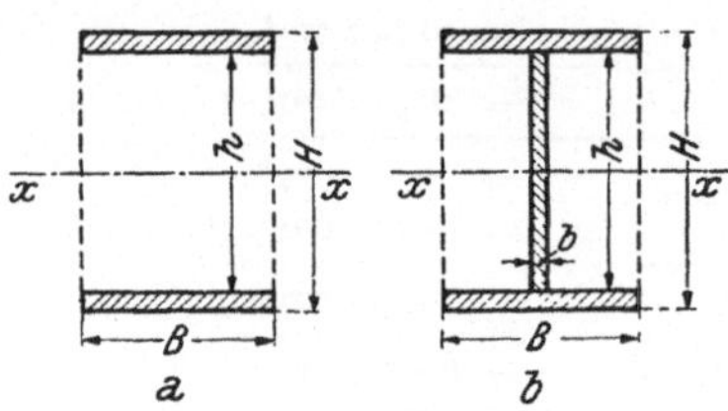

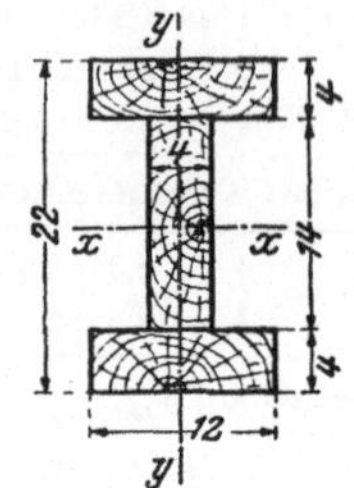

Abb. 72. Trägheitsmoment des Querschnitts von zwei Gurtplatten sowie des Steges samt Gurtplatten

Abb. 73. Trägheits- und Widerstandsmomente eines zusammengesetzten Holzbalkenquerschnitts

c) Trägheits- und Widerstandsmoment des Querschnitts eines zusammengesetzten Holzbalkens. Abb. 73 stellt den Querschnitt eines aus drei Brettern zusammengeleimten Holzbalkens dar. Es soll das Trägheitsmoment um die x- und um die y-Achse berechnet werden.

Zur Berechnung von J_x verwenden wir die Gl. (36, 68). $B = 12$, $H = 22$, $b = 4$, $h = 14$ cm. Damit ist

$$J_x = \frac{1}{12}[12 \cdot 22^3 - (12 - 4) \cdot 14^3] = \underline{8819 \text{ cm}^4}.$$

Das Trägheitsmoment J_y ist gleich der Summe der Trägheitsmomente der drei Rechtecke um die y-Achse:

$$J_y = 2\frac{4 \cdot 12^3}{12} + \frac{14 \cdot 4^3}{12} = \underline{1227 \text{ cm}^4}.$$

Für die Widerstandsmomente um die x-Achse bzw. y-Achse ergibt sich mit $e = H/2 = 11$ cm, $f = B/2 = 6$ cm

$$W_x = \frac{J_x}{H/2} = \frac{8819}{11} = \underline{802 \text{ cm}^3},$$

$$W_y = \frac{J_y}{B/2} = \frac{1227}{6} = \underline{205 \text{ cm}^3}.$$

d) Bemerkung. Zum Abschluß sei noch darauf hingewiesen, daß das Widerstandsmoment eines zusammengesetzten Querschnitts im allgemeinen nicht gleich der Summe der Widerstandsmomente der einzelnen Querschnitte ist. Betrachten wir etwa einen I-Träger, der durch zwei daran befestigte ⊏-Stähle verstärkt ist (Abb. 74 a). Ist $J_{x,1}$ das Trägheitsmoment des I-Querschnitts, $J_{x,2}$ das Trägheitsmoment eines ⊏-Querschnitts, so ist das Gesamtträgheitsmoment um die x-Achse gleich

$$J_x = J_{x,1} + 2 J_{x,2}$$

und das Gesamtwiderstandsmoment (wir sehen von den Nietlöchern ab)

$$W_x = \frac{J_x}{e_1} = \frac{J_{x,1}}{e_1} + 2\frac{J_{x,2}}{e_1}.$$

Dies ist verschieden von der Summe der Widerstandsmomente des I- und der beiden C-Querschnitte, welche gleich wäre

$$W_{x,1} + 2\,W_{x,2} = \frac{J_{x,1}}{e_1} + 2\,\frac{J_{x,2}}{e_2} \neq W_x.$$

Für zusammenwirkende kongruente Querschnitte hingegen, wie etwa die beiden C-Querschnitte der Abb. 74 b, liefert die Summe der einzelnen Widerstandsmomente den richtigen Wert des Gesamtwider-standsmoments. (S. auch die Fußnote auf S. 107/108.) Bezeichnen $J_{x,2}$ und $W_{x,2}$ Trägheits- und Widerstandsmoment eines C-Querschnitts, so gilt für das Gesamt-trägheitsmoment der beiden Querschnitte

$$J_x = 2\,J_{x,2}$$

und für das Gesamtwiderstandsmoment

$$W_x = \frac{J_x}{e_2} = 2\,\frac{J_{x,2}}{e_2} = 2\,W_{x,2}.$$

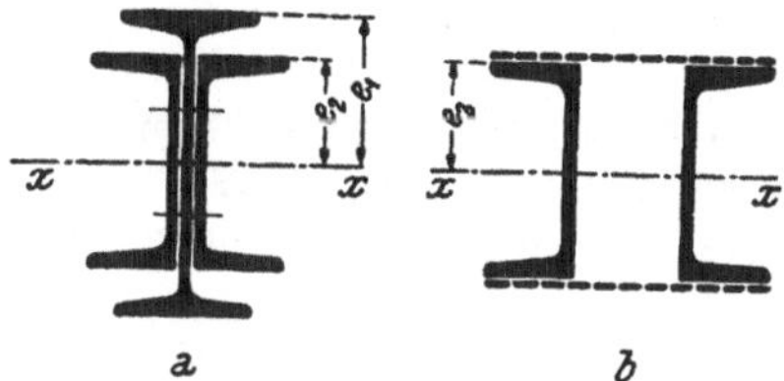
Abb. 74. Widerstandsmoment von zusammen-gesetzten Querschnitten

Liegt z. B. ein I 200 vor, das gemäß Abb. 74 a durch zwei daran befestigte C 140 verstärkt ist, so ist laut Profiltafel $J_{x,1} = 2140\,\text{cm}^4$, $W_{x,1} = 214\,\text{cm}^3$, $J_{x,2} = 605\,\text{cm}^4$, $W_{x,2} = 86{,}4\,\text{cm}^3$. Das Gesamtträgheitsmoment ist also

$$J_x = 2140 + 2 \cdot 605 = \underline{3350\,\text{cm}^4}$$

und das Gesamtwiderstandsmoment

$$W_x = \frac{3350}{10} = \underline{335\,\text{cm}^3}.$$

Für zwei gemäß Abb. 74 b zusammenwirkende nebeneinanderliegende C 140 ist das Gesamtwiderstandsmoment gleich der Summe der einzelnen Widerstandsmomente, also

$$W_x = 2 \cdot 86{,}4 = \underline{172{,}8\,\text{cm}^3}.$$

37. Trägheitsmomente unregelmäßiger Flächen. Zeichnerische Er-mittlung des Trägheitsmoments. Soll das Trägheitsmoment einer unregel-mäßig gestalteten Fläche, etwa der in Abb. 75 dargestellten Fläche F um die x-Achse ermittelt werden, so zerlegt man die Fläche parallel zur x-Achse in schmale Streifen und berechnet J_x als Summe der Trägheits-momente sämtlicher Streifen (Hilfssatz 1 der Nr. 22). Wir bezeichnen die Fläche eines solchen Streifens mit F_i, den Abstand eines Schwer-punkts von der x-Achse mit y_i und berechnen sein Trägheitsmoment um die x-Achse nach dem Steinersatz. Dabei können wir, falls der Streifen schmal ist, das Trägheitsmoment um die eigene Schwerachse gegenüber dem Glied $F_i\,y_i^2$ vernachlässigen und erhalten dann für das Trägheitsmoment der Fläche F, wenn n die Zahl der Streifen bedeutet,

$$J_x = \sum_{i=1}^{n} F_i\,y_i^2. \tag{37, 69}$$

Diese Näherungsformel gilt um so genauer, je schmäler die Streifen sind.

Auf Grund der eben angestellten Überlegung können wir auch eine Methode zur zeichnerischen Bestimmung des Trägheitsmoments der Fläche F um die Achse x entwickeln, die von MOHR stammt. Wir bringen in den Schwerpunkten der Parallelstreifen, in die wir die Fläche zerlegt haben, „Kräfte" an, die den Flächeninhalten der Streifen proportional sind (Abb. 75). Dann zeichnen wir ein „Krafteck", wählen einen Pol (Polweite H), ziehen die Polstrahlen und die zu ihnen parallelen Seilstrahlen im Lageplan. Den ersten und den letzten Seilstrahl verlängern wir bis zur x-Achse. Wir können nun leicht zeigen, daß die in der Abbildung waagrecht schraffierte Fläche Φ dem Trägheitsmoment der Fläche F um die x-Achse proportional ist.

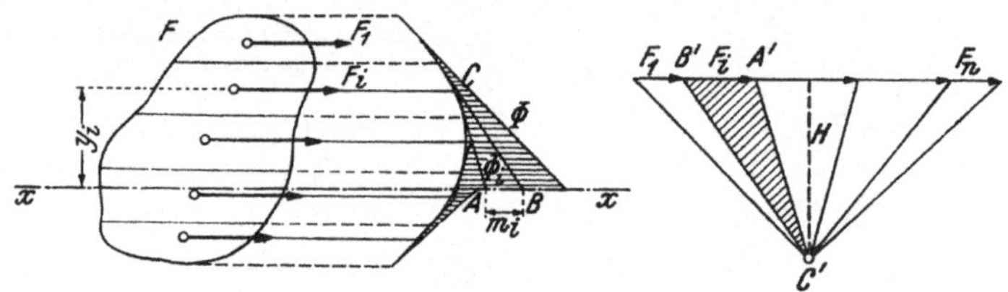

Abb. 75. Zeichnerische Ermittlung des Trägheitmoments einer Fläche

Die zu F_i gehörigen Seilstrahlen bilden mit der Strecke m_i, die sie auf der x-Achse abschneiden, das Dreieck ABC, das dem Dreieck $A'B'C'$ im Kräfteplan ähnlich ist (entsprechende Seiten sind parallel). Daraus folgt die Proportion

$$m_i : y_i = F_i : H,$$

also

$$m_i = \frac{F_i\, y_i}{H}.$$

Wir beachten an dieser Stelle gleich folgendes: m_i und y_i sind Strecken, haben also die Benennung Zentimeter. F_i hat die Benennung Quadratzentimeter. Es muß daher, damit m_i die Benennung Zentimeter erhält, die Polweite H in Quadratzentimeter, also im selben Maß wie die „Kräfte" ausgedrückt werden.

Bezeichnen wir die Fläche des Dreiecks ABC mit Φ_i, so gilt

$$\Phi_i = \frac{1}{2}\, m_i\, y_i = \frac{F_i\, y_i^2}{2\,H}.$$

Daraus folgt für das Trägheitsmoment des Streifens F_i

$$F_i\, y_i^2 = 2\,H\,\Phi_i.$$

Summieren wir über alle Streifen, so erhalten wir nach Gl. (37, 69) das Trägheitsmoment J_x

$$J_x = 2\,H \sum_{i=1}^{n} \Phi_i.$$

$\sum\limits_{i=1}^{n} \Phi_i$ ist die in der Abbildung waagrecht schraffierte Fläche Φ zwischen dem Seileck und dem bis zur x-Achse verlängerten ersten und letzten Seilstrahl. Es gilt also

$$J_x = 2\,H\,\Phi. \tag{37, 70}$$

Ebenso wie Gl. (37, 69) gilt Gl. (37, 70) um so genauer, je schmäler die einzelnen Flächenstreifen sind. Sie gilt ganz genau, wenn die Streifen unendlich schmal sind. Dann ist das Seileck eine stetig gekrümmte

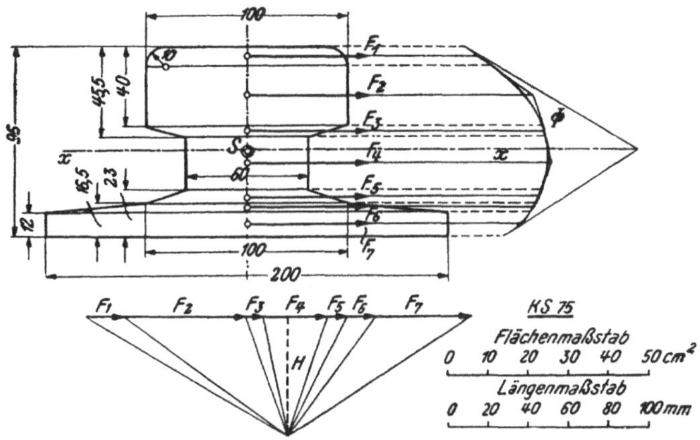

Abb. 76. Zeichnerische Ermittlung des Trägheitsmoments des Querschnitts einer Laufkranschiene

Kurve. Wenn wir also das Seileck durch eine Kurve ausrunden[1] und unter Φ die Fläche zwischen dieser Kurve und dem ersten und letzten Seilstrahl verstehen, dann gilt die Gl. (37, 70) vollkommen genau.

Die Anwendung der Gl. (37, 70) setzt voraus, daß die Fläche F in natürlicher Größe gezeichnet wird. Gehen wir jedoch von einer Darstellung der Fläche F aus, in der die Längen im Maßstab $1 : n$ verkleinert sind, so sind zwei Fälle zu unterscheiden: a) die Flächen F_i werden aus den in der Zeichnung angegebenen Koten in ihrer wahren Größe berechnet, die Fläche Φ wird jedoch aus der verkleinerten Zeichnung durch Messung entnommen (s. das folgende Beispiel). Da in der Zeichnung alle Flächen gegenüber der Wirklichkeit im Verhältnis $1 : n^2$ verkleinert erscheinen, ist Φ mit dem Faktor n^2 zu multiplizieren und der so erhaltene Wert in die Gl. (37, 70) einzusetzen. b) Wird nicht nur Φ, sondern werden auch alle F_i aus der verkleinerten Zeichnung durch Messung entnommen, dann bestimmen wir tatsächlich das Trägheitsmoment einer

---

[1] S. diesbezüglich die in Statik, Nr. 45, für Momentlinien angegebenen Regeln.

im Längenmaßstab $1 : n$ verkleinerten Fläche. Dieses Trägheitsmoment ist mit dem Faktor n^4 zu multiplizieren, um das Trägheitsmoment der ursprünglich gegebenen Fläche zu erhalten. Denn das Trägheitsmoment wächst mit der vierten Potenz der Längenabmessungen, wie aus seiner Benennung (cm⁴) hervorgeht[1].

Beispiel. Wir wollen das Trägheitsmoment des Querschnitts einer *Laufkranschiene* (DIN 536, Profil KS 75) um seine waagrechte Schwerachse x zeichnerisch bestimmen. Der Querschnitt ist in Abb. 76 im Maßstab $1 : 4$ dargestellt. Wir zerlegen ihn in sieben Flächenstreifen, deren Inhalte sich wie folgt ergeben:

$$F_1 = 8 \cdot 1 + 2 \, \frac{\pi \cdot 1^2}{4} = 9{,}57 \text{ cm}^2,$$

$$F_2 = 10 \cdot 3{,}0 = 30{,}00 \text{ cm}^2,$$

$$F_3 = \frac{1}{2} \, 0{,}55 \, (10 + 6) = 4{,}40 \text{ cm}^2,$$

$$F_4 = 6 \cdot 2{,}65 = 15{,}90 \text{ cm}^2,$$

$$F_5 = \frac{1}{2} \, 0{,}65 \, (10 + 6) = 5{,}20 \text{ cm}^2,$$

$$F_6 = \frac{1}{2} \, 0{,}45 \, (20 + 10) = 6{,}75 \text{ cm}^2,$$

$$F_7 = 20 \cdot 1{,}2 = 24{,}00 \text{ cm}^2.$$

Diese Größen werden nun als „Kräfte" in den Teilschwerpunkten angebracht. Im „Krafteck" bedeutet 1 cm ... 20 cm² Fläche. H wurde gleich $1{,}5$ cm gewählt, es ist also $H = 30$ cm². Die Schließung des Seilecks liefert zunächst die Lage des Schwerpunkts des Querschnitts und damit die x-Achse. Das Seileck wird nun ausgerundet und die zwischen ihm und dem ersten und letzten Seilstrahl eingeschlossene Fläche Φ gemessen. Dies kann entweder mittels eines Polarplanimeters geschehen oder auch dadurch, daß man die ganze Zeichnung auf Millimeterpapier entwirft und durch Abzählen die Anzahl Quadratmillimeter bestimmt, die von der Fläche Φ bedeckt werden. In unserer verkleinerten Darstellung ergibt sich, daß die Fläche Φ eine Größe von $0{,}90$ cm² hat. Da $n = 4$ ist, ist die wahre Größe dieser Fläche

$$\Phi = 0{,}90 \, n^2 = 0{,}90 \cdot 16 = 14{,}40 \text{ cm}^2.$$

Nach Gl. (37, 70) ist dann das gesuchte Trägheitsmoment

$$J_x = 2 \, H \, \Phi = 2 \cdot 30 \cdot 14{,}40 = \underline{864} \text{ cm}^4.$$

Der Tabellenwert dieses Trägheitsmoments ist $J_x = 888$ cm⁴, wir haben also einen Fehler von nur etwa 3% gemacht. (In der Praxis wird man die Darstellung natürlich in einem größeren Maßstab ausführen.)

---

[1] Ein anderes zeichnerisches Verfahren zur Bestimmung des Trägheitsmoments einer Fläche ist das von NEHLS. S. etwa T. PÖSCHL, Elementare Festigkeitslehre, Springer-Verlag, Berlin 1952.

III. Biegungs- und Schubbeanspruchung gerader Träger

A. Die Biegungsbeanspruchung

38. Die Spannungsverteilung infolge reiner Biegung. Die gerade Biegung. Wir betrachten einen geraden, dünnen Balken, oder, wie man auch sagt, einen geraden Stab, der durch Kräfte, die in einer Ebene (der *Last-* oder *Kraftebene*) liegen sollen, auf Biegung beansprucht ist. Die Kräfte sollen sämtlich senkrecht zur Stabachse (der Verbindungslinie sämtlicher Querschnittsschwerpunkte) gerichtet sein, so daß in dem Stab nirgends Normalkräfte auftreten ($N = 0$). Streng genommen sollten wir

Abb. 77. Auf reine Biegung beanspruchter Balken

voraussetzen, daß auch die Querkraft $Q = 0$ ist, daß also der Belastungsfall *reiner Biegung* (s. Nr. 2) vorliegt, wie etwa im Mittelteil des in Abb. 1 Bild 4 dargestellten Trägers, oder auch in dem durch zwei gleich große und entgegengesetzt gerichtete Momente an beiden Enden belasteten Balkens der Abb. 77. Ist der Träger jedoch dünn, d. h. sind seine Querabmessungen klein gegenüber seiner Länge, so können wir die Wirkungen der Querkräfte, nämlich die Spannungen und die Formänderungen, die sie hervorrufen, gegenüber den Wirkungen der Biegemomente vernachlässigen. Unsere Betrachtungen gelten demnach mit guter

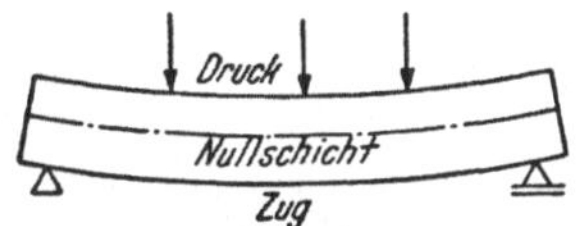

Abb. 78. Zug- und Druckspannungen in einem auf Biegung beanspruchten Balken

Näherung auch im Fall der *allgemeinen* oder *Querkraftbiegung*. Wir stellen uns die Aufgabe, die Spannungsverteilung zu ermitteln, die auf einer beliebigen Querschnittsebene des Stabes infolge des Biegemoments M hervorgerufen wird. Dies unter der Voraussetzung, daß der Werkstoff des Balkens dem Hookeschen Gesetz gehorcht.

Betrachten wir etwa den in Abb. 78 dargestellten Balken, so können wir über die Verteilung der Spannungen auf seinen Querschnittsflächen rein anschauungsmäßig folgende Aussagen machen: Da sich der Balken nach unten konvex ausbiegt, müssen sich die unteren Fasern verlängert, die oberen verkürzt haben. Es werden also in den oberen Teilen der Querschnitte Druckspannungen, in den unteren Teilen Zugspannungen wirken. Diese beiden Zonen werden getrennt sein durch eine Faserschicht, die weder eine Verlängerung noch eine Verkürzung erfährt und deshalb *neutrale Schicht* oder *Nullschicht* genannt wird. Ihre Schnittlinie mit der Querschnittsebene nennt man *neutrale Achse* oder *Nullachse* oder auch *Nullinie* des Querschnitts (*n*). Längs der Nullachse werden die Normalspannungen gleich Null sein. Sofern keine Querkräfte vorhanden sind, werden also auf den Querschnitten nur Normalspannungen wirken. Die Querkräfte würden Schubspannungen hervorrufen, mit denen wir uns aber vorerst nicht beschäftigen wollen.

Bezüglich der Lastebene wollen wir zunächst annehmen, daß sie die Stabachse enthält. Die Lastebene schneidet dann die Querschnittsebene des Stabes in einer Geraden, der *Spur s*, die durch den Schwerpunkt S des Querschnitts geht. Wir wollen zunächst von der Annahme ausgehen, daß die Nullachse auf der Spur der Lastebene senkrecht steht. Unter welchen Bedingungen dies zutrifft, wird noch zu prüfen sein. Sicher ist es z. B. dann der Fall, wenn die Spur der Lastebene eine Symmetrieachse des Querschnitts ist.

Wir führen ein Koordinatensystem x, y, z ein, und zwar machen wir die Nullachse zur x-Achse, die Spur der Lastebene zur y-Achse; die z-Achse hat dann die Richtung der Balkenachse (Abb. 79). Da bei positiven Biegemomenten (wie sie ja in den praktischen Anwendungen vorherrschen) unterhalb der Nullachse Zugspannungen, also positive Spannungen auftreten, ziehen wir die positive y-Achse nach abwärts. Zur Berechnung des Spannungsverlaufs machen wir eine einfache Annahme,

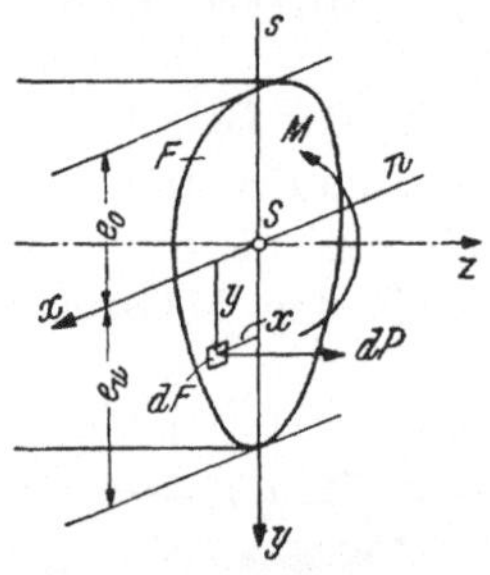

Abb. 79.   Koordinatensystem für einen Balkenquerschnitt, der durch das Biegemoment M beansprucht wird

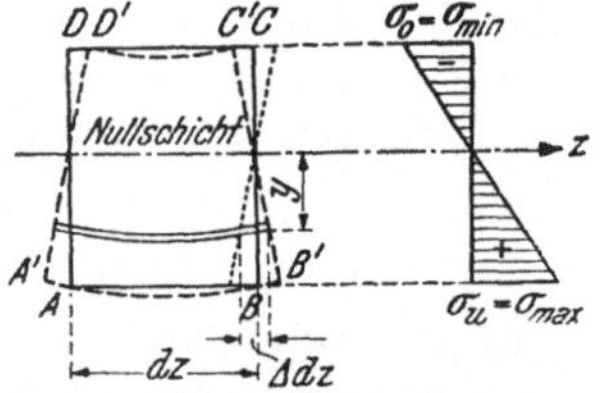

Abb. 80.   Bernoullische Hypothese und lineare Spannungsverteilung

die durch Versuche gut bestätigt wird und die bereits auf JAKOB BERNOULLI[1] (1705) zurückgeht, weshalb sie als *Bernoullische Hypothese* bezeichnet wird. Wir nehmen an, daß ursprünglich ebene Querschnitte bei der Biegung eben bleiben. Die Querschnitte drehen sich also lediglich um einen kleinen Winkel um die neutrale Achse, so daß sie auch nach der Biegung senkrecht zu der nunmehr gekrümmten Stabachse stehen. Schneiden wir aus dem Balken durch zwei benachbarte Querschnitte ein kleines Stück von der Länge dz heraus (Abb. 80), so hat es vor der Verformung die voll ausgezogene Gestalt $ABCD$, nachher die gestrichelt gezeichnete $A'B'C'D'$. Dadurch erfährt eine beliebige Faser im Abstand y von der Nullschicht eine Verlängerung $\Delta\,dz$, die zwischen der Geraden $C'B'$ und einer Parallelen zu $A'D'$ abgelesen werden kann. Zufolge der Bernoullischen Hypothese ist $\Delta\,dz$ proportional y. Dividieren wir die Verlängerung durch die ursprüngliche Länge der Faser, so erhalten wir die Dehnung

$$\varepsilon = \frac{\Delta\,dz}{dz}. \tag{38, 1}$$

---

[1] Der Mathematiker JAKOB BERNOULLI (1654—1705) entstammte einer in Basel ansässigen niederländischen Gelehrtenfamilie.

Da der Nenner dz dieses Ausdrucks für alle Fasern des Balkenstücks der gleiche ist[1], ist auch ε proportional y. Nach dem Hookeschen Gesetz Gl. (7, 34) ist die Dehnung der Spannung proportional. Die Spannung σ, die im Querschnitt der betreffenden Faser wirkt, mit anderen Worten, die Normalspannung auf einem kleinen Flächenteilchen der Balkenquerschnittsfläche F ist also proportional y, dem Abstand des Flächenteilchens von der Nullachse:

$$\sigma = k\,y. \tag{38, 2}$$

k bedeutet eine Proportionalitätskonstante. Zeichnen wir den Spannungsverlauf als Funktion von y auf, so erhalten wir eine Gerade[2] (Abb. 80). Bei positiven Biegemomenten M herrschen unterhalb der neutralen Achse Zugspannungen, oberhalb Druckspannungen, bei negativen M ist es umgekehrt. Die größten Werte der Spannung finden wir in jenen Randpunkten des Querschnitts, die von der Nullachse nach unten bzw. nach oben den größten Abstand haben. Diese *größten Randspannungen*, die wir kurz *Randspannungen* nennen wollen, zu ermitteln, ist unser Ziel, zum Zweck der Bemessung des Balkens ($\sigma_{max} \leqq \sigma_{zul}$). Dazu fehlt uns noch zweierlei: 1. die Lage der neutralen Achse und 2. die Größe der Konstanten k der Gl. (38, 2). Wir können aber sofort zwei Bedingungen angeben, welche die inneren Kräfte auf der Querschnittsfläche F erfüllen müssen (Abb. 79). Es muß nämlich 1. die algebraische Summe der z-Komponenten der inneren Kräfte auf der ganzen Querschnittsfläche gleich Null sein; denn diese Summe ist gleich der Normalkraft N, die nach Voraussetzung gleich Null sein soll; 2. muß die Summe der Momente der inneren Kräfte um die zur Lastebene senkrechte Schwerachse des Querschnitts gleich dem Biegemoment M sein (s. Statik, Nr. 37).

Auf ein Flächenelement dF der Querschnittsfläche im Abstand y von der Nullachse wirkt die Kraft

$$dP = \sigma\,dF = k\,y\,dF \tag{38, 3}$$

normal zum Querschnitt. Berücksichtigen wir das Vorzeichen von y, so erhält dP von selbst verschiedene Vorzeichen, je nachdem, ob wir

---

[1] Dies ist näherungsweise auch bei einem schwach gekrümmten Stab der Fall, weshalb die im folgenden abgeleiteten Formeln mit guter Näherung auch für schlanke, weit gespannte Bogenträger u. dgl. gelten. Schwach gekrümmt nennt man einen Stab dann, wenn sein Krümmungsradius groß ist gegenüber seinen Querabmessungen. Als stark gekrümmt wäre etwa ein Kranhaken zu bezeichnen, für den dann die folgenden Betrachtungen nicht gelten.

[2] Das Gesetz von der linearen Spannungsverteilung auf dem Querschnitt wird als *Naviersches Geradliniengesetz* bezeichnet. Der französische Ingenieur und Professor an der Pariser École Polytechnique, M. NAVIER (1785—1836), gab als erster ein zusammenfassendes Werk heraus über die Grundlagen der Festigkeits- und Elastizitätslehre sowie über die Berechnung von Baukonstruktionen, Maschinen u. a. m.

uns in der Zug- oder in der Druckzone befinden. Die algebraische Summe, d. h. also das Integral sämtlicher dP über die ganze Querschnittsfläche muß nun nach der ersten Bedingung verschwinden:

$$\int_F dP = \int_F k\,y\,dF = k \int_F y\,dF = 0. \qquad (38,\,4)$$

(k ist während der Integration über F konstant und kann daher aus dem Integral herausgehoben werden.) Da k jedenfalls ungleich Null ist, muß gelten

$$\int_F y\,dF = 0. \qquad (38,\,5)$$

Das angeschriebene Integral ist das *statische Moment* der Querschnittsfläche in bezug auf die neutrale Achse (s. Statik, Nr. 26). Wenn aber das statische Moment einer Fläche um eine Achse verschwindet, so muß diese Achse Schwerachse sein. Wir kommen also zu dem Ergebnis: *Die Nullachse geht durch den Schwerpunkt der Querschnittsfläche.* Die z-Achse fällt demnach mit der Balkenachse zusammen.

Wir bilden nun die Summe bzw. das Integral der Momente aller dP um die Nullachse. Das Moment der Kraft dP ist gleich

$$dP \cdot y = \sigma\,dF \cdot y = k\,y^2\,dF,$$

und für die Summe muß gelten

$$\int_F k\,y^2\,dF = M. \qquad (38,\,6)$$

Nach Herausheben von k erkennen wir in dem verbleibenden Integral das Trägheitsmoment der Fläche F um die neutrale oder x-Achse, J_x (s. Nr. 21) und erhalten

$$k \int_F y^2\,dF = k\,J_x = M.$$

Somit ergibt sich

$$k = \frac{M}{J_x} \qquad (38,\,7)$$

und wir erhalten als Gleichung für die Verteilung der Normalspannungen auf einem Querschnitt, in dem das Biegemoment M wirkt

$$\boxed{\sigma = \frac{M}{J_x}\,y.} \qquad (38,\,8)$$

Diese Spannungen, welche durch Biegungsbeanspruchung hervorgerufen werden, werden als *Biegespannungen*[1] bezeichnet. y ist mit seinem

---

[1] Die Biegespannungen stellen aber nicht etwa eine besondere Art von Spannungen dar. Es gibt nur zwei Arten von Spannungen, nämlich Normal- und Schubspannungen.

Vorzeichen einzusetzen. Dann ergibt sich σ für positives M unterhalb der Nullachse als positiv, somit als Zugspannung, oberhalb als negativ, somit als Druckspannung. Für negatives M liegen die Verhältnisse umgekehrt und der Balken krümmt sich konvex nach oben. Für gleiche Werte von y, also auf Parallelen zur neutralen Achse, ergeben sich die gleichen Spannungswerte.

Denken wir uns in jedem Punkt der Querschnittsfläche den Spannungsvektor errichtet und zeichnen wir die Zugspannungsvektoren nach der einen, die Druckspannungsvektoren nach der anderen Seite, so liegen die Endpunkte dieser Vektoren auf einer zur Querschnittsfläche dachartig geneigten Ebene. Sie schneidet die Querschnittsfläche in der Nullachse (Abb. 80).

Nach unserer Annahme über die Lastebene steht die Ebene des Biegemoments auf der x-Achse senkrecht. Die Kräfte dP dürfen demnach um die y-Achse kein Moment ergeben, es muß also die Summe aller $x\,dP$ gleich Null sein:

$$\int_F x\,dP = 0.$$

Nun ist gemäß Gl. (38, 3) bzw. Gl. (38, 8)

$$dP = \sigma\,dF = \frac{M}{J_x}\,y\,dF.$$

M und J_x sind während der Integration über F konstant, so daß wir erhalten

$$\int_F x\,dP = \frac{M}{J_x}\int_F x\,y\,dF = 0.$$

Da wir annehmen, daß $M \neq 0$ sein soll, muß das Integral verschwinden. Dieses ist aber gleich dem Deviationsmoment der Querschnittsfläche in bezug auf die Achsen x, y und es muß also gelten

$$J_{xy} = 0. \tag{38, 9}$$

Unsere bisherigen Betrachtungen und insbesondere die Gl. (38, 8) gelten also nur dann, wenn die Achsen x und y *Hauptträgheitsachsen* des Querschnitts sind, denn nur für diese verschwindet das Deviationsmoment. Die Lastebene muß also den Querschnitt in einer Hauptachse schneiden, die Nullachse ist dann ebenfalls eine Hauptachse und steht auf der Spur der Lastebene senkrecht. Man spricht in diesem Fall von *gerader Biegung*, im Gegensatz zur *schiefen Biegung*, die dann vorliegt, wenn die Lastebene den Querschnitt nicht in einer Hauptachse schneidet (s. Nr. 42 und 43).

Aus Gl. (38, 8) erhalten wir nun sofort die Randspannungen, also die größten Werte der Spannung, die auf dem Querschnitt auftreten, indem wir für y die Ordinaten jener Randpunkte einsetzen, die von der Nullachse am weitesten entfernt sind. Ist $M > 0$, so ergibt sich die größte Biegezugspannung σ_u (im unteren Randpunkt), indem wir für $y = e_u$ einsetzen (Abb. 79 und 80) und die größte Biegedruckspannung σ_o

(im oberen Randpunkt), wenn wir für $y = - e_o$ einsetzen. Ist $M < 0$, dann ist σ_u die größte Biegedruckspannung, σ_o die größte Biegezugspannung. Es gilt also

$$\sigma_u = + \frac{M}{J_x} e_u, \qquad \sigma_o = - \frac{M}{J_x} e_o. \tag{38, 10}$$

Nach Gl. (31, 35) ist

$$\frac{J_x}{e_u} = W_{xu}, \qquad \frac{J_x}{e_0} = W_{xo}.$$

W_{xu} und W_{xo} sind die Widerstandsmomente des Balkenquerschnitts um die x-Achse, für die untere bzw. für die obere Randfaser. Wir können daher schreiben

$$\sigma_u = + \frac{M}{W_{xu}}, \qquad \sigma_o = - \frac{M}{W_{xo}}. \tag{38, 11}$$

Wir wollen uns diese wichtige Beziehung in der folgenden Form merken:

$$\boxed{\sigma = \pm \frac{M}{W}.} \tag{38, 12}$$

Wir wiederholen die Bedeutung der einzelnen Größen: M ist das in dem betreffenden Querschnitt übertragene Biegemoment. W ist das Widerstandsmoment des Querschnitts um die Nullachse. Je nachdem, ob man den Wert von W für die untere oder für die obere Randfaser einsetzt, erhält man für σ die untere oder die obere Randspannung, das ist, falls $M > 0$ ist, die größte Biegezug- bzw. Biegedruckspannung auf dem Querschnitt. Ist $M < 0$, dann herrscht unten Druck und oben Zug. Falls die beiden Widerstandsmomente einander gleich sind, haben die beiden Randspannungen den gleichen Betrag. *Die Gleichung gilt nur dann, wenn die Lastebene den Querschnitt in einer Hauptträgheitsachse schneidet.*

39. Bemessung von Trägern, die auf gerade Biegung beansprucht sind. Bei der Bemessung eines Trägers, der auf gerade Biegung beansprucht ist, gehen wir aus von Gl. (38, 11) bzw. (38, 12). Diese Gleichungen besagen, daß an einer Stelle, wo das Biegemoment M wirkt, ein Querschnitt gewählt werden muß, dessen Widerstandsmomente so groß sind, daß die Beträge der Randspannungen σ_u und σ_o die für Biegungsbeanspruchung festgesetzten zulässigen Spannungen nicht überschreiten. Bezeichnen wir diese zulässigen Spannungswerte für die Druckbeanspruchung mit $\sigma_{d\,\text{zul}}$, für die Zugbeanspruchung mit $\sigma_{z\,\text{zul}}$, ferner die Widerstandsmomente für den Druck- bzw. für den Zugrand mit W_d bzw. W_z, so muß gelten

$$\frac{M}{W_d} \leqq \sigma_{d\,\text{zul}}, \tag{39, 13a}$$

$$\frac{M}{W_z} \leqq \sigma_{z\,\text{zul}}. \tag{39, 13b}$$

Hat der Balken durchwegs den *gleichen Querschnitt*, so werden die größten in dem Balken auftretenden Spannungen in jenen Querschnitten zu finden sein, wo die größten (positiven oder negativen) Biegemomente wirken. Deshalb werden diese Querschnitte *gefährliche* oder *gefährdete* Querschnitte genannt. Bezeichnen wir das dem Betrag nach größte Biegemoment mit $M_{\max}$ (als Absolutbetrag stets positiv einzusetzen), dann muß der Balkenquerschnitt so gewählt werden, daß

$$\frac{M_{\max}}{W_d} \leqq \sigma_{d\,\text{zul}},\qquad(39,14\,\text{a})$$

$$\frac{M_{\max}}{W_z} \leqq \sigma_{z\,\text{zul}}.\qquad(39,14\,\text{b})$$

Bei einem Träger mit *veränderlichem Querschnitt*, etwa bei einem Blechträger mit abgestuften Gurtplattenlängen, muß der Trägerquerschnitt derart gewählt werden, daß nirgends gegen die Gl. (39, 13) verstoßen wird.

Verschieden hohe zulässige Biegedruck- und Biegezugspannung finden wir z. B. bei Gußeisen. Für Bauteile aus Ge 14 ist nach Önorm B 4600/2 im RF für Biegedruck 1000 kp/cm² zugelassen, für Biegezug nur 500 kp/cm². Aber auch für Stahl sind diese beiden Werte unter Umständen verschieden, und zwar gemäß DIN 1050 (1968), wenn für den Träger der Nachweis auf *Kippen* erforderlich ist (s. Tafel 3). Wir haben dann etwa für St 37, Lastfall H, die Spannungswerte $\sigma_{d\,\text{zul}} = 1400$, $\sigma_{z\,\text{zul}} = 1600$ kp/cm².

Das Kippen eines auf Biegung beanspruchten Trägers ist eine dem Knicken eines Druckstabes (s. Nr. 2) verwandte Erscheinung. Wie wir in Abschnitt VII noch näher ausführen werden, ist ein gerader Stab, der in der Richtung seiner Achse durch eine Druckkraft belastet ist, von dem Augenblick an, wo die Kraft eine bestimmte Größe überschreitet, in seiner geraden Lage nicht mehr im stabilen Gleichgewicht. Er verläßt daher diese instabile Gleichgewichtsform und nimmt eine andere, stabile Gleichgewichtslage in einem ausgebogenen Zustand an, wie man dies durch einen Versuch mit einer Reißschiene unschwer bestätigt finden wird. Ähnlich wie ein Druckstab verhält sich der Druckgurt etwa eines auf Biegung beanspruchten I-Trägers. Durch die verhältnismäßig geringe Biegesteifigkeit des I-Trägers um die lotrechte Querschnittsachse im Vergleich zu jener um die waagrechte Achse ist der Druckgurt nur in geringem Maße seitlich festgehalten. Wenn daher die Belastung, die einen solchen Träger auf Biegung beansprucht, mehr und mehr anwächst, dann kommt es schließlich dazu, daß (wir denken etwa an einen Träger auf zwei Stützen) die Druckbeanspruchung des Obergurts einen gewissen kritischen Wert erreicht und dieser Gurt plötzlich seitlich ausweicht. Der Zuggurt macht diese Ausweichbewegung nicht im selben Maß mit, so daß es neben einer seitlichen Ausbiegung des ganzen Trägers auch noch zu einer Drehung der Querschnitte um die Stabachse kommt: der Träger kippt um. Die Kippgefahr wird um so größer sein, je schlanker der gedrückte Gurt ist und je geringer der Widerstand des Querschnitts gegen Verdrehen ist. Sie wird vermindert dadurch, daß man den Druckgurt in gewissen Abständen durch Festhaltungen (Querverbände) am seitlichen Ausweichen hindert[1].

Nur wenn diese Festhaltungen derart erfolgen, daß ein Ausweichen des gedrückten Gurts nicht möglich ist, ist nach DIN 1050 die zulässige Biegespannung für die Biegezugzone gleich hoch wie für die Biegedruckzone angesetzt (s. Tafel 3). Ist jedoch die Ausführung des Trägers so, daß rechnerisch nachgewiesen werden muß, daß für die angenommene Belastung die von der Norm geforderte Sicherheit gegen Kippen besteht, dann ist die zulässige Spannung für Biegedruck niedriger angesetzt als für Biegezug.

Eine weitere Stabilitätsfrage ist das Verhalten der in der Biegedruckzone liegenden Teile des Stegblechs eines genieteten Blechträgers. Bei einer gewissen kritischen Belastung springt das Stegblech aus seiner Ebene heraus, was man als *Beulung* bezeichnet. Auch diese Möglichkeit des Versagens eines Trägers muß gegebenenfalls untersucht werden. Eine Sicherung gegen Ausbeulen besteht in der Anbringung von seitlichen Aussteifungen am Steg. (S. das Beispiel eines genieteten Blechträgers in Nr. 46.)

Wir können im Rahmen dieses Buches auf die ziemlich verwickelten Probleme des Kippens und des Beulens nicht näher eingehen und wollen uns mit den vorstehenden, nur sehr oberflächlichen Andeutungen begnügen[2]. Wenn wir annehmen, daß die von uns im folgenden zu berechnenden Träger gegen Kippen soweit gesichert sind, daß ein Ausweichen des gedrückten Gurts nicht möglich ist, dann sind die zulässigen Biegespannungen nach DIN 1050 für die Biegedruck- und die Biegezugseite gleich hoch angesetzt (s. Tafel 3). Nach Önorm B 4600/2 ist dies stets der Fall, einerlei, ob eine Kippmöglichkeit besteht oder nicht. Gleich große zulässige Biegedruck- und Biegezugspannungen finden wir auch in Tafel 4 für Holz, und zwar sowohl gemäß Önorm als auch gemäß DIN. Bezeichnen wir diese zulässige Biegespannung einfach mit σ_{zul}, so muß in einem Trägerquerschnitt, wo das Biegemoment M herrscht, gelten

$$\frac{M}{W} \leqq \sigma_{zul}. \tag{39, 15}$$

---

[1] Anders als ein Träger auf zwei Stützen kippt ein Kragträger, der mit einer Last am Ende belastet ist. Bei ihm weicht der Zuggurt (Obergurt) stärker aus als der Druckgurt (Untergurt).

[2] Die einschlägigen Normen zur Behandlung der Stabilitätsfälle Knickung, Kippung, Beulung im Stahlbau sind Önorm B 4600/4 bzw. DIN 4114.

Darin bedeutet W das Widerstandsmoment Biege-Nullachse. Hat der Querschnitt um diese Nullachse zwei verschieden große Widerstandsmomente (W_{xo}, W_{xu} oder W_d, W_z), so ist das *kleinere* der beiden maßgebend, denn auf dieser Seite herrscht die absolut größere Spannung. Ein Träger mit *konstantem Querschnitt* muß demnach so bemessen werden, daß auch im gefährlichen Querschnitt, wo das Biegemoment die Größe M_{max} besitzt, die zulässige Biegespannung nicht überschritten wird:

$$\frac{M_{max}}{W} \lessgtr \sigma_{zul}. \tag{39, 16}$$

Daraus folgt das mindest erforderliche Widerstandsmoment des Querschnitts um die Biege-Nullachse

$$W_{erf} = \frac{M_{max}}{\sigma_{zul}}. \tag{39, 17}$$

Wir erkennen jetzt den Sinn der Bezeichnung „*Widerstandsmoment*". Je größer das Widerstandsmoment eines Querschnitts ist, desto größere Biegemomente kann der Querschnitt bei gleicher Randspannung aufnehmen. Man wird deshalb Träger auch möglichst immer so aufstellen, daß das größte Widerstandsmoment ausgenützt wird, also z. B. I-Träger immer aufrecht und Rechtecksbalken stets hochkant.

Betrachten wir nochmals die Verteilung der Biegespannungen auf dem Querschnitt, wie sie etwa in Abb. 80 dargestellt ist, so sehen wir, daß, wenn $|\sigma_{max}| \leq \sigma_{zul}$ ist, das Material bestenfalls in den Randfasern voll ausgenützt wird. Dies ist der Grund, weshalb die Stahl-Önorm in den Randgebieten des Querschnitts unter Umständen eine geringe Überschreitung von σ_{zul} gestattet, indem sie erlaubt, daß bei der Berechnung der Randspannungen von Biegeträgern die Widerstandsmomente um 7% vergrößert werden dürfen[1]. Wir haben also diese Träger so zu bemessen, daß in sämtlichen Querschnitten

$$\frac{M}{1{,}07\,W} \leq \sigma_{zul} \tag{39, 18}$$

ist bzw. bei Trägern mit konstantem Querschnitt

$$\frac{M_{max}}{1{,}07\,W} \leq \sigma_{zul}, \tag{39, 19}$$

---

[1] Der Faktor 1,07 wurde gewählt, da dann bei voller Ausnützung eines I-Normalprofils ungefähr im Schwerpunkt des Flanschquerschnitts, also in der Achse der Gurte, die Spannung σ_{zul} herrscht (ähnlich wie im Zug- bzw. im Druckgurt eines voll ausgenützten Fachwerkbalkens). Gemäß den „Berechnungsgrundlagen für stählerne Eisenbahnbrücken" (BE) der Deutschen Reichsbahn, Berichtigungsblatt 2 (1955), Punkt 29.1 dürfen beim Spannungsnachweis die Biegemomente abgemindert werden, und zwar mit dem Faktor 0,95. DIN 1050 enthält in Punkt 6.4 eine im wesentlichen ähnliche Bestimmung (Vervielfachung von σ_{zul} mit dem Faktor 1,1), die sich allerdings nur auf den Fall schiefer Biegung (s. Nr. 42) bezieht.

woraus folgt

$$W_{\mathrm{erf}} = \frac{M_{\max}}{1,07\,\sigma_{\mathrm{zul}}}\,. \qquad\qquad (39,\,20)$$

Bei Holz erzielte man eine wirtschaftlichere Bemessung als nach Gl. (39, 15) dadurch, daß man die zulässigen Biegespannungen gegenüber den für Zug und Druck zulässigen Werten etwas hinaufsetzte (s. Tafel 4).

Wir haben bereits in Nr. 16 erwähnt, daß die Forderung, einen Träger so zu bemessen, daß eine bestimmte vorgegebene zulässige Spannung nicht überschritten wird (ganz abgesehen von einem allfälligen Nachweis gegen Kippen und Beulen), häufig nicht die einzige ist, die man bei der praktischen Trägerberechnung zu erfüllen hat. Meistens wird noch die zweite Bedingung gestellt, daß die größte Durchbiegung des Trägers unterhalb einer gewissen Höchstgrenze bleiben müsse. Da wir jedoch Durchbiegungen erst im Abschnitt V zu ermitteln lernen werden, wollen wir hier auf sie keine Rücksicht nehmen und die Träger in den folgenden Beispielen nur „auf Spannung" bemessen.

40. Beispiele zur Bemessung von Trägern, die auf gerade Biegung beansprucht sind. 1. Beispiel. Ein Balken auf zwei Stützen von $l = 6{,}00$ m Spannweite, der in der Mitte der Spannweite eine Einzellast $P = 4{,}00$ Mp trägt, soll als Stahlträger mit I-Querschnitt (Normalprofil) ausgeführt werden (Abb. 81).

a) *Bemessung nach Önorm*, Werkstoff St 37 S, $\sigma_{\mathrm{zul}} = 1500$ kp/cm² $= 1{,}50$ Mp/cm² (s. Tafel 2, Regelfall). Wir machen von der Möglichkeit, das Widerstandsmoment um 7% zu erhöhen, Gebrauch und gehen aus von Gl. (39, 19)

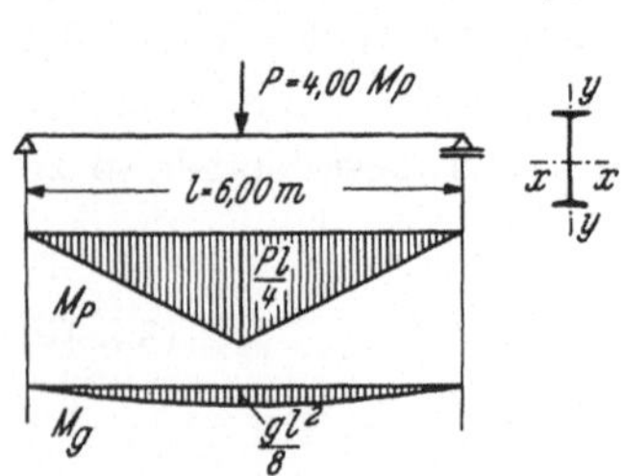

Abb. 81. Bemessung eines Trägers als stählerner Walzträger

$$\frac{M_{\max}}{1,07\,W} \leqq \sigma_{\mathrm{zul}},$$

in die wir für

$$M_{\max} = \frac{P\,l}{4} = \frac{4,00 \cdot 6,00}{4} = 6{,}00\ \mathrm{Mp\,m} = 600\ \mathrm{Mp\,cm}$$

einzusetzen haben. Damit ergibt sich

$$W_{\mathrm{erf}} = \frac{M_{\max}}{1,07\,\sigma_{\mathrm{zul}}} = \frac{600}{1,07 \cdot 1,50} = 374\ \mathrm{cm^3}.$$

Da die x-Achse des Querschnitts Nullachse ist, suchen wir in der Tafel der I-Stähle (DIN 1025, Blatt 1[1]) einen Querschnitt, dessen Widerstandsmoment gleich oder möglichst wenig größer ist als 374 cm³. I 240, mit $W_x = 354$ wäre zu schwach, hingegen ist das nächstgrößere, I 260, mit $W_x = 442$ ausreichend. Wir haben damit noch eine gewisse Reserve, um das *Eigengewicht* des Trägers zu berücksichtigen. Dieses ist laut Profiltafel 41,9 kp/m. Das Eigengewicht wirkt als konstante Streckenlast g und die Biegemomente, die es hervorruft, überlagern sich den Momenten

---

[1] Die hier wie auch in den folgenden Beispielen verwendeten DIN-Profile sind unverändert auch in Österreich gültig.

infolge der Last P. Das Größtmoment infolge g tritt ebenfalls in der Trägermitte auf und ist gleich

$$\frac{g\,l^2}{8} = \frac{41,9 \cdot 6^2}{8} = 188 \text{ kp m} = 18,8 \text{ Mp cm}.$$

Wir haben also in der Trägermitte tatsächlich das Größtmoment

$$M_{\max} = 600 + 18,8 = \text{rund } 619 \text{ Mp cm}.$$

Mit diesem Wert haben wir den Spannungsnachweis zu führen, d. h. wir zeigen, daß gilt

$$\frac{M_{\max}}{1,07\,W_x} = \frac{619}{1,07 \cdot 442} = 1,31 \text{ Mp/cm}^2 < \sigma_{\text{zul}}.$$

Es darf nicht übersehen werden, daß die tatsächlich vorhandene größte Spannung im gefährlichen Querschnitt $\sigma_{\text{vorh}} = 1,31 \cdot 1,07 = 1,40$ Mp/cm^2 ist. Bei voller Ausnützung würde diese Spannung $1,50 \cdot 1,07 = 1,605$ Mp/cm^2 betragen. Somit entspricht der Vergrößerung des Widerstandsmoments um 7% eine Erhöhung von σ_{zul} auf rund 1600 kp/cm^2.

b) Bemessung nach DIN, Werkstoff St 37, Lastfall H. Wenn wir annehmen, daß ein Ausweichen des gedrückten Gurts nicht möglich ist, ist nach Tafel 3 $\sigma_{\text{zul}} = 1600$ kp/cm$^2 = 1,60$ Mp/cm^2. Mit $M_{\max} = 600$ Mp cm erhalten wir nach Gl. (39, 17)

$$W_{\text{erf}} = \frac{M_{\max}}{\sigma_{\text{zul}}} = \frac{6,00}{1,60} = 375 \text{ cm}^3$$

und sehen, daß auch in diesem Fall der Querschnitt I 240 nicht ausreicht und daß wir wieder I 260 wählen müssen.

2. Beispiel. Welches größte Biegemoment kann ein aus zwei [140 gemäß Abb 74 b zusammengesetzter Träger bei Belastung in lotrechter Ebene aufnehmen?

a) Nach Önorm: St 37, $\sigma_{\text{zul}} = 1,50$ Mp/cm^2. Das gesuchte größte Biegemoment ergibt sich aus der Bedingung [Gl. (39, 18)]

$$\frac{M}{1,07\,W_x} \leqq \sigma_{\text{zul}},$$

indem wir das Gleichheitszeichen setzen:

$$\max M = 1,07\,W_x\,\sigma_{\text{zul}}$$

(anders bezeichnet, zum Unterschied von $M_{\max}$, dem größten Biegemoment entlang der Trägerachse). Das Gesamtwiderstandsmoment der beiden [-Querschnitte haben wir in Nr. 36 zu $W_x = 172,8$ cm^3 berechnet. Damit ergibt sich

$$\max M = 1,07 \cdot 173 \cdot 1,40 = 259 \text{ Mp cm} = 2,59 \text{ Mp m}.$$

b) Nach DIN: St 37, $\sigma_{\text{zul}} = 1,60$ Mp/cm^2. Nach Gl. (39, 15) ergibt sich

$$\max M = W_x\,\sigma_{\text{zul}} = 173 \cdot 1,60 = 277 \text{ Mp cm} = 2,77 \text{ Mp m}.$$

3. Beispiel. Es soll ein Rechtecksbalken aus Nadelholz[1] für ein Biegemoment $M = 1,00$ Mp m bemessen werden. $\sigma_{\text{zul}} = 100$ kp/cm^2, wird im Holzbau gewöhnlich

---

[1] Größere Bauteile werden nur aus Nadelholz hergestellt, und zwar meist aus Holz mittlerer Güte („gutes Bauholz"). Aus Hartholz werden im allgemeinen nur Dübel, Knaggen, Keile und andere kleine, hochbeanspruchte Teile angefertigt.

mit $\sigma_{b\,\mathrm{zul}}$ bezeichnet. Wir bemessen also nach DIN, nach Önorm wären $115\,\mathrm{kp/cm^2}$ zulässig (s. Tafel 4).

Die praktisch verwendeten Querschnitte der Balken und Kanthölzer besitzen vorzugsweise geradzahlige Seitenlängen in Zentimetern (s: etwa DIN 4070). Am wirtschaftlichsten sind schmälere und höhere Querschnitte, denn sie haben bei geringerem Materialaufwand ein größeres Widerstandsmoment und biegen sich auch weniger stark durch als Balken mit breiten und niedrigen Querschnitten.

Ausgehend von der Bedingung (39, 15)

$$\frac{M}{W} \leqq \sigma_{b\,\mathrm{zul}}$$

erhalten wir für das erforderliche Widerstandsmoment

$$W_{\mathrm{erf}} = \frac{M}{\sigma_{b\,\mathrm{zul}}} = \frac{100\,000}{100} = 1000\ \mathrm{cm^3}.$$

Der Balken wird selbstverständlich hochkant aufgestellt. Für sein Widerstandsmoment um die waagrechte Schwerachse x muß also gelten

$$W_x = \frac{b\,h^2}{6} \geqq 1000\ \mathrm{cm^3}.$$

Dies kann im allgemeinen auf mehrere Arten erfüllt werden. Unter den Querschnitten mit geradzahligen Seitenlängen können wir etwa den Querschnitt $16/20$ mit $W_x = 16 \cdot 20^2/6 = 1067\ \mathrm{cm^3}$ oder das Rechteck $12/24$ mit $W_x = 12 \cdot 24^2/6 = 1152\ \mathrm{cm^3}$ wählen. Man entnimmt diese Querschnitte entweder einer Tafel der Widerstandsmomente von Rechtecksquerschnitten oder man ermittelt sie durch Probieren, indem man in die obige Formel für b eine gerade Zahl einsetzt, h ausrechnet und auf eine gerade Zahl aufrundet, und diese Rechnung allenfalls, mit einem verbesserten Wert von b wiederholt. — Der Querschnitt des Balkens $16/20$ ist $320\ \mathrm{cm^2}$, der des Balkens $12/24$ beträgt $288\ \mathrm{cm^2}$. Dieser ist also wirtschaftlicher. Für ihn liefert der Spannungsnachweis

$$\sigma_{\mathrm{vorh}} = \frac{M}{W_x} = \frac{100\,000}{1152} = 86{,}8\ \mathrm{kp/cm^2} < \sigma_{b\,\mathrm{zul}}.$$

4. Beispiel. An einem Rundholzbalken von $d = 24$ cm Durchmesser, gelagert auf zwei Stützen in $l = 3{,}00$ m Abstand, soll in der Mitte eine Last P aufgehängt werden. Wie groß darf P höchstens sein, damit die zulässige Biegespannung für Nadelholz, nach Önorm (s. Tafel 4) $\sigma_{b\,\mathrm{zul}} = 115$ kp/cm², nicht überschritten wird?

Das größte, in dem Balken auftretende Biegemoment ist

$$M_{\mathrm{max}} = \frac{P\,l}{4} = \frac{P \cdot 300}{4} = 75\ P,$$

wenn wir die Längen in Zentimetern messen. Für dieses Moment muß Gl. (39, 16) gelten, aus der in unserem Fall folgt

$$M_{\mathrm{max}} = 75\ P \leqq W\ \sigma_{b\,\mathrm{zul}}.$$

Den größtmöglichen Wert von P erhalten wir, wenn wir hier das Gleichheitszeichen setzen. W, das Widerstandsmoment des Kreisquerschnitts, ist nach Gl. (35, 57)

$$W \approx 0{,}1\ d^3 = 0{,}1 \cdot 24^3 = 1380\ \mathrm{cm^3}.$$

Damit ergibt sich der gesuchte Wert von P zu

$$_{\mathrm{max}}P = \frac{1380 \cdot 115}{75} = 2120\ \mathrm{kg} = 2{,}12\ \mathrm{Mp}.$$

5. Beispiel. In Nr. 17, 4. Beispiel, berechneten wir für einen Träger I 220 eine Auflagerplatte aus Stahl für einen Auflagerdruck $A = 2{,}40$ Mp. Es ergab sich eine Platte von der Größe $210 \cdot 170$ mm und wir wählten ihre Dicke $t = 12$ mm (Abb. 34). Die Platte wird durch den Gegendruck der Unterlage auf Biegung beansprucht. Es soll nachgeprüft werden, ob bei der gewählten Plattendicke die Biegespannung $\sigma_{zul} = 1500$ kp/cm² nicht überschritten wird.

Die Platte verhält sich wie ein Träger, der zwischen dem I-Träger und der Unterlage eingespannt ist und nach beiden Seiten hin auskragt. Als Belastung wirkt der Gegendruck der Unterlage, den wir zu $p = 6{,}73$ kp/cm² berechneten. Da die Breite des I-Trägers gleich $9{,}8$ cm ist, beträgt der Überstand der Platte

$$\ddot{u} = \frac{1}{2}\,(21 - 9{,}8) = 5{,}6 \text{ cm}. \quad \text{Das größte Biegemoment tritt an der Kante des}$$

I-Trägers auf. Die nach einer Seite hin überstehende Fläche der Platte ist mit einer Gesamtkraft $P = p \cdot 5{,}6 \cdot 17 = 6{,}73 \cdot 5{,}6 \cdot 17 = 641$ kp belastet. Diese ruft an der Einspannstelle das Moment

$$M_{\max} = P\,\frac{\ddot{u}}{2} = 641 \cdot \frac{1}{2} \cdot 5{,}6 = 1800 \text{ kp cm}$$

hervor. Der Querschnitt der Platte ist ein Rechteck mit der Breite 17 cm und der Höhe $1{,}2$ cm. Demnach ist das Widerstandsmoment [Gl. (35, 47)]

$$W = \frac{17 \cdot 1{,}2^2}{6} = 4{,}08 \text{ cm}^3.$$

Damit ergibt sich die größte vorhandene Biegespannung

$$\sigma_{vorh} = \frac{M_{\max}}{W} = \frac{1800}{4{,}08} = 441 < 1500 \text{ kp/cm}^2.$$

Die gewählte Plattendicke ist also ausreichend; ja, wir hätten die Platte auch noch schwächer ausführen können. Das wäre jedoch nicht zweckmäßig, da sich sonst infolge stärkerer Durchbiegung der Platte eine sehr ungleichmäßige Druckspannungsverteilung einstellen würde, wodurch es zu einer Überschreitung der zulässigen Druckspannung von 7 kp/cm² unter der Auflagerplatte käme.

6. Beispiel. Ein Träger auf zwei Stützen von $l = 8{,}00$ m Spannweite, der mit einer durchgehenden Gleichlast $p = 14$ Mp/m belastet ist, soll als genieteter Blechträger ausgeführt werden.

a) Berechnung nach Önorm. Werkstoff St 37 S. Wir wollen das Material möglichst gut ausnützen und denken uns die Berechnung und Ausführung des ganzen Tragwerks, dessen Teil der von uns zu bemessende Träger ist, so vorgenommen, daß wir die gemäß Tafel 2 zulässige Biegespannung für den Erhöhungsfall, $\sigma_{zul} = 1700$ kp/cm², verwenden dürfen. Wir machen ferner von der Möglichkeit Gebrauch, das Widerstandsmoment mit dem Faktor $1{,}07$ zu multiplizieren.

1. Querschnittsermittlung. Zu genieteten oder auch zu geschweißten Trägern greift man dann, wenn entweder die Belastungen so schwer oder die Spannweiten so groß sind, daß man mit den genormten Profilen nicht mehr auskommt oder wenn man aus konstruktiven Gründen eine andere Trägerform wünscht als sie den genormten Walzprofilen entspricht. Man nietet dann aus Blechen und Winkelstählen ein I-ähnliches Profil zusammen oder man stellt durch Aneinanderschweißen von Blechen und Breitflachstählen Träger mit derartigen Querschnitten her. Wir wollen hier einen genieteten Träger entwerfen und verweisen auf die diesbezüglichen

Bezeichnungen und Erläuterungen in Nr. 36, wo wir bereits das Trägheits- und das Widerstandsmoment eines solchen Blechträgerquerschnitts ermittelt haben.

Die Gleichlast p ruft im Mittelquerschnitt des Trägers das Moment

$$M_{\max} = \frac{p\,l^2}{8} = \frac{14 \cdot 8^2}{8} = 112\ \text{Mp m} = 11\,200\ \text{Mp cm}$$

hervor. Nach Gl. (39, 18) muß an dieser Stelle gelten

$$\frac{M_{\max}}{1{,}07\,W} \leqq \sigma_{\mathrm{zul}} = 1{,}70\ \text{Mp/cm}^2.$$

Daraus ergibt sich das mindest erforderliche Widerstandsmoment

$$W_{\mathrm{erf}} = \frac{M_{\max}}{1{,}07\,\sigma_{\mathrm{zul}}} = \frac{11\,200}{1{,}07 \cdot 1{,}70} = 6160\ \text{cm}^3.$$

Wir haben nun einen Querschnitt zusammenzustellen, dessen nutzbares Widerstandsmoment mindestens diese Größe hat. Nach Nr. 36 erhalten wir gemäß Önorm das Widerstandsmoment W_z des Querschnitts ohne Gurtplatten (Grundquerschnitt oder Grundprofil), indem wir bei der Berechnung des Trägheitsmoments die Schwächung durch ein Halsnietloch im Zuggurt berücksichtigen, hingegen sind für den Querschnitt mit Gurtplatten zwei Kopfnietlöcher im Zuggurt abzuziehen. Alle Trägheits- und Widerstandsmomente sind auf die Schwerachse des unverschwächten Querschnitts zu beziehen. Da der Querschnitt symmetrisch ist, ist das nutzbare Widerstandsmoment $W_n = W_z$ (s. Nr. 36).

Wir steuern auf einen Querschnitt mit einem Gurtplattenpaar los. Wir wählen als Stegblechhöhe $h = 1000$ mm und als Stegblechstärke $t_s = 10$ mm. (Gewöhnlich wählt man $h = l/10$ bis $l/12$, bei freier Bauhöhe unter Umständen auch größer. Für t_s wählt man gewöhnlich 8 bzw. 10 bzw. 12 mm.) Um ungefähr den Wert zu erhalten, den das Netto-Trägheitsmoment des Querschnitts haben muß, sehen wir für den Augenblick davon ab, daß die Gesamthöhe des Trägers infolge der Gurtplatten etwas größer werden wird als h. Dann erhalten wir

$$J_n \approx W_{\mathrm{erf}}\,\frac{h}{2} = 6160 \cdot 50 = 308\,000\ \text{cm}^4.$$

Durch geeignete Wahl der Gurtwinkel und der Gurtplatten ist nun dieser Wert bzw. eher ein etwas größerer Wert als dieser anzustreben. Die Gurtwinkel können gleich- oder ungleichschenkelig sein (bei ungleichschenkeligen Winkeln ordnet man die längeren Winkelschenkel stets senkrecht zum Stegblech an). Die Gurtplatten sollen im Interesse eines günstigen Aussehens des Trägers um mindestens 5 mm über die Gurtwinkel vorstehen.

In Abb. 82 ist der Untergurt des gewählten Profils vergrößert herausgezeichnet (die Nullachse $x \ldots x$ liegt hier nicht maßstabrichtig) und daneben ist der ganze Querschnitt dargestellt. Sämtliche Maße sind, wie es im Stahlbau üblich ist, in Millimeter eingetragen, worauf bei der Rechnung, der Zentimeter als Längeneinheit zugrunde liegen, wohl zu achten ist. Bevor man die genaue Rechnung durchführt, prüft man durch eine Überschlagsrechnung, ob man beiläufig die richtige Wahl getroffen hat und ändert nötigenfalls ab. Kleinere Differenzen kann man durch Änderung der Gurtplattenbreite oder der Plattendicke ausgleichen, größere durch Änderung der Zahl der Gurtplatten oder der Stegblechhöhe. Die genaue Berechnung wurde in Tabelle 1 durchgeführt. Alle erforderlichen Daten des Winkelquerschnitts wurden der Profiltafel entnommen. Die Trägheitsmomente der Gurtplattenquerschnitte und der Nietlochlängsschnitte um die eigene Schwerachse wurden vernachlässigt. Wie bereits in Nr. 36 erwähnt, werden im allgemeinen Rechenergebnisse, die größer sind als 10000, auf vier gültige Stellen abgerundet, solche die kleiner sind als 10000, auf drei gültige Stellen. Im vorliegenden Beispiel könnte man daher auch, ohne allzu große Fehler zu machen, die Rechnung mit dem Rechenschieber durchführen.

In unserem Fall reicht das Grundprofil noch nicht aus, um das Größtmoment aufzunehmen, was wir auch gar nicht wünschen, denn wir wollen den Trägerquerschnitt dem Momentenverlauf einigermaßen anpassen. Wir ordnen ein Gurtplattenpaar an, mit dem wir dann das Auslangen finden, denn wir kommen dann laut Tabelle 2 zu einem nutzbaren Widerstandsmoment, das größer ist als das erforderliche.

Praktisch ordnet man bis zu drei, äußerstenstalls vier Gurtplattenpaare an und wählt die Längen der Platten entsprechend dem Momentenverlauf (s. unten, Absatz 3).

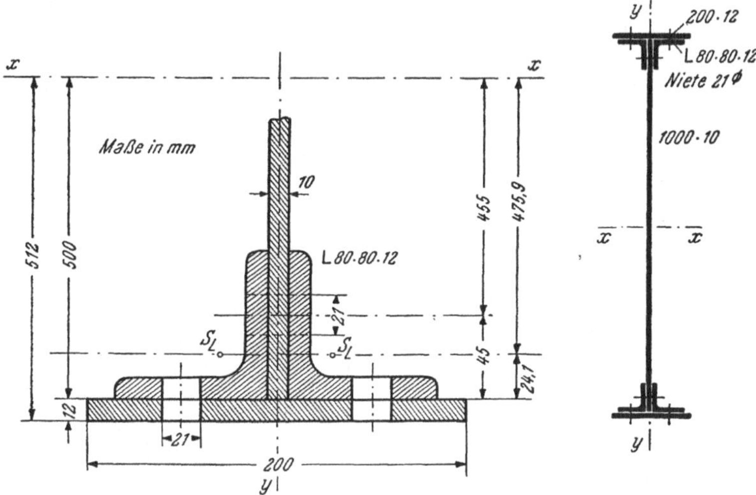

Abb. 82. Bemessung und Ausführung eines genieteten Blechträgers

Nahe den Trägerenden findet man ein Stück weit mit dem Grundquerschnitt allein das Auslangen. Falls jedoch Nietträger im Freien gelagert sind, soll stets eine Gurtplatte bis an die Trägerenden geführt werden, damit nicht im Lauf der Zeit Regenwasser in die Fuge zwischen Steg und Gurtwinkel eindringt und zu Rostbildung führt.

2. *Eigengewicht.* In Tabelle 2 wurde auch die Querschnittsfläche des Trägers berechnet:

$$F = 219,6 \text{ cm}^2 = \text{rund } 2,20 \text{ dm}^2.$$

Da 1 dm³ Stahl 7,85 kp wiegt, beträgt das Eigengewicht von 1 m Trägerlänge

$$g = 10 \cdot 2,20 \cdot 7,85 = 173 \text{ kp/m} = 0,173 \text{ Mp/m}.$$

Obwohl wir, wie oben bereits angedeutet, die Gurtplatten nicht über die ganze Trägerlänge erstrecken werden, wollen wir diesen Wert von g auch für den schwächeren Trägerteil verwenden und schaffen damit einen gewissen Ausgleich dafür, daß wir das Gewicht der Aussteifungen (s. Nr. 47) und der Nietköpfe nicht berücksichtigt

Tabelle 2. Berechnung eines Blechträgerquerschnitts (zu Abb. 82)

Profil	F cm²	J cm⁴	Abzüge	J_N cm⁴	J_n cm⁴	Rand-absland cm	nach Önorm $W_n = W_z$ cm³
Stegblech 1000.10	100,0	$1 \cdot 100^3/12$ $= 83\,333$					
4 ∟ 80.80.12 ...	71,6	$4 \cdot (102 + 17,9 \cdot 47,59^2) = 162\,568$	1 Halsniet $2,1 \cdot 3,4 \cdot 45,5^2 =$				
Grundprofil	171,6	245\,901		14\,782	231\,119	50,0	rund 4620
2 Platten 200.12.	48,0	$2 \cdot 24 \cdot 50,6^2$ $= 122\,897$	2 Kopfniete $2 \cdot 2,1 \cdot 2,4 \cdot 50^2 =$				
Mit 1 Gurt-plattenpaar...	219,6	368\,798		25\,200	343\,598	51,2	rund 6710

Tabelle 3. Widerstandsmomente nach Önorm und nach DIN

Querschnitt	Druckrand W_d (cm³)	Zugrand	W_z (cm³)
Grundprofil	245\,901 : 50,0 = rund 4920	nach Önorm 231\,119 : 50,0 nach DIN wie am Druckrand	= rund 4620 = rund 4920
Mit 1 Gurtplattenpaar	368\,798 : 51,2 = rund 7200	343\,598 : 51,2	= rund 6710

haben[1]. Infolge der durchgehenden Gleichlast g ergibt sich in der Trägermitte das Moment

$$M_{\max}^{(g)} = \frac{g\,l^2}{8} = \frac{0,173 \cdot 8^2}{8} = 1,38\ \text{Mp m},$$

so daß wir also insgesamt, infolge $q = p + g = 14,17\ \text{Mp/m}$, in der Trägermitte das Moment

$$M_{\max} = 112 + 1,38 = 113,38\ \text{Mp m} = \text{rund } 11\,340\ \text{Mp cm}$$

haben. Damit und mit dem in Tabelle 2 berechneten Wert des Widerstandsmoments des Querschnitts mit einem Gurtplattenpaar, $W_n = W_{n_1} = 6710\ \text{cm}^3$, führen wir den Spannungsnachweis. Wir wollen die Spannung, die wir mit σ_{zul} zu vergleichen haben, mit $\bar{\sigma}_{\text{vorh}}$ bezeichnen (sie ist etwas kleiner als die Randspannung, s. etwa das 1. Beispiel), und haben dann

$$\bar{\sigma}_{\text{vorh}} = \frac{M_{\max}}{1,07\ W_{n1}} = \frac{11\,340}{1,07 \cdot 6710} = 1,58\ \text{Mp/cm}^2 < \sigma_{\text{zul}} = 1,70\ \text{Mp/cm}^2.$$

3. Gurtplattenlänge. Wie bereits erwähnt, werden die Gurtplatten nur so weit geführt als es nötig ist; in unserem Fall also nur so weit, als der Grundquerschnitt zur Aufnahme des herrschenden Biegemoments nicht ausreicht. Der Grundquerschnitt mit dem Widerstandsmoment W_{n0} kann maximal ein Biegemoment M_0' aufnehmen, das sich aus der Bedingung ergibt, daß die Spannung $\bar{\sigma}$, die wir mit σ_{zul} zu vergleichen haben, gleich σ_{zul} ist:

$$\bar{\sigma} = \frac{M_0'}{1,07\ W_{n0}} = \sigma_{\text{zul}}.$$

Daraus folgt

$$M_0' = 1,07\ W_{n0}\ \sigma_{\text{zul}}. \tag{40, 21}$$

Die Gurtplatten wären also so weit gegen die Auflager hinzuführen, bis das Moment auf diesen Wert gesunken ist. Besser ist es jedoch, die Platten noch ein wenig weiter zu führen, nämlich bis zu jenem Punkt, wo die Spannung $\bar{\sigma}$ des Grundprofils gleich der oben in Absatz 2 berechneten Spannung $\bar{\sigma}_{\text{vorh}}$ des Mittelquerschnitts ist. Im allgemeinen wird ja, wie es auch bei uns der Fall ist, $\bar{\sigma}_{\text{vorh}}$ etwas kleiner sein als σ_{zul} und wir könnten allenfalls die Belastung des Trägers noch etwas erhöhen, bis der Mittelquerschnitt voll ausgenützt ist. Hätten wir nun aber die Gurtplatten nur so weit geführt, daß an ihren Enden das Grundprofil bereits unter der ursprünglich gegebenen Belastung voll ausgenützt war, dann wird es durch jede Laststeigerung bereits mehr als zulässig beansprucht. Dies wird nicht der Fall sein, wenn wir auch hier noch eine Spannungsreserve besitzen. Ist M_0 das Biegemoment im Grundprofil, für das $\bar{\sigma} = \bar{\sigma}_{\text{vorh}}$ ist, so gilt analog Gl. (40, 21)

$$M_0 = 1,07\ W_{n0}\ \bar{\sigma}_{\text{vorh}}.$$

Setzen wir für $\bar{\sigma}_{\text{vorh}}$ seinen Wert gemäß Absatz 2 ein, nämlich

$$\bar{\sigma}_{\text{vorh}} = \frac{M_{\max}}{1,07\ W_{n1}},$$

---

[1] Näheres über die ungefähren Ausführungsgewichte genieteter Blechträger s. „Stahl im Hochbau", 13. Auflage, S. 222. In der Praxis wird der Anteil des Eigengewichts des ganzen Tragwerks, der auf einen solchen Träger entfällt, meist höher sein, d. h. nicht bloß aus dem Eigengewicht des Trägers allein bestehen. Es wird dann eben noch ein Teil der von uns mit p bezeichneten Belastung vom Eigengewicht des übrigen Tragwerks herrühren.

so erhalten wir

$$M_0 = M_{\max}\,\frac{W_{n\,0}}{W_{n\,1}}. \qquad (40, 22)$$

Die Gurtplatten sind also so weit zu führen, bis das Biegemoment auf diesen Wert gesunken ist. Dies wird am einfachsten an Hand einer zeichnerischen Darstellung des Momentenverlaufs festgestellt (Abb. 83). In unserem Fall ergibt sich mit den Werten der Widerstandsmomente aus Tabelle 2

$$M_0 = 113{,}4\,\frac{4620}{6710} = 78{,}1 \text{ Mp m.}$$

Wir schneiden also die Momentenparabel durch eine Gerade in der Höhe M_0 und erhalten als Abstand der beiden Schnittpunkte die theoretische Länge der Gurtplatten

$$l^{(\mathrm{I})}_{\mathrm{theor}} = 4{,}46 \text{ m.}$$

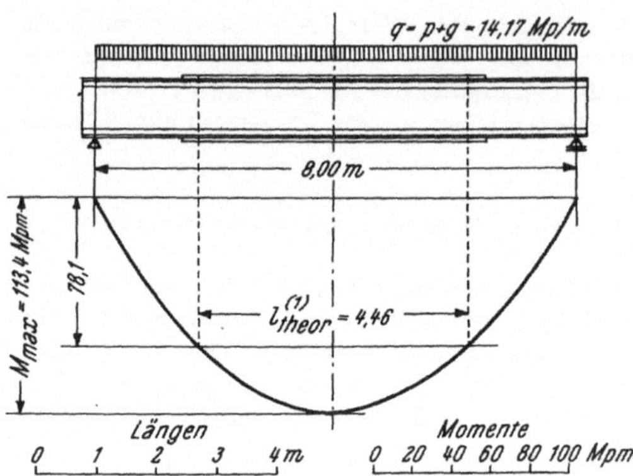

Abb. 83. Ermittlung der erforderlichen Gurtplattenlänge eines genieteten Blechträgers

Praktisch muß man die Gurtplatten etwas länger machen, damit sie an ihrem theoretischen Endpunkt bereits voll wirksam sind. Sie müssen jenseits dieses Punktes mit mindestens zwei Nietpaaren angeschlossen sein, von denen eines mit dem theoretischen Endpunkt zusammenfallen kann. Bezüglich der Nietausteilung s. Nr. 47, 2. Beispiel.

Wird ein Nietträger mit zwei Gurtplattenpaaren ausgestattet, so ergeben sich die Längen der Platten genau wie oben aus den Momenten M_0 bzw. M_1, die vom Grundquerschnitt bzw. vom Querschnitt mit einem Gurtplattenpaar maximal aufgenommen werden können, damit die Spannung $\bar{\sigma}$ den Wert $\bar{\sigma}_{\mathrm{vorh}}$, der am Ort des $M_{\max}$ im Querschnitt mit dem Widerstandsmoment $W_{n\,2}$ auftritt, nicht überschreitet. Es ist dann

$$M_0 = M_{\max}\,\frac{W_{n\,0}}{W_{n\,2}}, \qquad M_1 = M_{\max}\,\frac{W_{n\,1}}{W_{n\,2}}. \qquad (40, 23)$$

Die theoretischen Längen der Platten ergeben sich daraus wieder am besten auf zeichnerischem Wege.

b) Berechnung nach DIN. Wenn wir für die gleiche Belastung und Spannweite und auch sonst unter den gleichen Bedingungen wie unter a) einen Nietträger nach DIN entwerfen wollen, werden wir die folgenden Annahmen zu treffen haben: Werkstoff St 37, Lastfall HZ; da hier der Kippnachweis wohl erforderlich sein wird (wir führen ihn in Nr. 83, 2. Beispiel), ist nach Tafel 3 die zulässige Spannung für Biegedruck 1,60 Mp/cm²; für Biegezug dagegen haben wir 1,80 Mp/cm².

Die Widerstandsmomente sind hier für den Druck- und für den Zugrand gesondert zu berechnen, und zwar für den Druckrand aus dem Trägheitsmoment des unverschwächten Querschnitts, für den Zugrand dagegen aus dem Trägheitsmoment des durch die Nietlöcher im Zuggurt entsprechend der ungünstigsten Rißbildung verschwächten Querschnitts, alles auf die Schwerachse des unverschwächten Querschnitts bezogen (s. Nr. 36). Nietlöcher sind nur abzuziehen, sofern sie in den abstehenden Teilen des Zuggurts liegen, es sind also weder Halsnietlöcher (Grundprofil) noch Nietlöcher im Steg zu berücksichtigen[1].

Wir zeigen, daß wir mit dem in a) gewählten Querschnitt das Auslangen finden. In Tabelle 3 sind die Widerstandsmomente berechnet. Wir führen den Spannungsnachweis für den Mittelquerschnitt, wo das Moment $M_{\max} = 11\,340$ Mp cm beträgt. Wir haben hier die Widerstandsmomente des Querschnitts mit einem Gurtplattenpaar (ohne Erhöhung) zu verwenden und erhalten am

$$\text{Druckrand:} \quad \sigma_d = \frac{M_{\max}}{W_d} = \frac{11\,340}{7200} = 1{,}58 < \sigma_{d\,\mathrm{zul}} = 1{,}60 \ \mathrm{Mp/cm^2},$$

$$\text{Zugrand:} \quad \sigma_z = \frac{M_{\max}}{W_z} = \frac{11\,340}{6710} = 1{,}69 < \sigma_{z\,\mathrm{zul}} = 1{,}80 \ \mathrm{Mp/cm^2}.$$

41. Die Berechnung der Traglast eines Balkens. Wir betrachten einen Träger auf zwei Stützen mit der Spannweite l und rechteckigem Quer-

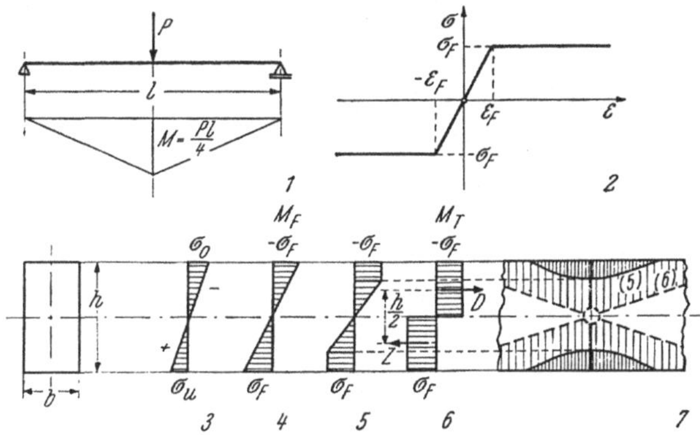

Abb. 84. Belastung eines Balkens aus ideal plastischem Werkstoff bis zur Erschöpfung seines Tragvermögens

schnitt $b \cdot h$, der durch eine in der Mitte der Spannweite stehende Last P auf gerade Biegung beansprucht ist (Abb. 84, Bild 1). Der Werkstoff des Balkens sei ideal plastisch (s. Nr. 13) bzw. genauer ausgedrückt idealelastisch-idealplastisch, d. h. die Spannungs-Dehnungslinie habe die in Bild 2 dargestellte Form. Bis zu der für Zug und Druck gleich hoch angenommenen Fließgrenze σ_F gilt das Hookesche Gesetz; an der Fließgrenze können die Dehnungen beliebig groß werden; höhere Spannungen

---

[1] Nach den „Berechnungsgrundlagen für stählerne Eisenbahnbrücken" (BE) der Deutschen Bundesbahn, Berichtigungsblatt 2 (1955), Punkt 28.3, stimmt die Vorschrift über den Lochabzug in ihrem ersten Absatz mit der oben zitierten Vorschrift gemäß DIN 1050 für Stahl im Hochbau überein. Dann folgt jedoch in den BE ein Absatz, den die DIN 1050 nicht enthält. Er lautet: „Sind nur Löcher im Trägerhals vorhanden, so tritt an Stelle eines Lochabzuges in den abstehenden Querschnittsteilen ein solcher in den anliegenden Schenkeln von Gurtwinkeln u. dgl. und in dem von ihnen eingeschlossenen Stegblechteil." — Die Vorschriften für den Brückenbau sind also strenger als für den Hochbau.

als σ_F sind unmöglich. Wir fragen, wie groß das Biegemoment $= P\,l/4$ im gefährlichen Querschnitt werden muß, damit der Balken versagt. Man nennt dieses Moment das *Tragmoment* M_T, die zugehörige Last ist die *Traglast* P_T.

Wir nehmen im folgenden die Bernoullische Hypothese (s. Nr. 38) stets als gültig an, derzufolge ebene Querschnitte bei der Biegung eben bleiben und lediglich eine Drehung um die Nullachse ausführen. Kombinieren wir diese Annahme mit dem Hookeschen Gesetz, dann folgt daraus die von uns bisher benützte Biegetheorie, d. h. die lineare Spannungsverteilung über den Querschnitt gemäß den Formeln der Nr. 38 (Bild 3). Unter der Annahme einer Arbeitslinie nach Bild 2 erreichen wir die Grenze der Gültigkeit dieser Theorie, falls das Moment so groß geworden ist, daß die Biege-Randspannung den Wert σ_F erreicht (Bild 4, $M = M_F$). Damit ist jedoch noch nicht die Grenze des Tragvermögens des Balkens erreicht. Die Dehnungen an jenen Stellen, wo $\sigma = \sigma_F$ ist, können nämlich nicht über alle Grenzen wachsen, wie das etwa für einen Zugstab an der Fließgrenze der Fall ist; diese Dehnungen im Balken werden vielmehr am unbeschränkten Anwachsen durch das umgebende Material, das noch nicht fließt, behindert. Wir können also die Belastung und damit das Biegemoment M noch weiter steigern. Nach der Bernoullischen Hypothese wachsen dann zwar die Dehnungen, hingegen können die Spannungen nicht über σ_F hinaus zunehmen. Überall, wo die Dehnung den Betrag ε_F erreicht oder überschreitet, herrscht die Spannung σ_F (s. Bild 2). Mit wachsendem Biegemoment M werden sich daher von jenen Stellen her, wo die Fließgrenze zuerst erreicht wurde, Fließgebiete mehr und mehr ausbreiten und insbesondere gegen die Nullschicht des Balkens hin vordringen (Bilder 5 und 7). Solange jedoch zwischen dem oberen und dem unteren Fließgebiet eine elastische Zone liegt, können die Dehnungen nicht unbeschränkt anwachsen. Das bedeutet, daß der Balken noch immer nicht versagt, wenn auch seine Durchbiegungen (die jetzt schon zu einem guten Teil plastische Verformungen sein werden) immer stärker zunehmen werden. Erst wenn M so groß geworden ist, daß die beiden Fließgebiete in der Mitte zusammenstoßen, tritt der Kollaps ein (Bild 6). Die Dehnungen können jetzt, durch nichts mehr behindert, unbeschränkt zunehmen, es ist so, als hätte sich an dieser Stelle ein Gelenk gebildet — man nennt es ein *Fließgelenk* — und infolgedessen sackt der Balken nach unten durch. (Streng genommen ist die elastische Zone noch immer vorhanden, doch sie ist unendlich schmal geworden.) Das Moment, bei dem dieser Zustand eintritt, das Moment also, das im Fließgelenk (im Gegensatz zu einem wirklichen Gelenk) wirkt, ist das Tragmoment M_T.

Das Tragmoment muß gleich sein der Summe der Momente aller Kräfte $\sigma\,dF$ um die Nullachse. Da die Spannungen gemäß Bild 6 alle gleich σ_F sind, können wir die Resultierende aller Druckkräfte D, die dem

Betrag nach gleich ist der Resultierenden aller Zugkräfte Z, leicht berechnen:

$$D = Z = \frac{1}{2}\,\sigma_F\,b\,h.$$

Diese beiden Kräfte bilden ein Kräftepaar mit dem Abstand $\frac{h}{2}$, dessen Moment gleich M_T sein muß:

$$M_T = \frac{1}{4}\,\sigma_F\,b\,h^2. \tag{41, 24}$$

Da anderseits

$$M_T = \frac{1}{4}\,P_T\,l$$

ist, folgt für die Traglast, das ist die Last, unter der der Balken tatsächlich versagt,

$$P_T = \sigma_F\,\frac{b\,h^2}{l}. \tag{41, 25}$$

Wir berechnen noch jenes Moment M_F, bei dem zum ersten Mal am Rand des Querschnitts die Fließgrenze erreicht wird (Bild 4) bzw. die zugehörige Last P_F. In diesem Fall gilt noch die Gl. (38, 12) für die Randspannung. Es ist also

$$\frac{M_F}{W} = \sigma_F.$$

Mit $W = b\,h^2/6$ folgt daraus

$$M_F = \frac{1}{6}\,\sigma_F\,b\,h^2. \tag{41, 26}$$

und da anderseits gilt

$$M_F = \frac{1}{4}\,P_F\,l,$$

erhalten wir

$$P_F = \frac{2}{3}\,\sigma_F\,\frac{b\,h^2}{l}. \tag{41, 27}$$

Es ist also

$$P_T = 1{,}5\,P_F. \tag{41, 28}$$

Die Traglast ist also gleich dem $1\frac{1}{2}$fachen jener Last, bei der zum ersten Mal Spannungen an der Fließgrenze auftreten (bei Annahme eines Rechtecksquerschnitts).

Ist also z. B., wie nach DIN 1050 für St 37, $\sigma_F = 2{,}40$ Mp/cm^2 und für Biegung im Lastfall HZ $\sigma_{zul} = 1{,}80$ Mp/cm^2, und bezeichnen wir die Last, die zur Randspannung σ_{zul} führt, mit P_{zul}, so ist die Sicherheit gegen Erreichen der Fließgrenze (s. Nr. 16)

$$\nu_F = \frac{P_F}{P_{zul}} = \frac{\sigma_F}{\sigma_{zul}} = \frac{2{,}40}{1{,}80} = \frac{4}{3} = 1{,}33,$$

denn hier gilt noch das Hookesche Gesetz und es sind die Spannungen den Lasten proportional. Die Sicherheit gegen Kollaps, der *Tragsicherheitsfaktor*, wird als das

Verhältnis von Kollapslast zu Gebrauchslast (hier P_{zul}), unter Verwendung von Gl. (41, 28) gleich sein

$$\nu_T = \frac{P_T}{P_{zul}} = \frac{1{,}5\,P_F}{P_{zul}} = \frac{3}{2} \cdot \frac{4}{3} = 2{,}00.$$

Der Kollaps tritt also in diesem Fall bereits bei der doppelten höchstzulässigen Gebrauchslast ein.

Betrachtungen über die Traglast und den Tragsicherheitsfaktor spielen in zunehmendem Maß eine Rolle bei der wirtschaftlichen Bemessung statisch unbestimmter Tragwerke. Die Berechnung der Traglast solcher Systeme und die danach abgestimmte Wahl der Gebrauchslast stellt ein den tatsächlichen Verhältnissen weit besser entsprechendes Bemessungsverfahren dar als die „Bemessung auf Spannung". Es wird als *Traglastverfahren* bezeichnet. Die weitgehenden Idealisierungen, die den obigen Betrachtungen zugrunde liegen, mögen allerdings nicht übersehen werden.

42. Die schiefe Biegung bei Querschnitten mit Rechtecksumhüllung. Schneidet die Lastebene den Querschnitt nicht in einer Hauptachse, dann spricht man von *schiefer Biegung*. Wir werden in Nr. 43 sehen, daß in diesem Fall die Nullachse nicht mehr auf der Spur der Lastebene senkrecht steht und daß infolgedessen die Ausbiegung des Trägers nicht mehr in der Lastebene, sondern schräg zu ihr erfolgt. In diesem Fall gelten die Gl. (38, 8) für die Spannungsverteilung auf dem Querschnitt und die Gl. (38, 12) für die Randspannungen nicht

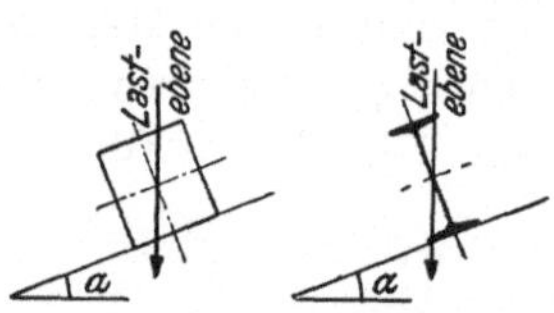

Abb. 85. Beispiele von Trägern, die auf schiefe Biegung beansprucht sind (etwa Dachpfetten)

mehr. Bei Querschnitten mit Rechtecksumhüllung lassen sich jedoch die Randspannungen durch Überlagerung sehr einfach aus den für die gerade Biegung geltenden Formeln gewinnen. Bezüglich anderer Querschnittsformeln s. Nr. 43.

Praktisch kommt der Fall schiefer Biegung von Trägern mit derartigen Querschnittsformen häufig bei Dachpfetten vor, die als rechteckige Holzbalken oder als stählerne I-Träger ausgeführt und senkrecht zur Binderoberkante angeordnet sind. Betrachten wir diese Pfetten unter dem Einfluß des Gewichtes von Dachhaut, Sparren und Schalung sowie ihres eigenen Gewichts (und allenfalls noch einer Schneelast), so schließt die Richtung dieser Lasten mit den Hauptachsen des Pfettenquerschnitts einen Winkel ein (Abb. 8). Wirkt in einem beliebigen Querschnitt des Trägers das Biegemoment M (dessen Ebene ja gleich der Lastebene ist), so können wir den Momentenvektor $\mathfrak{M}$ nach den Hauptachsen x, y des Querschnitts in zwei Komponenten $\mathfrak{M}_x$ und $\mathfrak{M}_y$ zerlegen[1] (Abb. 86a). Ist α der

---

[1] S. Statik, Nr. 23. Die Länge des Momentenvektors ist gleich dem Betrag des darzustellenden Moments. Der Vektor steht senkrecht auf der Momentenebene und ist so gerichtet, daß von seiner Spitze aus gesehen das Moment im Gegenzeigersinn dreht.

Winkel zwischen der Spur der Ebene von M und der y-Achse bzw. zwischen dem Vektor $\mathfrak{M}$ und der x-Achse, so gilt für die Größen der beiden Komponenten

$$M_x = M \cos \alpha, \qquad M_y = M \sin \alpha. \tag{42, 29}$$

Die Ebenen dieser beiden Momente schneiden nun den Querschnitt in den Hauptachsen; die Ebene von M_x in der y-Achse, die von M_y in der x-Achse. Für die Randspannungen, welche diese beiden Momente hervorrufen, gilt somit die Gl. (38, 12).

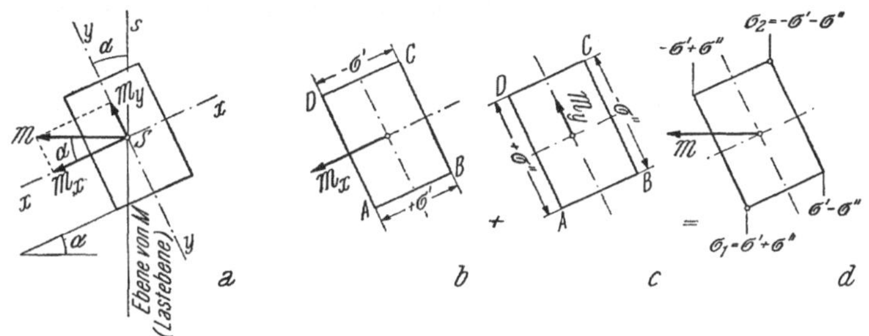

Abb. 86. Auf schiefe Biegung beanspruchter Rechtecksquerschnitt

Betrachten wir zunächst die Wirkung von M_x allein, so ruft es längs der Kante AB des in Abb. 86b dargestellten Rechtecksquerschnitts die Biegespannung σ' hervor, für die gilt

$$\sigma' = \frac{M_x}{W_x}; \tag{42, 30}$$

längs der Kante CD wirkt die Spannung $-\sigma'$. Das Moment M_y würde für sich allein längs der Kante AD die Spannung σ'' hervorrufen (Abb. 86c), für die gilt

$$\sigma'' = \frac{M_y}{W_y} \tag{42, 31}$$

und längs der Kante BC die Spannung $-\sigma''$. Dabei sind W_x und W_y die Widerstandsmomente des Querschnitts um die x- und die y-Achse.

Die Randspannungen infolge des gegebenen Moments M erhalten wir nun durch Überlagerung der Randspannungen infolge der Komponenten von M. So ergeben sich für die vier Eckpunkte des Querschnitts die in Abb. 86d eingetragenen Spannungswerte. Die größten positiven und die größten negativen Werte der Randspannung und damit sämtlicher Spannungen auf dem ganzen Querschnitt sind somit gegeben durch[1]

$$\sigma_{1,2} = \pm (\sigma' + \sigma'') = \pm \left(\frac{M_x}{W_x} + \frac{M_y}{W_y} \right). \tag{42, 32}$$

---

[1] Bei einem C-Querschnitt ist zu beachten, daß es bezüglich der y-Achse zwei Widerstandsmomente gibt, nämlich eines für den linken und eines für den rechten Rand. (In den Tafeln ist stets das kleinere der beiden angeführt.) Die beiden Randspannungen $\pm \sigma''$ sind dann nicht mehr dem Betrage nach einander gleich, sondern es gilt $\sigma_l'' = M_y/W_{yl}$, $\sigma_r'' = -M_y/W_{yr}$. Bei einem I-Querschnitt dagegen ist alles so wie beim Rechtecksquerschnitt.

Ist σ_zul die zulässige Biegespannung (wir nehmen an, sie sei für die Zug- und die Druckseite gleich groß), dann muß der Querschnitt so bemessen werden, daß gilt

$$\frac{M_x}{W_x} + \frac{M_y}{W_y} \leqq \sigma_\text{zul}. \tag{42, 33}$$

Für M_x und M_y sind die Absolutwerte einzusetzen.[1]

Beispiel. Eine schief liegende Pfette mit der Spannweite $l = 4{,}0$ m soll für eine lotrecht wirkende, durchgehende Gleichlast $q = 400$ kp/m als rechteckiger Holzbalken nach DIN (s. Tafel 4) bemessen werden. $\sigma_\text{zul} = \sigma_{b\,\text{zul}} = 100$ kp/cm²; Neigungswinkel des Daches $\alpha = 15°$.

Es muß gelten

$$\frac{M_x}{W_x} + \frac{M_y}{W_y} \leqq 100 \text{ kp/cm}^2.$$

M_x und M_y sind nach den Gl. (42, 29) zu berechnen. Dabei ist für M das größte Biegemoment einzusetzen. Dieses ist

$$M = \frac{q\,l^2}{8} = \frac{400 \cdot 4^2}{8} = 800 \text{ kp m} = 80\,000 \text{ kp cm}.$$

Ferner ist $\cos 15° = 0{,}966$, $\sin 15° = 0{,}259$, so daß wir erhalten

$$M_x = M \cos 15° = 77\,280 \text{ kp cm},$$
$$M_y = M \sin 15° = 20\,720 \text{ kp cm}.$$

Nach einigen Versuchen findet man, daß der Querschnitt 16/20, hochkant aufgestellt, der geeignetste ist. Für diesen ist

$$W_x = \frac{b\,h^2}{6} = \frac{16 \cdot 20^2}{6} = 1067 \text{ cm}^3,$$
$$W_y = \frac{h\,b^2}{6} = \frac{20 \cdot 16^2}{6} = 853 \text{ cm}^3.$$

Damit ergibt sich für die größte vorhandene Spannung

$$\sigma_\text{vorh} = \frac{77\,280}{1067} + \frac{20\,720}{853} = 72{,}5 + 24{,}3 = 96{,}8 < 100 \text{ kp/cm}^2.$$

43. Schiefe Biegung bei beliebiger Form des Querschnitts. Wir betrachten nun den Fall, daß der auf schiefe Biegung beanspruchte Querschnitt F beliebige Gestalt habe (Abb. 87). x, y seien die Hauptachsen durch den Schwerpunkt S des Querschnitts, J_x und J_y seien die Hauptträgheitsmomente.[2] Die Spur der Lastebene, die Gerade s, schließe mit der y-Achse den Winkel α ein. Der Winkel zwischen dem Vektor des Biegemoments $\mathfrak{M}$ und der x-Achse ist dann ebenfalls gleich α. Wir fragen nun, wie die Verteilung der Biegespannungen auf der Fläche F aussieht

---

[1] Bezüglich Erhöhung der Widerstandsmomente bei Stahlträgern s. S. 133.

[2] Wir zeichnen hier, im Gegensatz zu Nr. 38, das Koordinatensystem wieder in der normalen Lage, nämlich mit der y-Achse nach oben und der x-Achse nach rechts, da sonst die folgenden Ausführungen unübersichtlich würden. Über die Vorzeichen der Spannungen wird bei Beachtung der Richtung des Momentenvektors bzw. seiner Komponenten niemals ein Zweifel bestehen. Siehe diesbezüglich die beiden folgenden Beispiele.

und speziell, wo die Nullachse liegt. Dazu berechnen wir die Spannung in einem beliebigen Punkt B der Querschnittsfläche, der die Koordinaten x, y haben soll[1]. Wir verfahren dann ähnlich wie in der vorigen Nummer. Wir zerlegen $\mathfrak{M}$ nach den Richtungen der Hauptachsen in zwei Komponenten $\mathfrak{M}_x$ und $\mathfrak{M}_y$, die dann jede für sich gerade Biegung bewirken, und überlagern die Ergebnisse.

Für die Größen der beiden Komponenten gelten wieder die Gleichungen

$$M_x = M \cos \alpha, \qquad M_y = M \sin \alpha. \qquad (43, 34)$$

Nach Gl. (38, 8) ruft M_x im Punkt B die Spannung

$$\sigma' = \frac{M_x}{J_x}\, y \qquad (43, 35)$$

hervor. Vertauschen wir in dieser Gleichung x und y, so erhalten wir die Spannung, die M_y im Punkt B bewirkt

$$\sigma'' = \frac{M_y}{J_y}\, x. \qquad (43, 36)$$

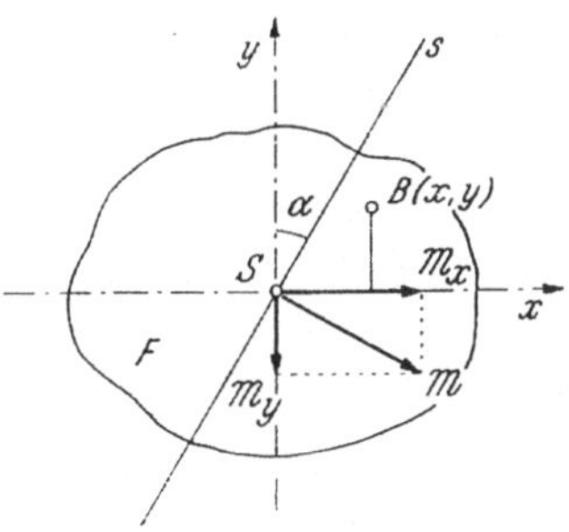

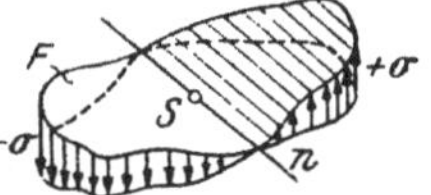

Abb. 87. Auf schiefe Biegung beanspruchter Querschnitt von beliebiger Form

Liegen die Verhältnisse so wie in Abb. 87 dargestellt, dann richten sich, wenn wir M_x und M_y positiv einsetzen, die Vorzeichen von σ' und σ'' nach den Vorzeichen der Koordinaten x und y. Die Spannung, die das Moment M im Punkt B hervorruft, wollen wir mit $\sigma\,(x, y)$ bezeichnen; sie ist gleich der algebraischen Summe der Spannungen σ' und σ'':

$$\boxed{\ \sigma\,(x, y) = \frac{M_x}{J_x}\, y + \frac{M_y}{J_y}\, x. \ } \qquad (43, 37)$$

Führen wir in diese Gleichung die Trägheitsradien (s. Nr. 33) ein, indem wir für $J_x = i_x{}^2 F$ und für $J_y = i_y{}^2 F$ setzen und ziehen ferner die Gl. (43, 34) heran, so erhalten wir

$$\sigma\,(x, y) = \frac{M}{F}\left(\frac{\cos \alpha}{i_x{}^2}\, y + \frac{\sin \alpha}{i_y{}^2}\, x \right). \qquad (43, 38)$$

Die Spannungsverteilung auf der Querschnittsfläche F ist also durch eine lineare Gleichung in x und y gegeben. Betrachten wir σ, x und y als Veränderliche, so ist dies die Gleichung einer Ebene. Zeichnen wir

Abb. 88. Spannungsverteilung auf dem biegungsbeanspruchten Querschnitt

also, wie in Nr. 38, in jedem Punkt der Querschnittsfläche den Spannungsvektor, so liegen die Endpunkte aller dieser Vektoren auch bei der schiefen Biegung auf einer Ebene (Abb. 88). Die Schnittlinie dieser Ebene mit der Fläche F gibt den geometrischen Ort aller Punkte an, wo die Spannung

---

[1] Wenn wir der Kürze halber von der Spannung in einem Punkt einer Fläche sprechen, so ist immer die Spannung auf einem Flächenelement in diesem Punkt gemeint.

gleich Null ist, also die Nullachse. Auf der einen Seite der Nullachse herrscht Zug, auf der anderen Druck. Die *Gleichung der Nullachse* erhalten wir demnach, wenn wir Gl. (43, 38) null setzen. Dies liefert

$$\frac{\cos \alpha}{i_x^2} \, y + \frac{\sin \alpha}{i_y^2} \, x = 0. \tag{43, 39}$$

Es ergibt sich, wie zu erwarten, die Gleichung einer Geraden, die wir auch auf die Form

$$y = - \frac{i_x^2}{i_y^2} \operatorname{tg} \alpha \cdot x \tag{43, 40}$$

bringen können. Für $x = 0$ ergibt sich $y = 0$, die Nullachse geht also auch bei schiefer Biegung durch den Schwerpunkt. Stellen wir dieser Gleichung die Gleichung der Spur der Lastebene s gegenüber, welche lautet (s. Abb. 87):

$$y = \operatorname{ctg} \alpha \cdot x, \tag{43, 41}$$

so zeigt sich, daß die Spur der Lastebene und die neutrale Achse die Richtungen zweier *konjugierter Durchmesser* der Zentralellipse haben.

Beweis. Wir bezeichnen die Koordinaten des Schnittpunkts der Nullachse n mit der Zentralellipse mit x_0, y_0 (Abb. 89). Wir werden zeigen, daß die Tangente an die Zentralellipse im Punkt x_0, y_0 (und damit auch die Tangente im gegenüberliegenden Punkt $- x_0$, $- y_0$) zur Spur der Lastebene s parallel ist.

Aus der Gleichung der Zentralellipse [Gl. (33, 41), $\xi \to x$, $\eta \to y$]

$$\frac{x^2}{i_y^2} + \frac{y^2}{i_x^2} = 1, \tag{43, 42}$$

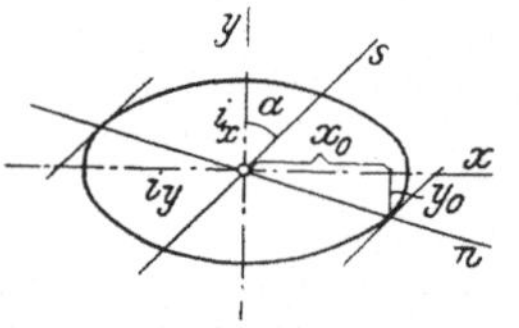

erhalten wir in bekannter Weise die Gleichung der Tangente im Punkt x_0, y_0

$$\frac{x \, x_0}{i_y^2} + \frac{y \, y_0}{i_x^2} = 1, \tag{43, 43}$$

worin x, y die laufenden Koordinaten der Tangente sind. x_0, y_0 müssen als Koordinaten eines Punktes der Geraden n der Gl. (43, 40) genügen:

$$y_0 = - \frac{i_x^2}{i_y^2} \operatorname{tg} \alpha \cdot x_0.$$

Abb. 89. Spur der Lastebene und Nullachse als konjugierte Durchmesser der Zentralellipse

Berechnen wir daraus x_0 und setzen wir es in Gl. (43, 43) ein, so erhalten wir als Gleichung der Tangente

$$y = \operatorname{ctg} \alpha \cdot x + \frac{i_x^2}{y_0}.$$

Der Richtungskoeffizient stimmt tatsächlich mit dem der Geraden s gemäß Gl. (43, 41) überein, die Richtungen s und n sind also tatsächlich konjugiert.

Bei gegebener Spur der Lastebene läßt sich die Nullachse auch sehr leicht zeichnerisch mittels des Trägheitskreises gewinnen (Abb. 90*a*). Sind x, y Hauptachsen, so tragen wir vom Schwerpunkt S aus auf der y-Achse J_x auf (Punkt T) und daran anschließend J_y, zeichnen den Trägheitskreis (s. Nr. 30) und bringen die Spur der Lastebene s mit ihm zum Schnitt (Punkt L). Ziehen wir die Verbindungslinie LT, so schneidet sie den Trägheitskreis nochmals im Punkt N. Durch die Punkte N und S geht die Nullachse n.

Die Konstruktion läßt sich auch dann durchführen, wenn die Achsen x und y keine Hauptachsen sind, jedoch J_x, J_y und J_{xy} bekannt sind. Sie ist in Abb. 90b durchgeführt. In diesem Koordinatensystem gelten die vorhin abgeleiteten Gl. (43, 37) und (43, 39) nicht!

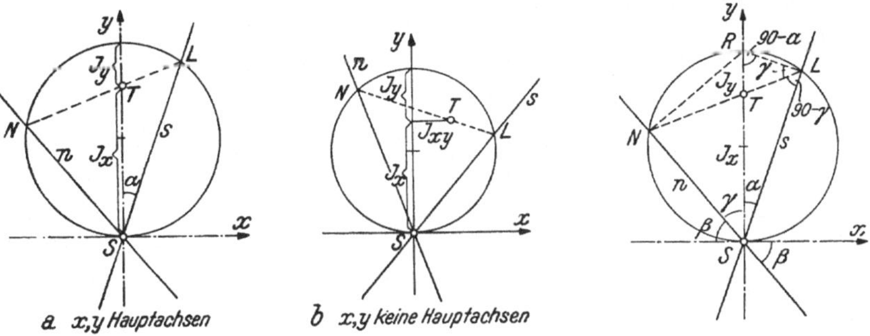

Abb. 90. Zeichnerische Ermittlung der Nullachse bei gegebener Spur der Lastebene mit Hilfe des Trägheitskreises

Abb. 91. Zum Beweis der Richtigkeit der Konstruktion gemäß Abb. 90 a

Wir führen den Beweis für die Richtigkeit der Konstruktion an Hand der Abb. 91 durch, wo x und y als Hauptachsen vorausgesetzt sind. Um zu zeigen, daß die Gerade n die neutrale Achse ist, weisen wir nach, daß tg β gleich dem negativen Richtungskoeffizienten der Gleichung der Nullachse (43, 40) ist, daß also gilt

$$\operatorname{tg}\beta = \frac{i_x^2}{i_y^2}\operatorname{tg}\alpha = \frac{J_x}{J_y}\operatorname{tg}\alpha.$$

Führen wir statt $\beta = 90 - \gamma$ ein, so haben wir zu zeigen, daß

$$\operatorname{ctg}\gamma = \frac{J_x}{J_y}\operatorname{tg}\alpha \qquad (43, 44)$$

ist. Der Winkel SLR ist als Winkel im Halbkreis ein rechter, daher ist $\sphericalangle\,TRL = {}$ $= 90 - \alpha$. Ferner muß $\sphericalangle\,TLR = \gamma$ sein, denn er ist Peripheriewinkel über demselben Bogen wie γ. Daher ist $\sphericalangle\,TLS = 90 - \gamma$. Wenden wir sowohl auf das Dreieck SLT als auch auf das Dreieck TLR den Sinussatz an, so erhalten wir

$$\frac{L\,T}{J_x} = \frac{\sin\alpha}{\cos\gamma}, \qquad \frac{L\,T}{J_y} = \frac{\cos\alpha}{\sin\gamma}.$$

Division der beiden Gleichungen liefert

$$\frac{J_y}{J_x} = \operatorname{tg}\alpha\operatorname{tg}\gamma,$$

woraus man sofort Gl. (43, 44) erhält.

Zum Beweis der Richtigkeit der Konstruktion im Fall der Abb. 90b denke man sich nach dem Verfahren von MOHR (Nr. 30) die Hauptachsen und die Hauptträgheitsmomente ermittelt und kann dann den Beweis ähnlich wie im Fall a führen.

Haben wir die Nullachse gefunden, so können wir auch sofort jene Punkte des Querschnitts angeben, in denen die größte Zug- bzw. die größte Druckspannung wirkt. Vergegenwärtigen wir uns die Darstellung des Spannungsverlaufs durch die vorhin genannte geneigte Ebene, welche die Querschnittsfläche in der Nullachse schneidet. Wir erkennen dann, daß die größten Werte der Spannung in jenen Randpunkten der Zug- bzw. der Druckzone auftreten werden, die von der Nullachse den größten Abstand haben. Diese Punkte, die wir mit 1 und 2 bezeichnen wollen, erhalten wir, indem wir an die Berandung der Querschnittsfläche Tangenten legen, die der Nullachse parallel sind (Abb. 92). Sind x und y Hauptachsen, so können wir die Spannung in

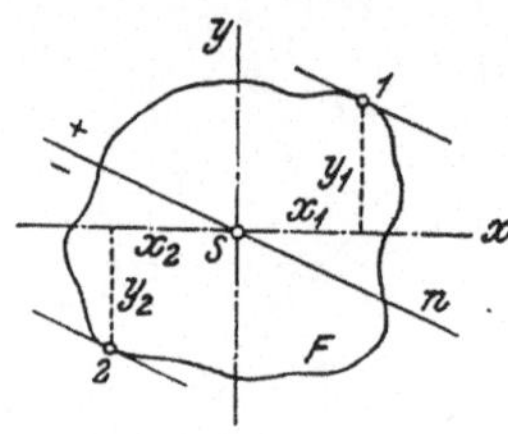

Abb. 92. Ermittlung jener Punkte des Querschnitts, in denen die größten Spannungen auftreten

den Punkten 1 und 2 berechnen, indem wir ihre Koordinaten x_1, y_1 bzw. x_2, y_2 in die Gl. (43, 37) einsetzen.

Aus der Darstellung der Spannungsverteilung mittels der geneigten Ebene erkennen wir ferner, daß auch bei der schiefen Biegung die

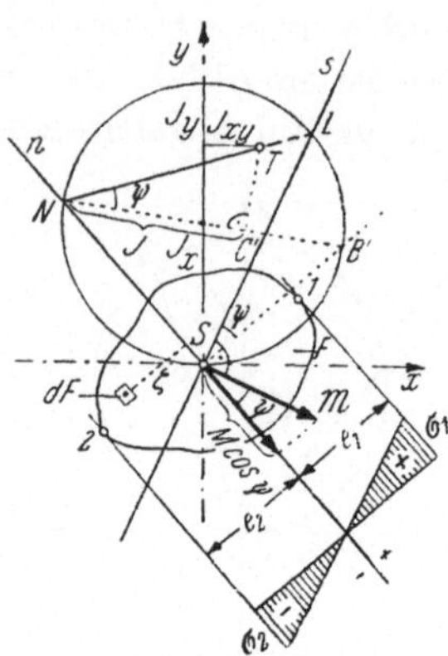

Abb. 93. Gewinnung der Randspannungen für einen auf schiefe Biegung beanspruchten Querschnitt auf zeichnerischem Wege

Spannung auf einem beliebigen Flächenelement dF der Querschnittsfläche F dem senkrechten Abstand ζ des Flächenelements von der Nullachse proportional ist (Abb. 93). Bezeichnen wir ζ als positiv oder negativ, je nachdem, ob dF in der Zug- oder in der Druckzone liegt, so können wir schreiben

$$\sigma = k'\,\zeta, \tag{43, 45}$$

wo k' eine Proportionalitätskonstante ist. Die Kraft, die auf das Flächenelement wirkt, ist dann gegeben durch

$$dP = \sigma\,dF = k'\,\zeta\,dF. \tag{43, 46}$$

Bilden wir die Summe der Momente aller dP um die Nullachse, so muß sie gleich derjenigen Komponente von $\mathfrak{M}$ sein, die in die Nullachse fällt. Ist ψ der Winkel zwischen dem Momentenvektor und der Nullachse, so hat diese Komponente die Größe $M \cos\psi$ und es muß gelten

$$M \cos\psi = \int\limits_F \zeta\,dP = k' \int\limits_F \zeta^2\,dF.$$

Nun ist gemäß der Definition des Trägheitsmoments einer Fläche (Nr. 21) $\int\limits_F \zeta^2\,dF$ gleich dem Trägheitsmoment der Fläche F um die Nullachse, das wir mit J bezeichnen wollen. Es ergibt sich somit

$$k' = \frac{M \cos\psi}{J} \tag{43, 47}$$

und

$$\sigma = \frac{M \cos\psi}{J}\,\zeta. \tag{43, 48}$$

Daraus erhalten wir die Randspannungen, indem wir für ζ den Abstand der Punkte 1 und 2 von der Nullachse einsetzen: $\zeta = e_1$ bzw. $\zeta = -e_2$:

$$\sigma_1 = +\frac{M\cos\psi}{J}\,e_1, \qquad \sigma_2 = -\frac{M\cos\psi}{J}\,e_2. \qquad (43,49)$$

Diese Gleichungen sind ganz ähnlich gebaut wie jene für die Randspannungen bei der geraden Biegung [Gl. (38, 10)]. Auf ihnen beruht eine sehr hübsche Methode, die Randspannungen zeichnerisch zu gewinnen. Der Hauptvorteil dieses Verfahrens besteht darin, daß zu seiner Anwendung die Kenntnis der Hauptachsen und der Hauptträgheitsmomente des Querschnitts *nicht* erforderlich ist. Es genügt vielmehr, daß J_x, J_y, J_{xy} für ein beliebiges Achsenkreuz x, y bekannt sind. Dies sei für die in Abb. 93 dargestellte Fläche F vorausgesetzt. Wir ermitteln zunächst nach der in Abb. 90b angegebenen Konstruktion die Nullachse und stellen die Punkte 1 und 2 fest. Nun zeigt sich, daß die Strecke $NT = J/\cos\psi$ ist. Denn denken wir uns nach dem Mohrschen Verfahren das Trägheitsmoment der Fläche F um die Nullachse aus J_x, J_y, J_{xy} zeichnerisch ermittelt, so geschieht dies nach Abb. 60 (in Abb. 93 punktiert eingezeichnet). Die Strecke NC' ist gleich J, der Winkel LSB' ist als Normalwinkel zu dem Winkel zwischen $\mathfrak{M}$ und n gleich ψ. Als Peripheriewinkel über demselben Bogen ist dann auch $\sphericalangle\,B'NL = \psi$. Somit folgt aus dem rechtwinkeligen Dreieck $NC'T$

$$NT = \frac{J}{\cos\psi}. \qquad (43,50)$$

Messen wir also diese Strecke im Maßstab der Trägheitsmomente ab, messen wir ferner e_1 und e_2 im Längenmaßstab der Zeichnung, so gilt

$$\sigma_1 = +\frac{M\,e_1}{NT}, \qquad \sigma_2 = -\frac{M\,e_2}{NT}. \qquad (43,51)$$

In Abb. 93 ist auch ein Schaubild der Verteilung der Biegespannungen auf dem Querschnitt dargestellt. Es ergibt sich als senkrecht zur Nullachse geführter Schnitt durch die Ebene des Spannungsverlaufs und kann gezeichnet werden, sobald die Randspannungen σ_1 und σ_2 bekannt sind.

Schlußbemerkung. Sämtliche Gleichungen für die schiefe Biegung, die wir in dieser und in der vorigen Nummer hergeleitet haben, können auch unmittelbar, ohne den Umweg über die gerade Biegung einzuschlagen, aus der Bernoullischen Hypothese (Nr. 38) gewonnen werden. Nimmt man an, daß die Querschnitte bei der Biegung eben bleiben und bloß eine kleine Drehung um die Nullachse ausführen, macht aber nun keinerlei Voraussetzung über den Winkel zwischen der Spur der Lastebene und der Nullachse, so gelangt unter Verwendung des Hookeschen Gesetzes und der Bedingungen, daß die auf dem Querschnitt wirkenden inneren

Kräfte die Resultierende Null und das resultierende Moment M haben müssen, zu genau denselben Gleichungen für die Spannungsverteilung, wie wir sie hier durch Überlagerung gewonnen haben[1]. Diese Gleichungen enthalten dann als Sonderfall die Formeln für die gerade Biegung.

Wenn sich jeder Querschnitt um die Nullachse dreht, dann biegt sich der Stab, und zwar krümmt sich jedes Stabelement in einer Ebene, die senkrecht zur Nullachse steht. Hat der Stab überall den gleichen

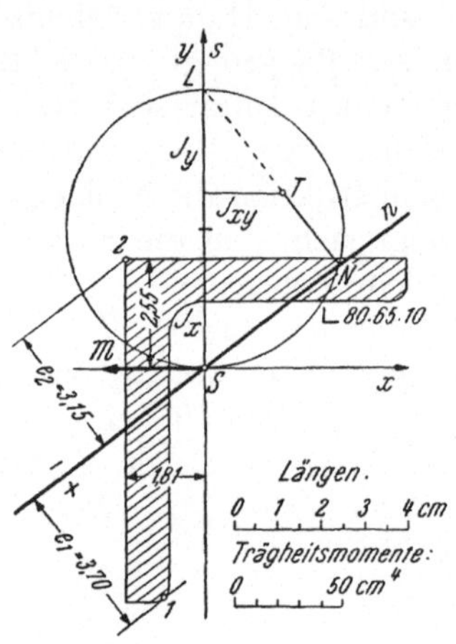

Abb. 94. Auf schiefe Biegung beanspruchter Winkelquerschnitt. Ermittlung der Randspannungen aus der Zeichnung

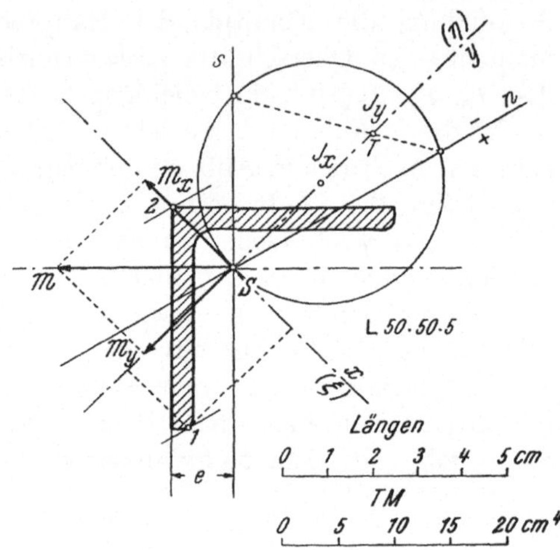

Abb. 95. Auf schiefe Biegung beanspruchter Winkelquerschnitt. Berechnung der Randspannungen

Querschnitt, dann hat die Nullachse stets dieselbe Richtung und alle diese Ebenen fallen zusammen. Die *Biegelinie* des Stabes, das ist jene Kurve, nach der sich die Stabachse unter dem Einfluß der Belastung krümmt, ist also in diesem Fall eine ebene Kurve. Sie verläuft in einer zur Nullachse senkrechten Ebene, die nur im Fall der geraden Biegung mit der Lastebene zusammenfällt.

1. Beispiel. Der Winkelquerschnitt ∟ 80.65.10 sei durch ein positives Biegemoment $M = 150$ kp m, dessen Ebene den Querschnitt in der y-Achse schneidet, auf schiefe Biegung beansprucht (Abb. 94). Gesucht sind die Randspannungen.

Die Koordinaten des Schwerpunkts und die Werte der Trägheitsmomente und des Deviationsmoments des Querschnitts (es ist derselbe, den wir in Nr. 32 behandelt haben) werden der Profiltafel (DIN 1029) entnommen. Es ist

$$J_x = 82,2 \text{ cm}^4, \qquad J_y = 48,3 \text{ cm}^4, \qquad J_{xy} = + 36,8 \text{ cm}^4.$$

Auf das Vorzeichen des Deviationsmoments ist wohl zu achten. Liegt der Querschnitt so, wie in Abb. 94 dargestellt, dann ist $J_{xy} > 0$, im Gegensatz zu Abb. 62.

---

[1] S. z. B. T. PÖSCHL, Elementare Festigkeitslehre (Springer, Berlin 1952).

Mittels des Mohrschen Kreises wird nun die Nullachse gezeichnet, ferner die Strecke NT in cm^4 gemessen. Es ergibt sich

$$NT = 43 \text{ cm}^4.$$

Weiters messen wir die größten Randabstände von der Nullachse im Längenmaßstab der Zeichnung:

$$e_1 = 3,70 \text{ cm}, \qquad e_2 = 3,15 \text{ cm}.$$

Damit erhalten wir nach den Gl. (43, 51) für die Randspannungen

$$\sigma_1 = \frac{15\,000 \cdot 3,70}{43} = 1290 \text{ kp/cm}^2, \qquad \sigma_2 = -\frac{15\,000 \cdot 3,15}{43} = -1100 \text{ kp/cm}^2.$$

Welche von den beiden Spannungen die Zug- und welche die Druckspannung ist, ergibt sich eindeutig aus der Richtung des Momentenvektors. Danach muß unterhalb der Nullachse Zug, oberhalb Druck herrschen.

Der Leser berechne die Randspannungen in den Punkten 1 und 2 nach Gl. (43, 37) unter Benützung der in Nr. 32 ermittelten Hauptachsen und Hauptträgheitsmomente des Querschnitts (s. das folgende Beispiel).

2. Beispiel. Der Winkelquerschnitt ∟ 50.50.5 sei durch ein positives Biegemoment $M = 32$ kp m, das in einer lotrechten Ebene dreht, auf schiefe Biegung beansprucht (Abb. 95). Die größten auf dem Querschnitt auftretenden Spannungen σ_1 und σ_2 sind zu berechnen.

Die Hauptachsen des Querschnitts liegen unter 45° gegen die Winkelschenkel geneigt und sind in den Profiltafeln mit ξ und η bezeichnet. Um bei unserer bisherigen Bezeichnung zu bleiben, nennen wir sie x und y. Aus der Tafel entnehmen wir den Schwerpunktsabstand $e = 1,40$ cm und ferner die Hauptträgheitsmomente, die wir hier mit J_x und J_y bezeichnen. (Nicht zu verwechseln mit den in der Tafel so bezeichneten Werten, die sich auf die schenkelparallelen Schwerachsen beziehen!) Es ist

$$(J\xi) = J_x = 17,4 \text{ cm}^4, \qquad (J\eta) = J_y = 4,59 \text{ cm}^4.$$

Mittels der Konstruktion gemäß Abb. 90a gewinnen wir zunächst die Nullachse und damit jene Punkte 1 und 2, wo die gesuchten Randspannungen auftreten. Die Koordinaten des Punktes 1 werden am besten durch Messung gewonnen, die x-Koordinate des Punktes 2 ist $-e\sqrt{2}$. In Zentimetern ausgedrückt, haben wir

$$\text{Punkt 1:} \quad x_1 = +1,80, \qquad y_1 = -3,25,$$
$$\text{Punkt 2:} \quad x_2 = -2,00, \qquad y_2 = \quad 0.$$

Für die Spannung in einem beliebigen Punkt x, y gilt nach Gl. (43, 37)

$$\sigma(x, y) = \frac{M_x}{J_x}\, y + \frac{M_y}{J_y}\, x.$$

M_x und M_y sind die Komponenten des Momentenvektors $\mathfrak{M}$ nach den Hauptachsenrichtungen x, y. Für ihre Beträge gilt

$$M_x = M_y = M \cos 45 = 3200 \cdot 0,707 = 2260 \text{ kp cm}.$$

Für x und y haben wir die Koordinaten der Punkte 1 und 2 einzusetzen. Was die Vorzeichen der beiden Summanden von σ anlangt, so stellt man diese am besten durch eine anschauliche Überlegung fest und setzt dann für alle Größen einfach ihre Beträge ein. Die Vektorkomponente $\mathfrak{M}_x$ bedeutet ein Moment, das im Punkt 1 Zug hervorruft, im Punkt 2 hingegen die Spannung null. $\mathfrak{M}_y$ ist ein Moment, das im Punkt 1 Zug, im Punkt 2 Druck hervorruft. Wir haben also für σ_1 das Vorzeichenschema: $+\,+$, während für σ_2 gilt: $0\,-$. Damit erhalten wir

$$\sigma_1 = \frac{2260}{17,4}\,3,25 + \frac{2260}{4,59}\,1,80 = +\,1310\ \text{kp/cm}^2,$$

$$\sigma_2 = 0 \quad -\frac{2260}{4,59}\,2,00 = -\,985\ \text{kp/cm}^2.$$

Der Leser ermittle die beiden Spannungen zeichnerisch, so wie im vorigen Beispiel.

B. Die Schubbeanspruchung infolge der Querkräfte

44. Die Schubspannungen infolge der Querkraft auf einem rechteckigen Querschnitt. Haben wir uns bisher bloß mit der Wirkung der Biegemomente allein beschäftigt, so wollen wir nunmehr auch die Spannungen

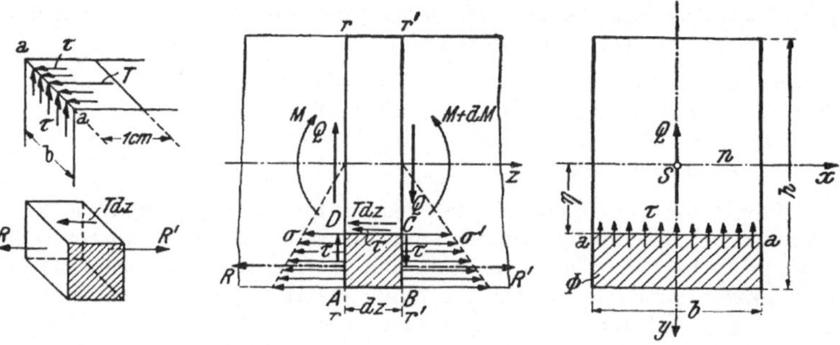

Abb. 96. Berechnung der Schubspannungen, die infolge der Querkraft auf einem rechteckigen Balkenquerschnitt auftreten

ermitteln, welche die Querkräfte in einem auf *allgemeine Biegung* oder, wie man auch sagt, auf *Querkraftbiegung* beanspruchten Balken hervorrufen. Rufen die Biegemomente in den Querschnitten Normalspannungen hervor, so bewirken die Querkräfte das Auftreten von Schubspannungen. Wir wollen im folgenden eine näherungsweise Berechnung der Schubspannungsverteilung bei gegebener Querkraft Q durchführen.

Wir betrachten zunächst einen Balken mit rechteckigem Querschnitt $b \cdot h$, wählen die Hauptachsen durch den Schwerpunkt als Koordinatenachsen x, y und die Balkenachse als z-Achse (Abb. 96). Die Belastung sei, wie stets, senkrecht zur Balkenachse, also lotrecht gerichtet. Die y-z-Ebene soll Lastebene sein, der Vektor der Querkraft liegt also in der y-Achse und die Biege-Nullachse fällt mit der x-Achse zusammen[1]. Zunächst stellen wir fest, daß die Schubspannungen keinesfalls gleichmäßig über den Querschnitt verteilt sein können. Ist das Rechteck nicht allzu breit, so können wir mit guter Näherung annehmen, daß die Schubspan-

---

[1] Es herrscht gerade Biegung. Wir ziehen, wie in Nr. 38, die positive y-Achse nach abwärts.

nungen parallel zu Q gerichtet sind. Wären die Schubspannungen über den Querschnitt gleichmäßig verteilt, dann würden längs der Ober- und Unterkante des Rechtecks Schubspannungen vorhanden sein, die senkrecht zur Kante gerichtet sind. Nach dem Satz über die zugeordneten Schubspannungen (Nr. 4) müßten dann auch an der Ober- und Unterfläche des Balkens Schubspannungen vorhanden sein, die senkrecht zu den genannten Kanten des Querschnitts gerichtet sind. Bei lotrechter Belastung oder auf der unbelasteten, freien Trägeroberfläche können jedoch solche Spannungen nicht auftreten, und es müssen daher auch die Schubspannungen in der Querschnittsfläche längs der Ober- und Unterkante gleich Null sein. Da jedoch auf dem Querschnitt sicherlich Schubspannungen auftreten werden, können sie nicht gleichmäßig verteilt sein.

Wirken auf dem Querschnitt längs einer zur x-Achse parallelen Geraden $a \ldots a$ die Schubspannungen τ, so müssen nach dem Satz über die zugeordneten Schubspannungen die gleichen Schubspannungen auch auf einer Längsschnittfläche des Balkens durch die Gerade $a \ldots a$ auftreten (s. Abb. 96). Es wirken also nicht nur in den Querschnittsflächen, sondern auch in den zur Biege-Nullschicht parallelen Längsschnittflächen des Balkens Schubkräfte. Wir wollen zunächst über die Verteilung der Schubspannungen längs der Geraden $a \ldots a$ keinerlei Annahme machen, sondern zunächst bloß jene Schubkraft ermitteln, die auf ein 1 cm langes Stück einer solchen Längsschnittfläche, deren Breite b ist, wirkt. Diese *Schubkraft pro Zentimeter Balkenlänge* bezeichnen wir mit T (Dimension kp/cm). Zur Berechnung von T führen wir im Abstand dz von dem bisher betrachteten Querschnitt $r \ldots r$ einen benachbarten Schnitt $r' \ldots r'$ und ferner einen waagrechten Schnitt durch die Gerade $a \ldots a$ im Abstand η von der x-Achse. Dadurch wird aus dem Balken das in Abb. 96 schraffierte Prisma $ABCD$ herausgeschnitten. Dieses muß im Gleichgewicht sein, es muß also u. a. die Summe der Horizontalkomponenten aller daran angreifenden Kräfte gleich Null sein. Im Querschnitt $r \ldots r$ wirke das Biegemoment M und die Querkraft Q. Im Querschnitt $r' \ldots r'$ wird das Biegemoment im allgemeinen einen etwas anderen Wert haben, den wir mit $M + dM$ bezeichnen. Bezüglich der Querkraft in diesem Querschnitt können wir, ohne die Allgemeingültigkeit der folgenden Betrachtungen einzuschränken, annehmen, daß sie ebenfalls den Wert Q hat. Auf die linke Seitenfläche AD des schraffierten Prismas wirken in waagrechter Richtung die von den Biegespannungen σ herrührenden Kräfte, auf die rechte Seitenfläche BC die Kräfte infolge der von den Spannungen σ etwas verschiedenen Biegespannungen σ'. Die Resultierenden dieser Kräfte seien R bzw. R'. Auf die Fläche CD von der Länge dz wirkt die Schubkraft $T\,dz$. Damit lautet die Gleichgewichtsbedingung:

$$R' - R - T\,dz = 0. \tag{44, 52}$$

R ist gleich dem Integral aller Kräfte $\sigma\,dF$, erstreckt über die Fläche AD, also über das in der Abbildung mit Φ bezeichnete schraffierte Flächenstück:

$$R = \int_\Phi \sigma\,dF. \tag{44, 53a}$$

Desgleichen ist

$$R' = \int_\Phi \sigma'\,dF. \tag{44, 53b}$$

Das Integral ist über die Fläche BC zu erstrecken, die jedoch gleich der Fläche AD ist.

Die Spannung σ ist Funktion von y. Nach Gl. (38, 8) gilt

$$\sigma = \frac{M}{J_x}\,y,$$

wo J_x das Trägheitsmoment des Querschnitts um die Biege-Nullachse ist. Für die Spannungen σ' im Querschnitt $r' \ldots r'$ gilt

$$\sigma' = \frac{M + dM}{J_x}\,y.$$

Dies in die Gl. (44, 53) eingesetzt, liefert

$$R = \int_\Phi \frac{M}{J_x}\,y\,dF = \frac{M}{J_x} \int_\Phi y\,dF,$$

$$R' = \int_\Phi \frac{M + dM}{J_x}\,y\,dF = \frac{M + dM}{J_x} \int_\Phi y\,dF.$$

Das in diesen beiden Gleichungen auftretende Integral ist nach Statik, Nr. 26, gleich dem *statischen Moment* der Fläche Φ um die waagrechte Schwerachse x (die Biege-Nullachse)

$$\int_\Phi y\,dF = S_x. \tag{44, 54}$$

Damit lautet die Gleichgewichtsbedingung (44, 52) für das schraffierte Prisma

$$\frac{(M + dM)\,S_x}{J_x} - \frac{M\,S_x}{J_x} - T\,dz = 0.$$

Daraus folgt

$$T = \frac{dM}{dz}\,\frac{S_x}{J_x}.$$

Der Differentialquotient des Biegemoments nach den Koordinaten in der Richtung der Balkenachse ist gleich der Querkraft [s. Statik, Gl. (43, 17)]

$$\frac{dM}{dz} = Q. \tag{44, 55}$$

Damit erhalten wir für die Schubkraft pro Zentimeter Balkenlänge

$$T = \frac{Q\,S_x}{J_x}. \qquad (44,\,56)$$

Wir nehmen nun an, daß die Schubspannungen τ über die Fläche CD gleichmäßig verteilt sind. Nach dem Satz von den zugeordneten Schubspannungen setzen wir damit auch für die auf dem Querschnitt gelegenen Schubspannungen τ eine gleichmäßige Verteilung längs der Geraden $a \ldots a$ voraus (nicht jedoch eine gleichmäßige Verteilung über den ganzen Querschnitt!). Es läßt sich dann die Größe von τ sofort angeben. Die Fläche CD hat die Größe $b\,dz$ und auf sie wirkt die Schubkraft $T\,dz$. Folglich ist die Spannung

$$\tau = \frac{T\,dz}{b\,dz} = \frac{T}{b}. \qquad (44,\,57)$$

Setzen wir für T seinen Wert gemäß Gl. (44, 56) ein, so erhalten wir

$$\tau = \frac{Q\,S_x}{J_x\,b}. \qquad (44,\,58)$$

Eine gleichmäßige Verteilung der Schubspannungen längs der Parallelen zur waagrechten Schwerachse des Querschnitts findet sich allerdings nur bei schmalen und hohen Rechtecken. Die genaue Theorie zeigt, daß die Schubspannungen auf Rechtecksquerschnitten an den Rändern größer sind als in der Mitte und daß dieser Unterschied um so größer ist, je breiter das Rechteck im Vergleich zu seiner Höhe ist. Bei derartigen Querschnitten hat der nach Gl. (44, 58) berechnete Werte von τ lediglich die Bedeutung eines *Mittelwerts* der Schubspannungen längs der Geraden $a \ldots a$.

Zusammenfassend können wir also folgendes sagen: Für einen rechteckigen Querschnitt, der von der Lastebene in der lotrechten Symmetrieachse $y \ldots y$ geschnitten wird, liefert Gl. (44, 58) den Mittelwert der Schubspannungen längs einer zur waagrechten Schwerachse $x \ldots x$ (der Biege-Nullachse) parallelen Geraden $a \ldots a$. Dieser Mittelwert τ tritt sowohl auf dem Querschnitt als auch auf der zu ihm senkrechten Ebene durch $a \ldots a$ auf. Q ist die Querkraft, die in dem betrachteten Querschnitt übertragen wird. τ ist also mit Q veränderlich und ist in jenen Querschnitten gleich Null, wo Q gleich Null ist. S_x ist das statische Moment des oberhalb bzw. unterhalb $a \ldots a$ liegenden Teiles der Querschnittsfläche in bezug auf die waagrechte Schwerachse. Denn für eine Schwerachse sind die Beträge dieser beiden statischen Momente einander gleich. J_x ist das Trägheitsmoment der *gesamten* Querschnittsfläche in bezug auf die waagrechte Schwerachse. b ist die Breite des Querschnitts. Es wird sich im folgenden zeigen, daß sowohl die Gl. (44, 58) als auch die Gl. (44, 56) auch für andere als rechteckige Querschnitte Bedeutung hat.

Für das Rechteck (Abb. 97) ist $J_x = \dfrac{b\,h^3}{12}$ [Gl. (24, 6a)]. S_x ist gleich der Größe der Fläche Φ mal dem Abstand ihres Schwerpunkts S_1 von der x-Achse:

$$S_x = \Phi\, y_{s_1} = b\left(\frac{h}{2} - \eta\right) \cdot \frac{1}{2}\left(\frac{h}{2} + \eta\right) = \frac{b}{2}\left(\frac{h^2}{4} - \eta^2\right). \qquad (44,\,59)$$

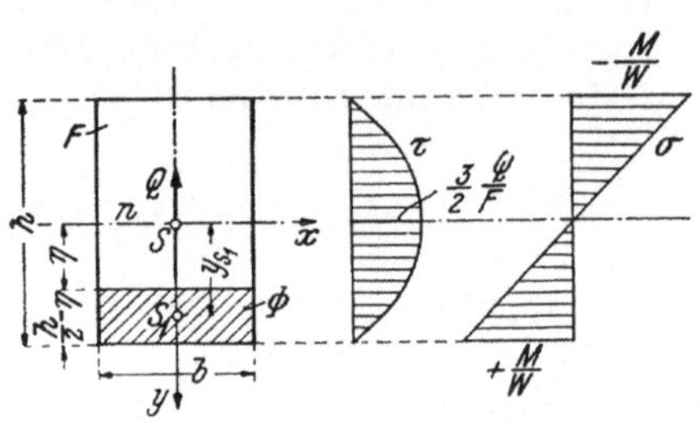

Abb. 97. Schub- und Biegespannungsverteilung auf einem Rechtecksquerschnitt, der durch die Querkraft Q und durch das Biegemoment M beansprucht wird

Dies in Gl. (44, 58) eingesetzt, liefert

$$\tau = \frac{6\,Q}{b\,h^3}\left(\frac{h^2}{4} - \eta^2\right). \qquad (44,\,60)$$

Nach dieser Formel kann für jeden Wert von η die Größe der Schubspannung berechnet werden. τ als Funktion von η dargestellt, liefert eine Parabel (s. Abbildung). Für $\eta = \pm\, h/2$ ergibt sich, wie es sein muß, $\tau = 0$. Den größten Wert von τ finden wir längs der Biege-Nullachse ($\eta = 0$). Er ist gleich

$$\tau_{\max} = \frac{3\,Q}{2\,b\,h} = \frac{3}{2}\frac{Q}{F}, \qquad (44,\,61)$$

wenn $F = b\,h$ die Fläche des Querschnitts bedeutet. Schubspannungen von der gleichen Größe wirken in der Nullschicht des Balkens. $\tau_{\max}$ ist also um 50% größer als der Wert, der sich ergäbe, wenn die Schubspannungen über den ganzen Querschnitt gleichmäßig verteilt wären. In der Abbildung ist neben der Verteilung der Schubspannungen infolge der Querkraft Q zum Vergleich die Verteilung der Normalspannungen dargestellt, wie sie sich infolge eines Biegemoments M einstellt. Wir beachten, daß die Schubspannungen ihren größten Wert dort erreichen, wo die Normalspannungen gleich Null sind und umgekehrt. Die Spannungsverteilung, die infolge gleichzeitiger Wirkung von M und Q in einem Querschnitt entsteht, kann man sich durch Überlagerung der Spannungen, die infolge M allein und jener, die infolge Q allein hervorgerufen werden, entstanden denken. In der Nullschicht des Balkens herrscht dann reiner Schub, in den oberen und unteren Randfasern reiner Druck bzw. reiner Zug.

45. Schubspannungsverteilung im Kreis-, I- und C-Querschnitt. Der Schubmittelpunkt.

Auf beliebig gestalteten Querschnitten, wie etwa auf dem in Abb. 98 dargestellten, können wir nicht erwarten, daß die Schubspannungen überall die Richtung der Querkraft haben. Denn zufolge des Satzes über die zugeordneten Schubspannungen müssen diese längs des Randes parallel zu ihm gerichtet sein[1]. Die Schubspannungen werden also im allgemeinen zwei Komponenten haben, eine horizontale und eine vertikale, die nach Nr. 4 mit τ_{zx} und τ_{zy} zu bezeichnen sind (z gibt die Richtung der Normalen der betreffenden Fläche an, x bzw. y die Richtung der Schubspannungskomponente). Setzen wir voraus, daß die Lastebene den Querschnitt in einer *Hauptachse* schneidet, so können wir. auf ganz die gleiche Art wie beim Rechtecksbalken den Mittelwert der Vertikalkomponente τ_{zy} längs einer Parallelen $a \ldots a$ zur Biege-Nullachse $x \ldots x$ berechnen. Wir schneiden wieder durch zwei benachbarte Querschnitte und einen Längsschnitt durch die Gerade $a \ldots a$ ein Stück aus dem Balken heraus und berechnen aus der Gleichgewichtsbedingung zunächst die Schubkraft, die pro Zentimeter Balkenlänge in der Längsschnittfläche wirkt. Es ergibt sich dann wieder die Gl. (44, 56):

$$T = \frac{Q\,S_x}{J_x}.$$

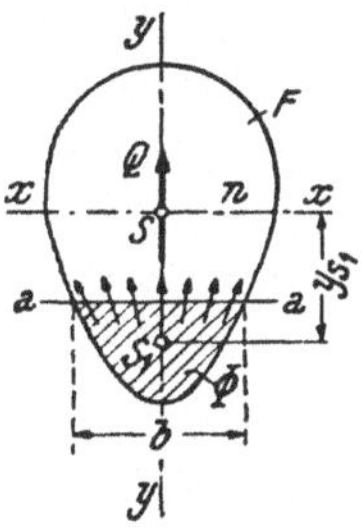

Darin bedeutet Q die Querkraft, J_x das Trägheitsmoment der ganzen Querschnittsfläche und S_x das statische Moment der Fläche Φ, J_x und S_x sind auf die x-Achse bezogen. Gemäß Abb. 98 ist $S_x = y_{S_1}\,\Phi$. wenn S_1 der Schwerpunkt der Fläche Φ ist.

Abb. 98. Schubspannungen infolge der Querkraft auf einem Querschnitt von beliebiger Form

Dividieren wir T durch die Breite b des Querschnitts in der Höhe der Geraden $a \ldots a$, so erhalten wir den Mittelwert der Schubspannungen in der Längsschnittfläche (diese Schubspannungen haben nach wie vor die Richtung der Balkenachse), der nach dem Satz von den zugeordneten Schubspannungen gleich ist dem Mittelwert der *Vertikalkomponenten* der Schubspannungen auf der Querschnittsfläche längs der Geraden $a \ldots a$: Für den Mittelwert von τ_{zy} ergibt sich also ein ganz gleicher Ausdruck wie Gl. (44, 58), mit dem Unterschied, daß statt τ jetzt τ_{zy} steht und daß ferner b nicht konstant, sondern mit y veränderlich ist:

$$\tau_{zy} = \frac{Q\,S_x}{J_x\,b}. \tag{45, 62}$$

Ist die Spur der Lastebene keine Hauptachse des Querschnitts, dann gelten diese Gleichungen nicht, denn zu ihrer Herleitung wurde die Formel für die Spannungsverteilung bei gerader Biegung verwendet. In diesem Fall wäre die Querkraft nach den Hauptachsenrichtungen in zwei Komponenten zu zerlegen.

---

[1] Hätten die Schubspannungen längs der Berandung des Querschnitts Komponenten senkrecht zum Rand, dann müßten Schubspannungen von der gleichen Größe wie diese Komponenten auch auf der freien Balkenoberfläche auftreten. Diese freie Oberfläche ist aber sicherlich schubspannungsfrei.

Ähnlich wie beim Rechtecksquerschnitt ist auch hier die Abweichung des Mittelwerts τ_{zy} von den örtlich auftretenden Spannungswerten um so größer, je breiter der Querschnitt ist. Bezüglich der resultierenden Schubspannungen muß man im allgemeinen zu gewissen Annahmen greifen, derart, daß die Bedingungen über die Richtung der Spannungsvektoren längs des Randes bzw. allfällige Symmetriebedingungen erfüllt sind.

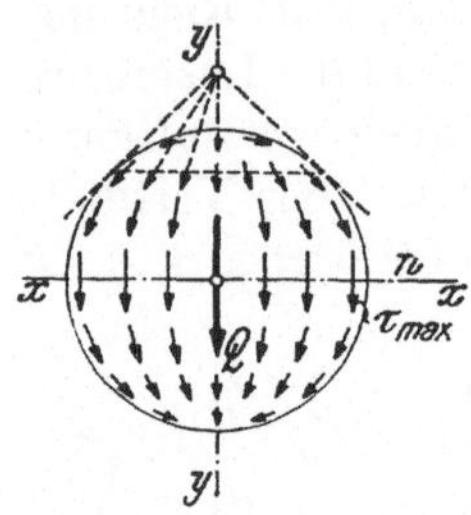

Abb. 99. Verteilung der Schubspannungen, die infolge der Querkraft auf einem Kreisquerschnitt auftreten

Für den *Kreis* z. B. erhalten wir auf diese Art etwa die in Abb. 99 angedeutete Spannungsverteilung. Die Vertikalkomponenten der Schubspannungen sind für jede Horizontale nach Gl. (45, 62) zu berechnen. Bezüglich der resultierenden Schubspannung kann man etwa annehmen, daß alle Schubspannungsvektoren einer bestimmten Horizontalen durch denjenigen Punkt der y-Achse hindurchgehen, der sich als Schnittpunkt der beiden Tangenten an den Kreis in den Endpunkten der genannten Horizontalen ergibt. Die größten Schubspannungen treten wieder längs der Biege-Nullachse auf und sind lotrecht gerichtet. Hier stimmt τ_{zy} mit der resultierenden Schubspannung überein. Aus Gl. (45, 62) erhält man, wenn F die Kreisfläche und d der Kreisdurchmesser ist (der Leser führe die Berechnung durch[1]),

$$\tau_{\max} = \frac{4}{3}\frac{Q}{F} = \frac{16}{3}\frac{Q}{\pi\,d^2}. \qquad (45,63)$$

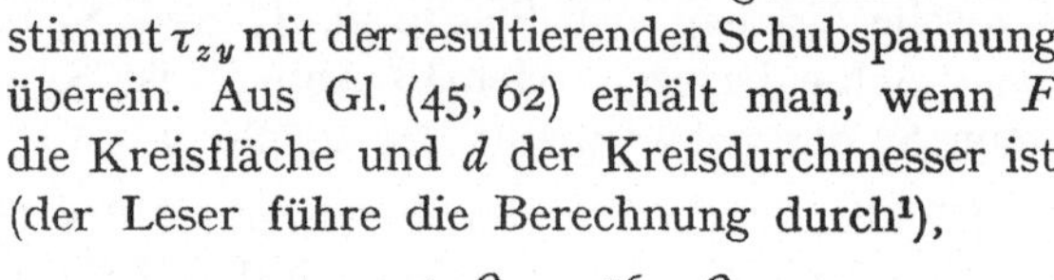

Für die Mittelwerte der Vertikalkomponenten der Schubspannungen in einem I-*Querschnitt* erhalten wir nach Gl. (45, 62) die in Abb. 100, Diagramm a dargestellte Verteilung. In den Flanschen (Schnitt 1 ... 1) ist b groß, daher ergibt sich τ_{zy} klein[2]. Beim Übergang vom Flansch in den Steg (Schnitt 2 ... 2) nimmt b sprunghaft einen viel kleineren Wert an und τ_{zy} steigt demgemäß rasch auf einen bedeutend höheren Wert. Flach parabolisch ansteigend nimmt τ_{zy} schließlich in der Nullachse seinen größten Wert $\tau_{\max}$ an. Da τ_{zy} in den Flanschen praktisch vernachlässigt werden kann und im

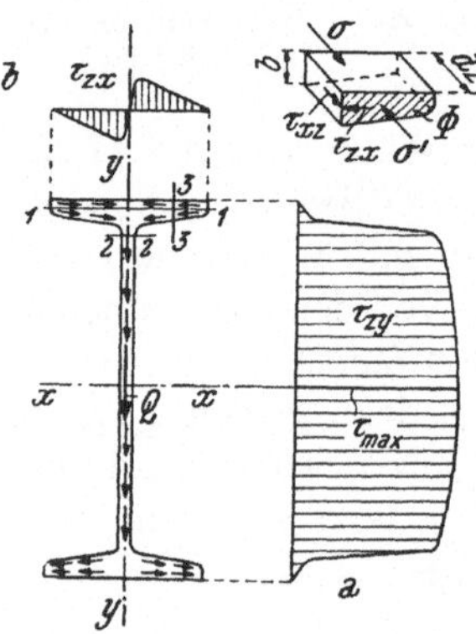

Abb. 100. Schubspannungen infolge der Querkraft auf einem I-Querschnitt

---

[1] Der Schwerpunkt des Halbkreises hat vom Kreismittelpunkt den Abstand $4\,r/3\,\pi$ [s. Statik, Gl. (38, 11)].

[2] In den Flanschen ist τ_{zy} sehr ungleichmäßig verteilt. Sowohl an der Ober- als auch an der Unterkante des Flanschquerschnitts müssen die resultierenden Schubspannungen der Berandung parallel gerichtet sein. Die Vertikalkomponenten werden daher in den äußeren Teilen der Flanschen fast Null sein, dafür aber im

Steg mit y nur wenig veränderlich ist, können wir mit genügend genauer Näherung schreiben

$$\tau_{\max} \approx \frac{Q}{F_s},\qquad (45,\,64)$$

wo F_s die Querschnittsfläche des Steges bedeutet. Im Steg stimmt τ_{zy} mit der resultierenden Schubspannung, die ja stets der Berandung parallel gerichtet sein muß, überein. Nicht so in den Flanschen. Dort kommen wir dem Wert der resultierenden Schubspannung näher, wenn wir ihre Horizontalkomponente τ_{zx} bestimmen. Das gelingt ebenfalls nach Gl. (44, 58), wenn wir sie auf den Schnitt 3 ... 3 anwenden. S_x ist dann das statische Moment des schraffierten Flächenteils $\varPhi$ in bezug auf die x-Achse und b ist die Breite des Flansches an der Schnittstelle. Betrachten wir nämlich das Gleichgewicht des durch den Schnitt 3 ... 3 und durch zwei parallele, im Abstand dz geführte Schnitte abgetrennten Stückes des Flansches unter dem Einfluß der darauf wirkenden Schub- und Biegespannungen, so erhalten wir auch für τ_{zx} die Gleichung

$$\tau_{zx} = \frac{Q\,S_x}{J_x\,b}.\qquad (45,\,65)$$

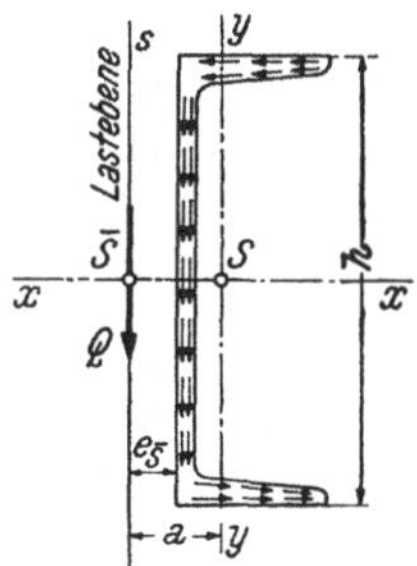

Abb. 101. Schubspannungsverteilung auf einem ⊏-Querschnitt infolge der Querkraft, falls die Lastebene durch den Schubmittelpunkt geht

Rücken wir mit dem Schnitt 3 ... 3 immer näher an den Steg heran, so nimmt $\varPhi$ und damit S_x ungefähr linear zu. b bleibt näherungsweise konstant, so daß also τ_{zx} näherungsweise linear anwächst. In der y-Achse muß τ_{zx} aus Symmetriegründen gleich Null sein und hernach, wenn wir noch weiter nach links wandern, seine Richtung umkehren. Für die unteren Flanschen ergibt sich, infolge der umgekehrten Richtung der Biegespannungen, für τ_{zx} die entgegengesetzte Richtung wie oben. Der Verlauf von τ_{zx} ist im Diagramm b der Abb. 100 angedeutet. Die resultierenden Schubspannungen auf dem Querschnitt sind ebenfalls eingezeichnet.

Bestimmen wir auf die gleiche Art, also auf Grund der Gl. (44, 58), die Verteilung der Schubspannungen in einem ⊏-*Querschnitt*, so erhalten wir das in Abb. 101 dargestellte Bild. An diesem Beispiel eines unsymmetrischen Querschnitts ist jedoch folgendes zu beachten. Die sämtlichen Schubkräfte, die infolge der Schubspannungen auf dem Querschnitt auftreten, müssen eine Resultierende von der Größe der Querkraft Q ergeben. Fragen wir nun nach der Lage dieser Resultierenden, so werden wir sofort sehen, daß sie nicht durch den Schwerpunkt S des Querschnitts geht, sondern auf der entgegengesetzten Seite des Steges liegt wie der Schwerpunkt. Betrachten wir zunächst nur die lotrechten Schubkräfte

---

mittleren Teil, wo der Steg anschließt, dementsprechend hoch über den Mittelwert ansteigen.

im Steg, so würden sie eine Resultierende Q liefern, die in der Stegmitte liegt. Zu dieser Kraft Q tritt nun noch ein Kräftepaar hinzu, das aus den waagrechten Schubkräften in den Flanschen resultiert. Das Kräftepaar und die Einzelkraft zusammengesetzt, liefert nun eine Resultierende Q, die aus der Stegmitte heraus parallel verschoben ist (s. Statik, Nr. 15). Die Lage der Wirkungslinie dieser Resultierenden, also etwa ihr Abstand $e_{\overline{S}}$ vom Profilrücken, erweist sich als unabhängig von der Größe der Querkraft und ist nur von der Form des Querschnitts abhängig.

Schreiben wir die der Gl. (44, 58) entsprechende Gleichung, bezogen auf die y-Achse als Biege-Nullachse an,

$$\tau = \frac{Q\,S_y}{J_y\,b}, \qquad\qquad (45, 66)$$

so entspricht dies der Schubspannungsverteilung infolge einer waagrecht wirkenden Belastung. Bestimmen wir wieder die Resultierende Q aller Schubkräfte, so liegt sie in diesem Fall natürlich in der x-Achse. Ihr Schnittpunkt mit der oben bestimmten lotrechten Resultierenden Q, der Punkt $\overline{S}$ der Abb. 101, wird *Schubmittelpunkt* genannt. Denn auch wenn gleichzeitig zwei derartige Schubspannungsverteilungen vorhanden sind, eine zufolge einer Querkraft Q_x gemäß Gl. (45, 66) und eine zweite zufolge einer Querkraft Q_y gemäß Gl. (44, 58), und wir überlagern diese beiden Spannungszustände, so muß die nunmehr irgendwie schräg gerichtete Resultierende aller Schubkräfte wieder durch den Punkt $\overline{S}$ gehen, da ihre beiden Komponenten Q_x und Q_y durch diesen Punkt gehen.

In gleicher Weise bestimmt man den Schubmittelpunkt eines beliebigen, unsymmetrischen Querschnitts, indem man nach den Gl. (44, 58) und (45, 66) die Schubspannungsverteilungen entsprechend den beiden Hauptachsenrichtungen ermittelt und die Resultierenden der Schubkräfte miteinander zum Schnitt bringt. Die Lage ihres Schnittpunkts $\overline{S}$ ist dann wieder nur von der Querschnittsform abhängig.

Für Querschnitte mit zwei Symmetrieachsen wie auch für zentrischsymmetrische Querschnitte (z. B. ⌐-Querschnitte) fällt der Schubmittelpunkt mit dem Schwerpunkt zusammen. Bei Querschnitten mit einer Symmetrieachse liegt $\overline{S}$ auf dieser. Für die kleineren genormten [-Querschnitte bis etwa [180 liegt $\overline{S}$ im Abstand $e_{\overline{S}} \approx 0{,}11\,h$ vom Profilrücken (s. Abb. 101). Bei L- und T-Querschnitten liegt der Schubmittelpunkt ungefähr im Schnittpunkt der Mittellinien der beiden Teilrechtecke.

Die Kenntnis des Schubmittelpunkts ist wichtig, da die Beanspruchung eines Trägers von der Lage der Lastebene relativ zum Schubmittelpunkt seines Querschnitts abhängig ist. Um uns diesen Zusammenhang klarzumachen, betrachten wir einen Träger mit aufrecht stehendem [-Querschnitt (Abb. 102), der durch äußere Kräfte beansprucht sei, die alle in

einer lotrechten Ebene liegen und senkrecht zur Stabachse gerichtet sein
sollten. Zufolge der letzteren Voraussetzung ist dann die Normalkraft
in allen Querschnitten gleich Null, was zwar für die folgenden Ausführungen nicht wesentlich ist, diese jedoch vereinfacht. Denken wir uns den
Träger an irgend einer Stelle durchschnitten, dann müssen die auf dem
Querschnitt wirkenden inneren Kräfte den am abgeschnittenen Trägerteil
angreifenden äußeren Kräften das Gleichgewicht halten. Es müssen also
die auf dem Querschnitt wirkenden Schubkräfte eine Resultierende Q
ergeben, die gemeinsam mit dem Moment, zu dem sich die Kräfte infolge
der Biegespannungen zusammenfassen lassen (dem Biegemoment), jenen

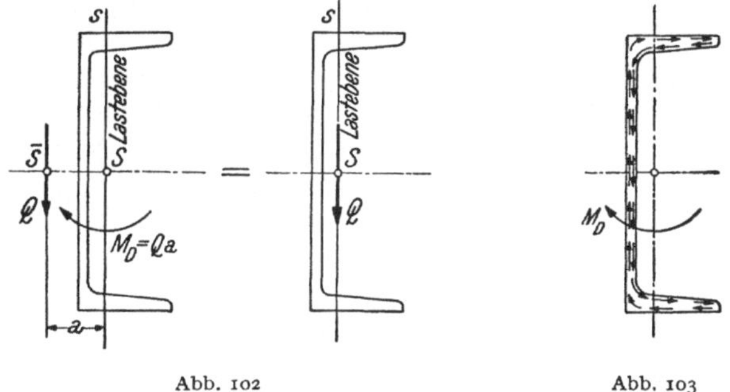

Abb. 102   Abb. 103

Abb. 102. Zusätzliche Verdrehungsbeanspruchung eines Trägers mit ⊏-Querschnitt, falls die Lastebene
nicht durch den Schubmittelpunkt geht

Abb. 103. Spannungsverteilung auf einem ⊏-Querschnitt infolge Verdrehungsbeanspruchung durch das
Moment M_D

äußeren Kräften das Gleichgewicht hält. Das ist aber nur dann möglich,
wenn diese Resultierende Q der Schubkräfte nicht nur die entsprechende
Größe hat, sondern auch in derselben Ebene liegt wie die äußeren Kräfte,
also in der Lastebene. Wir erkennen daraus, daß die Verteilung der
Schubspannungen auf dem Querschnitt nur dann die in Abb. 101 dargestellte sein kann, wenn die Lastebene nicht durch den Schwerpunkt
des Querschnitts, sondern durch den Schubmittelpunkt hindurchgeht.
Geht jedoch die Lastebene durch den Schwerpunkt, dann muß die Schubspannungsverteilung auf dem Querschnitt derart sein, daß auch die
Resultierende Q aller Schubkräfte durch den Schwerpunkt S geht. Es
muß sich daher in diesem Fall dem Spannungsbild der Abb. 101 noch
eine Spannungsverteilung überlagern, die ein Moment $M_D = Q\,a$ liefert,
so daß die Resultierende Q in den Punkt S verschoben wird (Abb. 102).
Durch das Moment M_D wird der Träger zusätzlich auf *Verdrehung* oder
Torsion beansprucht (s. Nr. 2 bzw. Abschnitt VI). Die Spannungsverteilung, welche M_D für sich allein auf dem Querschnitt hervorrufen
würde, ist in Abb. 103 dargestellt (s. Nr. 72). Wir können daher den

Schubmittelpunkt auch als jenen Punkt definieren, durch den die Lastebene hindurchgehen muß, damit der Träger torsionsfrei ist.

Infolge der Torsionsbeanspruchung trachtet sich der Querschnitt zu
wölben. Da im Innern des Trägers diese Verwölbung behindert ist,
treten zusätzliche Normalspannungen auf, die sich den Biegespannungen
überlagern und bewirken, daß die Randspannungen von den nach der
Gleichung $\sigma = M/W$ berechneten Werten oft sehr beträchtlich abweichen.
Diese Abweichungen treten nicht auf, wenn die Lastebene durch den
Schubmittelpunkt geht. In der Praxis verwendet man daher, wenn möglich, keinen einzelnen ⊏-Stahl, sondern deren zwei, die dann miteinander
verbunden, einen symmetrischen Querschnitt (⊐⊏ oder ⊏⊐) ergeben.
Wird ausnahmsweise ein einzelner ⊏-Stahl verwendet, dann belastet
man ihn möglichst nicht in der Ebene durch den Schwerpunkt, sondern
in der Stegebene. Dadurch kommt man dem Schubmittelpunkt etwas
näher, wodurch das Torsionsmoment und damit die Abweichungen der
Spannungswerte von den nach der Biegeformel berechneten verringert
werden.

Zum Schluß noch eine Bemerkung über die Rolle der Schubspannungen
bei der Bemessung von Trägern. Wie schon in Nr. 38 erwähnt, ergeben
sich für Träger von den üblichen Ausmaßen, also mit großer Länge im
Verhältnis zu den Querabmessungen, die größten Schubspannungen
wesentlich kleiner als die größten Biegespannungen, so daß man bei der
Berechnung in der Regel nicht auf jene zu achten braucht. Allenfalls
ist bei Holzbalken, bei denen die zulässige Schubspannung parallel zur
Faserrichtung beträchtlich kleiner ist als die zulässige Biegespannung
(s. Tafel 4), die Schubbeanspruchung in der Nullschicht nachzurechnen[1].
Bei kurzen und hohen Trägern hingegen, bei denen große Lasten geringe
Biegemomente, aber große Querkräfte hervorrufen, kann es jedoch, insbesondere wenn der Steg schmal ist, auch bei Stahlträgern vorkommen, daß
die Schubspannungen eine mit den Biegespannungen vergleichbare Größe
erreichen. Solche Träger sind also auf Schub nachzurechnen (s. Nr. 47,
1. Beispiel).

46. Verdübelte Holzbalken[2]. Ergeben sich bei der Berechnung von
Balken aus Holz so große Querschnitte, daß sie aus einem einzigen
Baumstamm nicht mehr herausgeschnitten werden können, dann muß
man den Träger aus zwei oder drei schwächeren Balken zusammensetzen.
Hat ein einzelner dieser Balken rechteckigen Querschnitt von der Breite b

---

[1] Auch bei Stahlbetonbalken müssen die Querkräfte durch schräg aufgebogene
Stahleinlagen und Bügel, die sogenannte „Schubbewehrung", aufgenommen werden.

[2] Die bezüglichen Normen sind Önorm B 4100/2, Ausgabe 1970, bzw. DIN 1052,
Ausgabe 1969.

und der Höhe h_1 (Abb. 104a), so ist sein Widerstandsmoment nach Gl. (35, 47)

$$W_1 = \frac{b\,h_1^2}{6}.$$

Legt man zwei solche Balken übereinander, ohne sie zu verbinden (Abb. 104b), dann stimmen die Biegelinien der beiden Balken miteinander überein, genau so, wie wenn wir die beiden Balken nebeneinander legen würden und auf jeden von ihnen die halbe Belastung stellen würden.

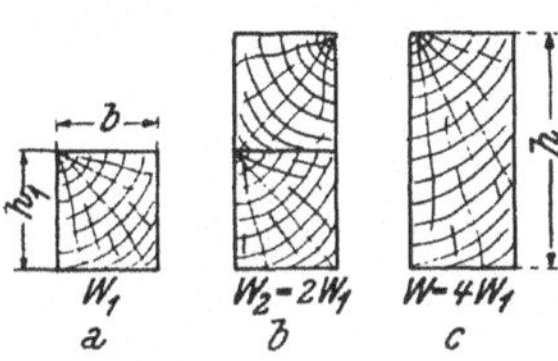

Abb. 104. Zusammengesetzte Holzbalken

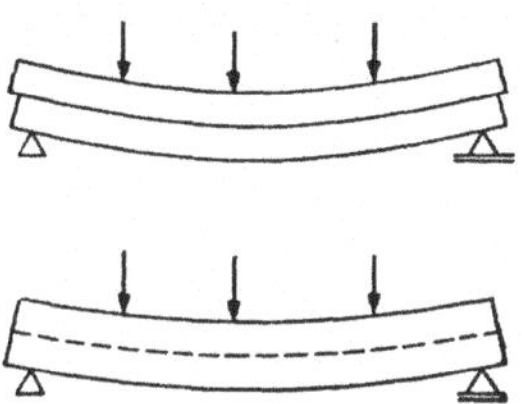

Abb. 105. Verformung zweier unverbundener Balken verglichen mit der Verformung des Trägers, nachdem die beiden Balken miteinander verbunden wurden

Das Gesamtwiderstandsmoment ist in dem letzteren Fall nach Nr. 36 doppelt so groß wie das Widerstandsmoment des Einzelbalkens und das gleiche gilt folglich auch in dem von uns betrachteten Fall. Das Gesamtwiderstandsmoment der beiden unverbundenen Balken ist also

$$W_2 = 2\,W_1. \tag{46, 67}$$

Verbindet man jedoch die beiden Balken mit einander, so daß sie wie ein einziger Balken von der Breite b und der Höhe $h = 2\,h_1$ wirken (Abb. 104c), so ist das Gesamtwiderstandsmoment

$$W = \frac{b\,h^2}{6} = \frac{b\,(2\,h_1)^2}{6} = 4\,W_1, \tag{46, 68}$$

beträgt also das Vierfache des Widerstandsmoments des Einzelbalkens. Für drei übereinandergelegte und miteinander verbundene Balken ergäbe sich ein Gesamtwiderstandsmoment $W = 9\,W_1$.

Diese Steigerung der Tragfähigkeit rührt daher, daß das Verbindungsmittel verhindert, daß sich die beiden Balken bei der Durchbiegung längs der Berührungsfläche gegeneinander verschieben. (In Abb. 105 übertrieben dargestellt.) Dies ist allerdings nur bei Verleimung voll gewährleistet. Hingegen muß man bei der im folgenden besprochenen *Verdübelung* der Balken stets kleine Verschiebungen in Kauf nehmen und kann daher nicht das ganze Widerstandsmoment W als nutzbar in Rechnung setzen, sondern nur einen Bruchteil davon. Nach Önorm ist bei Verdübelung von zwei Balken als *nutzbares Widerstandsmoment*

$$W_{n\,2} = 0{,}8\,W = 0{,}8\,\frac{b\,h^2}{6}, \tag{46, 69a}$$

bei Verdübelung von drei Balken

$$W_{n3} = 0{,}6\,W = 0{,}6\,\frac{b\,h^2}{6} \tag{46, 69b}$$

anzunehmen (h = Gesamthöhe des verdübelten Balkens). Nach Anbringung dieser Faktoren ist für die Schwächung des Querschnitts durch die Ausnehmungen für die Dübel nichts mehr abzuziehen. Die DIN, die früher ähnlich verfuhr, geht in ihrer neuen Ausgabe vom Oktober 1969 von einem wissenschaftlich begründeten Berechnungsverfahren aus.

Aus dem gleichen Grund darf man auch bei der Berechnung der *Durchbiegung* eines verdübelten Balkens (s. Abschnitt V) nicht mit dem

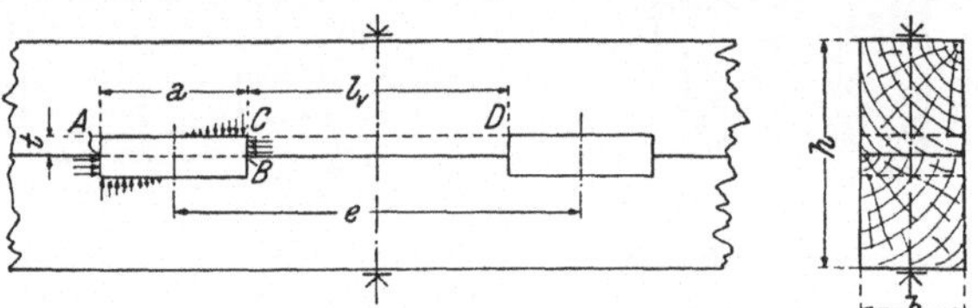

Abb. 106. Das Kräftespiel in einem verdübelten Balken

theoretisch vorhandenen Querschnittsträgheitsmoment $b\,h^3/12$ rechnen, sondern hat diesen Wert ebenfalls abzumindern. Und zwar ist das *nutzbare Querschnittsträgheitsmoment* bei zwei verdübelten Balken nach Önorm zu

$$J_{n2} = 0{,}6\,\frac{b\,h^3}{12} \tag{46, 70a}$$

und bei drei verdübelten Balken zu

$$J_{n3} = 0{,}3\,\frac{b\,h^3}{12} \tag{46, 70b}$$

anzunehmen. Hingegen ist bei der Berechnung der Kraftwirkung auf die Dübel, in Gl. (46, 72), das volle theoretische Trägheitsmoment $b\,h^3/12$ zu verwenden. Bezüglich der DIN sei auf deren neue Ausgabe verwiesen.

Es gibt eine ganze Reihe von Dübelarten, von denen wir nur den einfachen, geraden *Rechtecksdübel* behandeln wollen. Dieser ist ein Quader aus Eichenholz von der gleichen Breite b wie der Balken (Abb. 106). Die Länge des Dübels sei a, seine Höhe gleich $2\,t$; t wird *Einschnittstiefe* genannt. Laut Vorschrift soll die Dübellänge a mindestens gleich der fünffachen Einschnittstiefe t sein. Der Dübel wird in entsprechende Ausnehmungen der Balken gut passend so eingesetzt, daß seine Faserrichtung der Balkenachse parallel ist. Die Dübel haben die Schubkräfte aufzunehmen, die längs der Berührungsfläche der zu verbindenden Balken auftreten. Betrachten wir die in Abb. 106 dargestellte Verbindung zweier Balken, so ergibt sich folgendes Kräftespiel: Der obere Balken preßt sich etwa an die rechte Stirnfläche des Dübels, der untere an die linke. An diesen Flächen tritt also eine Druckbeanspruchung, und zwar Hirnholz auf Hirnholz, auf, und es darf die zulässige Druckspannung für das weniger widerstandsfähige Nadelholz des Balkens, das ist nach Önorm $\sigma_{d\,\text{zul}\,\|} = 100$ kp/cm², nach DIN 85 kp/cm² (s. Tafel 4), nicht überschritten werden. (Wir setzen im folgenden die DIN-Werte in Klammern hinter die entsprechenden Önorm-Werte.) Diese Druckbeanspruchung entspricht der Lochleibungsbeanspruchung der Niete (s. Nr. 18).

Die Kräfte an der Stirnfläche ergeben ein resultierendes Kräftepaar, das den Dübel aufzurichten trachtet. Damit der Dübel die Balken nicht auseinandertreibt, müssen zwischen den Dübeln Heftschrauben (aus Stahl, $^1/_2''$ bis $^3/_4''$, d. h. etwa 12 bis 20 mm stark) angebracht werden. Sie werden auf Zug beansprucht, werden jedoch nicht nachgerechnet, da sie sicher ausreichend sind. Die beiden Balken üben dann auf die Ober- und Unterfläche des Dübels Kräfte aus, die dem obgenannten Kräftepaar das Gleichgewicht halten. Die Spannungen infolge dieser Kräfte sind bei den üblichen Dübelabmessungen gering und werden ebenfalls gewöhnlich nicht nachgerechnet.

Hingegen müssen wir auf die Abscherungsbeanspruchung des Dübels längs der Fläche AB näher eingehen. Hier darf die parallel zur Faserrichtung zugelassene Scherspannung für Hartholz, $\tau_{\text{zul}\,h} = 15$ kp/cm² (bzw. 12 kp/cm² [1]) nicht überschritten werden. Man kann nun (dies ist jedoch keine Vorschrift) zweckmäßig wie folgt verfahren, wodurch sich einer der sonst erforderlichen Spannungsnachweise erübrigt. Man wählt das Verhältnis zwischen Dübellänge a und Einschnittstiefe t derart, daß, wenn an der Stirnfläche BC die zulässige Druckspannung erreicht wird, in der Scherfläche AB gerade die zulässige Scherspannung herrscht. Aus dem Gleichgewicht der oberen Dübelhälfte folgt, daß die Gesamtkraft auf die Stirnfläche gleich der Gesamtkraft auf die Scherfläche sein muß. Die Stirnfläche hat die Größe $t\,b$, die Scherfläche die Größe $a\,b$. Nach obiger Forderung muß also gelten

$$\sigma_{d\,\text{zul}\,\|}\ b\,t = \tau_{\text{zul}\,h}\ a\,b,$$

d. h. wenn wir die Önorm-Werte einsetzen,

$$100\ b\,t = 15\ a\,b.$$

Daraus folgt $a/t = 6{,}67$ (und ein etwas anderes Ergebnis erhält man nach den DIN-Werten). Machen wir also

$$a:t \geqq 7:1 \qquad \text{(bzw. nach DIN} \geqq 8{,}5:1) \qquad\qquad (46,71)$$

dann brauchen wir, wenn wir die Druckspannung an der Stirnfläche als $\leqq 100$ kp/cm² (bzw. 85 kp/cm²) nachgewiesen haben (Bedingung 1), die Abscherungsbeanspruchung nicht eigens nachzurechnen, denn sie ist dann sicher $\leqq 15$ kp/cm² (bzw. 12 kp/cm²).

---

[1] Güteklasse I. Die DIN-Werte in Tafel 4 gelten für Holz mittlerer Güte (Güteklasse II).

Schließlich ist noch das vor den einzelnen Dübeln liegende *Vorholz* nachzurechnen. Das Balkenstück von der Länge l_v wird längs der Fläche *CD*, deren Größe $l_v\,b$ ist, auf Abscherung beansprucht. In dieser Fläche darf also die laut Tafel 4 zulässige Scherspannung für Nadelholz, $\tau_{zul} =$ = 10 kp/cm² (bzw. 9 kp/cm²), nicht überschritten werden (Bedingung 2).

Um die Dübelverbindung zu bemessen, müssen wir die Kraft bestimmen, die ein Dübel zu übertragen hat. Wären die beiden Balken längs der Berührungsfläche miteinander verwachsen, dann würde in dieser Fläche pro Zentimeter Balkenlänge eine Schubkraft T auftreten, die sich nach Gl. (44, 56) zu

$$T = \frac{Q\,S_x}{J_x} \qquad (46,\,72)$$

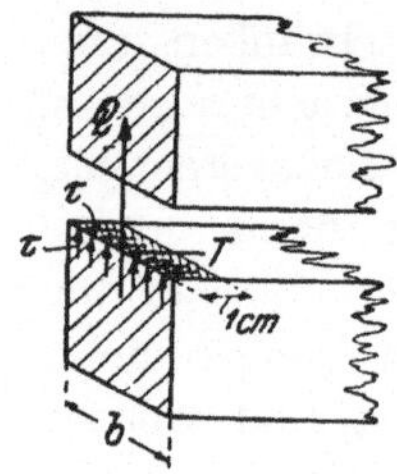

Abb. 107. Schubspannungen und Schubkraft, die in der Berührungsfläche zweier zusammenwirkender Balken zu übertragen sind

berechnet (s. Abb. 107). T hat die Dimension kg/cm. Wir wollen der Einfachheit halber zunächst annehmen, daß Q konstant ist. Dann ist, gleichbleibender Querschnitt des Balkens vorausgesetzt, auch T konstant. Auf einem Balkenstück von e cm Länge wird dann eine Schubkraft $T\,e$ längs der betrachteten Fläche übertragen. Sind nun die beiden Balken nicht miteinander verwachsen, sondern durch Dübel verbunden, die voneinander den Mittenabstand e haben, so muß ein Dübel die Kraft $T\,e$ übertragen. Diese Kraft wirkt auf die Stirnfläche des Dübels und es muß nach Bedingung 1 auf Grund der Önorm-Werte gelten

$$\frac{T\,e}{b\,t} \leqq 100 \text{ kp/cm}^2. \qquad (46,\,73)$$

Gewöhnlich wählt man t gleich 1/8 bis 1/10 der Höhe des Einzelbalkens und rechnet aus dieser Beziehung e:

$$e \leqq \frac{100\,b\,t}{T}. \qquad (46,\,74)$$

Sodann prüft man, ob die Bedingung 2 erfüllt ist:

$$\frac{T\,e}{l_v\,b} \leqq 10 \text{ kp/cm}^2. \qquad (46,\,75)$$

Nach DIN verläuft die Betrachtung ganz analog; in die obigen Formeln ist bloß anstatt 100 der Wert 85, anstatt 10 der Wert 9 kp/cm² einzusetzen. Außerdem setzt die DIN für J_x ein abgeändertes Trägheitsmoment ein, während wir hier mit dem vollen Trägheitsmoment rechnen wollen.

Für *zwei* Rechtecksbalken, die miteinander verdübelt werden sollen, von der Balkenbreite b und der *Gesamthöhe h*, ist T entweder nach Gl. (46, 72) zu berechnen oder einfacher, indem wir auf Gl. (44, 57),

$\tau = T/b$, zurückgreifen und für τ den Wert $\tau_{max} = \dfrac{3}{2}\dfrac{Q}{b\,h}$ für den Rechteckquerschnitt [Gl. (44, 61)] einsetzen. Dann erhalten wir

$$T = \frac{3}{2}\frac{Q}{h}. \tag{46, 76}$$

Ist Q veränderlich, dann kann man auch die Dübelentfernung veränderlich machen, so daß jeder Dübel ungefähr die gleiche Kraft überträgt. In Gebieten größerer Querkraft sitzen dann die Dübel enger, in Gebieten kleinerer Querkraft weiter auseinander[1]. Wenn man sich jedoch nicht soviel Mühe machen will, dann kann man auch jene Dübelentfernung berechnen, die sich für die größte Querkraft ergibt; dies reicht dann auch für die Gebiete kleinerer Querkraft aus.

Beispiel. Ein Balken auf zwei Stützen von $l = 6{,}00$ m Spannweite, der in der Mitte eine Einzellast $P = 3{,}60$ Mp trägt, soll aus Holz hergestellt werden (Abb. 108). Die Bemessung soll nach Önorm durchgeführt werden.

Zunächst ist der Balkenquerschnitt zu bestimmen. Aus der Bedingung (39, 17),

$$W_{erf} = \frac{M_{max}}{\sigma_{b\,zul}},$$

folgt mit

$$M_{max}^{(P)} = \frac{P\,l}{4} = \frac{3{,}6\cdot 6}{4} = 5{,}4 \text{ Mp m} = 540\,000 \text{ kp cm}$$

und mit $\sigma_{b\,zul} = 115$ kp/cm² (s. Tafel 4) das erforderliche Widerstandsmoment

$$W_{erf} = \frac{540\,000}{115} = 4700 \text{ cm}^3.$$

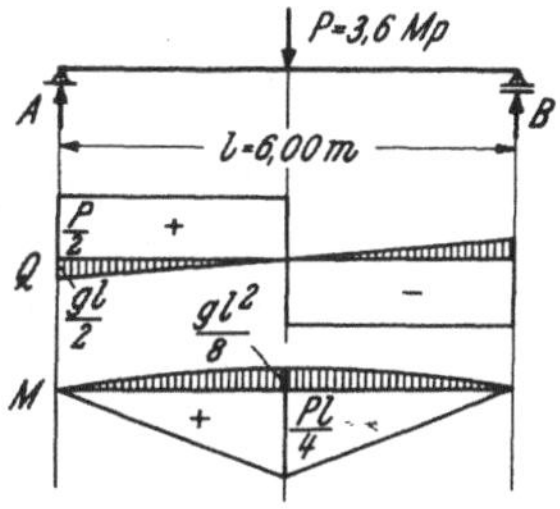

P=3,6 Mp
A
B
l=6,00m
P/2
Q
gl/2
gl²/8
M
Pl/4

Abb. 108. Der dargestellte Träger soll als verdübelter Holzbalken ausgeführt werden

Wir verwenden zwei Balken 16/24, die, hochkant aufgestellt, miteinander zu verdübeln sind (Abb. 109). Das nutzbare Widerstandsmoment des Dübelbalkens ist nach Gl. (46, 69 a)

$$W_{n2} = 0{,}8\,\frac{16\cdot 48^2}{6} = 4920 \text{ cm}^3.$$

Was das *Eigengewicht* anlangt, so ist laut Önorm B 4000/2 für Fichte und Tanne 550 kp/m³ anzunehmen. Zufolge der Schrauben und der Hartholzdübel rechnen wir (reichlich) mit 600 kp/m³. Je Meter Trägerlänge haben wir dann das Gewicht

$$g = 0{,}16\cdot 0{,}48\cdot 600 = 46{,}1 \text{ kp/m}$$

und damit ist das Größtmoment

$$M_{max}^{(g)} = \frac{g\,l^2}{8} = \frac{46{,}1\cdot 6^2}{8} = 207 \text{ kp m} = \text{rund } 21\,000 \text{ kp cm}.$$

Insgesamt ist demnach in der Trägermitte das Biegemoment

$$M_{max} = 540\,000 + 21\,000 = 561\,000 \text{ kp cm}$$

---

[1] Ein Beispiel darüber s. bei F. FONROBERT, Grundzüge des Holzbaues im Hochbau, 7. Auflage, S. 157.

und folglich ist die Spannung

$$\sigma_{\text{vorh}} = \frac{M_{\max}}{W_{n2}} = \frac{561\,000}{4920} = 114\ \text{kp/cm}^2 < \sigma_{b\,\text{zul}}.$$

Die Querkraft infolge der Last P ist (abgesehen vom Vorzeichen) konstant und beträgt

$$Q^{(P)} = \frac{P}{2} = 1{,}80\ \text{Mp} = 1800\ \text{kp}.$$

Die Querkraft infolge des Eigengewichts ist linear veränderlich; ihr Größtwert ist an den Auflagern zu finden und beträgt

$$Q^{(g)} = \frac{g\,l}{2} = \frac{46{,}1 \cdot 6}{2} = 138{,}3\ \text{kp} = \text{rund } 140\ \text{kp}.$$

Die größte auftretende Querkraft ist also

$$Q = 1800 + 140 = 1940\ \text{kp}.$$

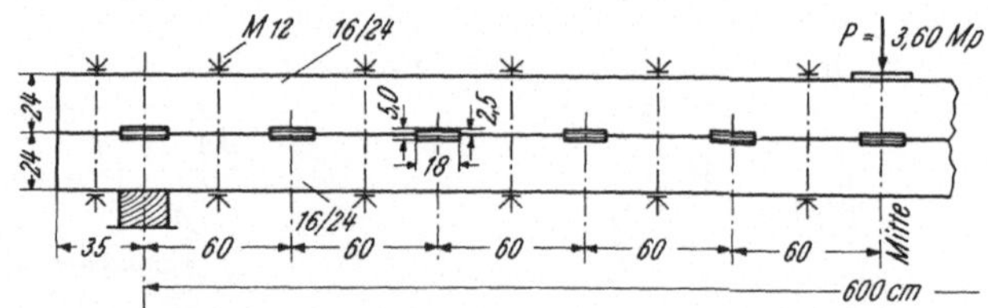

Abb. 109. Ausführung des Trägers der Abb. 108 als Dübelbalken

Diesen Wert legen wir unserer Rechnung zugrunde und sind damit jedenfalls auf der sicheren Seite. Nach Gl. (46, 76) erhalten wir die Schubkraft

$$T = \frac{3}{2}\frac{Q}{h} = \frac{3}{2}\frac{1940}{48} = 60{,}7\ \text{kp/cm}.$$

Wir wählen als Einschnittstiefe $t = 2{,}5$ cm. Dann folgt aus Gl. (46 71) die Dübellänge

$$a \geqq 7 \cdot 2{,}5 = 17{,}5\ \text{cm},$$

wir wählen

$$a = 18\ \text{cm}.$$

Der Mittenabstand der Dübel ergibt sich aus Gl. (46, 74) zu

$$e \leqq \frac{100\,b\,t}{T} = \frac{100 \cdot 16 \cdot 2{,}5}{60{,}7} = 66{,}0\ \text{cm}.$$

Wir wählen $e = 60$ cm, führen also insgesamt elf Dübel aus. Der Dübel in der Balkenmitte wäre theoretisch nicht nötig, wir bringen ihn jedoch an, da e nicht größer sein soll als $30\,t = 30 \cdot 2{,}5 = 75$ cm.

Auf Grund der gewählten Dübelentfernung ergibt sich zwischen zwei Dübeln ein Vorholz von der Länge

$$l_v = e - a = 60 - 18 = 42\ \text{cm}.$$

Das ist ausreichend, denn aus Gl. (46, 75) ergibt sich

$$l_v \geqq \frac{T\,e}{10\,b} = \frac{60{,}7 \cdot 60}{10 \cdot 16} = 22{,}8\ \text{cm}.$$

Wenigstens um diese Mindestvorholzlänge ist der Balken an den Auflagern über die Dübel hinaus zu verlängern. Der Überstand über die Auflagermitte beträgt also mindestens $\frac{a}{2} + 22{,}8 = 9 + 22{,}8 = 31{,}8$ cm. Wir führen aus 35 cm.

Die Ausführung des Trägers ist in Abb. 109 dargestellt. Unter der Last ist eine Unterlagsplatte von entsprechender Größe vorzusehen, damit $\sigma_{d\,zul\,\perp} = 20$ kp/cm² nicht überschritten wird. Die gleiche Spannung darf an den Klötzen nicht überschritten werden, auf denen der Balken gelagert wird. Da der Trägerquerschnitt verhältnismäßig hoch und schmal ist, muß der Träger gegen seitliches Umkippen entsprechend gesichert werden.

Man vergleiche diesen, für die Last von 3,6 Mp bei 6 m Spannweite erforderlichen 48 cm hohen und 16 bzw. 18 cm breiten Holzbalken mit dem in Nr. 40, 1. Beispiel, berechneten Stahlträger I 260, der bei gleicher Spannweite 4 Mp trägt und nur 26 cm hoch und 11,3 cm breit ist. Die Durchbiegungen der beiden Träger werden in Nr. 65 berechnet.

Während die Önorm bei der Berechnung von Dübelbalken von den Faustformeln (46, 69) und (46, 70) ausgeht, sucht die neue DIN 1052/1 (vom Oktober 1969) die geringen gegenseitigen Verschiebungen der mit einander verbundenen Balken, welche die Tragfähigkeit des Gesamtbalkens mehr oder weniger herabsetzen, genauer zu erfassen. Dies ist natürlich nicht ganz einfach und das Ergebnis ist eine bei weitem nicht mehr so primitive Vorschrift für die Berechnung verdübelter Balken wie auch genagelter Träger. Sie kann hier aus Platzmangel nicht untergebracht werden. Immerhin mag erwähnt werden, daß der hier von uns nach Önorm bemessene Balken nach DIN erheblich überlastet erscheint und nur etwa 2,8 Mp tragen dürfte.

47. Berechnung der Nietteilung von Blechträgern. Die Niete eines Blechträgers haben die gleiche Aufgabe wie die Dübel des Holzbalkens: sie haben die gegenseitige Verschiebung der einzelnen Teile des Trägers, die bei der Biegung auftreten würde, zu verhindern. Die *Kopfniete* haben die Verschiebung der Gurtplatten gegen das Grundprofil hintanzuhalten. In der Fuge zwischen den zu verbindenden Teilen, also z. B. in der Berührungsfläche zwischen Grundprofil und oberer Gurtplatte muß pro Zentimeter Trägerlänge eine Schubkraft T' übertragen werden, für die nach Gl. (44, 56) gilt

$$T' = \frac{Q\,S_x{}'}{J_x}. \tag{47, 77}$$

Q ist die Querkraft, J_x das Trägheitsmoment des Gesamtquerschnitts, $S_x{}'$ das statische Moment des Querschnitts des einen der zu verbindenden Teile, also etwa des Querschnitts der Gurtplatte. J_x und $S_x{}'$ sind bezogen auf die waagrechte Schwerachse des Gesamtquerschnitts. Ordnen wir die Kopfniete im Abstand e' voneinander an, so hat, da sie ja stets paarweise angeordnet werden, ein Nietpaar die Kraft $T'e'$ zu übertragen. Diese Kraft darf nicht größer sein als die zulässige Tragkraft des Nietpaares. Ist die Tragkraft eines Kopfniets gleich N', so muß gelten:

$$T'\,e' \leqq 2\,N',$$

woraus für den Nietabstand folgt.

$$e' \leqq \frac{2\,N'}{T'} \tag{47, 78}$$

Genau die gleiche Überlegung gilt nun auch für die *Halsniete*. Hier ist der Trägerkopf (wir denken uns die Kopfniete bereits geschlagen) mit dem Stegblech zu verbinden. Die in Abb. 110 durch eine starke Linie angedeutete Trennungsfuge ist jetzt keine ebene Fläche. Aber auch in diesem Fall gelangen wir zur Gl. (44, 56), wenn wir auf Grund der gleichen Überlegung wie in Nr. 44 bzw. Nr. 45 die Schubkraft T berechnen, die in dieser, jetzt allerdings nicht mehr ebenen Längsschnittfläche pro Zentimeter Balkenlänge übertragen wird. Es gilt also

$$T = \frac{Q\,S_x}{J_x}, \qquad (47, 79)$$

wo Q und J_x dieselbe Bedeutung haben wie in Gl. (47, 77). Hingegen ist S_x jetzt das statische Moment des Querschnitts des *Kopfes* in bezug

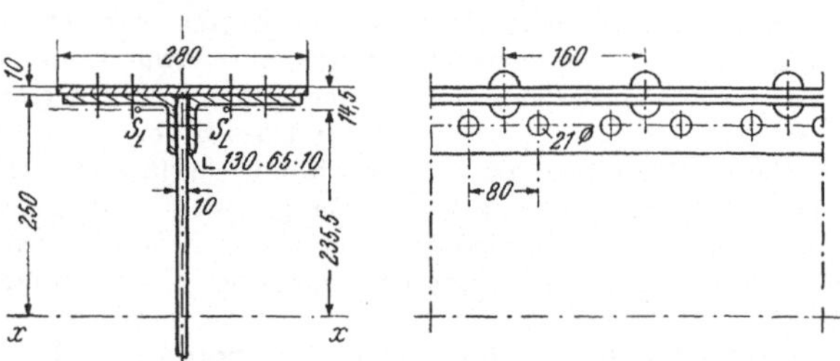

Abb. 110. Nietberechnung für einen Blechträger

auf die Biege-Nullachse. (Stets das statische Moment des Querschnitts des einen der zu verbindenden Teile! In Abb. 110 schraffiert.) Haben die Halsniete voneinander den Abstand e, so muß ein Halsniet die Kraft $T\,e$ übertragen. Ist N die zulässige Tragkraft eines Halsniets, so muß gelten

$$T\,e \leqq N,$$

woraus folgt

$$e \leqq \frac{N}{T}. \qquad (47, 80)$$

Das statische Moment des ganzen Kopfes ist natürlich größer als das der Gurtplatte allein. Aus $S_x > S_x{}'$ folgt $T > T'$. Weiters ist, sofern Hals- und Kopfniete den gleichen Durchmesser haben, bei den üblichen Niet- und Blechstärken $N < 2\,N'$ und es ergibt sich also $N/T < 2\,N'/T'$. Berechnen wir daher den Abstand e der Halsniete nach Gl. (47, 80) und ordnen die Kopfniete zwischen ihnen gleichfalls im Abstand e an, so ist das stets ausreichend und es braucht e' nicht eigens nachgerechnet werden. Nur wenn sich die Teilung für die Halsniete verhältnismäßig eng ergibt, prüft man mittels Gl. (47, 78), ob man vielleicht die Kopfniete im doppelten Abstand schlagen kann wie die Halsniete. Bezüglich der aus konstruktiven Gründen einzuhaltenden Nietabstände s. in Nr. 18. Für S_x und J_x sind in die obigen Formeln laut Vorschrift die Werte für die unverschwächten Querschnitte einzusetzen.

Hat der Träger keine Gurtplatten, so ist der Abstand der Halsniete ebenfalls nach Gl. (47, 80) zu berechnen. Bei der Berechnung von T ist dann in Gl. (47, 79) das statische Moment *beider* Gurtwinkelquerschnitte einzusetzen.

1. Beispiel. Ein Blechträger auf zwei Stützen von $l = 2{,}40$ m Spannweite trägt in der Mitte eine Last $P = 80$ Mp. Die Nietteilung soll nach Önorm berechnet werden. Werkstoff des Trägers: St 37, $\sigma_{zul} = 1500$, $\tau_{zul} = 900$ kp/cm². Niete aus St 34, $\tau_{a\,zul} = 1350$, $\sigma_{l\,zul} = 2850$ kp/cm² (s. Tafel 2).

a) Trägerbemessung. Aus Gl. (39, 18)

$$\frac{M_{\max}}{1{,}07\,W} \leqq \sigma_{zul}$$

ergibt sich mit

$$M_{\max} = \frac{P\,l}{4} = \frac{80 \cdot 2{,}40}{4} = 48{,}0 \text{ Mp m} = 4800 \text{ Mp cm}$$

das erforderliche Widerstandsmoment

$$W_{erf} = \frac{4800}{1{,}07 \cdot 1{,}50} = 2990 \text{ cm}^3.$$

Wir verwenden den in Abb. 71 bzw. in Abb. 110 dargestellten Querschnitt, für den wir in Nr. 36 nach Önorm ein nutzbares Widerstandsmoment

$$W_n = W_z = \text{rund } 3200 \text{ cm}^3$$

ermittelt haben.

Das Eigengewicht spielt bei diesem kurzen, schwer belasteten Träger gegenüber der Last kaum eine Rolle. Wie der Leser leicht nachrechnet (analog Nr. 40, 6. Beispiel), beträgt das Gewicht des vorliegenden Trägers 142 kp/m. Dies liefert in der Trägermitte ein $M_{\max} = g\,l^2/8 = $ rund 100 kp m und an den Auflagern ein $Q_{\max} = g\,l/2 = 170$ kp.

Unter Vernachlässigung des Eigengewichts ergibt sich für die Biegespannungen

$$\frac{M_{\max}}{1{,}07\,W_n} = \frac{4500}{1{,}07 \cdot 3200} = 1{,}40 \text{ Mp/cm}^2 < \sigma_{zul}.$$

b) Nietausteilung. Wir berechnen zunächst nach Gl. (47, 80) den Abstand der Halsniete e und prüfen dann, ob wir vielleicht den Abstand der Kopfniete $e' = 2\,e$ wählen können. Zunächst ist

$$e \leqq \frac{N}{T}, \qquad T = \frac{Q\,S_x}{J_x}.$$

Für Q ist die (unter Vernachlässigung des Eigengewichts) konstante Querkraft $Q = P/2 = 40$ Mp einzusetzen und für J_x der in Nr. 36 ermittelte Wert des Trägheitsmoments des unverschwächten Querschnitts $J_x = $ rund 88 300 cm⁴. S_x berechnet sich als Summe der statischen Momente der unverschwächten Querschnitte der Gurtplatte und der beiden Winkel. Jedes statische Moment ist gleich der Fläche mal dem Abstand des Schwerpunkts von der Biege-Nullachse x (s. Statik, Nr. 26). Nach Abb. 110 ergibt sich

$$
\begin{aligned}
\text{Gurtplatte:} \quad 28 \cdot 1 \cdot 25,5 \quad &= \quad 714 \text{ cm}^3 = S_x' \\
2 \; {\textstyle\llcorner} \; 130.65.10: \; 2 \cdot 18,6 \cdot 23,55 &= \quad 876 \text{ cm}^3 \\
\hline
S_x &= 1590 \text{ cm}^3
\end{aligned}
$$

Damit ist

$$
T = \frac{40 \cdot 1590}{88\,300} = 0,720 \text{ Mp/cm}.
$$

Die verwendeten Niete haben den Durchmesser $d = 21$ mm. Die Halsniete sind zweischnittig; in der Bezeichnung von Nr. 18 ist also $N = N_2$ und ergibt sich als der kleinere der beiden folgenden Werte, nämlich für Abscherung

$$
N_{a2} = \frac{\pi\, d^2}{2}\, \tau_{a\,\text{zul}} = \frac{\pi\, 2,1^2}{2}\, 1,35 = 9,35 \text{ Mp},
$$

bzw. für Lochleibung $[t = \min (t_1,\; 2\,t_2) = 1 \text{ cm}]$

$$
N_{l2} = t\, d\, \sigma_{l\,\text{zul}} = 1 \cdot 2,1 \cdot 2,85 = 5,98 \text{ Mp}.
$$

Es ist also $N = 5,98$ Mp und damit ergibt sich

$$
e \leqq \frac{5,98}{0,720} = 8,30 \text{ cm}.
$$

Wir wählen für e ein einfaches Maß, das in der Spannweite aufgeht:

$$
e = 8,00 \text{ cm}.
$$

Da $e < 4\,d = 4 \cdot 2,1 = 8,4$ cm ist, sehen wir nach, ob wir $e' = 16$ cm machen können. Der höchstzulässige Abstand zweier Niete voneinander ist nach Nr. 18 der kleinere der beiden Werte $8\,d$ bzw. $20\,t$ ($t = $ Stärke des dünneren außenliegenden Bleches). In unserem Fall sind die beiden Werte 16,8 bzw. 20 cm, somit wäre der erlaubte Größtabstand gleich 16,8 cm. Wir berechnen also nach Gl. (47, 78) den Abstand e' der Kopfniete:

$$
e' \leqq \frac{2\,N'}{T'}, \qquad T' = \frac{Q\, S_x'}{J_x}.
$$

Mit dem statischen Moment der Gurtplatte $S_x' = 714$ cm^3, das wir der obigen Berechnung entnehmen, erhalten wir zunächst

$$
T' = \frac{40 \cdot 714}{88\,300} = 0,323 \text{ Mp/cm}.
$$

Die Kopfniete sind einschnittig und nach den Bezeichnungen der Nr. 18 ist $N' = N_1$ der kleinere der beiden folgenden Werte, nämlich für Abscherung

$$
N_{a1} = \frac{\pi\, d^2}{4}\, \tau_{a\,\text{zul}} = \frac{1}{2}\, 9,35 = 4,68 \text{ Mp},
$$

bzw. für Lochleibung $[t = \min (t_1,\; t_2) = 1 \text{ cm}]$

$$
N_{l1} = t\, d\, \sigma_{l\,\text{zul}} = 5,98 \text{ Mp}.
$$

Es ist also $N' = 4,68$ Mp und damit erhalten wir

$$
e' \leqq \frac{2 \cdot 4,68}{0,323} = 29,0 \text{ cm}.
$$

Wir können also tatsächlich wählen

$$
e' = 16,00 \text{ cm},
$$

können also jedes zweite zwischen den Halsnieten liegende Kopfnietpaar aus-
lassen (s. Abb. 110).

c) Kontrolle der Schubspannungen. Bei kurzen und schwer belasteten Trägern
wie dem vorliegenden kommen die Schubspannungen im Steg schon in die Nähe
der zulässigen Werte. Nach Gl. (45, 64) gilt

$$\tau_{max} \approx \frac{Q}{F_s},$$

wo F_s die Querschnittsfläche des Steges bedeutet. Setzen wir dafür näherungsweise
die Querschnittsfläche des Stegblechs ein, so ist $F_s \approx 1 \cdot 50 = 50 \text{ cm}^2$, und

$$\tau_{max} \approx \frac{40}{50} = 0{,}800 \text{ Mp/cm}^2 < \tau_{zul} = 0{,}900 \text{ Mp/cm}^2.$$

d) Bemerkungen. Bei einer verhältnismäßig engen Nietteilung wie der vorliegenden muß man sich vergewissern, ob man, wenn man die Niete in dem einen
∟-Schenkel geschlagen hat, mit dem Döpper an ihren Köpfen noch vorbeikommt,
um die Niete im anderen ∟-Schenkel anzubringen (s. Stahl im Hochbau, 13. Auflage,
S. 501ff.). Im vorliegenden Beispiel besteht diesbezüglich keine Schwierigkeit. —
Weiters wäre, anknüpfend an die Bemerkung in Nr. 36, zu überlegen, ob man bei
dem Nietabzug im Zuggurt des Querschnitts gleichzeitig die Kopf- und die Halsnietlöcher berücksichtigen soll, indem man die Bestimmung der Önorm bezüglich
der „ungünstigsten Rißbildung" so auffaßt, daß bei der vorliegenden engen Nietteilung dieser Riß schräg, durch Kopf- und Halsnietlöcher und von da ab lotrecht
durch den Steg erfolgt. Im Gegensatz hiezu ist laut DIN für die Halsnietlöcher
niemals etwas abzuziehen. In unserem Beispiel reicht jedoch der Querschnitt auch
dann noch aus, wenn wir noch ein Halsnietloch abziehen, wovon sich der Leser
überzeugen möge.

Die Gurtplatten des Trägers führen wir bis zum Trägerende durch. Dies empfiehlt
sich bei Trägern, die sich im Freien befinden, damit nicht Regenwasser in die Fugen
zwischen Steg und Gurtwinkel eindringen kann und zu Rostbildung führt. Nicht
zu vergessen sind noch entsprechende Aussteifungen des Steges, um sein Ausbeulen
zu verhindern, worauf wir hier jedoch nicht näher eingehen wollen (s. das folgende
Beispiel).

2. Beispiel. Es soll die Nietausteilung für den in Nr. 40, 6. Beispiel, nach Önorm
berechneten Träger durchgeführt werden. Wir haben in diesem Beispiel den Erhöhungsfall als bestehend vorausgesetzt (siehe Tafel 2). Werkstoff der Bauteile war
St 37 S, dazu gehören Niete aus St 34 N und es ist $\tau_{a\,zul} = 1{,}55 \text{ Mp/cm}^2$, $\sigma_{l\,zul} = 3{,}23 \text{ Mp/cm}^2$. (S. Abb. 82 und Abb. 111.)

Wir haben schon in Nr. 36 und in Nr. 39 darauf hingewiesen, daß wir, um ein
Ausbeulen des Stegblechs zu verhindern, senkrechte Aussteifungen anbringen müssen[1]. Wir wählen hiezu Paare von Winkeln ∟ 75.75.7. Diese Winkel reichen bis
über die lotrechten Schenkel der Gurtwinkel hinauf und müssen, damit sie über dem
Stegblech nicht hohl liegen, unterfüttert werden. Wir wählen hiezu Flachstähle
vom Querschnitt 80 · 10. Wir ordnen diese Aussteifungen in 1,60 m Abstand voneinander an. (Ihre Knicksicherheit werden wir in Nr. 83 nachweisen.)

Die Belastung des Trägers infolge Nutzlast und Eigengewicht besteht aus einer
Gleichlast $q = 14{,}17 \text{ Mp/m}$. Die Querkraft nimmt demnach vom Auflager gegen die
Trägermitte hin linear ab und es würde sich also ein vom Auflager gegen die Träger-

---

[1] Wir führen hier den Nachweis einer entsprechenden Sicherheit gegen Beulung
des Stegblechs nicht durch, sondern verweisen auf Önorm B 4600/4 bzw. auf DIN 4114.

mitte zunehmender Nietabstand ergeben. Man hält jedoch den Nietabstand in jedem Feld zwischen zwei Aussteifungen konstant und gleich dem kleinsten Wert, der sich in diesem Feld ergibt.

Im ersten Feld, wo der Träger noch keine Gurtplatten besitzt, ist nächst dem Auflager

$$Q = A = \frac{q\,l}{2} = \frac{14{,}17 \cdot 8}{2} = 56{,}7 \text{ Mp.}$$

Nach Gl. (47, 80) gilt für den Abstand der Halsniete

$$e \leqq \frac{N}{T}, \qquad T = \frac{Q\,S_x}{J_x}.$$

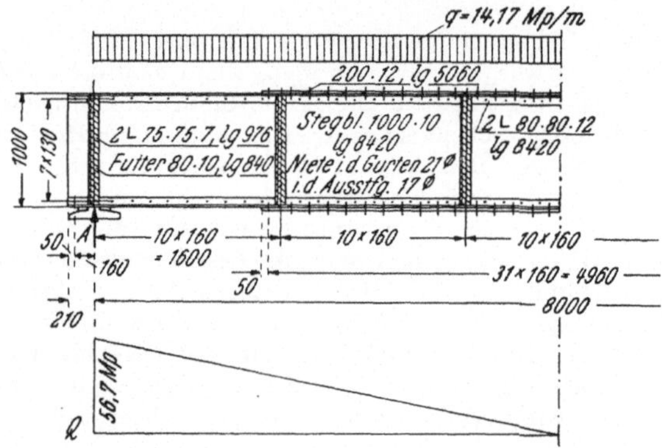

Abb. 111. Endgültige Ausführung des im 6. Beispiel der Nr. 40 berechneten Trägers, mit Nietausteilung, Gurtplatten und Aussteifungen

Für S_x ist das statische Moment des Querschnitts beider Gurtwinkel, für J_x ist das Trägheitsmoment des Grundprofils (unverschwächt) einzusetzen, das wir der Tab. 2 in Nr. 40 entnehmen:

$$S_x = 2 \cdot 17{,}9 \cdot 47{,}59 = 1704 = \text{rund } 1700 \text{ cm}^3,$$

$$J_x = 245\,900 \text{ cm}^4.$$

Damit ergibt sich

$$T = \frac{56{,}7 \cdot 1700}{245\,900} = 0{,}392 \text{ Mp/cm.}$$

Die Tragkraft N der zweischnittigen Halsniete (mit $d = 21$ mm) ist der kleinere der beiden folgenden Werte $[t = \min\,(t_1,\, 2\,t_2) = 1{,}00 \text{ cm})]$

$$N_{a2} = \frac{\pi\,d^2}{2}\,\tau_{a\,\text{zul}} = \frac{\pi\,2{,}1^2}{2}\,1{,}55 = 10{,}40 \text{ Mp,}$$

$$N_{l2} = t\,d\,\sigma_{l\,\text{zul}} = 1 \cdot 2{,}1 \cdot 3{,}23 = 6{,}78 \text{ Mp.}$$

Demnach ist

$$N = 6{,}78 \text{ Mp.}$$

Damit ergibt sich für den Nietabstand

$$e \leqq \frac{6{,}78}{0{,}392} = 17{,}3 \text{ cm.}$$

Da $e \leqq 8\,d = 16{,}8$ cm sein muß (der andere Grenzwert $20\,t$ wäre bei uns $20\,t_2 =$
$= 20 \cdot 1{,}2 = 24$ cm), wählen wir

$$e = 16 \text{ cm} = 160 \text{ mm}.$$

Da sich, je weiter wir gegen die Trägermitte vorrücken, nur noch größere Nietabstände ergeben würden, führen wir diese Nietteilung über den ganzen Träger durch.
Die Kopfniete erhalten den gleichen Abstand wie die Halsniete.

Wir berechneten in Nr. 40, 6. Beispiel, auch die theoretisch erforderliche Gurtplattenlänge $l_{\text{theor}}^{(1)} = 4{,}46$ m $= 4460$ mm. Damit die Gurtplatten an ihrem theoretischen Endpunkt bereits voll wirksam sind, müssen sie laut Vorschrift über diesen
Punkt hinaus noch mit mindestens zwei Nietpaaren angeschlossen werden, von
denen eines mit diesem Punkt zusammenfallen kann. Dazu kommt noch der Randabstand des letzten Niets, mindestens $2\,d$. Gehen wir von der Trägermitte aus,
so stellt sich $^1/_2\,l_{\text{theor}}^{(1)}$ wie folgt dar: $80 + 13\,e + 70 = 80 + 2080 + 70 = 2230$ mm.
Für zwei weitere Niete und für den Randabstand (gewählt 50 mm) kommen hinzu
$90 + 160 + 50 = 300$ mm. Die halbe Gurtplatte muß also 2530 mm lang sein,
die tatsächliche Gurtplattenlänge ist daher 5060 mm.

IV. Beanspruchung auf außermittigen Zug oder Druck,
bzw. durch Biegemoment und Normalkraft

48. Allgemeines. Auf den beliebig gestalteten Querschnitt F eines
zylindrischen oder prismatischen Körpers wirke eine Kraft P senkrecht

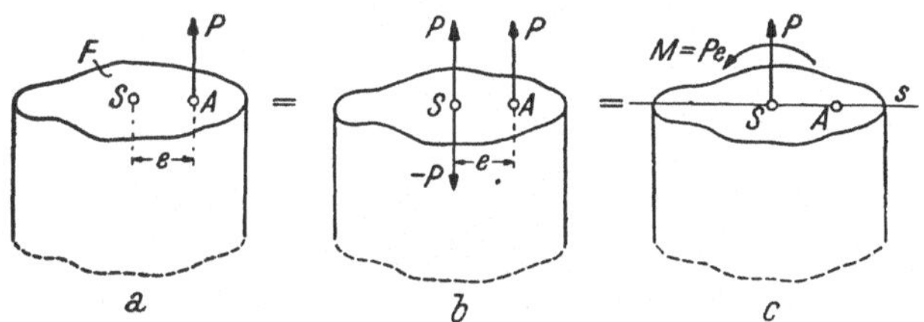

Abb. 112. Überführung einer außermittigen Zugbelastung in die gleichwertige Belastung durch mittigen
Zug und Biegung

zur Querschnittsebene (Abb. 112a). Ihr Angriffspunkt A habe vom
Schwerpunkt S der Fläche den Abstand e. Wir sprechen in diesem Fall
von *außermittigem* oder *exzentrischem Zug* bzw. *Druck*, je nachdem P
von der Querschnittsfläche F weg oder zu ihr hin gerichtet ist. Wir
fragen nach der Spannungsverteilung, welche diese Belastung in den
Querschnitten des Körpers bewirkt.

Wir ändern am Gleichgewichtszustand nichts, wenn wir uns im Schwerpunkt S zwei Kräfte P und $- P$ hinzugefügt denken, die sich gegenseitig
aufheben (Abb. 112b). P in S, für sich allein betrachtet, beansprucht
den Körper auf reinen Zug bzw. reinen Druck. P in A und $- P$ in S

bilden ein Kräftepaar mit dem Moment $M = P\,e$, das den Körper auf reine Biegung beansprucht (Abb. 112c). Die Spur der Ebene von M (wir wollen diese Ebene auch hier als *Lastebene* bezeichnen) ist die Gerade SA. Je nachdem, ob diese Gerade Hauptachse des Querschnitts ist oder nicht, herrscht gerade oder schiefe Biegung. Die Spannungsverteilung infolge des außermittigen Kraftangriffs P in A erhalten wir demnach durch Überlagerung der Spannungsverteilung infolge des mittigen Kraftangriffs P in S und der Spannungsverteilung infolge des Moments $M = P\,e$. Die Kraft P in S ruft eine gleichmäßige Spannungsverteilung hervor, das Moment M bewirkt die im vorigen Abschnitt besprochene Spannungsverteilung der geraden bzw. schiefen Biegung. Denn wir wollen stets das Hookesche Gesetz als gültig voraussetzen.

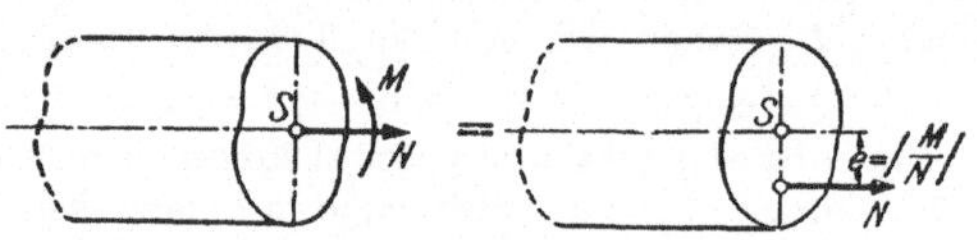

Abb. 113. Überführung der Belastung durch Biegemoment und mittige Normalkraft in die gleichwertige Beanspruchung durch eine außermittige Normalkraft

Haben wir so den Belastungsfall des außermittigen Zuges oder Druckes auf die Belastung des Querschnitts durch eine mittige Normalkraft und ein Moment zurückgeführt, so kann auch umgekehrt jede Beanspruchung durch eine Normalkraft N im Schwerpunkt und durch ein Biegemoment M, wie sie z. B. bei Trägern mit schiefen Lasten oder bei Bogen vorkommt, auch als exzentrischer Zug oder Druck aufgefaßt werden (Abb. 113). N und M zusammengesetzt, ergibt ja ein um den Betrag e parallel verschobenes N und es gilt

$$e = \left| \frac{M}{N} \right| \tag{48, 1}$$

(s. Statik, Nr. 15). Die Verschiebung erfolgt in der Momentenebene, ihre Richtung ist durch den Drehsinn von M bestimmt. Die beiden Belastungsfälle außermittiger Zug (Druck) bzw. Biegung plus mittiger Zug (Druck) sind also einander gleichwertig und erledigen sich somit in einem.

Wir haben in Statik, Nr. 6, darauf hingewiesen, daß es bei der Bestimmung der inneren Kräfte eines Körpers nicht so ohne weiteres erlaubt ist, Kräfte in ihrer Wirkungslinie zu verschieben. Das gleiche gilt auch für die Zusammenfassung von Gruppen von Kräften in Einzelkräfte oder Kräftepaare, kurz für die Ersetzung eines Kraftsystems durch ein gleichwertiges anderes. Durch alle diese Operationen wird genau genommen der Spannungszustand des Körpers verändert. Jedoch besagt ein als *Prinzip von de St. Venant* bezeichneter Satz, daß sich diese Veränderungen des Spannungszustands nur auf jenen Bereich des Körpers erstrecken, der der veränderten Kräftegruppe benachbart ist. Die Ausdehnung dieses im allgemeinen räumlichen Bereichs ist ungefähr von der gleichen Größe wie die Ausmaße der Veränderungen, die in dem System der äußeren Kräfte vorgenommen wurden. Ersetzen wir z. B. eine gleichmäßig über die Fläche F verteilte Druckbeanspruchung durch eine Einzelkraft im Schwerpunkt, so wird der Spannungszustand in dem

Gebiet unmittelbar unterhalb der Fläche sicherlich erheblich verändert werden. In einer Tiefe von etwa der Größe des Durchmessers der Fläche können wir jedoch die Spannungsverteilung als unverändert gleichmäßig annehmen. Sollte also die eingangs betrachtete Kraft P, die den Querschnitt außermittig belastet, nicht die Resultierende einer über die Fläche F verteilten Belastung (etwa von **inneren** Kräften, die auf diese Fläche wirken), sondern eine Einzelkraft sein, so gilt die im folgenden ermittelte Spannungsverteilung erst in einer gewissen Tiefe unterhalb F.

49. Der Kraftangriffspunkt liegt auf einer Hauptachse. Wir bezeichnen die Hauptachsen durch den Schwerpunkt der Fläche F mit x, y und betrachten zunächst den Fall, daß der Angriffspunkt der Kraft auf einer der Hauptachsen, etwa auf der y-Achse, liege (Abb. 114, Bild 1). Die y-Koordinate von A sei v.

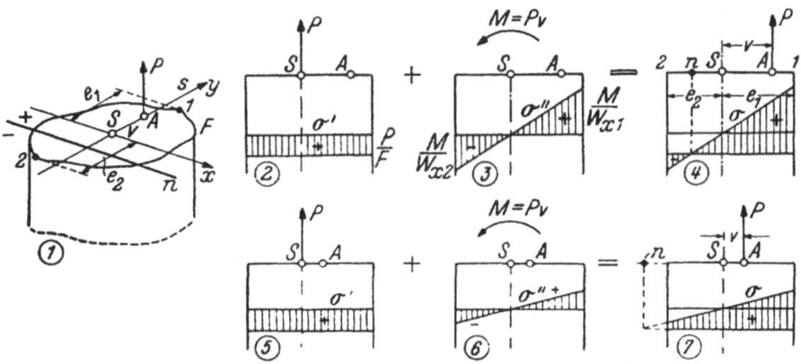

Abb. 114. Spannungsverteilung bei exzentrischem Zug, falls der Kraftangriffspunkt auf einer Hauptachse liegt

Die nach dem Schwerpunkt S verschobene Kraft P ruft auf ganz F die konstante Spannung

$$\sigma' = \frac{P}{F} \qquad (49,\,2)$$

hervor (Bild 2). Dieser Spannungsverteilung überlagern sich die Spannungen infolge des Moments $M = P\,v$, das den Querschnitt auf gerade Biegung beansprucht (Bild 3). Nach Gl. (38, 8) ist die Biegespannung in einem Querschnittspunkt mit der Koordinate y gegeben durch

$$\sigma'' = \frac{M}{J_x}\,y = \frac{P\,v}{J_x}\,y, \qquad (49,\,3)$$

wo J_x das Trägheitsmoment von F um die x-Achse bedeutet. Das Ergebnis der Überlagerung ist in Bild 4 dargestellt und lautet

$$\sigma = \frac{P}{F} + \frac{P\,v}{J_x}\,y. \qquad (49,\,4)$$

Darin ist P als Zugkraft positiv, als Druckkraft negativ einzusetzen.

Die Vorzeichen von v und y sind zu berücksichtigen. Dann ergeben sich Zugspannungen als positiv, Druckspannungen als negativ[1].

Wir erhalten, ähnlich wie bei der Biegung, wieder eine lineare Spannungsverteilung. Auf Parallelen zur x-Achse ist die Spannung konstant.

Die Gleichung der *Nullachse* finden wir, indem wir $\sigma = 0$ setzen. Dies liefert, wenn wir den Trägheitsradius $i_x = \sqrt{J_x/F}$ einführen,

$$y = -\frac{J_x}{F\,v} = -\frac{i_x^2}{v}. \tag{49, 5}$$

Wir erhalten eine zur x-Achse parallele Gerade, die jedoch nicht durch den Schwerpunkt geht. Sie liegt vielmehr auf der entgegengesetzten Seite vom Schwerpunkt wie A (y hat das entgegengesetzte Vorzeichen wie v) und hat auf der y-Achse den Abschnitt

$$y = -\frac{J_x}{F\,v} = -\frac{i_x^2}{v}. \tag{49, 6}$$

Die Nullachse steht also senkrecht auf jener Hauptachse, auf der der Kraftangriffspunkt liegt. Wir beachten, daß die Lage der Nullachse unabhängig von der Größe der Kraft ist.

Schneidet die Nullachse den Querschnitt, so scheidet sie die Gebiete positiver und negativer Spannungen. Je nachdem, ob P eine Zug- oder Druckkraft ist, befinden sich auf derjenigen Seite der Nullachse, wo A liegt, die Zug- bzw. Druckspannungen. Liegt A nahe an S, so kann es vorkommen, daß die Nullachse den Querschnitt nicht schneidet. Dann herrschen auf ganz F nur Spannungen eines Vorzeichens (Abb. 114, Bilder 5 bis 7).

Die Extremwerte der Spannungen werden, wie bei der Biegung, in jenen Randpunkten des Querschnitts zu suchen sein, die von der Nullachse den größten Abstand haben. Diese *Randspannungen*, die wir mit σ_1 und σ_2 bezeichnen wollen, erhalten wir, indem wir in Gl. (49, 4) für y die Koordinaten der genannten Randpunkte 1 und 2 einsetzen: $y = e_1$ bzw. $y = -e_2$ (Abb. 114). Nach Nr. 31 sind $J_x/e_1 = W_{x1}$ und $J_x/e_2 = W_{x2}$ die beiden Widerstandsmomente des Querschnitts um die x-Achse. So ergibt sich

$$\sigma_1 = \frac{P}{F} + \frac{P\,v}{W_{x1}}, \qquad \sigma_2 = \frac{P}{F} - \frac{P\,v}{W_{x2}}, \tag{49, 7}$$

was auch unmittelbar aus der Abbildung abgelesen werden kann.

---

[1] Da in den praktischen Anwendungen P zumeist eine Druckkraft ist und daher Druckspannungen die Regel bilden, während Zugspannungen seltener vorkommen, ja oft sogar unerwünscht sind, ist es vielfach üblich, die bei exzentrischem Druck auftretenden Druckspannungen als positiv, die Zugspannungen als negativ zu bezeichnen. Wir wollen hier jedoch, um die Kontinuität der Bezeichnung nicht zu durchbrechen, an der bisherigen Bezeichnung festhalten, also Zug als positiv, Druck als negativ bezeichnen, sofern nicht ausdrücklich etwas anderes gesagt wird.

Am einfachsten merkt man sich die Formel für die Randspannungen, falls der Lastangriffspunkt auf einer der Hauptachsen des Querschnitts liegt, den Ausdruck

$$\sigma_{1,2} = \frac{P}{F} \pm \frac{P\,e}{W_{1,2}}. \qquad (49, 8)$$

P wird als positiv eingesetzt, wenn es eine Zugkraft ist, als negativ, wenn es eine Druckkraft ist. W_1 bzw. W_2 sind die Widerstandsmomente des Querschnitts um die zur Lastebene senkrechte Schwerachse. Für e setze man den *Absolutwert* des Abstands des Lastangriffspunkts vom Schwerpunkt ein und bestimme die richtigen Vorzeichen nach folgender Überlegung. Ist P eine Zugkraft, dann tritt in demjenigen Randpunkt, der auf derselben Seite von S liegt wie der Lastangriffspunkt A, die größte Zugspannung auf. Bezeichnen wir die Spannung in diesem Punkt 1 mit σ_1, dann gilt für die Vorzeichen der beiden Summanden, aus denen σ_1 besteht, das Schema $+\,+$. Für die Spannung σ_2 im gegenüberliegenden Randpunkt gilt dann das Schema $+\,-$. Ist P eine Druckkraft, dann ist σ_1 die größte auftretende Druckspannung und für sie gilt das Vorzeichenschema $-\,-$. Für σ_2 gilt dann $-\,+$[1].

Für den Fall der Beanspruchung des Querschnitts durch ein Biegemoment M, das gerade Biegung bewirkt, und durch eine Normalkraft N im Schwerpunkt (Abb. 113), lautet die Formel für die Randspannungen

$$\sigma_{1,2} = \frac{N}{F} \pm \frac{M}{W_{1,2}}. \qquad (49, 9)$$

Über die Vorzeichen wird man bei einiger Überlegung niemals im Zweifel sein.

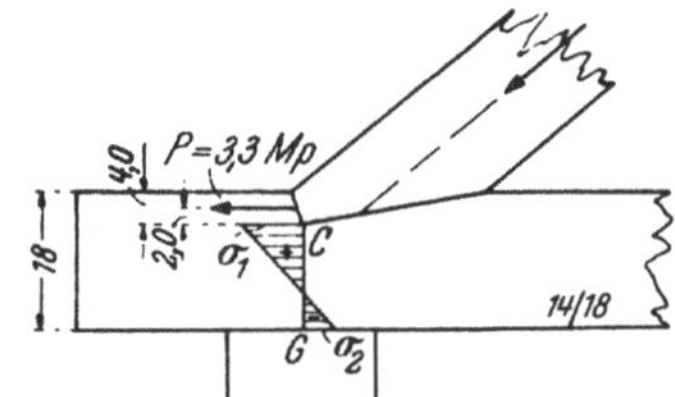

Abb. 115. Außermittige Zugbeanspruchung des Vorholzes bei einem einfachen Versatz

50. Anwendungen. 1. Beispiel. Bei dem in Nr. 17, 7. Beispiel nach DIN berechneten Versatz zweier Holzbalken tritt im Querschnitt CG infolge der auf das Vorholz wirkenden Kraft $P = S_{1h} = 3,3$ Mp eine außermittige Zugbeanspruchung auf (Abb. 115). Wir wollen die Randspannungen σ_1 und σ_2 berechnen, um zu sehen, ob die nach DIN zulässige Biegespannung $\sigma_{b\,zul} = 100$ kp/cm² (s. Tafel 4) nicht überschritten wird.

Die Fläche CG ist ein Quadrat mit der Seite $a = 14$ cm. Es ist also $F = 196$ cm² und $W = a^3/6 = 14^3/6 = 457$ cm³. Die Exzentrizität der Kraft P ist $e = 9$ cm. Damit erhalten wir nach Gl. (49, 8)

$$\sigma_{1,2} = \frac{P}{F} \pm \frac{P\,e}{W} = \frac{3300}{196} \pm \frac{3300 \cdot 9}{457} = 16,8 \pm 65,0.$$

---

[1] Es ist folgendes zu beachten. Die Spannung im Punkt 1 wird meistens auch die absolut größte Spannung sein; auf jeden Fall dann, wenn $W_1 = W_2 = W$ ist. Ist jedoch W_2 entsprechend kleiner als W_1 und e entsprechend groß, dann kann der Fall eintreten, daß die Spannung σ_2 dem Betrage nach die Spannung σ_1 übertrifft.

Also am oberen Rand der Fläche CG

$$\sigma_1 = 81{,}8 \text{ kp/cm}^2 \qquad (< \sigma_{b\,\text{zul}})$$

und am unteren

$$\sigma_2 = -\,48{,}2 \text{ kp/cm}^2.$$

Zwischen diesen beiden Werten verlaufen die Spannungen linear (s. Abbildung).

In Wirklichkeit wird der Querschnitt durch die vom Auflagerklotz herrührenden Druckkräfte teilweise entlastet, was wir jedoch hier nicht berücksichtigt haben.

2. Beispiel. Der Querschnitt eines Trägers sei durch ein Biegemoment $M = = +\,1{,}7$ Mp m in der Vertikalebene und gleichzeitig durch eine im Schwerpunkt angreifende Normalkraft $N = +\,1{,}2$ Mp auf Zug beansprucht. Der Träger soll als $\mathbf{I}$-Stahl bemessen werden; Werkstoff St 37.

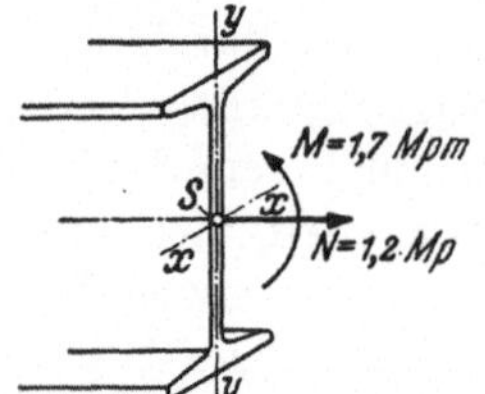

Abb. 116. Trägerquerschnitt, der durch Biegemoment und Normalkraft beansprucht ist

Wir führen die Bemessung zuerst nach DIN durch, es liege Lastfall H vor und es sei für die Zugseite $\sigma_{z\,\text{zul}} = 1600$, für die Druckseite $\sigma_{d\,\text{zul}} = 1400$ kp/cm² (s. Tafel 3).

Die absolut größte Spannung wird am unteren Rand des Querschnitts auftreten und wird eine Zugspannung sein. Von ihr gehen wir aus und überprüfen hernach die Spannung am anderen Rand. Zunächst muß also gelten

$$\sigma_1 = \frac{N}{F} + \frac{M}{W} \leqq \sigma_{z\,\text{zul}}.$$

Wir gewinnen einen Anhaltspunkt für die erforderliche Größe des Querschnitts, indem wir zunächst nur das Biegemoment allein berücksichtigen. Dann ergibt sich

$$W_{\text{erf}} \approx \frac{170\,000}{1600} = 106 \text{ cm}^3.$$

Wir wählen $\mathbf{I}$ 16 mit $W_x = 117$ cm³ und $F = 22{,}8$ cm². Die größte Zugrandspannung ist dann

$$\sigma_1 = \frac{1200}{22{,}8} + \frac{170\,000}{117} = 53 + 1453 = 1506 \text{ kp/cm}^2 < \sigma_{z\,\text{zul}}$$

und die größte Druckrandspannung

$$\sigma_2 = 53 - 1453 = -\,1400 \text{ kp/cm}^2 = -\,\sigma_{d\,\text{zul}}.$$

Der Querschnitt ist also ausreichend.

Sehen wir nun, was sich nach Önorm ergibt. Für den Regelfall ist laut Tafel 2 $\sigma_{\text{zul}} = 1500$ Mp/cm². Da die zulässigen Spannungen für die Zug- und die Druckseite gleich hoch sind, berechnen wir die absolut größte Spannung, d. h. die Vergleichsspannung $\bar{\sigma}_1$

$$\bar{\sigma}_1 = \frac{N}{F} + \frac{M}{1{,}07\,W} = 53 + \frac{1}{1{,}07} \cdot 1453 = 1402 \text{ kp/cm}^2 < \sigma_{\text{zul}}.$$

Wir haben auch hier das Widerstandsmoment mit dem Faktor 1,07 multipliziert. (Die neue Önorm B 4600/2 spricht nur von „Biegeträgern", während die alte B 4300/2 den Fall „Biegung und Axialkraft" ausdrücklich hervorhob.)

3. Beispiel. Wir wollen uns ein ungefähres Bild von der Kräfteverteilung machen, die im eingespannten Teil des in Abb. 117 dargestellten Kragträgers in den Berührungsflächen zwischen Träger und Mauerkörper herrscht. In der Statik (Nr. 59) haben wir diese Kräfte zusammengefaßt in den Auflagerdruck[1] A durch den Einspannpunkt a und in das Einspannmoment M_E (positiv, wenn es so dreht, wie ein auf den linken Trägerteil wirkendes positives Biegemoment). A und M_E wurden aus der Bedingung bestimmt, daß sie der auf den Träger einwirkenden Belastung, bzw. deren Resultierenden R das Gleichgewicht halten müssen. In unserem Beispiel ist $A = R = P_1 + P_2 = 2 \cdot 0,75 = 1,50$ Mp und $M_E = - R \cdot 0,80 = - 1,50 \cdot 0,80 = 1,20$ Mp m, was sich auch zeichnerisch ermitteln läßt (s. die Diagramme).

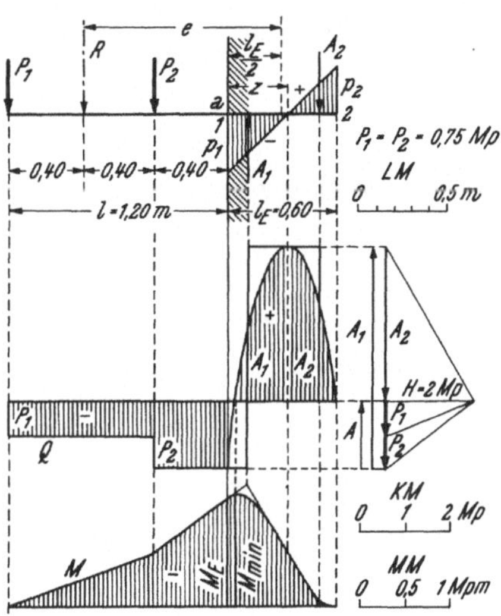

Abb. 117. Kräftespiel im eingespannten Teil eines Kragträgers

Zwischen Träger und Mauerkörper haben wir zwei waagrechte Berührungsflächen von der Größe $l_E b$, wenn $l_E = 0,60$ m die Einspannlänge ist und b die Breite des Trägers, für die wir keinen bestimmten Wert einsetzen wollen. In jeder dieser Flächen können nur Druckspannungen übertragen werden, die, wenn wir sie in jener Richtung betrachten, wie sie auf den Träger einwirken, in der unteren Berührungsfläche nach oben, in der oberen nach unten gerichtet sind Es ist daher genau so, wie wenn wir nur eine einzige Fläche von der Größe $l_E b$ hätten, in der Zug- und Druckspannungen übertragen werden können. Die Kräfte infolge dieser Spannungen müssen der Resultierenden R das Gleichgewicht halten, die exzentrisch zum Mittelpunkt des Rechtecks $l_E b$ mit dem Hebelarm

$$e = \frac{1}{2} l_E + 0,80 = 0,30 + 0,80 = 1,10 \text{ m}$$

angreift. Die Größe der Berührungsfläche und ihr Widerstandsmoment um die zur Momentenebene senkrechte Schwerachse sind, wenn wir b in Meter eingesetzt denken,

$$F = 0,6\, b \text{ m}^2, \quad W = \frac{1}{6} b \cdot 0,6^2 = 0,06\, b \text{ m}^3.$$

Damit erhalten wir aus Gl. (49, 8) die Randspannungen, wenn wir R als Druckkraft negativ einsetzen

$$\sigma_{1,2} = \frac{R}{F} \pm \frac{Re}{W} = - \frac{1,50}{0,6\, b} \mp \frac{1,50 \cdot 1,10}{0,06\, b} = \frac{1}{b}(- 2,5 \mp 27,5) \text{ Mp/m}^2. \qquad (50, 10)$$

Zwischen den Werten σ_1 und σ_2 verläuft die Spannung σ linear. $\sigma b = p$ ist dann jene veränderliche Streckenlast (Dimension Mp/m), mit der der laufende Meter des eingespannten Trägerteils belastet ist. Für die Enden der Einspannlänge ergeben sich die Belastungshöhen

$$p_1 = \sigma_1 b = - 2,5 - 27,5 = - 30,0 \text{ Mp/m},$$

$$p_2 = \sigma_2 b = - 2,5 + 27,5 = + 25,0 \text{ Mp/m}.$$

---

[1] Nicht zu verwechseln mit dem vorhin wie auch später mit A bezeichneten Kraftangriffspunkt.

Tragen wir diese beiden Werte senkrecht zur Trägerachse auf und verbinden die Endpunkte geradlinig, so erhalten wir zwei dreieckige Streckenlasten. Die negative wirkt nach aufwärts und wird als Druck vom unteren Mauerteil auf die Unterfläche des Trägers ausgeübt, die positive wirkt nach abwärts und muß durch das Gewicht des oberhalb befindlichen Mauerteils auf die Oberfläche des Trägers ausgeübt werden.

Die Lage der Nullachse, d. h. ihr Abstand z von der Mauerkante ergibt sich aus ähnlichen Dreiecken zu

$$z = l_E \frac{|p_1|}{|p_1| + |p_2|} = 0{,}6 \frac{30}{30 + 25} = 0{,}327 \text{ m.}$$

Auf den Träger wirkt somit von unten eine Kraft, deren Betrag gleich ist der Größe der negativen Belastungsfläche

$$A_1 = \frac{1}{2} |p_1| z = \frac{1}{2} \cdot 30 \cdot 0{,}327 = 4{,}91 \text{ Mp,}$$

und von oben eine Kraft

$$A_2 = \frac{1}{2} p_2 (l_E - z) = \frac{1}{2} \cdot 25 \cdot 0{,}273 = 3{,}41 \text{ Mp.}$$

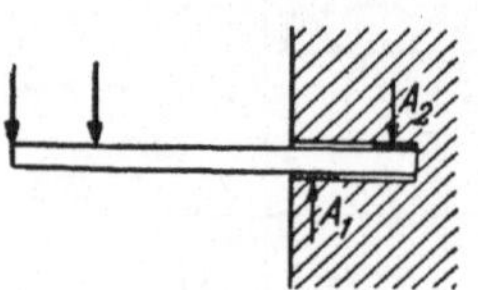

Abb. 118. Ausführung der Einspannung eines Kragträgers mittels zweier Unterlagsplatten

(Probe: $A_1 - A_2 = 4{,}91 - 3{,}41 = 1{,}50 = R$). A_1 und A_2 gehen durch die Schwerpunkte der Belastungsflächen. Da die Nullachse nicht weit von der Einspannmitte entfernt liegt, liegen diese Schwerpunkte ziemlich genau $l_E/6$ von den Enden der Einspannlänge entfernt. Dies kann dazu benützt werden, um A_1 und A_2 näherungsweise als Auflagerdrücke eines Trägers zu berechnen, der in den beiden Sechstelpunkten gestützt und auf einem Kragarm belastet ist. (Der Leser führe die Rechnung durch.)

In den Gebieten der Dreieckslasten verläuft die Querkraft parabolisch, die Momentenlinie nach einer Kurve dritten Grades. Die Kurven können mit Hilfe der Werte von A_1 und A_2 eingezeichnet werden (s. Abb. 117).

In Wirklichkeit weicht die Kräfteverteilung am eingespannten Trägerteil von der hier berechneten oft erheblich ab, und zwar besonders bei schlanken Trägern mit großer Einspannlänge. Denn in diesem Fall macht sich die Verbiegung des eingespannten Trägerteils bereits bemerkbar, was wir in unserer Rechnung nicht berücksichtigt haben. Für die Bedürfnisse der Praxis reicht jedoch unsere näherungsweise Spannungsermittlung im allgemeinen aus.

Bei gegebener Trägerbreite b können aus Gl. (50, 10) die Größtspannungen berechnet werden, die sich meist für das Mauerwerk als zu groß ergeben. Man muß dann Unterlagsplatten anordnen (Abb. 118) und berechnet in diesem Fall den Träger als Träger auf zwei Stützen mit Kragarm, wobei man als Stützweite den Mittenabstand der beiden Auflagerplatten annimmt. Die Lagerung eines solchen eingespannten Trägers, insbesondere die Heranziehung eines genügend großen Mauerteils zur Leistung des Auflagerdrucks A_2, bereitet oft erhebliche Schwierigkeiten.

51. Der Kraftangriffspunkt liegt nicht auf einer Hauptachse. Es sei wieder F eine beliebig gestaltete Querschnittsfläche, x, y seien die Hauptachsen durch den Schwerpunkt S, die zugehörigen Hauptträgheitsmomente der Fläche seien J_x und J_y. Senkrecht zu dieser Fläche wirke wieder eine Kraft P. Wir setzen nun voraus, daß der Angriffspunkt A der Kraft P nicht auf einer der Hauptachsen liege, sondern die Koordinaten $x = u$ und $y = v$ habe (Abb. 119). Der Abstand des Punkts A von S

sei e. In diesem Fall überlagert sich der gleichmäßigen Spannungsverteilung

$$\sigma' = \frac{P}{F}$$

die Spannungsverteilung σ'' infolge des Biegemoments $M = P e$ (Vektor $\mathfrak{M}$), das den Querschnitt auf schiefe Biegung beansprucht. Nennen wir den Winkel, den die Spur der Lastebene s mit der y-Achse einschließt, α, so gilt nach Gl. (43, 37) für die Spannung σ'' in einem beliebigen Punkt B mit den Koordinaten x und y

$$\sigma'' = \frac{M_x}{J_x}\, y + \frac{M_y}{J_y}\, x, \qquad (51, 11)$$

worin

$$\left.\begin{aligned}
M_x &= M \cos \alpha = P e \cos \alpha = P v, \\
M_y &= M \sin \alpha = P e \sin \alpha = P u
\end{aligned}\right\} \qquad (51, 12)$$

ist. Führen wir noch die Trägheitsradien ein, indem wir schreiben $J_x = i_x^2 F$, $J_y = i_y^2 F$, so erhalten wir

$$\sigma'' = \frac{P}{F}\left(\frac{v\,y}{i_x^{\,2}} + \frac{u\,x}{i_y^{\,2}}\right). \qquad (51, 13)$$

In einem beliebigen Punkt der Querschnittsfläche mit den Koordinaten x, y herrscht also infolge des außermittigen Kraftangriffs P in A die Spannung

$$\sigma(x, y) = \sigma' + \sigma'',$$

woraus wir nach Einsetzen obiger Werte

$$\boxed{\;\sigma(x, y) = \frac{P}{F}\left(1 + \frac{u\,x}{i_y^{\,2}} + \frac{v\,y}{i_x^{\,2}}\right)\;} \qquad (51, 14)$$

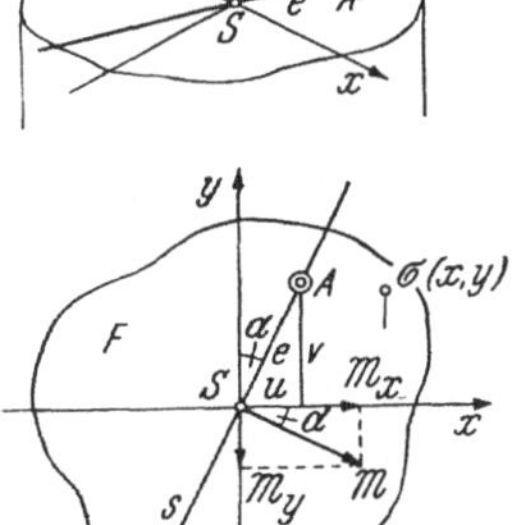

Abb. 119. Exzentrischer Zug, falls der Kraftangriffspunkt nicht auf einer Hauptachse liegt

erhalten. Setzen wir in diese Gleichung P als Zugkraft positiv, als Druckkraft negativ ein und berücksichtigen wir von u, v, x, y die Vorzeichen, dann ergeben sich Zugspannungen als positiv, Druckspannungen als negativ. Die Gleichung enthält als Sonderfall die Gl. (49, 4).

Die Spannung hängt linear von x und y ab. Errichten wir, wie in Nr. 43, in den Querschnittspunkten die Spannungsvektoren, so liegen ihre Endpunkte wieder auf einer Ebene, nur geht diese jetzt *nicht* durch den Schwerpunkt des Querschnitts. Denn für den Schwerpunkt ($x = 0$, $y = 0$) ergibt sich die Spannung $\sigma = P/F$, und zwar unabhängig von der Lage des Kraftangriffspunkts A. Die *Nullachse* ist der geometrische Ort aller Punkte x, y, für die $\sigma = 0$ ist, mit anderen Worten, die Schnittlinie der genannten Ebene mit der Querschnittsfläche. Wir erhalten die Gleichung der Nullachse, indem wir Gl. (51, 14) Null setzen. Da $P/F \neq 0$ ist, ergibt sich

$$\frac{u\,x}{i_y^2} + \frac{v\,y}{i_x^2} = -1, \qquad (51, 15)$$

das ist die Gleichung einer Geraden mit den laufenden Koordinaten x und y. P kommt nicht vor, die Lage der Nullachse ist also unabhängig von der Größe der Kraft. Die Nullachse geht nicht durch den Schwerpunkt, sondern schneidet auf den Achsen die Abschnitte $\bar{x}$ und $\bar{y}$ ab. Für $y = 0$ ergibt sich der Abschnitt auf der x-Achse

$$\bar{x} = -\frac{i_y^2}{u} \qquad (51, 16a)$$

und für $x = 0$ der Abschnitt auf der y-Achse

$$\bar{y} = -\frac{i_x^2}{v}. \qquad (51, 16b)$$

Die Vorzeichen der Achsenabschnitte sind also entgegengesetzt den Vorzeichen von u und v. Das heißt, daß die Nullachse auf der anderen Seite des Schwerpunkts liegt wie der Punkt A.

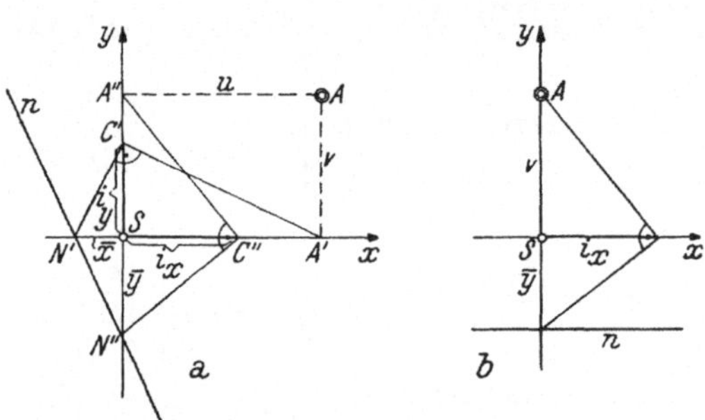

Abb. 120. Konstruktion der Nullachse bei gegebenem Kraftangriffspunkt

Liegt A auf einer der Hauptachsen, etwa auf der y-Achse, so ist $u = 0$ und gemäß Gl. (51, 16a) $\bar{x} = \infty$. Die Nullachse liegt also der x-Achse parallel in dem nach Gl. (51, 16b) zu berechnenden Abstand. Wir sind damit auf Gl. (49, 6) zurückgekommen.

Auf den Gl. (51, 16) beruht eine einfache Konstruktion der Nullachse bei gegebenem Kraftangriffspunkt A (Abb. 120a). Man projiziert zunächst A auf die Hauptachsen x und y (Punkte A' und A''). Dann trägt man von S aus der auf der x-Achse i_x, auf der y-Achse i_y auf (also umgekehrt wie zur Zeichnung der Zentralellipse) und erhält so die Punkte C'' und C'. Die Senkrechte auf $A'C'$ schneidet dann die x-Achse im Punkt N', die Senkrechte auf $A''C''$ schneidet die y-Achse im Punkt N''. Durch diese beiden Punkte geht die Nullachse n. Für den Fall, daß A auf einer der Hauptachsen liegt, vereinfacht sich die Konstruktion gemäß Abb. 120b.

Beweis: Zunächst erkennen wir, daß die Konstruktion $\bar{x}$ und $\bar{y}$, wie es sein muß, mit entgegengesetzten Vorzeichen wie u und v liefert. Wir haben also nur noch zu zeigen, daß die Strecken SN' und SN'' mit den Beträgen der oben berechneten Achsenabschnitte übereinstimmten. Für das rechtwinkelige Dreieck $A'C'N'$ ist nach dem Höhensatz

$$A'S \cdot SN' = i_y^2,$$

woraus, da $A'S = u$ ist,

$$S N' = \frac{i_y{}^2}{u} = |\bar{x}|$$

folgt. Die Betrachtung des Dreiecks $A''C''N''$ liefert $S N'' = |\bar{y}|$.

In Nr. 54 wird uns die Aufgabe gestellt werden, zu einer gegebenen Nullachse den zugehörigen Lastangriffspunkt zu finden. Man kann dann entweder aus den Gl. (51, 16) u und v berechnen oder die eben angegebene Konstruktion in umgekehrter Richtung durchführen.

Die Extremwerte der Spannungen auf dem Querschnitt treten wieder in jenen Randpunkten auf, deren Abstände von der Nullachse Extremwerte sind (Punkte 1 und 2 der Abb. 121). Wir können diese Randspannungen σ_1 und σ_2 entweder berechnen, indem wir die Koordinaten der Punkte 1 und 2 in

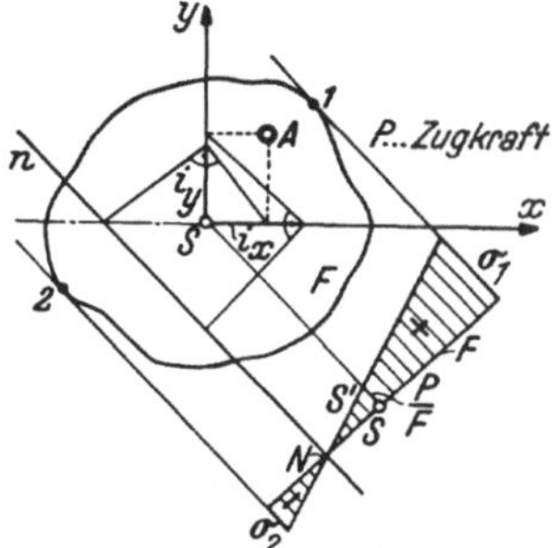

Abb. 121. Spannungsverlauf auf einer durch außermittigen Zug beanspruchten Querschnittsfläche. Zeichnerische Ermittlung der Spannungen

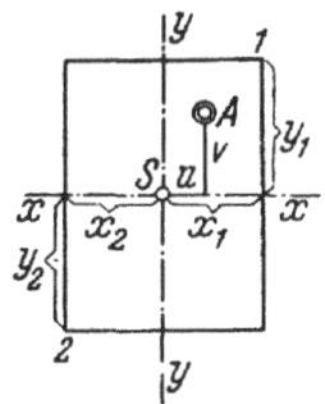

Abb. 122. Außermittig belasteter Querschnitt mit Rechtecksumhüllung

die Gl. (51, 14) einsetzen, wobei zu beachten ist, daß x und y Hauptachsen sein müssen, oder wir können sie auch zeichnerisch gewinnen, und zwar folgendermaßen. Blicken wir in der Richtung der Nullachse auf jene geneigte Ebene, durch die der Spannungsverlauf auf dem Querschnitt dargestellt wird, so erscheint sie als eine geneigte Gerade. Die Lote von den Punkten dieser Geraden auf die Projektion von F geben die Größe der Spannungen an (s. Abb. 121). In der Nullachse muß die Spannung gleich Null, im Schwerpunkt gleich P/F sein. Wir ermitteln also die Nullachse und gewinnen dadurch zunächst einen Punkt der Geraden (Punkt N). Dann berechnen wir P/F, tragen diesen Wert von der Projektion des Schwerpunkts aus auf und können nun durch diesen Punkt S' und den Punkt N die Gerade zeichnen. Aus diesem Diagramm können wir die Spannung in jedem beliebigen Punkt von F, also auch die Randspannungen, ablesen.

Bei *Querschnitten mit Rechtecksumhüllung* gestaltet sich die Ermittlung der Randspannungen wieder etwas einfacher. Vergegenwärtigen wir uns für den in Abb. 122 dargestellten außermittig belasteten Querschnitt die Lage der Nullachse, so erkennen wir unschwer, daß die Extremwerte der Spannungen in zwei diagonal gegenüberliegenden Eckpunkten auftreten werden, und zwar in denjenigen, die von A den kleinsten bzw. den größten Abstand haben. Wir bezeichnen sie mit 1 und 2. Hat der Querschnitt zwei Symmetrieachsen und sind x_1, y_1 die Koordinaten des Punktes 1, so sind die Koordinaten des Punktes 2 $x_2 = -x_1$, $y_2 = -y_1$. Dies in Gl. (51, 14) eingesetzt und ausmultipliziert, liefert für die Randspannungen

$$\sigma_{1,2} = \frac{P}{F} \pm \frac{P\,u\,x_1}{J_y} \pm \frac{P\,v\,y_1}{J_x}.$$

Nun ist

$$\frac{J_x}{|y_1|} = W_x, \qquad \frac{J_y}{|x_1|} = W_y,$$

wo W_x und W_y die Widerstandsmomente des Querschnitts bedeuten. Führen wir noch die *Absolutbeträge* der Momente der Kraft P um die Achsen x und y ein, indem wir $|P\,v| = M_x$, $|P\,u| = M_y$ setzen, so ergibt sich für die Randspannungen

$$\sigma_{1,2} = \frac{P}{F} \pm \frac{M_x}{W_x} \pm \frac{M_y}{W_y}. \tag{51, 17}$$

(Für Querschnitte mit nur einer Symmetrieachse ist das gleiche zu beachten wie in Nr. 42). Die Zuordnung der Vorzeichen bereitet keine Schwierigkeit, wenn man sich die Spannungsverteilung ungefähr vorstellt. Ist P eine Zugkraft, dann ist es positiv einzusetzen. In dem A zunächst liegenden Eckpunkt, also in Abb. 122 im Punkt 1, herrscht dann die größte Zugspannung. Es gilt daher für σ_1 das Vorzeichenschema $+\,+\,+$ und für σ_2 $+\,-\,-$. Ist P eine Druckkraft, so setzen wir es negativ ein. Es gilt dann für σ_1, das jetzt eine Druckspannung ist, das Vorzeichenschema $-\,-\,-$, für σ_2 $-\,+\,+$.

Die Beanspruchung eines beliebigen Querschnitts durch eine Normalkraft N im Schwerpunkt und ein Biegemoment M, das schiefe Biegung bewirkt, führt man entweder auf den Fall des außermittigen Kraftangriffs zurück (s. Nr. 48) oder man ermittelt nach einem der in Abschnitt III für die schiefe Biegung angegebenen Verfahren zunächst die Spannungen infolge M allein und überlagert die konstante Spannung N/F. Dies führt z. B. bei der Berechnung der Randspannungen für einen Querschnitt mit Rechtecksumhüllung unmittelbar auf die Gl. (51, 17).

Im übrigen kann man auch den außermittigen Kraftangriff P im Abstand e vom Schwerpunkt nach Nr. 48 stets auf die Belastung durch eine mittige Kraft P und zusätzliche schiefe Biegung durch das Moment $M = P\,e$ zurückführen und, wenn z. B. die Randspannungen gesucht sind, zuerst die Randspannungen infolge M allein etwa nach dem in Nr. 43 angegebenen zeichnerischen Verfahren bestimmen und die konstante Spannung P/F überlagern.

52. Anwendungen. 1. Beispiel. Das in Abb. 123 dargestellte Rechteck mit den Seiten $b = 60$ cm, $h = 80$ cm sei der Grundriß eines Fundamentkörpers. Im Punkt A mit den Koordinaten $u = -4$ cm, $v = +5$ cm greife eine Druckkraft $P = -10$ Mp an. Die Randspannungen sind zu ermitteln. Wir verfahren nach Gl. (51, 17); darin ist für

$$F = b\,h = 60 \cdot 80 = 4800 \text{ cm}^2,$$

$$W_x = \frac{b\,h^2}{6} = \frac{60 \cdot 80^2}{6} = 64\,000 \text{ cm}^3,$$

$$W_y = \frac{h\,b^2}{6} = \frac{80 \cdot 60^2}{6} = 48\,000 \text{ cm}^3,$$

einzusetzen. Die absolut größte Spannung, die eine Druckspannung sein wird, tritt im linken oberen Eckpunkt auf, den wir mit 1 bezeichnen. Es ist

$$\sigma_1 = -\frac{10\,000}{4800} - \frac{10\,000 \cdot 5}{64\,000}$$

$$-\frac{10\,000 \cdot 4}{48\,000} = -2,08 - 0,78 -$$

$$-0,83 = -3,69 \text{ kp/cm}^2.$$

Für den gegenüberliegenden Punkt 2 ergibt sich

$$\sigma_2 = -2,08 + 0,78 + 0,83 =$$

$$= -0,47 \text{ kp/cm}^2.$$

Der zweite Extremwert der Spannung auf dem Querschnitt ist also ebenfalls eine Druckspannung. Da sämtliche Spannungswerte zwischen σ_1 und σ_2 liegen müssen, wirken

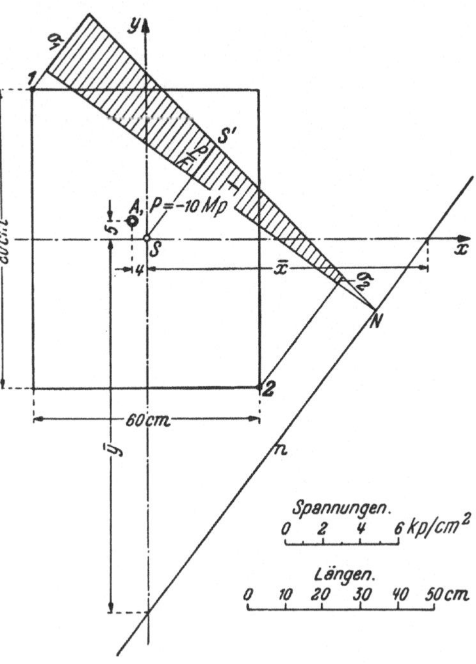

Abb. 123. Rechtecksfläche, die im Punkt A durch eine außermittige Druckkraft belastet ist

auf dem ganzen Querschnitt nur Druckspannungen. Die Nullachse kann also den Querschnitt nicht schneiden. Da ihre zeichnerische Ermittlung im vorliegenden Beispiel ungenau wird, berechnen wir ihre Achsenabschnitte nach den Gl. (51, 16). Darin ist [s. Gl. (33, 43)] für

$$i_x^2 = \frac{h^2}{12} = 533 \text{ cm}^2, \qquad i_y^2 = \frac{b^2}{12} = 300 \text{ cm}^2$$

einzusetzen. Damit erhalten wir

$$\bar{x} = -\frac{i_y^2}{u} = -\frac{300}{-4} = +75 \text{ cm},$$

$$\bar{y} = -\frac{i_x^2}{v} = -\frac{533}{5} = -107 \text{ cm}.$$

Mit Hilfe dieser Werte können wir die Nullachse n einzeichnen. Tragen wir von einer Senkrechten zu n über dem Schwerpunkt die Spannung $P/F = -2,08$ kp/cm² auf, so stellt die Gerade durch die Punkte S' und N den Spannungsverlauf auf F dar, aus dem auch die Werte der Randspannungen abgelesen werden können.

Der Leser führe zur Kontrolle die Konstruktion der Nullachse durch. Er berechne ferner die Randspannungen σ_1 und σ_2 nach Gl. (51, 14), indem er für x und y die Koordinaten der Punkte 1 und 2 einsetzt (Vorzeichen beachten!) und überzeuge sich, daß sich dieselben Werte ergeben wie oben.

2. Beispiel. Der in Abb. 124 dargestellte Querschnitt L 12 ist mit einer Zugkraft $P = 4,4$ Mp, die im Punkt A mit den Koordinaten $u = + 2$ cm, $v = - 4$ cm angreift, außermittig belastet. (P kann etwa die Resultierende einer Beanspruchung auf schiefe Biegung plus Normalkraft sein). Gesucht sind die Randspannungen.

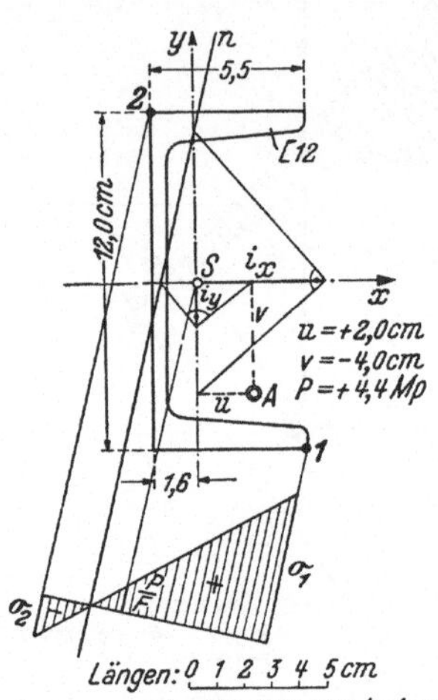

Abb. 124. Durch eine außermittige Zugkraft im Punkt A belasteter L-Querschnitt

a) Zeichnerische Lösung. Aus der Profiltafel entnehmen wir: $F = 17,0$ cm², $i_x = 4,62$, $i_y = 1,59$ cm. Wir konstruieren zunächst nach dem in Abb. 120a angegebenen Verfahren die Nullachse. Dann berechnen wir

$$\frac{P}{F} = \frac{4400}{17} = 259 \text{ kp/cm}^2$$

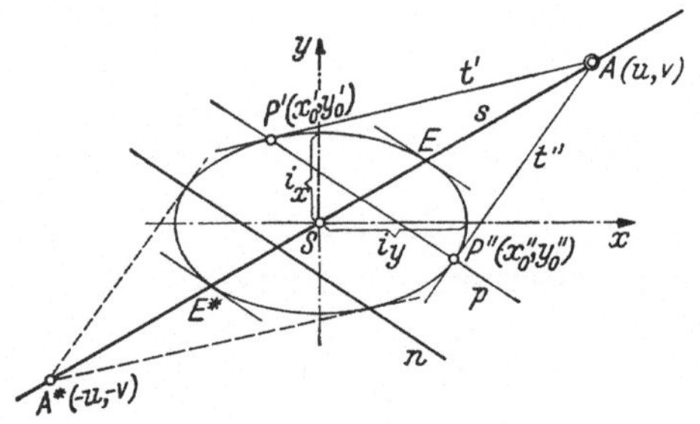

Abb. 125. Die Nullachse als Antipolare des Kraftangriffspunktes in bezug auf die Zentralellipse

und zeichnen gemäß Abb. 121 den Spannungsverlauf. In den Punkten 1 und 2 lesen wir für die Randspannungen ab

$$\sigma_1 = + 1350 \text{ kp/cm}^2, \qquad \sigma_2 = - 360 \text{ kp/cm}^2.$$

b) Rechnerische Lösung. Wir wollen diesmal von Gl. (51, 14) ausgehen:

$$\sigma = \frac{P}{F}\left(1 + \frac{u\,x}{i_y^2} + \frac{v\,y}{i_x^2}\right).$$

Für x und y sind die Koordinaten der Punkte 1 und 2 einzusetzen, die laut Abb. 124 $x_1 = + 3,9$, $y_1 = - 6,0$, $x_2 = - 1,6$, $y_2 = + 6,0$ cm sind. Damit erhalten wir

$$\sigma_1 = \frac{4400}{17}\left(1 + \frac{2 \cdot 3,9}{1,59^2} + \frac{(-4)\cdot(-6)}{4,62^2}\right) = + 1346 \text{ kp/cm}^2,$$

$$\sigma_2 = \frac{4400}{17}\left(1 + \frac{2 \cdot (-1,6)}{1,59^2} + \frac{(-4)\cdot 6}{4,62^2}\right) = - 357 \text{ kp/cm}^2.$$

Der Leser prüfe, ob sich nach Gl. (51, 17) die gleichen Werte ergeben. Er beachte, daß für den Punkt 2 der Wert von W_y nicht in der Profiltafel enthalten ist, sondern berechnet werden muß.

53. Kraftangriffspunkt, Nullachse und Zentralellipse.
Zwischen der Lage des Kraftangriffspunkts A (Koordinaten u, v), der Nullachse n

und der Zentralellipse bestehen geometrische Zusammenhänge. Nach Nr. 33 lautet die Gleichung der Zentralellipse für ein Hauptachsenkreuz x, y durch den Schwerpunkt S (Abb. 125)

$$\frac{x^2}{i_y{}^2} + \frac{y^2}{i_x{}^2} = 1. \tag{53, 18}$$

Die Gleichung der Tangente in einem beliebigen Ellipsenpunkt mit den Koordinaten x_0, y_0 lautet dann bekanntlich

$$\frac{x_0\,x}{i_y{}^2} + \frac{y_0\,y}{i_x{}^2} = 1. \tag{53, 19}$$

Legt man vom Punkt A aus die Tangenten t' und t'' an die Zentralellipse, die in den Punkten P' mit den Koordinaten $x_0',\,y_0'$ und P'' mit den Koordinaten $x_0'',\,y_0''$ berühren, so nennt man die Verbindungslinie p der beiden Berührungspunkte die *Polare* des Punkts A in bezug auf die Zentralellipse (s. Abbildung). Die Gleichung der Polare erhält man, indem man in die Gleichung der Tangente (53, 19) an Stelle der Koordinaten des Berührungspunkts die Koordinaten des Punkts A (des Pols) einsetzt:

$$\frac{u\,x}{i_y{}^2} + \frac{v\,y}{i_x{}^2} = 1 \tag{53, 20}$$

(laufende Koordinaten x, y).

Beweis: Da die Tangente t' durch den Punkt A geht, muß ihre Gleichung durch u und v erfüllt werden. Das gleiche muß für die Gleichung der Tangente t'' zutreffen. Es muß also gelten:

$$\frac{x_0'\,u}{i_y{}^2} + \frac{y_0'\,v}{i_x{}^2} = 1, \qquad \frac{x_0''\,u}{i_y{}^2} + \frac{y_0''\,v}{i_x{}^2} = 1.$$

Diese beiden Ausdrücke kann man jedoch auch dahin deuten, daß die Gleichung der Geraden (53, 20) durch die Koordinaten der Punkte P' und P'' erfüllt sind. Diese Gerade muß demnach die Verbindungslinie dieser beiden Punkte, also die Polare von A sein.

Berechnen wir die Abschnitte der Polare auf der x- und auf der y-Achse, so ergibt sich

$$\bar{x} = \frac{i_y{}^2}{u}, \qquad \bar{y} = \frac{i_x{}^2}{v}. \tag{53, 21}$$

Der Vergleich mit den Gl. (51, 16) für die Achsenabschnitte der Nullinie n zeigt, daß diese gleich groß sind wie die Abschnitte der Polare, jedoch entgegengesetztes Vorzeichen haben. Die Nullachse liegt also zur Polare parallel und genau spiegelbildlich in bezug auf den Schwerpunkt S. Man bezeichnet die Nullachse, deren Gleichung nach Nr. 51 durch

$$\frac{u\,x}{i_y{}^2} + \frac{v\,y}{i_x{}^2} = -1 \tag{53, 22}$$

gegeben ist, als *Antipolare* des Punkts A in bezug auf die Zentralellipse bzw. den Punkt A als den *Antipol* der Nullachse. Die Nullachse wäre die Polare des zu A spiegelbildlich gelegenen Punkts A^*.

Verschieben wir den Kraftangriffspunkt, so führt die Polare gewisse Bewegungen aus. Die Nullachse macht dann bezüglich des Schwerpunkts genau die spiegelbildlichen Bewegungen. Wandert z. B. A auf einer Geraden s, die durch den Schwerpunkt geht (Spur der Lastebene), dann verschieben sich Polare und Nullachse parallel zu sich selbst. Denn der Richtungskoeffizient beider Geraden ist gegeben durch $k = -\dfrac{i_x^2 u}{i_y^2 v}$. Auf jeder Geraden durch S hat u/v einen konstanten Wert, k ändert sich also nicht, wenn A auf einer solchen Geraden verschoben wird. Kommt A

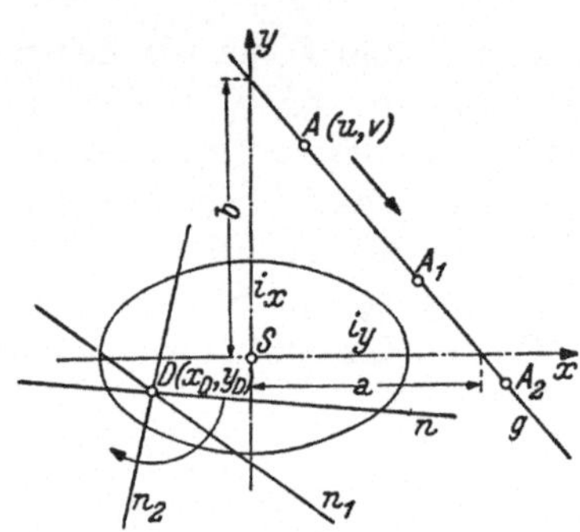

auf die Ellipse, in den Punkt E zu liegen, so wird die Polare zur Ellipsentangente in E, die Nullachse zur Tangente im gegenüberliegenden Punkt E^*. Die Nullachse ist also für alle Lastangriffspunkte, die auf der Geraden s liegen, den Tangenten in den Punkten E und E^* parallel, hat also die Richtung des zur Geraden s konjugierten Durchmessers. Die Richtungen der Spur der Lastebene und der Nullachse sind also wieder, wie bei der Biegung, konjugiert. Rückt A auf der Geraden s immer weiter vom Schwerpunkt weg, dann rückt die Polare und damit

Abb. 126. Drehung der Nullachse um einen festen Punkt, wenn sich der Kraftangriffspunkt A längs einer Geraden verschiebt

auch die Nullachse immer näher an den Schwerpunkt heran. Fällt A mit dem unendlich fernen Punkt der Geraden s zusammen, dann geht die Nullachse durch den Schwerpunkt. Es liegt dann der Fall reiner Biegung vor. (Nach Statik Nr. 9 ist ja ein Kräftepaar äquivalent einer Einzelkraft von der Größe Null, die im unendlich fernen Punkt angreift.) Rückt A in die Zentralellipse hinein, dann ergibt sich nach Gl. (53, 20) trotzdem eine Polare, die jedoch die Ellipse nicht schneidet. Das gleiche gilt für die Nullachse. Je näher A an S heranrückt, desto weiter rückt die Nullachse von S weg. Fällt A mit S zusammen ($u = 0$, $v = 0$), dann liegt die Nullachse im Unendlichen [nach den Gl. (51, 16) ergibt sich $\bar{x} = \infty$, $\bar{y} = \infty$]. Die Spannung ist dann auf dem ganzen Querschnitt konstant, es liegt der Fall reinen Zuges bzw. Druckes vor.

Wir wollen nun sehen, was mit der Nullachse geschieht, wenn wir A nicht längs einer Geraden durch den Schwerpunkt, sondern längs einer beliebigen Geraden g verschieben (Abb. 126). Wir werden zeigen, daß sich dann die Nullachse um einen festen Punkt D dreht, welcher der Antipol der Geraden g ist. (Würde also D Kraftangriffspunkt sein, dann wäre g die zugehörige Nullachse.)

Beweis: Die Koordinaten von A seien u, v. Dann hat die zu A gehörige Nullachse die Gleichung

$$\frac{u\,x}{i_y^2} + \frac{v\,y}{i_x^2} = -1. \tag{53, 23}$$

u und v sind jetzt aber nicht fest, sondern bloß dadurch miteinander verbunden, daß sie der Gleichung der Geraden g genügen müssen. Hat diese Gerade auf den Achsen die Abschnitte a und b, so muß also gelten

$$\frac{u}{a} + \frac{v}{b} = 1. \tag{53, 24}$$

Bezeichnen wir die Koordinaten des Antipols D dieser Geraden mit x_D, y_D, so hängen sie mit a und b nach den Gl. (51, 16) zusammen (hier ist $\bar{x} = a$, $\bar{y} = b$, $u = x_D$, $v = y_D$ zu setzen):

$$x_D = -\frac{i_y^2}{a}, \qquad y_D = -\frac{i_x^2}{b}.$$

Gehen nun, wie wir behaupten, für sämtliche Punkte A der Geraden g die zugehörigen Nullachsen (53, 23) durch den Punkt D, so müssen dessen Koordinaten die Gl. (53, 23) stets erfüllen, sofern u und v der Gl. (53, 24) genügen. Setzen wir in Gl. (53, 23) für $x = x_D$ und für $y = y_D$, so erhalten wir

$$\frac{u}{i_y^2} \cdot \left(-\frac{i_y^2}{a}\right) + \frac{v}{i_x^2} \cdot \left(-\frac{i_x^2}{b}\right) = -1,$$

oder

$$\frac{u}{a} + \frac{v}{b} = 1.$$

Dies ist aber nach Voraussetzung erfüllt, womit der Beweis erbracht ist.

Alle diese Beziehungen zwischen Kraftangriffspunkt und Nullachse sind umkehrbar. Drehen wir die Nullachse um einen festen Punkt, so verschiebt sich der Kraftangriffspunkt A längs der Antipolare dieses Punkts. Verschieben wir die Nullachse parallel zu sich selbst (was einer Drehung um den unendlich fernen Punkt entspricht), so verschiebt sich A auf einer Geraden durch den Schwerpunkt (dies ist die zum unendlich fernen Punkt gehörige Nullachse).

54. Der Kern eines Querschnitts.

Falls die Nullachse den Querschnitt F nicht schneidet, sondern ihn höchstens berührt, dann sind auf ganz F, je nach der Richtung der außermittigen Kraft P, entweder nur Zug- oder nur Druckspannungen vorhanden. Jener Bereich der Querschnittsfläche, in dem der Angriffspunkt der Kraft liegen muß, damit auf dem ganzen Querschnitt nur Spannungen einerlei Vorzeichens wirken, wird *Kernfläche* oder kurz *Kern* des Querschnitts genannt. Die Kenntnis der Kernfläche ist z. B. wichtig bei Baustoffen, die nicht auf Zug beansprucht werden dürfen, wie etwa Mauerwerk und Beton, deren Zugfestigkeit, wie wir in Nr. 13 sahen, sehr gering ist; oder auch für die Sohle eines Fundaments, in der überhaupt keine Zugspannungen übertragen werden können.

Die Begrenzung der Kernfläche erhalten wir offenbar dadurch, daß wir sämtliche Tangenten an die Berandung von F legen und für sie als Nullachsen die zugehörigen Kraftangriffspunkte suchen. Dabei sind einspringende Ecken von F durch Gerade abzuschließen, da sonst einige von den Tangenten die Querschnittsfläche schneiden würden. In Abb. 127 ist der Vorgang angedeutet. Die einzelnen Punkte der Kerngrenze werden *Kernpunkte* genannt. Zur Nullachse n_1 gehört der Kernpunkt K_1, zu n_2 der Kernpunkt K_2 usw.

Ist der Querschnitt ein konvexes Polygon (das ist ein Vieleck ohne einspringende Ecken), so entspricht jeder Seite des Polygons ein Punkt der Kerngrenze. Da sich nun beim Übergang von einer Polygonseite

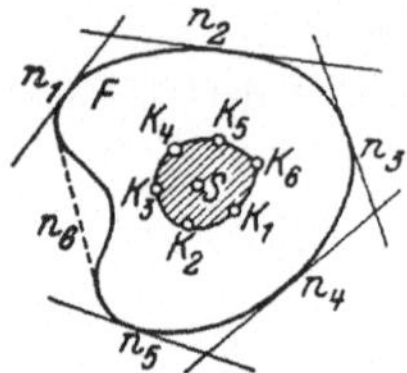

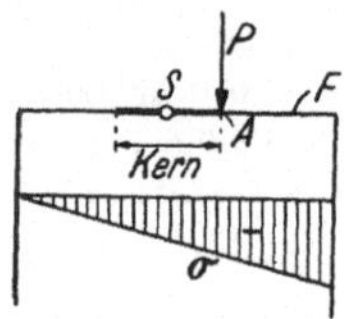

Abb. 127. Der Kern einer Querschnittsfläche

Abb. 128. Spannungsverteilung für den Fall, daß die außermittige Druckkraft an der Kerngrenze steht

zur nächsten die Tangente um einen Eckpunkt des Polygons dreht, so muß sich der zugehörige Kraftangriffspunkt nach Nr. 53 längs einer Geraden verschieben, so daß also jedem Eckpunkt des Polygons ein Geradenstück in der Kerngrenze entspricht. Die Kernpunkte, die den Polygonseiten entsprechen, sind also einfach durch gerade Linien zu verbinden. Der Kern eines konvexen Polygons ist demnach ebenfalls ein konvexes Polygon, das gleich viel Ecken hat wie der Querschnitt. Den Ecken in der Begrenzung von F entsprechen die Seiten in der Begrenzung des Kerns und umgekehrt. Der Kern eines Dreiecks ist demnach ein Dreieck, der eines Vierecks ein Viereck, der eines Kreises ein Kreis.

Ist der Querschnitt symmetrisch, so ist auch der Kern symmetrisch, und zwar zu derselben Achse wie der Querschnitt. Da für mittigen Druck (P in S) die Spannung auf ganz F konstant ist, muß der Schwerpunkt des Querschnitts stets innerhalb des Kerns liegen. Greift P am Rand des Kerns an, so ergibt sich, in der Richtung der Nullachse gesehen, das in Abb. 128 dargestellte Bild der Spannungsverteilung. Liegt A außerhalb des Kerns, so ergibt sich eine Spannungsverteilung gemäß Abb. 114, Bild 4, liegt A innerhalb des Kerns, dann ergibt sich das darunter dargestellte Bild 7.

Den Abstand der Kerngrenze vom Schwerpunkt nennt man *Kernweite*. Die Kernweiten auf den *Hauptachsen* des Querschnitts lassen sich leicht berechnen. Suchen wir für den in Abb. 129 dargestellten Querschnitt die beiden auf der y-Achse liegenden Kernpunkte, so müssen die zugehörigen Nullachsen jene Tangenten an dem Querschnittsrand sein, die zur Hauptachse y senkrecht sind. Denn nach Nr. 49 steht die Nullachse auf jener Hauptachse senkrecht, auf der der Kraftangriffspunkt liegt. Zur Nullachse n_1 mit dem Berührungspunkt 1 möge der Kernpunkt K_1, zur Nullachse n_2 mit dem Berührungspunkt 2 der Kernpunkt K_2 gehören. Nach Gl. (49, 6) besteht zwischen dem Abschnitt der Nullachse auf der y-Achse, $\bar{y}$, und der Koordinate v des Kraftangriffspunkts der Zusammenhang

$$\bar{y} = -\frac{J_x}{F\,v}. \qquad (54,\ 25)$$

J_x ist das Trägheitsmoment von F um die Hauptachse x. Bezeichnen wir die Absolutwerte der Abstände der beiden Tangenten von der x-Achse mit e_1 bzw. e_2, die Absolutwerte der beiden Kernweiten mit k_{y1} und k_{y2}, so ist bei der Berechnung der Lage von K_1 zu setzen: $\bar{y} = e_1,\ v = -\,k_{y1}$, bei der Berechnung der Lage von K_2: $\bar{y} = -\,e_2,\ v = k_{y2}$. Dann ergibt sich

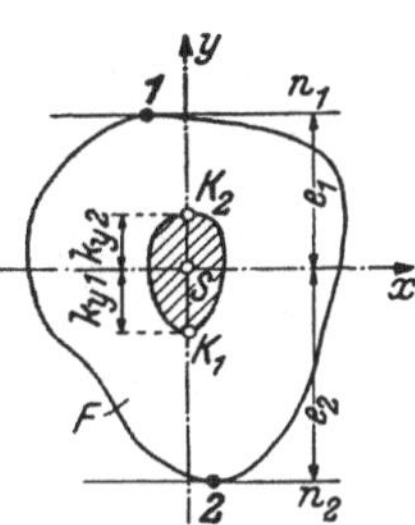

Abb. 129. Kernweiten auf den Hauptachsen

$$k_{y1} = \frac{J_x}{F\,e_1}, \qquad k_{y2} = \frac{J_x}{F\,e_2}. \qquad (54,\ 26)$$

Nun ist $J_x/e_1 = W_{x1}$ das Widerstandsmoment der Fläche F für den oberen Randpunkt, $J_x/e_2 = W_{x2}$ das Widerstandsmoment für den unteren Randpunkt. Damit erhalten wir für die Kernweiten auf der Hauptachse y

$$k_{y1} = \frac{W_{x1}}{F}, \qquad k_{y2} = \frac{W_{x2}}{F}. \qquad (54,\ 27\,\text{a})$$

Es ist zweierlei zu beachten: 1. daß der zur oberen Randtangente gehörige Kernpunkt unterhalb von S, der zur unteren Randtangente gehörige Kernpunkt oberhalb S liegt; 2. daß für die Kernweiten auf der y-Achse die Widerstandsmomente um die x-Achse einzusetzen sind.

Ganz analoge Ausdrücke ergeben sich für die Kernweiten auf der Hauptachse x

$$k_{x1} = \frac{W_{y1}}{F}, \qquad k_{x2} = \frac{W_{y2}}{F}. \qquad (54,\ 27\,\text{b})$$

Sind x und y Symmetrieachsen des Querschnitts, so ist $k_{y1} = k_{y2} = k_y$ und $k_{x1} = k_{x2} = k_x$ und es gilt

$$k_y = \frac{W_x}{F}, \qquad k_x = \frac{W_y}{F}. \qquad (54,\ 28)$$

Zusammenfassend können wir uns die Formeln für die Kernweiten auf den Hauptachsen etwa in der folgenden Form merken

$$k = \frac{W}{F}. \qquad (54,\ 29)$$

Die Ermittlung von Kernpunkten, die nicht auf einer Hauptachse liegen, erfolgt, insbesondere bei unregelmäßigen Querschnitten, am besten zeichnerisch. Wir können dazu etwa die in Nr. 51, Abb. 120 angeführte Konstruktion der Nullachse bei gegebenem Kraftangriffspunkt in umgekehrter Richtung durchführen (Abb. 130): Nachdem wir auf der Hauptachse x den Trägheitsradius i_x, auf der Hauptachse y den Trägheitsradius i_y vom Schwerpunkt aus aufgetragen haben, legen wir eine Tangente n an den Querschnittsrand und erhalten, von den Schnittpunkten von n mit den Achsen ausgehend, den zugehörigen Kernpunkt K (die Konstruktion ist in der Abbildung voll ausgezogen). Indem man dies für eine Reihe von Randtangenten durchführt, kann man den Kern mit genügender Genauigkeit einzeichnen. Die Konstruktion ist selbstverständlich auch dann ausführbar, wenn die Randtangente auf einer der Hauptachsen senkrecht steht. Siehe etwa n_1 und K_1 der Abb. 130 (Konstruktion strichliert).

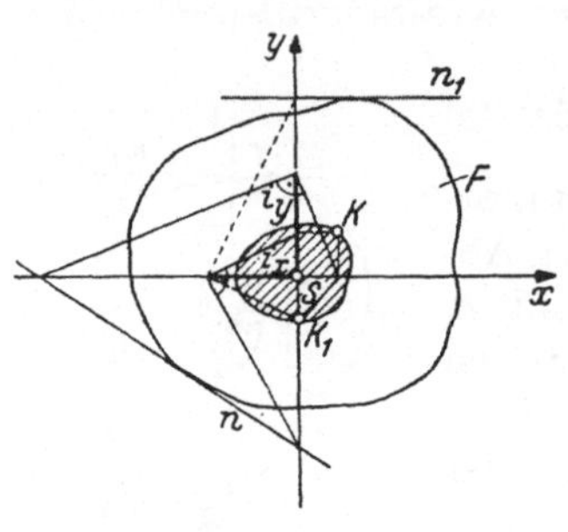

Abb. 130. Zeichnerische Ermittlung der Kernpunkte und damit der Kernfläche

Die *Berechnung* der Koordinaten u, v eines beliebigen Kernpunkts kann nach den Gl. (51, 16) erfolgen, die man nach u und v auflöst und in die man für $\bar{x}$ und $\bar{y}$ die Achsenabschnitte der Tangente an den Querschnittsrand einsetzt:

$$u = -\frac{i_y^2}{\bar{x}}, \qquad v = -\frac{i_x^2}{\bar{y}}. \tag{54, 30}$$

Ist eine solche Tangente zu einer der Achsen, etwa zur x-Achse parallel, dann ist $\bar{x} = \infty$ und $u = 0$. Der zugehörige Kernpunkt liegt dann auf der y-Achse. Die Anwendung der Gl. (54, 30) setzt voraus, daß x, y Hauptachsen sind.

55. Kerne technisch wichtiger Flächen. *1. Rechteck, Quadrat.* Der Kern eines *Rechtecks* mit den Seiten b, h (Abb. 131, Bild 1) muß jedenfalls ein Viereck sein. Seine Ecken sind die zu den Rechteckseiten gehörigen Kernpunkte und werden auf den Hauptachsen x, y liegen. Die Kernweite auf der y-Achse ist für beide Kernpunkte die gleiche und dasselbe gilt für die Kernweiten auf der x-Achse. Nach den Gl. (54, 28) ist

$$k_y = \frac{W_x}{F}, \qquad k_x = \frac{W_y}{F}.$$

Mit $W_x = b\,h^2/6$, $W_y = h\,b^2/6$ und $F = b\,h$ erhalten wir

$$k_y = \frac{h}{6}, \qquad k_x = \frac{b}{6}. \tag{55, 31}$$

Der Kern des Rechtecks ist also ein Rhombus. Die Länge seiner Diagonalen beträgt ein Drittel der zu ihnen parallelen Rechteckseiten[1].

Der Kern eines *Quadrats* mit der Seite a ist wieder ein Quadrat, das gegen das erstere um 45° verdreht ist und dessen Diagonale die Länge $a/3$ hat (Abb. 131, Bild 2).

Ein *Parallelstreifen* von der Breite d, z. B. der Grundriß einer langen Mauer, kann als unendlich langes Rechteck aufgefaßt werden. Der Kern ist ein Parallelstreifen von der Breite $d/3$ (Abb. 131, Bild 3).

2. Gleichseitiges Dreieck. Der Kern eines gleichseitigen Dreiecks mit der Seite a und der Höhe $h\left(=\dfrac{a}{2}\sqrt{3}\right)$ muß aus Symmetriegründen wieder ein gleichseitiges Dreieck sein (Abb. 132). Der Grundlinie des Dreiecks

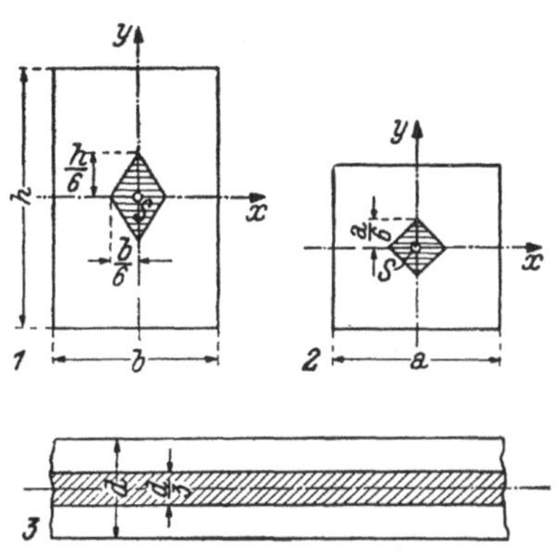

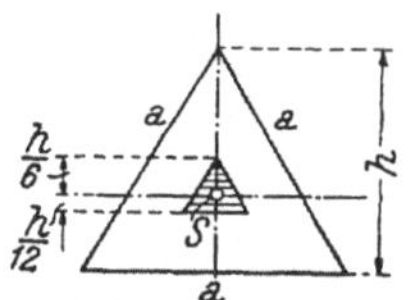

Abb. 132.   Kern eines gleichseitigen Dreiecks

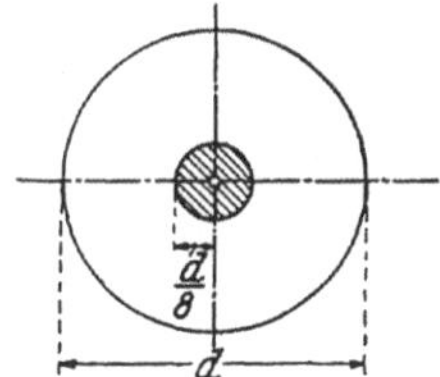

Abb. 131.   Kernfläche eines Rechtecks, eines Quadrats und eines Parallelstreifens

Abb. 133.   Kern eines Kreises

entspricht die Spitze der Kernfigur, der Spitze des Dreiecks die Grundlinie der Kernfigur. Da der Querschnitt bezüglich der x-Achse zwei voneinander verschiedene Widerstandsmomente besitzt [Gl. (35, 53)], nämlich

$$W_{x1} = \frac{a\,h^2}{24}\ \text{(oberer Rand)}, \qquad W_{x2} = \frac{a\,h^2}{12}\ \text{(unterer Rand)},$$

ergeben sich auf der y-Achse zwei voneinander verschiedene Kernweiten. Mit $F = a\,h/2$ ergibt sich aus den Gl. (54, 27a)

$$k_{y1} = \frac{h}{12}, \qquad k_{y2} = \frac{h}{6}. \tag{55, 32}$$

k_{y1} ist vom Schwerpunkt nach unten, k_{y2} vom Schwerpunkt nach oben hin aufzutragen. Damit kann der Kern gezeichnet werden.

3. Kreis. Der Kern eines Kreises mit dem Radius r (Durchmesser d) muß wieder ein Kreis sein (Abb. 133). Der Kernradius ϱ ist gleich der

---

[1] Der Leser zeichne in die Abb. 123 den Kern ein. Er wird sehen, daß der Punkt A innerhalb des Kerns liegt. Deshalb treten auf ganz F nur Spannungen eines Vorzeichens auf.

Kernweite, die wir nach Gl. (54, 29) berechnen. Nach Gl. (35, 56) ist $W_x = \pi\, r^3/4$, ferner ist F gleich $\pi\, r^2$ und wir erhalten

$$\varrho = \frac{r}{4} = \frac{d}{8}. \qquad (55,\,33)$$

4. Kreisring. Auch der Kern eines Kreisrings mit den Radien R und r muß ein Kreis sein (Abb. 134). Sein Radius ϱ ist wieder gleich der Kernweite, die wir nach Gl. (54, 29) berechnen. Für W_x ist nach Gl. (35, 63) $W_x = \dfrac{\pi}{4\,R}\,(R^4 - r^4)$ und für $F = \pi\,(R^2 - r^2)$ einzusetzen. Damit ergibt sich

$$\varrho = \frac{R^2 + r^2}{4\,R} = \frac{R}{4}\left[1 + \left(\frac{r}{R}\right)^2\right]. \qquad (55,\,34)$$

Führen wir die Durchmesser D und d ein, so erhalten wir

$$\varrho = \frac{D}{8}\left[1 + \left(\frac{d}{D}\right)^2\right]. \qquad (55,\,35)$$

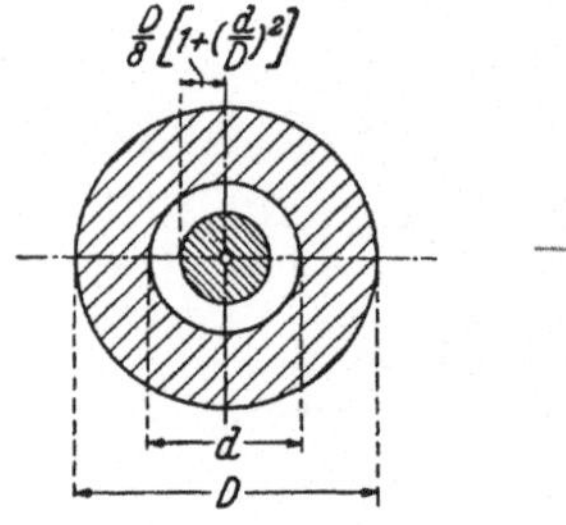

Abb. 134. Kern eines Kreisrings

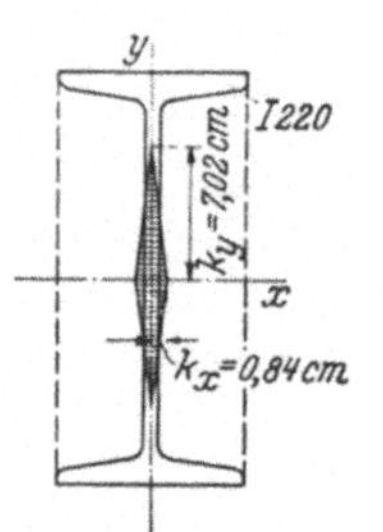

Abb. 135. Kern eines I-Querschnitts

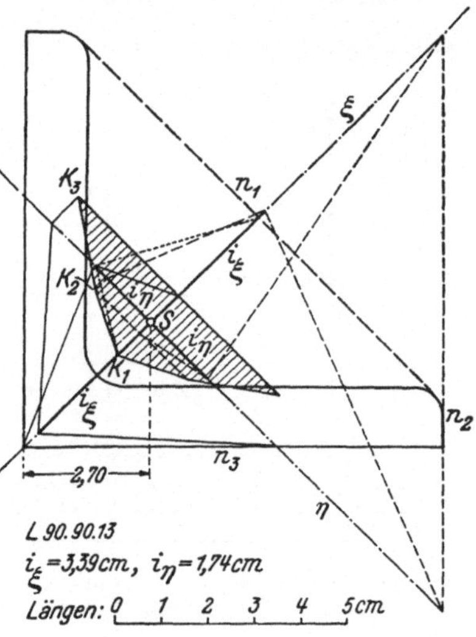

Abb. 136. Zeichnerische Ermittlung eines Kerns eines Winkelquerschnitts

56. Technische Anwendungen. *1. Kern eines I-Querschnitts.* Zur Ermittlung des Kerns des in Abb. 135 dargestellten Querschnitts I 22 schließen wir zunächst die einspringenden Ecken ab und erhalten so eine rechteckige Umhüllung. Der Kern wird also ein Viereck, und zwar ein Rhombus sein, der jedoch nicht etwa mit dem Kern des umschriebenen Rechtecks identisch ist, da ja Widerstandsmomente und Querschnittsfläche ganz andere Werte haben wie für das Rechteck. Zur Berechnung der Kernweiten dienen die Gl. (54, 28). Aus der Profiltafel entnehmen wir $W_x = 278\ \mathrm{cm}^3$, $W_y = 33{,}1\ \mathrm{cm}^3$, $F = 39{,}6\ \mathrm{cm}^2$. Damit ergibt sich

$$k_y = \frac{W_x}{F} = \frac{278}{39{,}6} = 7{,}02\ \mathrm{cm},$$

$$k_x = \frac{W_y}{F} = \frac{33{,}1}{39{,}6} = 0{,}84\ \mathrm{cm}.$$

Der Leser bestimme den Kern zeichnerisch.

2. Kern eines Winkelquerschnitts. Es soll der Kern des Winkelquerschnitts L 90.90.13 zeichnerisch ermittelt werden. In Abb. 136 ist der Querschnitt dargestellt, alle erforderlichen Maße wurden aus der Profiltafel entnommen. Auf der Hauptachse ξ wird $i_\xi = 3{,}39$ cm, auf der Hauptachse η wird $i_\eta = 1{,}74$ cm vom Schwerpunkt aus im Längenmaßstab der Zeichnung aufgetragen. Die einspringende Ecke des Querschnitts wird durch eine Gerade abgeschlossen und für das so entstehende, zur ξ-Achse symmetrische Fünfeck nach der in Abb. 130 angegebenen Konstruktion der Kern ermittelt. Da er ebenfalls fünfeckig und zur ξ-Achse symmetrisch sein muß, genügt die Bestimmung dreier Eckpunkte. In Abb. 136 ist die Konstruktion der zu den Tangenten n_1, n_2, n_3 gehörigen Kernpunkte K_1, K_2, K_3 durchgeführt. Da n_1 auf der ξ-Achse senkrecht steht, muß K_1 auf dieser Achse liegen.

3. *Kern eines Pfeilerquerschnitts.* Wir wollen den Kern des in Abb. 137 dargestellten Querschnitts eines Pfeilers durch Berechnung der Koordinaten der Kernpunkte bestimmen. Zunächst werden die beiden einspringenden Ecken der Querschnittsfläche durch Gerade abgeschrägt. Der Kern der so entstehenden Sechseckfläche, die zur y-Achse symmetrisch ist, muß ebenfalls ein zur y-Achse symmetrisches Sechseck sein. Es genügt folglich die Berechnung von vier Eckpunkten der Kerngrenze, K_1, K_2, K_3, K_4, die zu den Nullachsen n_1, n_2, n_3, n_4 gehören. Sind u_i, v_i die Koordinaten des Kernpunkts K_i, ferner $\bar{x}_i$ und $\bar{y}_i$ die Achsenabschnitte der zugehörigen Nullachse, so ist nach den Gl. (54, 30)

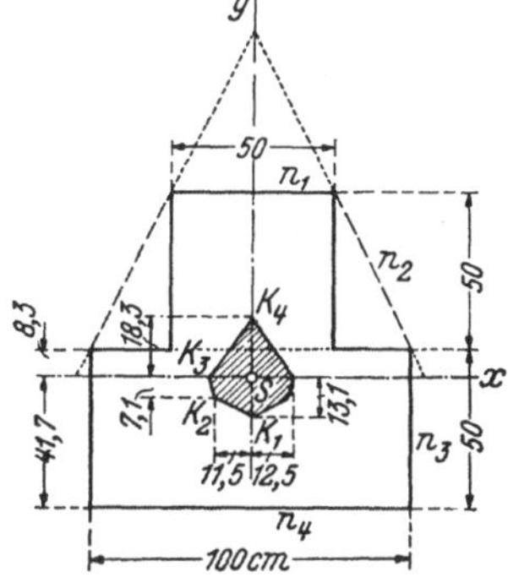

Abb. 137. Kern eines Pfeilerquerschnitts

$$u_i = -\frac{i_y^2}{\bar{x}_i}, \qquad v_i = -\frac{i_x^2}{\bar{y}_i}.$$

Zur Berechnung der Hauptträgheitsmomente J_x und J_y für die Achsen durch den Schwerpunkt S zerlegen wir den Querschnitt in das Quadrat $50 \cdot 50$ cm² und in das Rechteck $100 \cdot 50$ cm². J_x errechnet sich dann nach Gl. (25, 11), J_y ist gleich der Summe der Trägheitsmomente der beiden Teilflächen um die y-Achse. Mit der Gesamtfläche $F = 7500$ cm² ergibt sich für die Quadrate der Trägheitsradien

$$i_x^2 = \frac{J_x}{F} = \frac{50^4 + 100 \cdot 50^3}{12 \cdot 7500} + \frac{2500 \cdot 5000}{7500^2} \, 50^2 = 764 \text{ cm}^2,$$

$$i_y^2 = \frac{J_y}{F} = \frac{50^4 + 50 \cdot 100^3}{12 \cdot 7500} = 625 \text{ cm}^2.$$

Der Abstand des Schwerpunkts S von der unteren Kante des Querschnitts berechnet sich zu

$$e_x = \frac{2500 \cdot 75 + 5000 \cdot 25}{7500} = 41{,}7 \text{ cm}.$$

Damit kann die x-Achse eingezeichnet werden, es können die Achsenabschnitte der Tangenten des Querschnittsrandes bestimmt werden. Für n_1, n_3, n_4 bietet dies keine Schwierigkeit, für n_2 ergeben sich die Achsenabschnitte $\bar{x} = 50 + \frac{1}{2} \cdot 8{,}3 = 54{,}2$ cm, $\bar{y} = 8{,}3 + 50 + 50 = 108{,}3$ cm. Die Auswertung der Gl. (54, 30) ist in Tabelle 4 zusammengestellt. Mittels der gewonnenen Werte wurde der Kern in die Abb. 137 eingezeichnet.

Tabelle 4

n_i	$\bar{x}_i$ cm	$\bar{y}_i$ cm	K_i	u_i cm	v_i cm
n_1	∞	$+\,58,3$	K_1	$0,0$	$-\,13,1$
n_2	$+\,54,2$	$+\,108,3$	K_2	$-\,11,5$	$-\,7,1$
n_3	$+\,50,0$	∞	K_3	$-\,12,5$	$0,0$
n_4	∞	$-\,41,7$	K_4	$0,0$	$+\,18,3$

57. Die Kernpunktsmomente. Bei Beanspruchung eines Querschnitts durch außermittigen Zug oder Druck kann man mit Hilfe des Kerns sehr rasch die Randspannungen ermitteln. Obwohl sich das im folgenden angegebene Verfahren auch für beliebige Lage des Kraftangriffspunkts erweitern läßt[1], wollen wir jedoch stets voraussetzen, daß der Kraftangriffspunkt auf einer der Hauptachsen liege, wie dies in der überwiegenden Zahl der praktischen Anwendungen der Fall ist.

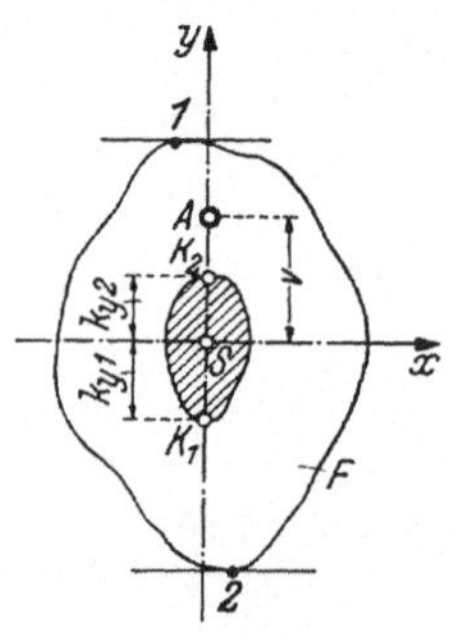
Abb. 138. Die Kernpunkts-momente

Es seien also x, y die Hauptachsen des in Abb. 138 dargestellten Querschnitts F und der Angriffspunkt A der Kraft P liege etwa auf der y-Achse. Die y-Koordinate von A sei v, das nach oben positiv, nach unten negativ zu zählen ist. Die Kernweiten auf der y-Achse seien vom Schwerpunkt nach unten k_{y1}, nach oben k_{y2}, beides positive Zahlen. P sei wieder als Zugkraft positiv, als Druckkraft negativ bezeichnet. Nach den Gl. (49, 7) gilt dann für die Randspannungen, also für die Spannungen in den Punkten 1 und 2 des Querschnitts

$$\sigma_1 = \frac{P}{F} + \frac{P\,v}{W_{x1}}, \qquad \sigma_2 = \frac{P}{F} - \frac{P\,v}{W_{x2}}.$$

W_{x1} und W_{x2} sind die Widerstandsmomente des Querschnitts um die x-Achse für den oberen und den unteren Randpunkt. Sie hängen mit den Kernweiten nach den Gl. (54, 27a) zusammen. Lösen wir diese Gleichungen nach F auf, so erhalten wir

$$F = \frac{W_{x1}}{k_{y1}} = \frac{W_{x2}}{k_{y2}}. \tag{57, 36}$$

Dies in die Gleichungen für σ_1 und σ_2 eingesetzt, liefert

$$\sigma_1 = \frac{P\,(k_{y1} + v)}{W_{x1}}, \qquad \sigma_2 = \frac{P\,(k_{y2} - v)}{W_{x2}}. \tag{57, 37}$$

---

[1] S. z. B. Stahlbau (Köln, 1956), Bd. 1, S. 77. Auch die Randspannungen infolge schiefer Biegung lassen sich mittels des Kerns bestimmen. S. z. B. A. Föppl, Vorlesungen über technische Mechanik, Bd. III.

$k_{y1} + v$ ist der Abstand des Punkts A vom Kernpunkt K_1. Daher ist

$$P\,(k_{y1} + v) = M_{K_1} \qquad (57,38\,\text{a})$$

das Moment der Kraft P in bezug auf den Kernpunkt K_1. Ebenso ist

$$P\,(k_{y2} - v) = M_{K_2} \qquad (57,38\,\text{b})$$

das Moment der Kraft P in bezug auf den Kernpunkt K_2. Diese Momente werden *Kernpunktsmomente* genannt. Mit ihrer Hilfe lassen sich Ausdrücke für die Randspannungen auf eine der Grundformel für die reine Biegung, Gl. (38, 12), ähnliche Form bringen:

$$\sigma_1 = \frac{M_{K_1}}{W_{x1}}, \qquad \sigma_2 = \frac{M_{K_2}}{W_{x2}}. \qquad (57,39)$$

Dabei ist zu beachten, daß zum oberen Rand der untere Kernpunkt, zum unteren Rand der obere Kernpunkt gehört. Liegen die Verhältnisse so wie in Abb. 138, ist also $v > k_{y2}$, so haben die beiden Kernpunktsmomente und damit die beiden Randspannungen verschiedene Vorzeichen, was uns ja nicht überrascht, da A außerhalb des Kerns liegt. Bei Beachtung der Vorzeichen von P und v erhalten die Kernpunktsmomente und damit die Randspannungen von selbst das richtige Vorzeichen. Man kann aber auch unter M_{K_1} und M_{K_2} die Absolutbeträge der Kernpunktsmomente verstehen und die Vorzeichen der Randspannungen auf Grund folgender Überlegung bestimmen. Liegt A außerhalb des Kerns, dann müssen die beiden Randspannungen verschiedenes Zeichen haben, und zwar hat die Spannung in demjenigen Randpunkt, der dem Punkt A zunächst liegt, das gleiche Zeichen wie P. Liegt A innerhalb des Kerns, dann müssen beide Randspannungen das gleiche Zeichen haben und dieses richtet sich nach dem Vorzeichen von P.

Die Ermittlung der Randspannungen mit Hilfe der Kernpunktsmomente hat z. B. bei der Bemessung von Bogenquerschnitten Bedeutung. In Bogenquerschnitten treten ja stets neben Biegemomenten M auch Normalkräfte N auf (s. Statik, Abschnitt VI), eine Beanspruchung, die nach Nr. 48 der des außermittigen Lastangriffs gleichwertig ist. Für die Bemessung des Bogens ist nun jener Querschnitt maßgebend, für den die Randspannung $\sigma = \dfrac{N}{F} \pm \dfrac{M}{W}$ ihren größten Wert hat.

Da nun N und M gewöhnlich nicht im selben Querschnitt ihren Extremwert annehmen, kann man zunächst nicht ohne weiteres angeben, wo dieser gefährdete Querschnitt liegt. Bezieht man jedoch die Momente der am abgeschnittenen Bogenteil angreifenden äußeren Kräfte nicht auf den Schwerpunkt der Schnittfläche, sondern auf deren Kernpunkte, so erkennt man den gefährdeten Querschnitt daran, daß in ihm das größte Kernpunktsmoment auftritt. Denn dort tritt nach den Gl. (57, 39) dann auch die größte Randspannung auf.

58. Zeichnerische Ermittlung der Randspannungen mit Hilfe der Kernpunkte.

Liegt der Angriffspunkt A der außermittigen Kraft P auf einer der Hauptachsen des Querschnitts, so lassen sich bei Kenntnis

der auf dieser Hauptachse liegenden Kernpunkte die Randspannungen
sehr rasch zeichnerisch ermitteln[1]. Nehmen wir etwa an, A liege auf der
Hauptachse y des in Abb. 139 dargestellten Querschnitts, so werden
auf einer Parallelen zur y-Achse (oder
auf dieser Achse selbst) der Schwerpunkt S, der Kraftangriffspunkt A und
die beiden Kernpunkte K_1, K_2 markiert.
Von S aus wird waagrecht die Spannung
$\sigma_S = P/F$ in irgend einem Maßstab aufgetragen (Punkt C). Die beiden Geraden
CK_1 und CK_2 schneiden dann auf einer
Waagrechten durch A die Randspan-
nungen σ_1 und σ_2 ab. Diese haben verschiedenes Vorzeichen, wenn sie auf entgegengesetzten Seiten von A liegen,
gleiches Zeichen, wenn sie auf derselben
Seite von A liegen.

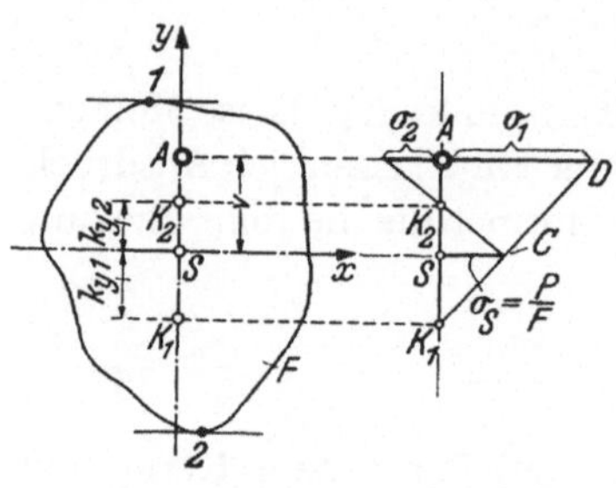

Abb. 139. Zeichnerische Ermittlung der infolge exzentrischer Zug- oder Druckbelastung
auftretenden Randspannungen mit Hilfe der
Kernpunkte

Das Verfahren gestattet bei verschiedenen Lagen von A die wechseln-
den Werte der Randspannungen sehr rasch abzulesen. Mit Hilfe von σ_1
und σ_2 kann auch der Spannungsverlauf auf ganz F eingezeichnet werden.

Beweis: Aus der Ähnlichkeit der Dreiecke K_1AD und K_1SC ergibt sich

$$\sigma_1 : (k_{y1} + v) = \sigma_S : k_{y1}$$

oder

$$\sigma_1 = \frac{\sigma_S\,(k_{y1} + v)}{k_{y1}} = \frac{P\,(k_{y1} + v)}{F\,k_{y1}} = \frac{P\,(k_{y1} + v)}{W_{x1}} = \frac{M_{K_1}}{W_{x1}},$$

was mit der ersten der Gl. (57, 39) übereinstimmt. Das analoge gilt für σ_2.

**59. Beispiele zur rechnerischen und zeichnerischen Ermittlung der Randspannungen
mit Hilfe der Kernpunkte.** Auf einen Querschnitt $\mathrm{I}\,220$ wirke eine außermittige
Zugkraft $P = 26$ Mp, die auf der y-Achse, und zwar a) im Punkt A mit $v = +\,4$ cm,
b) im Punkt A' mit $v' = +\,9$ cm angreift. Die Randspannungen sollen rechnerisch
und zeichnerisch ermittelt werden (Abb. 140).

Zur Berechnung der Randspannungen gehen wir aus von den Gl. (57, 39). In
Nr. 56, 1. Beispiel, bestimmten wir die Kernweite des Querschnitts $\mathrm{I}\,22$ zu $k_y =$
$= 7{,}02$ cm. Das Widerstandsmoment um die x-Achse ist $W_x = 278$ cm³. Damit
erhalten wir im Fall a

$$\sigma_1 = \frac{M_{K_1}}{W_x} = \frac{P\,(k_y + v)}{W_x} = \frac{26\,000\,(7{,}02 + 4)}{278} = +\,1030\ \text{kp/cm}^2,$$

$$\sigma_2 = \frac{M_{K_2}}{W_x} = \frac{P\,(k_y - v)}{W_x} = \frac{26\,000\,(7{,}02 - 4)}{278} = +\,282\ \text{kp/cm}^2.$$

---

[1] Das Verfahren läßt sich ebenfalls für den Fall erweitern, daß A nicht auf
einer Hauptachse liegt.

Im Fall b erhalten wir

$$\sigma_1' = \frac{26\,000\,(7,02 + 9)}{278} = +\,1500\ \text{kp/cm}^2,$$

$$\sigma_2' = \frac{26\,000\,(7,02 - 9)}{278} = -\,185\ \text{kp/cm}^2.$$

Zur zeichnerischen Spannungsermittlung benötigen wir die Größe der Spannung im Schwerpunkt. Mit der Querschnittsfläche $F = 39,6$ cm² erhalten wir

$$\sigma_S = \frac{26\,000}{39,6} = +\,657\ \text{kp/cm}^2.$$

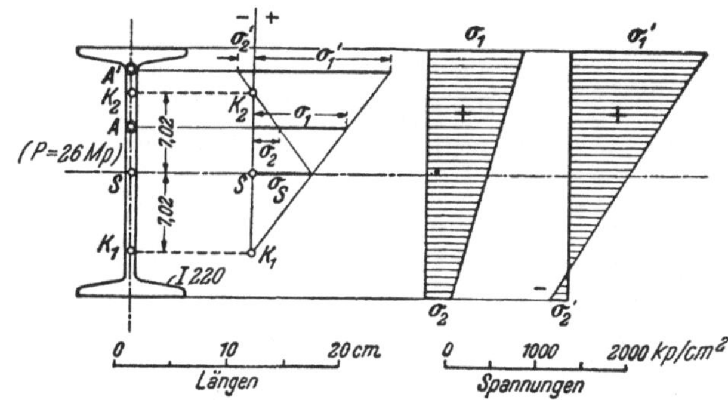

Abb. 140. Ermittlung der Randspannungen auf einem I-Querschnitt für zwei verschiedene Belastungsfälle

Damit wurde die in Nr. 58 angegebene Konstruktion durchgeführt. Ferner wurde mit Hilfe der Randspannungen der Spannungsverlauf auf dem Querschnitt dargestellt. Es ergeben sich die beiden charakteristischen Bilder, je nachdem der Kraftangriffspunkt innerhalb oder außerhalb des Kerns liegt.

60. Außermittiger Druck bei versagender Zugzone. In der Sohle unter einem Fundament können nur Druckspannungen übertragen werden. Greift eine außermittige Druckkraft innerhalb oder höchstens am Rand des Kerns der Fundamentgrundfläche F an, dann wirken auf ganz F nur Druckspannungen und die Spannungsverteilung berechnet sich nach den bisher entwickelten Formeln[1]. Liegt jedoch der Kraftangriffspunkt außerhalb des Kerns, so betrachtet man dies im allgemeinen noch nicht als unzulässig. In diesem Fall beteiligt sich jedoch nur mehr ein Teil der Fundamentgrundfläche an der Spannungsübertragung.

Wir wollen diese Beanspruchung durch außermittigen Druck bei versagender Zugzone für einen Fundamentkörper mit rechteckiger Grund-

---

[1] Wir denken uns die Kraft P wieder als Resultierende einer verteilten Belastung oder, falls sie tatsächlich eine Einzelkraft sein sollte, so hoch oberhalb der Basisfläche des Fundaments angreifend, daß bis zur Basis schon eine entsprechende Verteilung der Spannungen stattgefunden hat (s. Nr. 48). Der im folgenden als Kraftangriffspunkt bezeichnete Punkt ist also lediglich der Schnittpunkt der Wirkungslinie von P mit der Basisfläche.

fläche (Länge h, Breite b) untersuchen, wobei wir voraussetzen, daß der Angriffspunkt A der Kraft P auf einer der Symmetrieachsen des Rechtecks liege (Abb. 141). Der Abstand des Punkts A vom Schwerpunkt des Rechtecks sei e, sein Abstand von dem in der Richtung SA nächst benachbarten Querschnittsrand sei c $(c = \frac{1}{2}h - e)$. Ausgehend von der Annahme einer dreieckigen Druckverteilung suchen wir nun 1. die Ausdehnung der Druckzone, mit anderen Worten die Lage der Nullachse n, 2. die größte Druckspannung, das ist die Randspannung σ_1 zu bestimmen. Dazu stehen uns zwei Bedingungen zur Verfügung: 1. die Resultierende aller Druckkräfte $\sigma\,dF$ muß gleich P sein, 2. diese Resultierende muß dieselbe Wirkungslinie wie P haben.

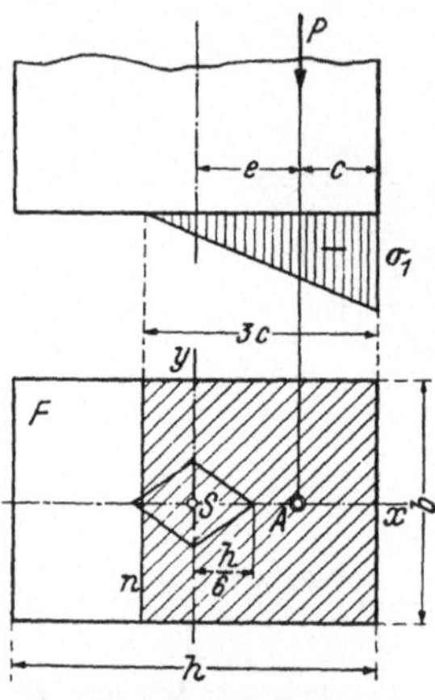

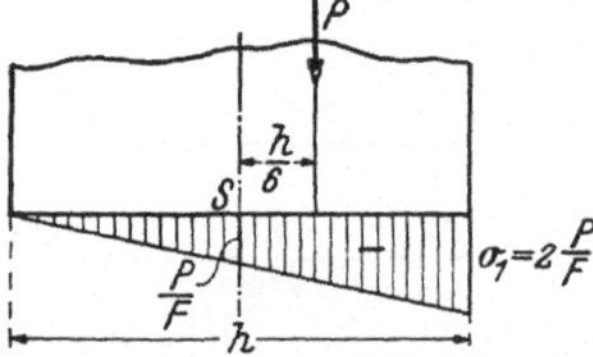

Abb. 141. Außermittiger Druck auf eine rechteckige Fundamentgrundfläche bei versagender Zugzone

Abb. 142. Spannungsverteilung unter einer rechteckigen Fundamentgrundfläche, wenn die Last an der Kerngrenze angreift

Da die Resultierende der Dreiecksbelastung durch den Schwerpunkt des Dreiecks geht, muß die Grundlinie des Dreiecks nach Bedingung 2 die Länge $3\,c$ haben. Damit ist die Lage von n gegeben. Es ist zu beachten, daß n nicht mit jener Nullachse zusammenfällt, die sich bei nicht versagender Zugzone ergeben würde.

Die Summe aller $\sigma\,dF$ ist gleich dem Volumen des keilförmigen Spannungskörpers und es muß nach Bedingung 1 gelten

$$\frac{1}{2} \cdot 3\,c\,b\,\sigma_1 = P.$$

Daraus folgt die Randspannung (absoluter Betrag)

$$\sigma_1 = \frac{2\,P}{3\,c\,b} = \frac{2\,P}{3\left(\frac{h}{2} - e\right)b}, \qquad \left(0 \leqq c \leqq \frac{h}{3}\right). \tag{60, 40}$$

Praktisch soll die Druckzone mindestens gleich der halben Grundfläche F sein, also $3\,c \geqq h/2$ oder $c \geqq h/6$ sein. Für $c = h/3$ liegt A am Rand des Kerns. Dann beteiligt sich die ganze Aufstandsfläche F an der Kraftübertragung und es ist $\sigma_1 = 2\,P/F$ (Abb. 142). Liegt A innerhalb des Kerns $(c > h/3)$, dann gilt die Gl. (60, 40) nicht mehr, sondern es ist die Gl. (49, 8) anzuwenden.

Beispiel. Die in Abb. 143 dargestellte rechteckige Fundamentsohle mit $h = 2{,}00$ m, $b = 1{,}00$ m, sei durch eine mittige Kraft $P = 11\,000$ kp und durch ein Biegemoment $M = 5000$ kp m belastet. Diese Belastung kann etwa folgendermaßen zustande kommen. In dem Fundament sei eine Stütze der Wand einer Halle eingespannt. In lotrechter Richtung wirkt dann die lotrechte Komponente des Auflagerdrucks der Stütze, ferner das Gewicht des aus Beton hergestellten Fundamentkörpers und gegebenenfalls noch das Gewicht der über dem Fundamentklotz befindlichen Erde. Diese Kräfte bilden zusammen die Kraft P. Das Moment M kommt dadurch zustande, daß die waagrechten Windkräfte um die Einspannstelle a ein Einspannmoment bewirken, dem sich noch das Moment überlagert, das die waagrechte Komponente des Auflagerdrucks um den Schwerpunkt S der Basisfläche hervorruft.

Es soll die größte Druckspannung σ_1 und die Ausdehnung der Druckzone bestimmt werden. Dazu führen wir zunächst den Belastungsfall P im Schwerpunkt plus M auf den Belastungsfall des exzentrischen Druckes P in A zurück. Nach Gl. (48, 1) ergibt sich für die Exzentrizität des Punkts A

$$e = \left| \frac{M}{P} \right| = \frac{5000}{11\,000} = 0{,}45 \text{ m} = 45 \text{ cm.}$$

Der Randabstand des Punkts A ist also

$$c = 100 - 45 = 55 \text{ cm.}$$

Der Kraftangriffspunkt liegt also außerhalb des Kerns. Aus Gl. (60, 40) erhalten wir den Maximalwert der Druckspannung

$$\sigma_1 = \frac{2\,P}{3\,c\,b} = \frac{2 \cdot 11\,000}{3 \cdot 55 \cdot 100} = 1{,}33 \text{ kp/cm}^2.$$

Die Länge der Druckzone beträgt $3\,c = 3 \cdot 55 = 165$ cm, ist also größer als $h/2 = 100$ cm.

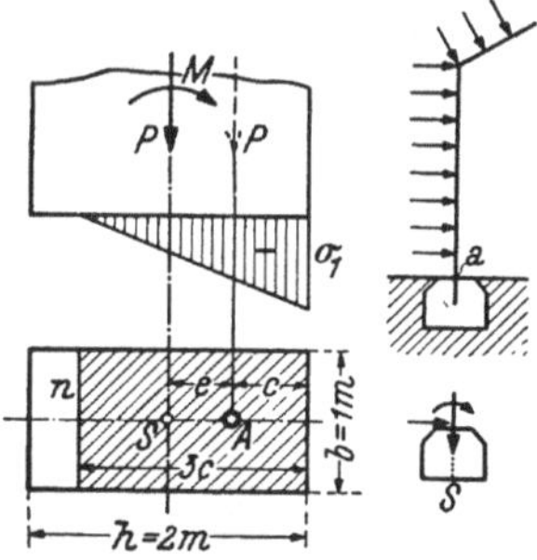

Abb. 143. Beispiel für die Spannungsverteilung in der Aufstandsfläche eines außermittig belasteten Fundamentkörpers

Schlußbemerkung. Ein Versagen der Zugzone tritt auch bei außermittig und außerhalb des Kerns gedrückten Mauerwerkskörpern ein, da Mauerwerk keine nennenswerten Zugspannungen aufnehmen kann. Ein häufig vorkommender Fall dieser Art ist ein freistehender, hoher Schornstein, der außer durch sein Eigengewicht noch durch waagrechte Windkräfte belastet ist, was ja nach obigem einer außermittigen Druckbeanspruchung des Querschnitts gleichkommt. Die Aufgabe ist jedoch hier schwieriger zu lösen als bei einem symmetrisch belasteten Rechtecksquerschnitt, da der Querschnitt des Schornsteins ein Kreisring und die Druckzone ein Abschnitt eines solchen, also keine ganz einfache Fläche mehr ist. Von O. Mohr stammt eine zeichnerische Lösung dieser Aufgabe, s. z. B. bei W. Gehler und W. Herberg, Festigkeitslehre (Sammlung Göschen, 1952), S. 149.

V. Die Biegelinie

61. Die Differentialgleichung der Biegelinie des geraden Stabes. Wir wollen uns in diesem Abschnitt damit beschäftigen, jene Kurve zu bestimmen, nach der sich die Achse eines ursprünglich geraden Balkens unter dem Einfluß einer gegebenen, ruhenden Belastung verformt. Diese Kurve wird *Biegelinie* oder *elastische Linie* genannt. Wir benötigen die Biegelinie einerseits, um nachprüfen zu können, ob die Durchbiegungen eines Tragwerks eine vorgeschriebene Größe nicht überschreiten, anderseits aber auch zur Behandlung des Problems der Knickung des gedrückten Stabes und der statisch unbestimmten Systeme.

Wir setzen zunächst voraus, daß der Balken im Verhältnis zu seiner Länge dünn sei, betrachten also einen vor der Verformung geraden *Stab.*

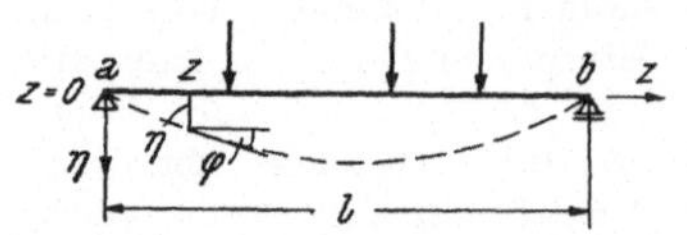

Abb. 144. Die Biegelinie des geraden Stabes

Bei einem solchen kann nämlich, wie schon in Nr. 38 bemerkt, die Wirkung der Querkräfte gegenüber der der Biegemomente vernachlässigt werden. Der Balken sei durch irgendwelche Lasten, die senkrecht zur Stabachse gerichtet seien und die alle in einer Ebene liegen mögen, zunächst auf *gerade Biegung* beansprucht. Zur Stabachse geneigte Lasten zerlege man in Komponenten parallel und senkrecht zur Stabachse; es sind dann nur die letzteren auf die Durchbiegungen von Einfluß. Der Werkstoff des Balkens gehorche dem Hookeschen Gesetz, der Elastizitätsmodul sei E.

Wie wir schon in Nr. 43 bemerkt haben, erfolgen bei Beanspruchung auf gerade Biegung die Durchbiegungen in der Lastebene. Die Biegelinie

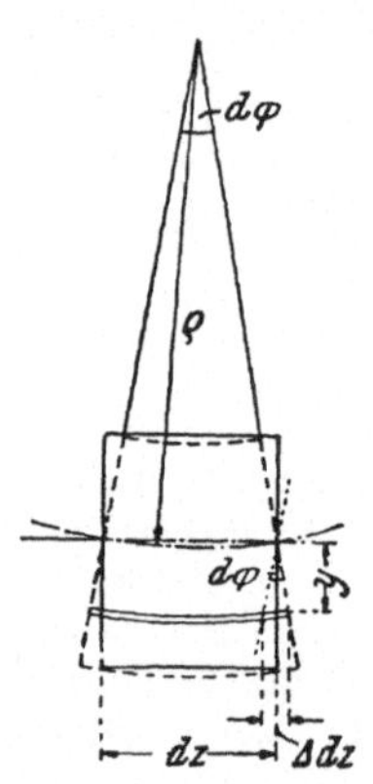

Abb. 145. Verformung eines Balkenelements infolge der Biegemomente

ist also in diesem Fall eine ebene Kurve, die in der Lastebene liegt. Wir bezeichnen die Koordinate in der Richtung der Balkenachse mit z, die Ordinaten der Biegelinie, also die Durchbiegungen, mit η (Abb. 144). Da die Durchbiegungen in der Regel nach abwärts erfolgen, zählen wir η nach abwärts positiv, nach aufwärts negativ. η als Funktion von z ausgedrückt, ist dann die Gleichung der Biegelinie

$$\eta = \eta(z), \tag{61, 1}$$

deren Ermittlung unser Ziel ist.

Wir betrachten ein kleines Balkenstück von der Länge dz, das von zwei ebenen Querschnittsflächen begrenzt ist. Während vor der Verformung des Balkens diese beiden Flächen zueinander parallel liegen, werden sie im verformten Zustand nach der Bernoullischen Hypothese (Nr. 38) zwar eben geblieben sein, jedoch eine kleine Drehung um die neutrale Achse ausgeführt haben, so daß sie nunmehr einen kleinen Winkel $d\varphi$ miteinander einschließen (Abb. 145). Infolge der Drehung der Querschnitte krümmt sich die Stabachse. Wir können das betrachtete Stück der Stabachse im verformten Zustand als Kreisbogen auffassen, dessen Länge dz mit dem Radius ϱ und dem Zentriwinkel $d\varphi$ nach der Gleichung

$$dz = \varrho \, d\varphi \tag{61, 2}$$

zusammenhängt. ϱ wird als *Krümmungsradius* der Biegelinie bezeichnet. Seinen Reziprokwert

$$\frac{1}{\varrho} = \frac{d\varphi}{dz} \tag{61, 3}$$

bezeichnet man als die *Krümmung* der Biegelinie. (Denn je kleiner ϱ ist, desto größer ist $1/\varrho$ und desto stärker ist die Kurve gekrümmt.) Wir können nun leicht einen Zusammenhang zwischen ϱ und dem Biegemoment M, das an der betrachteten Balkenstelle übertragen wird, herstellen. Betrachten wir eine Faser im Abstand y von der Biege-Nullachse, so wird sie sich infolge der Biegespannung σ um ein Stüzk $\Delta\,dz$ verlängern, das wir zwischen der rechten Begrenzungsfläche und einer Parallelen zur linken Begrenzungsfläche des Balkenstücks ablesen können (s. Abbildung). Wir können nun auch $\Delta\,dz$ als kleinen Kreisbogen mit dem Radius y und dem Zentriwinkel $d\varphi$ auffassen (dz und $\Delta\,dz$ sind ja unendlich klein, die Verhältnisse sind in der Abbildung sehr übertrieben dargestellt) und schreiben

$$\Delta\,dz = y\,d\varphi. \tag{61, 4}$$

Dividieren wir diese Gleichung durch Gl. (61, 2), so erhalten wir

$$\frac{\Delta\,dz}{dz} = \frac{y}{\varrho}. \tag{61, 5}$$

Die linke Seite der letzten Gleichung ist gleich der Dehnung ε der betrachteten Faser. Sie hängt nach dem Hookeschen Gesetz [Gl. (7, 34)] mit der Spannung zusammen, für diese aber gilt die Gl. (38, 8), welche die Verteilung der Biegspannungen auf dem Querschnitt angibt. Wir können also schreiben

$$\frac{\Delta\,dz}{dz} = \varepsilon = \frac{\sigma}{E} = \frac{M}{E\,J}\,y. \tag{61, 6}$$

Dabei bedeutet J das Trägheitsmoment des Querschnitts um die Biege-Nullachse (es wurde in Nr. 38 mit J_x bezeichnet, wir wollen hier den Index x weglassen). Setzen wir dieses Ergebnis in Gl. (61, 5) ein, so ergibt sich

$$\frac{1}{\varrho} = \frac{M}{E\,J}. \tag{61, 7}$$

Die Krümmung der Biegelinie an einer bestimmten Balkenstelle ist also direkt proportional dem an dieser Stelle wirkenden Biegemoment M und verkehrt proportional dem Produkt $E\,J$, das als *Biegesteifigkeit* bezeichnet wird. Für $M = 0$ ergibt sich die Krümmung gleich Null ($\varrho = \infty$), der Balken bleibt also, wie zu erwarten, gerade. Ist M längs einer gewissen Balkenstrecke konstant, dann ist auch die Krümmung konstant, d. h. das ganze Balkenstück krümmt sich kreisförmig[1].

---

[1] Mittels Gl. (61, 7) läßt sich aus Gl. (61, 3) der Winkel $d\varphi$ berechnen, um den

Im allgemeinen wird nun M nicht konstant, sondern eine durch die Belastung gegebene Funktion von z sein (Momentenlinie!), und gegebenenfalls kann auch das Trägheitsmoment J mit z veränderlich sein (z. B. bei einem genieteten Träger mit verschiedenen Gurtplattenlängen). Demgemäß wird auch ϱ mit z veränderlich sein. ϱ hängt nun nach einer bekannten Formel aus der Differentialgeometrie mit den Ableitungen der Biegelinienordinate η folgendermaßen zusammen

$$\frac{1}{\varrho} = \frac{\eta''}{\pm \sqrt{(1 + \eta'^2)^3}} \, . \qquad (61, 8)$$

Darin bedeutet $\eta' = \dfrac{d\eta}{dz}$ und $\eta'' = \dfrac{d^2\eta}{dz^2}$. Nun ist $\eta' = \operatorname{tg} \varphi$, wo φ den Winkel zwischen der Tangente an die Biegelinie und der Horizontalen bedeutet. In Abb. 144 ist die Biegelinie übertrieben gekrümmt dargestellt. In Wirklichkeit verläuft sie so flach, daß φ und damit η' nahezu Null ist. η'^2 ist dann noch näher an Null und kann ohne weiteres gegen 1 vernachlässigt werden. Damit vereinfacht sich die Gl. (61, 8) sehr wesentlich. Setzen wir noch für $1/\varrho$ seinen Wert gemäß Gl. (61, 7) ein, so erhalten wir

$$\frac{M}{E\,J} = \pm\, \eta''. \qquad (61, 9)$$

Um von den beiden von der Quadratwurzel herrührenden Vorzeichen das richtige auszuwählen, beachten wir folgendes. Ist M positiv, dann krümmt sich der Balken konvex nach unten (Abb. 144). Dann nimmt, wenn wir in der z-Richtung fortschreiten, φ und damit η' dauernd ab, es muß also $\eta'' < 0$ sein. Das Umgekehrte ist der Fall, wenn M negativ ist. η'' hat also stets das entgegengesetzte Vorzeichen wie M, von den beiden Zeichen gilt also das Minuszeichen:

$$\boxed{\; \eta'' = -\, \frac{M}{E\,J} \,. \;} \qquad (61, 10)$$

Rechts steht eine durch die Art der Belastung, die Form des Trägers und seines Werkstoffs gegebene, also bekannte Funktion von z. Diese Gleichung gestattet also für jeden Punkt des Trägers zwar nicht die Ordinate der Biegelinie selbst, wohl aber ihren zweiten Differentialquotienten zu berechnen. Man nennt sie daher die *Differentialgleichung der Biegelinie*. Da die höchste vorkommende Ableitung der unbekannten Funktion die zweite ist, nennt man die Differentialgleichung von zweiter

---

sich zwei im Abstand dz benachbarte Querschnitte infolge des Biegemoments M gegeneinander verdrehen. Es ist

$$d\varphi = \frac{M}{E\,J}\, dz.$$

Wir werden auf diesen Zusammenhang in Abschnitt VI zurückkommen.

Ordnung[1]. Unsere Aufgabe ist nun, eine Funktion $\eta = \eta(z)$ zu finden, deren zweiter Differentialquotient gleich ist der rechts angeschriebenen Funktion von z, die wir zur Abkürzung mit $F(z)$ bezeichnen wollen. Solche Funktionen erhalten wir bekanntlich, indem wir die Gl. (61, 10) zweimal unbestimmt integrieren, wobei jedes Mal eine willkürliche Integrationskonstante auftritt. Kurz angedeutet ist der Vorgang folgender. Gegeben ist

$$\eta'' = F(z). \tag{61, 11}$$

Integrieren wir $F(z)$ einmal nach z, so erhalten wir eine Funktion, die wir mit $F_1(z)$ bezeichnen wollen. Es ist also

$$\eta' = \int F(z)\, dz + C_1 = F_1(z) + C_1, \tag{61, 12}$$

wo C_1 eine willkürliche Integrationskonstante bedeutet. Dies nochmals nach z integriert, liefert

$$\eta = \int [F_1(z) + C_1]\, dz + C_2 = \int F_1(z)dz + C_1\, z + C_2.$$

C_2 ist ebenfalls eine willkürliche Konstante. Bezeichnen wir die Funktion die wir nach Ausführung der Integration der Funktion $F_1(z)$ nach z erhalten, mit $F_2(z)$, so können wir schreiben

$$\eta = F_2(z) + C_1\, z + C_2. \tag{61, 13}$$

Wir erhalten also nicht bloß eine einzige Funktion, welche die Differentialgleichung (61, 10) löst, sondern unendlich viele Lösungsfunktionen, mit anderen Worten, unendlich viele Kurven in der η-z-Ebene, die sich voneinander durch verschiedene Werte der Konstanten C_1 und C_2 unterscheiden. Welche von diesen Kurven ist nun die gesuchte Biegelinie?

Liegt der betrachtete Balken, dessen Länge l sei, auf zwei Stützen a und b, so können wir sofort zwei Bedingungen angeben, welche die Biegelinie erfüllen muß. Die Biegelinie muß nämlich erstens durch den Punkt a, zweitens durch den Punkt b hindurchgehen. Mathematisch ausgedrückt bedeutet dies, daß die Gleichung der Biegelinie so beschaffen sein muß, daß sich für $z = 0$ und für $z = l$ jedesmal die Durchbiegung $\eta = 0$ ergibt (Abb. 144). Unterwerfen wir Gl. (61, 13), die die allgemeine Lösung der

---

[1] Die Gl. (61, 10) ist eine lineare Differentialgleichung zweiter Ordnung. Linear nennt man eine Differentialgleichung dann, wenn sie einen linearen Zusammenhang zwischen der unbekannten Funktion und ihren Ableitungen ausdrückt, wenn sie also z. B. die Form hat $a_0\, \eta'' + a_1\, \eta' + a_2\, \eta + a_3 = 0$, wobei die a_i im allgemeinen Funktionen von z sind, von denen einzelne auch Null sein können. Ist $a_3 = 0$, dann nennt man die Differentialgleichung homogen. Ist die höchste vorkommende Ableitung die n-te, so nennt man die Differentialgleichung von n-ter Ordnung. Gl. (61, 10) wird als die *abgekürzte* Differentialgleichung der Biegelinie bezeichnet. Würde man in Gl. (61, 7) für $1/\varrho$ den Ausdruck (61, 8) einsetzen, so erhielte man die *strenge* Differentialgleichung der Biegelinie. Diese ist nicht mehr linear und ihre Auflösung ist daher entsprechend schwieriger.

Differentialgleichung (61, 10) darstellt[1], diesen beiden Bedingungen, setzen wir in ihr also einmal $z = 0$ und dann $z = l$, so erhalten wir zwei Gleichungen

$$F_2(0) + C_1 \cdot 0 + C_2 = 0, \; \Big\} \qquad (61, 14)$$
$$F_2(l) + C_1 \cdot l + C_2 = 0, \; \Big\}$$

aus denen wir die Werte der Konstanten C_1 und C_2, die unserer gesuchten Biegelinie zukommen, berechnen können. Dadurch ist dann die Gleichung der Biegelinie festgelegt.

Diese beiden Bedingungen, mit deren Hilfe wir aus der Gesamtheit der Lösungen der Differentialgleichung dasjenige partikuläre Integral herausgesucht haben, das unsere spezielle Aufgabe löst, nennt man *Auflagerbedingungen* oder allgemein *Randbedingungen*, weil es sich um Bedingungen handelt, welche die Lösung in den Randpunkten des Definitionsintervalls (hier $0 \leqq z \leqq l$) erfüllen muß. Die Randbedingungen müssen nicht immer gerade die obige Form haben. Für einen eingespannten Träger (Kragträger) z. B. werden sie folgendermaßen lauten (s. Abb. 146): An der Einspannstelle, also für $z = l$, muß erstens wieder $\eta = 0$ sein und zweitens muß die Stabachse an dieser Stelle auch im verformten Zustand eine waagrechte Tangente haben, es muß also für $z = l$ auch $\eta' = 0$ sein. Wir erhalten somit wieder zwei Gleichungen zur Bestimmung der Konstanten C_1 und C_2.

62. Ermittlung der Gleichung der Biegelinie in einigen einfachen Belastungsfällen. 1. Kragträger mit Einzellast. *a) Die Last steht am Ende.* Wir wollen die Gleichung der Biegelinie eines Kragträgers bestimmen, der mit einer einzigen Last P am freien Ende belastet ist (Abb. 146). Der Elastizitätsmodul sei E, das Trägheitsmoment des Trägerquerschnitts um die Biege-Nullachse sei J. Der Querschnitt sei hier, wie auch in den folgenden Beispielen längs des ganzen Trägers konstant.

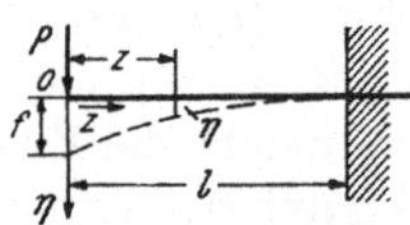

Abb. 146. Biegelinie eines Kragträgers mit einer Einzellast am freien Ende

Wir wählen als Ursprung o des η-z-Koordinatensystems das freie Trägerende. Die Differentialgleichung der Biegelinie [Gl. (61, 10)] lautet

$$\eta'' = - \frac{M}{E\,J}.$$

$E\,J$ ist konstant, M ist mit z veränderlich. An einer beliebigen Balkenstelle z ist

$$M = - P\,z, \qquad (62, 15)$$

---

[1] Die Gesamtheit der Lösungen einer Differentialgleichung nennt man die *allgemeine Lösung* oder das *allgemeine Integral*. Eine spezielle Lösung davon heißt *partikuläre Lösung* oder *partikuläres Integral*.

so daß wir also die Differentialgleichung

$$\eta'' = \frac{P}{E\,J}\,z \qquad\qquad (62,16)$$

zu lösen haben. Die erste Integration liefert

$$\eta' = \int \frac{P}{E\,J}\,z\,dz + C_1 = \frac{P}{2\,E\,J}\,z^2 + C_1 \qquad (62,17)$$

und die zweite

$$\eta = \int \left(\frac{P}{2\,E\,J}\,z^2 + C_1\right) dz + C_2 = \frac{P}{6\,E\,J}\,z^3 + C_1\,z + C_2. \qquad (62,18)$$

Die Konstanten C_1 und C_2 folgen aus den Randbedingungen, welche fordern, daß 1. für $z = l$ die Durchbiegung $\eta = 0$ sein muß und 2. für $z = l$ die Tangente an die Biegelinie waagrecht, also $\eta' = 0$ sein muß. Erfüllen wir die zweite Bedingung zuerst, setzen wir also in Gl. (62, 17) für $z = l$, so muß gelten

$$\frac{P}{2\,E\,J}\,l^2 + C_1 = 0,$$

woraus folgt

$$C_1 = -\frac{P\,l^2}{2\,E\,J}. \qquad\qquad (62,19)$$

Wir setzen diesen Wert in Gl. (62, 18) ein und erfüllen nun die erste Randbedingung, indem wir in dieser Gleichung für $z = l$ setzen, worauf $\eta = 0$ sein muß:

$$\frac{P}{6\,E\,J}\,l^3 - \frac{P\,l^2}{2\,E\,J}\,l + C_2 = 0.$$

Daraus folgt

$$C_2 = \frac{P\,l^3}{3\,E\,J}. \qquad\qquad (62,20)$$

Mit diesen Werten der beiden Integrationskonstanten erhalten wir aus dem allgemeinen Integral (62, 18) die Gleichung der gesuchten Biegelinie. Sie lautet nach einer einfachen Umformung

$$\eta = \frac{P\,l^3}{6\,E\,J}\left[\left(\frac{z}{l}\right)^3 - 3\,\frac{z}{l} + 2\right]. \qquad (62,21)$$

Die größte Durchbiegung, die wir mit f bezeichnen wollen, findet sich am freien Trägerende. Wir erhalten sie, indem wir in obiger Gleichung $z = 0$ setzen:

$$f = \frac{P\,l^3}{3\,E\,J}. \qquad\qquad (62,22)$$

f wird *Biegungspfeil* genannt.

Zahlenbeispiel. Wir wollen die größte Durchbiegung eines stählernen Kragträgers von $l = 1{,}20$ m Länge, der mit einer Last $P = 500$ kp am Ende belastet ist, berechnen.

Mit dem größten Biegemoment $|M_{\min}| = Pl = 60\,000$ kp cm und einer zulässigen Biegespannung $\sigma_{\mathrm{zul}} = 1500$ kp/cm² ergibt sich ein erforderliches Widerstandsmoment nach Gl. (39, 20) zu $W_{erf} = 60000/1{,}07 \cdot 1500 = 37{,}4$ cm³. Wir wählen einen Querschnitt I 120 mit $W_x = 54{,}7$ cm³ und $J = J_x = 328$ cm⁴. Für Stahl ist $E = 2{,}1 \cdot 10^6$ kp/cm². Damit erhalten wir nach Gl. (62, 22)

$$f = \frac{500 \cdot 120^3}{3 \cdot 2{,}1 \cdot 10^6 \cdot 328} = 0{,}418 \text{ cm} = 4{,}2 \text{ mm}.$$

b) Die Last steht nicht am Ende. Ragt der Träger über den Last-angriffspunkt noch um das Stück l_1 hinaus, so bleibt dieses Stück, da in ihm $M = 0$ ist, auch nach der Belastung gerade (Abb. 147). Im Bereich $0 \leq z \leq l$ gilt für die Biegelinie unverändert die Gl. (62, 21). Da die Biegelinie im Lastangriffspunkt keinen Knick hat, muß sie im Bereich

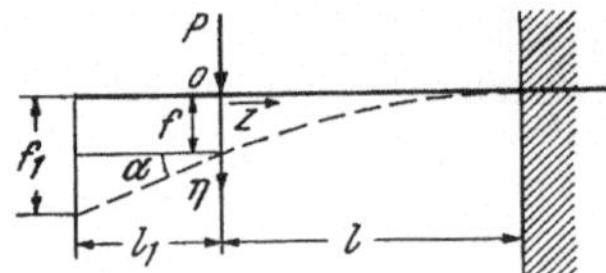

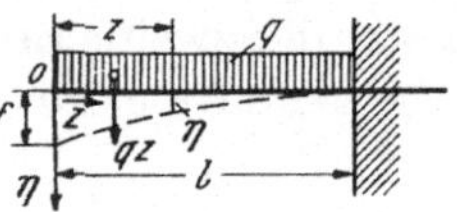

Abb. 147. Biegelinie eines Kragträgers, falls die Last nicht am Trägerende steht   Abb. 148. Biegelinie eines mit Gleichlast belasteten Kragträgers

des unbelasteten Trägerendes in der Richtung der Tangente an die Kurve (62, 21) im Punkt $z = 0$ weiter verlaufen. Die Neigung dieser Tangente erhalten wir, indem wir in Gl. (62, 17) $z = 0$ setzen und für C_1 seinen Wert aus Gl. (62, 19) einsetzen. Da uns nur der Betrag des Neigungswinkels interessiert, haben wir

$$\operatorname{tg} \alpha = |\eta'(0)| = |C_1| = \frac{P l^2}{2 E J}.$$

Daraus folgt die größte Durchbiegung

$$f_1 = f + l_1 \cdot \operatorname{tg} \alpha = f + \frac{P l^2 l_1}{2 E J}.$$

Für f gilt nach wie vor die Gl. (62, 22), so daß wir erhalten

$$f_1 = \frac{P l^3}{6 E J}\left(2 + 3\,\frac{l_1}{l}\right). \tag{62, 23}$$

2. Kragträger mit Gleichlast. Für den in Abb. 148 dargestellten Krag-träger, der eine durchgehende Gleichlast q trägt, ist in die Differential-gleichung (61, 10) für

$$M = -\frac{q z^2}{2} \tag{62, 24}$$

einzusetzen. Integriert man und bestimmt man wie im vorigen Beispiel die Werte der beiden Integrationskonstanten (der Leser führe die Rech-nung durch), so erhält man als Gleichung der Biegelinie

$$\eta = \frac{q l^4}{24 E J}\left[\left(\frac{z}{l}\right)^4 - 4\,\frac{z}{l} + 3\right]. \tag{62, 25}$$

Für $z = 0$ ergibt sich die größte Durchbiegung

$$f = \frac{q\,l^4}{8\,E\,J} = \frac{G_q\,l^3}{8\,E\,J},\tag{62, 26}$$

wo $G_q = q\,l$ das Gesamtgewicht der Streckenlast bedeutet.

3. Träger auf zwei Stützen mit Gleichlast. Für einen frei aufliegenden Träger auf zwei Stützen, der die Länge l hat und der mit einer durchgehenden Gleichlast q belastet ist, ist das Biegemoment an einer beliebigen Schnittstelle im Abstand z vom linken Auflager (Abb. 149) gegeben durch

$$M = A\,z - q\,\frac{z^2}{2} = \frac{q}{2}(l\,z - z^2)\tag{62, 27}$$

(der Auflagerdruck ist $A = q\,l/2$). Dies in die Differentialgleichung der Biegelinie [Gl. (61, 10)] eingesetzt, ergibt

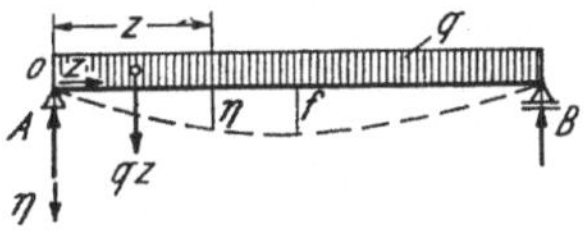

Abb. 149. Biegelinie eines Trägers auf zwei Stützen mit durchgehender Gleichlast

$$\eta'' = -\frac{q}{2\,E\,J}(l\,z - z^2).$$

Die erste Integration liefert

$$\eta' = -\frac{q}{2\,E\,J}\left(l\,\frac{z^2}{2} - \frac{z^3}{3}\right) + C_1$$

und die zweite

$$\eta = -\frac{q}{24\,E\,J}(2\,l\,z^3 - z^4) + C_1\,z + C_2.\tag{62, 28}$$

Die Randbedingungen lauten: 1. für $z = 0$ muß $\eta = 0$ sein, 2. für $z = l$ muß ebenfalls $\eta = 0$ sein. Die erste Bedingung liefert

$$C_2 = 0$$

und die zweite

$$C_1 = \frac{q\,l^3}{24\,E\,J}.$$

Damit lautet die Gleichung der Biegelinie

$$\eta = \frac{q\,l^4}{24\,E\,J}\left[\left(\frac{z}{l}\right)^4 - 2\left(\frac{z}{l}\right)^3 + \frac{z}{l}\right].\tag{62, 29}$$

Die größte Durchbiegung f ist aus Symmetriegründen in der Mitte des Trägers zu suchen. Setzen wir in obiger Gleichung für $z = l/2$, so ergibt sich

$$f = \frac{5\,q\,l^4}{384\,E\,J} = \frac{5\,G_q\,l^3}{384\,E\,J},\tag{62, 30}$$

wo wieder $G_q = q\,l$ das Gesamtgewicht der Belastung bedeutet.

Da man für den Träger wohl stets auch $M_{\max} = q\,l^2/8$ berechnen wird, kann man diesen Wert vorteilhaft auch in die Formel für den Biegungspfeil einführen und schreiben

$$f = \frac{5\,M_{\max}\,l^2}{48\,E\,J}.\tag{62, 30a}$$

Die Biegelinie eines Trägers auf zwei Stützen, der mit einer Einzellast belastet ist, werden wir in Nr. 65 ermitteln.

Zahlenbeispiel. Ein Raum von $l_0 = 5{,}00$ m Lichtweite soll überdeckt werden (Abb. 150). Dazu sollen rechteckige Holzbalken verwendet werden, die in einem Mittenabstand $e = 0{,}80$ m gelegt werden sollen. Die Decke soll für eine über die Grundrißfläche gleichmäßig verteilte Last $q_1 = 300$ kp/m² (Nutzlast plus Eigengewicht) bemessen werden. Der Querschnitt der Deckenbalken ist so zu bestimmen, daß 1. die zulässige Biegespannung für Fichte, das ist nach Önorm $\sigma_{b\,zul} = 115$ kp/cm², nach DIN 100 kp/cm² (s. Tafel 4), nicht überschritten wird und daß 2. die größte Durchbiegung f nicht größer ist als 1/300 der Balkenstützweite l[1]. Für den Elastizitätsmodul $E = 100\,000$ kp/cm² anzunehmen.

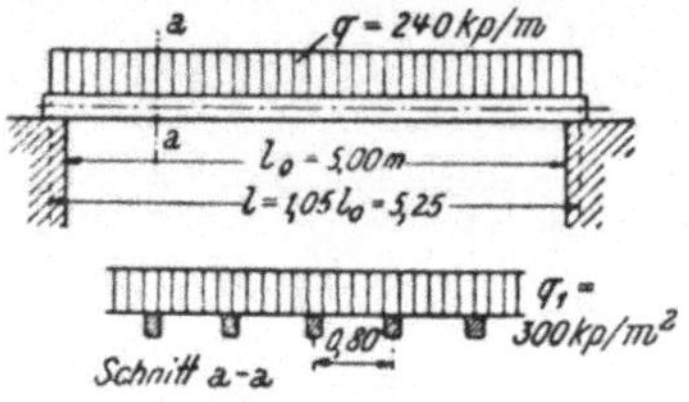

Bei unmittelbar auf dem Mauerwerk aufliegenden Trägern, wie bei den vorliegenden, hat man (wegen der nicht ganz sauberen Auflagerbedingungen) laut Vorschrift als Stützweite l die um 5% vergrößerte Lichtweite l_0 anzunehmen. In unserem Fall ist also

$$l = 1{,}05\,l_0 = 1{,}05 \cdot 5{,}00 = 5{,}25 \text{ m.}$$

Abb. 150. Bemessung von Deckenträgern aus Holz

Auf einen solchen Träger entfällt jene Last, die auf einem Streifen von der Länge l und der Breite $e = 0{,}80$ m ruht. Auf 1 m Trägerlänge entfällt daher die Streckenlast $q = q_1 \cdot 1 \cdot e = 300 \cdot 0{,}80 = 240$ kp/m. Damit ergibt sich das größte Biegemoment

$$M_{\max} = \frac{q\,l^2}{8} = \frac{240 \cdot 5{,}25^2}{8} = 827 \text{ kp m} = 82\,700 \text{ kp cm.}$$

Bei längeren Trägern ist gewöhnlich die Formänderung für die Bemessung maßgebend, die zulässigen Spannungen werden erst nach Überschreitung der zulässigen Durchbiegungen erreicht. Wir erfüllen daher zuerst die zweite Forderung, derzufolge gelten muß

$$f \leqq \frac{l}{300} = \frac{525}{300} = 1{,}75 \text{ cm.}$$

Für f gilt in unserem Fall Gl. (62, 30a). Somit muß gelten

$$\frac{5\,M_{\max}\,l^2}{48\,E\,J} \leqq 1{,}75,$$

woraus für das mindest erforderliche Trägheitsmoment des Trägerquerschnitts folgt

$$J_{erf} = \frac{5\,M_{\max}\,l^2}{1{,}75 \cdot 48 \cdot E} = \frac{5 \cdot 8{,}27 \cdot 10^4 \cdot 5{,}25^2 \cdot 10^4}{1{,}75 \cdot 48 \cdot 10^5} = 13\,600 \text{ cm}^4.$$

Wählen wir etwa den Querschnitt 12/24, dessen Trägheitsmoment gleich ist

$$J = \frac{12 \cdot 24^3}{12} = 13\,800 \text{ cm}^4,$$

so ist die zweite Forderung erfüllt. Die vorhandene größte Durchbiegung berechnen wir einfach aus einer Proportion, denn nach Gl. (62, 30a) verhalten sich die Durch-

---

[1] Dies entspricht einer Vorschrift für Deckenträger. Siehe Önorm B 4101 bzw. DIN 1052/1, Abs. 10.5.

biegungen umgekehrt wie die Trägheitsmomente. Zu $J = 13\,600$ gehört $f_{zul} = 1{,}75$, zu $J = 13\,800$ gehört f_{vorh}. Somit ist

$$f_{vorh} = \frac{13\,600}{13\,800}\, 1{,}75 = 1{,}73 \text{ cm} < f_{zul}.$$

Wir prüfen nun, ob für den gewählten Querschnitt auch die erste Forderung erfüllt ist. Mit dem Widerstandsmoment

$$W = \frac{J}{h/2} = \frac{13\,800}{12} = 1150 \text{ cm}^3$$

folgt aus Gl. (38, 12) die größte vorhandene Biegerandspannung

$$\sigma_{vorh} = \frac{M_{max}}{W} = \frac{82\,700}{1150} = 72 \text{ kp/cm}^2 < \sigma_{b\,zul},$$

und zwar sowohl nach Önorm wie auch nach DIN. Der gewählte Querschnitt 12/24 ist also ausreichend.

63. Die zeichnerische Ermittlung der Biegelinie mit Hilfe der Momentenbelastung. Für einen Träger, der eine beliebig veränderliche Streckenlast p trägt, lernten wir in Statik, Nr. 43, zwei Beziehungen kennen, von denen die erste einen Zusammenhang zwischen dem Biegemoment M und der Querkraft Q an einer beliebigen Schnittstelle des Trägers und die zweite einen Zusammenhang zwischen der Querkraft Q und der Belastungshöhe p an der betrachteten Stelle ausdrückte. Bezeichnen wir die Koordinate in der Richtung der Balkenachse mit z (in Statik, Nr. 43, ist sie mit x bezeichnet), so lauten die beiden Beziehungen

$$\frac{dM}{dz} = Q, \qquad \frac{dQ}{dz} = -p. \tag{63, 31}$$

Differenzieren wir beide Seiten der ersten Gleichung nach z und setzen wir für die rechte Seite ihren Wert gemäß der zweiten Gleichung ein, so erhalten wir

$$\frac{d^2M}{dz^2} = \frac{dQ}{dz} = -p,$$

also

$$\frac{d^2M}{dz^2} = -p. \tag{63, 32}$$

Durch diese Gleichung wird ein Zusammenhang zwischen dem zweiten Differentialquotienten der Momentenlinie, nämlich der Funktion $M = M(z)$ und der Belastungshöhe p des Trägers ausgedrückt. Bei gegebener Belastung $p = p(z)$ ist diese Gleichung nichts anderes als die Differentialgleichung der Momentenlinie. Vergleichen wir mit ihr die Differentialgleichung der Biegelinie [Gl. (61, 10)]

$$\frac{d^2\eta}{dz^2} = -\frac{M}{E\,J}, \tag{63, 33}$$

so erkennen wir, daß die beiden Gleichungen formal vollkommen übereinstimmen. Es entsprechen einander auf der linken Seite die Ordinaten der Momentenlinie M und die Ordinaten der Biegelinie η, auf der rechten Seite die Belastungshöhen p und die Größen M/EJ, das sind die durch EJ dividierten Ordinaten der Momentenlinie:

$$M \longleftrightarrow \eta, \quad p \longleftrightarrow \frac{M}{EJ}. \tag{63, 34}$$

Wir können daher jedes Verfahren, das zur Gewinnung der Lösung einer der beiden Differentialgleichungen führt, unmittelbar auf die andere anwenden, sofern wir die obigen Ersetzungen durchführen. Nun gewinnt

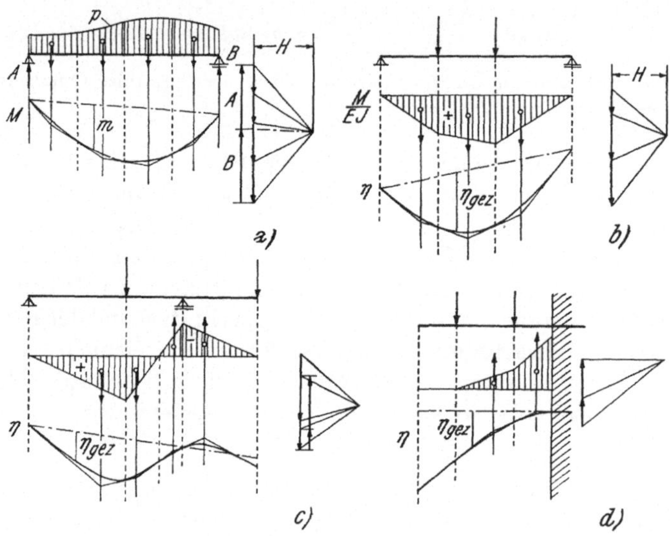

Abb. 151. Analogie zwischen der zeichnerischen Ermittlung der Momentenlinie eines Trägers und der zeichnerischen Ermittlung der Biegelinie

man die Momentenlinie, also die Lösung der ersten Gleichung, durch Zeichnen eines Seilpolygons für die Belastung p (Abb. 151a; Näheres hierüber s. Statik, Nr. 44). Es muß sich daher die Biegelinie ergeben, wenn man die Größen M/EJ als Belastungshöhen auffaßt und für diese gedachte Belastung ein Seilpolygon zeichnet (Abb. 151b). Wir verfahren dabei genau so wie bei der Zeichnung der Momentenlinie infolge einer gegebenen Streckenlast: Die Fläche zwischen der M/EJ-Kurve und ihrer Bezugslinie bildet jetzt die Belastungsfläche. Wir unterteilen sie in geeigneter Weise, bringen in den Schwerpunkten der einzelnen Teilflächen die entsprechenden Einzellasten an, zeichnen nach Wahl einer geeigneten Polweite H ein Seilpolygon und runden es nach genau denselben Regeln aus, die für die Zeichnung einer Momentenlinie gelten. (S. Statik, Nr. 45. Die Seilstrahlen hüllen die Biegelinie als Tangentenschar ein; die Berührungspunkte sind die Punkte unter den Trennungslinien der Felder, in die wir die Belastungsfläche zerlegt haben.) Wechseln positive und negative Biegemomente ab, so sind die positiven M/EJ-Flächen stets als nach abwärts wirkende Belastungen, die negativen als nach aufwärts wirkende Belastungen aufzufassen. So erhalten wir zunächst die *Form* der Biegelinie. Die Lage der Bezugsgeraden, von der aus die Durchbiegungen η zu messen sind, hängt von der Lagerung des Trägers ab. Für einen Träger auf zwei Stützen ist diese Gerade durch die Schnittpunkte des Seilecks mit den Lotrechten durch die Auflager zu legen (Abb. 151b, c). Für einen eingespannten Träger (Kragträger) muß die Bezugsgerade die Biegelinie im Einspannpunkt tangieren (Abb. 151d). Das Legen dieser Bezugsgeraden, welche die unverformte Trägerachse darstellt, entspricht der Erfüllung der Randbedingungen durch die hier zeichnerisch ermittelte Lösungskurve der Differentialgleichung[1].

Es fragt sich nur noch, in welchem Maßstab wir die Ordinaten der auf diese Art ermittelten Biegelinie erhalten (Abb. 152). Auch in diesem Punkt muß vollkommene Analogie mit den Maßstabverhältnissen bei der zeichnerischen Gewinnung der Momentenlinie bestehen (s. Statik, Nr. 44). Denn die Biegelinie ist ja nichts anderes als die Momentenlinie für die gedachte Belastung mit der M/EJ-Fläche. Hatten wir in der Statik bei der zeichnerischen Gewinnung der Momentenlinie infolge einer gegebenen Belastung p (s. Abb. 151a) an irgend einer Trägerstelle eine Ordinate m in Zentimeter abgelesen, so mußten wir sie mit dem *Momentenmaßstab* μ multiplizieren, um die wahre Größe des Biegemoments M an dieser Stelle zu erhalten. Der Momentenmaßstab war gleich dem Produkt aus dem *Längenmaßstab* der Zeichnung λ und der *Polweite H*, die im selben Maß wie die Kräfte (also z. B. in Mp) zu messen war. λ war die Anzahl Zentimeter oder Meter (je nachdem, ob man M in Mp cm oder in Mp m erhalten will) in Wirklichkeit, die 1 cm in der Zeichnung entspricht. Fassen wir zusammen, so gilt für den Längenmaßstab, wenn wir alle Längen in Zentimeter messen,

$$\text{LM:} \quad 1 \text{ cm gez.} \ldots \ldots \lambda \text{ cm wirkl.}$$

und der Momentenmaßstab ist

$$\mu = \lambda H.$$

Der wirkliche Wert des Biegemoments M hängt dann mit der aus der Zeichnung entnommenen Strecke m wie folgt zusammen:

$$M = \mu\, m = \lambda H\, m.$$

Ganz analog ist es nun bei den Durchbiegungen. Bezeichnen wir den wirklichen Wert der Durchbiegung an einer beliebigen Stelle des Trägers

---

[1] Es spielt keine Rolle, wenn sich diese Bezugsgerade nicht waagrecht ergibt. Die Durchbiegungen η sind dann jedoch nicht senkrecht zur Bezugsgeraden, sondern stets in lotrechter Richtung zu messen.

mit η_{wirkl}, den an derselben Stelle aus der Zeichnung entnommenen Wert der Durchbiegung mit η_{gez} (beide Werte in Zentimeter gemessen), so muß zwischen ihnen der Zusammenhang

$$\eta_{wirkl} = \lambda \cdot H \cdot \eta_{gez} \tag{63, 35}$$

bestehen. H ist im selben Maß wie die Belastung zu messen. Wir belasten hier mit der $M/E\,J$-Fläche, also mit einer Fläche, deren Abszissen Längen (cm) sind und deren Ordinaten die Dimension von $M/E\,J$, das ist kp cm/kp cm$^{-2} \cdot$ cm^4 = cm^{-1} haben. Unsere „Kräfte", nämlich die Teile der Belastungsfläche, haben also die Dimension cm $\cdot$ cm^{-1} = 1, sind also dimensionslos. Damit ist auch die Polweite H eine dimensionslose Größe. In Abb. 152 sind diese „Kräfte" mit $\Phi_1/E\,J$, $\Phi_2/E\,J$ usw. bezeichnet. Das Trägheitsmoment J wollen wir zunächst als konstant voraussetzen.

Der wirkliche Wert der Durchbiegung an einer bestimmten Trägerstelle, η_{wirkl}, hat für die gegebene Belastung des Trägers eine ganz bestimmte Größe. Hingegen hängt die Größe des Wertes η_{gez} vom Maßstab der Zeichnung ab. Durch geeignete Wahl von H haben wir es nun in der Hand, die Ordinaten η_{gez} beliebig zu vergrößern oder zu verkleinern. Würden wir $H = 1$ wählen (Abb. 152, Krafteck a), dann wäre

$$\eta_{wirkl} = \lambda \cdot \eta_{gez} \tag{63, 36}$$

(Abb. 152, Seileck a, übertrieben dargestellt). In diesem Fall erschienen also die gezeichneten Ordinaten der Biegelinie im selben Maßstab verkleinert wie die Trägerlänge. Eine Durchbiegung von der Größe $\eta_{wirkl} = 1$ cm würde bei einem Längenmaßstab $1 : 100$ bloß als eine Strecke $\eta_{gez} = 0{,}01$ cm in der Zeichnung erscheinen, wäre also nicht ablesbar. Wir werden daher eine *verzerrte Darstellung* der Biegelinie anstreben. Verkleinern wir H, dann verlaufen die Seilstrahlen steiler und η_{gez} wird größer. Da das Produkt $H\,\eta_{gez}$, wenn wir den Längenmaßstab nicht ändern, nach Gl. (63, 35) konstant bleiben muß, erhalten wir, wenn wir anstatt $H = 1$ die Polweite $H = 1/n$ wählen, η_{gez} gegenüber den Längen unserer Zeichnung n-fach vergrößert und es gilt

$$\eta_{wirkl} = \frac{\lambda}{n}\,\eta_{gez} \tag{63, 37}$$

(Abb. 152, Krafteck b, Seileck b). Das *Verzerrungsmaß* n kann ganz beliebig gewählt werden. Wählen wir z. B. $n = \lambda$, also gleich dem Längenmaßstab der Zeichnung, so wird

$$\eta_{wirkl} = \eta_{gez}, \tag{63, 38}$$

d. h. wir können aus der Zeichnung die wahren Werte der Durchbiegungen in Zentimeter ablesen. Sollte diese Verzerrung noch nicht ausreichen, dann kann man n noch größer wählen.

Zur Erleichterung der praktischen Durchführung des Verfahrens wollen wir noch eine kleine Änderung anbringen. Multiplizieren wir im „Krafteck" die „Kräfte" und die Polweite mit dem Faktor EJ, so vergrößert es sich vollkommen ähnlich. Die „Kräfte" sind jetzt $\Phi_1, \Phi_2, \ldots$, das sind die Teilflächen der Momentenfläche selbst (Abb. 152, unten), die Polweite ist jetzt $H = EJ/n$ (Krafteck c). Da infolge der geometrischen Ähnlichkeit der beiden Kraftecke b und c die entsprechenden Polstrahlen einander parallel geblieben sind, bleibt das Seileck b unverändert und es gilt nach wie vor die Gl. (63, 37). Die Dimension der M-Fläche,

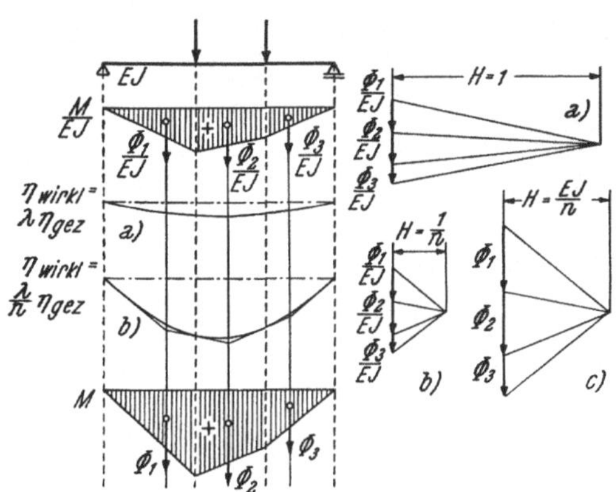

Abb. 152. Maßstabverhältnisse bei der zeichnerischen Ermittlung der Biegelinie

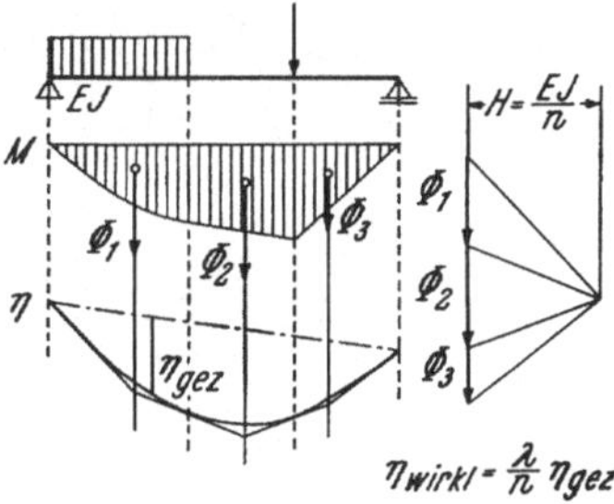

Abb. 153. Praktische Durchführung der zeichnerischen Ermittlung der Biegelinie eines Trägers mit Hilfe der Momentenbelastung

also die Dimension der „Kräfte" Φ_i ist kp cm · cm = kp cm², $H = EJ/n$ hat jetzt ebenfalls die Dimension kp cm² (oder auch Mp m²) und ist im selben Maßstab wie die Φ_i in der Zeichnung aufzutragen.

Zusammenfassend können wir also sagen: *Wir erhalten die Biegelinie eines Trägers auf zeichnerischem Wege, indem wir für die Momentenfläche als gedachte Belastung ein Seileck mit der Polweite $H = EJ/n$ zeichnen. Die Bezugslinie, von der aus die Durchbiegungen η_{gez} zu messen sind, ist entsprechend den Auflagerbedingungen zu legen. Das Verzerrungsmaß n kann beliebig gewählt werden. Es gilt dann für die wirklichen Werte der Durchbiegungen $\eta_{\text{wirkl}} = \dfrac{\lambda}{n}\,\eta_{\text{gez}}$.* Der Vorgang ist in Abb. 153 skizziert. Diese Ermittlung der Biegelinie mit Hilfe der Momentenbelastung stammt von MOHR.

Beispiele. 1. *Träger auf zwei Stützen mit Einzellast.* Ein Stahlträger I 300 auf zwei Stützen von $l = 8{,}00$ m Spannweite ist mit einer Einzellast von 4 Mp belastet (Abb. 154). Es soll die Biegelinie zeichnerisch ermittelt werden, die sich unter Vernachlässigung des Eigengewichts des Trägers ergibt. Das Trägheitsmoment ist $J = 9800$ cm⁴, der Elastizitätsmodul ist $E = 2{,}1 \cdot 10^6$ kp/cm².

Zunächst wählen wir einen geeigneten Längenmaßstab λ, und zwar soll 1 cm in der Zeichnung 200 cm in Wirklichkeit entsprechen. Sodann stellen wir den Verlauf der Biegemomente in irgend einem Maßstab dar. Die Momentenfläche ist ein Dreieck mit der Höhe

$$M_{\max} = \frac{P\,e\,e'}{l} = \frac{4 \cdot 3 \cdot 5}{8} = 7{,}5 \text{ Mp m}$$

[s. Statik, Gl. (40, 7)]. Wir zerlegen sie etwa in drei Teile und bringen in deren Schwerpunkten (der des Trapezes wurde zeichnerisch ermittelt, s. Statik, Nr. 28)

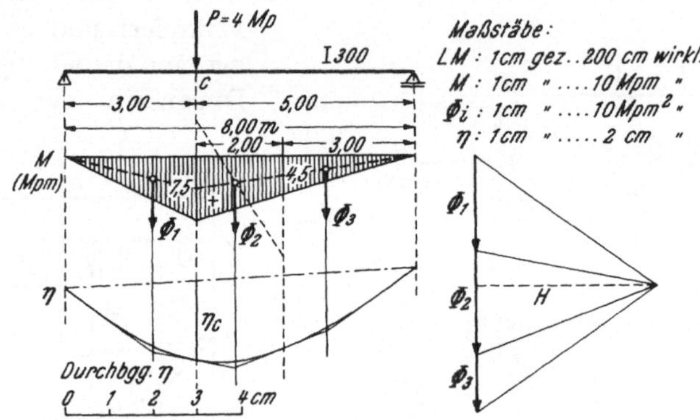

Abb. 154. Zeichnerische Ermittlung der Biegelinie eines Stahlträgers infolge einer Einzellast

die Größen der einzelnen Teilflächen Φ_i, also die „Gewichte" der einzelnen Belastungsflächen als „Kräfte" an. Es ist

$$\Phi_1 = \frac{1}{2} \cdot 3 \cdot 7{,}5 = 11{,}25 \text{ Mp m}^2,$$

$$\Phi_2 = \frac{1}{2} \cdot 2 \cdot (7{,}5 + 4{,}5) = 12{,}00 \text{ Mp m}^2,$$

$$\Phi_3 = \frac{1}{2} \cdot 3 \cdot 4{,}5 = 6{,}75 \text{ Mp m}^2.$$

Als Verzerrungsmaß wählen wir $n = 100$. Dann ist die Polweite des „Kraftecks" der Φ_i gegeben durch

$$H = \frac{E\,J}{n} = \frac{2{,}1 \cdot 10^6 \cdot 9800}{100} = 20{,}6 \cdot 10^7 \text{ kp cm}^2 = 20{,}6 \text{ Mp m}^2.$$

Nach Wahl eines geeigneten (ganz beliebigen) „Kräfte"-Maßstabes (1 cm ... 10 Mp m²) wird das „Krafteck" für die Momentenbelastung gezeichnet, H wird im gleichen Maßstab wie die Φ_i aufgetragen ($H = 2{,}06$ cm), es werden die Polstrahlen gezogen und das zugehörige Seileck wird im Lageplan entworfen. Die Kurve, die von den Seilstrahlen eingehüllt wird, ist die Biegelinie. Für das Verhältnis zwischen den in der Zeichnung gemessenen Ordinaten und der Größe der Durchbiegungen in Wirklichkeit gilt nach Gl. (63, 37)

$$\eta_{\text{wirkl}} = \frac{\lambda}{n}\,\eta_{\text{gez}} = \frac{200}{100}\,\eta_{\text{gez}} = 2\,\eta_{\text{gez}}.$$

Wir erhalten also die wirklichen Werte der Durchbiegung, indem wir die aus der Zeichnung abgelesenen Werte verdoppeln. So lesen wir z. B. für die Größe der

Durchbiegung unter der Last, η_c, in unserer Zeichnung $\eta_{c\,gez} = 0{,}9$ cm ab. Der wirkliche Wert der Durchbiegung an dieser Stelle ist daher

$$\eta_{c\,wirkl} = 2 \cdot 0{,}9 = 1{,}8 \text{ cm.}$$

2. *Träger auf zwei Stützen mit Gleichlast.* Es soll die Biegelinie eines Trägers auf zwei Stützen vom Querschnitt IP 240 und der Stützweite $l = 6{,}00$ m, der mit einer durchgehenden Gleichlast $q = 1{,}4$ Mp/m (Nutzlast plus Eigengewicht) belastet ist, auf zeichnerischem Wege bestimmt werden (Abb. 155). $E = 2{,}1 \cdot 10^6$ kp/cm², $J = 11\,690$ cm⁴. (IP 240 entstammt noch der alten DIN 1025, Bl. 2.)

Die Momentenfläche ist eine Parabel mit der Scheitelordinate $M_{max} = q\,l^2/8 = 6{,}30$ Mp m. Es wird in den meisten Fällen genügend genau sein, wenn wir die

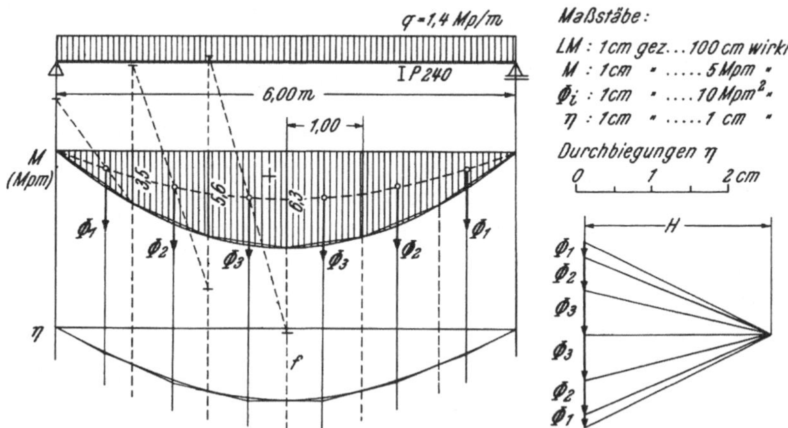

Abb. 155. Zeichnerische Ermittlung der Biegelinie eines Stahlträgers infolge einer durchgehenden Gleichlast

Parabelfläche durch eine Anzahl Trapeze ersetzen. Wir unterteilen die Momentenfläche in sechs Teilflächen. Die Ordinaten in den Teilungspunkten berechnen wir nach der Gleichung $M = \frac{1}{2} q z (l - z)$ [s. Statik, Gl. (42, 14)]. Setzen wir darin für $z = 1$ bzw. $z = 2$, so erhalten wir die in die Abbildung eingetragenen Werte. Damit berechnen sich die „Kräfte", d. h. die Flächen Φ_i zu

$$\Phi_1 = \frac{1}{2}\,3{,}5 = 1{,}75 \text{ Mp m}^2,$$

$$\Phi_2 = \frac{1}{2}\,(3{,}5 + 5{,}6) = 4{,}55 \text{ Mp m}^2,$$

$$\Phi_3 = \frac{1}{2}\,(5{,}6 + 6{,}3) = 5{,}95 \text{ Mp m}^2.$$

Sie greifen in den zeichnerisch ermittelten Schwerpunkten der Teilflächen an[1].

---

[1] Im vorliegenden Fall können die genauen Größen der Teilflächen nach der *Simpsonschen Formel* ermittelt werden. Bezeichnen i und $i + 1$ zwei benachbarte Teilungspunkte und ist ihr Abstand gleich l_i, bezeichnen wir ferner den Punkt in der Mitte zwischen diesen beiden Teilungspunkten mit $i + \frac{1}{2}$, so gilt, wenn M_i, $M_{i+1/2}$ M_{i+1}, die Ordinaten der Momentenlinie in diesen drei Punkten bedeuten,

Die Zeichnung wurde im Längenmaßstab 1 : 100 entworfen. Wählen wir als Verzerrungsmaß $n = 100$, so erhalten wir für die Polweite des „Kraftecks"

$$H = \frac{EJ}{n} = \frac{2{,}1 \cdot 10^6 \cdot 11\,690}{100} = 24{,}55 \cdot 10^7 \text{ kp cm}^2 = 24{,}55 \text{ Mp m}^2.$$

Da n gleich dem Längenmaßstab der Zeichnung gewählt wurde, reduziert sich die Gl. (63, 37) auf die Gl. (64, 38), es ist also

$$\eta_{\text{wirkl}} = \eta_{\text{gez}},$$

d. h. wir können die Durchbiegungen in unserer Zeichnung in wahrer Größe ablesen. Es ergibt sich z. B. für die größte Durchbiegung in der Trägermitte

$$f = 0{,}95 \text{ cm}.$$

Zur Probe berechnen wir f nach Gl. (62, 30) (beachte: $q = 1{,}4$ Mp/m $= 14$ kp/cm):

$$f = \frac{5\,q\,l^4}{384\,EJ} = \frac{5 \cdot 14 \cdot 600^4}{384 \cdot 2{,}1 \cdot 10^6 \cdot 11\,690} = 0{,}96 \text{ cm}.$$

64. Zeichnerische Ermittlung der Biegelinie von Trägern mit veränderlichem Trägheitsmoment.

Das Querschnittsträgheitsmoment der in der Praxis verwendeten Träger ist nicht immer konstant. Denken wir etwa an einen genieteten Blechträger, so nimmt das Trägheitsmoment mit Beginn jeder neuen Gurtplatte sprunghaft einen anderen Wert an. Es läßt sich aber auch in diesem Fall die Biegelinie sehr einfach zeichnerisch ermitteln, wir haben das vorhin besprochene Verfahren nur ein klein wenig abzuändern.

Wie eingangs der vorigen Nummer ausgeführt, erhalten wir die Biegelinie, wenn wir für die Belastung des Trägers mit der M/EJ-Fläche ein Seilpolygon zeichnen. Wählen wir als Polweite $H = 1/n$, so gilt für das Verhältnis zwischen den wirklichen Ordinaten der Biegelinie und den Werten, die wir aus der Zeichnung ablesen, die Gl. (63, 37). Hat der in Abb. 156 dargestellte Träger mit zwei Gurtplatten die Querschnittsträgheitsmomente J_0 (Grundprofil), J_1 und J_2 (mit einer und mit zwei Gurtplatten), so hätten wir die Ordinaten der Momentenlinie im Bereich des Grundprofils durch EJ_0, im Bereich der ersten Gurtplatte durch EJ_1, im Bereich der zweiten durch EJ_2 zu dividieren[1]. Bezeichnen wir wieder mit Φ_i die „Gewichte" der einzelnen Teile der Momentenfläche selbst, so haben die einzelnen Teile der M/EJ-Fläche die „Gewichte" Φ_0/EJ_0, Φ_1/EJ_1, Φ_2/EJ_2. Für sie wäre ein Krafteck mit der Polweite $H = 1/n$ zu zeichnen (Krafteck a). Um uns jedoch die Divisionen zu

---

für die Größe der zwischen den Punkten i und $i + 1$ gelegenen Teilfläche: $\Phi_i = \frac{l_i}{6}(M_i + 4\,M_{i+1/2} + M_{i+1})$. Die Simpsonsche Formel kann auch bei beliebiger Begrenzungskurve zur Flächenberechnung herangezogen werden und liefert dann im allgemeinen sehr gute Näherungswerte.

[1] Zur Ermittlung von Durchbiegungen ist bei Stahlträgern stets das Trägheitsmoment des unverschwächten Querschnitts zu verwenden.

ersparen, vergrößern wir dieses Krafteck ähnlich im Verhältnis $E J_c : 1$, wo J_c ein beliebig gewähltes Vergleichsträgheitsmoment bedeutet. Dann erhalten wir ein Krafteck, dessen Kräfte $\Phi_0' = \Phi_0 \dfrac{J_c}{J_0}$, $\Phi_1' = \Phi_1 \dfrac{J_c}{J_1}$, $\Phi_2' = \Phi_2 \dfrac{J_c}{J_2}$ sind und dessen Polweite $H = E J_c / n$ ist (Krafteck b). Das Seileck bleibt dabei vollkommen unverändert, es gilt daher nach wie vor die Beziehung (63, 37). Wir werden also praktisch, anstatt mit der M/EJ-Fläche zu belasten, als Belastung die $M\dfrac{J_c}{J}$-Fläche verwenden,

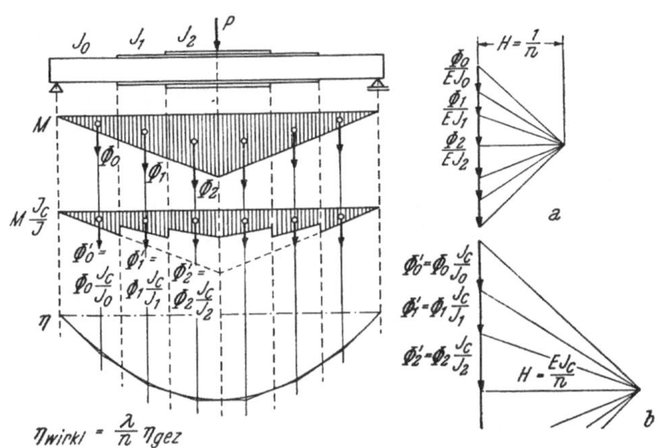

Abb. 156.
Zeichnerische Ermittlung der Biegelinie eines Trägers mit veränderlichem Querschnittsträgheitsmoment

die man als die *reduzierte Momentenfläche* bezeichnet. Die Multiplikation mit den Brüchen J_c/J ist ja viel bequemer auszuführen als die Division durch die großen Zahlen $E J$. Das Vergleichsträgheitsmoment J_c kann ganz beliebig angenommen werden, jedoch wird man in der Regel eines der vorkommenden Trägheitsmomente wählen. Das Verfahren ist natürlich auch dann anwendbar, wenn das Trägheitsmoment nicht sprunghaft, sondern stetig veränderlich ist, wie dies z. B. bei Trägern mit veränderlicher Stegblechhöhe der Fall ist.

In Abb. 156 wurde bei der Ermittlung der reduzierten Momentenfläche angenommen, daß $J_c = J_0$ ist. Im Bereich des Trägheitsmoments J_0 ist dann die reduzierte Momentenfläche gleich der unveränderten M-Fläche, im Bereich von J_1 sind die Ordinaten im Verhältnis $J_0 : J_1$ verkleinert usw.

Zusammenfassend können wir also folgende Regel aufstellen: *Man findet die Biegelinie eines Trägers mit veränderlichem Trägheitsmoment, indem man für die Belastung mit der reduzierten Momentenfläche $M\dfrac{J_c}{J}$*

ein Seilpolygon mit der Polweite $H = E J_c/n$ zeichnet. J_c ist ein beliebiges, passend gewähltes Vergleichsträgheitsmoment. Zwischen den wirklichen und den aus der Zeichnung entnommenen Werten der Durchbiegungen gilt nach wie vor die Beziehung $\eta_{\text{wirkl}} = \dfrac{\lambda}{n}\,\eta_{\text{gez}}$.

Beispiel. Wir wollen für den in Abb. 157 (LM: 1 cm gez. ... 200 cm wirkl.) dargestellten, frei aufliegenden Träger mit zwei Kragarmen die Biegelinie infolge der angegebenen Belastung zeichnerisch ermitteln. Der Träger ist in der Mitte ver-

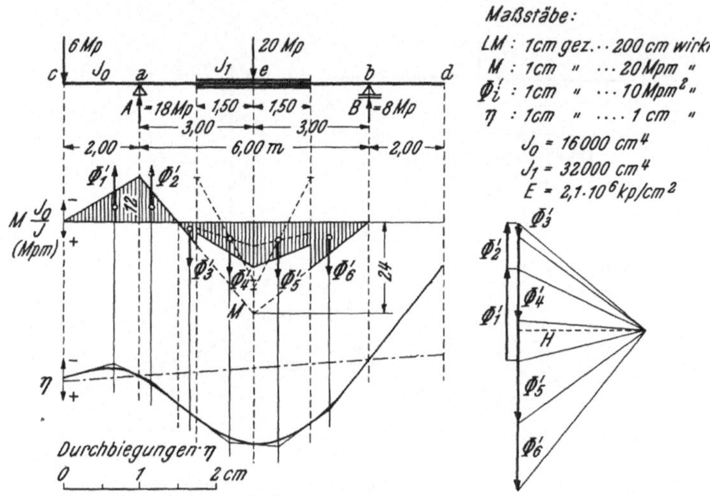

Abb. 157. Beispiel zur zeichnerischen Ermittlung der Biegelinie eines Trägers, der teilweise durch Gurtplatten verstärkt ist

stärkt. Das Trägheitsmoment sei im unverstärkten Teil $J_0 = 16\,000$ cm⁴ und im verstärkten $J_1 = 32\,000$ cm⁴. Werkstoff: Stahl, $E = 2,1 \cdot 10^6$ kp/cm².

Zuerst wird der Verlauf der Biegemomente M bestimmt. Die Auflagerdrücke ergeben sich zu $A = 18$ Mp, $B = 8$ Mp. Am linken Trägerende c sowie im ganzen rechten, unbelasteten Kragarm bd ist $M = 0$. Für den Punkt a ergibt sich $M = -6 \cdot 2 = -12$ Mp m und für den Punkt e erhalten wir $M = B \cdot 3 = 8 \cdot 3 = +24$ Mp m. Damit kann der Momentenverlauf eingezeichnet werden. Wählen wir als Vergleichsträgheitsmoment J_c das Trägheitsmoment des unverstärkten Trägerquerschnitts J_0, so ist in diesem Bereich an der Momentenfläche nichts zu ändern ($J_c/J_0 = 1$). Im Bereich der Verstärkung sind die Ordinaten mit dem Faktor $J_c/J_1 = {}^1/_2$ zu multiplizieren. So erhalten wir die in der Abbildung schraffierte reduzierte Momentenfläche $M\,\dfrac{J_c}{J} = M\,\dfrac{J_0}{J}$. Für sie als Belastung ist nun ein Seilpolygon zu zeichnen. Wir unterteilen die Belastungsfläche in sechs Teilflächen und bringen in deren Schwerpunkten die Größen der Teilflächen Φ_i' als Kräfte an. Die Flächen lassen sich leicht berechnen und ergeben sich zu

$$\Phi_1' = -12,00 \text{ Mp m}^2, \qquad \Phi_4' = +11,25 \text{ Mp m}^2,$$
$$\Phi_2' = -6,00 \text{ Mp m}^2, \qquad \Phi_5' = +13,50 \text{ Mp m}^2,$$
$$\Phi_3' = +1,50 \text{ Mp m}^2, \qquad \Phi_6' = +9,00 \text{ Mp m}^2.$$

Nach Wahl eines geeigneten Maßstabes (1 cm ... 10 Mp m^2) wird für die Φ_i' ein Krafteck gezeichnet, wobei zu beachten ist, daß die positiven Gewichte nach abwärts, die negativen nach aufwärts wirken. Wählen wir das Verzerrungsmaß $n = 200$, also gleich dem Längenmaßstab der Zeichnung, so ergibt sich als Polweite

$$H = \frac{E J_0}{n} = \frac{2,1 \cdot 10^6 \cdot 16\,000}{200} = 16,8 \cdot 10^7 \text{ kp cm}^2 = 16,8 \text{ Mp m}^2.$$

Im Maßstab der Φ_i' ist dies $1,68$ cm. Nun zeichnen wir die Polstrahlen und das Seileck. Dieses wird unter der Belastung ausgerundet. Längs des unbelasteten Kragarms verläuft die Biegelinie geradlinig in der Richtung des letzten Seilstrahls. Sodann wird die Bezugslinie durch die Schnittpunkte des Seilecks mit den Lotrechten durch die Auflager a und b gelegt. Von ihr aus sind die Durchbiegungen η in *lotrechter* Richtung zu messen. Da $\lambda/n = 1$ ist, gilt

$$\eta_{\text{wirkl}} = \eta_{\text{gez}},$$

die Ordinaten der Biegelinie erscheinen also in unserer Zeichnung in wahrer Größe.

65. Rechnerische Ermittlung von Durchbiegungen bzw. der Biegelinie mit Hilfe der Momentenbelastung. *a) Frei aufliegender Träger auf zwei Stützen ohne Kragarme.* Betrachten wir nochmals Abb. 151 b, wo die Konstruktion der Biegelinie eines Trägers auf zwei Stützen ohne Kragarme als Seilpolygon für die Belastung mit der M/EJ-Fläche dargestellt ist. Vergleichen wir damit die in Abb. 151 a angedeutete zeichnerische Ermittlung des Verlaufs der Biegemomente in einem solchen Träger infolge einer gegebenen Belastung p, so sehen wir, daß beide Konstruktionen, *einschließlich der Lage der strichpunktierten Schluß- bzw. Bezugslinie*, einander vollkommen entsprechen. Denken wir uns also die M/EJ-Fläche als Belastung *auf den gegebenen Träger*, dessen Biegelinie bestimmt werden soll, aufgebracht, so werden die Durchbiegungen η gleich den Biegemomenten sein, welche diese Belastung in dem Träger hervorruft[1]. Damit sind wir imstande, die Durchbiegung an jeder beliebigen Trägerstelle zu berechnen. Stellen wir diese Durchbiegungen als Funktion von z, der Koordinaten in der Richtung der Balkenachse dar (ganz analog wie wir in der Statik, Abschnitt III, die Biegemomente als Funktion von x dargestellt haben), so erhalten wir die Gleichung der Biegelinie $\eta = \eta(z)$.

Auch hier können wir der Einfachheit halber statt mit der M/EJ-Fläche mit der Momentenfläche (M-Fläche) selbst belasten. Da die Biegemomente der Belastung proportional sind, erhalten wir dann die EJ-fachen Werte der Durchbiegungen, also $EJ\eta$. Ist das Trägheitsmoment veränderlich, so berechnen wir die Momente infolge der Belastung des Trägers mit der reduzierten Momentenfläche $M\dfrac{J_c}{J}$. Diese Momente

---

[1] Diese Aussage (bzw. die analogen Sätze für die noch zu behandelnden Trägertypen) wird gewöhnlich als *Mohrscher Satz* bezeichnet. Wir werden ihn auf S. 233 zusammenfassend formulieren.

sind dann gleich den EJ_c-fachen Werten der Durchbiegungen, also gleich $EJ_c\,\eta$.

Wir wollen nach dieser Methode die Gleichung der *Biegelinie eines Trägers auf zwei Stützen mit Einzellast* ermitteln. Der Träger habe die Länge l, die Last P habe von den Auflagern die Abstände e bzw. e' (Abb. 158). Das Querschnittsträgheitsmoment sei J (konstant), der Elastizitätsmodul sei E.

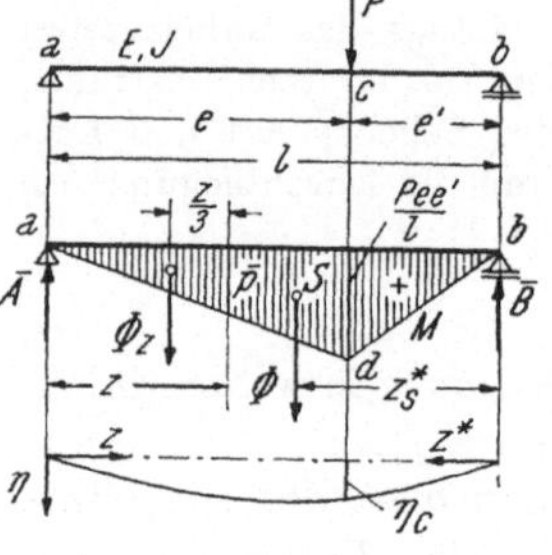

Abb. 158. Berechnung der Biegelinie eines Trägers auf zwei Stützen mit Hilfe der Momentenbelastung

Die Momentenfläche ist ein Dreieck mit der Höhe $P\,e\,e'/l$. Mit dieser Dreiecksfläche haben wir uns den Träger belastet zu denken. Die Momente infolge dieser Belastung sind dann gleich den EJ-fachen Durchbiegungen.

Wir bezeichnen im folgenden alle Größen, wie z. B. Auflagerdrücke, Biegemomente, Querkräfte usw., die infolge der Belastung mit der Momentenfläche am sogenannten *Ersatzträger* auftreten, mit Querstrichen, also mit $\bar{A}$, $\bar{B}$, $\bar{M}$, $\bar{Q}$ usw. Im vorliegenden Beispiel stimmt der Ersatzträger, auf den wir die Momentenbelastung einwirken lassen, mit dem gegebenen Träger, dessen Biegelinie wir suchen, überein. Daß dies nicht immer so sein muß, wird sich später zeigen.

Bezeichnen wir in unserem Beispiel das Gesamt-„Gewicht" der Momentenbelastung, also den Inhalt der ganzen Momentenfläche mit Φ, und berechnen wir von den beiden Auflagerdrücken $\bar{A}$ und $\bar{B}$, die infolge dieser Belastung am Ersatzträger auftreten, zunächst $\bar{A}$, so gilt

$$\bar{A} = \frac{1}{l}\,\Phi\,z_s{}^*, \tag{65, 39}$$

wenn $z_s{}^*$ der Abstand des Schwerpunkts der Dreiecksfläche $a\,b\,d$ vom rechten Auflager ist. Für diesen Abstand ergibt sich nach der Formel für die Koordinaten des Schwerpunkts eines Dreiecks [s. Statik, Gl. (28, 11)]

$$z_s{}^* = \frac{1}{3}\,(z_a{}^* + z_b{}^* + z_d{}^*) = \frac{1}{3}\,(l + 0 + e') = \frac{l + e'}{3},$$

wenn $z_a{}^*$, $z_b{}^*$, $z_d{}^*$ die vom rechten Auflager gemessenen Koordinaten der Eckpunkte bedeuten. Für das Gesamt-„Gewicht" der Momentenfläche gilt

$$\Phi = \frac{1}{2}\,l\,\frac{P\,e\,e'}{l} = \frac{P\,e\,e'}{2}. \tag{65, 40}$$

Daher ergibt sich

$$\bar{A} = \frac{P\,e\,e'\,(l + e')}{6\,l}.$$

Setzen wir darin für $e = l - e'$, so können wir auch schreiben

$$\bar{A} = \frac{P\,e'\,(l^2 - e'^2)}{6\,l}. \tag{65, 41a}$$

Indem wir in diesem Ausdruck e' durch e ersetzen, erhalten wir

$$\overline{B} = \frac{P\,e\,(l^2 - e^2)}{6\,l}. \tag{65, 41b}$$

Beschränken wir uns zunächst auf den Trägerbereich $0 \leqq z \leqq e$. Das Moment $\overline{M}$ in einem beliebigen Querschnitt des Ersatzträgers im Abstand z vom linken Auflager ist gleich $E\,J\,\eta(z)$ und ist gegeben durch

$$\overline{M} = E\,J\,\eta(z) = \overline{A}\,z - \Phi_z\,\frac{z}{3}. \tag{65, 42}$$

Φ_z ist das „Gewicht" der links von der Stelle z liegenden Streckenlast. Bedeutet $\overline{p}$ die Belastungshöhe im Punkt z, so gilt

$$\Phi_z = \frac{1}{2}\,z\,\overline{p}.$$

Aus ähnlichen Dreiecken ergibt sich

$$\overline{p} : z = \frac{P\,e\,e'}{l} : e.$$

Daraus berechnen wir $\overline{p}$ und erhalten für Φ_z

$$\Phi_z = \frac{P\,e'}{2\,l}\,z^2.$$

Dieser Wert und der für $\overline{A}$ in Gl. (65, 42) eingesetzt, liefert

$$E\,J\,\eta(z) = \frac{P\,e'\,(l^2 - e'^2)}{6\,l}\,z - \frac{P\,e'}{2\,l}\,\frac{z^3}{3}.$$

Daraus erhalten wir als Gleichung der Biegelinie in dem oben angegebenen Intervall der z-Achse (denn nur so weit gilt der obige Ausdruck für Φ_z)

$$\eta(z) = \frac{P\,e'\,z}{6\,l\,E\,J}\,(l^2 - e'^2 - z^2), \quad 0 \leqq z \leqq e. \tag{65, 43a}$$

Wir erhalten daraus sofort die Gleichung für die Biegelinie des restlichen Trägerteils, wenn wir z durch z^* ersetzen, wo z^* eine Koordinate ist, die vom Punkt b nach links läuft und ferner e' durch e ersetzen:

$$\eta(z^*) = \frac{P\,e\,z^*}{6\,l\,E\,J}\,(l^2 - e^2 - z^{*2}), \quad 0 \leqq z^* \leqq e'. \tag{65, 43b}$$

Will man auch diesen rechten Ast der Biegelinie als Funktion von z ausdrücken, so hat man bloß für $z^* = l - z$ einzusetzen. Dann ergibt sich

$$\eta(z) = \frac{P\,e\,(l - z)}{6\,l\,E\,J}\,(-e^2 + 2\,l\,z - z^2), \quad e \leqq z \leqq l. \tag{65, 44}$$

Die gesamte Biegelinie läßt sich hier nicht durch eine einzige Gleichung darstellen, woran die Ecke in der Momentenlinie im Lastangriffspunkt die Schuld trägt.

Die Durchbiegung unter der Last, η_c, können wir berechnen, indem wir entweder in Gl. (65, 43a) für $z = e$ oder in Gl. (65, 43b) für $z^* = e'$ setzen. Dann ergibt sich, wenn wir beachten, daß $l = e + e'$ ist,

$$\eta_c = \frac{P\,e^2\,e'^2}{3\,l\,E\,J}. \tag{65, 45}$$

Dieser Wert ist nur für den Fall, daß die Last in der Trägermitte steht, mit dem Maximum der Durchbiegung identisch. Für diesen Fall gilt $(e = e' = l/2)$

$$f = \frac{P\,l^3}{48\,E\,J}. \tag{65, 46}$$

Bei beliebiger Stellung der Last liegt das Maximum der Durchbiegung in dem größeren der beiden Abschnitte e und e' und kann durch Nullsetzen des Differentialquotienten der Gleichung des betreffenden Astes der Biegelinie gefunden werden.

Führen wir in diese beiden Formeln, analog Gl. (62, 30a), das herrschende Größtmoment ein, so ist dieses bei beliebiger Stellung der Last $M_{\max} = P\,e\,e'/l$ und bei P in Trägermitte $M_{\max} = P\,l/4$. Somit ist bei beliebiger Laststellung

$$\eta_c = \frac{M_{\max}\,e\,e'}{3\,E\,J}, \tag{65, 45a}$$

bzw. wenn P in der Trägermitte steht

$$f = \frac{M_{\max}\,l^2}{12\,E\,J}. \tag{65, 46a}$$

Für den in Nr. 63, 1. Beispiel, behandelten Träger, dessen Biegelinie wir zeichnerisch ermittelt haben, ergibt sich aus Gl. (65, 45) für die Durchbiegung unter der Last

$$\eta_c = \frac{4000 \cdot 300^2 \cdot 500^2}{3 \cdot 800 \cdot 2,1 \cdot 10^6 \cdot 9800} = \underline{1,82\ \text{cm.}}$$

(Vgl. den zeichnerisch ermittelten Wert.)

Bemerkung. Wir hätten die Biegelinie des Trägers auf zwei Stützen mit Einzellast auch durch Integration der Differentialgleichung (61, 10) gewinnen können. Setzen wir für M seine Gleichung auf der Trägerstrecke links von der Last ein und integrieren, so erhalten wir den linken Ast der Biegelinie, setzen wir für M seine Gleichung rechts von der Last ein, den rechten Ast der Biegelinie. Es sind dann jedoch insgesamt vier Integrationskonstanten zu bestimmen. Dafür stehen die folgenden vier Bedingungen zur Verfügung: 1. und 2.: die Biegelinie muß in den Trägerendpunkten die Ordinate Null haben; 3. und 4.: im Lastangriffspunkt müssen die beiden Äste ohne Knick zusammenstoßen, d. h. gleiche Ordinate und gleiche erste Ableitung (gemeinsame Tangente) besitzen. Der Leser überzeuge sich, daß sich auch auf diesem Wege die Gl. (65, 43) ergeben.

b) Kragträger. Wollen wir die Durchbiegungen eines Kragträgers als Momente der $M/E\,J$-Belastung berechnen, so dürfen wir uns, im Gegensatz zu dem vorhin behandelten Fall, diese Belastung nicht auf den *gegebenen*

Träger aufgebracht denken. Denn dann ergäbe sich am freien Trägerende, wo die Durchbiegung am größten ist, das Biegemoment Null und am eingespannten Ende, wo die Durchbiegung Null ist, das größte Biegemoment. Werfen wir jedoch einen Blick auf die Abb. 151*d*, wo die zeichnerische Ermittlung der Biegelinie eines solchen Trägers angedeutet ist, so sehen wir, daß Seileck und Bezugslinie vollkommen mit der zeichnerischen Ermittlung der Biegemomente in einem Kragträger übereinstimmen, der jedoch nicht, wie der gegebene Träger, am rechten, sondern am linken Ende

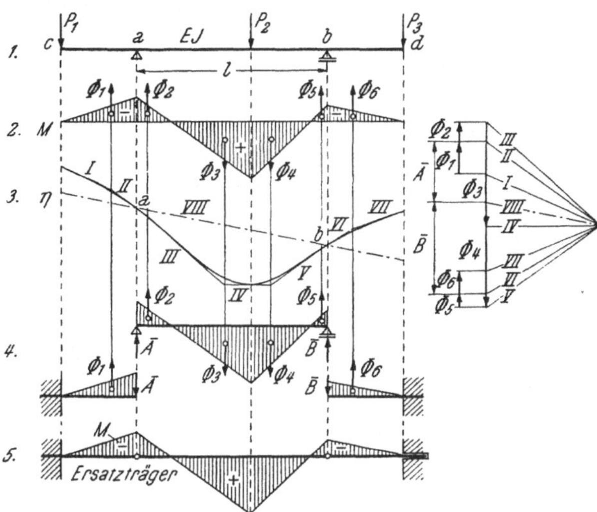

Abb. 159. Zur rechnerischen Ermittlung der Biegelinie eines Trägers mit Kragarmen mit Hilfe der Momentenbelastung

eingespannt ist. Die Durchbiegungen η eines Kragträgers sind daher gleich den Biegemomenten, welche die M/EJ-Belastung in einem Kragträger hervorruft, der am *entgegengesetzten Ende* wie der gegebene Träger eingespannt ist. Wir wollen diesen Träger wieder den *Ersatzträger* nennen. Denken wir uns die M/EJ-Belastung, die für einen Kragträger negativ ist, nach aufwärts wirkend, dann sind die Biegemomente im Ersatzträger positiv und wir erhalten die Ordinaten η gleich mit dem richtigen Vorzeichen. Belasten wir wieder, anstatt mit der M/EJ-Fläche, mit der (allenfalls reduzierten) Momentenfläche selbst, so erhalten wir als Momente die EJ-fachen Durchbiegungen η.

c) Träger auf zwei Stützen mit Kragarmen. Auch bei der rechnerischen Ermittlung der Biegelinie eines Trägers auf zwei Stützen mit auskragenden Enden dürfen wir uns die M/EJ- bzw. die $M\dfrac{J_c}{J}$-Belastung nicht auf den gegebenen Träger gelegt denken. An Hand der in Abb. 159 angedeuteten zeichnerischen Ermittlung der Biegelinie eines solchen Trägers können wir jedoch auch hier unschwer den Ersatzträger feststellen, dessen Biegemomente mit den Durchbiegungen des gegebenen Trägers (bzw. mit ihren EJ_c-fachen Werten) übereinstimmen. In Bild 1 ist der gegebene Träger dargestellt, dessen Biegelinie bestimmt werden soll. Die Spannweite zwischen den beiden Stützen a und b sei l, das Querschnittsträgheitsmoment sei der Einfachheit halber als konstant angenommen und gleich J. Darunter ist die Momentenfläche infolge der gegebenen Belastung P_1, P_2, P_3 dargestellt (Bild 2). Sie wurde in sechs Teile mit den Gewichten $\Phi_1 \ldots \Phi_6$ zerlegt, mit deren Hilfe die Biegelinie (Bild 3) in bekannter Weise gezeichnet wurde. Durch die Punkte a und b der Biegelinie wurde die Bezugslinie gelegt. Zunächst erkennen wir, daß das Seilpolygon, das sich für den zwischen den zwei Stützen a und b liegenden Mittelteil des Trägers ergibt, einschließlich der Bezugslinie mit der Momentenlinie eines Trägers auf zwei Stützen von der Spannweite l übereinstimmt, der mit den M-Flächen $\Phi_2 \ldots \Phi_5$ belastet ist. Der Ersatzträger des Mittelteils ist also der in Bild 4 dargestellte Träger auf zwei Stützen. Für diesen ergeben sich infolge der M-Belastung zwei Auflagerdrücke $\bar{A}$ und $\bar{B}$, deren Größe im Krafteck zwischen den Polstrahlen II und VIII bzw. VI und VIII abgelesen werden kann. Denken wir uns an Stelle des auskragenden Endes $a\,c$ des gegebenen Trägers einen Kragträger, der im Punkt c eingespannt ist und der am freien Ende a mit dem nach abwärts wirkenden Gegendruck des Auflagerdrucks $\bar{A}$ und ferner noch mit der M-Fläche Φ_1 belastet ist, so stimmt, wie wir uns leicht überzeugen, sein Momentenschaubild einschließlich der Bezugslinie mit der Biegelinie des Kragarms $a\,c$ des gegebenen Trägers überein (Bild 4). Das Analoge gilt für den Kragarm $b\,d$. Die Belastung der beiden Ersatz-Kragträger mit den Kräften $\bar{A}$ und $\bar{B}$ können wir nun einfach dadurch erreichen, daß wir uns den Ersatzträger des Mittelteils auf die beiden Ersatz-Kragträger daraufgelegt denken. So entsteht als Ersatzträger für den ganzen gegebenen Balken $c \ldots d$ ein *Gelenk-* oder *Gerberträger*, welcher an Stelle der freien Enden des gegebenen Trägers eingespannt ist und an Stelle der Auflager des gegebenen Trägers Gelenke besitzt[1] (Bild 5). Denken wir uns diesen Gelenkträger mit der M-Fläche belastet, so sind die Biegemomente, die infolge dieser Belastung in ihm auftreten, gleich den EJ-fachen Durchbiegungen des gegebenen Trägers.

In Abb. 160 sind für einige wichtige Trägertypen die zugehörigen Ersatzträger zusammengestellt. Man macht sich unschwer klar, daß der

---

[1] Damit der Ersatzträger nicht statisch unbestimmt wird, hat man sich die eine der beiden Einspannungen als *Klemmung* zu denken, die das Trägerende wohl gegen vertikale Verschiebung und gegen Drehung festhält, hingegen eine waagrechte Verschiebung gestattet (s. Statik, Nr. 32).

Ersatzträger eines Gerberträgers wieder ein Gerberträger ist, der an Stelle der Gelenke des gegebenen Trägers gestützt ist und an Stelle der Innenstützen des gegebenen Trägers Gelenke besitzt. Wir erkennen ferner, daß die Zuordnung zwischen gegebenem Träger und Ersatzträger umkehrbar ist. Das heißt, ist einer der Träger der zweiten bzw. vierten

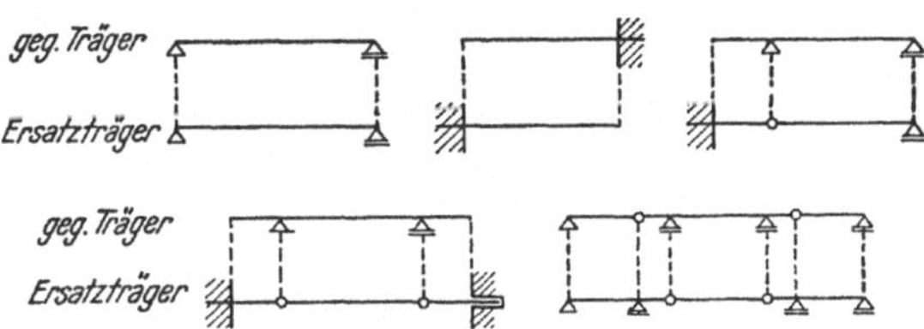

Abb. 160. Verschiedene Trägertypen und ihre Ersatzträger, die mit der Momentenfläche zu belasten sind

Reihe der Abb. 160 gegeben, so ist sein Ersatzträger der darüber gezeichnete Träger. Am gegebenen Träger und am Ersatzträger entsprechen einander umkehrbar Auflager und Gelenk, frei auskragendes Ende und Einspannung. (Gelenkiges Auflager am Trägerende bleibt Auflager.)

Diese Ergebnisse zusammenfassend, können wir den *Mohrschen Satz* etwa folgendermaßen formulieren: *Um die Durchbiegungen η eines Trägers (von im allgemeinen veränderlichem Trägheitsmoment) infolge der Biegemomente M zu berechnen, denke man sich den zugehörigen Ersatzträger mit der reduzierten Momentenfläche $M\dfrac{J_c}{J}$ belastet. Die Biegemomente, die im Ersatzträger infolge dieser Belastung auftreten, sind dann gleich $EJ_c\eta$.*

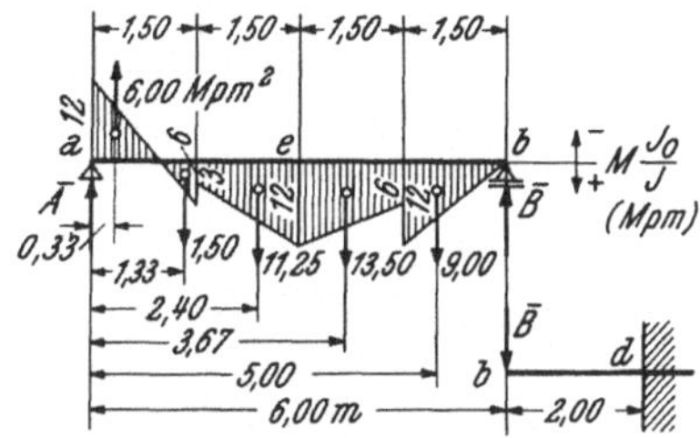

Abb. 161. Rechnerische Ermittlung der Durchbiegungen in einzelnen Punkten des in Abb. 157 dargestellten Trägers nach dem Mohrschen Satz

Beispiel. Wir wollen für den in Nr. 64 (Abb. 157) behandelten Träger die Durchbiegungen in den Punkten e und d, η_e und η_d, infolge der angegebenen Belastung berechnen. Hiezu denken wir uns den Ersatzträger mit der reduzierten Momentenfläche $M\dfrac{J_c}{J} = M\dfrac{J_0}{J}$ belastet und berechnen die Biegemomente in den Punkten e und d dieses Trägers. Wir bezeichnen diese Momente mit $\overline{M}_e$ und $\overline{M}_d$. Zur Berechnung von $\overline{M}_e$ benötigen wir nur den Mittelteil des Ersatzträgers, für die von $\overline{M}_d$ nur den rechten Teil. Diese beiden Teile sind mit der auf sie entfallenden Belastung in Abb. 161 dargestellt. Der Ersatzträger $b \ldots d$ ist, da in dem betreffenden Stück des gegebenen Trägers $M = 0$ ist, lediglich mit dem Auflagerdruck $\overline{B}$ des Mittelteils belastet. Für $\overline{B}$ ergibt sich mittels der in Nr. 64 bereits berechneten Gewichte der Teilflächen der reduzierten Momentenfläche und den ebenfalls leicht zu berechnenden oder zu messenden Hebelarmen dieser Gewichte

$$\bar{B} = \frac{1}{6}\,(-\,6{,}00 \cdot 0{,}33 + 1{,}50 \cdot 1{,}33 + 11{,}25 \cdot 2{,}40 + 13{,}50 \cdot 3{,}67 + 9{,}00 \cdot 5{,}00) =$$
$$= 20{,}25 \text{ Mp m}^2.$$

Damit erhalten wir

$$\bar{M}_e = 20{,}25 \cdot 3{,}00 - 9{,}00 \cdot 2{,}00 - 13{,}50 \cdot 0{,}67 = 33{,}7 \text{ Mp m}^3 = 33{,}7 \cdot 10^9 \text{ kp cm}^3.$$

Dieses Moment ist gleich der EJ_0-fachen Durchbiegung im Punkt e. Da $E = 2{,}1 \cdot 10^6$ kp/cm² und $J_0 = 16000$ cm⁴ ist (s. Nr. 64), so ist $EJ_0 = 33{,}6 \cdot 10^9$ kp cm². Damit ergibt sich

$$\eta_e = \frac{\bar{M}_e}{E\,J_0} = \frac{33{,}7 \cdot 10^9}{33{,}6 \cdot 10^9} = \underline{1{,}00 \text{ cm}.}$$

Für das Moment $\bar{M}_d$ ergibt sich

$$\bar{M}_d = -\,\bar{B} \cdot 2{,}00 = -\,20{,}25 \cdot 2{,}00 = -\,40{,}5 \text{ Mp m}^3 = -\,40{,}5 \cdot 10^9 \text{ kp cm}^3.$$

Daraus folgt

$$\eta_d = \frac{\bar{M}_d}{E\,J_0} = \frac{-\,40{,}5 \cdot 10^9}{33{,}6 \cdot 10^9} = \underline{-\,1{,}21 \text{ cm}.}$$

η_d ergibt sich als negativ, was eine Hebung des Punktes d bedeutet. Der Leser überzeuge sich davon, daß diese Werte mit den in Abb. 157 zeichnerisch ermittelten Werten befriedigend übereinstimmen. Er berechne η_c.

66. Überlagerung von Biegelinien.

In Nr. 62 und in Nr. 65 haben wir die Gleichungen der Biegelinien für die allereinfachsten Belastungs-

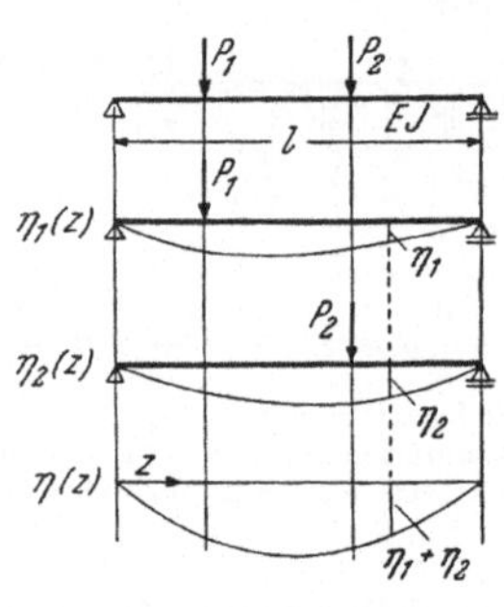

Abb. 162.
Überlagerung von Biegelinien

fälle des Kragträgers und des Trägers auf zwei Stützen ermittelt. Für eine Reihe weiterer einfacher Fälle sind die Gleichungen der Biegelinien bzw. die Werte der größten Durchbiegungen in den technischen Hilfsbüchern zu finden. Um die Biegelinie eines Trägers für einen komplizierteren Belastungsfall zu ermitteln, kann man nun so verfahren, daß man den gegebenen Belastungsfall in mehrere einfache Belastungsfälle zerlegt, für die die Biegelinien bekannt sind und diese Biegelinien *überlagert*, d. h. ihre Ordinaten algebraisch addiert. Wir haben auf diese Möglichkeit schon bei der Besprechung des Überlagerungsgesetzes in Nr. 9 hingewiesen und wollen hier den Beweis an Hand der Differentialgleichung der Biegelinie führen.

Beweis. Angenommen, wir wollen die Gleichung der Biegelinie $\eta = \eta(z)$ des in Abb. 162 dargestellten Trägers, der mit den Kräften P_1 und P_2 belastet ist, ermitteln. Wir suchen also eine Lösung der Differentialgleichung

$$\eta'' = -\frac{M}{E\,J}. \tag{66, 47}$$

worin M die Momentenlinie infolge der gemeinsamen Wirkung von P_1 und P_2 bedeutet. Diese Lösung muß noch die Randbedingungen befriedigen, nämlich für $z = 0$ und $z = l$ jedesmal $\eta = 0$ liefern. Sind $\eta_1(z)$ und $\eta_2(z)$ die Gleichungen jener Biegelinien, die sich für die Belastung des Trägers mit P_1 allein bzw. mit P_2 allein ergeben (s. Abbildung), so behaupten wir, daß für die gesuchte Biegelinie gilt

$$\eta(z) = \eta_1(z) + \eta_2(z). \tag{66, 48}$$

Die beiden Funktionen η_1 und η_2 sind uns bereits bekannt (Nr. 65). Bezeichnen wir die Biegemomente infolge P_1 allein mit M_1, die Biegemomente infolge P_2 allein mit M_2, so genügen η_1 und η_2 den Differentialgleichungen

$$\eta_1'' = -\frac{M_1}{E\,J}, \qquad \eta_2'' = -\frac{M_2}{E\,J}. \tag{66, 49}$$

Außerdem genügen sie den Randbedingungen. Es gilt also sowohl für $z = 0$ als auch für $z = l$:

$$\eta_1 = \eta_2 = 0.$$

Differenzieren wir Gl. (66, 48) zweimal nach z, so erhalten wir unter Berücksichtigung der Gl. (66, 49)

$$\eta'' = \eta_1'' + \eta_2'' = -\frac{M_1}{E\,J} - \frac{M_2}{E\,J} = -\frac{M_1 + M_2}{E\,J}.$$

Nun ist aber $M_1 + M_2 = M$, denn die Biegemomente infolge der Summe zweier Belastungen sind gleich der Summe der Biegemomente infolge der einzelnen Belastungen (s. Statik, S. 98). Es gilt also

$$\eta'' = -\frac{M}{E\,J}.$$

Die nach Gl. (66, 48) berechnete Funktion η ist also tatsächlich eine Lösung der Differentialgleichung (66, 47). Diese Funktion erfüllt aber auch die Randbedingungen denn sowohl für $z = 0$ als auch für $z = l$ ergibt sich $\eta = 0 + 0 = 0$. Somit stellt Gl. (66, 48) die Gleichung der gesuchten Biegelinie dar.

Wir haben gezeigt, daß die Summe zweier Lösungen der Differentialgleichung der Biegelinie wieder eine Lösung darstellt und können daher Biegelinien in beliebiger Anzahl überlagern. Diese Möglichkeit beruht erstens auf der Gültigkeit des Überlagerungsgesetzes für die Schnittgrößen und zweitens auf der Linearität der Differentialgleichung. Für die strenge Differentialgleichung der Biegelinie (S. 211) würde das Überlagerungsgesetz nicht gelten.

Speziell folgt aus dem Überlagerungsgesetz für Biegelinien, daß, wenn wir die Belastung des Trägers ver-n-fachen, sämtliche Durchbiegungen n mal so groß werden.

Beispiele. 1. In Nr. 40, 1. Beispiel, wurde ein Stahlträger auf zwei Stützen von $l = 6$ m Spannweite bemessen, der durch eine Einzellast $P = 4{,}0$ Mp in der Mitte belastet war. Es ergab sich ein Querschnitt I 260. Das Eigengewicht dieses Trägers ist $g = 41{,}9$ kp/m $= 0{,}419$ kp/cm. Wir wollen die größte Durchbiegung f des Trägers infolge der Last und des Eigengewichts berechnen.

Hier liegen die Verhältnisse besonders einfach. Die größte Durchbiegung infolge der Last, f_P, und die größte Durchbiegung infolge des Eigengewichts, f_g, treten beide an derselben Stelle auf, nämlich in der Mitte des Trägers. An dieser Stelle findet sich daher auch f und es gilt

$$f = f_P + f_g.$$

Für f_P gilt Gl. (65, 46), für f_g Gl. (62, 30), so daß wir erhalten

$$f = \frac{P\,l^3}{48\,E\,J} + \frac{5\,g\,l^4}{384\,E\,J}.$$

Mit $E = 2{,}1 \cdot 10^6$ kp/cm² und $J = 5740$ cm⁴ ergibt sich

$$f = \frac{4000 \cdot 600^3}{48 \cdot 2{,}1 \cdot 10^6 \cdot 5740} + \frac{5 \cdot 0{,}419 \cdot 600^4}{384 \cdot 2{,}1 \cdot 10^6 \cdot 5740} = 1{,}49 + 0{,}06 = \underline{1{,}55 \text{ cm}}.$$

Die vorhandene Durchbiegung ist damit kleiner als 1/300 der Spannweite des Trägers, denn dies wäre $\dfrac{600}{300} = 2{,}00$ cm.

2. Welche Durchbiegung errechnet sich für den in Nr. 46 für die Einzellast $P = 3{,}60$ Mp bemessenen Dübelbalken von $l = 6{,}00$ m Spannweite?

Der Träger wurde aus zwei Einzelbalken 16/24 zu einem Gesamtquerschnitt 16/48 zusammengesetzt (s. Abb. 109). Bei der Ermittlung der Durchbiegung dürfen wir jedoch nicht mit dem theoretisch vorhandenen Trägheitsmoment rechnen, sondern haben dieses nach Gl. (46, 70a) abzumindern:

$$J_{n2} = 0{,}6\,\frac{b\,h^3}{12} = 0{,}6\,\frac{16 \cdot 48^3}{12} = \text{rund } 88\,500 \text{ cm}^4.$$

Das Eigengewicht des Balkens war 46,1 kp/m; für $E = 100\,000$ kp/cm² zu setzen. Damit ergibt sich nach denselben Formeln wie im 1. Beispiel, wenn wir die beiden Ausdrücke für die Durchbiegung infolge P und infolge g in einen einzigen zusammenfassen,

$$f = \frac{l^3}{384\,E\,J}\,(8\,P + 5\,g\,l) = \frac{600^3}{384 \cdot 10^5 \cdot 88\,500}\,(8 \cdot 3600 + 5 \cdot 0{,}461 \cdot 600) = \underline{1{,}92 \text{ cm}}.$$

Die vorhandene Durchbiegung ist also ebenfalls kleiner als $l/300 = 2{,}00$ cm, sie ist aber größer als bei dem schwerer belasteten Stahlträger gleicher Spannweite.

3. Ist ein Balken durch zwei Belastungen beansprucht, die in verschiedenen Ebenen wirken, dann werden auch die Durchbiegungen des Balkens nicht in derselben Ebene erfolgen. In diesem Fall werden sich die Durchbiegungen eines Punktes der Balkenachse nicht algebraisch, sondern geometrisch addieren. Wir wenden diese Form der Überlagerung an, um die Durchbiegung eines auf *schiefe Biegung* beanspruchten Balkens zu berechnen. Wir zerlegen die Belastung in zwei Komponenten, von denen jede den Balken auf gerade Biegung beansprucht. Die Durchbiegungen infolge der einzelnen Komponenten erfolgen in den Hauptachsenrichtungen des Balkenquerschnitts. Sie setzen sich geometrisch zur Gesamtdurchbiegung zusammen.

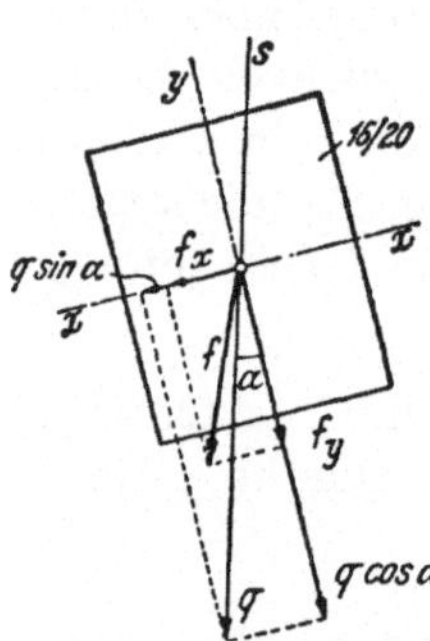

Abb. 163. Durchbiegung eines auf schiefe Biegung beanspruchten Balkens

Als Beispiel hiezu wollen wir die größte Durchbiegung des in Nr. 42 bemessenen rechteckigen Holzbalkens berechnen. Der Balken hatte eine Spannweite von $l = 4{,}00$ m und war über seine ganze Länge mit der Streckenlast $q = 400$ kp/m $= 4$ kp/cm belastet. Die Lastebene war zur Längsachse des Querschnitts um $\alpha = 15°$ geneigt. Es ergab sich ein Querschnitt 16/20. Seine Trägheitsmomente sind

$J_x = 10\,667 \text{ cm}^4$, $J_y = 6827 \text{ cm}^4$. $E = 100\,000 \text{ kp/cm}^2$. Damit erhalten wir an Hand der Abb. 163 nach Gl. (62, 30) für die Durchbiegung in der Richtung der y-Achse (J_x maßgebend!)

$$f_y = \frac{5\,q \cos\alpha\, l^4}{384\,E\,J_x} = \frac{5 \cdot 4 \cdot 0{,}966 \cdot 400^4}{384 \cdot 10^5 \cdot 10\,667} = 1{,}21 \text{ cm,}$$

und für die Durchbiegung in der Richtung der x-Achse (J_y maßgebend!)

$$f_x = \frac{5\,q \sin\alpha\, l^4}{384\,E\,J_y} = f_y \frac{J_x \sin\alpha}{J_y \cos\alpha} = f_y \frac{J_x}{J_y} \operatorname{tg}\alpha = 1{,}21 \frac{10\,667}{6827}\, 0{,}268 = 0{,}51 \text{ cm.}$$

Daraus erhalten wir als resultierende Durchbiegung

$$f = \sqrt{f_x^2 + f_y^2} = \sqrt{0{,}51^2 + 1{,}21^2} = 1{,}31 \text{ cm.}$$

Diese Verschiebung erfolgt aus der Lastebene heraus, senkrecht zur Biege-Nullachse, wovon sich der Leser durch rechnerische oder zeichnerische Ermittlung der Nullachse überzeugen möge.

Bemerkung. Wir haben schon in Nr. 43, S. 154 bemerkt, daß die Biegelinie eines Balkens mit konstantem Querschnitt auch bei schiefer Biegung eine ebene Kurve ist. Bei Balken mit veränderlichem Querschnitt ist dies jedoch im allgemeinen nicht mehr der Fall. Denn wenn sich der Querschnitt ändert, ändert sich im allgemeinen auch die Lage der Nullachse und die Ebenen, in denen sich die einzelnen Stabelemente krümmen, fallen nicht mehr zusammen. Die Biegelinie ist dann eine *Raumkurve*.

67. Der Neigungswinkel der Biegelinie.

Betrachten wir einen Träger von der Biegesteifigkeit $E\,J$ (wir wollen J der Einfachheit halber zunächst als konstant voraussetzen) und belasten wir seinen Ersatzträger mit der Momentenfläche M des gegebenen Trägers, so sind die Momente $\overline{M}$, die infolge dieser Belastung im Ersatzträger auftreten, nach dem Mohrschen Satz (Nr. 65) gleich den $E\,J$-fachen Werten der Durchbiegungen η des gegebenen Trägers. $\overline{M}$ und η sind Funktionen von z und wir können also schreiben

$$E\,J\,\eta(z) = \overline{M}(z). \qquad (67, 50)$$

Differenzieren wir beide Seiten dieser Gleichung nach z, so ergibt sich

$$E\,J\,\frac{d\eta}{dz} = \frac{d\overline{M}}{dz}. \qquad (67, 51)$$

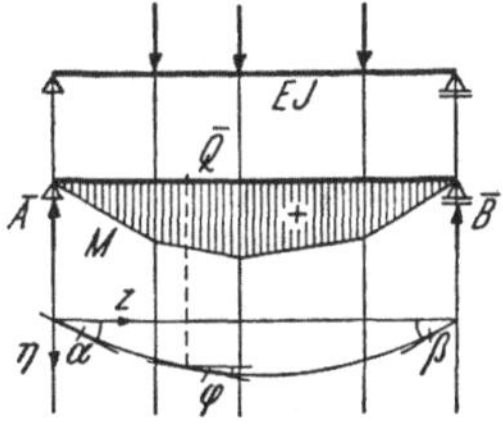

Abb. 164. Bestimmung des Neigungswinkels der Biegelinie

Nun ist $\dfrac{d\eta}{dz} = \operatorname{tg}\varphi$, wo φ der Neigungswinkel der Tangente der Biegelinie gegen die Waagrechte ist (s. Abb. 164). Da φ sehr klein ist, können wir $\operatorname{tg}\varphi \approx \varphi$ setzen. Die Ableitung des Moments $\overline{M}$ nach der Koordinate in der Richtung der Balkenachse ist nach Statik, Gl. (43, 17) gleich der Querkraft $\overline{Q}$, die im Ersatzträger infolge der Belastung mit der M-Fläche auftritt. Auch $\overline{Q}$ ist Funktion von z. Wir erhalten also für den Neigungswinkel der Biegelinie an einer beliebigen Stelle z die Gleichung

$$\varphi = \frac{\overline{Q}\,(z)}{E\,J} \tag{67, 52}$$

(φ ist im Bogenmaß gemessen!).

Wir werden später die Neigungswinkel α und β der Endtangenten der Biegelinie eines frei aufliegenden Trägers (ohne Kragarme), die sogenannten *Randbiegewinkel*, benötigen (Abb. 164). Der Ersatzträger stimmt in diesem Fall mit dem Träger selbst überein (s. Nr. 65). In den Endpunkten des Ersatzträgers ist die Querkraft $\overline{Q}$ gleich den Auflagerdrücken des Ersatzträgers:

$$z = 0 \ldots \overline{Q} = \overline{A}, \qquad z = l \ldots \overline{Q} = -\overline{B}.$$

Daher gilt für die Beträge der beiden Randbiegewinkel

$$\alpha = \frac{\overline{A}}{E\,J}, \qquad \beta = \frac{\overline{B}}{E\,J}. \tag{67, 53}$$

Ist das Trägheitsmoment des Trägers (es handle sich wieder um einen ganz beliebigen Träger) veränderlich, so denken wir uns den Ersatzträger mit der reduzierten Momentenfläche $M\frac{J_c}{J}$ belastet (s. Nr. 65). Die Momente $\overline{M}$, die infolge dieser Belastung am Ersatzträger auftreten, sind dann gleich den $E\,J_c$-fachen Durchbiegungen η und die Querkräfte $\overline{Q}$ sind gleich den $E\,J_c$-fachen Neigungswinkeln der Biegelinie. Es gilt daher für den Neigungswinkel an einer beliebigen Trägerstelle

$$\varphi = \frac{\overline{Q}}{E\,J_c} \tag{67, 52a}$$

und für die Randbiegewinkel eines frei aufliegenden Trägers (ohne Kragarme)

$$\alpha = \frac{\overline{A}}{E\,J_c}, \qquad \beta = \frac{\overline{B}}{E\,J_c}, \tag{67, 53a}$$

worin $\overline{A}$ und $\overline{B}$ die Auflagerdrücke infolge der Belastung mit der reduzierten Momentenfläche sind.

Bemerkung. Bei einem Gerberträger entsprechen den Gelenken des gegebenen Trägers am Ersatzbalken Auflager. In diesen Punkten springt die Querkraft $\overline{Q}$ um den Betrag der Auflagerdrücke des Ersatzbalkens infolge der Momentenbelastung. Es ändert daher der Neigungswinkel der Biegelinie sprunghaft seinen Wert, die Biegelinie des Gerberträgers weist also in den Gelenken im allgemeinen Ecken auf.

68. Die Durchsenkung infolge der Querkräfte. Wie schon einige Male angedeutet, werden bei kurzen und schwer belasteten Trägern die Wirkungen der Querkräfte mit denen der Biegemomente vergleichbar. Wir wollen daher im folgenden den Einfluß der Querkräfte auf die Verformung eines geraden Balkens untersuchen. Diesen Formänderungen überlagern sich dann jene, die von den Biegemomenten herrühren. Wir gehen von der Voraussetzung aus, daß die Lastebene den Querschnitt des Trägers in einer Hauptachse schneidet.

Wie wir in Nr. 44 ausführten, rufen die Querkräfte Schubspannungen sowohl in den Querschnittsflächen des Balkens als auch in den zur Biege-Nullschicht parallelen Längsschnittflächen hervor. Diese Schubspannungen bewirken, daß sich die ursprünglich rechten Winkel zwischen diesen beiden Flächenscharen ändern. Da nun die Schubspannungen über die Querschnittsfläche F nicht gleichmäßig verteilt sind, sondern in den oberen und unteren Randpunkten gleich null sind und gegen die Biege-Nullachse hin anwachsen (s. Nr. 44), so gilt das gleiche für die genannten Winkeländerungen. Die Querkräfte werden daher eine geringe Verwölbung der ursprünglich ebenen Querschnittsflächen verursachen, so daß sich ein kleines Balkenstück von der Länge dz etwa so verformen wird, wie es in Abb. 165 übertrieben dargestellt ist. Die Balkenachse wird also längs dz

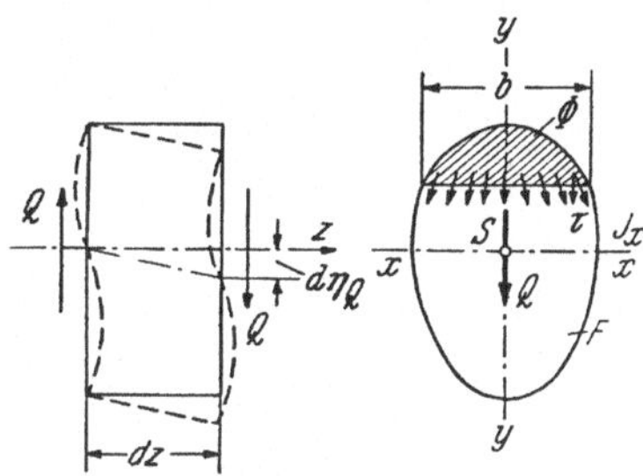

Abb. 165. Verformung eines Balkenelements infolge der durch die Querkraft geweckten Schubspannungen

um ein kleines Stück absinken, das wir mit $d\eta_Q$ bezeichnen wollen. Mit η_Q bezeichnen wir die gesamte Durchsenkung eines Punktes der Balkenachse. η_Q als Funktion von z ausgedrückt, ist dann die Verschiebungslinie infolge der Querkräfte[1].

Zur Berechnung von $d\eta_Q$ ziehen wir die bei der Deformation des Balkenstücks dz geleistete *Formänderungsarbeit* heran (s. Nr. 15). Die beiden Querkräfte Q sind für das Balkenelement als äußere Kräfte zu betrachten. Denken wir uns die linke Querschnittsfläche festgehalten, so verschiebt sich der Schwerpunkt der rechten Fläche, während die Querkraft langsam von Null auf ihren Endwert anwächst, um das Stück $d\eta_Q$. Da wir das Hookesche Gesetz stets als gültig voraussetzen, ist die geleistete Arbeit gegeben durch

$$A_a = \frac{1}{2} Q \, d\eta_Q \qquad (68,54)$$

(Faktor $\frac{1}{2}$, da Q nicht von Anfang an seinen vollen Wert hat, sondern proportional dem Weg anwächst.) Diese an dem betrachteten Körper, näm-

---

[1] Die Bezeichnung „Biegelinie" ist hier nicht ganz gerechtfertigt, da die Durchsenkungen des Trägers nicht durch Krümmung seiner Elemente zustande kommen, sondern durch deren Abgleiten. Besser ist daher die Bezeichnung *Verschiebungslinie* oder *elastische Linie* infolge der Querkräfte.

lich an dem Balkenelement, von den *äußeren* Kräften geleistete Arbeit muß nach dem in Nr. 15 ausgesprochenen Satz gleich der Arbeit der *inneren* Kräfte, also gleich der Arbeit der in dem Körper herrschenden Spannungen, sein $(A_a = A_i)$. Die Querkraft bewirkt Schubspannungen τ. Die Arbeit, die von diesen Spannungen pro Volumseinheit geleistet wird, ist nach Gl. (15, 62) $a_i = \tau^2/2\,G$, wo G der Schubmodul ist. Die Arbeit im Volumen V ist daher

$$A_i = \frac{1}{2\,G} \int_V \tau^2 \, dV. \tag{68, 55}$$

Das Integral ist über das Volumen V des Balkenelements zu erstrecken. V ist in unserem Fall eine unendlich schmale Scheibe von der Dicke dz und der Oberfläche F, nämlich der Balkenquerschnittsfläche. Wir setzen daher $V = dF \cdot dz$, d. h. wir unterteilen die Fläche F in kleine Teilchen dF und multiplizieren jedes von ihnen mit der Scheibendicke dz. Jedes solche Volumselement haben wir dann mit dem Quadrat der an seiner Oberfläche wirkenden Schubspannung τ zu multiplizieren und die Summe dieser Produkte über die ganze Fläche F zu bilden. Dabei ändert sich τ auf F, wenn wir von Flächenelement zu Flächenelement weitergehen. Aus der Summe aller $\tau^2 \, dV = \tau^2 \, dF \, dz$ kann nun das sich in allen Summanden wiederholende dz herausgehoben werden und es verbleibt die Summe aller $\tau^2 \, dF$ über die Fläche F, das ist aber $\int_F \tau^2 \, dF$. Wir können also schreiben

$$\int_V \tau^2 \, dV = \int_V \tau^2 \, dF \, dz = dz \int_F \tau^2 \, dF.$$

Die Veränderlichkeit von τ auf F drücken wir durch Gl. (44, 58) aus (die ganze Rechnung ist nur eine Näherung):

$$\tau = \frac{Q\,S_x}{J_x\,b}. \tag{68, 56}$$

Dies in das obige Integral eingesetzt, liefert für die Formänderungsarbeit der inneren Kräfte

$$A_i = \frac{dz}{2\,G} \int_F \tau^2 \, dF = \frac{dz}{2\,G} \int_F \left(\frac{Q\,S_x}{J_x\,b}\right)^2 dF.$$

Während der Integration über F ist sowohl Q als auch das Trägheitsmoment der Querschnittsfläche, J_x, konstant. S_x, das statische Moment des in Abb. 165 schraffierten Flächenteiles Φ und im allgemeinen auch die Breite b sind, wenn wir von Flächenelement zu Flächenelement weitergehen, veränderlich. Wir können also schreiben

$$A_i = \frac{dz}{2\,G} \frac{Q^2}{J_x{}^2} \int_F \left(\frac{S_x}{b}\right)^2 dF. \tag{68, 57}$$

Vergleichen wir diesen Ausdruck mit Gl. (68, 54), so erhalten wir

$$d\eta_Q = \frac{Q\,dz}{G\,J_x^2} \int_F \left(\frac{S_x}{b}\right)^2 dF.$$

Man setzt

$$\frac{F}{J_x^2} \int_F \left(\frac{S_x}{b}\right)^2 dF = \varkappa. \qquad (68, 58)$$

Es ist dies ein Zahlwert, der lediglich von der Form der Querschnittsfläche abhängt. Damit können wir schreiben

$$d\eta_Q = \varkappa\,\frac{Q\,dz}{G\,F}. \qquad (68, 59)$$

In dieser Form kann man sich die Gleichung leicht merken. $Q/F = \tau_m$ wäre der Wert der Schubspannung, wenn diese über ganz F gleichmäßig verteilt wäre (Mittelwert der Schubspannung). τ_m/G ist der zu diesem Wert der Schubspannung gehörige Gleitwinkel γ [Gl. (7, 39)] und $d\eta_Q$ wäre dann gleich $\gamma\,dz$. Da nun τ in Wirklichkeit nicht gleichmäßig über F verteilt ist, tritt der Faktor $\varkappa$ hinzu.

Gl. (68, 59) ist die Differentialgleichung der Verschiebungslinie infolge der Querkräfte. Indem wir sie integrieren, erhalten wir die Funktion $\eta_Q = \eta_Q(z)$. Da $Q\,dz = dM$ ist, gilt, wenn wir F als mit z unveränderlich voraussetzen (Träger mit konstanter Querschnittsfläche)

$$\eta_Q = \frac{\varkappa}{G\,F} \int dM + C,$$

also

$$\eta_Q(z) = \frac{\varkappa}{G\,F}\,M(z) + C. \qquad (68, 60)$$

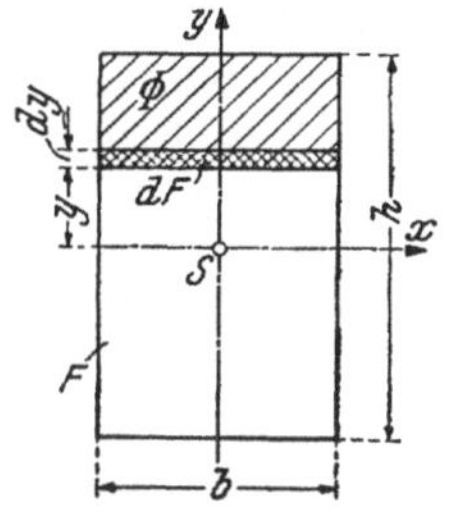

Abb. 166. Berechnung von $\varkappa$ für einen Rechtecksquerschnitt

Der Verlauf der Kurve $\eta_Q = \eta_Q(z)$ ist also gegeben durch den Verlauf der Momentenlinie $M = M(z)$. C ist eine Integrationskonstante, die aus einer Randbedingung (bei einem Träger auf zwei Stützen z. B. $\eta_Q = 0$ für $z = 0$) zu bestimmen ist.

Berechnung von $\varkappa$. Für ein Rechteck mit den Seiten b und h (Abb. 166) ist $F = b\,h$, $J_x = \frac{b\,h^3}{12}$, $S_x = \frac{b}{2}\left(\frac{h^2}{4} - y^2\right)$ [Gl. (44, 59); an Stelle von η steht hier y], $dF = b\,dy$, also ist

$$\varkappa = \frac{b\,h}{\left(\frac{b\,h^3}{12}\right)^2} \int_{-\frac{h}{2}}^{+\frac{h}{2}} \frac{1}{4}\left(\frac{h^2}{4} - y^2\right)^2 b\,dy = \frac{36}{h^5}\,2\int_0^{\frac{h}{2}}\left(\frac{h^4}{16} - \frac{h^2}{2}\,y^2 + y^4\right)dy = \frac{6}{5},$$

$$\varkappa = 1{,}2.$$

In ähnlicher Weise berechnet man $\varkappa$ für andere Querschnittsformen. So findet man für den Querschnitt I 80 $\varkappa = 2{,}4$, für I 500 $\varkappa = 2{,}0$.

Beispiele. 1. Wir haben im 1. Beispiel der Nr. 66 die Durchbiegung berechnet, die ein Stahlträger I 260 auf zwei Stützen von $l = 6{,}00$ m Spannweite, der mit einer Einzellast $P = 4{,}00$ Mp in der Mitte belastet ist, infolge der Biegemomente erfährt (Abb. 167). Es ergab sich ohne Eigengewicht $f = 1{,}49$ cm, mit Eigengewicht $f = 1{,}55$ cm. Wir wollen nun die Durchsenkung dieses Trägers infolge der Querkräfte ermitteln, wobei wir das Eigengewicht vernachlässigen wollen. (Sein Einfluß auf die Durchsenkung würde nur 3% betragen.) Der Schubmodul ist $G = 810000$ kp/cm².

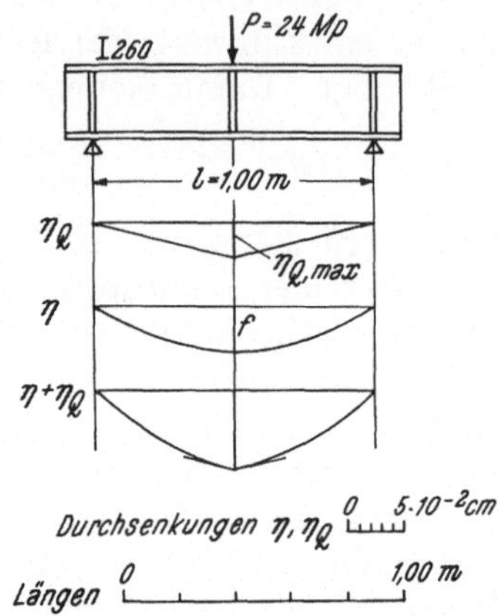

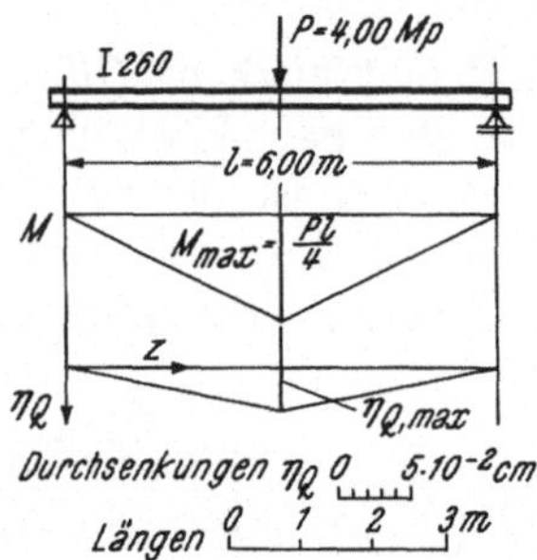

Abb. 167. Durchsenkungen η_Q infolge der Querkraft für einen mit einer Einzellast belasteten Träger

Abb. 168. Vergleich der Durchsenkungen η_Q infolge der Querkraft mit den Durchbiegungen η infolge der Biegemomente bei einem kurzen, schwer belasteten Träger. Überlagerung der beiden Verschiebungslinien

Wir gehen aus von Gl. (68, 60). Da für $z = 0$ $\eta_Q = 0$ sein muß und da für $z = 0$ $M = 0$ ist, ergibt sich $C = 0$. Für die Verschiebungslinie infolge der Querkräfte gilt also die Gleichung

$$\eta_Q = \frac{\varkappa}{G F} M(z). \tag{68, 61}$$

Die Durchsenkungen η_Q sind also proportional den Biegemomenten, und da die Momentenlinie dreieckig verläuft, gilt dies auch für die Verschiebungslinie $\eta_Q(z)$. Die größte Ordinate erhalten wir im Lastangriffspunkt. Mit $M_{max} = P\,l/4 = 4 \cdot 6/4 = 6$ Mp m $= 6 \cdot 10^5$ kp cm und $F = 53{,}4$ cm² ergibt sich, wenn wir für $\varkappa$ etwa $2{,}2$ einsetzen,

$$\eta_{Q,max} = \frac{2{,}2 \cdot 6 \cdot 10^5}{8{,}1 \cdot 10^5 \cdot 53{,}4} = 0{,}0305 \text{ cm.}$$

Dieser Wert ist vernachlässigbar klein gegenüber der Durchbiegung infolge der Momente, wie stets bei einem Träger, der verhältnismäßig lang ist gegenüber seiner Höhe. Mit Hilfe des Wertes $\eta_{Q,max}$ kann die Verschiebungslinie, die infolge der Querkräfte auftritt, gezeichnet werden (s. Abb. 167).

2. Der gleiche Träger I 260 habe jetzt nur eine Länge $l = 1{,}00$ m und sei in der Mitte mit $P = 24$ Mp belastet (Abb. 168). Das größte Biegemoment ist dann das gleiche wie oben, nämlich $P\,l/4 = 24 \cdot 1/4 = 6$ Mp m. Daher hat auch die größte Durchsenkung infolge der Querkräfte denselben Wert wie oben, nämlich

$$\eta_{Q,max} = 0{,}0305 \text{ cm.}$$

Die Größtdurchbiegung infolge der Momente berechnen wir etwa nach Gl. (65, 46a). (Das Eigengewicht spielt bei diesem kurzen, schwer belasteten Träger im Vergleich zur Belastung keine Rolle mehr.) Wir erhalten mit $E = 2{,}1 \cdot 10^6$ kp/cm², $J = 5740$ cm⁴,

$$f = \frac{M_{\max}\, l^2}{12\, E\, J} = \frac{6 \cdot 10^5 \cdot 100^2}{12 \cdot 2{,}1 \cdot 10^6 \cdot 5740} = 0{,}0415 \text{ cm.}$$

Die beiden Durchsenkungen sind jetzt durchaus miteinander vergleichbar. Die Durchbiegung infolge der Momente ist nur wenig größer als die Durchsenkung infolge der Querkräfte, denn der Träger ist jetzt verhältnismäßig kurz und hoch.

Wir kontrollieren daher auch noch die Schubspannungen im Steg des Trägers nach Gl. (45, 64). Laut Profiltafel erhalten wir für die Stegquerschnittsfläche $F_s = 0{,}94 \cdot 20{,}8 = 19{,}6 =$ rund 20 cm² und damit ist

$$\tau_{\max} \approx \frac{Q}{F_s} = \frac{12\,000}{20} = 600 \text{ kg/cm}^2 < \tau_{\text{zul}}.$$

Denn gemäß Tafel 2 bzw. 3 ist τ_{zul} nach Önorm sowie nach DIN 900 kp/cm². Damit infolge der großen Querkräfte kein Ausbeulen eintritt, sind am Steg Aussteifungen anzuschweißen.

Der Verschiebungslinie $\eta_Q(z)$ infolge der Querkräfte überlagert sich die Biegelinie $\eta(z)$ infolge der Momente (s. Abb. 168). Die Summenbiegelinie $\eta + \eta_Q$ eines mit Einzellasten belasteten Trägers hat also theoretisch unter jeder Last eine Ecke. Diese kommt jedoch praktisch nicht zur Ausbildung, und zwar hauptsächlich aus folgendem Grund. Infolge der sprunghaften Änderung der Querkraft unter jeder Einzellast würde sich auch die Querschnittsverwölbung sprunghaft ändern, wenn sie ungehindert erfolgen könnte (s. Abb. 165). Tatsächlich behindern sich jedoch die Querschnitte, die unmittelbar links bzw. rechts von der Einzellast liegen, in ihrer Verwölbung, wodurch die Ecke in der η_Q-Linie abgestumpft wird. Überdies sind die theoretisch auftretenden Ecken sehr klein. Wir haben in Abb. 168 die Durchsenkungen gegenüber den Längen 400fach überhöht.

VI. Verdrehung prismatischer Stäbe

69. Allgemeines. Von der Beanspruchung eines Stabes auf *Verdrehung, Drillung* oder *Torsion* spricht man, wenn auf ihn entgegengesetzt gerichtete Momente wirken, die in parallelen Ebenen liegen und die um die Stabachse drehen. Die Verdrehungsbeanspruchung ist im Bauwesen gegenüber den Beanspruchungen auf Zug, Druck und Biegung von untergeordneter Bedeutung, weshalb wir uns nur kurz mit ihr beschäftigen wollen.

Wir setzen stets *prismatische* Stäbe voraus, das sind also gerade Stäbe mit konstantem, aber sonst ganz beliebigem Querschnitt (also z. B. rechteckiger, quadratischer Querschnitt usw., aber auch I-, Kreis- oder Ellipsenquerschnitt). Die Belastung soll stets bloß aus zwei einander entgegengesetzten Momenten M_D bestehen, die an den Stabenden angreifen. Die Endquerschnitte des Stabes sollen sich ungehindert verformen (z. B. wölben) können. Man spricht in diesem Fall von *reiner Drillung* (Abb. 169). Führen wir an irgend einer Stelle einen Querschnitt durch den Stab, so folgt aus den Bedingungen für das Gleichgewicht des abgeschnittenen Teiles, daß in dem Querschnitt als einzige Schnittgröße ein *Verdrehungs-*, *Drillungs-* oder *Torsionsmoment* von der Größe M_D wirken muß. Es wird durch Schubspannungen, die in der Querschnittsfläche liegen, hervorgebracht. Ist der Stab nur durch Momente an seinen Enden belastet, dann ist die Spannungsverteilung in allen Querschnitten die gleiche. Da die Mantelfläche des Stabes stets als spannungsfrei vorausgesetzt ist, folgt aus dem Satz von den zugeordneten Schubspannungen (Nr. 4), daß die Schubspannungen am Rand der Querschnittsfläche der Berandungskurve parallel (tangential) liegen müssen. Aus demselben Satz folgt weiter, daß in den zur Mantelfläche und zur Querschnittsfläche senkrechten Längsschnittflächen des Stabes nahe der Oberfläche die

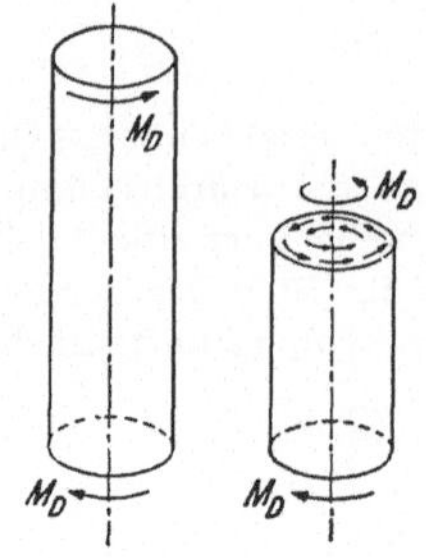

Abb. 169. Auf Verdrehung beanspruchter Stab

gleichen Schubspannungen wie am Querschnittsrand auftreten müssen (Abb. 170). Diese Spannungen werden besonders dann gefährlich, wenn das Material in der Längsrichtung eine geringere Schubfestigkeit aufweist als in der Querrichtung. Sie sind z. B. die Ursache für das Auftreten von Längsrissen in Holzbalken, die auf Verdrehung beansprucht werden.

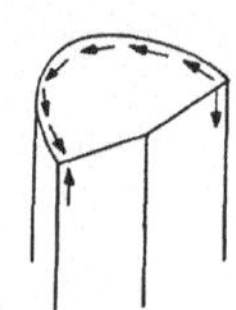

Abb. 170. Schubspannungen längs des Querschnittsrandes eines auf Verdrehung beanspruchten Stabes. Zugeordnete Schubspannungen in den Längsschnittflächen

Die Verdrehungsbeanspruchung hat, wie der Name sagt, eine Verdrehung der einzelnen Stabquerschnitte gegeneinander zur Folge. Ursprünglich der Stabachse parallele Fasern werden bei der Verformung des Stabes die Gestalt von Schraubenlinien annehmen. Wenn wir uns jedoch auf kleine Formänderungen beschränken, dann können wir diese Schraubenlinien näherungsweise als Gerade auffassen. Wir wollen auch stets, sofern nicht ausdrücklich davon Abstand genommen wird, das Hookesche Gesetz als gültig annehmen, das in unserem Fall in der für die Schubbeanspruchung gültigen Form [Gl. (7, 39)] zur Anwendung kommen wird. Unter diesen Voraussetzungen wollen wir die Größe und die Verteilung der Schubspannungen bestimmen und ferner die gegenseitige Verdrehung zweier Querschnittsflächen ermitteln.

70. Stäbe mit Kreis- und Kreisringquerschnitt. Am einfachsten gestaltet sich die Behandlung des Torsionsproblems bei Stäben mit Kreis- und Kreisringquerschnitt, da wir hier aus Symmetriegründen schließen können, daß die Querschnitte bei der Verdrehung eben bleiben. Wir nehmen weiter an, daß sich die Querschnitte als ganze verdrehen, daß also die Radien bei der Verdrehung gerade bleiben. Die Schubspannungsvektoren werden senkrecht zum Radius gerichtet sein, die *Schubspannungs-linien*, das sind jene Kurven, deren Tangenten die Richtung des Vektors der resultierenden Schubspannung angeben, werden also konzentrische Kreise sein. Legen wir durch die Achse des Stabes eine Längsschnittfläche, so werden in ihr die gleichen Schubspannungen auftreten wie längs des Radius auf der Querschnittsfläche.

Betrachten wir etwa den in Abb. 171, Bild 1 dargestellten Stab mit der Länge l und Kreisquerschnitt vom Radius r (Durchmesser d), der durch die beiden gegengleichen Endmomente M_D auf Verdrehung beansprucht ist, so werden sich zwei im Abstand dz befindliche Quer-

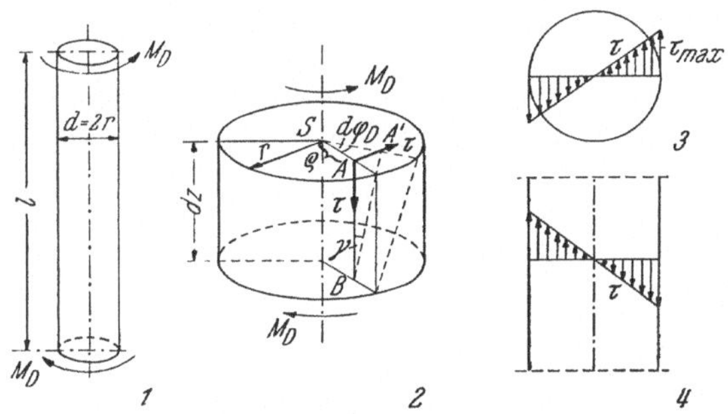

Abb. 171. Verdrehungsbeanspruchung eines Stabes mit Kreisquerschnitt

schnitte gegeneinander um den kleinen Winkel $d\varphi_D$ verdrehen (Bild 2). Denken wir uns die untere Fläche festgehalten, so verschiebt sich der Punkt A des oberen Querschnitts nach A', so daß die ursprünglich lotrechte Stabfaser AB nunmehr mit der Lotrechten den Winkel γ einschließt. Da γ klein ist, gilt, wenn ϱ den Abstand des Punktes A von der Stabachse bezeichnet,

$$\operatorname{tg}\gamma \approx \gamma = \frac{A\,A'}{dz} = \varrho\,\frac{d\varphi_D}{dz}, \qquad (70,\,1)$$

denn es ist ja $A\,A' = \varrho\,d\varphi_D$. Der Winkel γ ist nichts anderes als der *Schubwinkel* infolge der Schubspannungen τ, die in der Umgebung des Punktes A in der Quer- und in der Längsschnittfläche auftreten. Für diesen Winkel gilt nach Gl. (7, 39) (Hookesches Gesetz für Schub)

$$\gamma = \frac{\tau}{G}, \qquad (70,\,2)$$

wo G der Schubmodul ist. Dies in Gl. (70, 1) eingesetzt, ergibt für die Schubspannung im Abstand ϱ von der Stabachse

$$\tau = \varrho\,G\,\frac{d\varphi_D}{dz}. \qquad (70,\,3)$$

In dieser Gleichung ist noch $\dfrac{d\varphi_D}{dz}$ unbekannt. Diese Größe stellt die

Verdrehung pro Längeneinheit des Stabes dar, wir wollen sie im folgenden mit ϑ bezeichnen

$$\frac{d\varphi_D}{dz} = \vartheta. \tag{70, 4}$$

ϑ wird auch *spezifische Verdrehung, bezogener Drillwinkel* genannt (Dimension cm^{-1}). Zu seiner Bestimmung steht uns noch die Bedingung zur Verfügung, daß die Schubspannungen auf dem Querschnitt insgesamt das Moment M_D hervorrufen müssen. Die Summe der Momente aller Kräfte $\tau\, dF$ um den Schwerpunkt S des Querschnitts muß also gleich M_D sein:

$$\int_F \varrho\, \tau\, dF = M_D.$$

Setzen wir für τ seinen Wert aus Gl. (70, 3) ein und heben alles, was auf dem Querschnitt konstant ist aus dem Integral heraus, so erhalten wir

$$G\, \vartheta \int_F \varrho^2\, dF = M_D.$$

Nun ist nach Gl. (34, 45)

$$\int_F \varrho^2\, dF = J_p, \tag{70, 5}$$

wo J_p das *polare Trägheitsmoment* des Querschnitts um den Schwerpunkt ist. Damit erhalten wir für die spezifische Verdrehung

$$\vartheta = \frac{M_D}{G\, J_p} \tag{70, 6}$$

und für die Schubspannung im Abstand ϱ von der Drehachse

$$\tau = \frac{M_D}{J_p}\, \varrho. \tag{70, 7}$$

Die Schubspannungen sind also dem Abstand von der Stabachse proportional und es ergeben sich die in den Bildern 3 und 4 der Abb. 171 dargestellten Spannungsverteilungen in den Quer- und Längsschnittflächen. Da die spezifische Verdrehung konstant, d. h. von z unabhängig ist, erhalten wir die gesamte Verdrehung φ_D des Stabes von der Länge l, indem wir ϑ mit l multiplizieren

$$\varphi_D = \vartheta\, l = \frac{M_D\, l}{G\, J_p}. \tag{70, 8}$$

Es ist zu beachten, daß sich hier wie im folgenden sämtliche Winkel stets im Bogenmaß ergeben[1].

---

[1] Die Gl. (70, 7) bzw. (70, 8) sind ganz ähnlich gebaut wie die entsprechenden Formeln für die Biegespannungen [Gl. (38, 8)] bzw. für den Winkel $d\varphi$, um den sich zwei im Abstand dz benachbarte Trägerquerschnitte infolge des Biegemoments gegeneinander drehen (s. die Fußnote auf S. 210). Es entsprechen einander $\sigma \longleftrightarrow \tau$, $M \longleftrightarrow M_D$, $J \longleftrightarrow J_p$, $d\varphi \longleftrightarrow \varphi_D$, $E \longleftrightarrow G$, $l \longleftrightarrow dz$.

Setzen wir in diese Gleichungen den Wert des polaren Trägheitsmoments eines Kreises,

$$J_p = \frac{\pi\, r^4}{2} = \frac{\pi\, d^4}{32}$$

[Gl. (35, 54)] ein, so ergibt sich

$$\vartheta = \frac{2\, M_D}{G\,\pi\, r^4} = \frac{32\, M_D}{G\,\pi\, d^4}, \qquad (70, 9)$$

$$\tau = \frac{2\, M_D}{\pi\, r^4}\, \varrho = \frac{32\, M_D}{\pi\, d^4}\, \varrho, \qquad (70, 10)$$

$$\varphi_D = \frac{2\, M_D}{G\,\pi\, r^4}\, l = \frac{32\, M_D}{G\,\pi\, d^4}\, l. \qquad (70, 11)$$

Die Schubspannungen erreichen ihren größten Wert am Rand des Kreises. Setzen wir in Gl. (70, 10) für $\varrho = r = d/2$ ein, so erhalten wir[1]

$$\tau_{\max} = \frac{2\, M_D}{\pi\, r^3} = \frac{16\, M_D}{\pi\, d^3}. \qquad (70, 12)$$

Die gleichen Betrachtungen wie für den Stab mit Kreisquerschnitt können wir auch für einen Stab mit *Kreisringquerschnitt* mit den Radien R und r (Durchmesser D und d) anstellen und kommen dann wieder zu den Gl. (70, 6) bis (70, 8), in die wir jetzt für J_p das polare Trägheitsmoment des Kreisrings [Gl. (35, 61)] einzusetzen haben:

$$J_p = \frac{\pi}{2}\,(R^4 - r^4) = \frac{\pi}{32}\,(D^4 - d^4).$$

Wir erhalten dann die spezifische Verdrehung

$$\vartheta = \frac{2\, M_D}{G\,\pi\,(R^4 - r^4)} = \frac{32\, M_D}{G\,\pi\,(D^4 - d^4)}, \qquad (70, 13)$$

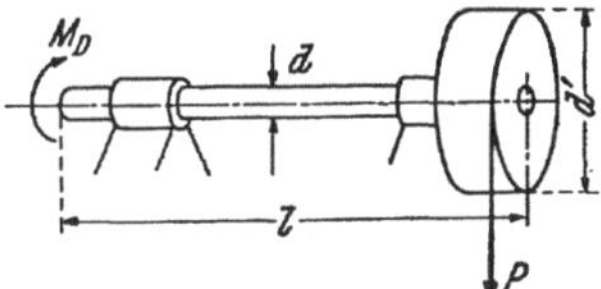

Abb. 172. Verdrehung einer kreiszylindrischen Welle

aus der wir wieder durch Multiplikation mit l die Gesamtverdrehung φ_D des Stabes erhalten. Für die maximale Schubspannung ergibt sich

$$\tau_{\max} = \frac{2\, M_D\, R}{\pi\,(R^4 - r^4)} = \frac{16\, M_D\, D}{\pi\,(D^4 - d^4)}. \qquad (70, 14)$$

71. Beispiele und Anwendungen. 1. *Verdrehung einer kreiszylindrischen Welle.* Am Ende einer Stahlwelle von $l = 1{,}30$ m Länge und Kreisquerschnitt von $d = 5$ cm Durchmesser ist ein Rad (Seiltrommel) von $d' = 30$ cm Durchmesser angebracht. Durch Drehen am anderen Ende der Welle soll an dem Rad eine Last $P = 1{,}2$ Mp hochgezogen werden (Abb. 172). Gesucht ist die größte Schubspannung $\tau_{\max}$, die in der Welle auftritt, sowie der Verdrehungswinkel φ_D der ganzen Welle. Der Schubmodul ist $G = 810\,000$ kp/cm².

---

[1] Bezeichnet man den Quotienten $J_p/r = \pi\, r^3/2 = \pi\, d^3/16$ als das Widerstandsmoment W_D des Kreisquerschnitts bezüglich Verdrehungsbeanspruchung, so erhält man für die Randspannung bei der Verdrehung $\tau_{\max} = M_D/W_D$, also eine ganz analoge Formel wie für die Biegerandspannung [Gl. (38, 12)]. Auf Grund dieser Formel kann man W_D auch für andere Querschnitte definieren.

Das Verdrehungsmoment ergibt sich zu

$$M_D = P\,d'/2 = 1200 \cdot 15 = 18\,000 \text{ kp cm.}$$

τ_{max} erhalten wir aus Gl. (70, 12):

$$\tau_{max} = \frac{16\,M_D}{\pi\,d^3} = \frac{16 \cdot 18\,000}{\pi\,5^3} = 733 \text{ kp/cm}^2.$$

Der Verdrehungswinkel ergibt sich aus Gl. (70, 11) in Verbindung mit obiger Gleichung zu

$$\varphi_D = \frac{32\,M_D\,l}{G\,\pi\,d^4} = \frac{2\,\tau_{max}\,l}{G\,d} = \frac{2 \cdot 733 \cdot 130}{810\,000 \cdot 5} = 0{,}0471.$$

Das ist der Wert des Winkels im Bogenmaß. Im Gradmaß erhalten wir

$$\varphi_D^\circ = \varphi_D\,\frac{180}{\pi} = 0{,}0471\,\frac{180}{\pi} = 2{,}70^\circ = 2^\circ\,42'.$$

2. *Schraubenfeder*. Die Berechnung einer Schraubenfeder ist gleichfalls ein Torsionsproblem. Wir betrachten eine flach ansteigende, um einen Kreiszylinder gewickelte Schraubenfeder, welche durch zwei Kräfte P in der Achse des Zylinders auf Zug (oder Druck) beansprucht ist (Abb. 173). Der Federstahl, den wir im folgenden kurz als den *Draht* bezeichnen wollen, habe Kreisquerschnitt mit dem Radius r, der Abstand der Achse des Drahtes von der Achse der Feder sei R.

Führen wir an irgend einer Stelle einen Querschnitt durch den Draht, so folgt aus den Gleichgewichtsbedingungen für den abgeschnittenen Teil der Feder, daß in dem Querschnitt eine Querkraft von der Größe P und ein Verdrehungsmoment $M_D = P\,R$ auftreten muß (s. Abbildung). Da wir annehmen, daß der Draht dünn sei, d. h. daß r klein sei gegenüber R, können wir die Wirkung der Querkraft vernachlässigen und lediglich die Schubspannungen infolge des Verdrehungsmoments berücksichtigen. Die größte im Draht auftretende Schubspannung ist dann nach Gl. (70, 12) gegeben durch

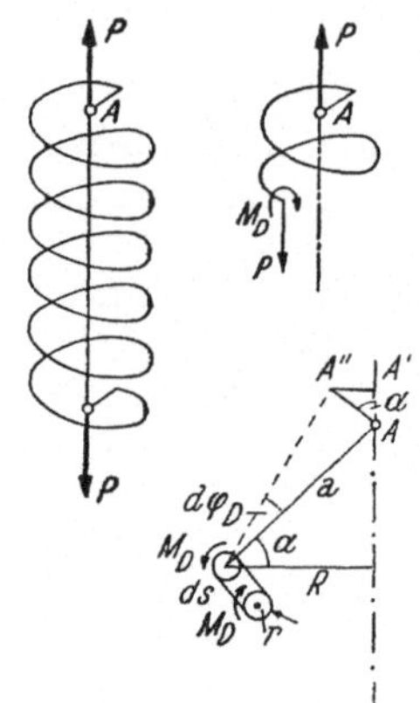

Abb. 173. Schraubenfeder

$$\tau_{max} = \frac{2\,P\,R}{\pi\,r^3}. \tag{71, 15}$$

Als nächstes fragen wir nach der Verlängerung (bzw. Zusammendrückung) h, welche die Feder infolge der Belastung mit der Kraft P erfährt. Betrachten wir ein kleines Stück ds des Drahtes (s. Abbildung) und denken wir uns den einen Querschnitt festgehalten, so wird sich der andere gegen ihn um einen Winkel $d\varphi_D$ verdrehen. Dies würde eine Verschiebung des Angriffspunktes A der Kraft P um das Stück $a\,d\varphi_D$ in die Lage A'' bewirken. Zufolge der Verdrehung des dem Stück ds gegenüberliegenden Längenelements des Drahtes wird jedoch die waagrechte Komponente der Verschiebung des Punktes A wieder rückgängig gemacht, so daß also der Punkt A lediglich eine Hebung in die Lage A' erfährt. Diese Hebung ist gegeben durch

$$dh = a\,d\varphi_D \cos \alpha = R\,d\varphi_D,$$

da $a \cos \alpha = R$ ist.

Ist ϑ die Verdrehung pro Längeneinheit des Drahtes, so ist

$$d\varphi_D = \vartheta\,ds.$$

Setzen wir für ϑ seinen Wert gemäß Gl. (70, 9) ein, so erhalten wir für dh

$$dh = \frac{2\,M_D}{G\,\pi\,r^4}\,R\,ds = \frac{2\,P\,R^2}{G\,\pi\,r^4}\,ds.$$

Die gesamte Verschiebung h des Punktes A erhalten wir, indem wir diesen Ausdruck über die ganze Länge des Drahtes integrieren. Hat die Feder n Windungen und steigt sie flach an, so können wir für die Gesamtlänge L des Drahtes näherungsweise $2\,\pi\,R\,n$ setzen. Da also

$$\int_0^L ds = 2\,\pi\,R\,n$$

ist, ergibt sich für die Verlängerung (bzw. Zusammendrückung) der Feder

$$h = \frac{4\,n\,R^3}{G\,r^4}\,P. \tag{71, 16}$$

Die Feder verhält sich also ganz gleichartig wie ein dem Hookeschen Gesetz [Gl. (7, 32)] gehorchender Zugstab, dessen Verlängerung der Kraft proportional ist.

Zahlenbeispiel. Eine Schraubenfeder wie die eben besprochene, mit $R = 2$ cm, $r = 0{,}2$ cm und $n = 20$, sei mit einer Zugkraft $P = 6$ kp belastet. $G = 810\,000$ kp/cm². Gesucht ist die größte Schubspannung sowie die Verlängerung der Feder. Nach Gl. (71, 15) ist

$$\tau_{\max} = \frac{2 \cdot 6 \cdot 2}{\pi\,0{,}2^3} = \underline{955 \text{ kp/cm}^2}$$

und nach Gl. (71, 16) ist

$$h = \frac{4 \cdot 20 \cdot 2^3}{810\,000 \cdot 0{,}2^4}\,6 = \underline{3{,}0 \text{ cm}.}$$

72. Verdrehung von Stäben mit beliebigem Querschnitt.

Bei Stäben von anderen als kreis- und kreisringförmigen Querschnitten führt die Annahme, daß die Querschnitte bei der Verdrehung eben bleiben, im allgemeinen zu Widersprüchen mit der Erfahrung. Beispielsweise würde aus dieser Annahme für Stäbe von rechteckigem Querschnitt folgen, daß die größten Schubspannungen in den von der Stabachse am weitesten entfernten Punkten, also in den Ecken des Rechtecks auftreten, während der Versuch zeigt, daß der Bruch von der Mitte der Längsseiten seinen Ausgang nimmt, also gerade von jenen Punkten der Mantelfläche, die der Stabachse am nächsten liegen. Dies hat seine Ursache darin, daß sich die Querschnitte, während sie sich gegeneinander verdrehen, gleichzeitig auch wölben. Es gibt nur wenige Querschnittsformen, die sich wölbfrei verdrehen; zu ihnen gehören der Kreis und der Kreisring[1].

Die genaue Theorie der Verdrehung von prismatischen Stäben mit beliebigem Querschnitt gab B. DE ST. VENANT (1855). Er nahm an, daß sich die Querschnitte wohl als ganze verdrehen, trug aber ihrer Verwölbung Rechnung[2]. Unter der Voraussetzung, daß das Verdrehungs-

---

[1] S. darüber bei E. CHWALLA, Einführung in die Baustatik (Deutscher Stahlbau-Verband, Berlin).

[2] Die St. Venantsche Theorie bedient sich der Hilfsmittel der höheren Mathematik und soll daher hier nicht vorgeführt werden. S. etwa A. und L. FÖPPL, Drang und Zwang, Band 2, R. Oldenbourg, München und Berlin.

moment M_D längs der Stabachse konstant ist und daß die Verwölbung
der Querschnitte überall ungehindert erfolgen kann, und daß ferner das
Hookesche Gesetz gilt, ergibt sich, daß man [in Anlehnung an Gl. (70. 6)]
für den spezifischen Verdrehungswinkel stets schreiben kann

$$\vartheta = \frac{M_D}{G\,J_D}. \tag{72, 17}$$

Darin ist G der Schubmodul und J_D eine von der Form des Querschnitts
abhängige Größe von der Dimension cm⁴, die *Drill-* oder *Verdrehungs-
widerstand* genannt wird. Das Produkt $G\,J_D$ wird als *Drill-* oder *Ver-
drehungssteifigkeit* bezeichnet (vgl. die Biegesteifigkeit $E\,J$ in Nr. 61).
Für Kreis- und Kreisringquerschnitt ist J_D gleich dem polaren Trägheitsmoment des Querschnitts J_p.

Es zeigt sich nun, daß zwischen der St. Venantschen Theorie
des tordierten Stabes und zwei anderen Problemen der Mechanik
vollkommene mathematische
Analogie besteht. Nämlich
einerseits mit einem Strö-
mungsvorgang und ander-
seits mit der Frage nach
der Gestalt, die eine gleichmäßig belastete elastische
Membran annimmt, die den
Raum zwischen einer ge-
schlossenen ebenen Kurve
überspannt. Die erste Ana-
logie führt auf das sogenannte *Strömungsgleichnis*, das folgendes besagt:
Läßt man in einem zylindrischen Gefäß vom gleichen Querschnitt wie der
Stab eine reibungslose, inkompressible Flüssigkeit mit konstantem Wirbel
zirkulieren, so stimmen die Strömungslinien mit den Schubspannungslinien auf dem Querschnitt des verdrehten Stabes überein und die
Strömungsgeschwindigkeit an irgend einer Stelle ist der an dieser Stelle
des Stabquerschnitts herrschenden Schubspannung proportional.

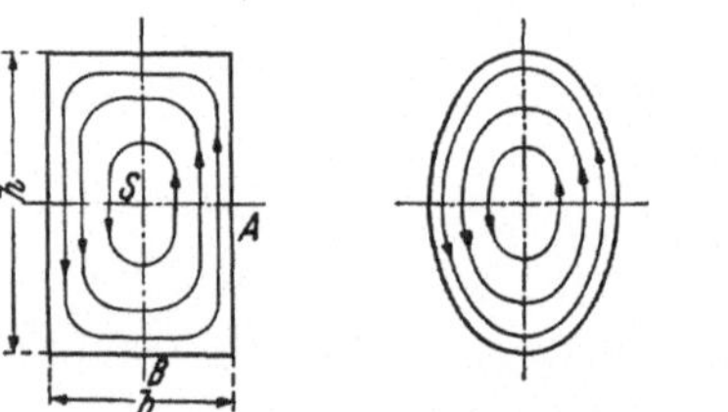

Abb. 174. Gewinnung eines Bildes der Schubspannungsverteilung auf verschiedenen verdrehungsbeanspruchten Querschnitten mit Hilfe des Strömungsgleichnisses

Für die in Abb. 174 dargestellten Querschnitte ergeben sich so die
eingezeichneten Schubspannungslinien (bezüglich eines ⌐-Querschnitts
s. Abb. 103). Da die Strömung stationär ist, also das gesamte Strömungs-
bild zeitlich unveränderlich ist, muß, wegen der Unzusammendrück-
barkeit der Flüssigkeit, durch jeden Querschnitt des Flüssigkeitsstromes
in der Zeiteinheit das gleiche Flüssigkeitsvolumen hindurchfließen. Daraus
folgt z. B. für das Rechteck, daß in dem kleineren Strömungsquerschnitt
SA die Geschwindigkeit im Mittel höher sein muß als in dem größeren
Querschnitt SB. Wir sehen also, daß tatsächlich die Schubspannungen
längs der langen Rechteckseiten größer sein müssen als längs der Schmal-

seiten. Ähnliches gilt für den Ellipsenquerschnitt. Weiters lehrt das Gleichnis, daß in ausspringenden Ecken (z. B. in den Ecken des Rechtecks) die Schubspannung gleich Null, in scharfen einspringenden Ecken unendlich groß ist (also praktisch sehr groß, jedoch nur in einem sehr kleinen Bereich). Solche Ecken sollen also stets gut ausgerundet werden.

Ein zweites Gleichnis ist das *Membran-* oder *Seifenhautgleichnis*. Es besagt folgendes. Man denke sich aus einem ebenen Blech ein Loch von der Form des Querschnitts ausgeschnitten und mit einer dünnen, elastischen Haut, etwa einer Seifenhaut, überspannt (Abb. 175a). Stellt man nun auf der einen Seite des Bleches einen geringen Überdruck her, dann bildet die Membran einen flachen Hügel. Es stimmen dann die Höhenschichtenlinien dieses Hügels mit den Schubspannungslinien überein und das Gefälle des Hügels, also die Dichte der Schichtenlinien, ist der Größe der an der betreffenden Stelle herrschenden Schubspannung proportional. Schließlich ist das Volumen des Hügels, nämlich der Raum zwischen Membran und Querschnittsebene, dem Drillwiderstand J_D des Querschnitts proportional.

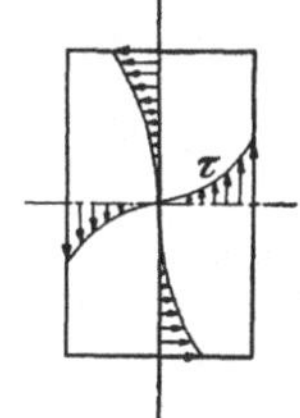

Abb. 175. Das Seifenhautgleichnis. a) Für Vollquerschnitte, b) für Hohlquerschnitte

Abb. 176. Schubspannungsverteilung längs der Symmetrieachsen eines Rechtecksquerschnitts

Dieses Gleichnis erlaubt auch eine experimentelle Bestimmung der Schubspannungsverteilung. Sonst benützt man es, ebenso wie das Strömungsgleichnis, dazu, rasch einige Anhaltspunkte über die Spannungsverteilung zu erhalten. So erkennen wir z. B. unschwer, daß längs der Symmetrieachse eines Rechtecks die in Abb. 176 skizzierte Spannungsverteilung herrschen wird.

Für *Hohlquerschnitte*, das sind also z. B. Rohr- und Kastenquerschnitte, ist das Seifenhautgleichnis etwas abzuändern, indem nämlich jenes Blechstück, das das Loch ersetzt, etwas höher als der äußere Rand des Querschnitts liegen muß (s. Abb. 175b).

Zum Abschluß sei noch kurz auf die sogenannte *Zwängsdrillung* hingewiesen, die dann auftritt, wenn die Verwölbung der Querschnitte nicht ungehindert vor sich gehen kann, so wie es die St. Venantsche Theorie voraussetzt. Die Behinderung der Wölbung kann entweder durch die Art der Lagerung der Stabenden bedingt sein, oder auch dadurch, daß das Torsionsmoment längs des Stabes veränderlich ist. Im letzten Fall ergibt sich nicht für alle Querschnitte die gleiche Wölbung. Da jedoch der Zusammenhang des Stabes, so lange kein Bruch eintritt, gewahrt bleiben muß, werden sich die verschiedenartigen Wölbungen gegenseitig beeinflussen. Es treten dann Dehnungen und Zusammendrückungen in der Längsrichtung des Stabes auf, die senkrecht zur Querschnittsebene gerichtete Normalspannungen zur Folge haben (Nr. 45). Außer diesen Normalspannungen treten auch noch zusätzliche Schubspannungen auf der Querschnittsfläche auf. — Im folgenden beschäftigen wir uns jedoch nur mit der *zwängsfreien Drillung*.

73. Rechtecks- und Walzprofilquerschnitte.

Bei Torsionsbeanspruchung von Stäben mit Rechtecksquerschnitt rechnet man praktisch meist nach den im folgenden angeführten Näherungsformeln. Ist b die kürzere, h die längere Rechtecksseite, so tritt die maximale Schubspannung τ_{max}, wie wir schon erwähnt haben, in der Mitte der längeren Seite auf und ist bei einem Verdrehungsmoment M_D gegeben durch

$$\tau_{max} = \frac{M_D}{\alpha\, b^2\, h}. \tag{73, 18}$$

Darin ist α ein vom Seitenverhältnis h/b abhängiger Koeffizient, dessen Werte in Tafel 5 zusammengestellt sind.

Tafel 5. Faktoren zur Torsionsberechnung von Rechtecksquerschnitten

$h/b =$	1	1,5	2	3	4	6	8	10	∞
$\alpha =$	0,208	0,231	0,246	0,267	0,282	0,299	0,307	0,313	0,333
$\beta =$	0,140	0,196	0,229	0,263	0,281	0,299	0,307	0,313	0,333

Für den spezifischen Verdrehungswinkel gilt

$$\vartheta = \frac{M_D}{\beta\, G\, b^3\, h}, \tag{73, 19}$$

worin G der Schubmodul und β wieder ein vom Seitenverhältnis h/b abhängiger Koeffizient ist, der ebenfalls aus Tafel 5 zu entnehmen ist. Vergleichen wir diese Formel mit der allgemeingültigen Gl. (72, 17), so sehen wir, daß

$$J_D = \beta\, b^3\, h \tag{73, 20}$$

den Drillwiderstand des Rechtecks (Schmalseite b, Längsseite h) bedeutet.

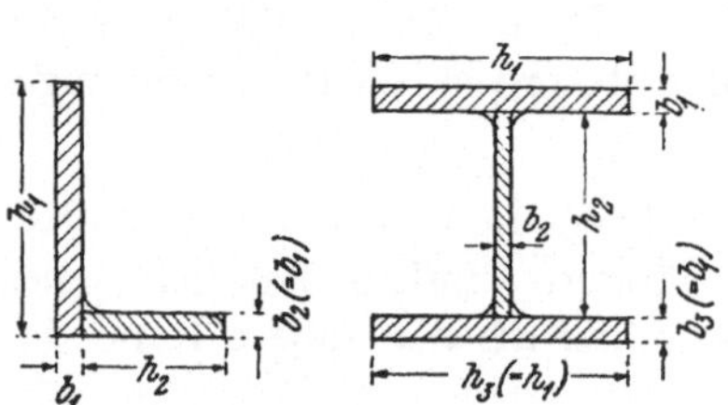

Abb. 177. Zur Verdrehungsbeanspruchung von Walzprofilquerschnitten. Erläuterung der Bezeichnung

Für *dünnwandige* Querschnitte nach Art der gewalzten L, I, C, ⌐, ⊥-Profile (jedoch nicht für Hohlquerschnitte), die sich aus einzelnen *schmalen* Rechtecken mit der Schmalseite b_i und der Längsseite h_i zusammensetzen lassen (Abb. 177), gelten die folgenden Näherungsformeln (von A. FÖPPL). Zunächst ist der Drillwiderstand gegeben durch

$$J_D = \frac{\zeta}{3} \sum b_i^3\, h_i, \tag{73, 21}$$

worin die Summe über sämtliche Rechtecke zu erstrecken ist. ζ ist ein aus Versuchen abgeleiteter Korrekturkoeffizient, für den die in Tafel 6 angeführten Mittelwerte gelten.

Tafel 6. Faktoren zur Torsionsberechnung von Walzprofilquerschnitten

Querschnitt	L	C	⊥	I	I PB
$\zeta =$	0,99	1,12	1,12	1,31	1,29

Mit diesem Wert von J_D ergibt sich die Verdrehung pro Längeneinheit nach Gl. (72, 17):

$$\vartheta = \frac{M_D}{G\,J_D}. \tag{73, 22}$$

Für die Schubspannungen an den Längsseiten der einzelnen Teilrechtecke, also z. B. für das k-te Rechteck mit der Breite b_k, gilt

$$\tau_k = \frac{M_D\,b_k}{\frac{1}{3}\sum b_i^3 h_i}. \tag{73, 23}$$

Sind die einspringenden Ecken gut ausgerundet, so daß an diesen Stellen keine Spannungsspitzen auftreten, dann herrscht die größte Schubspannung nach obiger Formel an der Längsseite des breitesten Teilrechtecks (Seifenhautgleichnis!) und ist gleich

$$\tau_{\max} = \frac{M_D\,b_{\max}}{\frac{1}{3}\sum b_i^3 h_i}. \tag{73, 24}$$

Zu Gl. (73, 21) kommt man auf Grund folgender Überlegung. Der Drillwiderstand eines Rechtecks mit der Schmalseite b_i und der Längsseite h_i ist gegeben durch Gl. (73, 20). Ist das Rechteck sehr schmal, so ist nach Tafel 5 $\beta = 0{,}333 = \frac{1}{3}$ und

$$J_{Di} = \frac{1}{3}\,b_i^3 h_i. \tag{73, 25}$$

Wenden wir auf das Rechteck das Seifenhautgleichnis an, so muß das Volumen des Seifenhauthügels diesem Wert von J_{Di} proportional sein. Liegt nun ein Querschnitt vor, der sich aus mehreren sehr schmalen Rechtecken zusammensetzt und wenden wir auf diesen das Seifenhautgleichnis an, so wird sich das Volumen des ganzen Seifenhauthügels von der Summe der Volumina jener Hügel, die sich ergeben, wenn wir die einzelnen Rechtecke getrennt betrachten, nur wenig unterscheiden. Der Drillwiderstand des Gesamtquerschnitts wird also näherungsweise gleich der Summe der Drillwiderstände der einzelnen Rechtecke sein

$$J_D \approx \frac{1}{3}\sum b_i^3 h_i. \tag{73, 26}$$

Dem Fehler, den wir bei dieser Summation machen, trägt der Korrekturbeiwert ζ Rechnung.

Zu Gl. (73, 22) gelangt man wie folgt. Wir fassen unseren Stab mit Walzprofilquerschnitt als zusammengesetzt aus lauter Einzelstäben mit Rechtecksquerschnitt b_i, h_i auf. Sollen alle zusammen einen einzigen Stab bilden, so müssen sie bei der Drillung alle den gleichen Verdrehungswinkel aufweisen, nämlich den des Gesamtstabes. Der Verdrehungswinkel pro Längeneinheit für den Teilstab b_k, h_k ist nach Gl. (72, 17)

$$\vartheta = \frac{M_{Dk}}{G\,J_{Dk}},$$

wo M_{Dk} der Anteil des gesamten Verdrehungsmoments M_D ist, der auf das k-te Rechteck entfällt und J_{Dk} der Drillwiderstand des k-ten Rechtecks ist. Der Verdrehungswinkel des Gesamtstabes ist

$$\vartheta = \frac{M_D}{G\,J_D}.$$

Bezeichnen wir die einzelnen Teilrechtecke, aus denen sich der Gesamtquerschnitt zusammensetzt, mit 1, 2, 3 usw., so muß also gelten, wenn wir durch G durchkürzen,

$$\frac{M_{D1}}{J_{D1}} = \frac{M_{D2}}{J_{D2}} = \ldots = \frac{M_{Dk}}{J_{Dk}} = \ldots = \frac{M_D}{J_D}. \qquad (73,\ 27)$$

Es ist also speziell

$$M_{Dk} = \frac{M_D}{J_D} J_{Dk}.$$

Damit können wir nach Gl. (73, 18) die Schubspannung berechnen, die in der Mitte der Längsseiten des k-ten Rechtecks auftritt. Für ein sehr schmales Rechteck ist nach Tafel 5 $\alpha = \dfrac{1}{3}$ und damit

$$\tau_k = \frac{3\,M_{Dk}}{b_k{}^2 h_k} = \frac{M_D}{J_D}\,\frac{3\,J_{Dk}}{b_k{}^2 h_k}$$

Für J_D gilt Gl. (73, 21) mit dem Korrekturbeiwert ζ. Für J_{Dk} würde Gl. (73, 25) gelten (in der i durch k zu ersetzen wäre), die jedoch auch zu korrigieren wäre, da ja das k-te Rechteck nicht für sich allein vorhanden ist, sondern dem Verband angehört. Dies geht auch aus Gl. (73, 27) hervor, wo für die Zähler gilt $\sum M_{Di} = M_D$ und wo folglich auch für die Nenner gelten muß $\sum J_{Di} = J_D$. Wenden wir daher auf J_D den Korrekturfaktor ζ an, so müssen wir dies auch bei den einzelnen J_{Di} tun. Es hebt sich daher in der obigen Gleichung für τ_k der Faktor ζ weg und wir erhalten, wenn wir für J_{Dk} und für J_D ihre Werte gemäß den Gl. (73, 25) und (73, 26) einsetzen, die Gl. (73, 24).

Beispiele. 1. Ein Balken aus Nadelholz von quadratischem Querschnitt 10/10 (Seitenlänge 10 cm) und der Länge $l = 3{,}0$ m ist an seinen Enden durch zwei entgegengesetzt drehende Momente $M_D = 20$ kp m belastet. Gesucht ist die größte Schubspannung τ_{max} und die gesamte Verdrehung φ_D.

Nach Gl. (73, 18) ist mit $\alpha = 0{,}208$ und $b = h = 10$ cm

$$\tau_{max} = \frac{M_D}{\alpha\,b^2\,h} = \frac{2000}{0{,}208 \cdot 10^3} = \underline{9{,}62\ \text{kp/cm}^2}.$$

Diese Schubspannung tritt sowohl am Querschnitt, also senkrecht zur Faserrichtung des Holzes auf, wie auch in den Längsschnittflächen des Balkens, also parallel zur Faserrichtung. Letzteres ist unter Umständen gefährlich. Nach Önorm ist in diesem

Fall $\tau_{zul} = 10$ kp/cm², nach DIN ist $\tau_{zul} = 9$ kp/cm² (s. Tafel 4). Der letztere Wert wird in unserem Beispiel ein wenig überschritten, jedoch nur in einem kleinen Bereich.

Der Verdrehungswinkel ist gegeben durch $\varphi_D = \vartheta\, l$ und für ϑ gilt Gl. (73, 19), in die für $\beta = 0,140$ einzusetzen ist. Bezüglich des Schubmoduls G für Holz ist zu beachten, daß er verschiedene Werte hat, je nachdem die Drillung um eine Achse parallel, radial oder tangential zu den Fasern erfolgt. Im vorliegenden Fall können wir für G etwa 7000 kp/cm² annehmen[1]. Dann ergibt sich

$$\vartheta = \frac{M_D\, l}{\beta\, G\, b^3\, h} = \frac{2000 \cdot 300}{0,140 \cdot 7000 \cdot 10^4} = 0,0613 \text{ rad} = \underline{3,51°}.$$

2. An Stelle des Holzbalkens des vorigen Beispiels soll nun ein stählerner Breitflanschträger IPB 100 (s. DIN 1025/2) verwendet werden. Für diesen ist, mit den Bezeichnungen der Abb. 177, $b_1 = b_3 = 1,00$, $b_2 = 0,60$, $h_1 = h_3 = 10,00$, $h_2 = 8,00$ cm. (Das umschriebene Viereck ist also wieder ein Quadrat von 10 cm Seitenlänge.) Gesucht ist wieder τ_{max} und φ_D. $G = 810000$ kp/cm².

Zunächst ist

$$\frac{1}{3} \sum b_i^3\, h_i = \frac{1}{3}\, (0,60^3 \cdot 8 + 2 \cdot 1^3 \cdot 10) = 7,24 \text{ cm}^4.$$

Damit und mit $\zeta = 1,29$ (s. Tafel 6) erhalten wir nach Gl. (73, 21) für den Drillwiderstand

$$J_D = 1,29 \cdot 7,24 = 9,33 \text{ cm}^4.$$

Dies in Gl. (73, 22) eingesetzt, liefert nach Multiplikation mit l für die gesamte Verdrehung

$$\varphi_D = \vartheta l = \frac{M_D\, l}{G\, J_D} = \frac{2000 \cdot 300}{810000 \cdot 9,33} = 0,0794 \text{ rad} = \underline{4,55°}.$$

Für die größte Schubspannung erhalten wir nach Gl. (73, 24)

$$\tau_{max} = \frac{M_D\, b_{max}}{\frac{1}{3} \sum b_i^3\, h_i} = \frac{2000 \cdot 1}{7,24} = \underline{276 \text{ kp/cm}^2}.$$

74. Dünnwandige Hohlquerschnitte. Von den Querschnitten beliebiger Form sind auf Verdrehung beanspruchte dünnwandige Hohlquerschnitte, also Rohr-, Kastenquerschnitte u. dgl. auch einer elementaren Behandlung zugänglich. Das zu übertragende Torsionsmoment sei wieder M_D. Betrachten wir etwa den in Abb. 178, Bild 1 dargestellten Querschnitt, so folgt aus dem Strömungsgleichnis, daß die Schubspannungslinien um den Hohlraum herumlaufen müssen, so daß wir für die Schubspannungen die in die Abbildung eingezeichneten Richtungen erhalten. Wir bezeichnen den Mittelwert der Schubspannungen, die längs einer Senkrechten AB zur strichpunktierten Mittellinie des Querschnitts

---

[1] Siehe F. KOLLMANN, Technologie des Holzes, S. 149. Springer-Verlag, Berlin 1936. — Die Anwendung unserer, unter Voraussetzung eines isotropen Stoffes hergeleiteten Formeln auf den stark anisotropen Werkstoff Holz ist natürlich nicht ganz berechtigt. Unsere Rechenergebnisse können daher keinen Anspruch auf große Genauigkeit erheben.

auftreten, mit τ. Ist die Wandstärke t klein, dann wird sich dieser Mittelwert von den wirklichen Werten der Schubspannungen längs AB nur wenig unterscheiden, weshalb wir im folgenden τ als die an der betreffenden Stelle herrschende Schubspannung schlechtweg bezeichnen. Ist t veränderlich, so gilt dies auch für τ und es läßt sich sofort zeigen, daß τ der Wandstärke verkehrt proportional ist. Wir legen zu diesem Zweck eine zweite Gerade, CD, senkrecht zur Querschnittsmittellinie und bezeichnen die Schubspannung an dieser Stelle mit τ_1, die Wandstärke mit t_1. Nach dem Satz von den zugeordneten Schubspannungen (s. Nr. 4) müssen die Schubspannungen τ bzw. τ_1 auch in den Längsschnittflächen

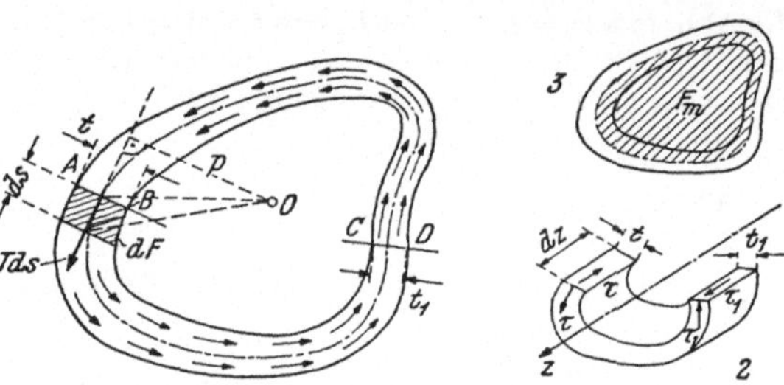

Abb. 178. Verdrehungsbeanspruchung eines Stabes mit dünnwandigem Hohlquerschnitt

durch AB bzw. CD auftreten. Schneiden wir aus dem Stab das in Bild 2 dargestellte Stück von der Länge dz heraus, so liefert die Gleichgewichtsbedingung in der z-Richtung

$$\tau\,t\,dz = \tau_1\,t_1\,dz,$$

also

$$\tau\,t = \tau_1\,t_1, \tag{74, 28}$$

oder

$$\tau : \tau_1 = t_1 : t. \tag{74, 29}$$

Dies folgt übrigens auch aus dem Strömungsgleichnis als Bedingung für eine stationäre Strömung, sowie auch aus dem Seifenhautgleichnis an Hand der Abb. 175 b.

$\tau\,t$ ist die Kraft, die auf einem Teil des Querschnitts von der Breite t und der Länge 1 cm übertragen wird. Wir können sie als Schubkraft pro Zentimeter Umfangslänge der Mittellinie des Querschnitts bezeichnen und wollen schreiben

$$\tau\,t = T. \tag{74, 30}$$

T hat die Dimension kp/cm, liegt tangential zur Mittellinie und ist nach Gl. (74, 28) längs ihres ganzen Umfangs konstant (Satz vom konstanten Schubfluß). Ist ds ein kleines Stück der Mittellinie, so ist $T\,ds$ die Schubkraft auf dem in Abb. 178, Bild 1 schraffierten Flächenstück dF. Die

Summe der Momente aller dieser Schubkräfte muß gleich dem Verdrehungsmoment M_D sein. Hingegen muß die Summe der x-Komponenten wie auch die Summe der y-Komponenten aller dieser Kräfte $T\,ds$ gleich Null sein, denn auf dem Querschnitt soll ja keine Querkraft übertragen werden. Wir prüfen zunächst, ob diese beiden Bedingungen erfüllt sind.

Wir betrachten dazu das in Abb. 179 dargestellte Stück ds der Mittellinie mit den Koordinaten x_1, y_1. Die beiden Komponenten der Kraft $T\,ds$ sind dann

$$dX = T\,ds \cos \alpha = T\,dx, \qquad dY = T\,ds \sin \alpha = T\,dy,$$

wo dx und dy die Projektionen von ds in die Koordinatenrichtungen bedeuten. Wir bilden nun die Summe aller Komponenten dX rund um die Mittellinie herum und verfahren genau so mit den Komponenten dY. Bei dieser Summation ist T konstant und kann aus dem Integral herausgehoben werden. So erhalten wir[1]

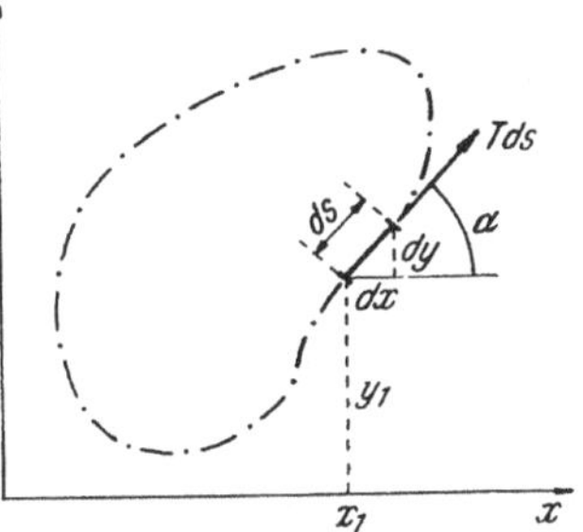

Abb. 179. Zum Beweis, daß die ermittelte Schubspannungsverteilung keine resultierende Querkraft, sondern nur ein Verdrehungsmoment ergibt

$$\oint dX = T \oint dx, \qquad \oint dY = T \oint dy.$$

Nun ist aber $\oint dx = \oint dy = 0$. Denn es ist z. B. $\int_{x_1}^{x_2} dx = x_2 - x_1$. Fallen nun, wie bei uns, Anfangs- und Endpunkt der Integration zusammen, so ist das Integral gleich Null.

Da nun, wie eben bewiesen, die Kräfte $T\,ds$ keine Resultierende besitzen, ist ihr resultierendes Moment von der Wahl des Bezugspunktes unabhängig (s. Statik, Nr. 17). Wählen wir als Bezugspunkt den Punkt O der Abb. 178, Bild 1 und bezeichnen wir mit p den senkrechten Abstand der Kraft $T\,ds$ von O, so muß gelten

$$M_D = \oint p\,T\,ds,$$

wobei das Integral über den ganzen Umfang der Mittellinie zu erstrecken ist. Heben wir das konstante T aus dem Integral heraus, so verbleibt das Integral $\oint p\,ds$. Nun ist $p\,ds$ gleich der doppelten Fläche des in Bild 1 strichlierten Dreiecks mit der Grundlinie ds und der Spitze O (Höhe p). Die Summe aller dieser Dreiecksflächen ist gleich der von der

---

[1] Integrale, die sich über eine geschlossene Kurve erstrecken, werden durch einen Ring gekennzeichnet und *Ringintegrale* genannt.

Mittellinie umschlossenen Fläche, die wir mit F_m bezeichnen (Bild 3. F_m darf nicht mit der Querschnittsfläche verwechselt werden!). Es ist also

$$\oint p\, ds = 2\, F_m, \tag{74, 31}$$

und wir erhalten

$$M_D = 2\, T\, F_m. \tag{74, 32}$$

Setzen wir für T seinen Wert gemäß Gl. (74, 30) ein, so erhalten wir für die Schubspannung an einer Stelle, wo die Wandstärke gleich t ist,

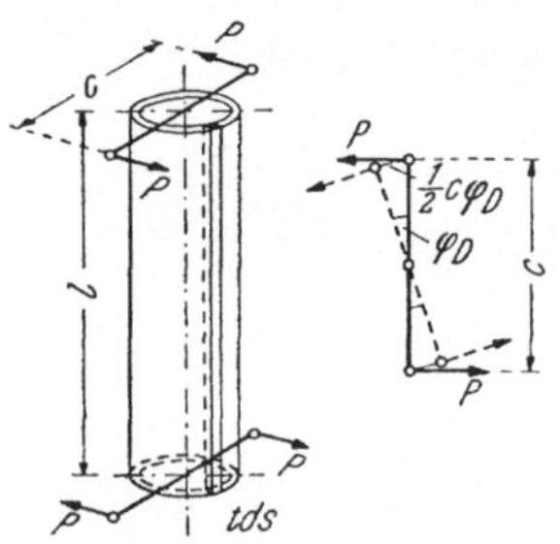

Abb. 180. Berechnung des Verdrehungswinkels eines Stabes mit dünnwandigem Hohlquerschnitt

$$\tau = \frac{M_D}{2\, t\, F_m}. \tag{74, 33}$$

Die größten Schubspannungen treten somit an den schmalsten Stellen des Querschnitts auf, also gerade umgekehrt wie bei den Querschnitten der Nr. 73. Ist t konstant, dann ist auch τ konstant.

Den Verdrehungswinkel φ_D eines Hohlstabes von der Länge l berechnen wir mit Hilfe der bei der Verdrehung geleisteten Formänderungsarbeit. Denken wir uns die beiden an den Stabenden aufgebrachten Momente M_D durch Kräftepaare mit den Kräften P im Abstand c zustande gekommen (Abb. 180), dann dreht sich, wenn wir uns das untere Stabende festgehalten denken, der Hebelarm des oberen Kräftepaares infolge der Verformung des Stabes um den Winkel φ_D. Jeder der beiden Kraftangriffspunkte beschreibt dann einen Weg von der Größe $\frac{1}{2} c\, \varphi_D$ in der Kraftrichtung. Denken wir uns die Belastung wieder ganz langsam von Null auf ihren Endwert anwachsend, so wird im Gültigkeitsbereich des Hookeschen Gesetzes die von den äußeren Kräften geleistete Arbeit A_a halb so groß sein, als sie wäre, wenn die Kräfte mit ihrem vollen Wert längs des ganzen Verschiebungsweges wirken würden:

$$A_a = \frac{1}{2}\, 2\, P\, \frac{1}{2}\, c\, \varphi_D = \frac{1}{2}\, M_D\, \varphi_D. \tag{74, 34}$$

Von der gleichen Größe muß nun die Arbeit der inneren Kräfte sein (Nr. 15). Zerlegen wir den Stab durch Querschnitte und senkrecht zur Querschnittsmittellinie geführte Längsschnitte in kleine Quader, so sind diese auf reinen Schub beansprucht. Die spezifische Formänderungsarbeit im Fall des reinen Schubes ist nach Gl. (15, 62) gegeben durch

$$a_i = \frac{\tau^2}{2\, G}.$$

Da in allen Querschnitten die gleichen Verhältnisse herrschen, ist τ in der z-Richtung unveränderlich, und wir erhalten die Formänderungsarbeit dA_i für einen aus dem Stab herausgeschnittenen Längsstreifen von der Länge l und der Grundfläche $t\,ds$ (s. Abbildung), indem wir a_i mit dem Volumen dieses Prismas multiplizieren

$$dA_i = a_i\, l\, t\, ds = \frac{\tau^2}{2\,G}\, l\, t\, ds.$$

Setzen wir für τ seinen Wert gemäß Gl. (74, 33) ein, so ergibt sich

$$dA_i = \frac{M_D{}^2\, l}{8\,G\,F_m{}^2}\, \frac{ds}{t}.$$

Die Arbeit der inneren Kräfte im ganzen Stab erhalten wir, indem wir die Arbeiten für alle Streifen summieren, d. h. indem wir dA_i über den ganzen Umfang der Querschnittsmittellinie integrieren. Heben wir aus dem Integral alles heraus, was längs des Integrationsweges konstant ist, so erhalten wir

$$A_i = \oint dA_i = \frac{M_D{}^2\, l}{8\,G\,F_m{}^2} \oint \frac{ds}{t}.$$

Der Vergleich dieses Ausdrucks mit Gl. (74, 34) liefert für den Verdrehungswinkel

$$\varphi_D = \frac{M_D\, l}{4\,G\,F_m{}^2} \oint \frac{ds}{t}. \tag{74, 35}$$

Für den spezifischen Verdrehungswinkel gilt nach wir vor $\vartheta = \varphi_D/l$.

Der Wert des Integrals $\oint \frac{ds}{t}$ hängt von der Form des Querschnitts ab. Ist t längs des ganzen Umfangs konstant und hat der Umfang der Mittellinie die Länge u, so ist

$$\oint \frac{ds}{t} = \frac{1}{t} \oint ds = \frac{u}{t}. \tag{74, 36}$$

Die Gl. (74, 33) und (74, 35) werden als *Bredtsche Formeln* bezeichnet. Wir wollen sie zunächst auf ein dünnwandiges Rohr und sodann auf einen Stab mit kastenförmigem Querschnitt anwenden.

Für ein *dünnwandiges Rohr* von kreisförmigem Querschnitt mit dem mittleren Radius r_m und der Wandstärke t (Abb. 181) ergibt sich zunächst aus Gl. (73, 36)

$$\oint \frac{ds}{t} = \frac{2\,\pi\,r_m}{t}.$$

Damit und mit $F_m = \pi\,r_m{}^2$ folgt aus Gl. (74, 35) für den spezifischen Verdrehungswinkel $\vartheta = \varphi_D/l$:

$$\vartheta = \frac{M_D}{2\,\pi\,G\,r_m{}^3\,t}. \tag{74, 37}$$

Für die Schubspannung erhalten wir aus Gl. (74, 33)

$$\tau = \frac{M_D}{2\,\pi\,r_m{}^2\,t}. \tag{74, 38}$$

Diese beiden Gleichungen ergeben sich auch aus den in Nr. 70 aufgestellten Formeln. Es gilt ja

$$R^4 - r^4 = (R^2 + r^2)(R + r)(R - r).$$

Setzen wir für $R - r = t$, ferner näherungsweise für $R^2 + r^2 = 2\,r_m{}^2$ und für $R + r = 2\,r_m$, so erhalten wir

$$R^4 - r^4 = 4\,r_m{}^3\,t.$$

Dies in Gl. (70, 13) bzw. (70, 14) (hier ist im Zähler $R \approx r_m$ zu setzen) eingesetzt, liefert Gl. (74, 37) bzw. (74, 38).

Diese beiden Gleichungen können aber auch unschwer direkt gewonnen werden. Haben r_m und t dieselbe Bedeutung wie oben und wird die Schubspannung τ auf dem Querschnitt des dünnwandigen Rohrs als konstant angenommen, so wird auf einem Stück ds des ringförmigen Querschnitts die Kraft $\tau\,t\,ds$ übertragen, die senkrecht zum Radius gerichtet ist. Die Summe der Momente aller dieser Kräfte um den Mittelpunkt des Querschnitts muß gleich dem übertragenen Verdrehungsmoment M_D sein. Heben wir aus dem Integral alles heraus, was bei der Integration rund um den Querschnitt konstant bleibt, so erhalten wir

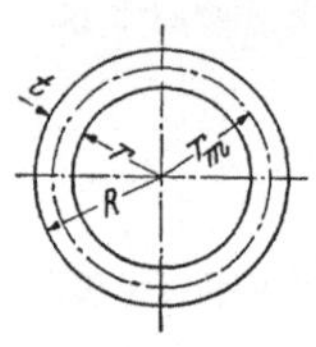

$$M = \oint r_m\,\tau\,t\,ds = r_m\,\tau\,t \oint ds = r_m\,\tau\,t \cdot 2\,\pi\,r_m$$

und daraus

$$\tau = \frac{M_D}{2\,\pi\,r_m{}^2\,t},$$

in Übereinstimmung mit Gl. (74, 38).

Infolge dieser Schubspannungen, die in den Quer- und Längsschnittflächen des Hohlzylinders auftreten, neigen sich die Erzeugenden des Zylinders um den Schubwinkel γ (s. Abb. 184). Betrachten wir ein Stück des Rohrs von der Länge 1, so verdrehen sich die beiden Endquerschnitte gegeneinander um den Winkel ϑ. Halten wir den einen Querschnitt fest, so verschiebt sich ein Punkt der Mittellinie des anderen Querschnitts um das Stück $r_m\,\vartheta$. Dieses Stück muß aber anderseits gleich $1 \cdot \gamma = \gamma$ sein, und es ist somit $\vartheta = \gamma/r_m$. Gilt das Hookesche Gesetz, so ist $\gamma = \tau/G$. Setzen wir für τ seinen Wert aus Gl. (74, 38) ein, so ergibt sich für ϑ die Gl. (74, 37).

Es sei noch bemerkt, daß sich die Spannungsverhältnisse grundlegend ändern, wenn man das Rohr (oder irgend einen andern Stab mit Hohlquerschnitt) längs einer Erzeugenden aufschlitzt. Die Schubspannungslinien laufen dann nicht mehr um den Hohlraum herum, sondern innerhalb der Querschnittsfläche hin und zurück, so daß längs der Mittellinie die Spannung Null herrscht (etwa so, wie in Abb. 103). Der Querschnitt ist jetzt viel schlechter ausgenützt als früher und demgemäß ist auch der Drillwiderstand ganz bedeutend geringer als der des geschlossenen Hohlquerschnitts (s. das folgende 2. Beispiel).

Für einen *dünnwandigen Kastenquerschnitt*, wie ihn Abb. 182 zeigt, ist $F_m = s_1 s_2$. Nach Gl. (74, 33) gilt dann für die Schubspannungen in den Querschnitten der Längs- bzw. der Schmalwände

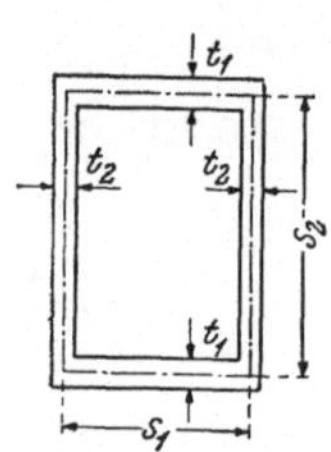

$$\tau_1 = \frac{M_D}{2\,t_1\,s_1\,s_2}, \qquad \tau_2 = \frac{M_D}{2\,t_2\,s_1\,s_2}. \qquad (74, 39)$$

Da

$$\oint \frac{ds}{t} = 2\left(\frac{s_1}{t_1} + \frac{s_2}{t_2}\right)$$

ist, ergibt sich nach Gl. (74, 35) für den spezifischen Verdrehungswinkel

$$\vartheta = \frac{M_D}{2\,G\,s_1^2\,s_2^2}\left(\frac{s_1}{t_1} + \frac{s_2}{t_2}\right). \tag{74, 40}$$

Nach der allgemeingültigen Gl. (72, 17) ist also der Drillwiderstand gegeben durch

$$J_D = \frac{2\,s_1^2\,s_2^2}{\dfrac{s_1}{t_1} + \dfrac{s_2}{t_2}}. \tag{74, 41}$$

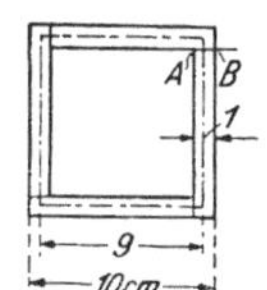

Abb. 183. Beispiel der Verdrehungsbeanspruchung eines Stabes mit Kastenquerschnitt

Der Leser berechne τ, ϑ und J_D für den Fall, daß alle vier Wandstärken voneinander verschieden sind.

Beispiele. 1. Der in den Zahlenbeispielen der Nr. 73 behandelte Stab von $l = 3$ m Länge und einer Torsionsbeanspruchung durch ein Moment $M_D = 20$ kp m soll nun als quadratischer Kastenquerschnitt aus Stahl ausgeführt werden. Seitenlänge (außen) $a = 10$ cm, Wandstärke $t = 1$ cm, $G = 810000$ kp/cm² (Abb. 183). Gesucht ist die Schubspannung τ und der Verdrehungswinkel φ_D.

Setzen wir in den Gl. (74, 39) und (74, 40) $t_1 = t_2 = t$, $s_1 = s_2 = a - t$, so erhalten wir

$$\tau = \frac{M_D}{2\,t\,(a-t)^2} = \frac{2000}{2 \cdot 1 \cdot 9^2} = 12{,}3 \text{ kp/cm}^2. \tag{74, 42}$$

$$\varphi_D = \vartheta\,l = \frac{M_D\,l}{G\,(a-t)^3\,t} = \frac{2000 \cdot 300}{810000 \cdot 9^3 \cdot 1} = 1{,}02 \cdot 10^{-3}\,\text{rad} = 0{,}06° = 3{,}6'. \tag{74, 43}$$

Der Querschnitt erweist sich also als bedeutend günstiger als der IPB-Querschnitt.

2. Wir wollen nun den im vorigen Beispiel behandelten Stab längs einer Erzeugenden aufschneiden, der Querschnitt sei also etwa längs der Geraden AB der Abb. 183 durchschnitten. Es soll der Drillwiderstand des geöffneten Querschnitts mit dem des geschlossenen Hohlquerschnitts verglichen werden.

Für den aufgeschlitzten Kastenquerschnitt ist der Drillwiderstand nach Gl. (73, 21) zu berechnen. Wir zerlegen den Querschnitt in vier Rechtecke mit den Seiten $b_i = 1{,}00$, $h_i = 9{,}00$ cm (s. Abb. 183). Setzen wir näherungsweise für $\zeta = 1$, so erhalten wir

$$J_D = \frac{1}{3}\sum b_i^3\,h_i = \frac{1}{3} \cdot 4 \cdot 1 \cdot 9 = 12 \text{ cm}^4.$$

Den Drillwiderstand des geschlossenen Kastenquerschnitts gewinnen wir entweder aus Gl. (74, 41) oder aus Gl. (74, 43)

$$J_D = (a-t)^3\,t = 9^3 \cdot 1 = 729 \text{ cm}^4.$$

Der Drillwiderstand des geschlossenen Querschnitts ist also rund 60 mal so groß wie der des geschlitzten Querschnitts. Noch kleiner als dieser ist der Drillwiderstand des Querschnitts IPB 100, der nach dem 2. Beispiel der Nr. 73 nur $J_D = 9{,}33$ cm⁴ beträgt.

3. Bei der Herleitung der Bredtschen Formel (74, 33) für die Schubspannungen, die bei der Verdrehungsbeanspruchung eines Stabes mit dünnwandigem Hohlquerschnitt auftreten, wurden lediglich Gleichgewichtsbetrachtungen angestellt und nirgends das Hookesche Gesetz verwendet. Diese Gleichung und damit auch die Gl. (74, 38) für die Schubspannungen, die bei der Verdrehung eines dünnwandigen Rohrs auftreten, gelten somit unabhängig davon, ob wir uns im elastischen Bereich befinden oder nicht. Machen wir daher einen *Verdrehungsversuch* mit einem dünnwandigen Rohr, etwa aus Stahl, so kann aus dem aufgebrachten Verdrehungsmoment M_D mittels Gl. (74, 38) die jeweils herrschende Schubspannung τ berechnet werden. Wird der gleichzeitig auftretende Schubwinkel γ als Neigungswinkel der Erzeugenden des Hohlzylinders gemessen, so können wir den Zusammenhang zwischen τ und γ in einem Schaubild auftragen (Abb. 184). Dieses sieht ähnlich aus wie die Spannungs-Dehnungslinie des Zugversuchs (Abb. 19). Ein gerader Anstieg der τ-γ-Linie zu Beginn des Versuchs kennzeichnet den Hookeschen Bereich ($\tau = G\,\gamma$); aus der Neigung dieser Geraden kann also G bestimmt werden. Nach Krümmung der Kurve folgt der Fließbereich und daran anschließend die Verfestigung.

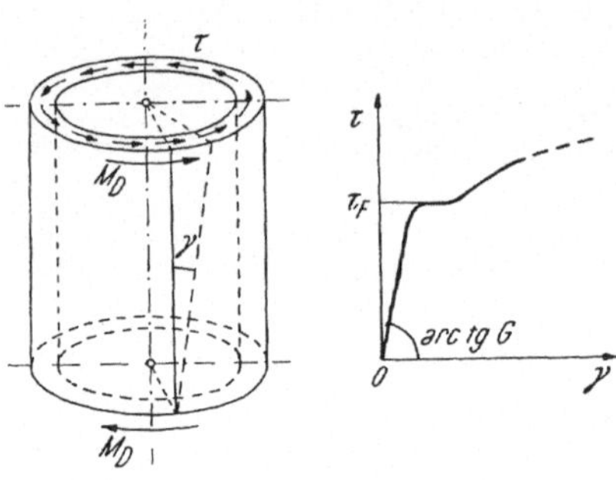

Abb. 184. Verdrehungsversuch zur Aufnahme eines τ-γ-Diagramms

Die gemessene Höhe der *Schubfließgrenze* τ_F ermöglicht eine Entscheidung über die Gültigkeit verschiedener *Fließhypothesen*. Wie in Nr. 16 ausgeführt wurde, ermöglichen die *Anstrengungshypothesen* aus den Spannungen eines gegebenen zwei- oder dreiachsigen Spannungszustands die Hauptspannung jenes einachsigen Spannungszustands zu berechnen, der in dem Werkstoff die gleiche „Anstrengung" hervorruft, wie der gegebene Spannungszustand. Diese Spannung wurde als *Vergleichsspannung* σ_V bezeichnet. Erreicht sie beispielsweise die Fließgrenze σ_F, so tritt auch für den mehrachsigen Spannungszustand Fließen ein.

Betrachtet man für die „Anstrengung" des Werkstoffs die Größe der aufgewendeten *Gestaltänderungsarbeit* als maßgebend, so ist die Vergleichsspannung durch Gl. (16, 66 b) gegeben. In unserem Fall des tordierten Hohlzylinders herrscht „reiner Schub" (s. Nr. 5), d. h. es ist von allen sechs Spannungskomponenten, die in Gl. (16, 66 b) vorkommen, nur eine Schubspannungskomponente τ von Null verschieden. Somit ergibt sich

$$\sigma_V = \sqrt{3\,\tau^2} = \sqrt{3}\,\tau.$$

Danach muß also die Schubfließgrenze τ_F mit der Fließgrenze des einachsigen Spannungszustands σ_F wie folgt zusammenhängen:

$$\tau_F = \frac{1}{\sqrt{3}}\,\sigma_F = 0{,}577\,\sigma_F \approx 0{,}6\,\sigma_F.$$

Dies stimmt mit den Versuchsergebnissen ziemlich gut überein, was zugunsten jener Hypothese spricht, die die Gestaltänderungsarbeit als maßgebend für die Fließgefahr ansieht. Aus diesem Grund wurde auch, wie aus Tafel 2 zu ersehen ist, der für die Bauteile zulässige Wert der Schubspannung $\tau_{zul} = 0{,}6\,\sigma_{zul}$ gesetzt.

VII. Druckstäbe (Knickung)

75. Allgemeines. In Nr. 12 und 13 wurde beschrieben, was mit einem kurzen zylindrischen oder würfelförmigen Probekörper geschieht, wenn wir ihn einer langsam ansteigenden axialen Druckbeanspruchung unterwerfen. Ein stählernes Probestück erreicht nach Durchlaufen des Proportionalitätsbereichs die Fließgrenze und wird im Anschluß an die

Verfestigung gewöhnlich vollkommen platt gedrückt, während spröde Körper meist durch seitliches Absplittern oder durch Abschieben zu Bruch gehen. Ganz anders jedoch verläuft der Versuch, wenn wir statt eines gedrungenen Körpers einen geraden, schlanken Stab verwenden. Auch wenn wir die Last noch so genau in seiner Achse aufbringen, beobachten wir, daß der Stab, sobald die Last eine bestimmte Größe erreicht hat, nicht mehr gerade bleibt, sondern ziemlich unvermittelt eine gebogene Form annimmt. Und zwar stellen wir leicht fest (Versuche mit Reißschienen gleicher Querschnittsfläche, aber verschiedener Länge), daß diese Erscheinung bei um so kleineren Lasten auftritt, je schlanker der Stab ist. Lassen wir die Druckkraft über jene *kritische Last*, bei der der Stab aus der Geraden herausspringt, weiter anwachsen, so nimmt die Ausbiegung rasch zu, bis der Stab schließlich *knickt*. Bei Stahlstäben tritt allerdings meist vollständiges Zusammenbiegen ein. Wir stellen also fest, daß der gedrückte Stab bei einer bestimmten Größe der Last ziemlich plötzlich sein Tragvermögen verliert, und zwar schon lange bevor die Druckspannung, die unmittelbar vor dem Ausweichen des Stabes über den Stabquerschnitt noch gleichmäßig verteilt ist, die am kurzen Probestück festgestellte Bruchgrenze erreicht hat. Unter Umständen tritt dies bereits unterhalb der Fließgrenze ein, ja, falls der Stab genügend schlank ist, noch bevor jene Spannung die Proportionalitätsgrenze erreicht hat. Es ist daher für uns von größter Wichtigkeit, die Größe jener kritischen Last zu ermitteln, bei der der Stab aus seiner geraden Form in eine gekrümmte übergeht.

Es erhebt sich zunächst die Frage, warum der Stab seine gerade Gleichgewichtslage nicht bis zum Bruch bzw. bis zum Zerquetschen beibehält, was ja theoretisch möglich wäre. Praktisch verursachen jedoch stets vorhandene unvermeidliche Exzentrizitäten des Lastangriffs oder kleine Abweichungen der Stabachse von der Geraden, endlich kleine Ungleichmäßigkeiten des Materials, daß der Stab mit Erreichen der kritischen Last stets nach irgend einer Richtung ausweicht. Wenn aber derart geringfügige Ursachen bewirken, daß der Stab seine gerade Gleichgewichtslage aufgibt, so kann dies nur den Grund haben, daß diese nicht mehr stabil ist. Das Ausweichen des gedrückten Stabes hat also seine Ursache darin, daß seine gerade Gleichgewichtslage von einer bestimmten Größe der Last an *instabil* ist. Unterhalb dieser kritischen Last ist die gerade Lage des Stabes durchaus stabil. Wir überzeugen uns davon leicht, indem wir einem mäßig gedrückten Stab eine kleine Ausbiegung erteilen und ihn sodann wieder loslassen. Er kehrt von selbst in die gerade Lage zurück. Hier ist also kein Gleichgewicht im ausgebogenen Zustand möglich. Anders bei der kritischen Last. Bei ihr gibt es zum ersten Mal ein Gleichgewicht in einem ganz wenig ausgebogenen Zustand des Stabes. Auf dieser Tatsache gründet sich die folgende Berechnung der kritischen Last.

76. Die Eulerformel. Wir betrachten zunächst einen geraden Stab von der Länge l, der an beiden Enden auf vollkommen reibungsfreien Gelenken oder auf Spitzen gelagert ist, so daß nach allen Seiten die gleiche ungehinderte Ausweichmöglichkeit bei Festhaltung der Endpunkte gegeben ist. Der Querschnitt des Stabes sei konstant und soll zunächst ein solcher sein, der für sämtliche Achsen durch den Schwerpunkt das gleiche Trägheitsmoment J besitzt (also etwa quadratischer oder kreisförmiger Querschnitt). Der Werkstoff des Stabes soll bis zu einer Druckspannung σ_{-P} dem Hookeschen Gesetz gehorchen[1], der Elastizitätsmodul sei E; alle auftretenden Spannungen sollen zunächst die Proportionalitätsgrenze nicht überschreiten. Der Stab sei in seiner Achse mit einer Druckkraft S (Stabkraft) belastet, die wir im folgenden, ebenso wie die Druckspannungen, immer als positiv bezeichnen wollen. Das Eigengewicht des Stabes wollen wir nicht berücksichtigen. Der Stab ist also, bevor er sich ausgebogen hat, genau mittig gedrückt. Wir fragen nun, welche Größe S haben muß, damit sich der Stab in der in Abb. 185 übertrieben dargestellten, *ganz schwach* gekrümmten Form im Gleichgewicht befindet.

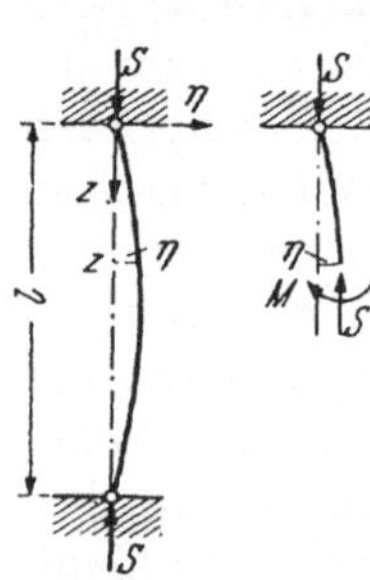

Abb. 185.
Gleichgewicht eines gedrückten Stabes im ausgebogenen Zustand

Die in der Abbildung dargestellte krumme Stabform ist die Biegelinie des Stabes infolge der Momente M, welche die Last S und ihre Gegenkraft in dem ausgebogenen Stab hervorrufen[2]. Bezeichnen wir, wie früher, die Koordinate in der Richtung der Stabachse mit z, die Ausbiegungen mit η, so gilt für das Biegemoment an einer beliebigen Schnittstelle z

$$M = S\,\eta.$$

Für die Biegelinie gilt, solange sie sehr schwach gekrümmt ist, die Differentialgleichung (61, 10)

$$\eta'' = -\frac{M}{E\,J};$$

in unserem Fall also

$$\eta'' = -\frac{S\,\eta}{E\,J}. \qquad (76,\,1)$$

---

[1] Da wir es im folgenden immer nur mit Druckspannungen zu tun haben werden, werden wir später anstatt σ_{-P} einfach σ_P schreiben.

[2] Wir wenden damit die Gleichgewichtsbedingungen auf den *verformten* Stab an. Bisher haben wir bei der Bestimmung der Schnittgrößen die Gleichgewichtsbedingungen stets auf das unverformte Tragwerk angewendet, d. h. von den unter der Belastung eintretenden Verformung abgesehen. Wie bereits in Nr. 1 erwähnt, bezeichnet man diese Betrachtungsweise als *Theorie erster Ordnung*. Sie würde jedoch im vorliegenden Fall zu keinem Ergebnis führen, denn wenn wir nach den Bedingungen fragen, unter denen der Stab im ausgebogenen Zustand im Gleichgewicht ist, dürfen wir anderseits die Ausbiegung nicht vernachlässigen. Wir müssen also *Theorie zweiter Ordnung* treiben.

Wir setzen zur Abkürzung

$$\varkappa^2 = \frac{S}{E\,J} \qquad\qquad (76, 2)$$

und haben also die Differentialgleichung

$$\eta'' + \varkappa^2\,\eta = 0, \qquad\qquad (76, 3)$$

in der $\varkappa$ eine von z unabhängige Konstante ist, zu lösen, d. h. die allgemeinste Funktion von z zu suchen, welche die Differentialgleichung befriedigt und dieses allgemeine Integral den Randbedingungen unserer Aufgabe zu unterwerfen[1]. Die Randbedingungen besagen, daß an den Stabenden keine Verschiebungen auftreten dürfen, daß also sowohl für $z = 0$ als auch für $z = l$ $\eta = 0$ sein muß.

Man erkennt sofort, daß die Funktion $\eta = C_1 \sin \varkappa z$, wo C_1 eine beliebige Konstante bedeutet, eine Lösung der Differentialgleichung ist. Denn setzen wir diese Funktion, sowie ihre zweite Ableitung nach z, nämlich $\eta'' = -\varkappa^2 C_1 \sin \varkappa z$ in die Gleichung ein, so ist sie identisch erfüllt. Ebenso erkennt man, daß die Funktion $\eta = C_2 \cos \varkappa z$, wo C_2 wieder eine beliebige Konstante ist, gleichfalls eine Lösung der Differentialgleichung darstellt. Und es läßt sich ferner zeigen, daß sich das allgemeine Integral der Differentialgleichung, also die Gesamtheit der Lösungen, in der Form

$$\eta = C_1 \sin \varkappa z + C_2 \cos \varkappa z \qquad\qquad (76, 4)$$

schreiben läßt. (Der Leser überzeuge sich durch Einsetzen, daß auch diese Summe eine Lösung der Differentialgleichung ist.) Erfüllen wir zunächst die erste Randbedingung, setzen wir also in Gl. (76, 4) $z = 0$ so muß $\eta = 0$ sein und wir erhalten

$$0 = C_2 \cdot 1,$$

also

$$C_2 = 0.$$

Damit reduziert sich Gl. (76, 4) auf

$$\eta = C_1 \sin \varkappa z. \qquad\qquad (76, 5)$$

Wenden wir auf diese Gleichung die zweite Randbedingung ($\eta = 0$ für $z = l$) an, so erhalten wir

$$0 = C_1 \sin \varkappa l.$$

Die erste Möglichkeit, diese Gleichung zu befriedigen, wäre C_1 gleich Null zu setzen. Dann wäre aber gemäß Gl. (76, 5) η für alle Werte von z gleich Null, der Stab bliebe also gerade. Das ist die theoretisch immer mögliche, wenn auch nicht immer stabile gerade Gleichgewichtslage, die uns nicht

---

[1] Gl. (76, 3) ist eine lineare, homogene Differentialgleichung zweiter Ordnung. Siehe die Fußnote auf S. 211.

weiter interessiert. Es bleibt also nur die zweite Möglichkeit der Erfüllung obiger Gleichung, nämlich

$$\sin \varkappa\, l = 0$$

zu setzen. Dies tritt dann ein, wenn $\varkappa\, l = 0, \pi, 2\pi, \ldots n\pi, \ldots$ (n ganze Zahl) ist. Man nennt die Werte von $\varkappa$ die *Eigenwerte* des Problems. Die Lösungen, die man nach Einsetzen der Eigenwerte in Gl. (76, 5) erhält, werden *Eigenlösungen* genannt. $\varkappa\, l = 0$ würde $\varkappa = 0$ bedeuten; das wieder ist nur möglich, wenn $S = 0$ ist, wenn der Stab also unbelastet ist. Dann bleibt der Stab natürlich auch gerade, was ebenfalls nicht weiter interessant ist. Betrachten wir nun aber den Fall, daß

$$\varkappa\, l = \pi$$

ist, so tritt dies gemäß Gl. (76, 2) dann ein, wenn

$$\sqrt{\frac{S}{E J}}\, l = \pi,$$

oder

$$S = \frac{\pi^2\, E\, J}{l^2}$$

ist. Die Gleichung jener Kurve, nach der sich die Stabachse unter dieser Last krümmt, erhalten wir aus Gl. (76, 5), wenn wir für $\varkappa = \pi/l$ einsetzen:

$$\eta = C_1 \sin \frac{\pi\, z}{l}. \tag{76, 6}$$

Die krumme Gleichgewichtsform des Stabes ist also eine Sinuslinie. Die Last, unter der diese Gleichgewichtsform auftritt, ist die gesuchte kritische Last

$$S_{\text{kr}} = \frac{\pi^2\, E\, J}{l^2}. \tag{76, 7}$$

Die Konstante C_1 der Gl. (76, 6) hat die Bedeutung der größten Ausbiegung (für $z = l/2$ ist $\eta = C_1$). Zu ihrer näheren Bestimmung steht keine weitere Bedingung mehr zur Verfügung. Dies bedeutet, daß im Bereich *sehr kleiner* Ausbiegungen (streng genommen unendlich kleiner Ausbiegungen) die Konstante C_1 jeden beliebigen Wert haben kann, solange dieser nur sehr klein gegenüber l ist. Für sämtliche dieser flachen Sinuslinien besteht also Gleichgewicht, es gibt also nicht nur eine, sondern eine ganze Reihe von Gleichgewichtslagen, die der geraden Form unendlich benachbart sind. Mit anderen Worten: mit Erreichen der kritischen Last geht das früher stabile Gleichgewicht des geraden Stabes in ein *indifferentes* Gleichgewicht über.

Was geschieht nun, wenn wir die Last S über den durch Gl. (76, 7) gegebenen kritischen Wert weiter anwachsen lassen? Der Versuch zeigt, uns, daß dann die Ausbiegung bei sehr schlanken Stäben rasch ziemlich groß wird. Um den Vorgang rechnerisch zu verfolgen, muß man von der strengen Differentialgleichung der Biegelinie ausgehen. [Wir erinnern uns, daß wir Gl. (61, 10) für den Fall kleiner Ausbiegungen unter Vernachlässigung der ersten Ableitung von η gegenüber 1 gewonnen haben.] Dann ist auch die Konstante C_1 bestimmbar und es ergeben sich *stabile* Gleichgewichtslagen des Stabes im ausgebogenen Zustand, die von der Größe der Last abhängig sind (Versuch mit der Reißschiene)[1]. Diese Steigerung der Last über den kritischen Wert hinaus kann jedoch nicht sehr weit getrieben werden. Den im geraden Stab gleichmäßig über die Querschnittsfläche F verteilten Druckspannungen S/F (S bezeichnet hier eine Last, die etwas größer ist als S_{kr}) überlagern sich im ausgebogenen Zustand Biegespannungen, die mit zunehmender Ausbiegung rasch anwachsen. Abb. 186 zeigt die Verhältnisse, solange wir uns noch im elastischen Bereich befinden. Sei es nun, daß die Spannungen in einem gewissen Gebiet des Stabes schließlich die Fließgrenze erreichen, daß also gewisse Teile des Stabes plastisch geworden sind, oder sei es, daß die Spannungen stellenweise die Bruchgrenze erreichen, auf jeden Fall kommt es früher oder später entweder zu einem vollständigen Zusammenbiegen oder zum Bruch des Stabes, somit zu seinem Versagen als tragender Bauteil. Bei besonders schlanken Stäben von der Art einer Reißschiene ist der Wert der kritischen Last und damit der Wert der Spannung S/F verhältnismäßig klein und es können ziemlich große Ausbiegungen er-

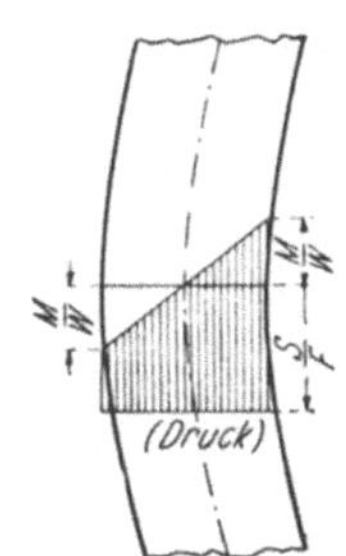

Abb. 186. Spannungsverteilung auf dem Querschnitt eines ein wenig oberhalb der kritischen Last belasteten und daher leicht ausgebogenen Druckstabes, solange die Proportionalitätsgrenze nicht überschritten wird

tragen werden, bis die Biegespannungen im Verein mit den gleichmäßig verteilten Spannungen S/F zu einem Versagen des Stabes führen. So schlanke Druckstäbe wären jedoch sehr unwirtschaftlich und kommen daher in der Baupraxis nicht vor. Wir erkennen aus Gl. (76, 7), daß die kritische Last um so größer wird, je gedrungener der Stab ist, d. h. je größer J und je kleiner l ist. Für einen gedrungeneren Stab ist dann auch die gleichmäßig über den Querschnitt verteilte Spannung S_{kr}/F schon verhältnismäßig groß und es führt schon eine geringe Überschreitung von S_{kr} zu einer ebenfalls nur geringen Ausbiegung, für die bereits jene Grenze erreicht wird, bei der der Stab versagt. Die *kritische Last* S_{kr}, bei der zum ersten Mal ein Gleichgewicht des Stabes im ausgebogenen

---

[1] Während es also unterhalb der kritischen Last nur eine einzige Gleichgewichtsform des Stabes gibt, nämlich die gerade, die auch stabil ist, gibt es oberhalb der kritischen Last deren zwei: eine stabile im ausgebogenen Zustand und die theoretisch immer mögliche gerade Form, die jedoch instabil ist. Wenn S von Null beginnend, zur kritischen Last anwächst, so beginnt sich hier das Gleichgewicht gewissermaßen in zwei Äste zu verzweigen und man spricht daher von einem Verzweigungspunkt des elastischen Gleichgewichts.

Zustand möglich ist und die *Knicklast* S_K, unter der der Stab tatsächlich versagt und über die hinaus er nicht mehr weiter belastet werden kann, rücken also immer näher aneinander, je gedrungener der Stab ist. Für Stäbe von den im Bauwesen üblichen Abmessungen, und nur von solchen, soll im folgenden die Rede sein, fallen kritische Last und Knicklast praktisch zusammen, weshalb wir schreiben können

$$S_K = \frac{\pi^2\, E\, J}{l^2}. \tag{76, 8}$$

Dieser Wert wurde zuerst von EULER im Jahre 1744 berechnet und führt daher den Namen *Eulersche Knicklast*[1].

Wir haben oben $\varkappa\, l = \pi$ gesetzt und sind damit zu einer Lösung des Knickproblems im Fall der Lagerung des Stabes gemäß Abb. 185 gelangt. Man bezeichnet ihn als den *Eulerschen Grundfall*. Es bleibt nun noch zu erörtern, was die übrigen der auf S. 266 angeführten Werte von $\varkappa\, l$ bedeuten. Setzen wir z. B.

$$\varkappa\, l = 2\,\pi, \tag{76, 9}$$

so ist

$$\varkappa = \frac{2\,\pi}{l}.$$

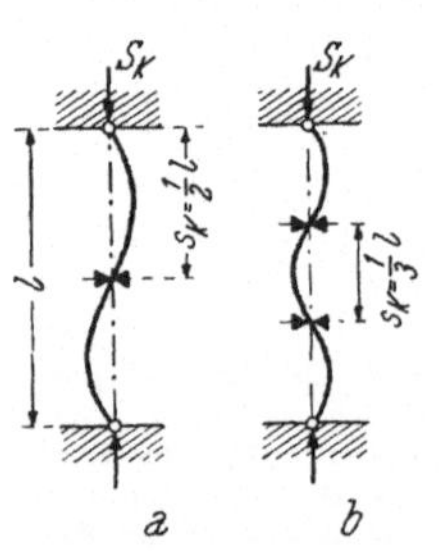

Abb. 187. Höhere Knicklasten, falls der Druckstab, außer an den Enden, a) in der Mitte, b) in den Drittelpunkten seitlich festgehalten wird

Dies in Gl. (76, 5) eingesetzt, liefert als Gleichung der Biegelinie

$$\eta = C_1 \sin \frac{2\,\pi}{l}\, z. \tag{76, 10}$$

Wir erhalten eine Sinuslinie mit den Nullpunkten bei $z = 0$, $z = l/2$, $z = l$ (Abb. 187a). Nach dieser Kurve wird sich der Stab dann verformen, wenn die Stabmitte durch zwei Schneiden festgehalten wird, so daß wohl Drehbarkeit, aber keine seitliche Verschieblichkeit möglich ist (Versuch mit einer Reißschiene!). Setzen wir in Gl. (76, 9) für $\varkappa$ seinen Wert aus Gl. (76, 2) ein, so erhalten wir als Knicklast

$$S_K = \frac{4\,\pi^2\, E\, J}{l^2}. \tag{76, 11}$$

Die Knicklast ist also viermal so groß wie im Grundfall.

Damit wird auch die Bedeutung der Werte $\varkappa\, l = 3\,\pi$, $4\,\pi$, $\ldots n\,\pi \ldots$ klar. Sie entsprechen der Festhaltung des Stabes durch 2, 3, $\ldots (n-1)$ Zwischenstützen in gleichen Abständen (Abb. 187). Die Knicklasten betragen dann das 9-, 16-, $\ldots n^2$-fache des Grundfalles und werden als *höhere Knicklasten* bezeichnet. (Dieser Fall kommt praktisch vor bei Stützen, die durch mehrere Geschosse eines Bauwerks hindurchlaufen, sogenannte durchlaufende Geschoßstützen.)

---

[1] LEONHARD EULER (1707—1783), deutscher Mathematiker. Bei EULER stand an Stelle von $E\, J$ bloß eine einzige Konstante.

Wir können die Knicklasten in allen diesen Fällen durch eine einzige Formel ausdrücken, wenn wir die *freie Knicklänge* oder kurz die *Knicklänge* s_K einführen. Darunter wollen wir den Abstand zweier benachbarter Wendepunkte der Biegelinie des Stabes verstehen. Im Grundfall ist die Knicklänge $s_K = l$, im Fall der Abb. 187a ist $s_K = l/2$, im Fall der Abb. 187b ist $s_K = l/3$ usw. Wir können dann allgemein für die Knicklast schreiben

$$S_K = \frac{\pi^2 E J}{s_K{}^2} \tag{76, 12}$$

und erhalten daraus Gl. (76, 8) bzw. Gl. (76, 11) usw., je nachdem, was wir für s_K einsetzen.

Anknüpfend an Gl. (76, 12) können wir auch noch für einige weitere mögliche Lagerungen des Stabes von der Länge l die Knicklast berechnen. In Abb. 188 sind die sogenannten *vier Hauptknickfälle* oder *Eulerfälle* zusammengestellt. Der zweite ist der bereits behandelte Eulersche Grundfall. Im ersten Fall ist der Stab von der Länge l an einem Ende eingespannt, während das andere frei beweglich ist. Wenn man diesen Stab mit der kritischen Last belastet, dann wird er sich nach der in der Abbildung (übertrieben) dargestellten Kurve verformen. (Am unteren Stabende sind die entsprechenden Auflagerreaktionen angedeutet.) Der Stab wird sich offenbar in genau der gleichen Weise verformen wie die obere Hälfte eines Druckstabes von der Länge $2\,l$, der an beiden Enden auf Gelenken gelagert ist. Die Knicklänge ist demnach $s_K = 2\,l$ und wir erhalten aus Gl. (76, 12) die Knicklast

$$S_K = \frac{\pi^2 E J}{4\,l^2}. \tag{76, 13}$$

Wie zu erwarten, ist der Stab bei dieser Lagerung weit weniger tragfähig als bei Lagerung zwischen zwei Gelenken; er trägt nur den vierten Teil der für den Grundfall berechneten Last.

Weit stabiler als der Grundfall ist jedenfalls der vierte Eulerfall, wo der Stab an beiden Enden eingespannt ist. Die Knicklänge ist hier $s_K = l/2$ und dementsprechend ist die Knicklast

$$S_K = \frac{4\,\pi^2 E J}{l^2}, \tag{76, 14}$$

also viermal so groß wie im Grundfall.

Zwischen diesem Fall und dem Grundfall liegt der dritte Eulerfall, wo der Stab an einem Ende eingespannt, am anderen gelenkig gelagert ist. Die Knicklänge berechnet sich hier zu $s_K = 0{,}70\,l$, es ist also $s_K^2 \approx l^2/2$ und damit ist die Knicklast

$$S_K \approx \frac{2\,\pi^2 E J}{l^2}. \tag{76, 15}$$

Sie ist also rund doppelt so groß wie im Grundfall.

In Abb. 188 sind die vier Eulerfälle nach abnehmender Knicklänge und damit nach steigender Knicklast angeordnet. Es ist zu bemerken, daß in der Praxis eine Einspannung niemals als ganz voll wirksam angenommen werden kann. Gibt die Einspannung in den Fällen 3 und 4 nur ein wenig nach, dann vergrößert sich sofort die Knicklänge. Da s_K in der Formel für die Knicklast quadratisch auftritt, sinkt die Knicklast unter Umständen ganz erheblich. Die Annahme einer vollständig wirksamen Einspannung würde also in den meisten Fällen eine viel höhere Tragfähigkeit der Stütze vortäuschen als tatsächlich vorhanden ist. Es

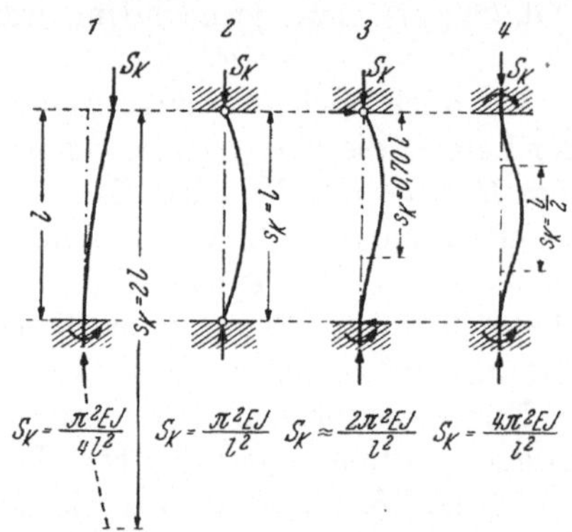

Abb. 188. Die vier Hauptknickfälle oder Eulerfälle

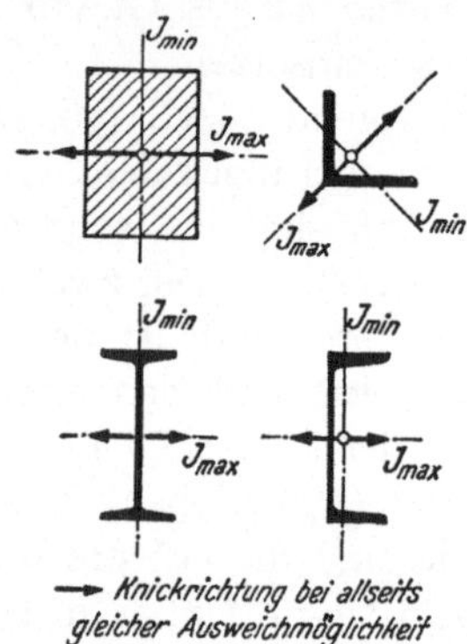

Abb. 189. Richtung des Ausknickens bei Druckstäben, deren Querschnitte verschieden große Hauptträgheitsmomente besitzen

ist daher bei der praktischen Berechnung von Druckstäben nicht gestattet, die Einspannungen in den Fällen 3 und 4 in Rechnung zu stellen, sondern man hat hier ebenso wie im Fall 2 mit $s_K = l$ zu rechnen. Im Fall 1 ist mit $s_K = 2\,l$ zu rechnen.

77. Richtung des Ausknickens. Wir haben bisher Stäbe vorausgesetzt, deren Querschnittsträgheitsmoment für alle Achsen durch den Schwerpunkt das gleiche war. Sofern nach allen Seiten die gleiche Ausweichmöglichkeit besteht, kann in diesem Fall über die Richtung des Ausknickens nichts vorhergesagt werden. Sind jedoch die beiden Hauptträgheitsmomente des Querschnitts voneinander verschieden und bezeichnen wir ihre Werte mit $J_{\max}$ und $J_{\min}$, so wird der Stab, wenn wir die auf ihn wirkende Druckkraft langsam steigern, in dem Augenblick ausknicken, wo die Kraft den Wert

$$S_K = \frac{\pi^2\,E\,J_{\min}}{s_K^{\,2}} \qquad\qquad (77,\ 16)$$

erreicht hat. Denn nach Nr. 29 ist $J_{\min}$ das kleinste aller Trägheitsmomente des Querschnitts für Achsen durch den Schwerpunkt. *Für die*

Tragfähigkeit des Stabes ist also bei allseits gleicher Ausweichmöglichkeit das kleinere der beiden Hauptträgheitsmomente maßgebend. Die Biegung des Stabes erfolgt dann um die Achse von $J_{\min}$, *die Richtung des Ausknickens steht also senkrecht auf der Achse des kleineren der beiden Hauptträgheitsmomente.* Demgemäß ergeben sich für die in Abb. 189 dargestellten Querschnitte bei allseits gleicher Bewegungsmöglichkeit des Stabes die eingezeichneten Knickrichtungen. Die allgemeine Gestalt der Eulerformel für einen Stab mit beliebigem Querschnitt ist also Gl. (77, 16).

78. Knicken im elastischen und im plastischen Bereich. Die Spannung, welche unmittelbar vor dem Ausknicken auf der Querschnittsfläche F

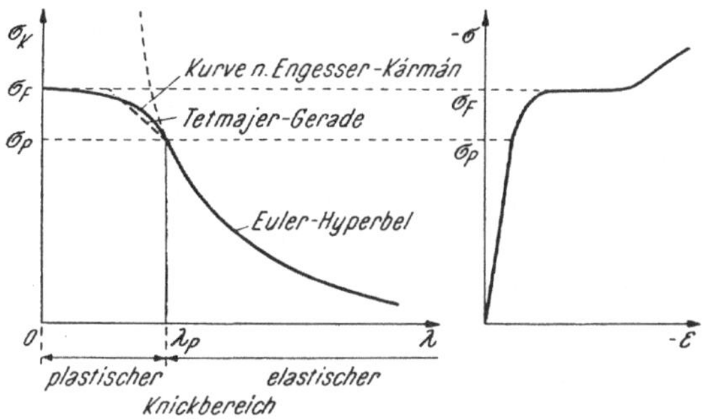

Abb. 190. Knickspannungslinie für Stahl (links), gegenübergestellt der Druck-Stauchungslinie für Stahl (rechts)

eines Druckstabes herrscht, wird als *Knickspannung* σ_K bezeichnet. Sie ist über F gleichmäßig verteilt und berechnet sich für einen Stab mit der Knicklänge s_K nach der Eulerformel (77, 16) zu

$$\sigma_K = \frac{S_K}{F} = \frac{\pi^2 E J_{\min}}{F\, s_K^{\,2}}. \tag{78, 17}$$

Nach Nr. 33 können wir für $J_{\min}/F = i_{\min}^2$ einsetzen, wo $i_{\min}$ den kleinsten Trägheitshalbmesser der Querschnittsfläche für Achsen durch den Schwerpunkt bedeutet. Das dimensionslose Verhältnis

$$\frac{s_K}{i_{\min}} = \lambda \tag{78, 18}$$

wird als *Schlankheit* oder als *Schlankheitsgrad* des Stabes bezeichnet. In der Tat ergibt sich λ für lange und dünne Stäbe groß, für kurze und dicke dagegen klein. Mit diesen beiden Abkürzungen können wir schreiben

$$\sigma_K = \frac{\pi^2 E}{\lambda^2}. \tag{78, 19}$$

Stellen wir den durch diese Gleichung ausgedrückten Zusammenhang zwischen σ_K und λ in Form einer Kurve, der sogenannten *Knickspannungs-*

linie, dar, so erhalten wir eine kubische Hyperbel, welche *Euler-Hyperbel* genannt wird. (Abb. 190 zeigt die Verhältnisse für Stahl. Für Holz verläuft die Euler-Hyperbel ganz ähnlich.) Aus ihr können wir zu jeder Schlankheit die zugehörige Knickspannung ablesen, aus der wir durch Multiplikation mit der Querschnittsfläche die Knicklast erhalten. Dies ist allerdings nur so lange richtig, als σ_K unterhalb der Proportionalitätsgrenze σ_P des Werkstoffes[1] liegt (voll ausgezogener Teil der Euler-Hyperbel.) Denn sobald der Werkstoff dem Hookeschen Gesetz nicht mehr gehorcht, können wir nicht erwarten, daß die Knicklast durch die Eulerformel dargestellt wird, da diese unter Annahme der Gültigkeit des Hookeschen Gesetzes hergeleitet wurde. Die Eulerformel folgte ja aus der Differentialgleichung der Biegelinie, diese aber wurde mit Hilfe des Hookeschen Gesetzes gewonnen. Aus der Eulerformel aber folgte die Gl. (78, 19), die also nur im Proportionalitätsbereich oder, da ja Proportionalitäts- und Elastizitätsgrenze ziemlich nahe beisammen liegen (s. Nr. 12), nur im *elastischen Bereich* den Zusammenhang zwischen Schlankheit und Knickspannung richtig darstellt. Die Grenze der Gültigkeit der Gl. (78, 19) erhalten wir, indem wir für $\sigma_K = \sigma_P$ einsetzen. Dann ergibt sich die Grenzschlankheit λ_P zu

$$\lambda_P = \sqrt{\frac{\pi^2 E}{\sigma_P}}. \tag{78, 20}$$

Für Stäbe, deren Schlankheit $\lambda \geqq \lambda_P$ ist, ist die Knickspannung $\sigma_K \leqq \sigma_P$ und es gilt die Eulerformel bzw. die Euler-Hyperbel. Man spricht von *Knicken im elastischen Bereich* oder *Eulerbereich*.

Diese Schlankheit λ_P ist noch verhältnismäßig groß und die Schlankheiten der in der Praxis verwendeten Stäbe liegen zumeist unterhalb λ_P. Für einen Stahl mit etwa $\sigma_P = 2100\ \text{kp/cm}^2$, was einem mittleren Wert der Proportionalitätsgrenze entspricht, folgt aus Gl. (78, 20) mit $E = {} = 2{,}1 \cdot 10^6\ \text{kp/cm}^2$ für $\lambda_P \approx 100$. Wir müssen daher untersuchen, wie die Knickspannungslinie im Bereich $0 \leqq \lambda \leqq \lambda_P$ verläuft. Da die Knickspannung im Eulerbereich mit abnehmender Schlankheit zunimmt, werden wir vermuten, daß dies auch für kleinere Schlankheiten als λ_P zutrifft, eine Vermutung, die, wie die folgenden Ausführungen zeigen werden, richtig ist. Die Knickspannungen σ_K werden also σ_P überschreiten, die zugehörigen Formänderungen werden also im plastischen Bereich liegen, und wir behandeln daher im folgenden das *Knicken im plastischen Bereich*. (In Abb. 190 ist neben dem Knickspannungsdiagramm auch das Druck-Stauchungsdiagramm für Stahl dargestellt. Es ist gegen das Diagramm in Abb. 19 um 180° gedreht.)

---

[1] Wie bereits erwähnt, bezeichnen wir die Proportionalitätsgrenze für Druckbeanspruchung hier kurz mit σ_P (anstatt wie früher mit σ_{-P}). Analog bezeichnen wir die Druckfließgrenze (Stauchgrenze) kurz mit σ_F.

Ende des vorigen Jahrhunderts führte TETMAJER[1] zahlreiche Knick-
versuche durch, die für die damalige Zeit recht genau waren. Aus seinen
naturgemäß stark streuenden Ergebnissen fand er, daß sich für Stäbe
aus Holz, Flußeisen und Flußstahl als Knickspannungslinie im plastischen
Bereich näherungsweise eine geneigte Gerade ergibt (*Tetmajer-Gerade*,
in Abb. 190 strichliert). Im elastischen Bereich fand er die Euler-Hyperbel
gut bestätigt. Um dieselbe Zeit untersuchte ENGESSER das Problem der
Knickung von Stahlstäben im plastischen Bereich theoretisch. Seine
Theorie fand jedoch erst Beachtung, als sie im Jahre 1910 von KÁRMÁN
neuerlich aufgegriffen und durch eine Reihe sehr genau durchgeführter
Versuche bestätigt wurde. Das Ergebnis der Engesserschen Theorie[2]
ist, daß für Stahl die Eulerformel und damit auch die Gl. (78, 19) für
die Knickspannung *der Form nach* auch im plastischen Bereich gilt, nur
ist für E nicht der konstante Elastizitätsmodul des Hookeschen Gesetzes,
sondern der mit der Spannung veränderliche sogenannte *Knickmodul E^**
einzusetzen. Die Gleichung der Knickspannungslinie im plastischen
Bereich lautet also

$$\sigma_K = \frac{\pi^2 E^*}{\lambda^2}. \tag{78, 21}$$

Da E^* von der Form des Stabquerschnitts abhängt, ergeben sich für
verschiedene Querschnittsformen etwas voneinander verschiedene Knickspannungslinien. Die Unterschiede sind jedoch nicht sehr groß. Im
Bereich zwischen σ_P und der Druckfließgrenze σ_F hat die Knickspannungslinie nach ENGESSER-KÁRMÁN etwa die in Abb. 190 voll ausgezogene
Form. Ein Verfolgen dieser Kurve über die Fließgrenze hinaus hat lediglich theoretisches Interesse, da mit Erreichen der Fließgrenze die Tragfähigkeit des Stabes praktisch erschöpft ist.

79. Die praktische Bemessung von Druckstäben. Das Omega-Verfahren.
Die Aufgabe, die uns in der Praxis bei der Bemessung von Druckstäben zumeist gestellt wird, ist die folgende. Es soll ein gerader
Druckstab bemessen werden für eine mittige, d. h. in der Stabachse wirkende
Kraft S. Die Knicklänge s_K des Stabes ist durch seine Länge und durch
die Art seiner Lagerung gegeben. Gesucht ist ein ausreichender Querschnitt F, so daß die Knickgefahr mit entsprechender Sicherheit vermieden ist. Der Stab soll als *einteiliger Druckstab* ausgeführt werden,
d. h. er soll aus einem einzigen Stück bestehen und nicht aus mehreren
parallelen Einzelstäben zusammengesetzt sein (mehrteiliger Druckstab,

---

[1] LUDWIG VON TETMAJER (1850—1905) wirkte zuerst an der Technischen Hochschule in Zürich, von wo er 1901 an die Technische Hochschule in Wien berufen
wurde.

[2] Die Engessersche Theorie ist keineswegs schwierig. Sie findet sich in allen
ausführlichen Lehrbüchern der Festigkeitslehre.

s. Nr. 85). Er soll ferner nach allen Richtungen hin die gleiche Ausweichmöglichkeit besitzen, die Knicklänge s_K ist also nach allen Richtungen die gleiche.

Verglichen mit der Bemessung eines Zugstabes für die Kraft S tritt uns jetzt folgende Schwierigkeit entgegen. Für die Zugbeanspruchung ist die Spannung, bei der das Material versagt, also etwa die Bruchfestigkeit σ_B, innerhalb weiter Grenzen von der Stabform unabhängig. Dementsprechend ist auch die zulässige Zugspannung $\sigma_{\text{zul}} = \sigma_B/\nu$, wo $\nu > 1$ die Sicherheit gegen Bruch darstellt, unabhängig davon, ob der Stab schlank oder gedrungen ist. Daher ließ sich die erforderliche Querschnittsfläche aus der Bedingung

$$\frac{S}{F} \leqq \sigma_{\text{zul}} \tag{79, 22}$$

sofort berechnen. Anders beim Druckstab, falls wir auch hier bei der Bemessung von der Spannung ausgehen. Die Spannung, bei der der Stab versagt, ist jetzt σ_K. Diese Spannung ist jedoch von der Stabform, nämlich von der Schlankheit λ, abhängig, wie es die Knickspannungslinie (Abb. 190) zeigt. Wir können daher erst nachdem wir den Querschnitt des Stabes gewählt haben und damit seine Schlankheit kennen, sagen, wie groß seine Knickspannung ist und ob die vorhandene Druckspannung $\sigma = S/F$ unterhalb σ_K liegt oder nicht bzw. ob eine ausreichende Sicherheit gegen Knicken besteht.

Würde die Eulerformel Gl. (77, 16) unbeschränkt gelten, dann wäre alles ganz einfach, wenn wir bei der Bemessung nicht von der Knickspannung, sondern von der Knicklast S_K ausgehen. Wir müßten einen Stabquerschnitt wählen, dessen Trägheitsmoment $J_{\min}$ so groß ist, daß die Knicklast $S_K = \nu S$ ist. Dann würde bei Belastung mit der Kraft S eine ν-fache Sicherheit gegen Ausknicken bestehen. Nun gilt aber die Eulerformel nur für $\lambda \geqq \lambda_P$; man kann also wieder erst nach Wahl des Querschnitts entscheiden, ob man die Eulerformel verwenden durfte oder nicht. Im letzteren Fall ist die vorgenommene Bemessung ungültig; sie muß vielmehr auf Grund der im plastischen Bereich gültigen Knickspannungslinie erfolgen. Man legte früher in diesem Bereich die TetmajerGerade zu Grunde. Da diese σ_K als Funktion von λ darstellt, stehen wir damit wieder vor der eingangs angedeuteten Schwierigkeit und können nur durch Probieren einen geeigneten Querschnitt finden.

Man hat nun dieses früher übliche, aber etwas umständliche Verfahren insofern vereinfacht, daß man der Bemessung eine einzige Formel zugrunde legte, deren Gültigkeit davon unabhängig ist, ob man sich im elastischen oder im plastischen Knickbereich befindet. Man kommt zwar auch hier im allgemeinen nicht ohne probeweise Annahmen aus, doch verläuft die Rechnung immer nach demselben Schema. Dieses erstmalig von der Deutschen Reichsbahn eingeführte Verfahren ist unter dem Namen *Omega-Verfahren* bekannt. Wir wollen es für Holz und für Stahl näher erörtern, obwohl die Stahl-Önorm neuerdings wieder davon abgegangen ist.

Für Holz wird von der Knickspannungslinie ausgegangen, und zwar wird im elastischen Knickbereich die Euler-Hyperbel als gültig angenommen, während im plastischen Bereich von der Önorm eine Art Engesser-Kurve zugrunde gelegt wird, von der DIN hingegen eine Kurve, die nur wenig von der Tetmajer-Geraden abweicht. Bei Stahl verfuhr man früher ähnlich. Später stellten sich jedoch DIN und Önorm auf das *Traglastverfahren* um, das wir in Nr. 81 kurz besprechen werden. Trotz dieser verschiedenen Ausgangspunkte ist jedoch die endgültige Bemessungsformel für Holz- und für Stahlstäbe im Prinzip die gleiche, lediglich mit anderen Werten der Koeffizienten und der zulässigen Spannungen. Die einschlägigen Normblätter sind für Holz Önorm B 4100/2 (1970) bzw. DIN 1052 (1969) und für Stahl Önorm B 4600/4 (1964) bzw. DIN 4114/1/2 (1952, 1953, mit Berichtigungen aus 1955 bzw. 1961).

a) Holz. Wir wollen uns zunächst mit dem Werkstoff Holz befassen und die Berechnungsvorschriften für einteilige Druckstäbe an Hand der Festsetzungen der Önorm B 4100/2 erläutern. DIN 1052 verfährt im Prinzip ganz gleichartig und geht nur von etwas anderen Annahmen aus. Die Endformel ist daher in beiden Fällen die gleiche, nur mit etwas anderen Zahlwerten.

Nach Önorm wird die Knickspannungslinie $\sigma_K = \sigma_K(\lambda)$ für „gutes Bauholz" (Nadelholz, d. h. Fichte, Tanne, Kiefer) wie folgt angenommen (Abb. 191). Für die Grenzschlankheit λ_P wird der Wert 80 festgesetzt. Für $\lambda \geq \lambda_P$ gilt die Euler-Hyperbel, und zwar wird $E = 100\,000 \, \text{kp/cm}^2$ und $\pi^2 \approx 10$ gesetzt, so daß sich aus Gl. (78, 19) ergibt

$$\sigma_K = \frac{10^6}{\lambda^2}. \tag{79, 23}$$

Setzen wir darin für $\lambda = \lambda_P = 80$, dann erhalten wir $\sigma_K = 153 \, \text{kp/cm}^2$. Von diesem Punkt aus wird für $\lambda \leq \lambda_P$ als Knickspannungslinie eine Parabel angenommen, deren Scheitel im Punkt $\lambda = 0$, $\sigma_K = 300 \, \text{kp/cm}^2$ liegt, also bei einer Spannung, die ungefähr der Druckfestigkeit des Holzes parallel zur Faser entspricht.

Erreicht die Druckspannung in einem Stab von der Schlankheit λ den nach diesen Festsetzungen zugehörigen Wert σ_K, dann erwarten wir, daß der Stab bereits knickt. Wir dürfen also den Stab nur bis zu einer *höchstzulässigen Druckspannung* belasten, die ein echter Bruchteil der Knickspannung ist[1]

$$\sigma_{\text{zul } K} = \frac{\sigma_K}{\nu}.$$

Die Sicherheit ν gegen Ausknicken wird als konstant (von λ unabhängig) $\nu = 3{,}5$ angenommen. Teilen wir also die Ordinaten der σ_K-Linie der Abb. 191 durch 3,5, so erhalten wir die Kurve, die $\sigma_{\text{zul } K}$ als Funktion von λ darstellt. Es ergibt sich z. B. für $\lambda = 0 \ldots \sigma_{\text{zul } K} = \frac{300}{3{,}5} = 85{,}7 \approx$ ≈ 86, für $\lambda = 80 \ldots \sigma_{\text{zul } K} = \frac{156}{3{,}5} = 44{,}6$, für $\lambda = 100 \ldots \sigma_{\text{zul } K} = \frac{100}{3{,}5} =$ $= 28{,}6 \text{ kp/cm}^2$ usw. Eine Tabelle dieser Werte würde es uns bereits ermöglichen, Druckstäbe zu bemessen; denn es muß für einen mit der Kraft S

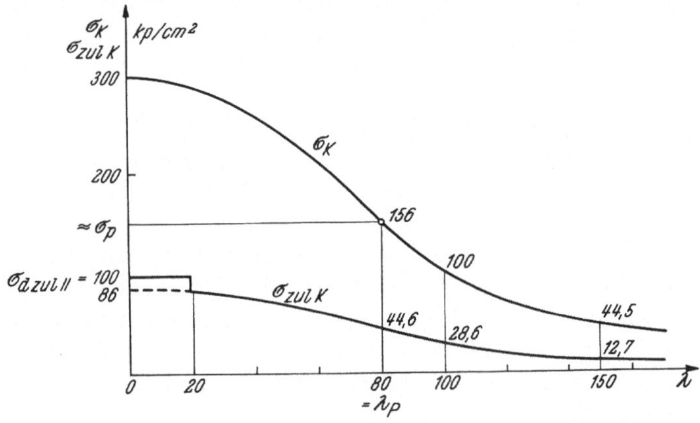

Abb. 191. Knickspannungslinie und zulässige Druckspannungen für Holz. Oben: Knickspannung σ_K als Funktion der Schlankheit λ; unten: zulässige Druckspannung $\sigma_{\text{zul } K}$ als Funktion von λ

belasteten Druckstab die vorhandene Druckspannung kleiner oder höchstens gleich der zulässigen Druckspannung sein:

$$\sigma = \frac{S}{F} \leqq \sigma_{\text{zul } K}. \tag{79, 24}$$

Entsprechend der verschiedenen Festigkeit der Hölzer würden wir aber drei Tabellen für $\sigma_{\text{zul } K}$ brauchen, eine für Nadelholz, eine für Lärche und eine für Hartholz. Um dies zu vermeiden, bringt man Gl. (79, 24) noch auf eine etwas andere Form.

Zunächst wird festgesetzt: *Für* $0 \leqq \lambda < 20$ *ist der Stabilitätsnachweis entbehrlich.* Solche kurze, dicke Klötze werden niemals durch Knicken,

---

[1] Man sollte diese Spannung nicht „zulässige Knickspannung", sondern „zulässige Druckspannung" nennen. Die Stahlnorm DIN 4114 bezeichnet sie mit $\sigma_{d \text{ zul}}$, was jedoch nicht mit der Spannung auf der rechten Seite von Gl. (79, 26) verwechselt werden darf. Am besten wäre vielleicht die Bezeichnung $\sigma_{\text{zul } \lambda}$.

sondern durch reinen Druck zerstört werden. Für sie ist demnach bei Nadelholz für $\sigma_{\text{zul }K} = \sigma_{d\text{ zul }||} = 100$ kp/cm² zu setzen (s. Tafel 4). Die Kurve $\sigma_{\text{zul }K}$ der Abb. 191 ist also in ihrem ersten Teil etwas abzuändern. Nun teilt man die Ordinate der $\sigma_{\text{zul }K}$-Linie im Punkt $\lambda = 0$, also den Wert $\sigma_{d\text{ zul }||}$, der Reihe nach durch die Ordinaten in den einzelnen Punkten λ und schreibt

$$\omega = \sigma_{d\text{ zul}||}/\sigma_{\text{zul }K}. \qquad (79, 25\,\text{a})$$

Man nennt dieses dimensionslose Verhältnis die *Knickzahl* oder den *Knickbeiwert*. Beispielsweise ist für $0 \leqq \lambda < 20 \ldots \omega = 1$; für $\lambda = 80$ ist $\omega = \dfrac{100}{44,6} = 2,24$; für $\lambda = 100$ ist $\omega = \dfrac{100}{28,6} = 3,50$ usw. ω ist also eine Funktion von λ und es ist auf jeden Fall $\omega \geqq 1$.

Aus Gl. (79, 25 a) ergibt sich

$$\sigma_{\text{zul }K} = \sigma_{d\text{ zul}||}/\omega. \qquad (79, 25\,\text{b})$$

Setzen wir dies in Gl. (79, 24) ein, dann erhalten wir die folgende Vorschrift für die Bemessung eines einteiligen Druckstabes: Ein einteiliger Druckstab aus Holz ist für die mittig angreifende Kraft S so zu bemessen, daß gilt

$$\boxed{\frac{S}{F} \leqq \frac{\sigma_{d\text{ zul}||}}{\omega}} \quad (79, 26\,\text{a}), \text{ bzw.} \quad \boxed{\frac{S\,\omega}{F} \leqq \sigma_{d\text{ zul}||}.} \quad (79, 26\,\text{b})$$

Für die praktische Berechnung ist die zweite Formel besser geeignet als die erste. Sie kann folgendermaßen interpretiert werden: Ein knickgefährdeter Druckstab für die Kraft S wird genau so bemessen wie ein mit der Kraft $S\,\omega$ auf reinen Druck beanspruchter Bauteil, bei dem keine Knickgefahr besteht. Da für Nadelholz $\sigma_{d\text{ zul }||} = \sigma_{z\text{ zul }||}$, die zulässige Druckspannung gleich der zulässigen Zugspannung ist,[1] kann man auch sagen: Ein Druckstab für die Kraft S wir genau so bemessen wie ein Zugstab für die Kraft $S\,\omega$. Der Faktor $\omega \geqq 1$ trägt somit der Knickgefahr Rechnung. Außer für die niedrigsten λ-Werte fällt daher ein Druckstab immer stärker aus als der für die gleiche Kraft bemessene Zugstab.

Gegen Gl. (79, 26b) wurde eingewendet, daß die Größe $S\,\omega/F$ als Spannung nirgends auftritt, sondern nur die Bedeutung einer Vergleichsspannung hat. Die im Stab tatsächlich herrschende Spannung ist S/F, und sie muß kleiner sein als die für die betreffende Schlankheit zulässige Druckspannung, wie dies durch Gl. (79, 26a) ausgedrückt wird. Deshalb gibt die Önorm für Holztragwerke (B 4100/2) die Bemessungsformel in der Form (79, 26 a) an. Auch die neue Önorm für Stahltragwerke (B 4600/4)

---

[1] Ebenso für Eiche und Buche, aber nicht für Lärche.

stellt sich auf diesen Standpunkt und schreibt auf der rechten Seite der Gl. (79, 26 a) $\sigma_{\text{zul}\,K}$, so wie in Gl. (79, 24). Die DIN verwendet sowohl für Holz als auch für Stahl die Gl. (79, 26 b).

Die Knickzahlen ω wurden in der oben angedeuteten Weise für alle ganzzahligen Werte der Schlankheit λ berechnet und in einer Tabelle zusammengestellt, die sich in der Norm bzw. in den einschlägigen Taschenbüchern findet. Entsprechend den voneinander abweichenden Festsetzungen der Knickspannungslinien und der zulässigen Spannungen weichen die ω-Werte der Önorm und der DIN etwas voneinander ab; hingegen erfolgt die Rechnung mit ihnen in genau der gleichen Weise[1]. Die Werte für λ werden immer auf ganze Zahlen abgerundet, für ω werden also keine Zwischenwerte eingeschaltet. Schlankheiten größer als 150 sind bei Holzstäben im allgemeinen unzulässig. Bezüglich Ausnahmen siehe in den Normen.

Die tabellierten ω-Werte gelten für jede Holzart, also für Nadel- und für Hartholz. Der Unterschied in der Festigkeit der Hölzer wird dadurch berücksichtigt, daß in den Gl. (79, 26) für $\sigma_{d\,\text{zul}\,\|}$ die der betreffenden Holzart zukommende zulässige Druckspannung (siehe Tafel 4) eingesetzt wird.

b) Stahl. Nach der DIN erfolgt die Bemessung einteiliger Druckstäbe aus Stahl ebenfalls nach dem ω-Verfahren, so wie dies auch nach der alten Önorm B 4300/4 der Fall war. Analog wie bei Holz darf auch hier für einen mit der Druckkraft S mittig belasteten Stab die vorhandene Druckspannung S/F die zulässige Druckspannung $\sigma_{\text{zul}\,K} = \sigma_{\text{zul}}/\omega$ nicht überschreiten, woraus sich die Bemessungsformel

$$\frac{S\,\omega}{F} \leqq \sigma_{\text{zul}} \qquad\qquad (79,\,27\text{ a})$$

ergibt. σ_{zul} ist die nach DIN zulässige Druckspannung gemäß Tafel 3, Zeile 1 dieses Buches, die dem vorliegenden Lastfall und der gewählten Baustahlsorte zukommt. Für F ist die unverschwächte Querschnittsfläche einzusetzen, da ja Niet- und Schraubenbolzen an der Druckspannungsübertragung mitwirken, im Gegensatz zur Zugbeanspruchung.

ω ist die Knickzahl, die von der Schlankheit λ abhängt und die aus der DIN oder aus den in den Taschenbüchern enthaltenen Tabellen zu entnehmen ist. Im Gegensatz zu Holz sind die ω-Werte nicht für alle Stahlsorten die gleichen. Nach DIN gibt es zwei ω-Tafeln, eine für St 00.12 und St 37.12 gemeinsam und eine für St 52. Den Festigkeitsunterschieden der einzelnen Stähle wird durch die verschiedenen Werte

---

[1] Zum Unterschied von der Önorm sind in der ω-Tabelle der DIN 1052 auch für $\lambda < 20$ Knickbeiwerte $\omega > 1$ angegeben. Hier ist also auch für $\lambda < 20$ der Stabilitätsnachweis zu führen.

von σ_{zul} Rechnung getragen. Zwischenwerte für ω brauchen nicht eingeschaltet zu werden.

Die alte Önorm B 4300/4 enthielt drei ω-Tafeln, eine für St oo H, St 37, eine für St 44 und eine für St 55, St 52. Die Spannung σ_{zul} war die für Zug, Druck und Biegung für die betreffende Stahlsorte gemäß der alten Önorm B 4300/2 festgesetzte. Sie durfte u. U. um 15% erhöht werden, wenn Berechnung und Bauausführung den strengsten Anforderungen genügte.

Gemäß der neuen Stahlbau-Önorm B 4600/4 für den Stabilitätsnachweis werden keine ω-Werte mehr verwendet, sondern es sind die Spannungen $\sigma_{\text{zul}\,K}$ als Funktion von λ direkt der Norm zu entnehmen, und die Bemessung ist nach der Formel

$$\frac{S}{F} \leqq \sigma_{\text{zul}\,K} \qquad\qquad (79,\,27\,\text{b})$$

vorzunehmen. Sowohl für den „Regelfall" als auch für den „Erhöhungsfall" (s. Nr. 16) gibt es drei Tafeln für $\sigma_{\text{zul}\,K}$, und zwar eine für St 37, eine für St 44 und eine für St 55, St 52, also insgesamt sechs Tafeln für die „zulässigen Druckspannungen bei Knickgefahr". Die zulässigen Schlankheiten liegen für den Hochbau zwischen 0 und 250, doch sind Stäbe mit großen Schlankheiten sehr unwirtschaftlich. Für $\lambda < 20$ wird keine Knickgefahr angenommen und unabhängig von $\lambda\ \sigma_{\text{zul}\,K} = \sigma_{\text{zul}}$ gesetzt, gleich der zulässigen Spannung für Zug, Druck und Biegung für die betreffende Stahlsorte (vgl. Tafel 2, Zeile 1).

Die neue Önorm erwähnt, daß der Zusammenhang mit dem bisher üblichen Omegaverfahren durch die Gleichung $\sigma_{\text{zul}\,K} = \sigma_{\text{zul}}/\omega$ gegeben ist [vgl. Gl. (79, 25 b)], was allerdings stellenweise nur bis auf kleine Abweichungen zutrifft. Man könnte also, ausgehend von der der verwendeten Stahlsorte entsprechenden Spannung σ_{zul} (vgl. Tafel 2), auch unter Benützung der ω-Werte gemäß der alten Önorm B 4300/4 die Berechnung von Druckstäben durchführen.

c) *Zusammenfassung.* Wir kommen auf die eingangs dieses Abschnitts gestellte Aufgabe zurück: Soll ein einteiliger, gerader Druckstab mit der Knicklänge s_K für eine mittig angreifende Druckkraft S als Holz- oder als Stahlstab bemessen werden, so muß sein Querschnitt derart gewählt werden, daß für Holz die Gl. (79, 26 a oder b), für Stahl die Gl. (79, 27 a), bzw. Gl. (79, 27 b) erfüllt ist. Zur Erzielung guter Materialausnützung wird man trachten, die betreffende Ungleichung möglichst im Sinne des Gleichheitszeichens zu erfüllen. Die Bemessungsformel enthält zwei Unbekannte, nämlich F und ω, bzw. F und $\sigma_{\text{zul}\,K}$, deren Zusammenhang uns nicht unmittelbar gegeben ist, und wir gehen daher folgendermaßen vor. Wir nehmen probeweise einen Querschnitt F an, bestimmen seinen kleinsten Trägheitsradius $i_{\min}$ und berechnen $\lambda = s_K/i_{\min}$. Wenn wir nach dem ω-Verfahren arbeiten, entnehmen wir der Tafel der Knickbeiwerte das zugehörige ω und setzen F und ω in die Bemessungsformel ein. Ist

$S\omega/F > \sigma_{\mathrm{zul}}$, dann ist die Rechnung auf jeden Fall mit einem abgeänderten Querschnitt zu wiederholen. Ist $S\omega/F$ viel kleiner als σ_{zul}, dann ist eine Neuwahl des Querschnitts zwar nicht durch die Vorschrift geboten, wird sich jedoch in den meisten Fällen aus wirtschaftlichen Gründen empfehlen.

Arbeiten wir hingegen nach der neuen Önorm, so entnehmen wir der Tafel der zulässigen Druckspannungen bei Knickgefahr das zu λ gehörige $\sigma_{\mathrm{zul}\,K}$ und prüfen, ob $S/F \leqq \sigma_{\mathrm{zul}\,K}$ ist.

Bei einiger Übung ist man gewöhnlich nach zwei bis drei Schritten am Ziel. Ist man völlig im Unklaren, was man für F annehmen soll, dann setze man in die Bemessungsformel für ω etwa 1,5 oder 2 ein, bzw. für $\sigma_{\mathrm{zul}\,K}$ den Wert $\frac{2}{3}\sigma_{\mathrm{zul}}$ oder $\frac{1}{2}\sigma_{\mathrm{zul}}$, berechne F und verfahre weiter wie oben ausgeführt.

Bezüglich der Festlegung der Knicklänge s_K, insbesondere bei Fachwerkstäben, sei auf die Normen verwiesen.

Einfacher als die Bemessung eines Druckstabes ist die Berechnung der *höchstzulässigen Tragkraft* $S_{\max}$ eines gegebenen Stabes. Wir erhalten sie, indem wir in Gl. (79, 26) bzw. in Gl. (79, 27) das Gleichheitszeichen setzen. F, s_K, $i_{\min}$ sind jetzt bekannt und damit sind auch λ und ω als bekannt anzusehen, so daß wir $S_{\max}$ berechnen können:

$$S_{\max} = \frac{F\,\sigma_{\mathrm{zul}}}{\omega} = F\,\sigma_{\mathrm{zul}\,K}. \tag{79, 28}$$

80. Beispiele zur Berechnung einteiliger Druckstäbe. Für mittig belastete, einteilige Druckstäbe aus Stahl sind $\mathbf{I}$- und $\mathbf{[}$-Querschnitte wegen ihrer stark verschiedenen Hauptträgheitsradien nur dann wirtschaftlich, wenn die Knicklängen in den beiden Hauptachsenrichtungen sehr verschieden sind (s. Nr. 82). Auch ein einzelner $\mathbf{L}$-Stahl ist nicht sehr zweckmäßig. Bei allseits gleicher Knicklänge verwendet man am besten den IPB-Stahl[1]. Für Holzstützen ist unter den gleichen Umständen der quadratische oder der Kreisquerschnitt am wirtschaftlichsten.

1. Beispiel. Es soll eine Stütze von $l = 5$ m Höhe für eine Druckkraft $S = 40$ Mp hergestellt werden, die freie Knicklänge sei $s_K = l = 500$ cm. Es soll ein IPB-Stahl verwendet werden, Werkstoff St 37. Nach Önorm liege der Regelfall vor, mit $\sigma_{\mathrm{zul}} = 1500$ kp/cm² $= 1,50$ Mp/cm², nach DIN der Lastfall H mit $\sigma_{\mathrm{zul}} = 1400$ kp/cm² $= 1,40$ Mp/cm². Der erforderliche Querschnitt ist zu ermitteln.

a) Berechnung nach Önorm. Um einen ungefähren Anhaltspunkt für die Größe der erforderlichen Querschnittsfläche zu gewinnen, setzen wir in Gl. (79, 27 b) versuchsweise für $\sigma_{\mathrm{zul}\,K} = \frac{1}{2}\sigma_{\mathrm{zul}} = 0,75$ Mp/cm². Dann erhalten wir

$$F \approx \frac{S}{\sigma_{\mathrm{zul}\,K}} = \frac{40,0}{0,75} = 53,3 \text{ cm}^2.$$

Wir suchen nun in der Tafel der IPB-Stähle (DIN 1025, Bl. 2 vom Okt. 1963) einen

---

[1] Am wirtschaftlichsten sind solche Querschnitte, die bei kleiner Fläche (also geringem Materialaufwand) ein möglichst großes Trägheitsmoment besitzen. Die günstigsten Querschnitte für Druckstäbe sind also kreisring- oder kastenförmige. Die ersteren werden z. B. bei den Stäben der Rohrgerüste angewandt.

Querschnitt von ungefähr dieser Größe, wählen also etwa IPB 160 mit $F = 54{,}3$ cm²
und $i_{min} = i_y = 4{,}05$ cm. Dann ergibt sich als Schlankheit dieses Stabes $\lambda = s_K/i_{min} = 500/4{,}05 = 123$. Für diesen Wert von λ entnehmen wir der Tafel der
zulässigen Druckspannungen bei Knickgefahr, Önorm B 4600/4, Tafel 2, den Wert
$\sigma_{zul\,K} = 583$ kp/cm² $= 0{,}583$ Mp/cm². Dies in Gl. (79, 27 b) eingesetzt, ergibt

$$\frac{S}{F} = \frac{40{,}0}{54{,}3} = 0{,}736 > \sigma_{zul\,K} = 0{,}583 \text{ Mp/cm}^2.$$

Das Profil IPB 160 ist also zu schwach. Da die zulässige Spannung nicht übermäßig
überschritten wird, wählen wir das nächst größere Profil, nämlich IPB 180, mit
$F = 65{,}3$ cm² und $i_{min} = 4{,}57$ cm. Für dieses ist $\lambda = 500/4{,}57 = 109$ und das zugehörige $\sigma_{zul\,K} = 0{,}741$ Mp/cm². Wir erhalten jetzt

$$\frac{S}{F} = \frac{40{,}0}{65{,}3} = 0{,}612 < \sigma_{zul\,K} = 0{,}741 \text{ Mp/cm}^2.$$

IPB 180 ist also geeignet und ist zugleich von allen auf IPB 160 folgenden Querschnitten der am besten ausgenützte.

Zusatzfrage: Welches wäre die höchstzulässige Tragkraft des Stabes IPB 180 unter
obigen Bedingungen? Aus Gl. (79, 28) erhalten wir

$$S_{max} = F\sigma_{zul\,K} = 65{,}3 \cdot 0{,}741 = 48{,}4 \text{ Mp.}$$

b) *Berechnung nach DIN.* Für IPB 180 aus St 37 mit $\lambda = 109$ ist nach der Tafel
der DIN $\omega = 2{,}09$. Nach Gl. (79, 27 a) ist dann

$$\frac{S\,\omega}{F} = \frac{40{,}0 \cdot 2{,}09}{65{,}3} = 1{,}28 < \sigma_{zul} = 1{,}40 \text{ Mp/cm}^2.$$

IPB 180 ist also auch nach DIN im Lastfall H ausreichend.

2. Beispiel. Würde man an Stelle des obigen Profils IPB 180 einen gewöhnlichen
I-Stahl aus dem gleichen Werkstoff (St 37) und von ungefähr der gleichen Querschnittsfläche verwenden, wie groß wäre nach Önorm seine Tragfähigkeit?

Für den Querschnitt I 300 ist $F = 69{,}1$ cm² und $i_{min} = i_y = 2{,}56$ cm. Mit
$s_K = 500$ cm ergibt sich $\lambda = s_K/i_{min} = 500/2{,}56 = 195$ und damit $\sigma_{zul\,K} = 232$ kp/cm².
Nach Gl. (79, 28) ist die höchstzulässige Druckkraft gegeben durch

$$S_{max} = F\sigma_{zul\,K} = 69{,}1 \cdot 0{,}232 = 16{,}0 \text{ Mp.}$$

Wir erkennen daraus die Unzweckmäßigkeit der Verwendung eines I-Normalprofils
als Druckstab mit allseits gleicher Knicklänge. Die Tragkraft des IPB 180, dessen
Querschnitt ungefähr dem des I 300 gleich ist, beträgt rund das Dreifache.

3. Beispiel. Ein Stab von der Knicklänge $s_K = 1{,}30$ m, der mit einer Druckkraft $S = 8$ Mp belastet ist, soll als gleichschenkeliger Winkelstahl ausgeführt werden.
Berechnung nach DIN, Werkstoff St 37, Lastfall HZ, $\sigma_{zul} = 1{,}60$ Mp/cm².

Setzen wir versuchsweise $\omega = 2$, so ergibt sich aus Gl. (79, 27) für die Querschnittsfläche

$$F \approx \frac{S\,\omega}{\sigma_{zul}} = \frac{8{,}00 \cdot 2}{1{,}60} = 10 \text{ cm}^2.$$

Wir könnten also etwa den Winkel L 55.55.10 mit der Querschnittsfläche $F = 10{,}1$ cm²
und $i_{min} = i_\eta = 1{,}06$ cm wählen. Es ist dann $\lambda = 130/1{,}06 = 123$ und $\omega = 2{,}55$.

Damit erhalten wir

$$\frac{S\,\omega}{F} = \frac{8{,}00 \cdot 2{,}55}{10{,}1} = 2{,}02\ \text{Mp/cm}^2 > \sigma_{\text{zul}}.$$

Die zulässige Spannung ist also weit überschritten. Der Grund der Spannungsüberschreitung muß aber bei $\llcorner$-Querschnitten nicht immer darin liegen, daß die Querschnittsfläche F zu klein ist, sondern der gewählte Stab kann auch zu schlank sein. Wir versuchen daher unser Glück mit einem Querschnitt von etwa der gleichen Größe wie der obige, aber größerem $i_{\min}$. Wir wählen etwa 70.70.7 mit $F = 9{,}40$ cm² und $i_{\min} = i_\eta = 1{,}37$ cm. Für ihn ist $\lambda = 130/1{,}37 = 95$, $\omega = 1{,}80$ und

$$\frac{S\,\omega}{F} = \frac{8{,}00 \cdot 1{,}80}{9{,}40} = 1{,}53\ \text{Mp/cm}^2 < \sigma_{\text{zul}}.$$

$\llcorner$ 70.70.7 reicht also aus, obwohl er eine kleinere Querschnittsfläche aufweist wie der zuerst gewählte Stabstahl. Winkel mit kurzen und dicken Schenkeln sind also als Druckstäbe unwirtschaftlich und man wählt daher von vornherein stets Winkel mit langen und dünnen Schenkeln.

4. Beispiel. Für eine Druckkraft $S = 13$ Mp soll eine Stütze aus Fichtenholz mit quadratischem Querschnitt hergestellt werden. Knicklänge $s_K = 2{,}50$ m. Berechnung nach Önorm, $\sigma_{d\,\text{zul}\,\|} = 100$ kp/cm².

Wählen wir versuchsweise den Querschnitt 16/16, so ist $F = 256$ cm² und $i_{\min} = a/\sqrt{12} = 0{,}289\,a = 0{,}289 \cdot 16 = 4{,}62$ cm [s. Gl. (33, 44)]. Damit ergibt sich $\lambda = s_K/i_{\min} = 250/4{,}62 = 54$ und aus der Tafel der Knickzahlen für Holz folgt $\omega = 1{,}49$. Nach Gl. (79, 26b) ist dann

$$\frac{S\,\omega}{F} = \frac{13\,000 \cdot 1{,}49}{256} = 75{,}8\ \text{kp/cm}^2 < \sigma_{d\,\text{zul}\,\|}.$$

Der Querschnitt ist nicht sehr gut ausgenützt. Ein Pfosten 15/15 wäre besser geeignet, ist aber nicht genormt. Der Querschnitt 14/14 ist aber bereits zu schwach. Für ihn ist $F = 196$ cm², $i_{\min} = 0{,}289 \cdot 14 = 4{,}05$ cm, $\lambda = 250/4{,}05 = 62$, $\omega = 1{,}64$ und

$$\frac{S\,\omega}{F} = \frac{13\,000 \cdot 1{,}64}{196} = 109\ \text{kp/cm}^2 > \sigma_{d\,\text{zul}\,\|}.$$

Muß der Querschnitt nicht unbedingt quadratisch sein, dann wäre der Rechtecksquerschnitt 14/16 am besten geeignet. Für ihn haben zwar $i_{\min}$ und damit λ und ω die gleichen Werte wie für den Querschnitt 14/14, nur die Fläche ist jetzt größer, nämlich $F = 224$ cm². Damit haben wir

$$\frac{S\,\omega}{F} = \frac{13\,000 \cdot 1{,}64}{224} = 95{,}2\ \text{kp/cm}^2 < \sigma_{d\,\text{zul}\,\|}.$$

5. Beispiel. Eine Stütze aus Fichtenholz von kreisförmigem Querschnitt, Durchmesser $d = 24$ cm, die an ihrem unteren Ende im Boden eingespannt ist und um $l = 4$ m frei beweglich aus ihm herausragt (erster Eulerfall), ist mit einer Druckkraft $S = 6$ Mp belastet. Ist dies nach DIN ($\sigma_{d\,\text{zul}\,\|} = 85$ kp/cm²) zulässig?

Die freie Knicklänge ist $s_K = 2\,l = 800$ cm, der Trägheitshalbmesser ist $i_{\min} = i = \sqrt{J/F} = d/4 = 6$ cm [s. Gl. (35, 55)], also ist $\lambda = 800/6 = 133$ und $\omega = 5{,}31$. Ferner ist $F = \pi\,d^2/4 = 452$ cm². Damit liefert Gl. (79, 26b)

$$\frac{S\,\omega}{F} = \frac{6000 \cdot 5{,}31}{452} = 70{,}5\ \text{kp/cm}^2 < \sigma_{d\,\text{zul}\,\|}.$$

Die Belastung der Stütze mit 6 Mp ist also zulässig.

81. Die Gewinnung der zulässigen Druckspannungen für Stahlstäbe[1]. Früher wurden die Knickbeiwerte ω bzw. die zulässigen Druckspannungen bei Knickgefahr von Stahlstäben auf ähnliche Art gewonnen, wie wir es in Nr. 79 für Holzstäbe beschrieben haben. Später war man, insbesondere was den plastischen Knickbereich anlangt, von diesen durch eine Theorie nur unzureichend begründeten Festlegungen der Knickspannungslinien immer weniger befriedigt und suchte das Problem der plastischen Knickung theoretisch besser zu erfassen. Die Ergebnisse dieser Untersuchungen fanden zunächst in der DIN 4114 (1952/53) und in der Önorm B 4300/4 (1953) ihren Niederschlag. Eine verfeinerte, aber schon recht komplizierte Theorie liegt der neuen Önorm B 4600/4 (1964) zugrunde, doch auch diese Untersuchung wird noch nicht als der Weisheit letzter Schluß bezeichnet, weshalb, wie es heißt, die B 4600/4 in absehbarer Zeit abermals durch eine neue Norm ersetzt werden dürfte.

Da also diese Norm nicht als endgültig zu betrachten ist, und da ferner die nach ihr vorgeschriebenen Spannungswerte bis auf geringe (oder überhaupt ohne) Abweichungen aus der alten Norm B 4300/4 abgeleitet werden können, sofern man nur berücksichtigt, daß nach der neuen B 4600, 2. Teil (1964), eine höhere Fließgrenze σ_F und eine höhere zulässige Spannung σ_{zul} für Zug, Druck und Biegung vorgeschrieben ist als nach dem 2. Teil der alten B 4300 (1954), wollen wir hier in vereinfachter Form für St 37 jene Gedanken näher ausführen, die zu den Knicktafeln der alten Norm führten[2]. Im Grunde genommen basiert nämlich auch die neue Norm auf diesen Gedanken und führt sie bloß in vertiefter Form neu aus, was jedoch hier zu weit führen würde. Es sei noch erwähnt, daß auch die Knickbeiwerte der DIN 4114 aufgrund von Überlegungen abgeleitet wurden, die ungefähr jenen gleichen, die wir im folgenden anstellen wollen.

Angestrebt wird wieder eine Bemessungsformel für Druckstäbe, wie wir sie in Form der Gl. (79, 27 a, bzw. b) schon vorweggenommen haben, also die Aufstellung von Tafeln, welche die Knickzahlen ω, bzw. die zulässigen Druckspannungen $\sigma_{zul\,K}$ (in der neuen Önorm mit zul σ_K bezeichnet), als Funktion der Schlankheit enthalten.

Wir müssen uns darüber klar sein, daß die Annahme einer genau mittig auf den Stab wirkenden Druckkraft, einer vollkommen geraden Stabachse und eines ideal homogenen Werkstoffs, wie sie der Eulerschen und der Engesserschen Theorie zugrunde liegen, Voraussetzungen dar-

---

[1] Dieser etwas schwierige Abschnitt kann allenfalls überschlagen werden, ohne daß das Verständnis für das Nachfolgende beeinträchtigt wird.

[2] Wir weisen darauf hin, daß die hier gebrauchten Bezeichnungen in manchen Punkten von jenen der Norm abweichen.

stellen, die in der Praxis niemals exakt erfüllt sein werden. Um die
Knickberechnung auf eine etwas realistischere Basis zu stellen, geht man
davon aus, daß die Druckkraft nicht genau mittig, sondern mit einer
„baupraktisch unvermeidbaren" Exzentrizität a angreift, jedoch soll der
Lastangriffspunkt stets auf einer Querschnittshauptachse liegen. Diese
Annahme soll gewissermaßen eine zusammen-
fassende Berücksichtigung der drei obgenannten Unvollkommenheiten darstellen.

Wir müssen uns daher zunächst mit dem
Verhalten eines außermittig belasteten Druckstabes befassen, wobei wir (zum Unterschied
von den Ausführungen in Abschnitt IV), wie
in Nr. 76, die Gleichgewichtsbedingungen für
den verformten Stab aufstellen (Abb. 192).
Die Ausbiegungen des Stabes sollen jedoch
stets sehr klein sein, so daß wir die verkürzte
Differentialgleichung der Biegelinie anwenden
können. Das Hookesche Gesetz sei zunächst
als gültig betrachtet. Der Querschnitt des
Stabes sei konstant, die Stablänge sei l.

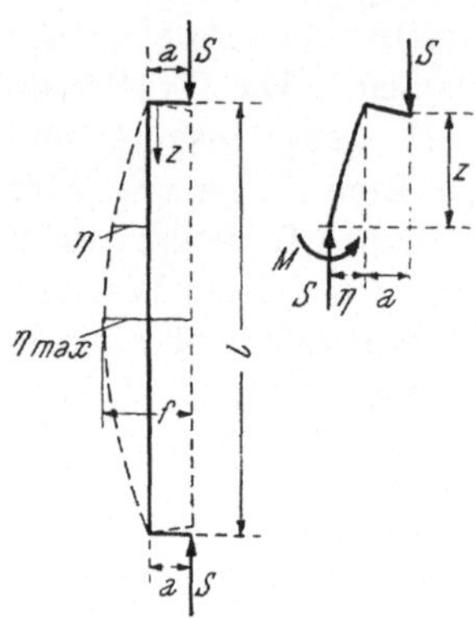

Abb. 192. Außermittig belasteter
Druckstab

Der mit der Druckkraft S belastete Stab wird sich in der gezeichneten
Weise ausbiegen. Das Gleichgewicht des abgeschnittenen Stabteils verlangt das Auftreten eines Biegemoments

$$M = S\,(\eta + a),$$

wenn η die Ausbiegung an der Stelle z bedeutet. Ist $E\,J$ die (konstante)
Biegesteifigkeit des Stabes, dann lautet die Differentialgleichung der
Biegelinie

$$\eta'' = -\frac{M}{E\,J} = -\frac{S}{E\,J}\,(\eta + a).$$

Setzen wir wieder zur Abkürzung

$$\varkappa^2 = \frac{S}{E\,J}, \tag{81, 29}$$

dann haben wir die folgende Differentialgleichung zu lösen

$$\eta'' + \varkappa^2\,\eta = -\varkappa^2\,a. \tag{81, 30}$$

Diese Differentialgleichung ist zwar linear, aber nicht homogen. Denn
zum Unterschied von Gl. (76, 3) steht rechts nicht Null, sondern ein von
η freies, in unserem Fall konstantes Glied (s. die Fußnote auf S. 211).
Die allgemeine Lösung dieser inhomogenen Differentialgleichung wird
gewonnen, indem man zunächst die allgemeine Lösung der homogenen
Differentialgleichung ermittelt und zu dieser irgend eine partikuläre (das

ist eine spezielle) Lösung der inhomogenen Differentialgleichung addiert. Die allgemeine Lösung der homogenen Differentialgleichung ist durch Gl. (76, 4) gegeben. Eine spezielle Lösung der inhomogenen Gleichung läßt sich leicht erraten, nämlich

$$\eta = - a.$$

Setzen wir diesen Wert für η in Gl. (82, 30), so sehen wir, daß sie erfüllt ist ($\eta'' = 0$). Die allgemeine Lösung dieser Differentialgleichung lautet daher

$$\eta = C_1 \sin \varkappa z + C_2 \cos \varkappa z - a. \tag{81, 31}$$

Die Randbedingungen, die uns zur Bestimmung der Konstanten C_1 und C_2 verhelfen, lauten: 1. für $z = 0$ ist $\eta = 0$ und 2. für $z = l$ ist $\eta = 0$. Es vereinfacht ein wenig die Rechnung, wenn wir an Stelle der zweiten Randbedingung die Bedingung verwenden, daß aus Symmetriegründen für $z = \dfrac{l}{2}$ $\eta' = 0$ sein muß.

Aus der ersten Bedingung folgt

$$C_2 = a.$$

Bilden wir die erste Ableitung von η nach z,

$$\eta' = \varkappa \left(C_1 \cos \varkappa z - a \sin \varkappa z \right)$$

und setzen darin für $z = \dfrac{l}{2}$, so folgt aus der zuletzt angeführten Bedingung

$$C_1 = a \operatorname{tg} \frac{\varkappa l}{2}.$$

Diese Werte für C_1 und C_2 in Gl. (81, 31) eingesetzt, ergibt für die Ausbiegung an einer beliebigen Stelle z

$$\eta = a \left(\operatorname{tg} \frac{\varkappa l}{2} \sin \varkappa z + \cos \varkappa z - 1 \right). \tag{81, 32}$$

Die größte Ausbiegung, $\eta_{\max}$, erhalten wir, indem wir für $z = \dfrac{l}{2}$ einsetzen. Es ergibt sich nach einer leichten Umformung

$$\eta_{\max} = a \left(\frac{1}{\cos \dfrac{\varkappa l}{2}} - 1 \right). \tag{81, 33}$$

Die größte Exzentrizität der Last S tritt bezüglich des Mittelquerschnitts auf. Bezeichnen wir sie mit f, so ist

$$f = \eta_{\max} + a = \frac{a}{\cos \dfrac{\varkappa l}{2}} = \frac{a}{\cos \dfrac{l}{2} \sqrt{\dfrac{S}{EJ}}}. \tag{81, 34}$$

Aus dieser Gleichung bzw. aus Gl. (81, 33) ergibt sich folgender Unterschied gegenüber dem Fall, daß die Kraft S mittig angreift (Nr. 76). Im letzteren Fall ist ein Gleichgewicht des Stabes im ausgebogenen

Zustand erst möglich, wenn die Last eine bestimmte Größe erreicht hat, die wir als kritische Last bezeichnet haben. Bis zum Erreichen dieser Last verbleibt der Stab in seiner geraden Lage im stabilen Gleichgewicht. Oberhalb der kritischen Last war die gerade Gleichgewichtslage zwar theoretisch möglich, jedoch nicht mehr stabil. Der Stab bog sich in eine krumme, stabile Gleichgewichtsform aus. Hier liegt also ein Stabilitätsproblem vor. Anders hingegen beim außermittig gedrückten Stab. Aus Gl. (81, 34) erkennen wir, daß nur für $S = 0$ $f = a$ und damit $\eta_{max} = 0$ ist. Falls S nur ein wenig von Null verschieden ist, wird $\cos\dfrac{\varkappa\,l}{2} < 1$

und $f > a$, bzw. $\eta_{max} > 0$. Der Stab nimmt also sofort eine gebogene Form an und biegt sich um so mehr aus, je größer S wird. Er versagt schließlich, wenn die Spannungen, die infolge Druck- und Biegungsbeanspruchung auftreten, zu groß geworden sind und nicht, weil sein Gleichgewicht instabil geworden ist. Hier liegt kein Stabilitätsproblem vor, sondern ein Spannungsproblem[1].

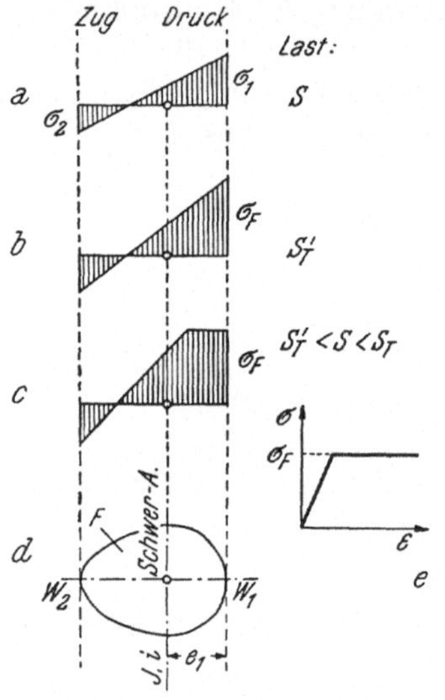

Von allen Querschnitten des exzentrisch gedrückten Stabes wird der Mittelquerschnitt am stärksten beansprucht, weil für ihn die Exzentrizität der Druckkraft S ihren größten Wert hat. Für diesen Querschnitt ergeben sich nach Gl. (49, 8) die Randspannungen

$$\sigma_{1,2} = \frac{S}{F} \pm \frac{S\,f}{W_{1,2}}. \qquad (81,\ 35)$$

Abb. 193. Spannungsverteilung im Mittelquerschnitt eines außermittig belasteten Druckstabes bei Steigerung der Last

Darin bedeutet F die Querschnittsfläche des Stabes, W_1, W_2 sind die Widerstandsmomente des Querschnitts um die zur Ebene der Ausbiegung senkrechte Schwerachse. Wir setzen S als Druckkraft wiederum positiv ein, Druckspannungen sind also hier positiv, Zugspannungen negativ.

Solange das Hookesche Gesetz gilt, herrscht eine Spannungsverteilung, wie sie in Abb. 193a dargestellt ist. Steigern wir die Druckkraft und damit die Ausbiegung, so nehmen nach Gl. (81, 35) auch die Randspannungen zu, bis schließlich, in der Regel zuerst am Biegedruckrand, die Fließgrenze σ_F erreicht wird. Die zugehörige Größe der Last wollen wir mit S_T' bezeichnen. Bei weiterer Steigerung der Last breitet sich,

---

[1] Wenn nämlich der mittig gedrückte Stab gerade bliebe, dann würde er nicht schon bei der Spannung σ_K, sondern erst bei einer viel höheren Spannung (σ_F bzw. σ_B) versagen.

von diesem Randpunkt ausgehend, ein plastisches Gebiet immer weiter aus (ähnlich wie wir es in Nr. 41 beschrieben haben). Legen wir eine idealisierte Spannungs-Dehnungslinie gemäß Abb. 193e zugrunde, dann werden die entsprechenden Spannungsverteilungen durch die Bilder b und c dargestellt. — Hat die plastische Zone eine entsprechende Ausdehnung erreicht — je nach der Form des Querschnitts kann sich auch noch von der Zugseite her ein plastisches Gebiet entwickeln —, dann sackt der Stab schließlich zusammen. Die Größe der Last, bei der dies eintritt, nennt man die *Traglast*; wir wollen sie mit S_T bezeichnen.

Die von der Form des Querschnitts abhängige Traglast S_T ist nicht immer leicht zu berechnen, im Gegensatz zu dem Wert S_T'. Sofern wir die idealisierte Spannungs-Dehnungslinie zugrunde legen, gilt bis zum Erreichen der Last S_T' noch das Hookesche Gesetz und damit gelten auch alle von uns oben abgeleiteten Formeln, soweit wir es nur mit kleinen Ausbiegungen zu tun haben. Da nun, wie sich zeigt, S_T im allgemeinen nicht sehr viel größer ist als S_T', nimmt man der Einfachheit halber als Traglast des Stabes den Wert S_T' an. Wir erhalten S_T' aus Gl. (81, 35), wenn wir für $\sigma_1 = \sigma_F$ einsetzen und für f seinen Wert aus Gl. (81, 34), in der für $S = S_T'$ zu setzen ist:

$$\sigma_F = \frac{S_T'}{F} + \frac{S_T' a}{W_1 \cos \dfrac{l}{2} \sqrt{\dfrac{S_T'}{E J}}} = \frac{S_T'}{F} \left(1 + \frac{F}{W_1} \frac{a}{\cos \dfrac{l}{2} \sqrt{\dfrac{S_T'}{E J}}} \right). \qquad (81, 36)$$

Die Spannung

$$\sigma_T' = \frac{S_T'}{F} \qquad (81, 37)$$

ist die Spannung im Schwerpunkt des Querschnitts; sie wird als die *Tragspannung* bezeichnet und entspricht der Knickspannung des mittig belasteten Druckstabes insofern, als der Stab mit Erreichen von σ_T' praktisch an der Grenze seines Tragvermögens angelangt ist. Genau wie früher σ_K werden wir jetzt σ_T' als Funktion der Schlankheit λ darstellen und aus dieser Kurve die zulässigen Druckspannungen $\sigma_{zul K}$ ableiten.

Wir nehmen dazu in Gl. (81, 36) einige Umformungen vor. Zunächst führen wir für $J = i^2 F$ ein, wo i den Trägheitsradius um die zur Ebene der Ausbiegung senkrechte Schwerachse des Querschnitts bedeutet. Es ist dann $l/i = \lambda$ die Schlankheit des Stabes. Damit haben wir

$$\cos \frac{l}{2} \sqrt{\frac{S_T'}{E J}} = \cos \frac{l}{2} \sqrt{\frac{S_T'}{E i^2 F}} = \cos \frac{\lambda}{2} \sqrt{\frac{\sigma_T'}{E}}.$$

Für die Ausmittigkeit des Lastangriffs a setzt die Norm als „baupraktisch unvermeidbaren Angriffshebel" ein Tausendstel der Stablänge fest, es ist also

$$a = \frac{l}{1000} = \frac{\lambda i}{1000}.$$

Wir setzen dies in Gl. (82, 36) ein und formen noch weiter um, indem
wir schreiben

$$\frac{F\,i}{W_1} = \frac{F\,i}{J/e_1} = \frac{e_1}{i},$$

wenn e_1 den Abstand des biegedruckseitigen Randes des Querschnitts
von der Schwerachse bedeutet (s. Abb. 193, Bild d). Für das Verhältnis
e_1/i setzt die Norm den Wert 2,65 fest, „um auch in dieser Hinsicht einen
sehr ungünstigen Fall zu berücksichtigen". Tatsächlich ergeben sich,
wenn man z. B. e_1/i für die I-Normalprofile, bezogen auf die y-Achse
berechnet, stets kleinere Werte als 2,65. Damit geht Gl. (81, 36) über in

$$\sigma_F = \sigma_T' \left(1 + \frac{2{,}65\,\lambda}{1000} \; \frac{1}{\cos\dfrac{\lambda}{2}\sqrt{\dfrac{\sigma_T'}{E}}} \right).$$

Diese Gleichung kann nur durch Probieren nach σ_T' bei gegebenem λ
aufgelöst werden. Wir schreiben sie dazu in der Form

$$\sigma_T' = \frac{\sigma_F}{1 + \dfrac{2{,}65\,\lambda}{1000} \; \dfrac{1}{\cos\dfrac{\lambda}{2}\sqrt{\dfrac{\sigma_T'}{E}}}}. \tag{81, 38}$$

Darin ist für $E = 2{,}1 \cdot 10^6$ kp/cm² einzusetzen. Für St 37 ist $\sigma_F = 2400$ kp
je cm² (s. Tafel 1). Soll für irgend einen Wert von λ der zugehörige
Wert σ_T' berechnet werden, dann geht man folgendermaßen vor. Man
nimmt versuchsweise für σ_T' einen Wert an, setzt ihn in die rechte Seite
der Gl. (81, 38) ein und berechnet den Wert des Ausdrucks auf der
rechten Seite. Ist dieser gleich dem für σ_T' gewählten Wert, dann ist
das gewählte σ_T' die richtige Lösung der Gleichung. Im allgemeinen
wird die rechte Seite jedoch einen von dem für σ_T' gewählten Wert
abweichenden Wert liefern. Dann nimmt man diesen als verbesserten
Wert für σ_T' an, den man in die rechte Seite der Gleichung einsetzt und
dieses Verfahren solange wiederholt, bis rechte und linke Seite befriedigend
übereinstimmen. Dieses Iterationsverfahren konvergiert für kleinere
Werte von λ sehr gut, für größere schlechter.

Beispiel. Wir wollen den zur Schlankheit $\lambda = 50$ gehörigen Wert der Tragspannung σ_T' für St 37 berechnen.

Wir setzen zur Abkürzung

$$\alpha = \frac{\lambda}{2}\sqrt{\frac{\sigma_T'}{E}} = \frac{25}{10^3}\sqrt{\frac{\sigma_T'}{2{,}1}}$$

und beachten, daß α einen im *Bogenmaß* ausgedrückten Winkel darstellt.

Für die Tragspannung wählen wir nun versuchsweise einen Wert, der zwischen
σ_F und der Proportionalitätsgrenze $\sigma_P \approx 1900$ kp/cm² gelegen ist, also etwa $\sigma_T' =
= 2000$ kp/cm². Damit ergibt sich

$$\alpha = 0{,}772 \quad \text{und} \quad \cos\alpha = 0{,}717.$$

Dies in Gl. (82, 38) eingesetzt, liefert

$$\sigma_T' = \frac{2400}{1 + \dfrac{2,65 \cdot 50}{1000}\dfrac{1}{0,717}} = \frac{2400}{1,185} \approx 2030.$$

Mit diesem Wert die Rechnung nochmals durchgeführt, ergibt schließlich

$$\sigma_T' = 2020 \text{ kp/cm}^2,$$

welcher Wert dann nicht mehr verändert wird, also die Lösung darstellt. Zu $\lambda = 50$ gehört somit $\sigma_T' = 2020$ kp/cm^2.

Berechnet man auf diese Weise für eine Reihe von λ-Werten die Tragspannungen σ_T', so erhält man die in Abb. 194 eingezeichnete Kurve, die nach den Ausführungen auf S. 287 praktisch jene Grenze darstellt, an der unter den von uns gemachten Voraussetzungen (unvermeidliche Exzentrizität des Lastangriffs usw.) der gedrückte Stab versagt. In der Abbildung ist auch jene Knickspannungslinie angegeben, die sich im plastischen Bereich nach der Engesserschen Theorie ergibt, entsprechend der Gl. (78, 21). Hier ist keine Ausmittigkeit des Lastangriffs vorausgesetzt, doch auch diese Kurve ist nur eine Näherung, entsprechend der Abhängigkeit des Engesserschen Knickmoduls $E*$ von der Querschnittsform. Ferner ist noch die Euler-Hyperbel gemäß

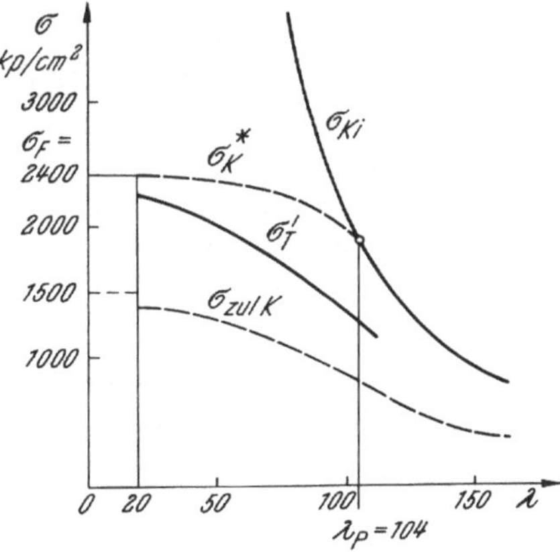

Abb. 194. Für Stahl St 37 sind die folgenden Spannungen als Funktionen von λ dargestellt: σ_{Ki} = ideale Eulersche Knickspannung, σ_K* = Knickspannung nach ENGESSER, σ_T' = Tragspannung, $\sigma_{zul\,K}$ = zulässige Druckspannung für den Regelfall

Gl. (78, 19) eingetragen, und wir wollen ihre Ordinaten hier die „idealen Eulerschen Knickspannungen"

$$\sigma_{Ki} = \frac{\pi^2 E}{\lambda^2} \tag{81, 39}$$

nennen, denn wir haben sie hier ohne Rücksicht auf die Grenze ihrer Gültigkeit bei der Proportionalitätsgrenze σ_P bzw. bei der Grenzschlankheit λ_P aufgezeichnet.

Die Festlegung der Kurve der zulässigen Druckspannungen $\sigma_{zul\,K}$ als Funktion von λ muß nun so erfolgen, daß sie entsprechend tief unterhalb jener Kurve liegt, bei der der Stab bereits versagt. Sie muß also sowohl unterhalb der Kurve der σ_T' liegen (womit sie dann auch unterhalb der Kurve der σ_K* liegt, wie Abb. 194 zeigt), als auch unterhalb der Euler-

Hyperbel gelegen sein, sofern diese als Knickspannungslinie in Frage kommt. Den Quotienten

$$v_T' = \frac{\sigma_T'}{\sigma_{\text{zul}\,K}}, \quad \text{bzw.} \quad v_{ki} = \frac{\sigma_{Ki}}{\sigma_{\text{zul}\,K}} \qquad (81,40\,\text{a})$$

werden wir als die jeweilige Sicherheitszahl gegen Erreichen der Tragspannung bzw. der Euler-Spannung bezeichnen.

Nun wollen wir, analog der alten Önorm B 4300/4, jedoch mit den der neuen Norm B 4600/2 entsprechend erhöhten Werten von σ_F und σ_{zul}, folgendes festsetzen:

Im Bereich $0 \leqq \lambda < 20$ wird keine Knickberechnung gefordert, sondern $\sigma_{\text{zul}\,K} = \sigma_{\text{zul}}$, gleich der zulässigen Spannung für Zug, Druck und Biegung gemäß Tafel 2 gesetzt. In diesem Bereich wird die Knickspannungslinie einfach durch eine Waagrechte in der Höhe der Fließgrenze σ_F ersetzt und die Linie der $\sigma_{\text{zul}\,K}$ durch eine Waagrechte in der Höhe σ_{zul}. Für St 37 mit $\sigma_F = 2400$ kp/cm² und $\sigma_{\text{zul}} = 1500$ kp/cm² im Regelfall wäre dann die Knicksicherheitszahl in diesem Bereich $v_T' = 2400/1500 = 1{,}60$. Bezüglich der zulässigen Druckspannungen für $\lambda \geqq 20$ wird die folgende Doppelforderung aufgestellt (hier wieder bezogen auf St 37 im Regelfall):

1. Die Sicherheitszahl v_T' soll mindestens gleich dem obigen Wert 1,60 sein, also mindestens so groß wie die Sicherheit eines Zugstabes gegen Erreichen der Fließgrenze.

2. Die Sicherheitszahl v_{Ki} soll mindestens gleich 2,35 sein. (Erklärung s. S. 291.) Der kleinere Wert von $\sigma_{\text{zul}\,K}$, der sich aus dieser Doppelforderung ergibt, ist maßgebend. Es muß also gelten

$$\sigma_{\text{zul}\,K} \leqq \frac{\sigma_T'}{1{,}60} \quad \text{und} \quad \sigma_{\text{zul}\,K} \leqq \frac{\sigma_{Ki}}{2{,}35}, \qquad (81,40\,\text{b})$$

wobei mindestens einmal das Gleichheitszeichen gelten soll. Die sich so ergebenden Werte für $\sigma_{\text{zul}\,K}$ werden als Funktion von λ in einer Tabelle zusammengestellt. (Früher schrieb man $\sigma_{\text{zul}\,K} = \sigma_{\text{zul}}/\omega$ und definierte damit die Knickzahlen ω.)

Ein mit der Druckkraft S belasteter Stab ist dann so zu bemessen, daß

$$\frac{S}{F} \leqq \sigma_{\text{zul}\,K} \qquad (81,41)$$

ist, wenn F seine Querschnittsfläche und $\sigma_{\text{zul}\,K}$ die zu seiner Schlankheit λ gehörige, zulässige Druckspannung ist.

Wie bereits erwähnt, erhalten wir auf dem oben beschriebenen Weg Werte für $\sigma_{\text{zul}\,K}$, die z. T. ein wenig von den in der neuen Norm B 4600/4 tabellierten Werten abweichen. In den folgenden Beispielen sind die letzteren Werte zum Vergleich angeführt. Damit ist zwar nicht nach dem letzten Stand der Dinge, aber doch wenigstens ungefähr der Weg geschildert, auf dem man zu den zulässigen Druckspannungen bei Knickgefahr kommt; ein Weg, der mit einigen Abweichungen auch bei der Gewinnung der ω-Werte gemäß DIN 4114 eingeschlagen wurde.

Beispiel. Wir wollen als Beispiel die Werte von $\sigma_{zul\,K}$ für $\lambda = 50$ berechnen.

Für $\sigma_T{}'$ haben wir oben den Wert 2020 kp/cm² berechnet. Für σ_{Ki} erhalten wir aus Gl. (81, 39)

$$\sigma_{Ki} = \frac{\pi^2 E}{\lambda^2} = \frac{\pi^2 \cdot 2,1 \cdot 10^6}{50^2} = 8291 \text{ kp/cm}^2.$$

Damit ergibt sich aus Gl. (81, 40 b)

$$\sigma_{zul\,K} \leqq \frac{\sigma_T{}'}{1,60} = \frac{2020}{1,60} = 1263, \qquad \sigma_{zul\,K} \leqq \frac{\sigma_{Ki}}{2,35} = \frac{8291}{2,35} = 3528.$$

Hier ist also die Kurve der $\sigma_T{}'$ maßgebend; es ist

$$\sigma_{zul\,K} = 1263 \text{ kp/cm}^2 \text{ (laut neuer Önorm} = 1272 \text{ kp/cm}^2\text{)}.$$

(S. die $\sigma_{zul\,K}$-Tabelle für St 37, das ist Tafel 2 der Norm.)

Für die Schlankheit $\lambda = 120$ ergibt sich aus Gl. (81, 38) $\sigma_T{}' = 1029$ und aus Gl. (81, 39) $\sigma_{Ki} = 1776$ kp/cm². Jetzt ist die Kurve der σ_{Ki} maßgebend, denn es ist

$$\frac{\sigma_T{}'}{1,60} = \frac{1029}{1,60} = 643, \qquad \frac{\sigma_{Ki}}{2,35} = \frac{1776}{2,35} = 612.$$

Es ist also

$$\sigma_{zul\,K} = 612 \text{ kp/cm}^2 \quad \text{(übereinstimmend mit der neuen Norm).}$$

Die Schlankheit, wo sich die beiden Forderungen (81, 40 b) die Waage halten, wo also beide Male das Gleichheitszeichen gilt, ist ungefähr 110. Für größere Werte ist die Euler-Hyperbel maßgebend, für kleinere die Traglast. Dieser Wert $\lambda = 110$ liegt in der Nähe jener Grenzschlankheit λ_P, die wir seinerzeit (in Nr. 78) als Grenze der Gültigkeit der Euler-Hyperbel festgestellt haben, insofern, als für $\lambda = \lambda_P$ die Knickspannung σ_{Ki} die Proportionalitätsgrenze σ_P erreicht. Laut Norm ist für $\sigma_P = 0,8\,\sigma_F = 0,8 \cdot 2400 = 1920$ kp/cm² anzunehmen. Damit folgt aus Gl. (78, 20) $\lambda_P = 104$. Die obige Doppelforderung trennt somit deutlich den elastischen vom plastischen Knickbereich. Einer der Haupteinwände gegen diese Art der Berechnung der $\sigma_{zul\,K}$ war die verschieden große Knicksicherheit in den beiden Bereichen.

Zum Abschluß sei noch auf folgendes hingewiesen. Die vorstehenden Berechnungen und die daraus folgenden Gebrauchsformeln (81, 41) bzw. (79, 27) gelten für *planmäßig mittig gedrückte gerade Stäbe*. Die zur Ermittlung der Traglast eingeführte Exzentrizität des Lastangriffs ist von vornherein nicht beabsichtigt, sondern soll bloß unvermeidlichen Unvollkommenheiten in der praktischen Ausführung des Druckstabes Rechnung tragen. *Planmäßig außermittig gedrückte Stäbe*, bei denen also ein exzentrischer Lastangriff von vornherein beabsichtigt ist, werden praktisch im allgemeinen nicht nach der Theorie zweiter Ordnung berechnet, sondern nach den in Nr. 84 angegebenen Näherungsformeln.

82. Knicken in verschiedenen Ebenen. Wir haben bisher vorausgesetzt, daß der Druckstab nach allen Seiten die gleiche Ausweichmöglichkeit besitzt. Dies ist z. B. nicht der Fall bei dem Untergurt des in Abb. 195 dargestellten Fachwerkbinders eines Kragdaches. Dieser Stab wird vom Punkt a bis zum Punkt c durchlaufend etwa aus zwei ∟-Stählen ausgeführt und ist auf Druck beansprucht. Die Stabmitte b ist gegen Ausweichen *in* der Fachwerkebene durch die Vertikale V festgehalten. (Der Stab würde sich im Fall des Ausknickens nach der punktierten Kurve verformen.) Für das Knicken quer zur waagrechten Achse $x \ldots x$ des Querschnitts ist also die Knicklänge gleich der *halben* Stablänge: $s_{K\,x} = l/2$.

Gegen Knicken *aus* der Fachwerksebene kann jedoch die Vertikale V nicht schützen. Der Punkt *a* ist durch eine Pfette, der Punkt *c* sei ebenfalls gegen Verschieben in waagrechter Richtung festgehalten. Daher wird sich der Stab im Fall des Knickens quer zur Achse $y \ldots y$ nach der gestrichelten Kurve verbiegen. Die Knicklänge ist jetzt gleich der *ganzen* Stablänge: $s_{Ky} = l$.

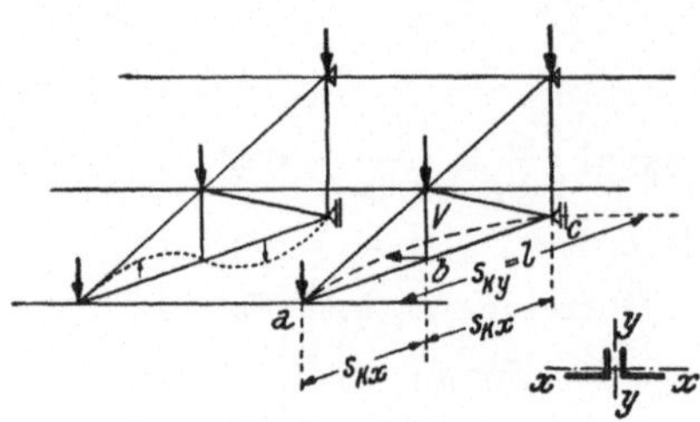

Abb. 195. Verschiedene Knicklängen für das Knicken in verschiedenen Ebenen

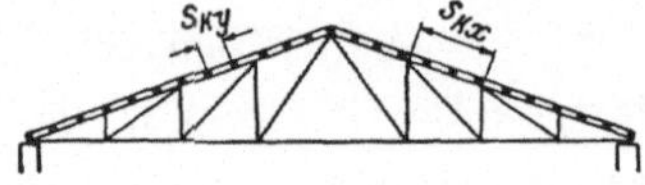

Abb. 196.
Holzdachbinder mit Sparrenpfetten

Ist ein solcher Stab als einfacher oder als zusammengesetzter Druckstab (s. Nr. 8) ausgebildet (bezüglich mehrteiliger Druckstäbe s. Nr. 85), dann sind die beiden Schlankheiten und die Knickzahlen:

$$\lambda_x = \frac{s_{Kx}}{i_x} \cdots \omega_x \quad \text{und} \quad \lambda_y = \frac{s_{Ky}}{i_y} \cdots \omega_y, \tag{82, 42}$$

bzw. die zul. Druckspannungen $\sigma_{\text{zul} Kx}$ und $\sigma_{\text{zul} Ky}$. Es muß dann sowohl

$$\frac{S\omega_x}{F} \leqq \sigma_{\text{zul}} \quad \text{als auch} \quad \frac{S\omega_y}{F} \leqq \sigma_{\text{zul}}, \quad \text{bzw.} \quad \frac{S}{F} \leqq \sigma_{\text{zul} Kx,\,\text{bzw. } y} \tag{82, 43}$$

sein, wenn S die Druckkraft und F die Querschnittsfläche des Stabes bedeutet. Demnach ist also das größere der beiden ω, also die größere der beiden Schlankheiten, maßgebend. Für einen Stab mit sehr verschiedenen i_x und i_y ist es zweckmäßig, die Länge derart zu unterteilen, daß $\omega_x \approx \omega_y$, also $\lambda_x \approx \lambda_y$ wird.

Ein ähnlicher Fall wie der eben besprochene liegt bei dem in Abb. 196 dargestellten hölzernen Fachwerks-Dachbinder vor, auf dessen Obergurt sogenannte *Sparrenpfetten* liegen. Diese verlaufen senkrecht zur Binderebene und tragen die Dachschalung und die Dachhaut. Denken wir uns nun, wie in Statik Nr. 57 ausgeführt, die gesamte Belastung des Fachwerks auf die Knotenpunkte des Obergurts aufgeteilt und die Stabkräfte bestimmt, so erhalten wir für den Obergurt zunächst eine axiale Druckkraft. Dazu kommt nun noch eine Biegungsbeanspruchung durch die Sparrenpfetten. Denn diese werden ohne Rücksicht auf die Knotenentfernung des Fachwerks in konstanten Abständen voneinander (etwa 0,80 bis 1 m) angeordnet. Der Obergurt ist also auf Druck und Biegung beansprucht und ist daher nach Nr. 84 zu bemessen. Bezüglich der Knicklänge gilt folgendes: Senkrecht zur Fachwerksebene ist der Obergurtstab durch die Sparrenpfetten festgehalten. Für das Knicken *aus* der Fachwerksebene ist demnach die Knicklänge s_{Ky} gleich dem Mittenabstand der Sparrenpfetten. Das Knicken *in* der Fachwerksebene können jedoch die Sparrenpfetten nicht hindern. Hier ist die Knicklänge s_{Kx} durch die Knotenentfernung des Obergurts gegeben. (x ist die waagrechte, y die dazu senkrechte Querschnittsachse.) Ein Beispiel dafür folgt in Nr. 4.

83. Druckstäbe mit zusammengesetztem Profil. Oft stellt man Druckstäbe dadurch her, daß man zwei oder mehrere Stab- oder Formstähle längs ihrer ganzen Länge miteinander vernietet oder verschweißt. Solche

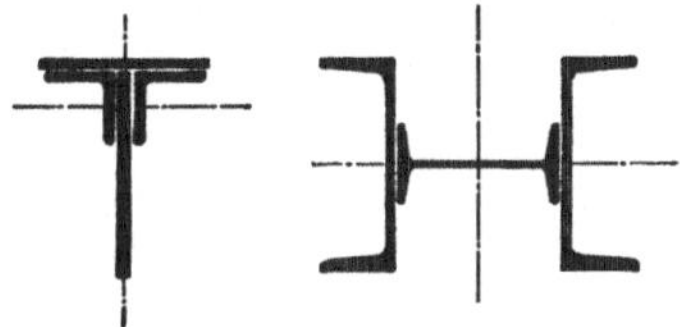

Abb. 197.
Druckstäbe mit zusammengesetzem Profil

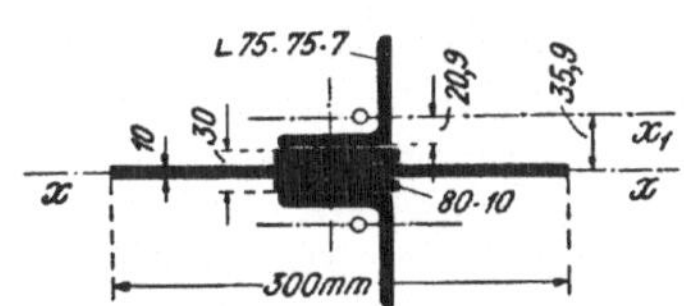

Abb. 198. Nachrechnung der Aussteifung des in Abb. 111 dargestellten Nietträgers

Stäbe mit zusammengesetztem Profil werden genau wie einteilige Druckstäbe berechnet. Abb. 197 zeigt als Beispiele des Druckgurt eines Fachwerks und daneben den Querschnitt einer aus zwei ⊏-Stählen und einem I-Stahl zusammengesetzten Stütze.

1. **Beispiel.** Wir wollen als Beispiel eines Druckstabes mit zusammengesetztem Profil die Aussteifung des Nietträgers aus dem 6. Beispiel der Nr. 40 nachrechnen, die wir über dem Auflager angeordnet haben (s. Abb. 111). Wir legen die nach Önorm vorgeschriebenen Werte zugrunde, nach DIN erfolgt die Rechnung in genau der gleichen Weise.

Die Aussteifung des Stegblechs von der Stärke $t_s = 10$ mm bestand aus 2 ∟ 75·75·7, die beiderseits des Steges angeordnet waren und die mit zwei Blechen vom Querschnitt 80.10 unterfüttert waren. Als wirksamen Druckquerschnitt nimmt man den in Abb. 198 dargestellten Querschnitt an[1], der sich zusammensetzt aus den Querschnitten der beiden Winkel, der beiden Futter und eines Stegblechstreifens von der Breite $30\,t_s$. Als Knicklänge gilt die Höhe des Grundprofils, in unserem Fall $h = 100$ cm. Diesen Druckstab denkt man sich mit dem Auflagerdruck $A = 56{,}7$ Mp belastet. Wir haben zu prüfen, ob die Gl. (79, 27 b) erfüllt ist. Als Werkstoff wurde St 37 verwendet mit einer zulässigen Spannung im Erhöhungsfall von $\sigma_{\text{zul}} = 1{,}70$ Mp/cm².

Für ∟ 75·75·7 ist $F_{\llcorner} = 10{,}1$ cm² und $J_{x_1} = 52{,}4$ cm⁴. Damit ergibt sich zunächst die Gesamtquerschnittsfläche unseres Druckstabes zu

$$F = 30 \cdot 1 + 2 \cdot 8 \cdot 1 + 2 \cdot 10{,}1 = 66{,}2 \text{ cm}^2.$$

Das kleinste Trägheitsmoment des Querschnitts ist das um die x-Achse. (Schon das Trägkeitsmoment des Querschnitts Stegblechstreifens um seine Querachse ist größer als das gesamte J_x.) Es ergibt sich

$$J_x = \frac{30 \cdot 1^3}{12} + 2\left(\frac{8 \cdot 1^3}{12} + 8 \cdot 1 \cdot 1^2 + 52{,}4 + 10{,}1 \cdot 3{,}59^2\right) = 385 \text{ cm}^4.$$

---

[1] S. Stahl im Hochbau, 13. Aufl., S. 274.

Daraus folgt der kleinste Trägheitsradius

$$i_{\min} = \sqrt{\frac{J_x}{F}} = \sqrt{\frac{385}{66,2}} = 2,42 \text{ cm}$$

und die Schlankheit

$$\lambda = \frac{s_K}{i_{\min}} = \frac{100}{2,42} = 41.$$

Dazu gehört die Spannung $\sigma_{\text{zul}\,K} = 1516 \text{ kp/cm}^2$. Dies in Gl. (79, 27 b) eingesetzt, liefert

$$\frac{S}{F} = \frac{56,7}{66,2} = 0,857 < \sigma_{\text{zul}\,K} = 1,516 \text{ kp/cm}^2.$$

Die Aussteifung ist also mehr als ausreichend bemessen.

2. Beispiel. Wir wollen uns kurz mit dem Nachweis der Sicherheit gegen *Kippen* (s. Nr. 39) des im 6. Beispiel der Nr. 40 berechneten genieteten Trägers (Werkstoff St 37) beschäftigen. Die Vorschriften, von denen wir ausgehen, sind nach Önorm bzw. nach DIN ziemlich die gleichen. (S. Önorm B 4600/4, Abs. 2,1, bzw. DIN 4114/1 Abs. 15, berichtigte Ausgabe vom Okt. 1961.) Wir zitieren etwa nach DIN und erwähnen die Unterschiede gegenüber Önorm (wir lassen alles weg, was wir für unser Beispiel nicht brauchen): Ist der Druckgurt eines Trägers mit I-Querschnitt in einzelnen Punkten, deren Entfernung c beträgt, seitlich unverschieblich festgehalten und ist der auf die Stegachse bezogene Hauptträgheitshalbmesser i_y des Gurtquerschnitts gleich oder größer als $c/40$, so darf der Nachweis der Kippsicherheit entfallen. Zum Gurtquerschnitt sind bei genieteten Trägern nach DIN die Gurtplatten, die Gurtwinkel und $^1/_5$ der Stegfläche, nach Önorm die Gurtplatten mit den anliegenden Schenkeln der beiden Gurtwinkel zu zählen. Ist $i_y < \dfrac{c}{40}$ und wird kein genauerer Nachweis der Kippsicherheit erbracht, so darf die größte (ohne Berücksichtigung der Nietlochschwächung) berechnete Randdruckspannung des Trägers den Wert $\dfrac{1,14\,\sigma_{\text{zul}}}{\omega}$ nicht überschreiten (nach Önorm $1,13\,\sigma_{\text{zul}\,K}$). Die Knickzahl ω, bzw. die Spannung $\sigma_{\text{zul}\,K}$ ist hierbei dem Schlankheitsgrad $\lambda = \dfrac{c}{i_y}$ zugeordnet und σ_{zul} hat die in Nr. 79 erläuterte Bedeutung. (Nach Önorm darf die größte Randdruckspannung unter Berücksichtigung der Erhöhung des Widerstandsmoments um 7% berechnet werden.)

Wir wollen den Nachweis nach DIN führen. Nach S. 143 ist die größte Randdruckspannung (berechnet aus dem Widerstandsmoment W_d des unverschwächten Querschnitts) $\sigma_d = 1,58 \text{ Mp/cm}^2$, die zulässige Spannung ist $\sigma_{\text{zul}} = 1,60 \text{ Mp/cm}^2$. Wir wollen den größtmöglichen Abstand c der seitlichen Festhaltungen berechnen, der sich aus obiger Vorschrift ergibt.

Mit dem Faktor 1,14 hat es folgende Bewandtnis. Gemäß der ω-Tafel der DIN für St 37 ist für $\lambda = 40$ $\omega = 1,14$. Ist $i_y \geqq \dfrac{c}{40}$, so bedeutet dies nichts anderes, als daß $\lambda_y = \dfrac{c}{i_y} \leqq 40$ ist. Dann ist aber $\omega \leqq 1,14$ und daher $\dfrac{1,14\,\sigma_{\text{zul}}}{\omega} \geqq \sigma_{\text{zul}}$. Da der Querschnitt so bemessen wird, daß die größte Randdruckspannung $\sigma_d \leqq \sigma_{\text{zul}}$ ist, so ist sicherlich $\dfrac{1,14\,\sigma_{\text{zul}}}{\omega} \geqq \sigma_d$ und damit erübrigt sich der Kippnachweis in dem obigen Sinn. Mit anderen Worten: man betrachtet Träger, für deren Druckgurt $\lambda_y \leqq 40$ ist, als nicht kippgefährdet, ähnlich wie man Druckstäbe mit $\lambda < 20$ als nicht knickgefährdet betrachtet (s. Nr. 79). Man legt im Fall der Kippung die Grenze für λ_y etwas höher und berücksichtigt damit den Einfluß des Drillwiderstandes des Trägers (s. Nr. 72), der ja der Kippung entgegenwirkt.

In unserem Beispiel, wo σ_d sehr nahe an σ_{zul} liegt, kann der Wert c nur wenig über den Wert $40\,i_y$ gesteigert werden. Denn wenn

$$\frac{1{,}14\,\sigma_{zul}}{\omega} \geqq \sigma_d$$

sein soll, muß, wenn wir für die Spannungen die obigen Werte einsetzen,

$$\omega \leqq \frac{1{,}14\,\sigma_{zul}}{\sigma_d} = \frac{1{,}14 \cdot 1{,}60}{1{,}58} = 1{,}15$$

sein. Zu $\omega = 1{,}15$ gehört $\lambda = 42$. Es muß also $\lambda \leqq 42$ sein, das heißt, es muß gelten

$$c \leqq 42\,i_y.$$

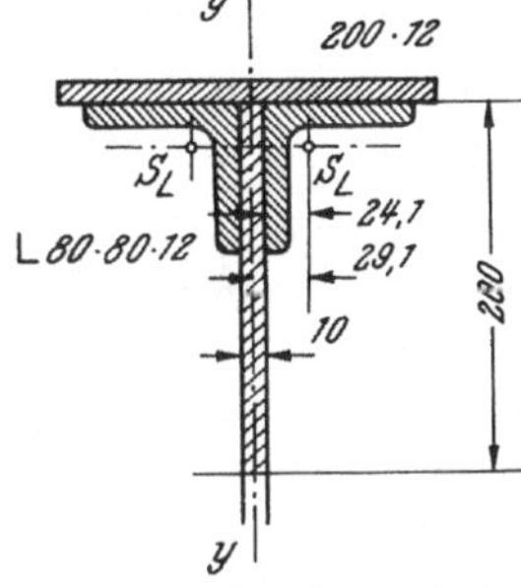

Abb. 199. Zum Nachweis der Kippsicherheit des in Abb. 111 dargestellten Nietträgers

Der Trägheitsradius i_y aus dem Trägheitsmoment des Gurtquerschnitts J_G und seiner Fläche F_G (in Abb. 199 schraffiert) nach Tabelle 5:

Tabelle 5

	F (cm²)	J (cm⁴)
Gurtplatte 200 · 12	24,0	$\frac{1}{12}\,1{,}2 \cdot 20^3 = 800{,}0$
2 Gurtwinkel 80 · 80 · 12	35,8	$2(102 + 17{,}9 \cdot 2{,}91^2) = 507{,}2$
$^{1}/_{5}$ Stegblech $= 200 \cdot 10$	20,0	$\frac{1}{12}\,20 \cdot 1^3 = 1{,}7$
	$F_G = 79{,}8$	$J_G = 1308{,}9$

$$i_y = \sqrt{\frac{J_G}{F_G}} = \sqrt{\frac{1308{,}9}{79{,}8}} = 4{,}05 \text{ cm.}$$

Damit erhalten wir als größtmöglichen Abstand der Festhaltungen (falls kein genauerer Nachweis der Kippsicherheit erbracht wird, denn dieser hier ist nur eine grobe Näherung)

$$c \leqq 42 \cdot 4{,}05 = 170 \text{ cm.}$$

Der behandelte Träger ist 8 m lang und besitzt in Abständen von 1,60 m lotrechte Aussteifungen (s. Abb. 111). Wenn wir an diesen Stellen auch die seitlichen Festhaltungen anbringen, ist $c = 160$ cm und es besteht keine Kippgefahr. Es wäre noch nachzuweisen, daß auch in jenem Trägerteil, wo das Grundprofil allein verwendet wurde, keine Gefahr des Kippens besteht. Der Nachweis gelingt jedoch in der obigen Form nicht restlos. Man müßte allenfalls die Gurtplatten um einen Nietabstand beiderseits verlängern.

84. Planmäßig außermittig gedrückte bzw. auf Druck und Biegung beanspruchte Stäbe. Bei den bisher behandelten Druckstäben war beabsichtigt, daß die Druckkraft in der Stabachse wirke, wenn sich dies auch nicht immer praktisch exakt verwirklichen ließ, was ja durch die Betrachtungen in Nr. 81 seine Berücksichtigung fand. Nunmehr wollen wir annehmen, daß die Druckkraft S mit einer *von vornherein gegebenen* Exzentrizität a angreife oder daß der Stab wohl mittig gedrückt sei, daß er jedoch außerdem noch durch ein Biegemoment M beansprucht werde. Dieses Biegemoment kann etwa durch eine quer zur Stabachse wirkende Belastung entstanden sein. Nach unseren Ausführungen im Abschnitt IV sind diese beiden Belastungsfälle gleichwertig. Die Belastung durch eine außermittige Kraft S mit dem Hebelarm a ist gleichwertig der Belastung durch eine mittige Kraft S und einem Biegemoment $M = S\,a$.

Wir betrachten stets gerade Stäbe mit gleichbleibendem Querschnitt. Ist M veränderlich, so ist in die folgenden Formeln stets der absolut größte Wert des Biegemoments, M_{max}, einzusetzen. Wir bringen im folgenden nur die wichtigsten der einschlägigen Bestimmungen, über weitere Einzelheiten möge in den Normen nachgelesen werden.

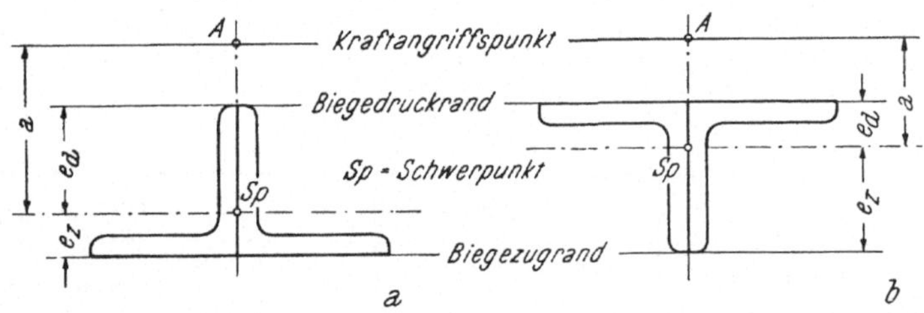

Abb. 200.　Planmäßig außermittig gedrückte Stahlstäbe

a) Stahl. Die Vorschriften über die Berechnung von geraden, planmäßig außermittig gedrückten Stahlstäben sind gemäß Önorm und DIN, bis auf die Festsetzungen über die zulässigen Spannungen, völlig die gleichen[1]. Zunächst wird gefordert, daß vorerst die gewöhnliche Spannungsuntersuchung auf Druck und Biegung durchzuführen und zu zeigen ist, daß die größten im Stab auftretenden Spannungen den Wert σ_{zul} nicht überschreiten. Hierbei ist nach den einschlägigen Vorschriften des allgemeinen Spannungsnachweises zu verfahren, es ist also z. B. der Einfluß der Ausbiegung nicht zu berücksichtigen, wohl aber die Nietlochschwächung usw. Sodann ist die Untersuchung auf Knicksicherheit durchzuführen und dazu, falls kein geauerer Nachweis erbracht wird, nach den folgenden *Näherungsformeln* zu verfahren. Dabei sind die folgenden Fälle zu unterscheiden:

1. Der Lastangriffspunkt liegt auf einer Hauptachse des Querschnitts, bzw. das Moment M beansprucht den Querschnitt auf gerade Biegung.

I. Der Schwerpunkt des Querschnitts hat von Biegezug- und vom Biegedruckrand den gleichen Abstand ($e_z = e_d$) oder er liegt dem Biege-

---

[1] S. Önorm B 4600/4, Abs. 1,3, bzw. DIN 4114/1, Abs. 10.

zugrand näher als dem Biegedruckrand ($e_z < e_d$, Abb. 200 a). Dann muß die folgende Bedingung erfüllt sein ($\sigma_{zul}/\sigma_{zul\,K}$ entspricht dem ω der DIN)

$$\frac{\sigma_{zul}}{\sigma_{zul\,K}} \cdot \frac{S}{F} + 0{,}9\,\frac{M}{W_d} \leqq \sigma_{zul}. \tag{84, 44}$$

II. Bei Stabquerschnitten, deren Schwerpunkt dem Biegedruckrand näher liegt als dem Biegezugrand ($e_z > e_d$, Abb. 200 b), müssen die beiden folgenden Bedingungen erfüllt sein

$$\frac{\sigma_{zul}}{\sigma_{zul\,K}} \cdot \frac{S}{F} + 0{,}9\,\frac{M}{W_d} \leqq \sigma_{zul}, \tag{84, 45 a}$$

$$\frac{\sigma_{zul}}{\sigma_{zul\,K}} \cdot \frac{S}{F} + \frac{300 + 2\,\lambda}{1000}\,\frac{M}{W_z} \leqq \sigma_{zul}. \tag{84, 45 b}$$

Es bedeuten: S und M die Absolutwerte der Druckkraft und des Biegemoments; F die unverschwächte Stabquerschnittsfläche; W_d, W_z die auf den Biegedruck- bzw. Biegezugrand bezogenen Widerstandsmomente des *unverschwächten* Stabquerschnitts; λ die Schlankheit des Stabes für Knickung in der Momentenebene; $\sigma_{zul\,K}$ die zu λ gehörige zulässige Druckspannung lt. Norm; σ_{zul} die zul. Spannung gemäß Tafel 2, Zeile 1, nach Önorm, bzw. gemäß Tafel 3, Zeile 1 nach DIN. Die Erhöhung des Widerstandsmoments um 7%, die gemäß Önorm beim allg. Spannungsnachweis gestattet ist, ist bei Anwendung dieser Formeln nicht zulässig.

Die Notwendigkeit der Überprüfung des Stabes gemäß Gl. (84, 45 b) rührt offenbar daher, daß im Fall II unter Umständen auf der Biegezugseite höhere Spannungen auftreten können als auf der Biegedruckseite, worauf wir in der Fußnote auf S. 183 hingewiesen haben.

Wichtig ist, daß man den Stab auch auf Knickung in der Richtung quer zur Momentenebene untersucht, und zwar als mittig mit der Kraft S belasteter Druckstab.

2. Der Angriffspunkt der Druckkraft S liegt nicht auf einer Hauptachse, bzw. das Biegemoment M beansprucht den Querschnitt auf schiefe Biegung. In diesem Fall ist M nach den Hauptachsen in die Komponenten M_x und M_y zu zerlegen und es sind nach Nr. 42 bzw. Nr. 43 die Absolutwerte der größten Biegedruck- und der größten Biegezugspannung zu berechnen. Der erstere ist an Stelle von M/W_d, der letztere an Stelle von M/W_z in die obigen Formeln einzusetzen. Für $\sigma_{zul\,K}$ ist der der größeren Schlankheit λ entsprechende Wert einzuführen.

b) Holz. Zur Berechnung planmäßig außermittig gedrückter Stäbe aus Holz werden ähnliche Näherungsformeln wie für Stahlstäbe angewandt. Nach Önorm B 4100/2 ist nachzuweisen, daß

$$\frac{S\,\omega}{F} + \frac{\sigma_{d\,zul\,\|}}{\sigma_{b\,zul}}\left(\frac{M_x}{W_x} + \frac{M_y}{W_y}\right) \leqq \sigma_{d\,zul\,\|} \tag{84, 46}$$

ist. Hier, wie oben bei Stahl, ist S die Stabkraft, M_x, M_y sind die Komponenten des Biegemoments nach den Hauptachsen des Querschnitts (alles Absolutbeträge), und zwar sind wieder die maximalen Biegemomente einzusetzen. Querschnittsfläche F und Widerstandsmomente W_x, W_y beziehen sich auf den unverschwächten Querschnitt; ω ist die Knickzahl[1]. $\sigma_{d\,zul\,||}$ ist die zulässige Druckspannung in der Faserrichtung, $\sigma_{b\,zul}$ die zulässige Biegespannung, für beide Spannungen sind die nach Önorm gültigen Werte aus Tafel 4 zu entnehmen. Die Multiplikation des Klammerausdrucks in Gl. (84, 46) mit dem Verhältnis dieser beiden Spannungswerte trägt dem Umstand Rechnung, daß die zulässige Biegespannung höher ist als die zulässige Druckspannung und daß die nach dieser Gleichung berechnete gedachte Spannung mit der zulässigen Druckspannung verglichen wird.

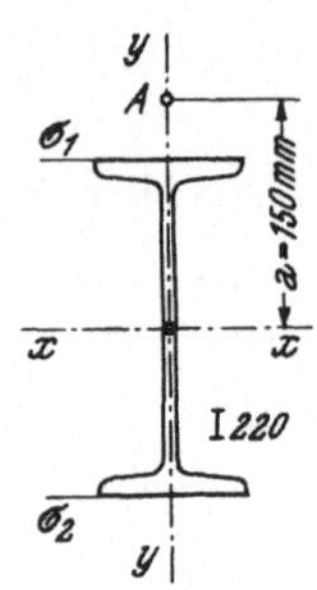

Abb. 201. Außermittig belasteter Druckstab mit I-Querschnitt

DIN 1052/1, Abs. 7.4 schreibt die entspr. Formel in der Form

$$\frac{S\,\omega}{F} + \frac{\sigma_{d\,zul\,||}}{\sigma_{b\,zul}} \cdot \frac{M}{W} \leqq \sigma_{d\,zul\,||}, \tag{84, 47}$$

und setzt fest, daß für ω, ohne Rücksicht auf die Richtung der Ausbiegung, stets der größte Wert einzusetzen ist. Die beiden Spannungswerte sind entsprechend der DIN einzusetzen (s. Tafel 4, Zeile 1 bzw. 4). Außerdem ist noch der gewöhnliche Spannungsnachweis auf Druck und Biegung durchzuführen (s. Norm).

1. Beispiel. Ein Druckstab aus St 37 von der nach allen Seiten gleich großen Knicklänge $s_K = 3{,}00$ m ist als Normalprofil I 220 ausgeführt. Er ist mit einer Druckkraft $S = 14{,}5$ Mp außermittig belastet, deren Angriffspunkt A im Abstand $a = 150$ mm $= 15$ cm vom Schwerpunkt des Querschnitts in der Stegebene liegt (Abb. 201). Es ist nachzuweisen, daß der Stab auf Grund der Önorm-Vorschriften ausreichend bemessen ist. $\sigma_{zul} = 1{,}50$ Mp/cm². Es sei keinerlei Nietlochschwächung vorhanden, und es liege der Regelfall vor.

Für den Querschnitt I 220 gelten die folgenden Werte:

$$F = \quad 39{,}6 \text{ cm}^2, \qquad i_x = 8{,}80 \text{ cm},$$
$$W_x = 278 \quad \text{cm}, \qquad i_y = 2{,}02 \text{ cm}.$$

Die Belastung des Stabes durch die Druckkraft S in A ist gleichwertig der Belastung durch die Kraft S im Schwerpunkt und durch ein Biegemoment $M = S\,a = 14{,}5 \cdot 15 = 218$ Mp cm, das in der Stegebene dreht. Wir haben im folgenden drei Nachweise zu führen.

---

[1] Es ist in der Önorm nicht ausdrücklich gesagt, welcher Wert für ω anzunehmen ist. Man wird wohl am besten so verfahren, wie es die Vorschriften für Stahlbau festsetzen: Bei gerader Biegung ist ω die Knickzahl für die Knickung in der Momentenebene, bei schiefer Biegung ist der größere der beiden Werte ω_x und ω_y einzusetzen. Bei gerader Biegung wäre dann noch zu prüfen, ob Knicksicherheit senkrecht zur Momentenebene besteht. — Die DIN fordert ausdrücklich die Einsetzung des größten ω-Wertes, ohne Rücksicht auf die Richtung der Ausbiegung. In diesem Fall erübrigt sich der Knicknachweis senkrecht zur Momentenebene.

1. Allgemeiner Spannungsnachweis. Hierbei dürfen wir das Widerstandsmoment um 7% erhöhen. Bezeichnen wir den Absolutwert der größten Randspannung (es ist eine Druckspannung), die infolge der gleichzeitigen Wirkung von S im Schwerpunkt und von M auftritt, mit $\bar\sigma_1$, so muß gelten [s. Gl. (49, 8)]

$$\bar\sigma_1 = \frac{S}{F} + \frac{M}{1{,}07\,W_x} \leqq \sigma_{\text{zul}}.$$

Setzen wir die Zahlwerte ein, so erhalten wir

$$\frac{14{,}5}{39{,}6} + \frac{218}{1{,}07 \cdot 278} = 0{,}366 + 0{,}733 = 1{,}099 < \sigma_{\text{zul}} = 1{,}500 \; \text{Mp/cm}^2.$$

2. Nachweis der Knicksicherheit quer zur x-Achse. Dieser ist nach Gl. (84, 44) zu führen, da der Querschnitt zur x-Achse symmetrisch ist. Es ist zu zeigen, daß gilt

$$\frac{\sigma_{\text{zul}}}{\sigma_{\text{zul}\,Kx}} \cdot \frac{S}{F} + 0{,}9\,\frac{M}{W_x} \leqq \sigma_{\text{zul}}.$$

Hier darf W nicht erhöht werden. Die Schlankheit bezüglich des Ausknickens um die x-Achse und die zugehörige zulässige Druckspannung sind

$$\lambda_x = \frac{s_K}{i_x} = \frac{300}{8{,}80} = 34,$$

$$\sigma_{\text{zul}\,Kx} = 1{,}357 \; \text{Mp/cm}^2.$$

Damit erhalten wir

$$\frac{1{,}500}{1{,}357} \cdot \frac{14{,}5}{39{,}6} + 0{,}9\,\frac{218}{278} = 0{,}405 +$$

$$+\; 0{,}706 = 1{,}111 < \sigma_{\text{zul}} = 1{,}500 \; \text{Mp/cm}^2.$$

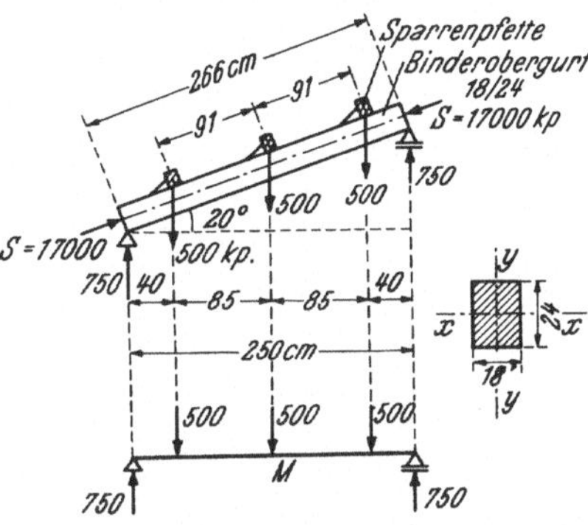

Abb. 202. Binderobergurt mit Sparrenpfetten

3. Nachweis der Knicksicherheit quer zur y-Achse. Hier ist die mittig wirkende Druckkraft S maßgebend und es ist nach Gl. (79, 27 b) zu zeigen, daß

$$\frac{S}{F} \leqq \sigma_{\text{zul}\,Ky}$$

ist. Die Schlankheit bezüglich der y-Achse und die zugehörige zulässige Druckspannung sind

$$\lambda_y = \frac{s_K}{i_y} = \frac{300}{2{,}02} = 149, \qquad \sigma_{\text{zul}\,Ky} = 0{,}397 \; \text{Mp/cm}^2.$$

Mit dem oben bereits berechneten Wert für S/F erhalten wir

$$\frac{S}{F} = 0{,}366 < \sigma_{\text{zul}\,Ky} = 0{,}397 \; \text{Mp/cm}^2.$$

Hier sind wir am nächsten an den zulässigen Wert herangekommen. Wir sehen daraus, daß in unserem Beispiel trotz der erheblich außermittigen Druckbelastung in der Stegebene noch immer das Knicken senkrecht zur Stegebene die größere Gefahr bedeutet. Diese Möglichkeit ist also stets zu überprüfen.

2. Beispiel. Als Anwendungsbeispiel eines auf Druck und Biegung beanspruchten Stabes berechnen wir den Obergurt eines hölzernen Dachbinders von 2,50 m Feldweite und $\alpha = 20°$ Dachneigung (Abb. 202). Auf dem Gurt seien, wie in Nr. 82 an Hand der Abb. 196 näher ausgeführt wurde, Sparrenpfetten im Abstand 0,91 m verlegt. Der Auflagerdruck einer solchen Pfette sei 500 kp. Die größte Druckkraft im Gurt sei $S = 17$ Mp. Der Gurt soll als rechteckiger Holzbalken nach DIN bemessen werden. $\sigma_{d\,zul\,\|} = 85$ kp/cm², $\sigma_{b\,zul} = 100$ kp/cm².

In Abb. 202 sind die Sparrenpfetten auf dem Obergurt in ihren ungünstigsten Stellung angenommen, so daß das Biegemoment M seinen größtmöglichen Wert erreicht. Zur Berechnung dieses Moments wurde der Gurtstab als Träger auf zwei Stützen aufgefaßt, mit der in der Abb. angedeuteten Lagerung. Die Biegemomente in diesem geneigten Träger stimmen überein mit den Biegemomenten in dem darunter gezeichneten waagrecht liegenden Träger (s. Statik, Nr. 46, 2. Beispiel). Für diesen ergibt sich in der Mitte das Biegemoment

$$M = 750 \cdot 125 - 500 \cdot 85 = 51\,250 \text{ kp cm.}$$

Dazu kommt im Gurtstab noch die Druckkraft $S = 17\,000$ kp.

Wir wählen den Querschnitt 18/24 (hochkant). Für diesen ist

$$F = 432 \text{ cm}^2 \qquad i_x = 6{,}93 \text{ cm,}$$
$$W_x = 1728 \text{ cm}^3 \qquad i_y = 5{,}20 \text{ cm.}$$

Nach Nr. 82 kommen dem Obergurtstab zwei Knicklängen zu. Die eine, $s_{K\,x}$, bezieht sich auf das Knicken in der Fachwerkebene und ist gleich der Knotenentfernung: $s_{K\,x} = 250/\cos 20° = 250/0{,}940 = 266$ cm. Die andere bezieht sich auf das Knicken aus der Fachwerkebene und ist gleich dem Abstand der Sparrenpfetten: $s_{K\,y} = 91$ cm. Damit ergeben sich die Schlankheiten

$$\lambda_x = \frac{s_{K\,x}}{i_x} = \frac{266}{6{,}93} = 38, \qquad \lambda_y = \frac{s_{K\,y}}{i_y} = \frac{91}{5{,}20} = 18 < \lambda_x.$$

Es ist daher $\omega_x > \omega_y$ und folglich $\omega_x = 1{,}24$ maßgebend, und Gl. (84, 47) liefert

$$\frac{S\,\omega}{F} + \frac{\sigma_{d\,zul\,\|}}{\sigma_{b\,zul}}\,\frac{M}{W_x} = \frac{17\,000 \cdot 1{,}24}{432} + 0{,}85\,\frac{51\,250}{1728} = 74{,}0 < \sigma_{zul}.$$

Der gewählte Querschnitt ist also ausreichend. Der gewöhnliche Spannungsnachweis auf Druck und Biegung kann auf Grund der Norm ebenfalls erbracht werden.

85. Mehrteilige Druckstäbe. Werden zwei oder mehrere Einzelstäbe dadurch zu einem einzigen Stab vereinigt, daß sie durch mehrere Bindebleche (bei Holzstäben Bindehölzer), die in gewissen Abständen voneinander angeordnet sind, oder durch Vergitterungen miteinander verbunden werden, so spricht man von einem *mehrteiligen Druckstab*. Im ersten Fall nennt man den Stab einen *Rahmenstab* (Abb. 204a), im zweiten einen *Gitterstab* (Abb. 204b). Abb. 203 zeigt einige Beispiele von Querschnitten zweiteiliger Druckstäbe aus Stahl;][und II kommen für Baustützen in Betracht, ⌋⌊ wird für Gurte und Füllstäbe von Fachwerken verwendet. Abb. 207a, b zeigen Beispiele mehrteiliger Druckstäbe aus Holz.

Die Einzelstäbe eines mehrteiligen Druckstabes müssen miteinander derart verbunden sein, daß ihr Zusammenwirken gewährleistet ist. Die Verbindungen müssen also derart angeordnet sein, daß sich die Einzelteile des Stabes bei der Verformung nicht gegeneinander verschieben können, also etwa so, wie es in Abb. 205a für einen Stahlstab dargestellt ist. Unwirksam dagegen wäre eine Verbindung nach Abb. 205b, da sich hier die beiden Einzelstäbe im Fall des Ausweichens genau so verformen, als wären sie überhaupt nicht miteinander verbunden. Die Einzelstäbe sind also auf jeden Fall an den Enden und dann noch, laut Vorschrift, mindestens in den Drittelpunkten miteinander zu verbinden.

Die Verhältnisse liegen hier ähnlich wie bei verdübelten Biegebalken (s. Nr. 46), und genau wie dort können wir auch hier die Verbindung nicht als vollständig starr auffassen. Für das Knicken des Stabes quer zur Achse $x \ldots x$ der Abb. 203 bzw. 207, die, weil sie alle Einzelquerschnitte durchschneidet, *Stoffachse* genannt wird, spielt die Art der Verbindung keine Rolle. Diesbezüglich wird sich der Gesamtstab wie ein einteiliger Druckstab verhalten. Nicht so jedoch, wenn wir das Knicken quer zur

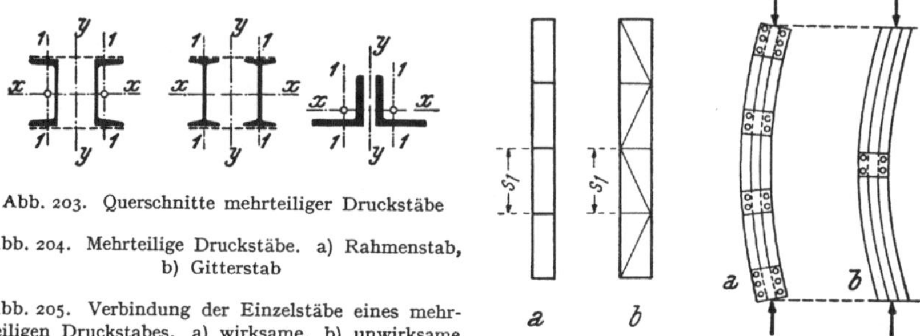

Abb. 203. Querschnitte mehrteiliger Druckstäbe

Abb. 204. Mehrteilige Druckstäbe. a) Rahmenstab, b) Gitterstab

Abb. 205. Verbindung der Einzelstäbe eines mehrteiligen Druckstabes. a) wirksame, b) unwirksame Verbindung

Abb. 204

Abb. 205

Achse $y \ldots y$, also quer zur sogenannten *stofffreien Achse* betrachten. Hier werden wir nicht mit dem vollen Trägheitsmoment, das sich theoretisch ergibt, rechnen können. Im Stahlbau trägt man diesem Umstand durch Einführung eines höheren als dem theoretischen Schlankheitsgrad Rechnung. Ebenfalls mit einem solchen „ideellen Schlankheitsgrad" wird nach Önorm bei mehrteiligen Druckstäben aus Holz gerechnet. Die DIN-Vorschrift für Holzstäbe berücksichtigt die erhöhte Nachgiebigkeit in Richtung quer zur stofffreien Achse durch Abminderung des Trägheitsmoments um diese Achse. — Wir betrachten im folgenden stets gerade, planmäßig mittig gedrückte Stäbe.

a) Stahl. Die Berechnungsgrundlagen und die Vorschriften über die bauliche Ausbildung mehrteiliger Druckstäbe aus Stahl, die aus Theorie und Versuchsergebnissen abgeleitet wurden, sind in Önorm B 4600/4, Abs. 1,22 bzw. in DIN 4114/1, Abs. 8 enthalten. Sie sind im wesentlichen gleichartig, weshalb wir hier nur auf die Önorm-Vorschriften näher eingehen. Wir entnehmen diesen ziemlich umfangreichen Bestimmungen hier bloß so viel, als sich auf einen mehrteiligen Rahmenstab bezieht, wie wir ihn im folgenden Beispiel behandeln wollen.

Nach Önorm sind für mehrteilige Druckstäbe von gleichbleibendem Querschnitt und mit Querschnittsformen nach Abb. 203 (bezüglich weiterer Querschnittsformen s. in der Norm) die folgenden Nachweise zu führen. Dabei entspricht $\sigma_{\text{zul}\,K}$ der Önorm dem Wert $\sigma_{\text{zul}}/\omega$ der DIN.

1. Für das Ausknicken quer zur Stoffachse $x \ldots x$ ist der Stab wie ein einteiliger Druckstab zu berechnen. Es muß also gelten

$$\frac{S}{F} \leqq \sigma_{\text{zul}\,Kx}; \qquad \left(\text{nach DIN} \quad \frac{S\,\omega_x}{F} \leqq \sigma_{\text{zul}}\right). \tag{85, 48}$$

Darin bedeutet S die größte Druckkraft, die der Gesamtstab aufnehmen soll, F die unverschwächte Querschnittsfläche und $\sigma_{\text{zul}\,Kx}$ (bzw. ω_x) die zur Schlankheit λ_x des Gesamtstabes gehörige zulässige Druckspannung (bzw. Knickzahl). Es ist $\lambda_x = s_{Kx}/i_x$, wo s_{Kx} die Knicklänge für das Ausknicken quer zur Achse $x \ldots x$ und i_x den Trägheitsradius des Querschnitts des Gesamtstabes um die Hauptachse $x \ldots x$ bedeutet. $\sigma_{\text{zul}\,Kx}$ ist der entsprechenden Tafel der Önorm zu entnehmen. (Analog ω_x und σ_{zul} den Tafeln der DIN.)

2. Für das Ausknicken quer zur stofffreien Achse $y \ldots y$ ist der *ideelle Schlankheitsgrad* λ_{yi} anzunehmen zu

$$\lambda_{yi} = \sqrt{\lambda_y{}^2 + \lambda_1{}^2}. \tag{85, 49}$$

Hiefür ist die zulässige Druckspannung $\sigma_{\text{zul}\,Ky}$ (bzw. die Knickzahl ω_{yi}) den Tafeln zu entnehmen und nachzuweisen, daß gilt

$$\frac{S}{F} \leqq \sigma_{\text{zul}\,Ky}; \qquad \left(\text{nach DIN} \quad \frac{S\,\omega_{yi}}{F} \leqq \sigma_{\text{zul}}\right). \tag{85, 50}$$

Es ist $\lambda_y = s_{Ky}/i_y$ die Schlankheit des Gesamtstabes für das Ausknicken quer zur Achse $y \ldots y$, s_{Ky} die hiefür geltende Knicklänge und i_y der Trägheitsradius um die Querschnittshauptachse $y \ldots y$. λ_1 ist eine Hilfsgröße, die bei Rahmenstäben

$$\lambda_1 = \frac{s_1}{i_1} \tag{85, 51}$$

ist (bezügl. Gitterstäben s. Norm). Dabei ist s_1 die größte Feldweite gemäß Abb. 204 a und i_1 der kleinste Trägheitsradius des Querschnitts des Einzelstabes. λ_1 ist also bei Rahmenstäben gleich der Schlankheit des Einzelstabes, wenn man s_1 als seine Knicklänge betrachtet. Wenn m die Zahl der Einzelstäbe bedeutet, muß außerdem noch gelten

$$\lambda_1 \leqq \left(25 + \frac{50}{m}\right)\left(4 - 3\,\frac{S}{F\,\sigma_{\text{zul}\,Ky}}\right). \tag{85, 52}$$

(In der DIN steht $\omega_{yi}/\sigma_{\text{zul}}$ statt $1/\sigma_{\text{zul}\,Ky}$.)

Dies hat z. B. bei einem zweiteiligen Druckstab ($m = 2$) folgende Bedeutung. Bei voller Ausnützung des Stabes (zumindest bezüglich Knicken quer zur y-Achse) gilt in Gl. (85, 50) das Gleichheitszeichen, und damit ist der Faktor der Zahl 3 in obiger Gleichung gleich 1. Die Schlankheit des Einzelstabes eines voll ausgenützten zweiteiligen Rahmen-

stabes darf also nicht größer als 50 sein. Ist der Stab nicht voll ausgenützt, dann ergibt sich ein Wert, der größer ist als 50.

Bezüglich der Berechnung der Bindebleche sei auf die Norm verwiesen.

Beispiel. Wir wollen eine *einfache Baustütze*, bestehend aus zwei $\llbracket$ 240 von 3 m
Höhe, für eine (mittige) Druckkraft $S = 110$ Mp nach Önorm nachrechnen. Werkstoff
St 37, Regelfall, $\sigma_{zul} = 1{,}50$ Mp/cm² (Abb. 206; solche Baustützen, darunter auch
diese, sind in dem Tabellenbuch „Stahl im Hochbau" für alle möglichen Längen und
Belastungen zusammengestellt, allerdings für $\sigma_{zul} = 1{,}40$ Mp/cm²).

Für den Einzelstab $\llbracket$ 240 entnehmen wir der Profiltafel die Querschnittsfläche
$F' = 42{,}3$ cm². Das Querschnitts-Trägheitsmoment um die x-Achse ist $J_x' =
= 3600$ cm⁴, das um die Achse 1 ... 1 ist $J_1 = 248$ cm⁴. Der Schwerpunktsabstand
vom Profilrücken ist $e = 2{,}23$ cm.

Die Querschnittsfläche des Gesamtstabes ist dann $F = 2\,F' = 84{,}6$ cm², das
Trägheitsmoment des Gesamtquerschnitts um die Achse $x \ldots x$ ist $J_x = 2\,J_x'$.
Daher gilt für den Trägheitsradius

$$i_x = \sqrt{\frac{J_x}{F}} = \sqrt{\frac{2\,J_x'}{2\,F'}} = \sqrt{\frac{J_x'}{F'}} = i_x'. \tag{85, 53}$$

Der Trägheitsradius des Gesamtquerschnitts um die x-Achse ist also gleich dem
Trägheitsradius des Einzelquerschnitts um die x-Achse. Dieser ist laut Tafel $i_x' =
= 9{,}22$ cm. Die Knicklänge des Gesamtstabes ist nach beiden Richtungen die gleiche:
$s_{K\,x} = s_{K\,y} = 300$ cm. Daraus folgt die Schlankheit $\lambda_x = s_{K\,x}/i_x = 300/9{,}22 = 33$
und die zulässige Druckspannung $\sigma_{zul\,Kx} = 1{,}362$ Mp/cm². Damit erweist sich die
erste Forderung [Gl. (85, 48)] als erfüllt:

$$\frac{S}{F} = \frac{110}{84{,}6} = 1{,}300 \text{ Mp/cm}^2 < \sigma_{zul\,Kx}$$

Bevor wir an die zweite Forderung herangehen, müssen wir den Abstand a der
beiden $\llbracket$-Stähle festlegen. Für die in „Stahl im Hochbau" zusammengestellten
Baustützen ist er gerundet so gewählt, daß das Gesamtträgheitsmoment des Querschnitts um die y-Achse um mindestens 10% größer ist als das Gesamtträgheitsmoment um die x-Achse:

$$J_y \geqq J_x + 0{,}1\,J_x = 1{,}1\,J_x.$$

Nach dem STEINER-Satz (Nr. 25) ist

$$J_y = 2\left[J_1 + F'\left(\frac{a}{2} + e\right)^2\right].$$

Setzen wir ferner für $J_x = 2\,J_x'$ ein, so erhalten wir

$$\frac{a}{2} + e \geqq \sqrt{\frac{1{,}1\,J_x' - J_1}{F'}} = \sqrt{\frac{1{,}1 \cdot 3600 - 248}{42{,}3}} = 9{,}36$$

und daraus

$$a \geqq 14{,}26 \text{ cm}; \text{ wir wählen } a = 15 \text{ cm}.$$

Damit ergibt sich

$$J_y = 2\,[248 + 42{,}3\,(7{,}5 + 2{,}23)^2] = 8510 \text{ cm}^4.$$

Daraus folgt

$$\lambda_y^2 = \frac{s_{K\,y}^2}{i_y^2} = \frac{s_{K\,y}^2\,F}{J_y} = \frac{300^2 \cdot 84{,}6}{8510} = 895,$$

also $\lambda_y = 30$ (wie wir sehen werden, genügt die Kenntnis von λ_y^2).

Nach Abb. 206 ist der Mittenabstand der Bindebleche und damit die Feldweite $s_1 = 82,0$ cm. Der Trägheitsradius des Einzelstabes um die Achse 1 ... 1 ist laut Tafel $i_1 = 2,42$ cm, also ist $\lambda_1 = s_1/i_1 = 82,0/2,42 = 34$. Für den ideellen Schlankheitsgrad ergibt sich somit [s. Gl. (85, 49)]

$$\lambda_{yi} = \sqrt{\lambda_y{}^2 + \lambda_1{}^2} = \sqrt{895 + 1156} = 45.$$

Dazu gehört die zulässige Druckspannung $\sigma_{zul\,Ky} = 1,301$ Mp/cm². Dies in Gl. (85, 50) eingesetzt, liefert

$$\frac{S}{F} = \frac{110}{84,6} = 1,300 \text{ Mp/cm}^2 < \sigma_{zul\,Ky}.$$

Es ist also auch die zweite Forderung erfüllt[1].

Wir haben noch zu zeigen, daß auch Gl. (85, 52) erfüllt ist. In unserem Fall ist $m = 2$ und es muß gelten

$$\lambda_1 = \frac{s_1}{i_1} \leqq 50\left(4 - 3\,\frac{1,36}{1,40}\right) = 55,$$

was tatsächlich der Fall ist, denn es ist $\lambda_1 = 34$.

Die Stütze ist also für die Last von 110 Mp nach den Önorm-Vorschriften ausreichend bemessen. Sie ist es nicht nach den DIN-Vorschriften, denn

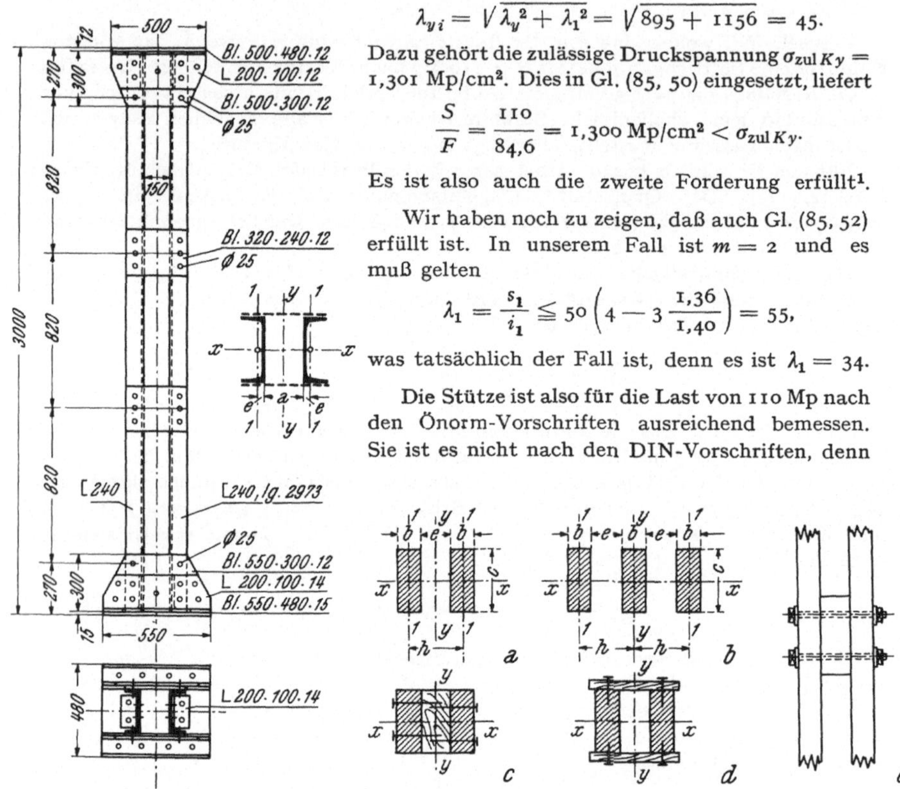

Abb. 206. Einfache Baustütze

Abb. 207. Mehrteilige Druckstäbe aus Holz

nach „Stahl im Hochbau", 13. Aufl., S. 390 besitzt die Stütze gemäß der nach DIN 1050 zulässigen Spannung ($\sigma_{zul} = 1,40$ Mp/cm²) die Tragfähigkeit $S_{max} = 101$ Mp.

b) Holz. Die Berechnungsgrundlagen für mehrteilige Druckstäbe aus Holz finden sich in Önorm B 4100/2 bzw. in DIN 1052. Wir geben auch hier die einschlägigen Vorschriften nicht vollständig wieder, sondern gehen im wesentlichen nur so weit, als es zur Durchführung des unten folgenden Beispiels erforderlich ist.

---

[1] Eigentlich würde von den beiden Knicknachweisen derjenige für das größere λ genügen; der andere ist dann von selbst erfüllt. Indessen wird man wegen Gl. (85, 52) unter Umständen genötigt sein, beide Nachweise zu führen. In unserem Beispiel hätte der zweite für sich allein genügt.

Mehrteilige Druckstäbe aus Holz kommen häufig bei größeren Fachwerkskonstruktionen oder bei Rahmenbindern zur Ausführung. Abb. 207 a und b zeigen Beispiele des Querschnitts eines zwei- bzw. eines dreiteiligen Druckstabes aus Holz. Auch hier unterscheidet man Rahmen- und Gitterstäbe. Bei den letzteren erfolgt die Verbindung der Einzelstäbe durch fachwerkartige Vergitterung, bei den ersteren durch Zwischenhölzer (Abb. 207 c und e, die Önorm nennt sie Bindehölzer) oder durch seitlich befestigte Brettchen, ähnlich den Bindeblechen der Stahlstützen und daher von der DIN Bindehölzer genannt (Abb. 207 d). Als Verbindungsmittel kommt Verleimung, Nagelung, Verdübelung und Verschraubung in Frage, wobei die DIN im Fall eines Anschlusses der Zwischenhölzer mit Bolzen den Stab nur bei fliegenden Bauten oder Gerüsten als mehrteiligen Druckstab aufzufassen gestattet, ansonsten bloß aus nicht zusammenwirkenden Einzelstäben. Als mehrteilige Druckstäbe sind aber, außer bei Verleimung, auch solche Stäbe aufzufassen, die satt aneinander liegen und kontinuierlich miteinander verbunden sind.

Für das Ausknicken quer zur Stoffachse $x \ldots x$ ist der mehrteilige Stab wieder wie ein einteiliger Druckstab zu behandeln. Dagegen kann bezüglich des Knickens um die Achse $y \ldots y$ nicht in jedem Fall mit einem vollständigen Zusammenwirken der Einzelstäbe gerechnet werden. Die Berücksichtigung dieses Umstandes erfolgt nach Önorm bzw. nach DIN in etwas verschiedener Weise, obwohl sich beide Vorschriften an jene für die mehrteiligen Druckstäbe aus Stahl anlehnen, indem sie einen künstlich erhöhten Schlankheitsgrad einführen. Wir wollen zunächst die etwas einfachere DIN-Vorschrift besprechen und sie an Hand eines Beispiels mit der Önorm-Vorschrift vergleichen.

α) *Berechnung nach DIN*[1].

Zunächst wird zwischen nicht gespreizten und gespreizten Stäben unterschieden, wobei unter Spreizung nach DIN das Verhältnis e/b gemäß Abb. 207 zu verstehen ist. Zusammengesetzte, nicht gespreizte Stäbe, die kontinuierlich miteinander verleimt sind, werden wie einteilige Druckstäbe behandelt, während bei nachgiebigen Verbindungsmitteln, wie Nägel oder Dübel, bezüglich des Ausknickens senkrecht zur Berührungsfläche der einzelnen Stäbe nach den DIN-Vorschriften für zusammengesetzte Biegeträger zu verfahren ist.

Wir wollen uns hier nur mit gespreizten Druckstäben, und zwar mit Rahmenstäben befassen.

1. Bezüglich des Ausknickens quer zur Achse $x \ldots x$ ist ein solcher Stab wie ein einteiliger Druckstab zu behandeln, dessen Querschnittsträgheitsmoment $J_x = \sum_{i=1}^{m} J_{x,i}$ ist, also gleich der Summe der Träg-

---

[1] Um eine gleichartige Bezeichnung zu erzielen, müssen wir in manchen Punkten von der Bezeichnung der Norm abweichen.

heitsmomente der m Einzelstäbe um die Achse $x \ldots x$. Aus dem Trägheitsradius i_x und der Knicklänge s_{Kx} ist die Schlankheit $\lambda_x = s_{Kx}/i_x$ zu berechnen, die zugehörige Knickzahl ω_x aufzusuchen und nachzuweisen, daß gilt

$$\frac{S\,\omega_x}{F} \leqq \sigma_{d\,\mathrm{zul}\,\|}. \tag{85, 54}$$

Hierbei ist S die größte Druckkraft und F die unverschwächte Querschnittsfläche des Gesamtstabes. Für $\sigma_{d\,\mathrm{zul}\,\|}$ gelten die Werte aus Tafel 4.

2. Bezüglich des Ausknickens quer zur Achse $y \ldots y$ ist bei Rahmenstäben der wirksame Schlankheitsgrad

$$\lambda_w = \sqrt{\lambda_y{}^2 + \bar{c}\,\frac{m}{2}\,\lambda_1{}^2} \tag{85, 55}$$

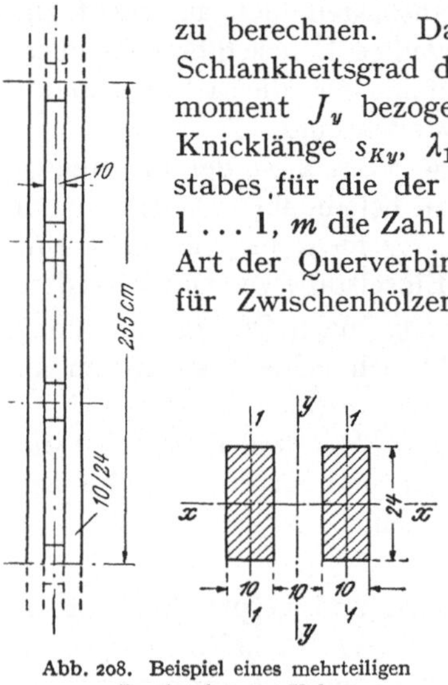

zu berechnen. Darin ist $\lambda_y = s_{Ky}/i_y$ der volle rechnerische Schlankheitsgrad des Gesamtquerschnitts mit dem Trägheitsmoment J_y bezogen auf die Schwerachse $y \ldots y$ sowie der Knicklänge s_{Ky}, $\lambda_1 = s_1/i_1$ der Schlankheitsgrad des Einzelstabes für die der Schwerachse $y \ldots y$ parallele Schwerachse $1 \ldots 1$, m die Zahl der Einzelstäbe, $\bar{c}$ ein Faktor, der von der Art der Querverbindung und ihrer Befestigung abhängt. $\bar{c}$ hat für Zwischenhölzer bei Verleimung den Wert 1,0, bei Verdübelung 2,5, bei Nagelung 3,0; bei Verwendung von Bindehölzern hat $\bar{c}$ bei Leimung den Wert 3,0, bei Nagelung 4,5. Werden Zwischenhölzer mit Bolzen angeschlossen, so ist $\bar{c} = 3,0$ zu setzen. Als freie Knicklänge s_1 des Einzelstabes gilt der Mittenabstand der Querverbindungen. λ_1 darf nicht größer als 60 sein und s_1 darf höchstens $\frac{1}{3}s_{Ky}$ sein, d. h. die Einzelstäbe sind außer an ihren Enden noch mindestens in den Drittelpunkten der Knicklänge miteinander zu verbinden. Falls $s_1 < 30\,i_1$ ist, hat man für $\lambda_1 = 30$ in Gl. (85, 55) einzusetzen.

Abb. 208. Beispiel eines mehrteiligen Druckstabes aus Holz

Für λ_w wird das zugehörige ω_y aufgesucht und geprüft, ob

$$\frac{S\,\omega_y}{F} \leqq \sigma_{d\,\mathrm{zul}\,\|} \tag{85, 56}$$

ist. Es ist also das größere von ω_x und ω_y, also die größere der beiden Schlankheiten λ_x und λ_w maßgebend.

Bezüglich der Ausbildung und der Berechnung der Querverbindungen sei auf die Norm verwiesen.

Beispiel. Es soll der Obergurtstab eines Holzfachwerks, der mit einer größten Druckkraft $S = 25$ Mp beansprucht wird, zweiteilig ausgeführt werden. Knicklänge

$s_k = 2,55$ m (nach allen Seiten gleich), lichter Abstand der beiden Einzelstäbe $e =$ $= 10$ cm, $\sigma_{d\,\text{zul}\|} = 85$ kp/cm² (Lastfall H), Zwischenhölzer genagelt oder mit Bolzen angeschlossen.

Wir wählen zwei Stäbe 10/24, es ist also $b = 10$ cm, $c = 24$ cm (Abb. 208).

Zur Berechnung der Schlankheiten brauchen wir die Trägheitsradien. Wir berechnen zunächst den Trägheitsradius i_x des Gesamtstabes. Wie wir im vorigen Beispiel sahen [Gl. (85, 53)], ist er gleich dem Trägheitsradius des Einzelquerschnitts um die x-Achse; nach Gl. (33, 43 a) ist also

$$i_x = 0,289\,c = 0,289 \cdot 24 = 6,94 \text{ cm}.$$

Damit ergibt sich die Schlankheit

$$\lambda_x = \frac{s_{Kx}}{i_x} = \frac{255}{6,94} = 36,8 \approx 37.$$

Zur Ermittlung der wirksamen Schlankheit λ_w gemäß Gl. (85, 55) ist zunächst $\lambda_y{}^2 = s_{Ky}{}^2/i_y{}^2 = 255^2/i_y{}^2$ zu berechnen. Das Trägheitsmoment des Gesamtquerschnitts um die y-Achse ergibt sich als Differenz der Trägheitsmomente zweier Rechtecke (s. Nr. 22) zu

$$J_y = \frac{1}{12}\,(24 \cdot 30^3 - 24 \cdot 10^3) = 52\,000 \text{ cm}^4.$$

Mit der Gesamtquerschnittsfläche $F = 2 \cdot 10 \cdot 24 = 480$ cm² folgt

$$i_y{}^2 = \frac{J_y}{F} = \frac{52\,000}{480} = 108,3 \quad \text{und} \quad \lambda_y{}^2 = \frac{65\,025}{108,3} = 600.$$

Weiters benötigen wir $\lambda_1 = s_1/i_1$. Gemäß Abb. 208 sind die Zwischenhölzer in den Drittelpunkten der Knicklänge angebracht und daher ist $s_1 = 255/3 = 85$ cm. Der Trägheitsradius des Einzelstabquerschnitts ist nach Gl. (33, 43 b)

$$i_1 = 0,289\,b = 0,289 \cdot 10 = 2,89 \text{ cm}.$$

Da $s_1 < 30 i_1 = 86,7$ ist, haben wir nach obiger Vorschrift für $\lambda_1 = 30$ in Gl. (85, 55) einzusetzen. Mit $\bar{c} = 3,0$ für genagelte (oder verschraubte) Zwischenhölzer und mit $m = 2$ erhalten wir

$$\lambda_w = \sqrt{\lambda_y{}^2 + \bar{c}\,\frac{m}{2}\,\lambda_1{}^2} = \sqrt{600 + 3 \cdot 1 \cdot 30^2} = \sqrt{3300} = 57,5 \approx 58$$

Es ist also λ_w maßgebend und damit $\omega_y = 1,58$. Nach Gl. (85, 56) ist

$$\frac{S\,\omega_y}{F} = \frac{25\,000 \cdot 1,58}{480} = 82,3 < \sigma_{d\,\text{zul}\|} = 85 \text{ kp/cm}^2.$$

Der Stab ist also ausreichend bemessen und ist recht gut ausgenützt. Er könnte maximal mit $S = 25,8$ Mp belastet werden.

β) Berechnung nach Önorm.

1. Für das Ausknicken quer zur Stoffachse $x \ldots x$ (s. Abb. 207) ist der Stab wie ein einteiliger Druckstab zu behandeln und in gleicher Weise zu verfahren wie unter α in Punkt 1 angegeben.

2. Für das Ausknicken quer zur Achse $y \ldots y$ ist nachzuweisen,

daß gilt

$$\frac{S\,\omega_{yi}}{F} \leqq \sigma_{d\,\text{zul}\,\|}, \quad \text{bzw.} \quad \frac{S}{F} \leqq \sigma_{\text{zul}\,K} = \frac{\sigma_{d\,\text{zul}\,\|}}{\omega_{yi}}. \tag{85, 58}$$

F ist die unverschwächte Querschnittsfläche des Gesamtstabes und ω_{yi} die der ideellen Schlankheit λ_{yi} zugeordnete Knickzahl. λ_{yi} kann wie folgt berechnet werden:

$$\lambda_{yi} = \frac{\lambda_{y1}}{\sqrt{1 + k_m}}, \tag{85, 59}$$

wobei k_m von der Zahl der Einzelstäbe und von der Art ihrer Verbindung abhängt. Für verschraubte zweiteilige Stäbe ($m = 2$) gilt

$$k_2 = \frac{3\,\beta^2}{50\,000\,\dfrac{1}{\lambda_{y1}{}^2}\,\dfrac{c}{b} + \dfrac{n^2 + 3\,\beta^2}{n^2 - 1}}. \tag{85, 60}$$

Hierbei bedeuten

$\lambda_{y1} = \dfrac{s_{Ky}}{i_1} \leqq 50\,n$ ... die Schlankheit des Einzelstabes bezogen auf die Knicklänge des Gesamtstabes s_{Ky} quer zur y-Achse;

$\beta = \dfrac{h}{b}$ ... die Spreizung[1]; bezüglich h, b siehe Abb. 207; Spreizungen $\beta > 3$ dürfen nur mit $\beta = 3$ in Rechnung gestellt werden.

n ... die Zahl der Felder gemäß Abb. 204; $n \geqq 3$.

b, c ... die Querschnittsabmessungen des Einzelstabes, s. Abb. 207.

Es folgen Bestimmungen über den Nachweis ausreichender Querverbindungen, auf die wir hier nicht näher eingehen.

Beispiel. Wir wollen prüfen, ob der unter α nach DIN berechnete zweiteilige Druckstab (Abb. 208) auch nach Önorm ausreichend bemessen ist. Für $\sigma_{d\,\text{zul}\,\|}$ ist jetzt gemäß Tafel 7 100 kp/cm² anzunehmen. Die ω-Werte sind der Tafel der Önorm zu entnehmen. Die Zahl der Felder sei $n = 3$.

1. Ausknicken quer zur Achse $x \ldots x$. Unter α wurde bereits i_x berechnet. Damit folgt, wie ebenfalls bereits berechnet wurde,

$$\lambda_x = \frac{s_K}{i_x} = \frac{255}{6,94} = 37.$$

Da sich, wie wir sehen werden, $\lambda_{yi} > \lambda_x$ ergibt, erübrigt sich der Knicknachweis gemäß Gl. (85, 54).

2. Ausknicken quer zur Achse $y \ldots y$. In unserem Fall ist $s_{Ky} = s_K = 255$ cm, $i_1 = 0,289 \cdot 10 = 2,89$ cm, $n = 3$ und daher

$$\lambda_{y1} = \frac{255}{2,89} = 88,2 < 50\,n = 150.$$

Ferner ist $h = 20$, $b = 10$, $c = 24$ cm und $\beta = 20/10 = 2$. Dies in Gl. (85, 60) eingesetzt, ergibt

$$k_2 = \frac{3 \cdot 2^2}{50\,000\,\dfrac{1}{88,2^2}\,\dfrac{24}{10} + \dfrac{3^2 + 3 \cdot 2^2}{3^2 - 1}} = \frac{12}{18,0} = 0,667.$$

---

[1] Die Spreizung ist nach Önorm bzw. nach DIN verschieden definiert. S. S. 305.

Daraus folgt

$$\sqrt{1 + k_2} = \sqrt{1,667} = 1,29$$

und

$$\lambda_{yi} = \frac{88,2}{1,29} = 68 \ldots \omega_{yi} = 1,79.$$

Damit liefert Gl. (85, 58) mit $F = 480 \text{ cm}^2$.

$$\frac{S\,\omega_{yi}}{F} = \frac{25\,000 \cdot 1,79}{480} = 93,2 < \sigma_{d\,\text{zul}\,\|} = 100 \text{ kp/cm}^2.$$

Schlußbemerkung. Da das Knicken eines mehrteiligen Druckstabes ein ziemlich verwickelter Vorgang ist, ist seine Theorie schwierig. Für die praktische Berechnung kommen daher nur Näherungsformeln in Betracht, die die tatsächlichen Verhältnisse mehr oder weniger gut wiedergeben. Mit Versuchen und Theorie in guter Übereinstimmung befindet sich die der Berechnung von Stahlstäben zu Grunde gelegte Gl. (85, 49), die von ENGESSER stammt. Es ist erfreulich, daß nach der Önorm nun auch die neue DIN-Holznorm 1052 (Ausgabe 1969) für die Berechnung mehrteiliger Druckstäbe ein Verfahren vorschreibt, das dem für mehrteilige Druckstäbe aus Stahl ähnlich ist, und daß sie von der alten, kaum begründeten Faustformel abgegangen ist. Das etwas kompliziertere Berechnungsverfahren nach der Önorm führt zu einer etwas höheren wirksamen (und auch maßgebenden) Schlankheit als die DIN. Jedoch gleicht die nach der Önorm höhere zulässige Druckspannung alles wieder aus.

VIII. Statisch unbestimmte Tragwerke

86. Allgemeines. In diesem letzten Abschnitt des Buches wollen wir kurz die Behandlung einiger statisch unbestimmter Tragwerke vorführen. Und zwar wollen wir uns lediglich mit dem statisch unbestimmten Träger ausführlich beschäftigen und im Anschluß daran einen Blick auf den Zweigelenkbogen und den Zweigelenkrahmen werfen. Wir besprechen also durchwegs ebene Tragwerke bzw. deren Sonderfälle (gerade Träger). Die Tragwerke sollen stets aus dünnen Stäben bestehen und durch Kräfte beansprucht werden, die in der Tragwerksebene liegen. Die systematische Behandlung der statisch unbestimmten Systeme, insbesondere der verschiedenen Rahmen- und Bogenformen und der statisch unbestimmten Fachwerke fällt in das Gebiet der Baustatik, die hierzu eigene Methoden entwickelt. Jedoch lassen sich einige einfache und in der Praxis häufig vorkommende Fälle auch schon auf Grund unserer bisherigen Kenntnisse bequem behandeln. Wir setzen dabei stets die Gültigkeit des Hookeschen Gesetzes voraus und speziell die Gültigkeit des Überlagerungsgesetzes für Durchbiegungen (s. Nr. 66).

Man nennt ein Tragwerk *statisch bestimmt*, wenn die *statischen Gleichgewichtsbedingungen* ausreichen, um 1. die sämtlichen unbekannten Auflagerreaktionen des Tragwerks und 2. an jeder beliebigen Stelle des Tragwerks die Schnittgrößen zu bestimmen. Dabei verstehen wir unter den Schnittgrößen eines vollwandigen Systems die Größen M, N, Q (Biege-

moment, Normalkraft, Querkraft[1], bei einem Fachwerk sind es die
Stabkräfte. Reichen die statischen Gleichgewichtsbedingungen zur Ermittlung dieser unbekannten statischen Größen nicht aus, dann nennt
man das Tragwerk *statisch unbestimmt*. Die Ursache der statischen Unbestimmtheit kann entweder in der Lagerung oder im inneren Aufbau
des Tragwerks gelegen sein. Im ersten Fall, wo das Tragwerk überzählige Auflager besitzt, nennt man es *äußerlich statisch unbestimmt*.
Im zweiten Fall, der etwa durch ein Fachwerk mit überzähligen Stäben

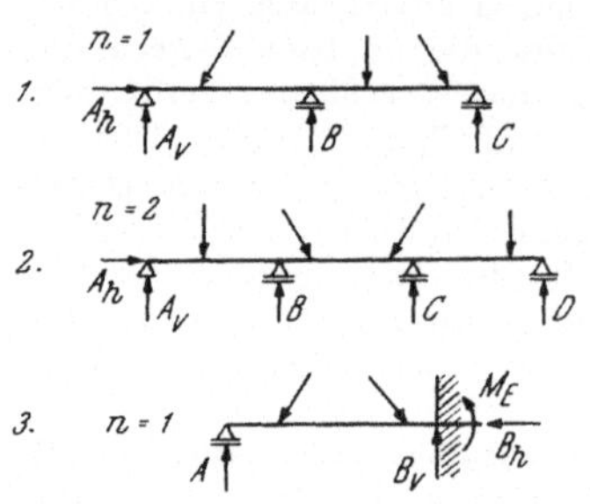

Abb. 209. Beispiele statisch unbestimmter
Träger

realisiert ist (s. Statik, Nr. 52), spricht
man von einem *innerlich statisch unbestimmten System*.

Jeden in sich unverschieblichen Teil
eines ebenen Tragwerks, wie wir es oben
beschrieben haben, nennt man eine
Scheibe. So stellt z. B. ein Fachwerk-
binder eine Scheibe dar, auch ein Träger
(ohne Gelenke) gilt als eine Scheibe, dagegen besteht ein Dreigelenkbogen, ob
vollwandig oder als Fachwerk ausgeführt,
aus zwei Scheiben. Bei Anwendung der
Gleichgewichtsbedingungen auf das Tragwerk sehen wir von den infolge
der Belastung eingetretenen Formänderungen ab, betrachten also die
einzelnen Scheiben wie starre Körper.

Besteht das Tragwerk aus einer einzigen Scheibe, dann lassen sich
drei statische Gleichgewichtsbedingungen aufstellen. Für Tragwerke,
die aus mehreren Scheiben bestehen, gelten entsprechend mehr Gleichgewichtsbedingungen (s. Statik, Nr. 18). Wir bezeichnen als den *Grad
der statischen Unbestimmtheit n* eines Systems die Zahl der überzähligen
unbekannten statischen Größen (z. B. Auflagerreaktionen) gegenüber
der Zahl der zur Verfügung stehenden statischen Gleichgewichtsbedingungen; mit anderen Worten, die Zahl der nach Aufstellung der Gleichgewichtsbedingungen zur Berechnung der unbekannten statischen Größen
noch fehlenden Gleichungen. Demnach ist also z. B. der in Abb. 209, Bild 1,
dargestellte Träger auf drei Stützen, von denen eine ein festes, die beiden
anderen bewegliche Auflager sind, *einfach statisch unbestimmt*. Denn für
ihn wären vier unbekannte Auflagerreaktionen, nämlich A_h, A_v, B, C
(zwei am festen, je eine an den beiden Rollenlagern) zu bestimmen, wofür
zunächst nur drei Gleichungen, nämlich die drei Gleichgewichtsbedingun-

---

[1] Um uns noch präziser zu fassen, setzen wir stets voraus, daß die einzelnen
Stäbe des vollwandigen Tragwerks (Träger, Rahmen, Bogen usw.) so gelegen seien,
daß eine ihrer Querschnittshauptachsen in die Tragwerksebene fällt, so daß die Stäbe
nur auf gerade Biegung beansprucht werden. Die Stabquerschnitte mögen zu dieser
Hauptachse symmetrisch sein, so daß keine Verdrehungsmomente auftreten (s. Nr. 45).

gen $\Sigma H = 0$, $\Sigma V = 0$, $\Sigma M = 0$ zur Verfügung stehen. Es ist also $n = 1$. Der in Bild 2 dargestellte Träger auf vier Stützen ist zweifach statisch unbestimmt. Den fünf unbekannten Auflagerreaktionen A_h, A_v, B, C, D stehen wieder nur die drei Gleichgewichtsbedingungen für eine Scheibe gegenüber, $n = 2$. Ein durchlaufender Träger über r Stützen, von denen eine ein festes, die übrigen $r - 1$ bewegliche Auflager sind, ein sogenannter *Durchlaufträger*, ist $r - 2$-fach statisch unbestimmt. — Der einseitig eingespannte Träger mit Endstütze (Bild 3) ist einfach statisch unbestimmt. Infolge der Einspannung treten die drei unbekannten Auflagerreaktionen B_h, B_v, M_E auf, zu denen als vierte Unbekannte der Auflagerdruck A an der Endstütze kommt. Wieder lassen sich nur drei Gleichgewichtsbedingungen aufstellen, $n = 1$. — Ist es uns irgendwie gelungen, die Auflagerreaktionen dieser Träger zu bestimmen, dann können die Schnittgrößen M, N, Q in jedem beliebigen Querschnitt lediglich mittels der drei Gleichgewichtsbedingungen bestimmt werden, indem wir diese auf den abgeschnittenen Teil anwenden.

Entfernen wir von einem statisch unbestimmt gelagerten Träger, ein bewegliches Auflager, so vermindert sich der Grad der statischen Unbestimmtheit um 1. Nehmen wir von dem Träger auf drei Stützen etwa die Mittelstütze weg, so entsteht der statisch bestimmte Träger auf zwei Stützen. Von dem Träger auf vier Stützen können zwei bewegliche Auflager entfernt werden, von dem Träger des Bildes 3 kann die Endstütze weggelassen werden und es ergibt sich dann jedesmal ein stabiles, statisch bestimmtes Tragwerk. Nicht so bei einem statisch bestimmten Tragwerk, das nach Wegnahme einer Stütze beweglich würde. Ein solches Tragwerk besitzt also gerade die Mindestzahl von Stützungen, die zu einer stabilen Lagerung erforderlich ist.

Eine andere Möglichkeit, den Grad der statischen Unbestimmtheit eines Tragwerks zu vermindern, besteht in dem Einbau von Gelenken. Und zwar vermindert der Einbau eines Gelenks den Grad der statischen Unbestimmtheit um 1; denn es tritt dann zu den Gleichgewichtsbedingungen, die sich für das ganze System aufstellen lassen, noch eine Gleichung hinzu, die besagt, daß in dem Gelenk kein Biegemoment übertragen werden kann, daß also $M_g = 0$ ist. Dies ist ebenfalls eine Gleichgewichtsbedingung; sie drückt aus, daß die beiden durch das Gelenk verbundenen Scheiben keine Drehung um dieses ausführen. Bauen wir in einen Träger auf drei Stützen ein Gelenk ein, so entsteht ein Gerberträger (s. Statik, V), also tatsächlich ein statisch bestimmtes Tragwerk (Abb. 210, Bild 1). Der Träger auf vier Stützen (Bild 2) wird durch Einbau eines Gelenks einfach statisch unbestimmt, durch Einbau von zwei Gelenken statisch bestimmt. Es stehen jetzt zur Ermittlung der fünf unbekannten Auflagerreaktionen die fünf Gleichungen $\Sigma H = 0$, $\Sigma V = 0$, $\Sigma M = 0$, $M_{g1} = 0$, $M_{g_2} = 0$ zur Verfügung, es ist also $n = 0$. Durch Einbau eines weiteren

Gelenks würde n negativ werden, was bedeutet, daß das System beweglich geworden ist (Bild 3)[1]. Der Durchlaufträger über r Stützen wird durch Einbau von $r - 2$ Gelenken statisch bestimmt[2]. Hier ist darauf zu achten, daß die Gelenke so angebracht werden, daß keine Gelenkshäufungen vorkommen (s. Statik, Nr. 67). — Abb. 211 zeigt, wie der dreifach statisch unbestimmte *eingespannte Bogen* durch fortgesetzten Einbau von Gelenken in den zweifach statisch unbestimmten *Eingelenkbogen*, den einfach statisch unbestimmten *Zweigelenkbogen*, schließlich in den statisch bestimmten *Dreigelenkbogen* übergeht.

Es ist nun unsere Aufgabe, die zur vollständigen Behandlung eines statisch unbestimmten Systems fehlenden Gleichungen zu beschaffen.

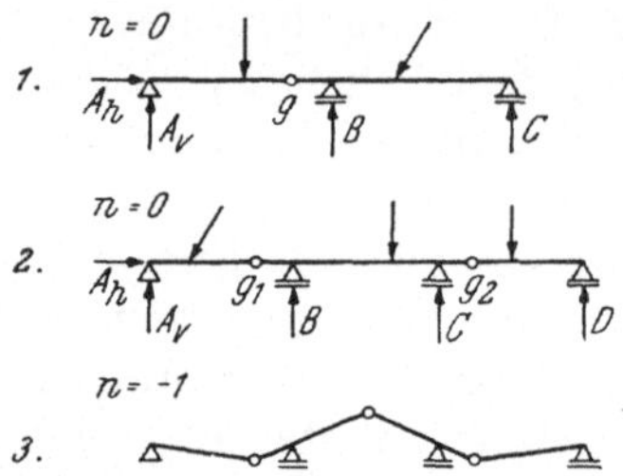
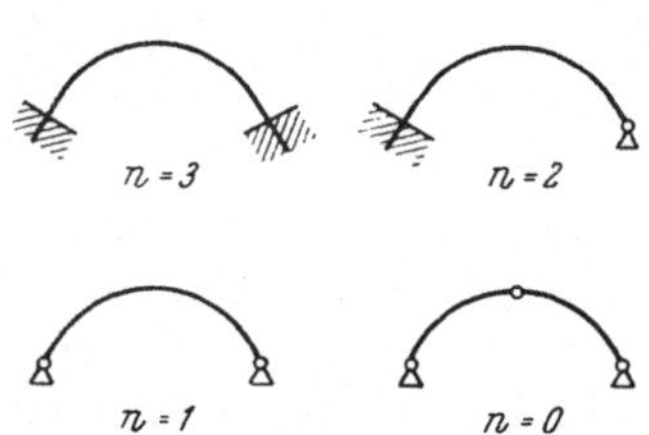

Abb. 210. Einbau von Gelenken führt vom statisch unbestimmten zum statisch bestimmten Tragwerk und schließlich zu einem beweglichen System

Abb. 211. Fortgesetzter Einbau von Gelenken führt vom dreifach statisch unbestimmten eingespannten Bogen zum statisch bestimmten Dreigelenkbogen

Dies geschieht durch Betrachtung der elastischen Formänderungen des Tragwerks, weshalb diese Gleichungen als *Elastizitätsgleichungen* bezeichnet werden. Wie bereits erwähnt, setzen wir stets die Gültigkeit des Hookeschen Gesetzes voraus und befinden uns daher stets im elastischen Formänderungsbereich.

87. Die Elastizitätsgleichung für das einfach statisch unbestimmte Tragwerk. Zur Behandlung eines einfach statisch unbestimmten Tragwerks fehlt uns nach Aufstellung der statischen Gleichgewichtsbedingungen noch *eine* Gleichung, wir haben also *eine* Elastizitätsgleichung aufzustellen. Diese Gleichung wird für sämtliche einfach statisch unbestimmten

---

[1] Das System ist dann nicht mehr bei jeder beliebigen, sondern nur für bestimmte Belastungen im Gleichgewicht und wird daher auch als *bedingt statisch bestimmt* bezeichnet. Es ist jedoch praktisch als Tragwerk unbrauchbar.

[2] Wir können also die statische Unbestimmtheit der eben besprochenen Träger auch durch den Mangel an Gelenken erklären und haben damit die Träger als innerlich statisch unbestimmt aufgefaßt. Allgemein kann man jedes äußerlich statisch unbestimmte System auch als innerlich statisch unbestimmt auffassen, aber nicht umgekehrt jedes innerlich statisch unbestimmte System als äußerlich statisch unbestimmt.

Systeme nach demselben Prinzip gefunden und hat daher stets dieselbe allgemeine Form. Wir wollen den Vorgang etwa an Hand des in Abb. 212, Bild 1 dargestellten einseitig eingespannten Trägers mit Endstütze erläutern[1]. Die Gesamtheit der gegebenen Lasten bezeichnen wir mit P. Der Einfachheit halber wollen wir hier wie bei den folgenden Trägern stets lotrechte Belastung annehmen. Allenfalls vorhandene schiefe Lasten zerlege man in lotrechte und waagrechte Komponenten, die letzteren haben dann auf unsere Betrachtung keinen Einfluß, sondern bestimmen lediglich die Verteilung der Normalkräfte im Träger sowie die waagrechte Komponente des Stützendrucks am festen Lager, die sich ohne weiteres aus der Gleichgewichtsbedingung $\Sigma H = 0$ ergibt. Im Fall lotrechter Belastung ist diese Komponente gleich Null.

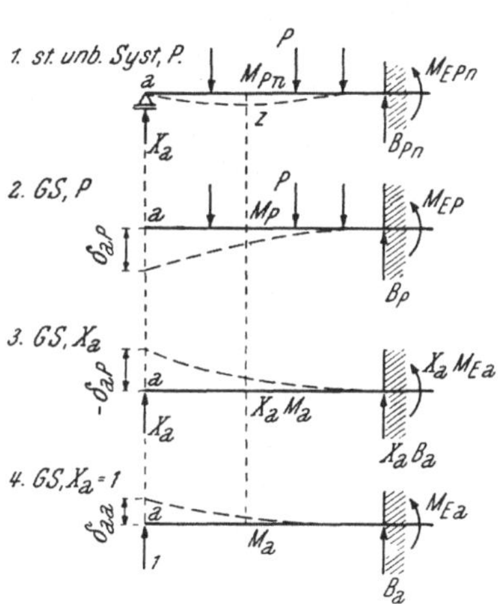

Abb. 212. Herleitung der Elastizitätsgleichung für das einfach statisch unbestimmte Tragwerk

Wir betrachten nun die Endstütze im Punkt a unseres Trägers als überzählig und bezeichnen den von ihr herrührenden Auflagerdruck als *statisch überzählige* oder *statisch unbestimmte Größe* (kurz: *statisch Unbestimmte*) X_a. Wir nehmen an, X_a sei nach aufwärts gerichtet. Sollte dies in Wirklichkeit nicht zutreffen, so wird sich X_a aus unserer Rechnung als negativ ergeben.

Durch Betrachtung der Formänderungen des Trägers können wir nun unschwer eine Bedingung angeben, die X_a erfüllen muß. Denken wir uns die Stütze entfernt, so entsteht ein statisch bestimmter Kragträger (Bild 2). Man nennt diesen Träger das *statisch bestimmte Grundsystem* oder auch das *Hauptsystem* des statisch unbestimmten Tragwerks (im folgenden abgekürzt mit GS). Belasten wir das GS mit den gegebenen Lasten P, so wird sich der Punkt a in lotrechter Richtung um ein Stück senken, das wir mit δ_{aP} bezeichnen (Bild 2). In dieser Bezeichnung gibt der erste Index *Ort* und *Richtung* der Verschiebung an, das ist in unserem Fall der Punkt a und die Richtung von X_a. Und zwar zählen wir eine Verschiebung des Punkts a als positiv, wenn sie *in* der angenommenen Richtung von X_a erfolgt, als negativ, wenn sie *entgegen* dieser Richtung erfolgt. In unserem Fall ist also $\delta_{aP} < 0$. Der zweite Index gibt die *Ursache* der Verschiebung an, das ist in unserem Fall die Belastung P. δ_{aP} kann als Durchbiegung eines statisch bestimmten Trägers nach einer der in Ab-

---

[1] Ein solcher Träger wird meist kurz als einseitig eingespannter Träger bezeichnet im Gegensatz zu dem beidseitig eingespannten Träger.

schnitt V angegebenen Methoden ermittelt werden und gilt daher im folgenden als bekannt.

Wir denken uns nun die Belastung P vom GS entfernt und dieses lediglich mit einer Kraft im Punkt a belastet, die genau die gleiche Größe und Richtung wie das unbekannte X_a hat. Dann wird sich der Punkt a um ein Stück heben (Bild 3). Dieses Stück muß nun dem Betrag nach mit der Verschiebung δ_{aP} übereinstimmen, jedoch entgegengesetzte Richtung haben wie diese. Denn denken wir uns die beiden eben besprochenen Belastungsfälle des GS, also die Bilder 2 und 3 überlagert, so erhalten wir genau die Lasten und Auflagerdrücke des statisch unbestimmten Systems. Nach dem Überlagerungsgesetz für Biegelinien (Nr. 66) müssen daher die in den Bildern 2 und 3 angedeuteten Biegelinien des GS, wenn wir sie überlagern, die Biegelinie des statisch unbestimmten Trägers ergeben (in Bild 1 strichliert). Diese zeigt nun in Punkt a die Verschiebung Null, woraus folgt, daß die Verschiebung des Punkts a in den Bildern 2 und 3 entgegengesetzt gleich groß sein müssen. X_a muß also gerade so groß sein, daß es für sich allein am GS eine Verschiebung $-\delta_{aP}$ hervorruft, oder, anders ausgedrückt, X_a muß gerade so groß sein, daß es, auf das mit P belastete GS aufgebracht, die Verschiebung wieder rückgängig macht, die der Punkt a infolge der Belastung P erfahren hat.

Um die Größe von X_a zu bestimmen, denken wir uns das GS an Stelle der Kraft X_a mit der Kraft 1 (Mp oder kp, je nach den verwendeten Einheiten) belastet (Bild 4). Die Verschiebung des Punkts a infolge dieser Belastung mit „$X_a = 1$", wie wir uns kurz ausdrücken wollen, bezeichnen wir mit δ_{aa} (Ort a, Ursache $X_a = 1$). Als Verschiebung an einem statisch bestimmten Träger infolge einer gegebenen Belastung kann δ_{aa} ebenfalls ermittelt werden und kann daher als bekannt gelten. Da die Verschiebung δ_{aa} auf jeden Fall in der für X_a angenommenen Richtung erfolgt, ist sie *stets positiv*.

Wirkt nun im Punkt a nicht die Kraft 1, sondern die Kraft X_a, so ist die Verschiebung des Punkts a X_a mal so groß wie vorhin, also gleich $X_a \, \delta_{aa}$ (s. Nr. 66). Diese Verschiebung muß nun nach dem obigen gleich $-\delta_{aP}$ sein:

$$X_a \, \delta_{aa} = - \, \delta_{aP}. \qquad (87, 1)$$

Damit haben wir die *Elastizitätsgleichung für ein einfach statisch unbestimmtes System* gefunden. Man schreibt sie gewöhnlich in der Form

$$\boxed{X_a \, \delta_{aa} + \delta_{aP} = 0,} \qquad (87, 2)$$

womit ausgedrückt wird, daß die algebraische Summe der beiden Verschiebungen gleich Null ist. Wir wiederholen die Bedeutung der einzelnen Größen: X_a ist der Wert der statisch Unbestimmten, ihr Angriffspunkt ist der Punkt a. δ_{aa} ist die Verschiebung des Punkts a im statisch bestimmten Grundsystem infolge der Belastung mit $X_a = 1$, δ_{aP} ist die Verschiebung des Punkts a im Grundsystem infolge der Belastung P.

δ_{aa} und δ_{aP} sind als Durchbiegungen eines statisch bestimmten Trägers bekannt, die Gl. (87, 2) kann daher nach der Unbekannten X_a aufgelöst werden und es ergibt sich

$$X_a = - \frac{\delta_{aP}}{\delta_{aa}}. \tag{87, 3}$$

(Da in unserem Fall $\delta_{aP} < 0$ ist, ergibt sich $X_a > 0$. Die angenommene Richtung war also richtig.)

Ist X_a bekannt, so können mittels der drei statischen Gleichgewichtsbedingungen die übrigen Auflagerreaktionen sowie die Schnittgrößen M, N, Q in jedem beliebigen Querschnitt bestimmt werden. Oft ist es jedoch einfacher, nach dem Überlagerungsgesetz zu verfahren. Es bedeute G irgend eine statische Größe, also etwa einen Auflagerdruck, ein Einspann- oder ein Biegemoment, eine Quer- oder eine Normalkraft oder auch eine Durchbiegung an einer beliebigen Stelle des Tragwerks. Den Wert, den diese Größe im statisch unbestimmten System infolge der Belastung P besitzt, bezeichnen wir mit G_{Pn}, den Wert im GS infolge der Belastung P mit G_P, den Wert im GS infolge der Belastung mit $X_a = 1$ mit G_a. Infolge der Belastung des GS mit X_a hat dann die betreffende Größe den Wert $X_a G_a$ (Überlagerungsgesetz für Durchbiegungen, S. 235). G_P und G_a können als Größen, die in einem statisch bestimmten System infolge einer gegebenen Belastung auftreten, ohne weiteres ermittelt werden. Da nun die Überlagerung des mit P belasteten GS und des mit X_a belasteten GS zum statisch unbestimmten System führt, muß gelten

$$\boxed{G_{Pn} = G_P + X_a G_a.} \tag{87, 4}$$

Dabei beziehen sich G_{Pn}, G_P, G_a auf eine beliebige, jedoch alle drei Werte stets auf dieselbe Stelle des Tragwerks.

Ist z. B. die Größe G das Biegemoment, so gilt in jedem beliebigen Querschnitt des Trägers (allgemein: des Tragwerks)

$$M_{Pn} = M_P + X_a M_a. \tag{87, 5}$$

Dabei ist M_{Pn} das Biegemoment in einem beliebigen Querschnitt z des statisch unbestimmten Systems infolge der Belastung P, M_P das Biegemoment im Querschnitt z des GS infolge der Belastung P, M_a das Biegemoment im Querschnitt z des GS infolge $X_a = 1$ (Abb. 212). Denken wir uns diese Überlagerung für sämtliche Querschnitte des Trägers durchgeführt, so erkennen wir, daß die Gl. (87, 5) folgendes besagt: Wir erhalten die Verteilung der Biegemomente für das statisch unbestimmte System, M_{Pn}, indem wir die M_P-Linie zeichnen und dieser die Linie

$X_a M_a$ überlagern. Letztere wird erhalten, indem wir die Ordinaten der M_a-Linie mit X_a multiplizieren. Die zwischen den beiden Linienzügen verbleibenden Ordinaten stellen dann die Momente M_{Pn} dar. Auf die gleiche Art können wir auch den Verlauf der Querkräfte Q_{Pn} ermitteln.

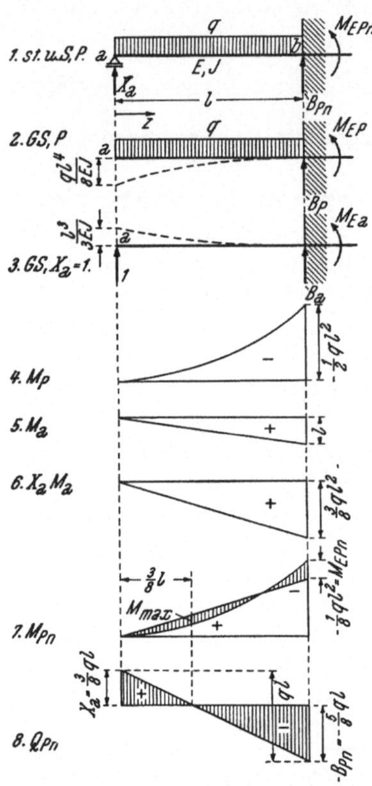

Abb. 213. Einseitig eingespannter Träger als Beispiel zur Behandlung eines einfach statisch unbestimmten Systems

Wir wollen das Vorangegangene am Beispiel eines einseitig eingespannten Trägers, der mit der Gleichlast q belastet ist, ausführen (Abb. 213). Der Elastizitätsmodul sei E, das Querschnittsträgheitsmoment sei J.

Als erstes berechnen wir aus Gl. (87, 3) die statisch Unbestimmte X_a. Die Belastung P ist in unserem Beispiel die über die Trägerlänge l verteilte Belastung q. Um δ_{aP} zu bestimmen, haben wir das Grundsystem, also den Kragträger des Bildes 2, mit der Gleichlast q zu belasten. Dieser Fall ist uns bereits aus Abschnitt V bekannt. Für die Durchbiegung des freien Trägerendes ergab sich Gl. (62, 26). Da $\delta_{aP} < 0$ ist, gilt

$$\delta_{aP} = -\frac{q\,l^4}{8\,E\,J}.$$

δ_{aa} gewinnen wir, indem wir das GS mit der Kraft $X_a = 1$ belasten (Bild 3). Auch diesen Fall haben wir schon in Abschnitt V behandelt. Aus Gl. (62, 22) erhalten wir für $P = 1$:

$$\delta_{aa} = \frac{l^3}{3\,E\,J}.$$

Damit ergibt sich für die statisch Unbestimmte

$$X_a = -\frac{\delta_{aP}}{\delta_{aa}} = +\frac{q\,l^4}{8\,E\,J} \cdot \frac{3\,E\,J}{l^3} = \frac{3}{8}\,q\,l. \tag{87, 6}$$

X_a ist positiv, es wirkt also, wie angenommen, nach aufwärts.

Der Verlauf der Biegemomente im statisch unbestimmten System ergibt sich nach Gl. (87, 5) zu

$$M_{Pn} = M_P + X_a\,M_a.$$

M_P ist die Momentenlinie, die dem Träger des Bildes 2 zukommt. Sie ist eine Parabel, die im Punkt b die Ordinate $M_P = -q\,l \cdot l/2 = -q\,l^2/2$

hat (Bild 4). M_a ist die Momentenlinie, die sich für den Träger des Bildes 3 ergibt. Sie steigt vom Wert Null im Punkt a geradlinig zum Wert $M_a = = + 1 \cdot l = + l$ im Punkt b an (Bild 5). Multiplizieren wir ihre Ordinaten mit X_a, so ergibt sich im Punkt b die Ordinate $X_a l = \frac{3}{8} q l^2$ (Bild 6). Das Ergebnis der Überlagerung zeigt Bild 7, die schraffierten Ordinaten stellen die Biegemomente im statisch unbestimmten System, M_{Pn}, dar. Die Endstütze bewirkt also eine erhebliche Verkleinerung der Biegemomente gegenüber dem frei auskragenden Träger.

Der Auflagerdruck B_{Pn} und das Einspannmoment M_{EPn} des statisch unbestimmten Trägers ergeben sich am einfachsten aus den Gleichgewichtsbedingungen. Die Bedingung $\Sigma V = 0$ liefert, angewandt auf den statisch unbestimmten Träger (Bild 1),

$$X_a - q\, l + B_{Pn} = 0,$$

woraus unter Verwendung von Gl. (87, 6)

$$B_{Pn} = \frac{5}{8} q\, l \tag{87, 7}$$

folgt, Die Gleichgewichtsbedingung $\Sigma M = 0$ liefert für den Bezugspunkt b

$$-X_a l + \frac{q\, l^2}{2} + M_{EPn} = 0.$$

Daraus folgt

$$M_{EPn} = -\frac{q\, l^2}{8}. \tag{87, 8}$$

Mit Hilfe der Werte der beiden Auflagerdrücke kann die Querkraftlinie Q_{Pn} sofort gezeichnet werden. Sie muß zwischen den Werten $+ X_a$ und $- B_{Pn}$ geradlinig verlaufen [s. Bild 8. Der Leser ermittle B_{Pn} und M_{EPn} auf Grund der Gl. (87, 4)].

Auch in statisch unbestimmten Systemen bezeichnen die Stellen, wo ein Zeichenwechsel der Querkraft stattfindet, jene Querschnitte, in denen Extremwerte des Biegemoments auftreten. Die Gleichung der M_{Pn}- und der Q_{Pn}-Linie können wir mit Hilfe der Gl. (87, 4) unschwer ermitteln. Führen wir eine Veränderliche z ein, die, am linken Trägerende beginnend, nach rechts hin läuft, so lautet die Gleichung der Q_P- und der M_P-Linie (s. Statik, Abschnitt III)

$$Q_P = -q\, z, \qquad M_P = -q\, \frac{z^2}{2}$$

und die Gleichung der Q_a- und der M_a-Linie

$$Q_a = + 1, \qquad M_a = + z.$$

Mit $X_a = \frac{3}{8} q\, l$ erhalten wir nach Gl. (87, 4)

$$Q_{Pn} = Q_P + X_a Q_a = -q\,z + \frac{3}{8} q\, l = q\left(\frac{3}{8} l - z\right), \qquad (87, 9)$$

$$M_{Pn} = M_P + X_a M_a = -q\,\frac{z^2}{2} + \frac{3}{8} q\, l\, z = \frac{q\,z}{2}\left(\frac{3}{4} l - z\right). \qquad (87, 10)$$

Wir überzeugen uns unschwer, daß zwischen diesen beiden Gleichungen tatsächlich die Beziehung $dM_{Pn}/dz = Q_{Pn}$ besteht. Setzen wir also $Q_{Pn} = 0$, so erhalten wir für jenen Punkt, in dem der Extremwert des Biegemoments auftritt,

$$z = \frac{3}{8} l. \qquad (87, 11)$$

Dies in die Gleichung für M_{Pn} eingesetzt, liefert den Maximalwert

$$M_{\max} = + \frac{9}{128} q\, l^2 = + 0{,}0703 \, q\, l^2. \qquad (87, 12)$$

Der negative Größtwert des Biegemoments im freien Trägerteil, $M_{\min} = -q\, l^2/8$, der im Punkt b auftritt, ist kein analytisches Extrem, d. h. kein Extremwert mit waagrechter Tangente der M_{Pn}-Linie und kann daher nicht durch Differenzieren gewonnen werden. Es handelt sich hier um einen Extremwert des Moments an der Grenze des Gültigkeitsbereichs der Gl. (87, 10).

88. Der Träger auf drei Stützen. Die Behandlung eines Trägers auf drei Stützen oder *Zweifeldbalkens* erfolgt im Prinzip genau so wie die des in der vorigen Nummer besprochenen Tragwerks. Zunächst haben wir eine Größe als statisch Unbestimmte zu wählen. Wir bezeichnen im folgenden den Angriffspunkt der statisch Unbestimmten, gleichgültig wo er gelegen ist, stets mit a und die statisch Unbestimmte selbst mit X_a. Mit der Wahl der statisch Unbestimmten ist dann auch das statisch bestimmte Grundsystem festgelegt. Denn dieses entsteht aus dem statisch unbestimmten System, indem wir uns die Wirkung der statisch Unbestimmten ausgeschaltet denken. Wir können aber auch umgekehrt, von der Wahl des GS ausgehen, dann ist die statisch Unbestimmte festgelegt. Die Wahl des GS kann nun im allgemeinen auf mehrere Arten erfolgen[1]. Im Prinzip kann jedes in dem statisch unbestimmten System erhaltene statisch bestimmte System als GS gewählt werden; jedoch kann man sich, insbesondere bei mehrfach statisch unbestimmten Systemen, durch geschickte Wahl des GS die Rechenarbeit oft sehr erleichtern. Man wird also z. B. etwa vorhandene Symmetrie stets ausnützen und nicht durch ungeschickte Annahme des GS zerstören.

---

[1] Bei dem in der vorigen Nummer behandelten Träger hätten wir auch das Einspannmoment M_E als statisch Unbestimmte wählen können. Das GS wäre dann ein Träger auf zwei Stützen gewesen.

Für den in Abb. 214 dargestellten Träger auf drei Stützen ist z. B.
die Wahl des Grundsystems auf sechs verschiedene Arten möglich. Die
Bilder 1 bis 3 zeigen Träger auf zwei Stützen, die statisch Unbestimmte
ist dann der Auflagerdruck an der jeweils als überzählig betrachteten
Stütze des statisch unbestimmten Systems. In Bild 3 wurde das feste
Lager an das rechte Ende des Trägers verlegt. Dieser Tausch ist allerdings nur bei lotrechter Belastung gestattet, da sich sonst die Verteilung
der Normalkräfte ändert. Die Bilder 4 und 5 zeigen Gerberträger. In

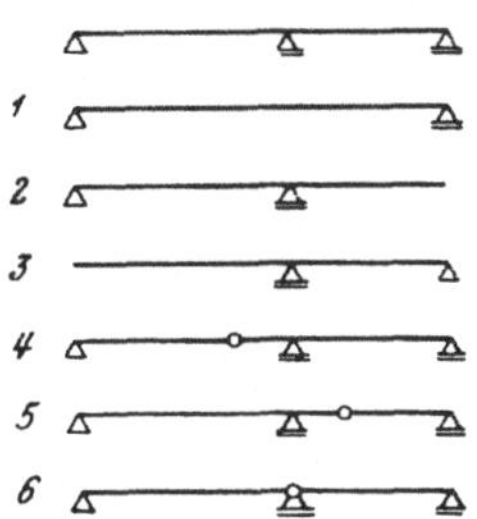

Abb. 214. Sechs verschiedene Möglichkeiten, zu einem
Träger auf drei Stützen ein statisch bestimmtes
Grundsystem zu wählen

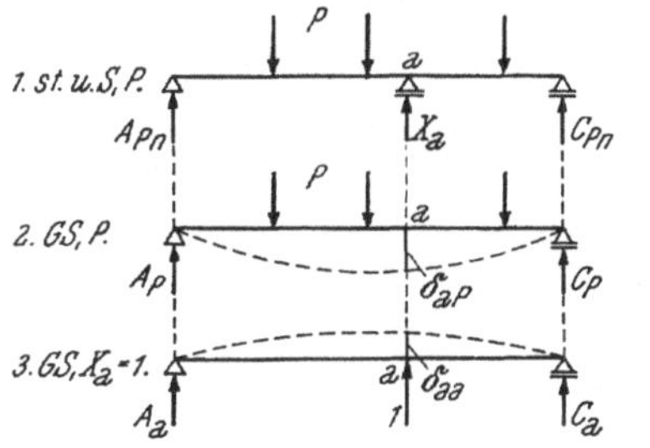

Abb. 215. Träger auf drei Stützen, wenn als statisch
Unbestimmte der Auflagerdruck an der mittleren
Stütze gewählt wird

diesen beiden Fällen ist X_a jenes Biegemoment im statisch unbestimmten
System, das durch den Einbau des Gelenks ausgeschaltet wurde. In
Bild 6 wurde das Gelenk über der Mittelstütze angebracht. Es entstehen
so zwei aneinanderhängende Träger auf zwei Stützen. X_a ist hier das
Biegemoment über der Mittelstütze im statisch unbestimmten Träger
(das sog. *Stützmoment*).

Das Naheliegendste wäre wohl, den Auflagerdruck an der mittleren
Stütze als statisch Unbestimmte X_a zu wählen (Abb. 215). Die Überlegung, die zur Berechnung von X_a führt, ist die gleiche wie in der vorigen
Nummer. Wir denken uns die Stütze entfernt und das GS mit der gegebenen Belastung P belastet (Bild 2). Dann senkt sich der Punkt a um
das Stück δ_{aP} ($\delta_{aP} < 0$). Da nun der Punkt a in Wirklichkeit keine Verschiebung erfährt, muß X_a gerade so groß sein, daß es, dem mit P belasteten GS überlagert, diese Verschiebung wieder rückgängig macht. Belasten wir das GS mit der Kraft $X_a = 1$ (Bild 3), dann verschiebt sich
der Punkt a um das Stück δ_{aa} ($\delta_{aa} > 0$). Belasten wir das GS mit dem
richtigen Wert von X_a, dann ist die Verschiebung des Punkts a gleich
$X_a \delta_{aa}$. Diese Verschiebung muß nun gleich $- \delta_{aP}$ sein, es muß also gelten

$$X_a \delta_{aa} + \delta_{aP} = 0.$$

Die Elastizitätsgleichung hat also tatsächlich die gleiche Form wie für
den in der vorherigen Nummer behandelten Träger. Und wieder sind

δ_{aa} und δ_{aP} als Durchbiegungen eines statisch bestimmten Systems infolge einer gegebenen Belastung als bekannt anzusehen, X_a kann also aus obiger Gleichung berechnet werden.

Wir behandeln als Beispiel einen Träger auf drei Stützen in gleichen Abständen l_1, der mit durchgehender Gleichlast q belastet ist. Die Biegesteifigkeit sei EJ. (Abb. 216, Bild 1.)

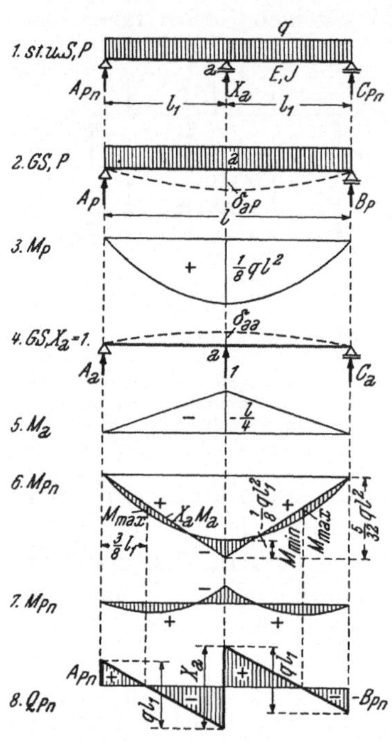

Abb. 216. Träger auf drei Stützen mit durchgehender Gleichlast

Wählen wir als statisch Unbestimmte X_a den Auflagerdruck an der Mittelstütze, so ist das GS ein Träger auf zwei Stützen von der Länge $l = 2\,l_1$ (Bild 2). δ_{aP} ist dann die Durchsenkung des Mittelpunkts dieses Trägers infolge der Gleichlast q. Für sie gilt nach Gl. (62, 30)

$$\delta_{aP} = -\frac{5\,q\,l^4}{384\,EJ}.$$

Um δ_{aa} zu bestimmen, haben wir das GS, also den obigen Träger auf zwei Stützen, mit der Einzellast 1 in der Mitte zu belasten (Bild 4). Die Hebung des Punkts a liefert dann Gl. (65, 46), wenn wir für $P = 1$ setzen:

$$\delta_{aa} = \frac{l^3}{48\,EJ}.$$

Damit ergibt sich der Wert der statisch Unbestimmten

$$X_a = -\frac{\delta_{aP}}{\delta_{aa}} = +\frac{5}{8}\,q\,l = +\frac{5}{4}\,q\,l_1. \qquad (88, 13)$$

Die Auflagerdrücke an den beiden Endstützen müssen aus Symmetriegründen einander gleich sein. Aus der Gleichgewichtsbedingung $\Sigma\,V = 0$ ergibt sich

$$A_{Pn} = C_{Pn} = \frac{1}{2}\,(q\,l - X_a) = \frac{3}{16}\,q\,l = \frac{3}{8}\,q\,l_1. \qquad (88, 14)$$

[Der Leser berechne A_{Pn} und B_{Pn} nach Gl. (87, 4)]. Damit können wir bereits die Verteilung der Querkräfte im statisch unbestimmten System, Q_{Pn}, zeichnen (Bild 8).

Die Verteilung der Biegemomente M_{Pn} ermitteln wir nach Gl. (87, 5):

$$M_{Pn} = M_P + X_a\,M_a.$$

M_P sind die Momente im GS, wenn wir dieses mit der Gleichlast q belasten (Bild 2). Ihr parabolischer Verlauf mit dem Pfeil $q\,l^2/8$ ist in Bild 3 dargestellt. Der Verlauf der Momente M_a, das sind die Momente im GS infolge $X_a = 1$, ist dreieckig, mit der größten Ordinate $-l/4$ (Bild 5; die M_a sind negativ). Die $X_a\,M_a$-Linie ist dann ein Dreieck mit der Höhe $-X_a\,l/4 = -5\,q\,l^2/32$. Das Ergebnis der Überlagerung ist in Bild 6 dargestellt. In Bild 7 wurden die M_{Pn} von einer Geraden aus aufgetragen. Für das Stützmoment ergibt sich

$$M_{\min} = \frac{q\,l^2}{8} - \frac{5\,q\,l^2}{32} = -\frac{q\,l^2}{32} = -\frac{q\,l_1^2}{8}. \tag{88, 15}$$

Dem Leser wird auffallen, daß, wenn er in dem Beispiel der vorigen Nummer l durch l_1 ersetzt, der Auflagerdruck an der Endstütze des einseitig eingespannten Trägers mit dem Auflagerdruck A_{Pn} des hier behandelten Trägers, ferner das Biegemoment an der Einspannstelle und das Stützmoment $M_{\min}$, weiters das Momenten- und Querkraftverlauf für den einseitig eingespannten Träger und für die linke Hälfte des Trägers auf drei Stützen vollkommen übereinstimmen. Das ist ja auch ganz klar, denn es muß sich ja jede Hälfte unseres symmetrischen und symmetrisch belasteten Trägers auf drei Stützen genau so verhalten wie der vorhin behandelte einseitig eingespannte Träger. Mit anderen Worten, der hier behandelte Zweifeldbalken muß aus dem einseitig eingespannten Träger durch Spiegelung um die Einspannstelle b hervorgehen. Es muß als z. B. auch das Maximalmoment für beide Träger an der gleichen Stelle liegen und den gleichen Wert haben. Es wird daher in unserem Zweifeldbalken das größte *Feldmoment*[1]

$$M_{\max} = +\frac{9}{128}\,q\,l_1^2 = +0{,}0703\,q\,l_1^2 \tag{88, 16}$$

betragen und im Abstand $3\,l_1/8$ von den beiden Endstützen zu finden sein. Von dieser Spiegelungsmöglichkeit macht man oft Gebrauch.

Die Ermittlung der Durchbiegung δ_{aP} ist nun schon bei sehr einfachen Belastungsfällen ziemlich umständlich. Es ist daher im allgemeinen einfacher, von einem anderen Grundsystem auszugehen, und zwar wählen wir das in Abb. 214, Bild 6 dargestellte. Wir denken uns also über der mittleren Stütze a (die jetzt wieder beliebig gelegen sein möge) in den statisch unbestimmten Träger ein Gelenk eingebaut. Die statisch Unbestimmte X_a ist dann das Biegemoment, das im statisch unbestimmten System über der mittleren Stütze auftritt (Abb. 217). Dieses Stützmoment X_a ist im statisch unbestimmten System ein *inneres Moment*, denn es rührt von den inneren Kräften her. Wir deuten es daher durch einen strichlierten Pfeil an. Hingegen soll ein vollausgezogener Pfeil be-

---

[1] Zum Unterschied von den Stützmomenten bezeichnet man die Biegemomente, die in den Feldern zwischen den Stützen auftreten, als *Feldmomente*.

deuten, daß das betreffende Moment von außen, also als Belastung *(äußeres Moment)* auf das betreffende System aufgebracht zu denken ist. Wir nehmen für das unbekannte X_a jene Richtung an, in der ein positives Biegemoment auf den Querschnitt des Trägers wirken würde. Hat X_a in Wirklichkeit die entgegengesetzte Richtung, so wird es sich von selbst als negativ ergeben. Wir müssen hier X_a zweimal, und zwar mit entgegengesetztem Drehsinn, einzeichnen. Denn sowohl die inneren Kräfte, die auf dem linken Trägerteil wirken als auch ihre auf dem rechten Trägerteil wirkenden Gegenkräfte gehören zum System[1].

Der Gedankengang, der zur Berechnung von X_a führt, ist der gleiche wie bisher. Denken wir uns das GS mit den Kräften P belastet, dann wird es sich etwa so verformen, wie es in Bild 2 der Abb. 217 angedeutet ist. Die Biegelinie des GS wird also im Punkt a eine Ecke aufweisen, die beiden Biegelinientangenten links und rechts vom Punkt a werden miteinander einen Winkel einschließen, den wir mit $\vartheta_{a\,P}$ (Ort a, Ursache P) bezeichnen. Um diesen Winkel haben sich die beiden benachbarten Tangenten infolge der Belastung gegeneinander verdreht. An Stelle der früheren Verschiebungen des Punktes a treten jetzt gegenseitige

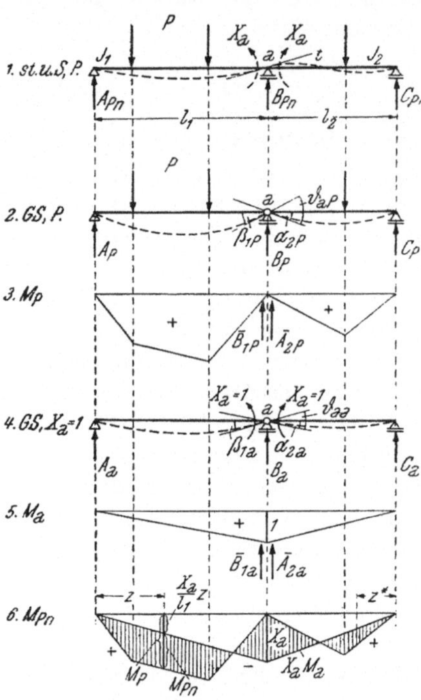

Abb. 217. Träger auf drei Stützen, wenn als statisch Unbestimmte das Stützmoment gewählt wird

Verdrehungen benachbarter Stabtangenten[2] im Punkt a. Die Biegelinie des statisch unbestimmten Systems (Bild 1) weist im Punkt a *keine* Ecken auf, beide Äste der Kurve haben hier eine gemeinsame Tangente t (die nicht waagrecht liegen muß). Das gesuchte Moment X_a muß also gerade

---

[1] Falls X_a ein Auflagerdruck ist, dann wirkt die Gegenkraft auf die Unterlage, gehört also nicht mehr zum System. Allgemein gilt, daß, wenn wir das System als äußerlich statisch unbestimmt auffassen, bloß *ein* Pfeil für X_a zu zeichnen ist. Wenn wir es dagegen als innerlich statisch unbestimmt betrachten, dann sind stets zwei Pfeile für X_a anzubringen, gleichgültig, welche Schnittgröße (Biegemoment, Normal- oder Querkraft) X_a bedeutet.

[2] Wie bereits in Nr. 86 bemerkt, setzen wir stets voraus, daß der Träger ein dünner Stab sei.

so groß sein, daß es, auf das mit P belastete GS im Punkt a als äußeres Moment aufgebracht, die entstandene Ecke zum Verschwinden bringt. Das äußere Moment von der Größe X_a muß also für sich allein im Punkt a des GS eine gegenseitige Verdrehung der beiden benachbarten Stabtangenten oder kurz eine Ecke von der Größe $-\vartheta_{aP}$ bewirken. Bezeichnen wir die Größe der Ecke, die im Punkt a des GS entsteht, wenn wir dieses mit dem Moment $X_a = 1$ (Mpm, kp cm usw. je nach den verwendeten Einheiten) belasten, mit ϑ_{aa} (Bild 4), so wird die Ecke infolge des Moments X_a die Größe $X_a \vartheta_{aa}$ haben und es muß gelten

$$\boxed{X_a \vartheta_{aa} + \vartheta_{aP} = 0.}$$
(88, 17)

Es ergibt sich also wieder die uns bereits geläufige Form der Elastizitätsgleichung eines einfach statisch unbestimmten Systems. ϑ_{aa} und ϑ_{aP} sind Winkel zwischen den Tangenten von Biegelinien statisch bestimmter Systeme infolge einer gegebenen Belastung und können daher als bekannt gelten. Die Unbekannte X_a kann also berechnet werden und ergibt sich zu

$$X_a = -\frac{\vartheta_{aP}}{\vartheta_{aa}}.$$
(88, 18)

Da hier sowohl die gegenseitige Verdrehung der Stabtangenten infolge P, ϑ_{aP}, als auch die gegenseitige Verdrehung dieser Tangenten infolge $X_a = 1$, ϑ_{aa}, in der für X_a als positiv angenommenen Richtung erfolgt, ergibt sich X_a aus Gl. (88, 18) als negativ, wie dies ja für das Stützmoment im vorliegenden Fall zu erwarten war. X_a dreht also in Wirklichkeit entgegengesetzt, wie in der Zeichnung angenommen.

Für das folgende wollen wir voraussetzen, daß der Träger *feldweise konstantes Querschnittsträgheitsmoment* besitzt. Im ersten Feld, also zwischen den beiden ersten Stützen, sei das Trägheitsmoment J_1, im zweiten J_2. Die Feldlängen seien l_1 und l_2, der Elastizitätsmodul sei E. Dann können ϑ_{aP} und ϑ_{aa} mit Hilfe der in Nr. 67 gewonnenen Ergebnisse leicht berechnet werden. Zunächst gilt für ϑ_{aP} nach Abb. 217, Bild 2

$$\vartheta_{aP} = \beta_{1P} + \alpha_{2P}.$$

ϑ_{aP} ist also gleich der Summe der Randbiegewinkel von zwei Trägern auf zwei Stützen (also statisch bestimmten Trägern) mit den Längen l_1 und l_2, die mit P belastet sind. β_{1P} ist der Randbiegewinkel am rechten Auflager des Trägers l_1, α_{2P} ist der Randbiegewinkel am linken Auflager des Trägers l_2. Für diese Randbiegewinkel haben wir seinerzeit Gl. (67, 53) gefunden; es gilt

$$\beta_{1P} = \frac{\bar{B}_{1P}}{E J_1}, \qquad \alpha_{2P} = \frac{\bar{A}_{2P}}{E J_2}.$$

Im Zähler dieser beiden Ausdrücke stehen die Auflagerdrücke, die wir erhalten, wenn wir die Träger l_1 bzw. l_2 mit der Momentenfläche belasten, die sich infolge der Belastung P ergibt. Es ist dies nichts anderes als die Momentenfläche M_P des GS. $\bar{B}_{1P}$ ist somit der rechte Auflagerdruck des Trägers l_1, $\bar{A}_{2P}$ ist der linke Auflagerdruck des Trägers l_2, wenn diese beiden Träger mit der M_P-Fläche belastet werden (Bild 3). Im folgenden kennzeichnen *Querstriche* stets Auflagerdrücke, die infolge Belastung mit einer *Momentenfläche* auftreten. Hingegen bedeuten Auflagerdrücke ohne Querstrich solche, die am statisch unbestimmten System infolge P bzw. am GS infolge P oder infolge X_a bzw. $X_a = 1$ auftreten.

Die M_P-Fläche ist als Momentenfläche von zwei Trägern auf zwei Stützen ohne weiteres bestimmbar, und damit bereitet auch die Ermittlung der beiden Auflagerdrücke $\bar{B}_{1P}$ und $\bar{A}_{2P}$ keine grundsätzliche Schwierigkeit. Sie hängen von der gegebenen Belastung ab. Damit erhalten wir für ϑ_{aP} den folgenden Ausdruck

$$\vartheta_{aP} = \frac{\bar{B}_{1P}}{E J_1} + \frac{\bar{A}_{2P}}{E J_2}. \tag{88, 19}$$

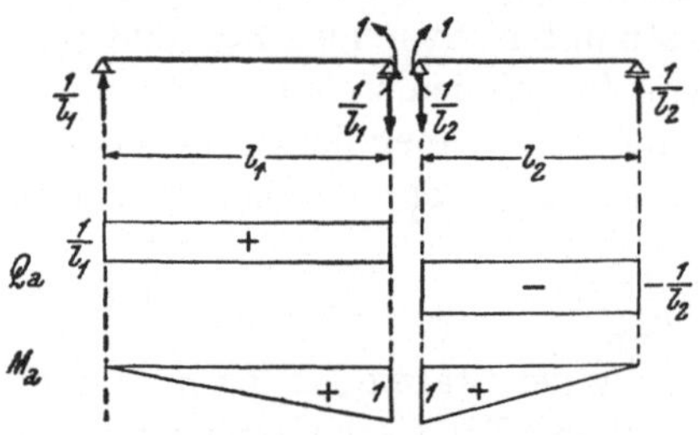

Abb. 218. Auflagerdrücke, Querkräfte und Biegemomente im Grundsystem, wenn dieses mit $X_a = 1$ belastet wird

Auf genau die gleiche Art wie ϑ_{aP} erhalten wir auch ϑ_{aa} als Summe zweier Randbiegewinkel (Bild 4):

$$\vartheta_{aa} = \beta_{1a} + \alpha_{2a}.$$

Die Biegelinie des GS, also wiederum der beiden Träger l_1 und l_2, entsteht jetzt durch Belastung des GS mit $X_a = 1$. Die zugehörigen Biegemomente sind die Momente M_a (Bild 5). Denken wir uns die beiden Träger l_1 bzw. l_2 mit der M_a-Fläche belastet, dann tritt am rechten Ende des ersten Feldes ein Auflagerdruck auf, den wir mit $\bar{B}_{1a}$ bezeichnen wollen, am linken Ende des zweiten Feldes ein Auflagerdruck $\bar{A}_{2a}$ (zweiter Index a ... Ursache $X_a = 1$). Es gilt dann wieder nach Gl. (67, 53)

$$\beta_{1a} = \frac{\bar{B}_{1a}}{E J_1}, \qquad \alpha_{1a} = \frac{\bar{A}_{2a}}{E J_2}$$

und wir haben

$$\vartheta_{aa} = \frac{\bar{B}_{1a}}{E J_1} + \frac{\bar{A}_{2a}}{E J_2}. \tag{88, 20}$$

Im Gegensatz zur M_P-Fläche, die von der Art der gegebenen Belastung abhängt, hat die M_a-Fläche immer die gleiche Form und wir können für $\bar{B}_{1a}$ und für $\bar{A}_{2a}$ allgemeingültige Ausdrücke herleiten. In Statik, Nr. 47, haben wir einen Träger behandelt, der mit einem Moment von der Größe 1 belastet war. Als Momentenfläche ergab sich ein rechtwinkeliges Dreieck mit der Höhe 1 im Angriffspunkt des Moments (Abb. 218). Die gesamte M_a-Fläche setzt sich nun aus zwei solchen Dreiecken zusammen (Abb. 217,

Bild 5). Der Auflagerdruck $\bar{B}_{1a}$ ist gleich $^2/_3$ der linken Dreiecksfläche, der Auflagerdruck $\bar{A}_{2a}$ gleich $^2/_3$ der rechten (s. Statik, Nr. 45, 2. Beispiel):

$$\bar{B}_{1a} = \frac{2}{3} \cdot \frac{1}{2} l_1 \cdot 1 = \frac{1}{3} l_1, \qquad \bar{A}_{2a} = \frac{2}{3} \cdot \frac{1}{2} l_2 \cdot 1 \doteq \frac{1}{3} l_2.$$

Somit ist

$$\vartheta_{aa} = \frac{1}{3E} \left(\frac{l_1}{J_1} + \frac{l_2}{J_2} \right). \tag{88, 21}$$

Setzen wir dies sowie den Ausdruck (88, 19) für ϑ_{aP} in Gl. (88, 18) ein, so erhalten wir für die statisch Unbestimmte

$$X_a = -3 \frac{\dfrac{\bar{B}_{1P}}{J_1} + \dfrac{\bar{A}_{2P}}{J_2}}{\dfrac{l_1}{J_1} + \dfrac{l_2}{J_2}}. \tag{88, 22 a}$$

Für die praktische Rechnung besser geeignet ist der folgende Ausdruck

$$X_a = - \frac{3 \left(\bar{B}_{1P} + \bar{A}_{2P} \dfrac{J_1}{J_2} \right)}{l_1 + l_2 \dfrac{J_1}{J_2}}. \tag{88, 22 b}$$

Wir wiederholen die Bedeutung der einzelnen Größen. X_a ist das Biegemoment über der mittleren Stütze a des statisch unbestimmten Trägers, das sogenannte Stützmoment; l_1, l_2 sind die beiden Feldlängen, J_1, J_2 sind die Querschnittsträgheitsmomente in den beiden Feldern. $\bar{B}_{1P}$, $\bar{A}_{2P}$ sind die Auflagerdrücke, die an der Mittelstütze des GS auftreten, wenn wir dieses mit der M_P-Fläche belasten. $\bar{B}_{1P}$ rührt vom ersten, $\bar{A}_{2P}$ vom zweiten Feld des GS her. Das GS entstand im vorliegenden Fall aus dem statisch unbestimmten System durch Einbau eines Gelenks über der Mittelstütze.

Haben wir X_a nach Gl. (88, 22) berechnet, so können die übrigen Größen, nämlich die Auflagerdrücke und die Schnittgrößen des statisch unbestimmten Systems entweder aus den Gleichgewichtsbedingungen oder nach Gl. (87, 4) berechnet werden. So erhalten wir z. B., wie bereits an Hand von Gl. (87, 5) ausgeführt wurde, die Verteilung der Biegemomente M_{Pn} im unbestimmten System, indem wir den Momenten M_P die mit X_a multiplizierten Momente M_a überlagern (Abb. 217, Bild 6). Die Werte $X_a M_a$ werden durch ein Dreieck dargestellt, mit der Höhe X_a im Punkt a. Da $X_a < 0$ und $M_a > 0$ ist, sind die $X_a M_a < 0$.

Wollen wir das Moment M_{Pn} an einer beliebigen Stelle z des ersten Feldes berechnen, so zeigt Bild 6, daß für diesen Querschnitt $X_a M_a = X_a z/l_1$ ist, so daß wir schreiben können

$$M_{Pn} = M_P + X_a \frac{z}{l_1}, \qquad (0 \leqq z \leqq l_1). \tag{88, 23 a}$$

Darin bedeutet M_P das Moment im Punkt z des GS; X_a ist mit seinem Vorzeichen einzusetzen.

Für den Querschnitt z^* im zweiten Feld gilt die analoge Formel, wenn z^* den Abstand des Querschnitts vom rechten Trägerende bedeutet (s. Abb. 217, Bild 6):

$$M_{Pn} = M_P + X_a \frac{z^*}{l_2}, \qquad (0 \leqq z^* \leqq l_2). \qquad (88, 23\,\text{b})$$

Für die Auflagerdrücke des statisch unbestimmten Systems erhalten wir ebenfalls nach Gl. (87, 4)

$$\begin{aligned}
A_{Pn} &= A_P + X_a\, A_a, \\
B_{Pn} &= B_P + X_a\, B_a, \\
C_{Pn} &= C_P + X_a\, C_a.
\end{aligned} \qquad (88, 24)$$

A_P, B_P, C_P sind als Auflagerdrücke von Trägern auf zwei Stützen leicht zu ermitteln. Zu beachten ist, daß B_P gleich der Summe der Auflagerdrücke des linken und des rechten Trägers an der Mittelstütze des GS ist. (Das gleiche gilt für B_a.) Für A_a, B_a, C_a, die Auflagerdrücke im GS infolge $X_a = 1$, ergibt sich (s. Abb. 218)

$$A_a = \frac{1}{l_1}, \qquad B_a = -\left(\frac{1}{l_1} + \frac{1}{l_2}\right), \qquad C_a = \frac{1}{l_2}. \qquad (88, 25)$$

Mit Hilfe von A_{Pn}, B_{Pn}, C_{Pn} kann unschwer die Querkraftlinie Q_{Pn} gezeichnet werden. Man kann diese jedoch auch nach der Gleichung

$$Q_{Pn} = Q_P + X_a\, Q_a \qquad (88, 26)$$

durch Überlagerung der Querkräfte Q_P (Querkräfte im GS infolge P) und der mit X_a multiplizierten Querkräfte Q_a erhalten. Die Verteilung der Q_a (Querkräfte im GS infolge $X_a = 1$) ist in Abb. 218 dargestellt.

89. Anwendungen. 1. Beispiel. Wir wollen für den in Abb. 219, Bild 1, dargestellten Träger den Verlauf der Biegemomente und der Querkräfte für die angegebene Belastung bestimmen. Für die Querschnittsträgheitsmomente soll gelten $J_1 = 2\,J_2$.

Wir gehen aus von Gl. (88, 22 b) für das Stützmoment, die in unserem Fall lautet

$$X_a = -\frac{3\,(\bar{B}_{1\,P} + 2\,\bar{A}_{2\,P})}{l_1 + 2\,l_2}.$$

Als Einheiten legen wir Mp und m zugrunde. Zur Berechnung von $\bar{B}_{1P}$ und von $\bar{A}_{2P}$ bestimmen wir die M_P-Fläche, indem wir auf das GS die gegebene Belastung aufbringen (Bilder 2 und 3). Die M_P-Fläche ist im ersten Feld ein gleichschenkeliges Dreieck mit der Höhe $P_1\,l_1/4 = 10 \cdot 8/4 = 20$ Mp m, im zweiten Feld ist sie eine Parabelfläche mit dem Pfeil $q\,l_1^2/8 = 6 \cdot 4^2/8 = 12$ Mp m. Beide Flächen sind symmetrisch. Der Auflagerdruck $\bar{B}_{1\,P}$ ist daher gleich der Hälfte des Inhalts der Dreiecksfläche, der Auflagerdruck $\bar{A}_{2\,P}$ ist gleich der halben Parabelfläche[1]:

---

[1] Der Inhalt einer Parabelfläche ist gleich $^2/_3$ des Inhalts des umschriebenen Rechtecks.

$$\overline{B}_{1P} = \frac{1}{2} \cdot \frac{1}{2} \cdot 8 \cdot 20 = 40 \text{ Mp m}^2,$$

$$\overline{A}_{2P} = \frac{1}{2} \cdot \frac{2}{3} \cdot 4 \cdot 12 = 16 \text{ Mp m}^2.$$

Damit und mit dem aus der Abbildung ersichtlichen Werte der Feldlängen erhalten wir

$$X_a = -\frac{3(40 + 2 \cdot 16)}{8 + 2 \cdot 4} = -13{,}50 \text{ Mp m}.$$

Um den Verlauf der Biegemomente M_{Pn} zu erhalten, überlagern wir der M_P-Fläche die $X_a M_a$-Fläche. Die M_a-Fläche, ein Dreieck mit der Höhe 1, ist in Bild 5 dargestellt, die $X_a M_a$-Fläche in Bild 6. Das Ergebnis der Überlagerung zeigt Bild 7; die lotrechten Schraffen stellen die Momente im statisch unbestimmten Träger, M_{Pn}, dar.

Um den Verlauf der Querkräfte Q_{Pn} zu gewinnen, ermitteln wir am besten zunächst die Auflagerdrücke im statisch unbestimmten System mittels der Gl. (88, 24). An Hand von Bild 2 ergibt sich

$$A_P = 5{,}00 \text{ Mp},$$

$$B_P = 5{,}00 + 12{,}00 = 17{,}00 \text{ Mp},$$

$$C_P = 12{,}00 \text{ Mp}.$$

Für die Auflagerdrücke im GS infolge $X_a = 1$ (Bild 4) ergibt sich nach den Gl. (88, 25) (Dimension m^{-1})

$$A_a = \frac{1}{8} = 0{,}125,$$

$$B_a = -\left(\frac{1}{8} + \frac{1}{4}\right) = -0{,}375,$$

$$C_a = \frac{1}{4} = 0{,}250.$$

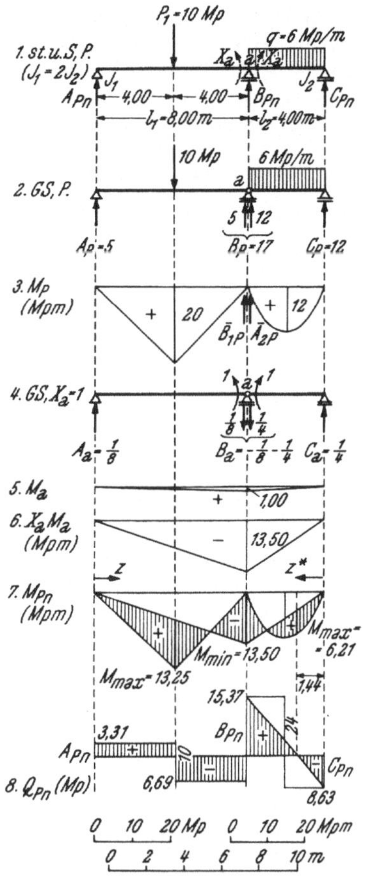

Abb. 219. Beispiel zur Behandlung eines Trägers auf drei Stützen, wenn das Stützmoment als statisch Unbestimmte gewählt wird

Damit erhalten wir die Auflagerdrücke im statisch unbestimmten System

$$A_{Pn} = A_P + X_a A_a = 5{,}00 - 13{,}50 \cdot 0{,}125 = \underline{3{,}31 \text{ Mp}},$$

$$B_{Pn} = B_P + X_a B_a = 17{,}00 + 13{,}50 \cdot 0{,}375 = \underline{22{,}06 \text{ Mp}},$$

$$C_{Pn} = C_P + X_a C_a = 12{,}00 - 13{,}50 \cdot 0{,}250 = \underline{8{,}63 \text{ Mp}},$$

$$\text{Probe:} \quad A_{Pn} + B_{Pn} + C_{Pn} = 34{,}00 \text{ Mp}.$$

Die Summe der drei Auflagerdrücke muß gleich der Summe der Lasten sein. Diese ist

$$P_1 + q l_2 = 10 + 6 \cdot 4 = 34{,}00 \text{ Mp}.$$

(Die Erfüllung dieser Probe besagt jedoch nichts bezüglich der Richtigkeit des für X_a berechneten Wertes.)

Mit Hilfe der Auflagerdrücke kann der Verlauf der Querkräfte Q_{Pn} im statisch unbestimmten System unschwer gezeichnet werden (Bild 8). Aus diesem Diagramm bzw. aus einer leichten Rechnung entnehmen wir, daß die Querkraft in den Punkten $z = 4{,}00$, $z = 8{,}00$, $z^* = 1{,}44$ m das Zeichen wechselt. In den Feldern treten die positiven Größtwerte des Moments auf, sie können entweder dem Momentendiagramm entnommen oder nach Gl. (88, 23) berechnet werden. Das Stützmoment stellt den negativen Größtwert des Biegemoments dar. Es ergibt sich

für $z = 4{,}00$ m, $\quad M_{\max} = +\ 13{,}25$ Mp m,

$\quad\ z = 8{,}00$ m, $\quad M_{\min} = -\ 13{,}50$ Mp m,

$\quad\ z^* = 1{,}44$ m, $\quad M_{\max} = +\ 6{,}20$ Mp m.

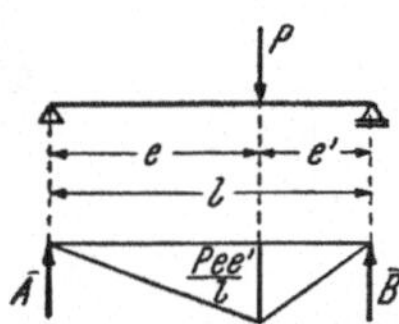

Abb. 220. Auflagerdrücke der Momentenfläche eines Trägers, der mit einer Einzellast belastet ist

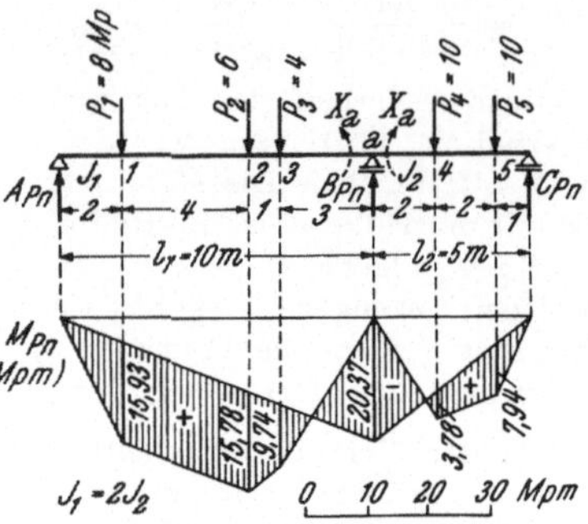

Abb. 221. Beispiel eines Trägers auf drei Stützen, der mit mehreren Einzellasten belastet ist

2. Beispiel. *a) Vorbemerkung.* Steht in einem beliebigen Feld eines Durchlaufträgers eine Einzellast P (Abb. 220), so ist, wenn wir stets das im vorigen Beispiel verwendete GS voraussetzen, die M_P-Fläche die in der Abbildung dargestellte Dreiecksfläche. Die Auflagerdrücke $\overline{A}$ und $\overline{B}$ einer solchen Dreiecksfläche haben wir bereits in Nr. 65 berechnet [Gl. (65, 41)]:

$$\overline{A} = \frac{P\,e'\,(l^2 - e'^2)}{6\,l}, \qquad \overline{B} = \frac{P\,e\,(l^2 - e^2)}{6\,l}. \tag{89, 27}$$

l bedeutet die Länge des Feldes, e bzw. e' sind die Abstände der Last vom linken bzw. vom rechten benachbarten Auflager. Steht P in der Mitte des Feldes, dann ist $e = e' = l/2$ und

$$\overline{A} = \overline{B} = \frac{P\,l^2}{16}. \tag{89, 28}$$

Stehen mehrere Lasten in einem Feld, so ist die resultierende M_P-Fläche nach dem Überlagerungsgesetz gleich der Summe der Momentenflächen für die einzelnen Lasten. Jeder Auflagerdruck der resultierenden M_P-Fläche muß daher gleich der Summe der betreffenden Auflagerdrücke der einzelnen Momentenflächen sein. Wir haben also bloß für jede einzelne Last P_i die Ausdrücke (89, 27) zu berechnen und sodann sämtliche Auflagerdrücke $\overline{A}$ und sämtliche Auflagerdrücke $\overline{B}$ zu addieren.

Für eine über ein ganzes Feld von der Länge l erstreckte Gleichlast q sind die Auflagerdrücke der M_P-Fläche gegeben durch

$$\overline{A} = \overline{B} = \frac{1}{2}\cdot\frac{2}{3}\cdot\frac{q\,l^2}{8}\cdot l = \frac{q\,l^3}{24} \tag{89, 29}$$

(siehe das vorige Beispiel). Sind außer der Gleichlast noch Einzellasten vorhanden, so sind die entsprechenden Auflagerdrücke zu addieren[1].

---

[1] Für eine ganze Reihe von Belastungsfällen sind diese Belastungsglieder z. B. in dem Buch von ANGER, Zehnteilige Einflußlinien für durchlaufende Träger (W. Ernst und S., Berlin) zusammengestellt, und zwar sind dort die sechsfachen

b) Zahlenbeispiel. Für den in Abb. 221 dargestellten Träger auf drei Stützen, der mit 5 Einzellasten belastet ist, soll der Verlauf der Biegemomente M_{Pn} bestimmt werden. Es sei $J_1 = 2J_2$. (Einheiten Mp und m.)

Wir berechnen zunächst für jede der drei Lasten P_1, P_2, P_3 den Ausdruck $P\,e\,(l_1{}^2 - e^2)$ und summieren. Die Summe ist dann gleich $6\,l_1\,\overline{B}_1{}_P$.

$$P_1: \qquad 8 \cdot 2 \cdot (10^2 - 2^2) = 1536$$
$$P_2: \qquad 6 \cdot 6 \cdot (10^2 - 6^2) = 2304$$
$$P_3: \qquad 4 \cdot 7 \cdot (10^2 - 7^2) = 1428$$
$$6\,l_1\,\overline{B}_1{}_P = 5268$$
$$\overline{B}_1{}_P = 5268/60 = \underline{87,8}.$$

Nun berechnen wir für P_4 und P_5 den Ausdruck $P\,e'\,(l_2{}^2 - e'^2)$. Die Summe ist gleich $6\,l_2\,\overline{A}_2{}_P$.

$$P_4: \qquad 10 \cdot 3 \cdot (5^2 - 3^2) = 480$$
$$P_5: \qquad 10 \cdot 1 \cdot (5^2 - 1^2) = 240$$
$$6\,l_2\,\overline{A}_2{}_P = 720$$
$$\overline{A}_2{}_P = 720/30 = \underline{24,0}.$$

Damit ergibt sich nach Gl. (88, 22 b) für das Moment über der Mittelstütze

$$X_a = -\,\frac{3\,(\overline{B}_{1P} + 2\,\overline{A}_{2P})}{l_1 + 2\,l_2} = -\,\frac{3\,(87,8 + 2 \cdot 24,0)}{10 + 2 \cdot 5} = \underline{-\,20,37\ \text{Mp m}}.$$

Wir können nun die $X_a\,M_a$-Linie zeichnen. Ihr ist die M_P-Linie zu überlagern. Diese ist ein Polygonzug, den wir dadurch gewinnen, daß wir die Momente unter den Lastangriffspunkten bestimmen. Zunächst ergibt sich für die Auflagerdrücke des GS: $A_P = 10$, $B_P' = 8$ (am rechten Ende des ersten Feldes), $B_P'' = 8$ (am linken Ende des zweiten Feldes), $C_P = 12$. Damit ergeben sich in den Punkten 1 bis 5 für M_P die folgenden Werte: $M_1 = 20$, $M_2 = 28$, $M_3 = 24$, $M_4 = 16$, $M_5 = 12$. Nun kann die M_P-Linie gezeichnet werden. Die Ordinaten M_{Pn} wurden schraffiert.

Zur Berechnung der Werte von M_{Pn} in den Punkten 1 ... 5 verfahren wir nach den Gln. (88, 23). Es ergibt sich z. B. $M_{1Pn} = 20 - \dfrac{20,37}{10}\,2 = 15,93$ Mp m usw. Die Werte wurden in die Abbildung eingetragen. — Der Leser ermittle die Verteilung der Querkräfte Q_{Pn}.

Aufgabe: Der Leser behandle den Träger auf drei Stützen mit durchgehender Gleichlast (s. das Beispiel auf S. 320) nach der zuletzt angewandten Methode.

90. Träger auf beliebig vielen Stützen. Die Clapeyronsche Gleichung.

Wie wir uns schon in Nr. 86 klargemacht haben, stellt ein über r Stützen (ein festes, $r - 1$ bewegliche Lager) durchlaufender Träger ein $r - 2$fach statisch unbestimmtes System dar. Wir haben also $r - 2$ Größen als statisch Unbestimmte zu wählen und wollen sie mit $X_1 \ldots X_{r-2}$ bezeich-

---

Werte von $\overline{A}$ und $\overline{B}$ angegeben. Statt $\overline{A}$ und $\overline{B}$ findet man häufig andere Schreibweisen. S. diesbezüglich in der Fußnote auf S. 335.

nen. Auch hier gibt es verschiedene Möglichkeiten, das Grundsystem anzunehmen. Im allgemeinen ist es wieder das einfachste, sich über jeder
Innenstütze ein Gelenk eingebaut zu denken. Das GS besteht dann aus
$r-1$ aneinander gehängten Trägern auf zwei Stützen und die statisch
Unbestimmten $X_1 \ldots X_{r-2}$ sind die über den $r-2$ Innenstützen im
statisch unbestimmten System auftretenden Stützmomente.

Die einzelnen Stützen wollen wir mit 0, 1, 2, $\ldots$ $(r-1)$ numerieren.
Die Stützweiten der einzelnen Felder, die wir mit $l_1 \ldots l_{r-1}$ bezeichnen,

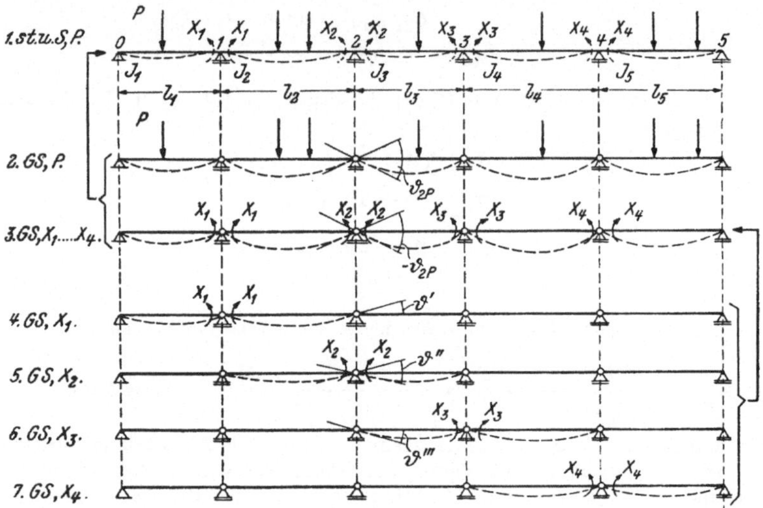

Abb. 222. Durchlaufträger über sechs Stützen mit dem hiezu gewählten Grundsystem

können ganz beliebige Größe haben. Bezüglich der Querschnittsträgheitsmomente $J_1 \ldots J_{r-1}$ soll bloß vorausgesetzt werden, daß sie in
jedem Feld einen konstanten Wert haben, sonst aber können sie ebenfalls
von beliebiger Größe sein. Ist J_c ein beliebig gewähltes Vergleichsträg-
heitsmoment, so nennt man $l_1 \dfrac{J_c}{J_1} = \lambda_1,\ l_2 \dfrac{J_c}{J_2} = \lambda_2,\ \ldots\ l_{r-1} \dfrac{J_c}{J_{r-1}} = \lambda_{r-1}$
die *reduzierten Feldlängen*. l, J und λ werden also immer nach der rechts
benachbarten Stütze bezeichnet (s. Abb. 222). E sei wiederum der
Elastizitätsmodul.

Die Überlegung, die zur Bestimmung der statisch Unbestimmten
$X_1 \ldots X_{r-2}$ führt, ist stets die gleiche. Wir wollen sie an Hand des in
Abb. 222 dargestellten Trägers über sechs Stützen (fünf Felder) durchführen. Der Träger ist vierfach statisch unbestimmt. Die statisch Unbestimmten $X_1 \ldots X_4$ nehmen wir wieder zunächst als positive Biegemomente an. Die gegebene Belastung des Trägers sei wieder mit P bezeichnet. Unter dieser Belastung wird sich der Durchlaufträger irgendwie

verbiegen, und zwar wird die Biegelinie nirgends eine Ecke aufweisen (Bild 1, strichliert). Belasten wir hingegen das GS mit den Lasten P (Bild 2), so wird sich in jedem Gelenk eine Ecke in der Biegelinie einstellen. Denken wir uns nun das GS mit den richtigen Werten der statisch Unbestimmten $X_1 \ldots X_4$ belastet, so wird ebenfalls in jedem Gelenk eine Ecke in der Biegelinie auftreten (Bild 3). Die Bilder 2 und 3 überlagert, geben nun genau das statisch unbestimmte System. Da dessen Biegelinie an den Innenstützen keine Ecken aufweist, müssen in den Bildern 2 und 3 die Ecken der Biegelinien an den gleichen Innenstützen gleich groß und entgegengesetzt sein[1]. Die statisch Unbestimmten $X_1 \ldots X_4$ müssen also gerade so groß sein, daß sie, wenn sie als äußere Momente dem mit P belasteten GS überlagert werden, die auftretenden Ecken in der Biegelinie wieder zum Verschwinden bringen.

Wir können uns nun das Bild 3 auch dadurch entstanden denken, daß wir das GS zuerst mit X_1 allein, dann mit X_2 allein, hierauf mit X_3 allein, schließlich mit X_4 allein belasten (Bilder 4 bis 7) und diese vier Belastungsfälle überlagern. Die Bilder 4 bis 7 dem Bild 2 überlagert, müssen also ebenfalls das Bild 1 liefern.

Betrachten wir etwa die Stütze 2. Wir bezeichnen den Winkel, um den sich die beiden benachbarten Stabtangenten im GS infolge der Belastung P gegeneinander verdreht haben, mit $\vartheta_{2\,P}$ (Ort: Punkt 2, Ursache P). Wie wir aus Bild 4 ersehen, bewirkt das Moment X_1 ebenfalls eine Winkeländerung an der Stütze 2, wir wollen sie ϑ' nennen. Desgleichen bewirkt X_2 an der Stütze 2 eine Verdrehung ϑ'' (Bild 5), endlich X_3 eine Verdrehung ϑ''' (Bild 6). Dagegen hat das Moment X_4 keinen Einfluß mehr auf die Winkeländerung an der Stütze 2 des GS (Bild 7). Nach dem oben Gesagten müssen nun die Verdrehungen ϑ', ϑ'', ϑ''' die Verdrehung $\vartheta_{2\,P}$ gerade kompensieren. Wir versehen die Winkel wieder mit Vorzeichen, und zwar bezeichnen wir eine gegenseitige Verdrehung benachbarter Stabtangenten an einer beliebigen Stütze k als positiv, wenn sie in der für X_k angenommenen Richtung erfolgt, anderenfalls als negativ. Es muß sich dann für die algebraische Summe der genannten vier Winkel der Wert Null ergeben:

$$\vartheta' + \vartheta'' + \vartheta''' + \vartheta_{2\,P} = 0. \tag{90, 30}$$

Für jede Innenstütze muß eine solche Gleichung gelten. Für die Stütze 1 besteht sie nur aus drei Summanden, da die Verdrehung $\vartheta_{1\,P}$ bloß durch die Wirkung von X_1 und X_2 kompensiert wird, X_3 und X_4 sind auf die Stütze 1 ohne Einfluß. Das Analoge gilt für die Stütze 4.

---

[1] Sie sind in unserer Abbildung nicht entgegengesetzt, da die statisch Unbestimmten in Wirklichkeit die verkehrte Richtung haben wie wir es annahmen. Dies wird jedoch im Verlauf der Rechnung in den Vorzeichen zum Ausdruck kommen.

Der Winkel $\vartheta_{2\,P}$ ist als Winkel zwischen Biegelinientangenten in einem statisch bestimmten System infolge einer gegebenen Belastung als bekannt anzusehen. Bezüglich der Winkel $\vartheta', \vartheta'', \vartheta'''$ überlegen wir folgendes: Wirkt an der Stütze 1 des Bildes 4 an Stelle des Moments X_1 das Moment 1 (kurz: setzen wir $X_1 = 1$), so tritt an der Stütze 2 ein Winkel auf, den wir ebenfalls berechnen können und den wir mit ϑ_{21} bezeichnen (Ort: Punkt 2, Ursache: $X_1 = 1$). Für den Winkel ϑ' gilt dann $\vartheta' = X_1 \vartheta_{21}$. Nun das Analoge für ϑ'': Wirkt in Bild 5 an der Stütze 2 das Moment $X_2 = 1$, so tritt an der Stütze 2 ein Winkel auf, den wir mit ϑ_{22} bezeichnen (Ort: Punkt 2, Ursache: $X_2 = 1$). Es ist dann $\vartheta'' = X_2 \vartheta_{22}$. Und schließlich: Wirkt in Bild 6 an der Stütze 3 das Moment $X_3 = 1$, so entsteht an der Stütze 2 ein Winkel, den wir mit ϑ_{23} bezeichnen (Ort: Punkt 2, Ursache: $X_3 = 1$). Es gilt dann $\vartheta''' = X_3 \vartheta_{23}$. Damit liefert Gl. (90, 30)

$$X_1 \vartheta_{21} + X_2 \vartheta_{22} + X_3 \vartheta_{23} + \vartheta_{2\,P} = 0. \tag{90, 31}$$

Dies ist die Elastizitätsgleichung für die Stütze 2. Ganz analoge Gleichungen lassen sich für die Stützen 1, 3 und 4 aufstellen, so daß wir das folgende Gleichungssystem erhalten:

$$\begin{aligned}
X_1 \vartheta_{11} + X_2 \vartheta_{12} + \vartheta_{1\,P} &= 0 \\
X_1 \vartheta_{21} + X_2 \vartheta_{22} + X_3 \vartheta_{23} + \vartheta_{2\,P} &= 0 \\
X_2 \vartheta_{32} + X_3 \vartheta_{33} + X_4 \vartheta_{34} + \vartheta_{3\,P} &= 0 \\
X_3 \vartheta_{43} + X_4 \vartheta_{44} + \vartheta_{4\,P} &= 0.
\end{aligned} \tag{90, 32}$$

Dies sind die vier Elastizitätsgleichungen unseres vierfach statisch unbestimmten Systems. Da sämtliche Winkel als Neigungswinkel von Biegelinien statisch bestimmter Systeme als bekannt anzusehen sind, können aus diesen vier linearen, inhomogenen Gleichungen die vier Unbekannten X_1 bis X_4 eindeutig berechnet werden. Die Auflösung dieses Gleichungssystems wird wesentlich dadurch erleichtert, daß in keiner Gleichung mehr als drei Unbekannte vorkommen, in der ersten und letzten Gleichung sogar nur zwei[1].

Wir kehren nun wieder zur Stütze 2 unseres Trägers, d. h. zu Gl. (90, 31) zurück und wollen die einzelnen Winkel, die in dieser Gleichung vorkommen, genau wie in Nr. 88 berechnen. In Abb. 223, Bild 1, ist das Trägerstück, das die drei benachbarten Stützen 1, 2, 3 enthält, vergrößert herausgezeichnet. In Bild 2 sehen wir das GS mit der Belastung P und darunter die zugehörige Momentenverteilung M_P. Es folgt in den

---

[1] Das verdanken wir der vorteilhaften Wahl des GS, bei dem jede Verdrehung an einer Stütze nur durch höchstens drei Momente X beeinflußt wird. Würde man als GS den Träger auf zwei Stützen wählen, als statisch Unbestimmte die überzähligen Stützendrücke, dann erhielte man zwar auch ein System von vier linearen Elastizitätsgleichungen, jede enthielte jedoch alle vier, im allgemeinen Fall alle $r-2$ Unbekannten.

Bildern 3, 4, 5 das GS, belastet mit $X_1 = 1$, bzw. mit $X_2 = 1$, bzw. mit $X_3 = 1$ und darunter jedesmal die zugehörige Momentenlinie M_1, bzw. M_2, bzw. M_3. Jede dieser drei Momentenverteilungen erstreckt sich immer nur über zwei benachbarte Felder des GS.

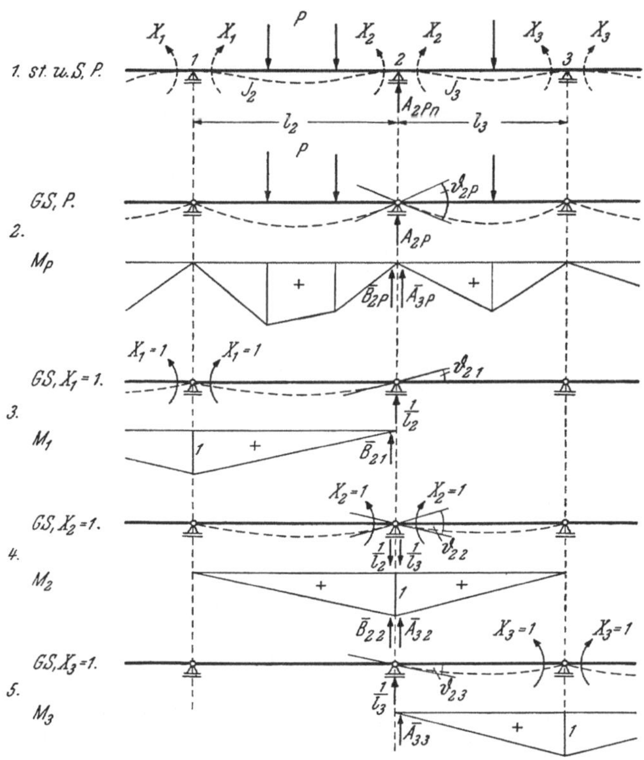

Abb. 223. Zur Berechnung der Biegewinkel, die in der Elastizitätsgleichung für die Stütze 2 auftreten

Zunächst gilt für ϑ_{2P} eine ganz analoge Gleichung wie Gl. (88, 19). Als Summe der Randbiegewinkel von zwei Trägern auf zwei Stützen mit den Längen l_2 und l_3 ist

$$\vartheta_{2P} = \frac{\bar{B}_{2P}}{E J_2} + \frac{\bar{A}_{3P}}{E J_3}. \tag{90, 33}$$

Darin bedeuten $\bar{B}_{2P}$ und $\bar{A}_{3P}$ die Auflagerdrücke der M_P-Fläche des zweiten bzw. des dritten Feldes an der Stütze 2 (siehe Bild 2).

Die Winkel ϑ_{21}, ϑ_{22}, ϑ_{23} berechnen sich mit Hilfe der Auflagerdrücke der Momentenflächen der Bilder 3 bis 5 an der Stütze 2. Diese sind[1]:

---

[1] In der Bezeichnung $\bar{B}_{21}$ deutet der erste Index das Feld an, wo der Auflagerdruck auftritt (l_2), der zweite die Ursache: $X_1 = 1$. Ebenso bei den anderen Auflagerdrücken.

aus Bild 3: $\bar{B}_{21} = \frac{1}{6} l_2$,

aus Bild 4: $\bar{B}_{22} = \frac{1}{3} l_2$, $\quad \bar{A}_{32} = \frac{1}{3} l_3$,

aus Bild 5: $\bar{A}_{33} = \frac{1}{6} l_3$.

Es ist dann

$$\vartheta_{21} = \frac{\bar{B}_{21}}{E J_2} = \frac{l_2}{6 E J_2},$$

$$\vartheta_{22} = \frac{\bar{B}_{22}}{E J_2} + \frac{\bar{A}_{32}}{E J_3} = \frac{l_2}{3 E J_2} + \frac{l_3}{3 E J_3},$$

$$\vartheta_{23} = \frac{\bar{A}_{33}}{E J_3} = \frac{l_3}{6 E J_3}.$$

Dies alles in Gl. (90, 31) eingesetzt und die ganze Gleichung mit $6\,E\,J_c$ multipliziert (J_c = Vergleichs-Trägheitsmoment), liefert

$$X_1 l_2 \frac{J_c}{J_2} + 2 X_2 \left(l_2 \frac{J_c}{J_2} + l_3 \frac{J_c}{J_3} \right) + X_3 l_3 \frac{J_c}{J_3} + 6 \left(\bar{B}_{2P} \frac{J_c}{J_2} + \bar{A}_{3P} \frac{J_c}{J_3} \right) = 0.$$

Führen wir noch die auf S. 330 definierten reduzierten Feldlängen ein, schreiben wir also für $l_2 \frac{J_c}{J_2} = \lambda_2$ und für $l_3 \frac{J_c}{J_3} = \lambda_3$, so erhalten wir die Elastizitätsgleichung für die Stütze 2 in der folgenden Form

$$X_1 \lambda_2 + 2 X_2 (\lambda_2 + \lambda_3) + X_3 \lambda_3 + 6 \left(\bar{B}_{2P} \frac{J_c}{J_2} + \bar{A}_{3P} \frac{J_c}{J_3} \right) = 0. \qquad (90, 34)$$

Analoge Gleichungen gelten für die übrigen Innenstützen.

Betrachten wir nun den allgemeinen Fall eines Durchlaufträgers über r Stützen, von dem wir am Beginn dieser Nummer ausgingen. Es läßt sich dann für jede der $r - 2$ Innenstützen eine Gleichung wie Gl. (90, 34) aufstellen. Wir erhalten die allgemeine Form dieser Gleichung für die Innenstütze k, indem wir in obiger Gleichung die folgenden Ersetzungen durchführen: $1 \to k - 1$, $2 \to k$, $3 \to k + 1$. Dann ergibt sich

$$\boxed{\begin{aligned} & X_{k-1} \lambda_k + 2 X_k (\lambda_k + \lambda_{k+1}) + X_{k+1} \lambda_{k+1} + \\ & \quad + 6 \left(\bar{B}_{kP} \frac{J_c}{J_k} + \bar{A}_{k+1\,P} \frac{J_c}{J_{k+1}} \right) = 0, \\ & k = 1, 2, \ldots (r - 2); \quad \lambda_k = l_k \frac{J_c}{J_k}, \quad \lambda_{k+1} = l_{k+1} \frac{J_c}{J_{k+1}}. \end{aligned}} \qquad (90, 35)$$

Diese Gleichung wird als *Clapeyronsche Gleichung*[1] oder als *Dreimomentengleichung* bezeichnet, weil sie drei unbekannte Stützmomente enthält.

Zusammenfassend wiederholen wir die Bedeutung der in dieser Gleichung auftretenden Größen. X_{k-1}, X_k, X_{k+1} sind drei benachbarte

---

[1] B. P. E. CLAPEYRON, französischer Ingenieur und Physiker, 1799—1864.

Stützmomente im Durchlaufträger. λ_k, λ_{k+1} sind die reduzierten Längen der beiden der Stütze k benachbarten Felder, deren wirkliche Längen l_k und l_{k+1} sind. (Die Bezeichnung erfolgt immer nach der rechts benachbarten Stütze.). $\bar{B}_{kP}$ und $\bar{A}_{k+1P}$ sind die Auflagerdrücke, die an der Stütze k auftreten, wenn wir uns das GS mit der M_P-Fläche belastet denken; sie sind nach den Feldern k bzw. $k+1$ bezeichnet. Die M_P-Fläche ist die Momentenfläche des GS infolge der gegebenen Belastung P. $\bar{B}_{kP}$ bzw. $\bar{A}_{k+1P}$ werden deshalb auch als *Belastungsglieder* bezeichnet. Bezüglich ihrer Berechnung für verschiedene Belastungsfälle s. die Vorbemerkung zum 2. Beispiel der Nr. 89, die unverändert auch für Träger auf beliebig vielen Stützen gilt. $B_{kP}\dfrac{J_c}{J_k}$ bzw. $A_{k+1P}\dfrac{J_c}{J_{k+1}}$ können auch als Auflagerdrücke der reduzierten M_P-Fläche (s. Nr. 64) gedeutet werden[1]. J_k und J_{k+1} sind die feldweise konstanten Querschnittsträgheitsmomente des Trägers, J_c ist ein beliebig gewähltes Vergleichs-Trägheitsmoment.

Sind die reduzierten Feldlängen für alle Felder gleich groß und bezeichnen wir sie mit λ, dann vereinfacht sich die Clapeyronsche Gleichung, indem wir durch λ dividieren und für

$$\frac{1}{\lambda}\frac{J_c}{J_k} = \frac{1}{l_k}, \qquad \frac{1}{\lambda}\frac{J_c}{J_{k+1}} = \frac{1}{l_{k+1}}$$

schreiben, zu

$$\boxed{\begin{aligned} X_{k-1} + 4X_k + X_{k+1} + 6\left(\bar{B}_{kP}\frac{1}{l_k} + \bar{A}_{k+1P}\frac{1}{l_{k+1}}\right) = 0, \\ k = 1, 2, \ldots (r-2). \end{aligned}} \qquad (90,36)$$

Für einen Durchlaufträger über r Stützen $[0, 1, 2, \ldots (r-1)]$ läßt sich für jede Innenstütze eine, lassen also sich insgesamt $r-2$ Clapeyronsche Gleichungen aufstellen. Diese Gleichungen enthalten jedoch neben den $r-2$ unbekannten Stützmomenten $X_1 \ldots X_{r-2}$ noch die Größen X_0 und X_{r-1}, und zwar steht X_0 in der ersten Gleichung ($k=1$) und X_{r-1} in der letzten ($k=r-2$). Der Herleitung der Dreimomentengleichung entsprechend bedeuten X_0 bzw. X_{r-1} die Stützmomente über den Stützen 0 bzw. $r-1$. Wir haben nun drei Fälle zu unterscheiden.

1. Der Träger hat keine über die Stützen 0 bzw. $r-1$ hinausragenden Kragarme. Dann sind die Momente über diesen Stützen gleich Null,

---

[1] Zuweilen findet man statt $\bar{B}_{kP}$ und $\bar{A}_{k+1P}$ die gleichwertigen Ausdrücke $L^{(k)}_{k-1}/l_k$ und $R^{(k+1)}_{k+1}/l_{k+1}$, wo $L^{(k)}_{k-1}$ das statische Moment der M_P-Fläche des Feldes k um die Stütze $k-1$ bedeutet und $R^{(k+1)}_{k+1}$ das statische Moment der M_P-Fläche des Feldes $k+1$ um die Stütze $k+1$. L bezieht sich also auf die links, R auf die rechts von der Stütze k liegende M_P-Fläche des angrenzenden Feldes. Da aber auch noch andere Bezeichnungen vorkommen, ist es wichtig, sich vor Gebrauch der Formel über die Bedeutung der einzelnen Größen Klarheit zu verschaffen.

das heißt, in den Clapeyronschen Gleichungen ist $X_0 = X_{r-1} = 0$ zu setzen und damit stimmen Zahl der Unbekannten und Zahl der Gleichungen überein.

2. Der Träger besitzt über die erste bzw. über die letzte Stütze hinausragend einen belasteten Kragarm, etwa wie in Abb. 224, Bild 1, dargestellt. Dann ist X_0 bzw. X_{r-1} berechenbar und beide können als bekannte Werte in die Clapeyronschen Gleichungen eingesetzt werden. In unserem Beispiel ist $X_0 = -P_1 a$, $X_{r-1} = X_3 = -q\, b^2/2$. Als M_P-Fläche, aus der die Belastungsglieder zu berechnen sind, gilt die in Bild 3 dargestellte. Denn wir können uns z. B. den linken Kragarm ersetzt denken durch das Moment $X_0 = -P_1 a$ (in Bild 2 in jenem Drehsinn eingezeichnet, in dem es tatsächlich wirkt) und durch die in den Punkt o verschobene Kraft P_1.

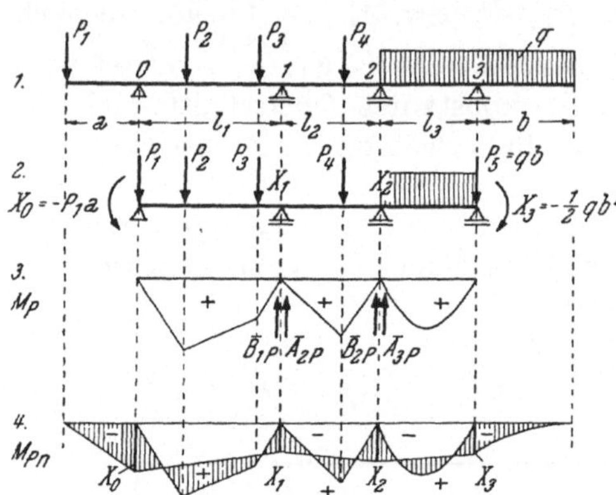

Abb. 224. Durchlaufträger mit über die Endstützen hinausragenden belasteten Kragarmen

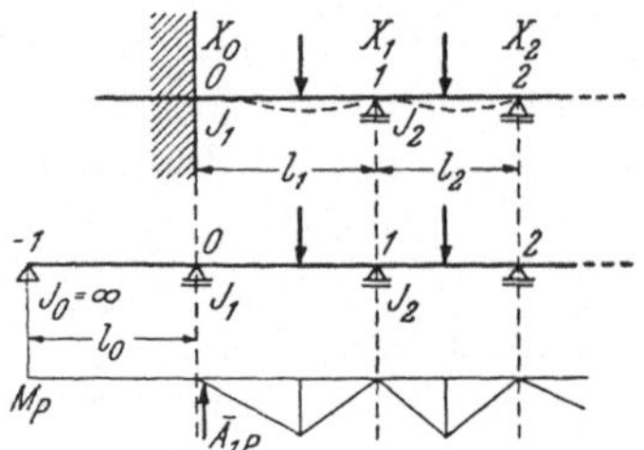

Abb. 225. Durchlaufträger, der am Ende eingespannt ist

X_0 wird durch seine Einführung in die Clapeyronsche Gleichung berücksichtigt, während die über der Stütze stehende Last P_1 auf die Momentenverteilung keinen Einfluß hat, sondern nur in den Auflagerdruck an dieser Stütze eingeht (s. Nr. 91). Das gleiche gilt für die Endstütze 3 (allgemein $r-1$).

3. Eines oder beide Enden des Durchlaufträgers sind eingespannt. Dann bedeuten X_0 bzw. X_{r-1} die Einspannmomente und können nicht von vornherein angegeben werden. Wir müssen in diesem Fall den $r-2$-Gleichungen für die Innenstützen noch zwei Gleichungen hinzufügen, die wir aus der Bedingung erhalten, daß die Biegelinie des statisch unbestimmten Trägers im Einspannpunkt eine waagrechte Tangente haben muß. Wir können die Erfüllung dieser Bedingung am einfachsten dadurch erreichen, daß wir uns statt des eingespannten Trägerendes ein Trägerfeld von beliebiger Länge hinzugefügt denken, in dem das Trägheitsmoment einen unendlich großen Wert hat. Dieses Trägerstück wird dann keine Verbiegung erfahren und, da die Biegelinie im Einspannpunkt keine

Ecke besitzt, die waagrechte Tangente in diesem Punkt garantieren[1]. Denken wir uns etwa das linke Trägerende eingespannt (Abb. 225), so fügen wir also noch ein Feld l_0 mit dem Trägheitsmoment J_0 hinzu. An der Stütze — 1 möge dieser Ersatzträger frei aufliegen, so daß $X_{-1} = 0$ ist. Schreiben wir nun die Clapeyronsche Gleichung für die Stütze 0 an, so lautet sie

$$2\,X_0\,(\lambda_0 + \lambda_1) + X_1\,\lambda_1 + 6\left(\overline{B}_{0\,P}\,\frac{J_c}{J_0} + \overline{A}_{1\,P}\,\frac{J_c}{J_1}\right) = 0.$$

Lassen wir nun J_0 über alle Grenzen anwachsen, so wird

$$\lambda_0 = l_0\,\frac{J_c}{J_0} = 0, \qquad \overline{B}_{0\,P}\,\frac{J_c}{J_0} = 0$$

und von obiger Gleichung bleibt bloß übrig

$$(2\,X_0 + X_1)\,\lambda_1 + 6\,\overline{A}_{1\,P}\,\frac{J_c}{J_1} = 0. \tag{90, 37a}$$

Ist das rechte Trägerende (Punkt $r-1$) eingespannt, so lautet die entsprechende Gleichung

$$(X_{r-2} + 2\,X_{r-1})\,\lambda_{r-1} + 6\,\overline{B}_{r-1\,P}\,\frac{J_c}{J_{r-1}} = 0. \tag{90, 37b}$$

$\overline{A}_{1\,P}$ bzw. $\overline{B}_{r-1\,P}$ sind die Auflagerdrücke an der Stütze 0 bzw. $r-1$ des GS infolge der Belastung mit der M_P-Fläche. (Das GS besitzt in den Punkten 0 und $r-1$ Gelenke.) Diese beiden Gleichungen treten zu den $r-2$-Gleichungen für die Innenstützen des gegebenen Trägers hinzu und es stehen dann r Gleichungen zur Berechnung der r Unbekannten $X_0 \ldots X_{r-1}$ zur Verfügung.

Die Gl. (88, 22) für das Moment über der Mittelstütze des Zweifeldbalkens ergibt sich sofort aus der Clapeyronschen Gleichung (90, 35), was der Leser überprüfen möge. Auch der einseitig eingespannte Träger (Nr. 87) läßt sich mittels der Clapeyronschen Gleichung behandeln, indem man von Gl. (90, 37 a) ausgeht, in der man $X_1 = 0$ setzt. Aus ihr ergibt sich dann das Einspannmoment X_0.

91. Auflagerdrücke, Biegemomente und Querkräfte des Durchlaufträgers. *a) Auflagerdrücke.* Wir betrachten zunächst einen Durchlaufträger ohne Kragarme, etwa den in Abb. 222 dargestellten Träger und wollen für ihn den Auflagerdruck an der Stütze 2 berechnen. Der Auflagerdruck $A_{2\,P_n}$ im statisch unbestimmten System infolge der Belastung P wird sich zusammensetzen aus dem Auflagerdruck $A_{2\,P}$, der im GS infolge P auftritt und jenem Auflagerdruck, der an der Stütze 2 infolge Belastung des GS mit $X_1 \ldots X_4$ entsteht. Wie die Bilder 4 bis 7 der Abb. 222 zeigen, haben von diesen Momenten nur X_1, X_2, X_3 auf den zuletzt genannten Auflagerdruck einen Einfluß.

---

[1] Nur in Gelenken können Biegelinien Ecken aufweisen (s. Nr. 67).

Betrachten wir Bild 3 der Abb. 223, so sehen wir, daß das Moment $X_1 = \mathrm{I}$ an der Stütze 2 den Auflagerdruck $\dfrac{\mathrm{I}}{l_2}$ bewirkt und folglich das Moment X_1 den Auflagerdruck $\dfrac{X_2}{l_2}$. Infolge $X_2 = \mathrm{I}$ haben wir an der Stütze 2 den nach unten gerichteten Auflagerdruck $-\left(\dfrac{\mathrm{I}}{l_2} + \dfrac{\mathrm{I}}{l_3}\right)$ und infolge des richtigen Wertes von X_2 den X_2-fachen Wert dieses Auflagerdrucks. Endlich ruft X_3 an der Stütze 2 den Auflagerdruck $\dfrac{X_3}{l_3}$ hervor. Der Auflagerdruck an der Stütze 2 des statisch unbestimmten Systems ist daher gegeben durch

$$A_{2\,P\,n} = A_{2\,P} + X_1 \frac{\mathrm{I}}{l_2} - X_2 \left(\frac{\mathrm{I}}{l_2} + \frac{\mathrm{I}}{l_3}\right) + X_3 \frac{\mathrm{I}}{l_3}.$$

Betrachten wir an Stelle der Stütze 2 die beliebige Stütze k eines Durchlaufträgers über r Stützen, so wird für den Auflagerdruck an der Stütze k gelten

$$A_{k\,P\,n} = A_{k\,P} + X_{k-1} \frac{\mathrm{I}}{l_k} - X_k \left(\frac{\mathrm{I}}{l_k} + \frac{\mathrm{I}}{l_{k+1}}\right) + X_{k+1} \frac{\mathrm{I}}{l_{k+1}},$$

$$k = 0,\ \mathrm{I},\ 2,\ \dots\ (r - \mathrm{I}). \tag{91, 38}$$

Die Formel gilt für sämtliche Stützen[1]. Wir haben nur, falls der Träger an den Endstützen frei aufliegt und keine Kragarme besitzt, $X_{-1} = X_0 = X_{r-1} = X_r = 0$ zu setzen. Die übrigen X_i sind mit ihren Vorzeichen einzusetzen.

Hat der Träger belastete Kragarme, betrachten wir etwa als Beispiel den Träger in Abb. 224, so geht zunächst in $A_{0\,P}$ die Last P_1 ein, in $A_{3\,P}$ die Last $P_5 = q\,b$. Ferner sind für X_0 bzw. X_{r-1} die durch die Belastung der Kragarme gegebenen Werte einzusetzen; in unserem Beispiel also $X_0 = -P_1\,a$ und $X_3 = -q\,b^2/2$.

Ist der Träger an den Enden eingespannt, so haben wir die für X_0 und X_{r-1} berechneten Werte bei der Anwendung der Gl. (91, 38) zu berücksichtigen.

b) Biegemomente, Querkräfte. Die Verteilung der Biegemomente $M_{P\,n}$ für den Durchlaufträger über r Stützen infolge der Belastung P erhalten

---

[1] Es ist zu beachten, daß in der Bezeichnung der Auflagerdrücke $A_{k\,P\,n}$ und $A_{k\,P}$ der Index k die *Stütze* bezeichnet an der die diese Stützendrücke auftreten. Dies im Gegensatz zur Bezeichnung der Auflagerdrücke infolge Belastung mit der M_P-Fläche, wo der erste Index das *Feld* bezeichnet, in dem die betreffende Größe auftritt. $\overline{A}_{k\,P}$ und $\overline{B}_{k\,P}$ bedeuten die Auflagerdrücke infolge Belastung mit der M_P-Fläche im Feld l_k. Dabei tritt $\overline{A}_{k\,P}$ an der Stütze $k-\mathrm{I}$ auf und $\overline{B}_{k\,P}$ an der Stütze k. — In den früheren Auflagen dieses Buches wurden auch diese letzteren Auflagerdrücke nach der Stütze bezeichnet, allgemein üblich ist jedoch die Bezeichnung nach dem Feld.

wir, indem wir der Momentenverteilung M_P des GS infolge P jene Momente überlagern, die im GS infolge Belastung mit $X_1 \ldots X_{r-2}$ hervorgerufen werden. Ziehen wir wieder die Abb. 223 heran und betrachten wir das Feld l_2, so sehen wir, daß im GS in diesem Feld außer den positiven Momenten M_P nur noch Momente infolge X_1 und X_2 auftreten. Die Momentenfläche infolge $X_1 = 1$ ist ein Dreieck mit der Höhe 1 über der Stütze 1, diejenige infolge $X_2 = 1$ ein Dreieck mit der Höhe 1 über der Stütze 2, und in beiden Fällen sind die Momente positiv. Die tatsächlichen Werte von X_1 und X_2 werden im allgemeinen negativ sein. Wird das GS mit ihnen belastet, so erhalten die beiden Dreiecke die Höhe X_1 bzw. X_2

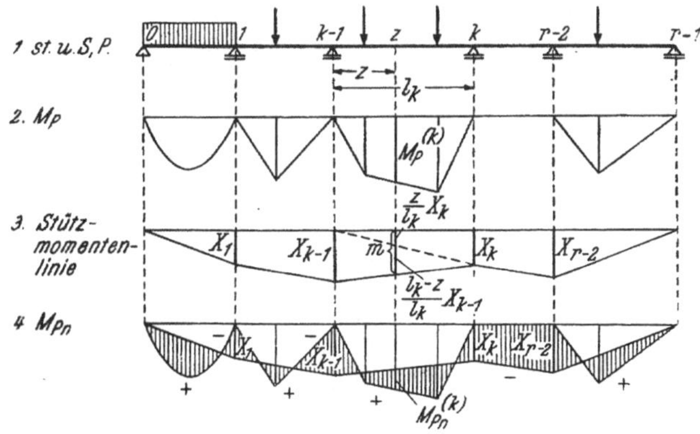

Abb. 226. Ermittlung des Verlaufs der Biegemomente M_{Pn} im Durchlaufträger

und stellen nun negative Momente dar. Überlagern wir diese beiden Dreiecke, dann erhalten wir jene Trapezfläche, die für den Träger der Abb. 226, Bild 3 für das Feld l_k dargestellt ist. Machen wir dies für alle Felder, dann ergibt sich eine im allgemeinen negative, polygonal begrenzte Momentenverteilung. Die Begrenzungslinie hat an jeder Stütze eine Ordinate gleich dem betreffenden Stützmoment und kann sofort gezeichnet werden, wenn die Stützmomente bekannt sind; wir nennen sie daher *Stützmomentenlinie*. Überlagern wir sie der M_P-Verteilung des Bildes 2, so ergibt sich das in Bild 4 dargestellte Schaubild der Momentenverteilung im Durchlaufträger M_{Pn}.

Wollen wir das Moment M_{Pn} in einem beliebigen Punkt des Feldes l_k berechnen, dann bezeichnen wir mit z den Abstand dieses Punkts von der Stütze $k - 1$ (Abb. 226). M_{Pn} ist gleich M_P, vermindert um das Moment, das der Strecke m des Bildes 3 entspricht. m folgt aus ähnlichen Dreiecken, wie aus der Abbildung ersichtlich. Deuten wir durch den oberen Index k das k-te Feld an und beachten ferner, daß in der Abbildung X_{k-1} und X_k als negativ vorausgesetzt sind, dann erhalten wir

$$M'^{(k)}_{P\,n} = M^{(k)}_{P} + \frac{l_k - z}{l_k}\,X_{k-1} + \frac{z}{l_k}\,X_k, \qquad (91,\,39\,\text{a})$$

oder

$$M^{(k)}_{P\,n} = M^{(k)}_{P} + X_{k-1} - \frac{z}{l_k}\,(X_{k-1} - X_k), \qquad (91,\,39\,\text{b})$$

$$k = 1,\,2,\,\ldots\,(r - 1),$$

wo die X_i wieder mit ihren Vorzeichen einzusetzen sind.

Differenzieren wir diesen Ausdruck nach z, dann müssen wir die Querkraft erhalten. Bezeichnet $Q^{(k)}_{P\,n}$ die Querkraft im statisch unbestimmten System infolge der Belastung P, $Q^{(k)}_{P}$ die Querkraft im GS infolge P, beide im Punkt z des k-ten Feldes, so gilt

$$\frac{dM^{(k)}_{P\,n}}{dz} = Q^{(k)}_{P\,n}, \qquad \frac{dM^{(k)}_{P}}{dz} = Q^{(k)}_{P}.$$

Damit folgt aus Gl. (91, 39b) (da ja die X_i von z unabhängig sind)

$$Q^{(k)}_{P\,n} = Q^{(k)}_{P} - \frac{1}{l_k}\,(X_{k-1} - X_k), \qquad (91,\,40)$$

$$k = 1,\,2,\,\ldots\,(r - 1),$$

die X_i sind wieder mit ihren Vorzeichen einzusetzen. Dieser Ausdruck kann auch unmittelbar, etwa an Hand der Abb. 223 erhalten werden. — Der Querkraftverlauf gibt wieder über die Lage der Extremwerte des Biegemoments Aufschluß.

Bezüglich der einzelnen Trägertypen ist wieder folgendes zu beachten. Für einen an den Enden frei aufliegenden Träger ohne Kragarme, wie etwa in Abb. 226 dargestellt, ist sowohl bei der Zeichnung der Stützmomentenlinie als auch bei Anwendung der Gl. (91, 39) bzw. (91, 40) $X_0 = X_{r-1} = 0$ zu setzen. Für Träger mit belasteten Kragarmen bzw. mit eingespannten Enden, bei denen X_0 und X_{r-1} ungleich Null sind, beginnt die Stützmomentenlinie mit dem Wert X_0 und endet mit X_{r-1} (s. z. B. Abb. 224, Bild 4). Diese Werte von X_0 bzw. X_{r-1} sind auch in den obigen Gleichungen zu verwenden. Bei dem Träger mit Kragarmen ist dann noch die Querkraft- und die Momentenverteilung in den Armen zu ermitteln, was jedoch keine Schwierigkeit bildet.

92. Anwendungen   **1. Beispiel.** Für den in Abb. 227, Bild 1, dargestellten Durchlaufträger über vier Stützen sollen für eine durchgehende Gleichlast $q = 2$ Mp/m die Verteilung der Biegemomente, ferner die Auflagerdrücke und die Verteilung der Querkräfte bestimmt werden. Die einzelnen Felder seien gleich lang und jedes habe die Länge $l = 5{,}00$ m. Das Trägheitsmoment sei konstant und gleich J. (Der Rechnung legen wir die Einheiten Mp und m zugrunde.)

Das System ist zweifach statisch unbestimmt, es wären also zwei Clapeyronsche Gleichungen für die unbekannten Stützmomente X_1 und X_2 aufzustellen. Da aber Träger und Belastung symmetrisch sind, ist, $X_1 = X_2$ und es genügt also bloß eine Gleichung. Die reduzierten Feldlängen sind alle gleich groß und wir gehen daher aus von Gl. (90, 36). Die Clapeyronsche Gleichung für die Stütze 1 erhalten wir, indem wir in dieser Gleichung $k = 1$, ferner für $l_1 = l_2 = l$ setzen:

$$X_0 + 4\,X_1 + X_2 + \frac{6}{l}\,(\overline{B}_{1P} + \overline{A}_{2P}) = 0.$$

Darin ist $X_0 = 0$, ferner $X_2 = X_1$ zu setzen. Weiters ist [s. Gl. (89, 29)[$B_{1P} = A_{2P} = q\,l^3/24$. Damit reduziert sich die obige Gleichung auf

$$5\,X_1 + \frac{q\,l^2}{2} = 0,$$

woraus folgt

$$X_1 = X_2 = -\frac{q\,l^2}{10} = -\frac{2 \cdot 5^2}{10} = -5\ \text{Mp m}.$$

Damit kann die Stützmomentenlinie gezeichnet werden. Sie ist der M_P-Fläche, die aus drei kongruenten Parabeln vom Pfeil $q\,l^2/8 = 2 \cdot 5^2/8 = 6{,}25$ besteht, zu überlagern, worauf wir die M_{Pn}-Verteilung erhalten (Bild 2).

Die Auflagerdrücke berechnen wir nach Gl. (91, 38). Unter Beachtung der Symmetrie ergibt sich, wenn wir in dieser Gleichung erst für $k = 0$ und dann für $k = 1$, ferner $X_{-1} = X_0 = 0$, $X_2 = X_1$ und $l_1 = l_2 = l$ setzen:

$$A_{0Pn} = A_{0P} + X_1\,\frac{1}{l} = A_{3Pn},$$

$$A_{1Pn} = A_{1P} - X_1\,\frac{2}{l} + X_1\,\frac{1}{l} = A_{1P} - X_1\,\frac{1}{l} = A_{2Pn}.$$

In unserem Fall ist

$$A_{0P} = \frac{q\,l}{2} = \frac{2 \cdot 5}{2} = 5, \qquad A_{1P} = q\,l = 2 \cdot 5 = 10.$$

Damit und mit dem oben berechneten Wert von X_1 erhalten wir

$$A_{0Pn} = A_{3Pn} = 5 - 5 \cdot \frac{1}{5} = 4\ \text{Mp},$$

$$A_{1Pn} = A_{2Pn} = 10 + 5 \cdot \frac{1}{5} = 11\ \text{Mp}.$$

Die Summe der vier Auflagerdrücke muß gleich der Summe aller Lasten sein:

$$2\,(A_{0Pn} + A_{1Pn}) = 2\,(4 + 11) = 30,$$

$$3\,ql = 3 \cdot 2 \cdot 5 = 30.$$

Mit Hilfe der bekannten Werte der Auflagerdrücke kann dann die Querkraftlinie gezeichnet werden (Bild 3).

Der Extremwert des Biegemoments im ersten Feld könnte entweder aus Gl. (91, 39) berechnet werden, oder auch dadurch, daß

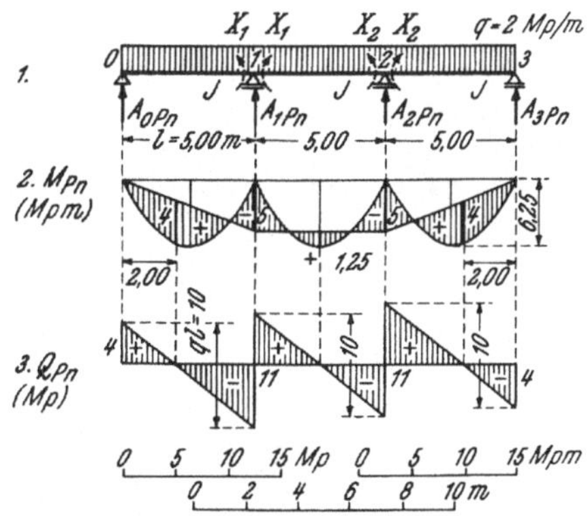

Abb. 227. Durchlaufträger über drei gleich lange Felder, mit durchgehender Gleichlast belastet

wir an den bereits berechneten Auflagerdruck A_{0Pn} anknüpfen. Denken wir uns den Träger im Abstand z von der Stütze 0 durchschnitten, so erhalten wir auf genau die gleiche Art wie beim statisch bestimmten Träger das Biegemoment

$$M_{Pn}^{(1)} = A_{0Pn}\,z - \frac{q\,z^2}{2} = 4\,z - z^2.$$

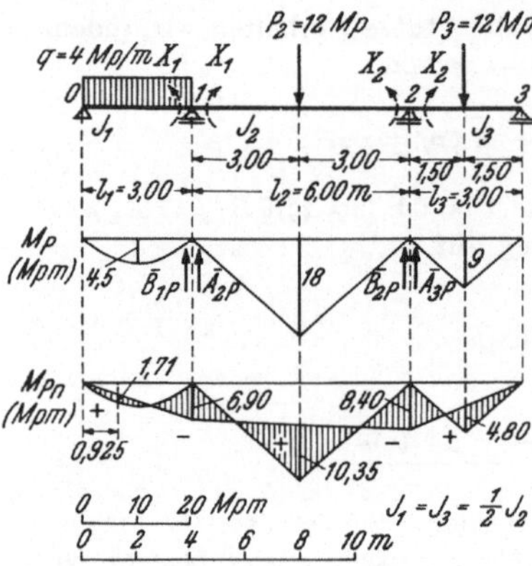

Abb. 228. Beispiel eines Durchlaufträgers mit verschieden langen Feldern, jedoch gleicher reduzierter Feldlänge

Setzen wir den Differentialquotienten gleich Null:

$$4 - 2\,z = 0,$$

so ergibt sich

$$z = 2$$

und damit

$$M^{(1)}_{\max} = 4 \cdot 2 - 2^2 = +\,4\,\mathrm{Mp\,m} = M^{(3)}_{\max}.$$

Der Wert des maximalen Feldmoments im zweiten Feld ist, wie aus der Abbildung abgelesen werden kann, gegeben durch

$$M^{(2)}_{\max} = 6,25 - 5 = +\,1,25\,\mathrm{Mp\,m}.$$

Die größten negativen Momente treten über den Stützen auf.

2. Beispiel. Für den in Abb. 228 dargestellten Durchlaufträger über drei Felder von den Längen $l_1 = 3,00$, $l_2 = 6,00$, $l_3 = 3,00$ m, soll für die angegebene Belastung der Verlauf der Biegemomente Mp_n bestimmt werden. Bezüglich der Trägheitsmomente soll gelten $J_1 = J_3 = \dfrac{1}{2}\,J_2$. (Der Rechnung liegen als Einheiten Mp und m zugrunde.)

Da sich die Trägheitsmomente wie die zugehörigen Feldlängen verhalten, sind die reduzierten Feldlängen alle gleich groß, und wir gehen daher von Gl. (90, 36) aus. Unser Träger ist zweifach statisch unbestimmt, wir haben also zwei Clapeyronsche Gleichungen aufzustellen, eine für die Stütze 1 und eine für die Stütze 2. Mit $k = 1$ bzw. $k = 2$ erhalten wir

$$X_0 + 4\,X_1 + X_2 + 6\left(\overline{B}_{1P}\,\frac{1}{l_1} + \overline{A}_{2P}\,\frac{1}{l_2}\right) = 0,$$

$$X_1 + 4\,X_2 + X_3 + 6\left(\overline{B}_{2P}\,\frac{1}{l_2} + \overline{A}_{3P}\,\frac{1}{l_3}\right) = 0.$$

Darin ist $X_0 = X_3 = 0$ zu setzen. Für die Auflagerdrücke der M_P-Fläche ergibt sich aus Gl. (89, 29) bzw. aus Gl. (89, 28)

$$\overline{B}_{1P} = \frac{q\,l_1^{3}}{24} = \frac{4 \cdot 3^3}{24} = 4,50\,\mathrm{Mp\,m^2},$$

$$\overline{A}_{2P} = \overline{B}_{2P} = \frac{P_2\,l_2^{2}}{16} = \frac{12 \cdot 6^2}{16} = 27,00\,\mathrm{Mp\,m^2},$$

$$\overline{A}_{3P} = \frac{P_3\,l_3^{2}}{16} = \frac{12 \cdot 3^2}{16} = 6,75\,\mathrm{Mp\,m^2}.$$

Dies, sowie die Werte für die Feldlängen in die beiden Gleichungen eingesetzt, ergibt

$$4\,X_1 + X_2 + 6\left(\frac{4,5}{3} + \frac{27}{6}\right) = 0,$$

$$X_1 + 4\,X_2 + 6\left(\frac{27}{6} + \frac{6,75}{3}\right) = 0,$$

oder

$$4\,X_1 + X_2 = -\,36,00,$$

$$X_1 + 4\,X_2 = -\,40,50.$$

Daraus erhalten wir

$$X_1 = -6{,}90 \text{ Mp m}, \qquad X_2 = -8{,}40 \text{ Mp m}.$$

Nun kann die Stützmomentenlinie gezeichnet werden und damit ergibt sich die in der Abbildung dargestellte Verteilung der $M_{P\,n}$.

Wollen wir die maximalen Feldmomente berechnen, so können wir von Gl. (91, 39) ausgehen. Für das erste Feld ergibt sich $A_{0\,P} = \dfrac{1}{2} q\, l_1 = \dfrac{1}{2} \cdot 4 \cdot 3 = 6$ und, wenn z den Abstand eines Punktes im ersten Feld vom linken Auflager bedeutet:

$$M_P = A_{0\,P}\, z - q\, \frac{z^2}{2} = 6\, z - 2\, z^2.$$

Damit ergibt sich aus Gl. (91, 39) mit $k = 1$ und $X_0 = 0$

$$M_{P\,n}^{(1)} = M_P^{(1)} + \frac{z}{l_1} X_1 = 6\, z - 2\, z^2 - \frac{z}{3}\, 6{,}90 = (3{,}7 - 2\, z)\, z.$$

Dies nach z differenziert und der Differentialquotient gleich Null gesetzt, liefert

$$3{,}7 - 4\, z = 0,$$

woraus folgt

$$z = 0{,}925 \text{ m}.$$

Setzen wir diesen Wert in obige Gleichung ein, so ergibt sich das gesuchte Maximum im ersten Feld zu

$$M_{\max}^{(1)} = (3{,}7 - 2 \cdot 0{,}925)\, 0{,}925 = +1{,}71 \text{ Mp m}.$$

Die Maxima in den Feldern 2 und 3 treten, wie aus der Abbildung ersichtlich, in den Feldmitten auf. Wir erhalten sie entweder durch geometrische Überlegungen an Hand der Abbildung oder aus Gl. (91, 39), indem wir für $M_P^{(k)} = 18$ bzw. $= 9$, für $z = 3$ bzw. $= 1{,}5$ einsetzen (z wird jeweils vom Anfangspunkt des betreffenden Feldes gezählt)

$$M_{\max}^{(2)} = \left[M_P^{(2)} + X_1 - \frac{z}{l_2}(X_1 - X_2) \right]_{z=3} =$$

$$= 18 - 6{,}90 - \frac{3}{6}(-6{,}90 + 8{,}40) = +10{,}35 \text{ Mp m},$$

$$M_{\max}^{(3)} = \left[M_P^{(3)} + X_2 - \frac{z}{l_3} X_2 \right]_{z=1,5} =$$

$$= 9 - 8{,}40 - \frac{1{,}5}{3}(-8{,}40) = +4{,}80 \text{ Mp m}.$$

Der Leser berechne die Auflagerdrücke und bestimme den Verlauf der Querkräfte $Q_{P\,n}$. Er berechne ferner die drei maximalen Feldmomente mit Hilfe der Auflagerdrücke.

3. Beispiel. In Abb. 229 ist ein Durchlaufträger über acht Stützen, also sieben Felder von gleicher Länge $l = 6{,}00$ m dargestellt, der lediglich im 3. Feld mit einer Gleichlast $q = 4$ Mp/m belastet ist. Das Querschnitts-Trägheitsmoment sei konstant. Es sollen die Stützmomente berechnet werden und der Momentenverlauf zeichnerisch dargestellt werden (Einheiten t und m.)

Da die reduzierte Feldlänge konstant ist, verwenden wir die Gl. (90, 36), die in unserem Fall lauten

$$X_{k-1} + 4\, X_k + X_{k+1} + \frac{6}{l}(\bar{B}_k{}_P + \bar{A}_{k+1}{}_P) = 0,$$

$$k = 1, 2, \dots 6.$$

Von den Belastungsgliedern sind alle gleich Null bis auf

$$\overline{A}_{3P} = \overline{B}_{3P} = \frac{q\,l^3}{24} = \frac{4 \cdot 6^3}{24} = 36\ \mathrm{Mp\ m^2}$$

[s. Gl. (89, 29)]. Ferner ist $6/l = 6/6 = 1$ und weiters ist $X_0 = X_7 = 0$ zu setzen. Wir erhalten damit für die 6 Innenstützen die folgenden Gleichungen:

$$
\begin{aligned}
k = 1 \qquad & 4\,X_1 + X_2 = 0, \\
2 \qquad & X_1 + 4\,X_2 + X_3 + 36 = 0, \\
3 \qquad & X_2 + 4\,X_3 + X_4 + 36 = 0, \\
4 \qquad & X_3 + 4\,X_4 + X_5 = 0, \\
5 \qquad & X_4 + 4\,X_5 + X_6 = 0, \\
6 \qquad & X_5 + 4\,X_6 = 0.
\end{aligned}
$$

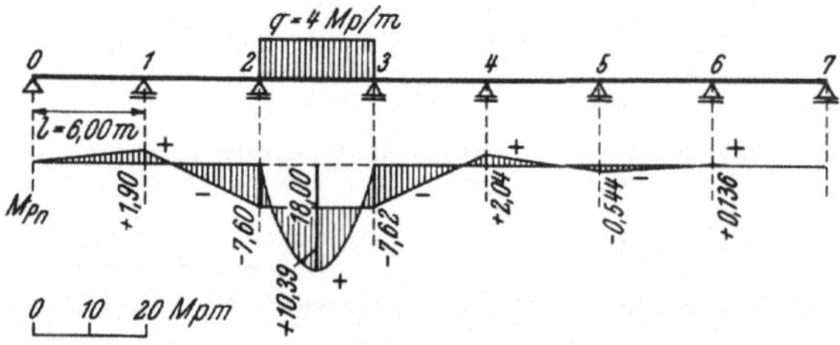

Abb. 229. Beispiel eines Durchlaufträgers über 7 Felder

Man löst dieses Gleichungssystem, indem man sich von beiden Seiten her an die beiden inhomogenen Gleichungen heranarbeitet. Zunächst von oben: Aus Gl. (1) folgt

$$X_1 = -\frac{1}{4}\,X_2.$$

Dies in Gl. (2) eingesetzt, liefert

$$\frac{15}{4}\,X_2 + X_3 = -36. \tag{a}$$

Nun kommen wir von unten her: Aus Gl. (6) folgt

$$X_6 = -\frac{1}{4}\,X_5.$$

Dies wird in Gl. (5) eingesetzt und X_5 berechnet:

$$X_5 = -\frac{4}{15}\,X_4.$$

Mit diesem Wert erhalten wir aus Gl. (4)

$$X_4 = -\frac{15}{56}\,X_3,$$

was in Gl. (3) eingesetzt, liefert

$$X_2 + \frac{209}{56}\,X_3 = -36. \tag{b}$$

Die Gl. (a) und (b) stellen nun zwei Gleichungen mit zwei Unbekannten dar:

(a): $$3{,}75\,X_2 + X_3 = -36,$$

(b): $$X_2 + 3{,}73\,X_3 = -36.$$

Die Lösung lautet

$$X_2 = -7{,}60\ \text{Mp m}, \qquad X_3 = -7{,}62\ \text{Mp m}.$$

Damit gehen wir nun schrittweise zurück und berechnen die übrigen Unbekannten:

$$X_1 = -\frac{1}{4}\cdot(-7{,}60) = +1{,}90\ \text{Mp m},$$

$$X_4 = -\frac{15}{56}\cdot(-7{,}62) = +2{,}04\ \text{Mp m},$$

$$X_5 = -\frac{4}{15}\cdot 2{,}04 = -0{,}544\ \text{Mp m},$$

$$X_6 = -\frac{1}{4}\cdot(-0{,}544) = +0{,}136\ \text{Mp m}.$$

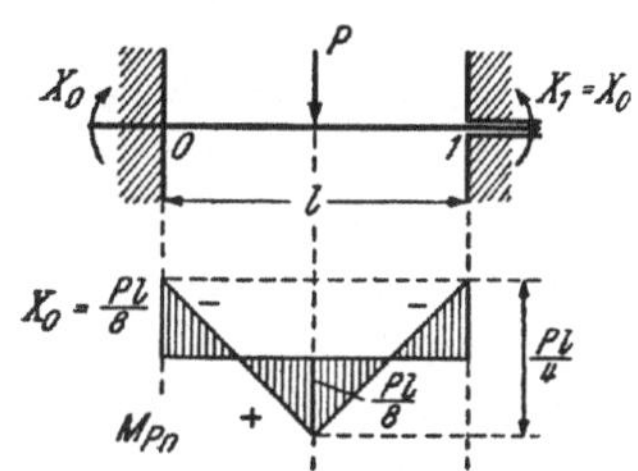

Abb. 230. Beidseitig eingespannter Träger

Mit diesen Werten der Stützmomente kann die Stützmomentenlinie und der Verlauf der Momenten M_{Pn} gezeichnet werden ($q\,l^2/8 = 18$ Mp m). Man beachte, wie der Einfluß des belasteten Feldes nach beiden Seiten hin abklingt.

Sind bei einem Durchlaufträger über eine größere Zahl von Stützen mehrere Felder belastet, dann verfährt man zweckmäßig nach der eben beschriebenen Methode, indem man der Reihe nach immer nur ein Feld als belastet betrachtet und hernach die Ergebnisse überlagert.

4. Beispiel. Ein Träger von der (freien) Länge l und konstantem Querschnitt ist an beiden Enden eingespannt und in der Mitte mit einer Einzellast P belastet. (Damit keine waagrechten Kräfte auftreten, ist die eine der beiden Einspannungen als Klemmung ausgeführt.) Gesucht ist der Momentenverlauf. (Abb. 230.)

Wir bezeichnen die beiden Einspannpunkte mit 0 und 1 und die beiden Einspannmomente mit X_0 und X_1. Wegen der Symmetrie ist $X_0 = X_1$. Wir können hier die Gl. (90, 37 a) anwenden, in der wir $\lambda_1 = l$, also $J_c = J_1$ setzen. Dann haben wir

$$(2\,X_0 + X_1)\,l + 6\,\bar{A}_1{}_P = 0.$$

Die M_P-Fläche ist die Momentenfläche eines Trägers auf zwei Stützen mit einer Einzellast in der Mitte. Für den Auflagerdruck gilt daher die Gl. (89, 28), $\bar{A}_1{}_P = P\,l^2/16$. Somit lautet unsere Gleichung

$$3\,X_0\,l + 6\,\frac{P\,l^2}{16} = 0$$

und daraus folgt

$$X_0 = X_1 = -\frac{P\,l}{8}.$$

Damit kann der Momentenverlauf für den statisch unbestimmten Träger gezeichnet werden. Als größtes positives Moment ergibt sich aus der Zeichnung

$$M_{\max} = +\frac{P\,l}{8}.$$

93. Biegelinie statisch unbestimmter Träger. Um die Biegelinie eines statisch unbestimmten Trägers infolge einer gegebenen Belastung zu bestimmen, können wir ohne weiteres nach den in Abschnitt V angegebenen Methoden verfahren. Wir können also etwa die Differentialgleichung der Biegelinie Gl. (61, 10) integrieren (was jedoch im allgemeinen ziemlich kompliziert sein wird), oder mittels der Momentenbelastung durch Zeichnung oder durch Rechnung die Biegelinie ermitteln. Für die Biegemomente M sind jetzt die Momente im statisch unbestimmten System, M_{Pn}, einzusetzen. Falls die Biegelinie aus der Momentenbelastung rechnerisch ermittelt wird, dann können wir als Ersatzträger ohne weiteres die seinerzeit für statisch bestimmte Systeme verwendeten Ersatzträger unserer Rechnung zugrunde legen, denn man kann ja z. B. jeden Durchlaufträger auch als Träger auf zwei Stützen auffassen, der mit der gegebenen Belastung und außerdem noch mit den richtigen Werten der überzähligen Stützendrücke belastet ist. Die Biegelinie muß dann an jeder Stütze die Verschiebung Null aufweisen, was als Kontrolle dient. Man kann jedoch auch, was oft einfacher ist, die M_{Pn} als gedachte Belastung auf den Ersatzträger des statisch unbestimmten Systems aufbringen und aus den Momenten $\overline{M}$, die in diesem Ersatzsystem auftreten, die Durchbiegungen des gegebenen Trägers berechnen. Führen wir nach den in Nr. 65 angegebenen Regeln den Übergang vom gegebenen Träger zum Ersatztragwerk durch, dann erhalten wir allerdings für das letztere ein bewegliches (bedingt statisch bestimmtes) System (s. Nr. 86). Denn wenn wir z. B. bei einem Träger auf 3 Stützen die Auflager durch Gelenke ersetzen, erhalten wir als Ersatzträger einen Träger auf zwei Stützen mit einem Gelenk. Dieses System *muß* jedoch unter der M_{Pn}-Belastung im Gleichgewicht sein, ein Umstand, den man sich bei der Rechnung zunutze machen kann.

Selbstverständlich kann man die Biegelinie eines statisch unbestimmten Trägers auch durch Überlagerung der Biegelinie des GS infolge P und der Biegelinie des GS infolge der Belastung mit den richtigen Werten der statisch Unbestimmten gewinnen. Man hat in diesem Fall einfach die Ordinaten der beiden Biegelinien algebraisch zu addieren. Dieses Verfahren hat den Vorteil, daß die entsprechenden Momentenflächen einfacher gestaltet sind als die M_{Pn}-Fläche.

94. Zweigelenkbogen und Zweigelenkrahmen. In Abb. 231, Bild 1, ist links ein *Zweigelenkbogen*, rechts ein *Zweigelenkrahmen* dargestellt. Beim Bogen ist die Stabachse gekrümmt, beim Rahmen stückweise gerade und die einzelnen Rahmenstäbe sind an den Ecken des Rahmens biegungssteif miteinander verbunden. Sowohl der Bogen als auch der Rahmen ruht auf zwei unverschieblichen Gelenklagern. Es besteht also kein prinzipieller Unterschied zwischen den beiden Tragwerken und ihre allgemeine Behandlung erfolgt daher ganz gleichartig. Sowohl der Zweigelenkbogen als auch der Zweigelenkrahmen ist einfach statisch unbestimmt. Vier unbekannten Auflagerkomponenten (zwei an jedem Auflager) stehen nur drei Gleichgewichtsbedingungen gegenüber, wir haben also *eine* Elastizitätsgleichung aufzustellen. Wir wählen als statisch Unbestimmte X_a die waagrechte Komponente des Auflagerdrucks am linken Gelenk a. Das statisch bestimmte Grundsystem erhalten wir, indem wir die Wirkung der statisch Unbestimmten ausschalten, d. h. also, indem wir an Stelle des linken Gelenklagers ein Gleitlager setzen. Das GS ist also ein Bogen bzw. ein Rahmen[1] mit einem festen und einem beweglichen Auflager. Für einen

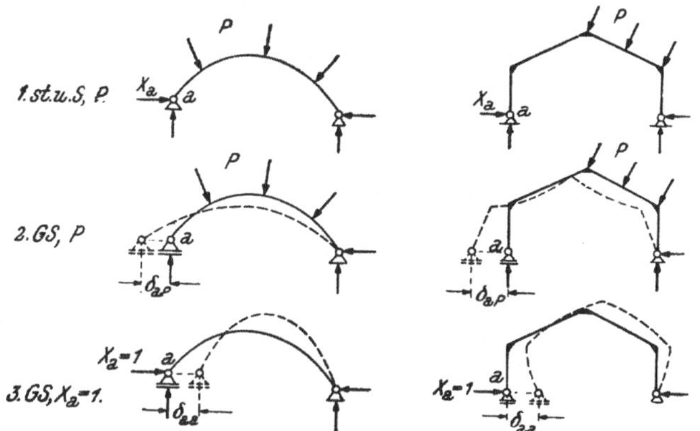

Abb. 231. Zweigelenkbogen und Zweigelenkrahmen mit zugehörigem Grundsystem

solchen lassen sich die Auflagerdrücke und die Schnittgrößen M, N, Q auf genau die gleiche Art wie beim Träger auf zwei Stützen ermitteln.

Die Überlegung, die uns zu der Gleichung für X_a führt, ist die gleiche wie bei den bisher behandelten statisch unbestimmten Systemen. Die gegebene Belastung sei wieder mit P bezeichnet. Denken wir uns das GS mit P belastet, so wird sich der Punkt a infolge der Formänderungen des Tragwerks um ein Stück in der Richtung der Gleitbahn des Rollenlagers verschieben, das wir mit δ_{aP} bezeichnen (Bild 2). Da nun der Punkt a im statisch unbestimmten System keine Verschiebung erfährt, muß die Kraft X_a gerade so groß sein, daß sie für sich allein im GS eine Verschiebung $-\delta_{aP}$ des Punktes a hervorruft. Bezeichnen wir die Verschiebung, die der Punkt a im GS infolge $X_a = 1$ erfährt, mit δ_{aa} (Bild 3),

---

[1] Im Sinne einer strengen Definition ist dieses GS eigentlich kein Bogen bzw. Rahmen, sondern ein Träger auf zwei Stützen mit krummer Stabachse. Bogen bzw. Rahmen sind streng genommen Tragwerke, die auch bei lotrechter Belastung waagrechte Komponenten der Auflagerdrücke aufweisen. Sie müssen deshalb noch nicht statisch unbestimmt sein, siehe etwa den Dreigelenkbogen.

so ist seine Verschiebung infolge der Kraft X_a gleich $X_a \delta_{aa}$ und es muß gelten

$$X_a \delta_{aa} = - \delta_{aP}$$

oder

$$X_a \delta_{aa} + \delta_{aP} = 0. \tag{94, 41}$$

Es ergibt sich also wieder die bekannte Form der Elastizitätsgleichung des einfach statisch unbestimmten Systems, aus der wir X_a berechnen können, falls δ_{aa} und δ_{aP} bekannt sind. Die Bestimmung dieser Verschiebungen muß im allgemeinen nach den Methoden der Baustatik geschehen. Indes können bei einfachen Rahmen δ_{aa} und δ_{aP} auch mittels der von uns entwickelten Formeln für die Durchbiegungen gerader Träger leicht berechnet werden.

Ist X_a bekannt, dann ergeben sich die übrigen statischen Größen am statisch unbestimmten System entweder aus den Gleichgewichtsbedingungen oder durch Überlagerung nach Gl (87, 4).

95. Beispiel eines symmetrischen Zweigelenkrahmens. *a) Lotrechte Belastung.* Wir behandeln im folgenden einen symmetrischen Zweigelenkrahmen von der in Abb. 232, Bild 1, dargestellten Form. Die beiden lotrechten Rahmenstäbe bezeichnet man als *Stiele* (Höhe h, Querschnittsträgheitsmoment J_1), das waagrechte Verbindungsstück wird *Querriegel* genannt (Länge l, Querschnittsträgheitsmoment J_2). Die Verbindung zwischen den Stielen und dem Querriegel wird als *biegungssteif* vorausgesetzt. Das bedeutet, daß auch im verformten Tragwerk die beiden Winkel zwischen den Endtangenten der Stiele und des Querriegels rechte sind. Der Elastizitätsmodul des Materials sei E.

Die Belastung P sei zunächst als lotrecht vorausgesetzt. Wir bezeichnen die beiden Gelenke mit a und b, die lotrechte Komponente des Auflagerdrucks im Gelenk a mit A_{Pn} (die waagrechte Komponente ist X_a), ferner die beiden Komponenten des Auflagerdrucks im Gelenk b mit B_{Pn} und H_{Pn}. Die entsprechenden Größen am GS werden in der bisherigen Weise bezeichnet.

Um δ_{aP} zu berechnen, bestimmen wir die Verteilung der Momente M_P, das sind die Biegemomente im GS infolge der Belastung P (Bild 2). Die Auflagerdrücke im GS infolge der lotrechten Belastung P sind beide lotrecht und seien mit A_P und B_P bezeichnet ($H_P = 0$). A_P und B_P folgen aus der Gleichgewichtsbedingung $\Sigma M = 0$ um die Punkte b und a und ergeben sich genau so groß wie die Auflagerdrücke eines Trägers auf zwei Stützen von der Länge l, der mit P belastet ist. Die Biegemomente, Normal- und Querkräfte im Rahmen erhalten wir nun auf die gleiche Art wie beim Träger. Wir denken uns Schnitte geführt, bringen am abgeschnittenen Teil die Schnittgrößen M, N, Q an und bestimmen sie aus der Bedingung, daß der abgeschnittene Teil unter dem Einfluß der an ihm angreifenden äußeren Kräfte und Schnittgrößen im Gleichgewicht sein muß (s. Statik, Nr. 81). Bezüglich der Vorzeichen der Schnittgrößen wollen wir folgendes festsetzen: Wenn wir die einzelnen Rahmenstäbe vom Inneren des Rahmens her betrachten, dann wollen wir positive Schnittgrößen im gleichen Sinn anbringen, wie wir dies für einen vor uns liegenden Träger in Statik, Nr. 37, festgesetzt haben. Positive Biegemomente biegen demnach den Rahmen konvex nach innen, positive Normalkräfte sind Zugkräfte.

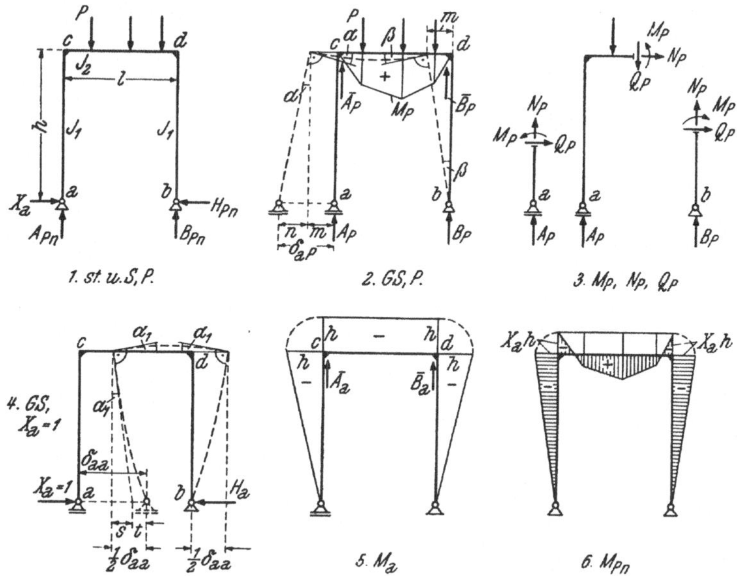

Abb. 232. Symmetrischer Zweigelenkrahmen mit lotrechter Belastung

An Hand des Bildes 3 stellen wir unschwer fest, daß in den Stielen die Momente $M_P = 0$ sind. Im Querriegel dagegen stellt sich eine Momentenverteilung ein, die mit der eines Trägers auf zwei Stützen von der Länge l, der mit den Kräften P belastet ist, vollkommen übereinstimmt. Die beiden Stiele werden also gerade bleiben, der Querriegel wird sich unter der Belastung P wie ein Träger auf zwei Stützen verbiegen. Es ergibt sich demnach die in Bild 2 strichliert angedeutete Gestalt des verformten GS, aus der wir für den Betrag der gesuchten Verschiebung folgendes ablesen

$$|\delta_{aP}| = n + m = h\,\mathrm{tg}\,\alpha + h\,\mathrm{tg}\,\beta = h\,(\alpha + \beta)^1.$$

---

[1] Die Verkürzung des Abstandes der Punkte c und d infolge der Durchbiegung des Querriegels ist gegenüber der Größe von n und m vernachlässigbar klein.

Da α und β sehr kleine Winkel sind, konnten wir $\operatorname{tg}\alpha = \alpha$, $\operatorname{tg}\beta = \beta$ setzen. Für α und β gilt nach Gl. (67, 53)

$$\alpha = \frac{\overline{A}_P}{E\,J_2}, \qquad \beta = \frac{\overline{B}_P}{E\,J_2},$$

worin $\overline{A}_P$ und $\overline{B}_P$ die Auflagerdrücke der M_P-Fläche des Querriegels in dessen Endpunkten c und d bedeuten[1]. Damit erhalten wir

$$|\delta_{a\,P}| = \frac{h}{E\,J_2}\,(\overline{A}_P + \overline{B}_P).$$

Die Summe der beiden Auflagerdrücke der M_P-Fläche ist gleich ihrem Gesamt-„Gewicht", d. h. also gleich ihrem Flächeninhalt, den wir mit Φ_P bezeichnen. Beachten wir noch, daß $\delta_{a\,P} < 0$ ist, weil die Verschiebung entgegen der für X_a angenommenen Richtung erfolgt, so können wir schreiben

$$\delta_{a\,P} = -\,\frac{\Phi_P\,h}{E\,J_2}. \tag{95, 42}$$

Auf die gleiche Art erfolgt die Berechnung von δ_{aa}. Belasten wir das GS mit $X_a = 1$, so ergeben die Gleichgewichtsbedingungen, daß die lotrechten Komponenten der Auflagerdrücke, das sind A_a und B_a, gleich Null sind und daß $H_a = 1$ ist. Der Rahmen ist also symmetrisch belastet und wird sich daher auch symmetrisch verformen (Bild 4). Der Querriegel wird sich nach aufwärts krümmen und infolgedessen werden sich die steifen Ecken in den Punkten c und d um einen Winkel α_1 drehen. Außerdem wird sich jeder der beiden Stiele wie ein Kragträger von der Länge h verformen, an dessen freiem Ende die Last 1 angreift. Dementsprechend setzt sich die Verschiebung δ_{aa} aus zwei Teilen zusammen und an Hand des Bildes 4 stellen wir leicht fest, daß gilt

$$\frac{1}{2}\,\delta_{aa} = s + t = h\,\operatorname{tg}\alpha_1 + t = h\,\alpha_1 + t.$$

Für den Winkel α_1 gilt

$$\alpha_1 = \frac{\overline{A}_a}{E\,J_2}.$$

wo $\overline{A}_a$ der Auflagerdruck der M_a-Fläche des Querriegels im Punkt c ist. Die gesamte Momentenverteilung im GS infolge $X_a = 1$ ist in Bild 5 dargestellt. Für die Stiele ergibt sich die dreieckige Momentenfläche eines am Ende mit einer Einzellast belasteten Kragträgers, für den Querriegel ist M_a konstant und gleich $-h$. Es ist also $\overline{A}_a = \frac{1}{2}\,l\,h$ und

$$\alpha_1 = \frac{l\,h}{2\,E\,J_2}.$$

---

[1] Wir erinnern daran, daß $\overline{A}_P$ und $\overline{B}_P$ Auflagerdrücke infolge Belastung mit der M_P-Fläche bedeuten (Dimension Mp m²), während A_P und B_P „echte" Auflagerdrücke infolge der Belastung P, also Kräfte sind.

Für t gilt Gl. (62, 22) mit $P = 1$:

$$t = \frac{h^3}{3\,E\,J_1}.$$

Damit erhalten wir

$$\delta_{aa} = 2\left(\frac{l\,h^2}{2\,E\,J_2} + \frac{h^3}{3\,E\,J_1}\right) = \frac{l\,h^2}{3\,E\,J_2}\left(3 + 2\,\frac{h}{l}\,\frac{J_2}{J_1}\right).$$

Wir setzen zur Abkürzung

$$\varkappa = \frac{h}{l}\,\frac{J_2}{J_1}, \qquad\qquad (95, 43)$$

wobei dieser Wert $\varkappa$ nur von der Form des Rahmens, nicht aber von der Belastung abhängig ist. Dann können wir schreiben

$$\delta_{aa} = \frac{l\,h^2}{3\,E\,J_2}\,(3 + 2\,\varkappa). \qquad\qquad (95, 44)$$

Mit diesem Wert für δ_{aa} und dem Wert von δ_{aP} aus Gl. (95, 42) erhalten wir gemäß Gl. (94, 41) für die statisch Unbestimmte

$$X_a = \frac{3\,\Phi_P}{l\,h\,(3 + 2\,\varkappa)}. \qquad\qquad (95, 45)$$

Es ergibt sich $X_a > 0$, die angenommene Richtung war also richtig[1].

Mit Hilfe des Wertes von X_a können dann die übrigen statischen Größen nach Gl. (87, 4) berechnet werden. So erhalten z. B. die Verteilung der Biegemomente M_{Pn}, indem wir den Momenten M_P die mit X_a multiplizierten Momente M_a überlagern (Bild 6).

Da $A_a = B_a$ gleich Null ist, ergibt sich

$$A_{Pn} = A_P, \qquad B_{Pn} = B_P, \qquad\qquad (95, 46)$$

Die Gleichgewichtsbedingung $\Sigma\,H = 0$ liefert, angewandt auf das statisch unbestimmte System,

$$H_{Pn} = X_a. \qquad\qquad (95, 47)$$

1. Beispiel. Für den in Abb. 233, Bild 1, dargestellten Zweigelenkrahmen mit $h = 5,00$ m Höhe und $l = 8,00$ m Spannweite sollen für die angegebene Belastung die Auflagerdrücke, ferner die Verteilung der Biegemomente, Quer- und Normalkräfte bestimmt werden. Für die Querschnitts-Trägheitsmomente soll gelten $J_1 = \frac{1}{2}\,J_2$. (Der Rechnung liegen Mp und m als Einheiten zugrunde.)

---

[1] Wir haben hier bei der Berechnung der Verschiebungen δ_{aP} und δ_{aa} nur die Wirkung der Biegemomente berücksichtigt. Im allgemeinen hängen diese Größen jedoch auch von den im GS auftretenden Normalkräften und, genau genommen, auch von den Querkräften ab. Nun beträgt erfahrungsgemäß der Einfluß der Normalkräfte auf diese Verschiebungen nur wenige Prozent des Einflusses der Biegemomente und der der Querkräfte ist noch viel geringer. Es werden daher bei der Berechnung solcher Verschiebungen die Normalkräfte meist, die Querkräfte stets vernachlässigt. Anders liegt der Fall dann, wenn überhaupt keine Biegemomente da sind, sondern nur Normalkräfte, wie z. B. bei den Fachwerken. Dann verdanken δ_{aP} und δ_{aa} der Verformung des Tragwerks durch diese Normalkräfte allein ihre Entstehung.

Wir gehen von dem mit P belasteten GS aus (Bild 2). Die Auflagerdrücke A_P und B_P ergeben sich nach genau denselben Formeln wie die Auflagerdrücke eines Trägers auf zwei Stützen von der Länge l [s. Statik, Gl. (35, 2)]:

$$A_P = \frac{1}{8}\,(10\cdot 6 + 6\cdot 2) = \underline{9{,}00\ \mathrm{Mp}} = A_{Pn}$$

$$B_P = \frac{1}{8}\,(10\cdot 2 + 6\cdot 6) = \underline{7{,}00\ \mathrm{Mp}} = B_{Pn}.$$

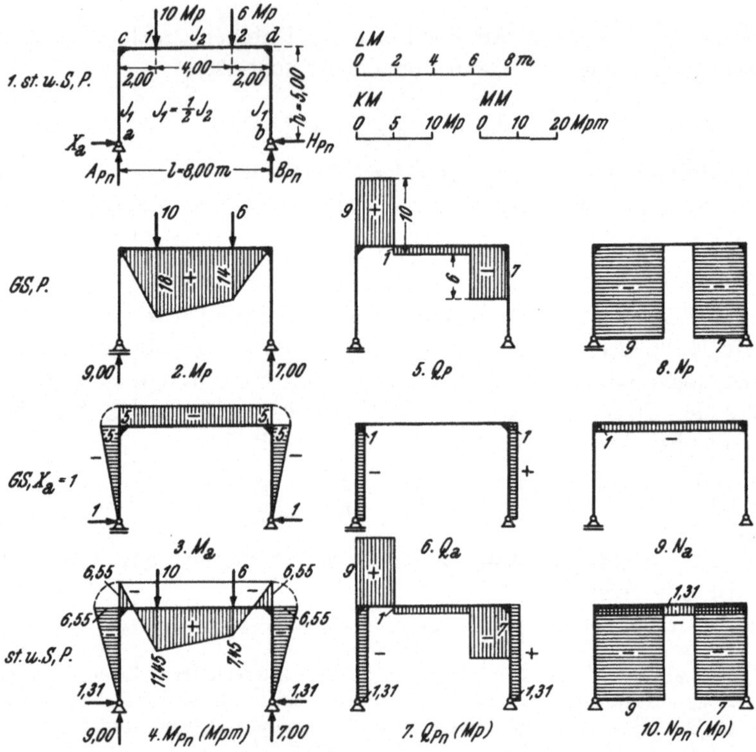

Abb. 233. Beispiel eines symmetrischen Zweigelenkrahmens mit lotrechter Belastung

(Probe: $A_P + B_P = \Sigma\,P_i = 10 + 6 = 16$.) Um die Verteilung der Momente M_P zeichnen zu können, berechnen wir die Momente in den Punkten 1 und 2:

$$M_{1P} = A_P \cdot 2 = 9 \cdot 2 = 18\ \mathrm{Mp\ m},$$

$$M_{2P} = B_P \cdot 2 = 7 \cdot 2 = 14\ \mathrm{Mp\ m}.$$

Damit ergibt sich die in Bild 2 dargestellte $M_P =$ Fläche. Ihr „Gewicht" Φ_P berechnet sich als Summe der Flächen zweier Dreiecke und eines Trapezes zu

$$\Phi_P = \frac{1}{2}\cdot 2 \cdot 18 + \frac{1}{2}\cdot 4 \cdot (18 + 14) + \frac{1}{2}\cdot 2 \cdot 14 = 96\ \mathrm{Mp\ m^2}.$$

Für $\varkappa$ ergibt sich nach Gl. (95, 43)

$$\varkappa = \frac{h}{l}\,\frac{J_2}{J_1} = \frac{5}{8}\,2 = 1{,}25.$$

Damit erhalten wir nach Gl. (95, 45) für die statisch Unbestimmte

Abb. 234. Verformung des in Abb. 233 dargestellten Rahmens infolge der angegebenen Belastung

$$X_a = \frac{3\,\varPhi_P}{l\,h\,(3 + 2\,\varkappa)} = \frac{3 \cdot 96}{8 \cdot 5(3 + 2 \cdot 1{,}25)} = 1{,}31\ \text{Mp.}$$

Es ist also auch

$$H_{Pn} = 1{,}31\ \text{Mp.}$$

Da in den Punkten c und d $M_a = -h = -5$ ist (Bild 3), ist für diese Punkte $X_a M_a = 1{,}31 \cdot (-5) = -6{,}55$ Mp m. Damit kann die $X_a M_a$-Verteilung gezeichnet und der M_P-Verteilung überlagert werden, wodurch wir die Verteilung der Momente M_{Pn} erhalten (Bild 4). Das größte positive Moment tritt im Punkt 1 auf und beträgt $M_{\max} = +11{,}45$ Mp m, das größte negative Moment findet sich in den Rahmenecken c bzw. d und beträgt $M_{\min} = -6{,}55$ Mp m.

Bild 5 zeigt den Verlauf der Querkräfte Q_P, Bild 6 den der Querkräfte Q_a, endlich Bild 7 die Verteilung der Querkräfte $Q_{Pn} = Q_P + X_a Q_a$. Die Bilder 8, 9, 10 zeigen das Analoge für die Normalkräfte. Die betreffenden Flächen sind jeweils senkrecht zu demjenigen Rahmenstab schraffiert, zu dem sie gehören. Die Schraffen geben also die Richtung an, in der von den einzelnen Punkten des Rahmens zu messen ist, wenn eine statische Größe aus dem Diagramm abgelesen werden soll.

Für die Verformung des Rahmens sind, wie erwähnt, in erster Linie die Biegemomente maßgebend. Die Wirkung der Normalkräfte kann in den meisten Fällen, die der Querkräfte kann stets vernachlässigt werden. An Hand der M_{Pn}-Verteilung können wir unschwer ein Bild des verformten Rahmens skizzieren. In den Gebieten positiver Momente muß sich der Rahmen konvex nach innen, in den Gebieten negativer Momente konvex nach außen krümmen. Die Nullstellen des Moments bezeichnen die Wendepunkte der Biegelinie. In den Ecken bleiben die rechten Winkel erhalten, die Ecken erfahren lediglich eine Drehung als Ganze. So kommen wir zu dem in Abb. 234 übertrieben dargestellten Bild des verformten Rahmens.

b) Waagrechte Belastung. Ein gleicher Rahmen wie der in Abb. 232 dargestellte soll nunmehr unter dem Einfluß einer in waagrechter Richtung auf den linken Stiel wirkenden Gleichlast q (etwa Winddruck, Resultierende W) betrachtet werden (Abb. 235, Bild 1). Die Bezeichnungen sind die gleichen wie vorhin. Die statisch Unbestimmte X_a sei wieder die waagrechte Komponente des Auflagerdrucks am linken Gelenklager a. Für sie gilt nach wie vor

$$X_a = -\frac{\delta_{aP}}{\delta_{aa}}. \tag{95, 48}$$

Die Verschiebung δ_{aa} hat den gleichen Wert wie früher [Gl. (95, 44)]. δ_{aP}, die Verschiebung des Punkts a im GS infolge der gegebenen Gleichlast q, ist neu zu berechnen. Diese Verschiebung setzt sich aus mehreren Teilen zusammen (s. Bild 2). Zunächst wird sich der linke Stiel wie ein Kragträger von der Länge h verbiegen, der mit der Gleichlast q belastet ist. Die größte Durchbiegung sei mit e bezeichnet. Auf den rechten Stiel wirkt im Punkt b eine waagrechte Auflagerkomponente von der Größe

$H_P = q\,h = W$. Dieser Stiel wird sich also wie ein Kragträger von der Länge h unter dem Einfluß der Einzellast W am freien Ende verbiegen. Die größte Durchbiegung sei f. Schließlich wird sich der Querriegel nach aufwärts wölben und infolgedessen wird sich die Rahmenecke c um einen Winkel α, die Ecke d um einen Winkel β drehen. Infolge der Drehung α verschiebt sich der Punkt a um die Strecke $h \cdot \mathrm{tg}\,\alpha = h\,\alpha$, infolge der Drehung β um $h \cdot \mathrm{tg}\,\beta = h\,\beta$. Insgesamt verschiebt sich also der Punkt a in waagrechter Richtung um das Stück

$$\delta_{a\,P} = e + f + h\,(\alpha + \beta).$$

e folgt aus Gl. (62, 26), f aus Gl. (62, 22):

$$e = \frac{W\,h^3}{8\,E\,J_1}, \qquad f = \frac{W\,h^3}{3\,E\,J_1}.$$

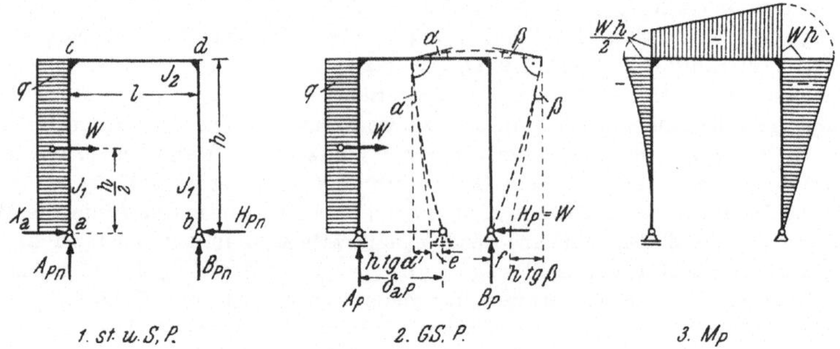

Abb. 235. Symmetrischer Zweigelenkrahmen unter waagrechter Belastung

$\alpha + \beta$ ist wieder gleich dem „Gewicht" Φ_P des auf den Querriegel entfallenden Teiles der M_P-Fläche, geteilt durch $E J_2$. Die M_P-Fläche ist unschwer zu ermitteln und ist in Bild 3 dargestellt. Für Φ_P erhalten wir

$$\Phi_P = \frac{1}{2}\,l\left(\frac{1}{2}\,W\,h + W\,h\right) = \frac{3}{4}\,W\,l\,h.$$

Es ist also

$$\delta_{a\,P} = \frac{W\,h^3}{8\,E\,J_1} + \frac{W\,h^3}{3\,E\,J_1} + \frac{3}{4}\,\frac{W\,l\,h^2}{E\,J_2} = \frac{W\,l\,h^2}{24\,E\,J_2}\,(18 + 11\,\varkappa), \qquad (95,\,49)$$

wenn wieder

$$\varkappa = \frac{h}{l}\,\frac{J_2}{J_1}$$

bedeutet. Mit diesem Wert von $\delta_{a\,P}$ und dem seinerzeit [Gl. (95, 44)] berechneten Wert von $\delta_{a\,a}$ erhalten wir aus Gl. (95, 48) für die statisch Unbestimmte

$$X_a = -\frac{q\,h}{8}\,\frac{(18 + 11\,\varkappa)}{(3 + 2\,\varkappa)}. \qquad (95,\,50)$$

Da $\delta_{a\,P}$ positiv ist, ergibt sich X_a als negativ, X_a ist also in Wirklichkeit nach links gerichtet.

Die M_{Pn}-Verteilung erhalten wir wieder durch Überlagerung der Momente M_P und der mit X_a multiplizierten Momente M_a. Das analoge gilt für N_{Pn} und Q_{Pn}. Die waagrechte Auflagerkomponente H_{Pn} ergibt sich sofort aus der Gleichgewichtsbedingung $\Sigma H = 0$, angewandt auf das statisch unbestimmte System, zu

$$H_{Pn} = W - |X_a|, \qquad (95, 51)$$

wenn $|X_a|$ den Absolutwert von X_a bedeutet. Die lotrechten Auflagerkomponenten im GS infolge P ergeben sich aus der Gleichgewichtsbedingung $\Sigma M = 0$ um die Punkte b bzw. a zu

$$A_P = -\frac{W h}{2 l}, \qquad B_P = \frac{W h}{2 l}. \qquad (95, 52)$$

Da $A_a = B_a = 0$ ist, ist

$$A_{Pn} = A_P, \qquad B_{Pn} = B_P. \qquad (95, 53)$$

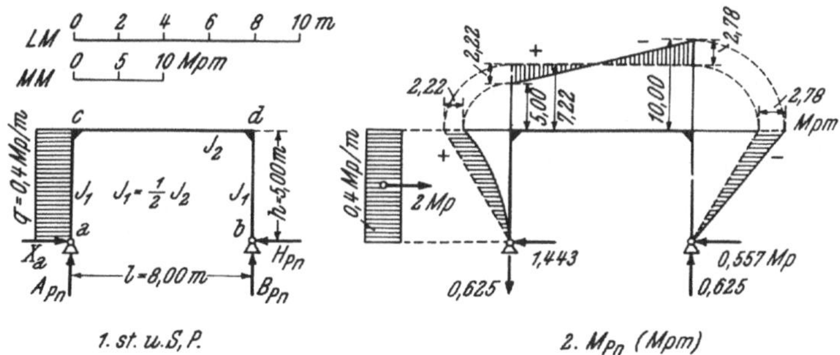

Abb. 236. Beispiel eines Zweigelenkrahmens mit waagrechter Belastung (etwa Winddruck)

Wenn man den Rahmen, etwa in der eben vorgeführten Weise, für eine Reihe einfacher Belastungsfälle behandelt hat, dann beherrscht man alle Belastungsfälle, die sich aus ihnen durch Überlagerung zusammensetzen lassen. Entsprechende Zusammenstellungen verschiedener Rahmenformen und verschiedener Belastungen finden sich in den einschlägigen Lehr- und Hilfsbüchern für Rahmentragwerke[1].

2. Beispiel. Derselbe Rahmen wie der in dem vorigen Zahlenbeispiel behandelte sei nun mit einer waagrecht wirkenden Gleichlast $q = 0{,}4$ Mp/m belastet (Abb. 236, Bild 1). Es soll die Verteilung der Biegemomente M_{Pn} ermittelt werden. (Der Rechnung liegen die Einheiten t und m zugrunde.)

Wir berechnen zunächst die statisch Unbestimmte X_a nach Gl. (95, 50). Der Wert von $\varkappa$ ist der gleiche wie im vorigen Beispiel, $\varkappa = 1{,}25$. Wir erhalten

$$X_a = -\frac{q h}{8} \cdot \frac{18 + 11 \varkappa}{3 + 2 \varkappa} = -\frac{0{,}4 \cdot 5}{8} \cdot \frac{18 + 11 \cdot 1{,}25}{3 + 2 \cdot 1{,}25} = \underline{- 1{,}443 \text{ Mp.}}$$

[1] S. etwa A. KLEINLOGEL, Rahmenformeln, W. Ernst und Sohn, Berlin, oder R. GULDAN, Rahmentragwerke und Durchlaufträger, Springer-Verlag, Wien.

Im Bild 2 wurde zunächst die M_P-Verteilung eingetragen (voll ausgezogen). In unserem Fall ist $W = qh = 0{,}4 \cdot 5 = 2{,}0$ Mp. Die Werte von M_P in den Rahmenecken c und d sind daher (vgl. Abb. 235, Bild 3): $M_{cP} = -\dfrac{1}{2} W h = -\dfrac{1}{2} \cdot 2 \cdot 5 =$ $= -5$ Mp m und $M_{dP} = -Wh = -10$ Mp m. Sämtliche M_P sind negativ. Ihnen ist die Verteilung der Momente $X_a M_a$ zu überlagern. Der Verlauf der Momente M_a ist allgemein in Abb. 232, Bild 5, bzw. für unser Beispiel in Abb. 233, Bild 3, dargestellt. Multiplizieren wir sämtliche Ordinaten M_a mit $X_a = -1{,}443$, so erhalten wir in den Ecken c und d die Momente $(-X_a) \cdot (-h) = +1{,}443 \cdot 5 = +7{,}22$ Mp m. Die $X_a M_a$ sind sämtlich positiv, ihre Verteilung ist in Bild 2 strichliert eingetragen. Zwischen den beiden Linienzügen, dem von M_P und dem von $X_a M_a$, verbleiben dann die Momente M_{Pn}, deren Ordinaten schraffiert wurden.

In Bild 2 ist auch Größe und Richtungssinn der Auflagerdrücke eingetragen. Nach dem Obigen ergibt sich

$$H_{Pn} = W - |X_a| = 2 - 1{,}443 = \underline{0{,}557 \text{ Mp}},$$

$$-A_{Pn} = B_{Pn} = \frac{Wh}{2l} = \frac{2 \cdot 5}{2 \cdot 8} = \underline{0{,}625 \text{ Mp}}.$$

Der Leser ermittle die Verteilung der Querkräfte Q_{Pn} und der Normalkräfte N_{Pn}. Er zeichne ferner ungefähr auf, wie sich der Rahmen unter dem Einfluß der Momente M_{Pn} verformen wird.

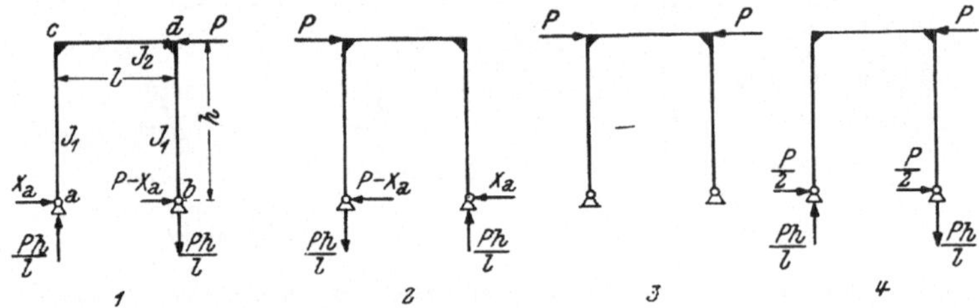

Abb. 237. Symmetrischer Zweigelenkrahmen, mit einer waagrechten Einzellast belastet

3. Beispiel. Zuweilen gelingt es auch, ohne besonderen Rechenaufwand eine statisch unbestimmte Aufgabe zu lösen. Betrachten wir z. B. den in Abb. 237, Bild 1 dargestellten symmetrischen Zweigelenkrahmen unter dem Einfluß einer waagrechten Einzellast P in der oberen Ecke d. Wählen wir wieder die waagrechte Komponente des Aufdrucks am Gelenk a als statisch Unbestimmte X_a, so folgt für die waagrechte Komponente des Auflagerdrucks im Punkt b $H_{Pn} = P - X_a$. Die lotrechten Auflagerkomponenten ergeben sich ohne Schwierigkeit aus der Gleichgewichtsbedingung $\sum M = 0$ zu $A_{Pn} = -B_{Pn} = P h / l$.

Lassen wir die Kraft P anstatt von rechts jetzt von links wirken (Bild 2), so wird sich eine zu der früheren symmetrischen Kräfteverteilung ergeben. Lassen wir nun gleichzeitig von rechts und links die Kraft P auf den Rahmen wirken (Bild 3), dann muß sich dieser genau so verhalten, als wäre er überhaupt nicht belastet (von der geringfügigen Zusammendrückung des Querriegels soll wieder abgesehen werden). Nach Überlagerung der Bilder 1 und 2 müssen sich demnach sämtliche Auflagerkomponenten als gleich Null ergeben. Es muß also u. a. gelten

$$X_a - (P - X_a) = 0,$$

woraus folgt

$$X_a = \frac{P}{2}. \tag{95, 54}$$

Damit ist die Aufgabe bereits gelöst, es ergibt sich die in Bild 4 dargestellte Kräfteverteilung.

96. Wärmespannungen. Bisher war lediglich von Formänderungen die Rede, die als Folge von Belastungen auftraten; doch können Formänderungen auch infolge von Temperaturänderungen entstehen. Wird z. B. ein Träger gleichmäßig erwärmt, dann dehnt er sich aus, seine Länge nimmt zu. Wird er ungleichmäßig erwärmt, etwa dadurch, daß auf den oberen Flansch die Sonne scheint, während der untere im Schatten liegt, dann dehnt sich der obere Flansch stärker aus als der untere und der Träger krümmt sich.

Wie wir schon in der Statik (Nr. 33) bemerkt haben, treten infolge von Temperaturänderungen in statisch bestimmten Tragwerken keine inneren Kräfte auf; denn es können z. B. in einem statisch bestimmten Fachwerk die Stablängen (innerhalb gewisser geometrisch bedingter Grenzen) ganz beliebig angenommen werden, ohne daß es zu Zwangsspannungen kommt. Ebenso kann auch ein Träger auf zwei Stützen eine beliebige Krümmung erfahren, ohne daß es infolge Einhaltung der Auflagerbedingungen zu Zwangskräften kommt. Ein unbelastetes statisch bestimmtes System bleibt also auch bei Temperaturänderung spannungsfrei.

Anderes bei statisch unbestimmten Systemen, wo z. B. im Fachwerk die überzähligen Stäbe genau abgelängt sein müssen, damit keine Zwangskräfte auftreten oder wo der Träger über mehr als zwei Stützen im unbelasteten Zustand genau gerade sein muß, damit er ohne Zwang auf allen Lagern aufliegt. Werden in dem Fachwerk die Stäbe ungleichmäßig erwärmt, dann können innere Kräfte auftreten, ebenso wie in einem Träger auf drei Stützen, der sich infolge einer ungleichmäßigen Temperaturerhöhung krümmt und sich vom mittleren Auflager abzuheben trachtet, was durch Gewalt, nämlich durch die Verankerung verhindert wird. Statisch unbestimmte Tragwerke können also auch im unbelasteten Zustand innere Kräfte bzw Spannungen aufweisen, die von Temperaturänderungen herrühren[1]. Man nennt diese Spannungen *Wärmespannungen*.

Die Berechnung dieser Spannungen erfordert zunächst die Bestimmung der statisch unbestimmten Größen, die infolge der Temperaturänderung auftreten. Der Vorgang ist genau der gleiche wie bei der Ermittlung der statisch Unbestimmten infolge einer Belastung P. Wir

---

[1] Innere Kräfte in unbelasteten, statisch unbestimmten Systemen können auch noch andere Ursachen als Temperaturänderungen haben. Sie können durch Montagefehler entstehen, etwa dadurch, daß ein überzähliger Fachwerkstab mit unrichtiger Länge eingebaut (eingezwängt) wurde, oder durch Verschiebung (z. B. Senkung) eines überzähligen Auflagers, oder durch teilweises Fließen infolge Überlastung und nachherige Entlastung, wobei die plastisch verformten Teile nicht mehr ihre ursprüngliche Form annehmen usw.

wollen uns hier auf einfach statisch unbestimmte Systeme beschränken und betrachten etwa den in Abb. 238 dargestellten Zweigelenkbogen und das darunter dargestellte Grundsystem. Die statisch Unbestimmte X_a ist wieder die waagrechte Komponente des Stützendrucks am linken Auflager a. Der Bogen erfahre eine gleichmäßige oder ungleichmäßige Temperaturänderung t. Lösen wir das linke Auflager in waagrechter Richtung, so wird es sich um ein Stück verschieben, das wir δ_{at} nennen (Ort a, Ursache t). Wir halten fest, daß das GS in diesem Zustand völlig spannungslos ist. Die Kraft X_a muß nun gerade so groß sein, daß sie die am GS eingetretene Verschiebung δ_{at} wieder rückgängig macht. Ruft die Kraft $X_a = 1$ am GS die Verschiebung δ_{aa} hervor (die wir genau wie früher berechnen), so ist die Verschiebung infolge des richtigen Wertes von X_a gleich $X_a \delta_{aa}$ und dies muß gleich $- \delta_{at}$ sein. Somit muß gelten

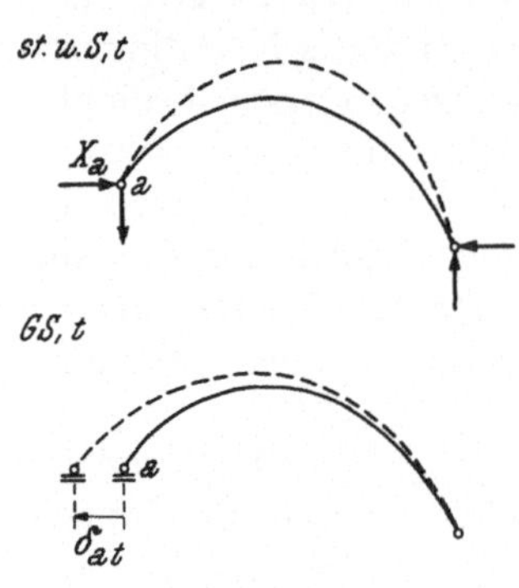

Abb. 238. Berechnung des Einflusses einer Temperaturänderung auf einen Zweigelenkbogen

$$X_a \delta_{aa} + \delta_{at} = 0. \qquad (96, 55)$$

Wir erhalten wieder die uns bereits geläufige Form der Elastizitätsgleichung. Wir haben nur noch δ_{at} zu bestimmen.

Die Wärmeausdehnung erfolgt linear mit der Temperatur. Ein Stab oder eine Faser von der Länge l erfährt bei Erwärmung um $t°$ Celsius eine Verlängerung Δl, die gegeben ist durch

$$\Delta l = \alpha_t t l. \qquad (96, 56)$$

α_t, die Verlängerung der Längeneinheit der Faser bei Erwärmung um $1°$ C wird *Wärmeausdehnungskoeffizient* genannt. Für Stahl ist

$$\alpha_t = 0{,}000\,012/°\mathrm{C} = 1{,}2 \cdot 10^{-5}/°\mathrm{C}.^{[1]} \qquad (96, 57)$$

Bei Abkühlung ist t negativ einzusetzen, ein negatives Δl bedeutet eine Verkürzung.

Nachdem X_a berechnet worden ist, folgen die übrigen statischen Größen entweder aus dem Gleichgewichtsbedingungen oder durch Überlagerung. Im letzteren Fall gilt eine der Gl. (87, 4) analoge Gleichung, die jetzt lautet

$$G_{tn} = G_t + X_a G_a. \qquad (96, 58)$$

G_{tn} ist die betreffende Größe, die infolge der Temperaturänderung im statisch unbestimmten System auftritt, G_t dieselbe Größe infolge der gleichen Temperaturänderung im GS und G_a der Wert dieser Größe im

---

[1] Da die Ausdehnungskoeffizienten von Stahl und Beton die gleichen sind, lassen sich diese beiden Werkstoffe im Verbund als Stahlbeton verwenden.

GS, wenn dieses mit $X_a = 1$ belastet wird. Für eine ganze Reihe von Größen ist $G_t = 0$; denn es treten z. B. in dem erwärmten GS keine Biegemomente, Normal- und Querkräfte auf, da es sich unbehindert ausdehnen kann. Es ist also z. B.

$$M_{tn} = X_a M_a. \tag{96, 59}$$

1. Beispiel. Ein Zweigelenkrahmen aus Stahl, von den gleichen Abmessungen wie der in Abb. 233, Bild 1, dargestellte, erfahre eine gleichmäßige Erwärmung um $t = 20°$ C. Welche Biegemomente werden dadurch hervorgerufen? — Die Querschnitts-Trägheitsmomente sind für den Riegel $J_2 = 20000$ cm⁴ und für die Stiele $J_1 = \dfrac{1}{2} J_2 = 10000$ cm⁴. Der Elastizitätsmodul ist $E = 2{,}1 \cdot 10^6$ kp/cm² (Abbildung 239).

Wählen wir als statisch Unbestimmte X_a wieder die waagrechte Komponente des Auflagerdrucks am linken Gelenk a, dann hat δ_{aa} den durch Gl. (95, 44) gegebenen Wert

$$\delta_{aa} = \frac{l\,h^2}{3\,E\,J_2}\,(3 + 2\varkappa), \qquad \varkappa = \frac{h}{l}\,\frac{J_2}{J_1}.$$

Wie in dem Zahlenbeispiel auf S. 351 ist $\varkappa = 1{,}25$. Rechnen wir in Mp und m, so ist zunächst

$$E J_2 = 2{,}1 \cdot 10^6 \cdot 2 \cdot 10^4 \cdot 10^{-7} = 4{,}2 \cdot 10^3 \text{ Mp m}^2.$$

Damit ergibt sich

$$\delta_{aa} = \frac{8 \cdot 5^2 \cdot 5{,}5}{3 \cdot 4{,}2 \cdot 10^3} = 8{,}73 \cdot 10^{-2} \text{ m/Mp}.$$

Um δ_{at} zu bestimmen, betrachten wir das in Bild 2 der Abb. 239 dargestellte GS des Rahmens. Wird dieses gleichmäßig um $t°$ erwärmt, so erfahren gemäß Gl. (96, 56) die Stiele eine Verlängerung Δh, der Riegel eine Verlängerung Δl.

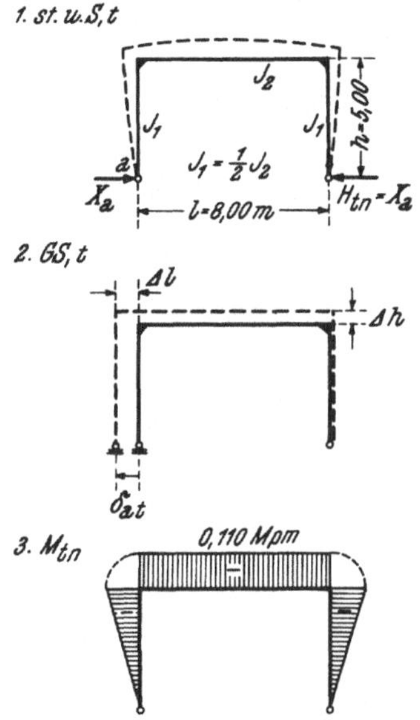

Abb. 239. Zweigelenkrahmen unter Temperatureinfluß

Die Verlängerung der Stiele ist auf δ_{at} ohne Einfluß; dieses ist, dem Betrage nach, gleich Δl. δ_{at} ist negativ, da es entgegen der für X_a angenommenen Richtung erfolgt. Wir haben also, mit dem Wert für α_t aus Gl. (96, 57),

$$-\delta_{at} = \Delta l = \alpha_t\,t\,l = 1{,}2 \cdot 10^{-5} \cdot 20 \cdot 8 = 1{,}92 \cdot 10^{-3} \text{ m}.$$

Somit erhalten wir aus Gl. (96, 55)

$$X_a = -\frac{\delta_{at}}{\delta_{aa}} = +\frac{1{,}92 \cdot 10^{-3}}{8{,}73 \cdot 10^{-2}} = 2{,}20 \cdot 10^{-2} \text{ Mp} = 22{,}0 \text{ kp}.$$

Eine gleich große waagrechte Kraft tritt aus Gleichgewichtsgründen am rechten Auflager auf. Vertikale Auflagerdrücke sind nicht vorhanden. Die Biegemomente folgen aus Gl. (96, 59). Die Verteilung der Momente M_a ist aus Abb. 233, Bild 3, ersichtlich. Damit ergibt sich die in Abb. 238, Bild 3, dargestellte Verteilung der Momente M_{tn} im Zweigelenkrahmen. Die dem Betrage nach größten Momente sind gleich

$$\max |M_{tn}| = X_a h = 2{,}20 \cdot 5 \cdot 10^{-2} = 0{,}110 \text{ Mp m} = 11\,000 \text{ kp cm}.$$

Der Einfluß der Temperatur ist also im vorliegenden Beispiel sehr gering[1]. Er kann jedoch, wie das folgende Beispiel zeigt, auch recht bedeutend werden.

2. Beispiel. Ein Stahlträger I 80 von 3,00 m Gesamtlänge ist an beiden Enden so eingemauert, daß für seine Ausdehnung in der Längsrichtung kein Raum zur Verfügung steht. Es soll die Spannung berechnet werden, die in dem Träger auftritt sowie auch die Kraft, die zwischen Mauer und Träger wirkt, wenn die Temperatur um $t = 20°$ C steigt (Abb. 240).

Wir könnten wieder an Gl. (96, 55) anknüpfen oder, einfacher, auf direktem Weg vorgehen, indem wir folgendes überlegen. Könnte sich der Träger unbehindert ausdehnen (entspricht dem GS), so wäre seine Verlängerung nach Gl. (96, 56)

$$\Delta l = \alpha_t\, t\, l = 1,2 \cdot 10^{-5} \cdot 20 \cdot 300 = 0,072\ \mathrm{cm}.$$

Die Druckkräfte, welche die unnachgiebig gedachten Mauern auf den Träger ausüben, müssen gerade so groß sein, daß diese Verlängerung wieder rückgängig gemacht wird. Nach dem Hookeschen Gesetz [Gl. (7, 32)] ist die Kraft (wir sehen vom Vorzeichen ab), die eine Verkürzung des Stabes um Δl bewirkt,

$$P = \frac{\Delta l\, E\, F}{l}$$

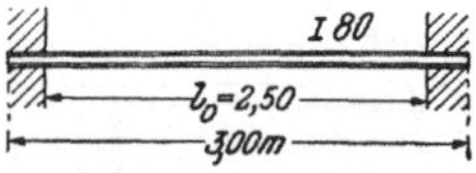

und die Spannung

$$\sigma = \frac{P}{F} = \frac{\Delta l}{l}\, E.$$

Abb. 240. Ein beiderseits eingemauerter Träger erfährt eine Temperaturerhöhung

Mit $E = 2,1 \cdot 10^6$ kp/cm² erhalten wir

$$\sigma = \frac{7,2 \cdot 10^{-2} \cdot 2,1 \cdot 10^6}{300} = \underline{504\ \mathrm{kp/cm^2}}$$

und, mit der Querschnittsfläche des I 80, $F = 7,58$ cm²,

$$P = \sigma F = 504 \cdot 7,58 = \underline{3820\ \mathrm{kp}}.$$

Bei dieser starken Pressung wird das Mauerwerk wahrscheinlich schon etwas nachgeben. Ist dies nicht der Fall, dann besteht für den Stab die Gefahr des Ausknickens. Nehmen wir an, daß die Länge der eingemauerten Enden des Stabes je 25 cm beträgt, so bleibt als lichte Weite $l_0 = 250$ cm übrig (Abb. 240). Die Einspannung ist bestimmt nicht voll wirksam. Wir tragen ihrer teilweisen Wirkung dadurch Rechnung, daß wir als Knicklänge $s_K = 0,8\, l_0 = 200$ cm annehmen (was noch immer sehr günstig ist, denn laut Vorschrift dürften wir die Einspannung überhaupt nicht berücksichtigen). Mit $i_{\min} = i_y = 0,91$ cm folgt die Schlankheit

$$\lambda = \frac{s_K}{i_{\min}} = \frac{200}{0,91} = 220.$$

Wir befinden uns also im Eulerbereich ($\lambda > 100$) und die Knickspannung, bei der der Stab bereits versagt, ergibt sich nach Gl. (78, 19) zu

$$\sigma_K = \frac{\pi^2 E}{\lambda^2} = \frac{\pi^2 \cdot 2,1 \cdot 10^6}{220^2} = 428\ \mathrm{kp/cm^2} < \sigma_{\mathrm{vorh}} = 504\ \mathrm{kp/cm^2}.$$

Wenn unsere Annahmen zutreffen, dann würde der Stab infolge dieser geringen Temperaturerhöhung bereits ausknicken. Wie dem auch sei, man wird in der Praxis derartige Lagerungen tunlichst vermeiden.

---

[1] $J_1 = 10\,000$ cm⁴ entspricht ungefähr dem Querschnitts-Trägheitsmoment eines Profils I 300, dessen Widerstandsmoment $W_x = 653$ cm³ beträgt. Damit wäre die größte Spannung (wenn wir davon absehen, daß die Rahmenecken verstärkt sein werden) $\sigma = 11\,000/653 = 17$ kp/cm².

Namen- und Sachverzeichnis